U0183809

机 械 设 计 手 册

第 6 版

单 行 本

减速器和变速器

主　编　闻邦椿

副主编　鄂中凯　张义民　陈良玉　孙志礼

　　　　宋锦春　柳洪义　巩亚东　宋桂秋

机 械 工 业 出 版 社

《机械设计手册》第6版单行本共26分册，内容涵盖机械常规设计、机电一体化设计与机电控制、现代设计方法及其应用等内容，具有系统全面、信息量大、内容现代、突显创新、实用可靠、简明便查、便于携带和翻阅等特色。各分册分别为：《常用设计资料和数据》《机械制图与机械零部件精度设计》《机械零部件结构设计》《连接与紧固》《带传动和链传动 摩擦轮传动与螺旋传动》《齿轮传动》《减速器和变速器》《机构设计》《轴 弹簧》《滚动轴承》《联轴器、离合器与制动器》《起重运输机械零部件和操作件》《机架、箱体与导轨》《润滑 密封》《气压传动与控制》《机电一体化技术及设计》《机电系统控制》《机器人与机器人装备》《数控技术》《微机电系统及设计》《机械系统概念设计》《机械系统的振动设计及噪声控制》《疲劳强度设计 机械可靠性设计》《数字化设计》《工业设计与人机工程》《智能设计 仿生机械设计》。

本单行本为《减速器和变速器》，主要介绍一般减速器设计资料，标准减速器（锥齿轮圆柱齿轮减速器、同轴式圆柱齿轮减速器、圆弧圆柱蜗杆减速器、NGW行星齿轮减速器、摆线针轮减速器、谐波传动减速器等）和机械无级变速器（齿链式无线变速器、行星锥盘无级变速器、多盘式无级变速器、环锥行星无级变速器、四相并列连杆脉动无级变速器、锥盘环盘式无级变速器、XZW型行星锥轮无级变速器、宽V带无级变速器、金属带式无级变速器等）的结构型式、特点及应用、性能参数、承载能力及选用等内容。

本书供从事机械设计、制造、维修及有关工程技术人员作为工具书使用，也可供大专院校的有关专业师生使用和参考。

图书在版编目（CIP）数据

机械设计手册. 减速器和变速器/闻邦椿主编. —6版. —北京：机械工业出版社，2020.1（2023.5重印）

ISBN 978-7-111-64764-5

Ⅰ. ①机… Ⅱ. ①闻… Ⅲ. ①机械设计-技术手册②减速装置-技术手册③变速装置-技术手册 Ⅳ. ①TH122-62②TH132.46-62

中国版本图书馆CIP数据核字（2020）第026170号

机械工业出版社（北京市百万庄大街22号 邮政编码100037）
策划编辑：曲彩云 责任编辑：曲彩云 高依楠
责任校对：徐 强 封面设计：马精明
责任印制：单爱军
北京虎彩文化传播有限公司印刷
2023年5月第6版第2次印刷
184mm×260mm·23.75印张·583千字
标准书号：ISBN 978-7-111-64764-5
定价：69.00元

电话服务 网络服务
客服电话：010-88361066 机 工 官 网：www.cmpbook.com
　　　　　010-88379833 机 工 官 博：weibo.com/cmp1952
　　　　　010-68326294 金 书 网：www.golden-book.com
封底无防伪标均为盗版 机工教育服务网：www.cmpedu.com

出 版 说 明

《机械设计手册》自出版以来，已经进行了 5 次修订，2018 年第 6 版出版发行。截至 2019 年，《机械设计手册》累计发行 39 万套。作为国家级重点科技图书，《机械设计手册》深受广大读者的欢迎和好评，在全国具有很大的影响力。该书曾获得中国出版政府奖提名奖、中国机械工业科学技术奖一等奖、全国优秀科技图书奖二等奖、中国机械工业部科技进步奖二等奖，并多次获得全国优秀畅销书奖等奖项。《机械设计手册》已成为机械设计领域的品牌产品，是机械工程领域最具权威和影响力的大型工具书之一。

《机械设计手册》第 6 版共 7 卷 55 篇，是在前 5 版的基础上吸收并总结了国内外机械工程设计领域中的新标准、新材料、新工艺、新结构、新技术、新产品、新的设计理论与方法，并配合我国创新驱动战略的需求编写而成的。与前 5 版相比，第 6 版无论是从体系还是内容，都在传承的基础上进行了创新。重点充实了机电一体化系统设计、机电控制与信息技术、现代机械设计理论与方法等现代机械设计的最新内容，将常规设计方法与现代设计方法相融合，光、机、电设计融为一体，局部的零部件设计与系统化设计互相衔接，并努力将创新设计的理念贯穿其中。《机械设计手册》第 6 版体现了国内外机械设计发展的新水平，精心诠释了常规与现代机械设计的内涵、全面荟萃凝练了机械设计各专业技术的精华，它将引领现代机械设计创新潮流、成就新一代机械设计大师，为我国实现装备制造强国梦做出重大贡献。

《机械设计手册》第 6 版的主要特色是：体系新颖、系统全面、信息量大、内容现代、突显创新、实用可靠、简明便查。应该特别指出的是，第 6 版手册具有较高的科技含量和大量技术创新性的内容。手册中的许多内容都是编著者多年研究成果的科学总结。这些内容中有不少依托国家"863 计划""973 计划""985 工程""国家科技重大专项""国家自然科学基金"重大、重点和面上项目资助项目。相关项目有不少成果曾获得国际、国家、部委、省市科技奖励、技术专利。这充分体现了手册内容的重大科学价值与创新性。如仿生机械设计、激光及其在机械工程中的应用、绿色设计与和谐设计、微机电系统及设计等前沿新技术；又如产品综合设计理论与方法是闻邦椿院士在国际上首先提出，并综合 8 部专著后首次编入手册，该方法已经在高铁、动车及离心压缩机等机械工程中成功应用，获得了巨大的社会效益和经济效益。

在《机械设计手册》历次修订的过程中，出版社和作者都广泛征求和听取各方面的意见，广大读者在对《机械设计手册》给予充分肯定的同时，也指出《机械设计手册》卷册厚重，不便携带，希望能出版篇幅较小、针对性强、便查便携的更加实用的单行本。为满足读者的需要，机械工业出版社于 2007 年首次推出了《机械设计手册》第 4 版单行本。该单行本出版后很快受到读者的欢迎和好评。《机械设计手册》第 6 版已经面市，为了使读者能按需要、有针对性地选用《机械设计手册》第 6 版中的相关内容并降低购书费用，机械工业出版社在总结《机械设计手册》前几版单行本经验的基础上推出了《机械设计手册》第 6 版单行本。

《机械设计手册》第 6 版单行本保持了《机械设计手册》第 6 版（7 卷本）的优势和特色，依据机械设计的实际情况和机械设计专业的具体情况以及手册各篇内容的相关性，将原手册的 7 卷 55 篇进行精选、合并，重新整合为 26 个分册，分别为：《常用设计资料和数据》《机械制图与机械零部件精度设计》《机械零部件结构设计》《连接与紧固》《带传动和链传动 摩擦轮传动与螺旋传动》《齿轮传动》《减速器和变速器》《机构设计》《轴 弹簧》《滚动轴承》《联轴器、离合器与制动器》《起重运输机械零部件和操作件》《机架、箱体与导轨》《润滑 密封》《气压传动与控制》《机电一体化技术及设计》《机电系统控制》《机器人与机器人装备》《数控技术》《微机电系统及设计》《机械系统概念设计》《机械系统的振动设计及噪声控制》《疲劳强度设计 机械可靠性设计》《数字化设计》《工业设计与人机工程》《智能设计 仿生机械设计》。各分册内容针对性强、篇幅适中、查阅和携带方便，读者可根据需要灵活选用。

《机械设计手册》第6版单行本是为了助力我国制造业转型升级、经济发展从高增长迈向高质量，满足广大读者的需要而编辑出版的，它将与《机械设计手册》第6版（7卷本）一起，成为机械设计人员、工程技术人员得心应手的工具书，成为广大读者的良师益友。

由于工作量大、水平有限，难免有一些错误和不妥之处，殷切希望广大读者给予指正。

机械工业出版社

前　　言

本版手册为新出版的第 6 版 7 卷本《机械设计手册》。由于科学技术的快速发展，需要我们对手册内容进行更新，增加新的科技内容，以满足广大读者的迫切需要。

《机械设计手册》自 1991 年面世发行以来，历经 5 次修订，截至 2016 年已累计发行 38 万套。作为国家级重点科技图书的《机械设计手册》，深受社会各界的重视和好评，在全国具有很大的影响力，该手册曾获得全国优秀科技图书奖二等奖（1995 年）、中国机械工业部科技进步奖二等奖（1997 年）、中国机械工业科学技术奖一等奖（2011 年）、中国出版政府奖提名奖（2013 年），并多次获得全国优秀畅销书奖等奖项。1994 年，《机械设计手册》曾在我国台湾建宏出版社出版发行，并在海内外产生了广泛的影响。《机械设计手册》荣获的一系列国家和部级奖项表明，其具有很高的科学价值、实用价值和文化价值。《机械设计手册》已成为机械设计领域的一部大型品牌工具书，已成为机械工程领域权威的和影响力较大的大型工具书，长期以来，它为我国装备制造业的发展做出了巨大贡献。

第 5 版《机械设计手册》出版发行至今已有 7 年时间，这期间我国国民经济有了很大发展，国家制定了《国家创新驱动发展战略纲要》，其中把创新驱动发展作为了国家的优先战略。因此，《机械设计手册》第 6 版修订工作的指导思想除努力贯彻"科学性、先进性、创新性、实用性、可靠性"外，更加突出了"创新性"，以全力配合我国"创新驱动发展战略"的重大需求，为实现我国建设创新型国家和科技强国梦做出贡献。

在本版手册的修订过程中，广泛调研了厂矿企业、设计院、科研院所和高等院校等多方面的使用情况和意见。对机械设计的基础内容、经典内容和传统内容，从取材、产品及其零部件的设计方法与计算流程、设计实例等多方面进行了深入系统的整合，同时，还全面总结了当前国内外机械设计的新理论、新方法、新材料、新工艺、新结构、新产品和新技术，特别是在现代设计与创新设计理论与方法、机电一体化及机械系统控制技术等方面做了系统和全面的论述和凝练。相信本版手册会以崭新的面貌展现在广大读者面前，它将对提高我国机械产品的设计水平、推进新产品的研究与开发、老产品的改造，以及产品的引进、消化、吸收和再创新，进而促进我国由制造大国向制造强国跃升，发挥出巨大的作用。

本版手册分为 7 卷 55 篇：第 1 卷　机械设计基础资料；第 2 卷　机械零部件设计（连接、紧固与传动）；第 3 卷　机械零部件设计（轴系、支承与其他）；第 4 卷　流体传动与控制；第 5 卷　机电一体化与控制技术；第 6 卷　现代设计与创新设计（一）；第 7 卷　现代设计与创新设计（二）。

本版手册有以下七大特点：

一、构建新体系

构建了科学、先进、实用、适应现代机械设计创新潮流的《机械设计手册》新结构体系。该体系层次为：机械基础、常规设计、机电一体化设计与控制技术、现代设计与创新设计方法。该体系的特点是：常规设计方法与现代设计方法互相融合，光、机、电设计融为一体，局部的零部件设计与系统化设计互相衔接，并努力将创新设计的理念贯穿于常规设计与现代设计之中。

二、凸显创新性

习近平总书记在 2014 年 6 月和 2016 年 5 月召开的中国科学院、中国工程院两院院士大会上分别提出了我国科技发展的方向就是"创新、创新、再创新"，以及实现创新型国家和科技强国的三个阶段的目标和五项具体工作。为了配合我国创新驱动发展战略的重大需求，本版手册突出了机械创新设计内容的编写，主要有以下几个方面：

（1）新增第 7 卷，重点介绍了创新设计及与创新设计有关的内容。

该卷主要内容有：机械创新设计概论，创新设计方法论，顶层设计原理、方法与应用，创新原理、思维、方法与应用，绿色设计与和谐设计，智能设计，仿生机械设计，互联网上的合作设计，工业通信网络，面向机械工程领域的大数据、云计算与物联网技术，3D 打印设计与制造技术，系统化设计理论与方法。

（2）在一些篇章编入了创新设计和多种典型机械创新设计的内容。

"第 11 篇　机构设计"篇新增加了"机构创新设计"一章，该章编入了机构创新设计的原理、方法及飞剪机剪切机构创新设计，大型空间折展机构创新设计等多个创新设计的案例。典型机械的创新设计有大型全断面掘进机（盾构机）仿真分析与数字化设计、机器人挖掘机的机电一体化创新设计、节能抽油机的创新设计、产品包装生产线的机构方案创新设计等。

（3）编入了一大批典型的创新机械产品。

"机械无级变速器"一章中编入了新型金属带式无级变速器，"并联机构的设计与应用"一章中编入了数十个新型的并联机床产品，"振动的利用"一章中新编入了激振器偏移式自同步振动筛、惯性共振式振动筛、振动压路机等十多个典型的创新机械产品。这些产品有的获得了国家或省部级奖励，有的是专利产品。

（4）编入了机械设计理论和设计方法论等方面的创新研究成果。

1）闻邦椿院士团队经过长期研究，在国际上首先创建了振动利用工程学科，提出了该类机械设计理论和方法。本版手册中编入了相关内容和实例。

2）根据多年的研究，提出了以非线性动力学理论为基础的深层次的动态设计理论与方法。本版手册首次编入了该方法并列举了若干应用范例。

3）首先提出了和谐设计的新概念和新内容，阐明了自然环境、社会环境（政治环境、经济环境、人文环境、国际环境、国内环境）、技术环境、资金环境、法律环境下的产品和谐设计的概念和内容的新体系，把既有的绿色设计篇拓展为绿色设计与和谐设计篇。

4）全面系统地阐述了产品系统化设计的理论和方法，提出了产品设计的总体目标、广义目标和技术目标的内涵，提出了应该用 IQCTES 六项设计要求来代替 QCTES 五项要求，详细阐明了设计的四个理想步骤，即"3I 调研""7D 规划""1+3+X 实施""5（A+C）检验"，明确提出了产品系统化设计的基本内容是主辅功能、三大性能和特殊性能要求的具体实现。

5）本版手册引入了闻邦椿院士经过长期实践总结出的独特的、科学的创新设计方法论体系和规则，用来指导产品设计，并提出了创新设计方法论的运用可向智能化方向发展，即采用专家系统来完成。

三、坚持科学性

手册的科学水平是评价手册编写质量的重要方面，因此，本版手册特别强调突出内容的科学性。

（1）本版手册努力贯彻科学发展观及科学方法论的指导思想和方法，并将其落实到手册内容的编写中，特别是在产品设计理论方法的和谐设计、深层次设计及系统化设计的编写中。

（2）本版手册中的许多内容是编著者多年研究成果的科学总结。这些内容中有不少是国家863、973 计划项目，国家科技重大专项，国家自然科学基金重大、重点和面上项目资助项目的研究成果，有不少成果曾获得国际、国家、部委、省市科技奖励及技术专利，充分体现了本版手册内容的重大科学价值与创新性。

下面简要介绍本版手册编入的几方面的重要研究成果：

1）振动利用工程新学科是闻邦椿院士团队经过长期研究在国际上首先创建的。本版手册中编入了振动利用机械的设计理论、方法和范例。

2）产品系统化设计理论与方法的体系和内容是闻邦椿院士团队提出并加以完善的，编写者依据多年的研究成果和系列专著，经综合整理后首次编入本版手册。

3）仿生机械设计是一门新兴的综合性交叉学科，近年来得到了快速发展，它为机械设计的创新提供了新思路、新理论和新方法。吉林大学任露泉院士领导的工程仿生教育部重点实验室开展了大量的深入研究工作，取得了一系列创新成果且出版了专著，据此并结合国内外大量较新的文献资料，为本版手册构建了仿生机械设计的新体系，编写了"仿生机械设计"篇（第50篇）。

4）激光及其在机械工程中的应用篇是中国科学院长春光学精密机械与物理研究所王立军院士依据多年的研究成果，并参考国内外大量较新的文献资料编写而成的。

5）绿色制造工程是国家确立的五项重大工程之一，绿色设计是绿色制造工程的最重要环节，是一个新的学科。合肥工业大学刘志峰教授依据在绿色设计方面获多项国家和省部级奖励的研究成果，参考国内外大量较新的文献资料为本版手册首次构建了绿色设计新体系，编写了"绿色设计与和谐设计"篇（第48篇）。

6）微机电系统及设计是前沿的新技术。东南大学黄庆安教授领导的微电子机械系统教育部重点实验室多年来开展了大量研究工作，取得了一系列创新研究成果，本版手册的"微机电系统及设计"篇（第28篇）就是依据这些成果和国内外大量较新的文献资料编写而成的。

四、重视先进性

（1）本版手册对机械基础设计和常规设计的内容做了大规模全面修订，编入了大量新标准、新材料、新结构、新工艺、新产品、新技术、新设计理论和计算方法等。

1）编入和更新了产品设计中需要的大量国家标准，仅机械工程材料篇就更新了标准126个，如 GB/T 699—2015《优质碳素结构钢》和 GB/T 3077—2015《合金结构钢》等。

2）在新材料方面，充实并完善了铝及铝合金、钛及钛合金、镁及镁合金等内容。这些材料由于具有优良的力学性能、物理性能以及回收率高等优点，目前广泛应用于航空、航天、高铁、计算机、通信元件、电子产品、纺织和印刷等行业。增加了国内外粉末冶金材料的新品种，如美国、德国和日本等国家的各种粉末冶金材料。充实了国内外工程塑料及复合材料的新品种。

3）新编的"机械零部件结构设计"篇（第4篇），依据11个结构设计方面的基本要求，编写了相应的内容，并编入了结构设计的评估体系和减速器结构设计、滚动轴承部件结构设计的示例。

4）按照 GB/T 3480.1~3—2013（报批稿）、GB/T 10062.1~3—2003 及 ISO 6336—2006 等新标准，重新构建了更加完善的渐开线圆柱齿轮传动和锥齿轮传动的设计计算新体系；按照初步确定尺寸的简化计算、简化疲劳强度校核计算、一般疲劳强度校核计算，编排了三种设计计算方法，以满足不同场合、不同要求的齿轮设计。

5）在"第4卷　流体传动与控制"卷中，编入了一大批国内外知名品牌的新标准、新结构、新产品、新技术和新设计计算方法。在"液力传动"篇（第23篇）中新增加了液黏传动，它是一种新型的液力传动。

（2）"第5卷　机电一体化与控制技术"卷充实了智能控制及专家系统的内容，大篇幅增加了机器人与机器人装备的内容。

机器人是机电一体化特征最为显著的现代机械系统，机器人技术是智能制造的关键技术。由于智能制造的迅速发展，近年来机器人产业呈现出高速发展的态势。为此，本版手册大篇幅增加了"机器人与机器人装备"篇（第 26 篇）的内容。该篇从实用性的角度，编写了串联机器人、并联机器人、轮式机器人、机器人工装夹具及变位机；编入了机器人的驱动、控制、传感、视角和人工智能等共性技术；结合喷涂、搬运、电焊、冲压及压铸等工艺，介绍了机器人的典型应用实例；介绍了服务机器人技术的新进展。

（3）为了配合我国创新驱动战略的重大需求，本版手册扩大了创新设计的篇数，将原第 6 卷扩编为两卷，即新的"现代设计与创新设计（一）"（第 6 卷）和"现代设计与创新设计（二）"（第 7 卷）。前者保留了原第 6 卷的主要内容，后者编入了创新设计和与创新设计有关的内容及一些前沿的技术内容。

本版手册"现代设计与创新设计（一）"卷（第 6 卷）的重点内容和新增内容主要有：

1）在"现代设计理论与方法综述"篇（第 32 篇）中，简要介绍了机械制造技术发展总趋势、在国际上有影响的主要设计理论与方法、产品研究与开发的一般过程和关键技术、现代设计理论的发展和根据不同的设计目标对设计理论与方法的选用。闻邦椿院士在国内外首次按照系统工程原理，对产品的现代设计方法做了科学分类，克服了目前产品设计方法的论述缺乏系统性的不足。

2）新编了"数字化设计"篇（第 40 篇）。数字化设计是智能制造的重要手段，并呈现应用日益广泛、发展更加深刻的趋势。本篇编入了数字化技术及其相关技术、计算机图形学基础、产品的数字化建模、数字化仿真与分析、逆向工程与快速原型制造、协同设计、虚拟设计等内容，并编入了大型全断面掘进机（盾构机）的数字化仿真分析和数字化设计、摩托车逆向工程设计等多个实例。

3）新编了"试验优化设计"篇（第 41 篇）。试验是保证产品性能与质量的重要手段。本篇以新的视觉优化设计构建了试验设计的新体系、全新内容，主要包括正交试验、试验干扰控制、正交试验的结果分析、稳健试验设计、广义试验设计、回归设计、混料回归设计、试验优化分析及试验优化设计常用软件等。

4）将手册第 5 版的"造型设计与人机工程"篇改编为"工业设计与人机工程"篇（第 42 篇），引入了工业设计的相关理论及新的理念，主要有品牌设计与产品识别系统（PIS）设计、通用设计、交互设计、系统设计、服务设计等，并编入了机器人的产品系统设计分析及自行车的人机系统设计等典型案例。

（4）"现代设计与创新设计（二）"卷（第 7 卷）主要编入了创新设计和与创新设计有关的内容及一些前沿技术内容，其重点内容和新编内容有：

1）新编了"机械创新设计概论"篇（第 44 篇）。该篇主要编入了创新是我国科技和经济发展的重要战略、创新设计的发展与现状、创新设计的指导思想与目标、创新设计的内容与方法、创新设计的未来发展战略、创新设计方法论的体系和规则等。

2）新编了"创新设计方法论"篇（第 45 篇）。该篇为创新设计提供了正确的指导思想和方法，主要编入了创新设计方法论的体系、规则，创新设计的目的、要求、内容、步骤、程序及科学方法，创新设计工作者或团队的四项潜能，创新设计客观因素的影响及动态因素的作用，用科学哲学思想来统领创新设计工作，创新设计方法论的应用，创新设计方法论应用的智能化及专家系统，创新设计的关键因素及制约的因素分析等内容。

3）创新设计是提高机械产品竞争力的重要手段和方法，大力发展创新设计对我国国民经济发展具有重要的战略意义。为此，编写了"创新原理、思维、方法与应用"篇（第47篇）。除编入了创新思维、原理和方法，创新设计的基本理论和创新的系统化设计方法外，还编入了29种创新思维方法、30种创新技术、40种发明创造原理，列举了大量的应用范例，为引领机械创新设计做出了示范。

4）绿色设计是实现低资源消耗、低环境污染、低碳经济的保护环境和资源合理利用的重要技术政策。本版手册中编入了"绿色设计与和谐设计"篇（第48篇）。该篇系统地论述了绿色设计的概念、理论、方法及其关键技术。编者结合多年的研究实践，并参考了大量的国内外文献及较新的研究成果，首次构建了系统实用的绿色设计的完整体系，包括绿色材料选择、拆卸回收产品设计、包装设计、节能设计、绿色设计体系与评估方法，并给出了系列典型范例，这些对推动工程绿色设计的普遍实施具有重要的指引和示范作用。

5）仿生机械设计是一门新兴的综合性交叉学科，本版手册新编入了"仿生机械设计"篇（第50篇），包括仿生机械设计的原理、方法、步骤，仿生机械设计的生物模本，仿生机械形态与结构设计，仿生机械运动学设计，仿生机构设计，并结合仿生行走、飞行、游走、运动及生机电仿生手臂，编入了多个仿生机械设计范例。

6）第55篇为"系统化设计理论与方法"篇。装备制造机械产品的大型化、复杂化、信息化程度越来越高，对设计方法的科学性、全面性、深刻性、系统性提出的要求也越来越高，为了满足我国制造强国的重大需要，亟待创建一种能统领产品设计全局的先进设计方法。该方法已经在我国许多重要机械产品（如动车、大型离心压缩机等）中成功应用，并获得重大的社会效益和经济效益。本版手册对该系统化设计方法做了系统论述并给出了大型综合应用实例，相信该系统化设计方法对我国大型、复杂、现代化机械产品的设计具有重要的指导和示范作用。

7）本版手册第7卷还编入了与创新设计有关的其他多篇现代化设计方法及前沿新技术，包括顶层设计原理、方法与应用，智能设计，互联网上的合作设计，工业通信网络，面向机械工程领域的大数据、云计算与物联网技术，3D打印设计与制造技术等。

五、突出实用性

为了方便产品设计者使用和参考，本版手册对每种机械零部件和产品均给出了具体应用，并给出了选用方法或设计方法、设计步骤及应用范例，有的给出了零部件的生产企业，以加强实际设计的指导和应用。本版手册的编排尽量采用表格化、框图化等形式来表达产品设计所需要的内容和资料，使其更加简明、便查；对各种标准采用摘编、数据合并、改排和格式统一等方法进行改编，使其更为规范和便于读者使用。

六、保证可靠性

编入本版手册的资料尽可能取自原始资料，重要的资料均注明来源，以保证其可靠性。所有数据、公式、图表力求准确可靠，方法、工艺、技术力求成熟。所有材料、零部件、产品和工艺标准均采用新公布的标准资料，并且在编入时做到认真核对以避免差错。所有计算公式、计算参数和计算方法都经过长期检验，各种算例、设计实例均来自工程实际，并经过认真的计算，以确保可靠。本版手册编入的各种通用的及标准化的产品均说明其特点及适用情况，并注明生产厂家，供设计人员全面了解情况后选用。

七、保证高质量和权威性

本版手册主编单位东北大学是国家211、985重点大学、"重大机械关键设计制造共性技术"985创新平台建设单位、2011国家钢铁共性技术协同创新中心建设单位，建有"机械设计及理论国家重点学科"和"机械工程一级学科"。由东北大学机械及相关学科的老教授、老专家和中青年学术精英组成了实力强大的大型工具书编写团队骨干，以及一批来自国家重点高校、研究院所、大型企业等 30 多个单位、近 200 位专家、学者组成了高水平编审团队。编审团队成员的大多数都是所在领域的著名资深专家，他们具有深广的理论基础、丰富的机械设计工作经历、丰富的工具书编纂经验和执着的敬业精神，从而确保了本版手册的高质量和权威性。

在本版手册编写中，为便于协调，提高质量，加快编写进度，编审人员以东北大学的教师为主，并组织邀请了清华大学、上海交通大学、西安交通大学、浙江大学、哈尔滨工业大学、吉林大学、天津大学、华中科技大学、北京科技大学、大连理工大学、东南大学、同济大学、重庆大学、北京化工大学、南京航空航天大学、上海师范大学、合肥工业大学、大连交通大学、长安大学、西安建筑科技大学、沈阳工业大学、沈阳航空航天大学、沈阳建筑大学、沈阳理工大学、沈阳化工大学、重庆理工大学、中国科学院长春光学精密机械与物理研究所、中国科学院沈阳自动化研究所等单位的专家、学者参加。

在本版手册出版之际，特向著名机械专家、本手册创始人、第 1 版及第 2 版的主编徐灏教授致以崇高的敬意，向历次版本副主编邱宣怀教授、蔡春源教授、严隽琪教授、林忠钦教授、余俊教授、汪恺总工程师、周士昌教授致以崇高的敬意，向参加本手册历次版本的编写单位和人员表示衷心感谢，向在本手册历次版本的编写、出版过程中给予大力支持的单位和社会各界朋友们表示衷心感谢，特别感谢机械科学研究总院、郑州机械研究所、徐州工程机械集团公司、北方重工集团沈阳重型机械集团有限责任公司和沈阳矿山机械集团有限责任公司、沈阳机床集团有限责任公司、沈阳鼓风机集团有限责任公司及辽宁省标准研究院等单位的大力支持。

由于编者水平有限，手册中难免有一些不尽如人意之处，殷切希望广大读者批评指正。

主编　闻邦椿

目　　录

第 10 篇　减速器和变速器

第3章　机械无级变速器

第 10 篇　减速器和变速器

主　编　程乃士

编写人　程乃士　刘　温
　　　　石晓辉　程　越

审稿人　鄂中凯　巩云鹏

第 5 版
减速器和变速器

主　编　程乃士
编写人　程乃士　刘　温　石晓辉

第1章 一般减速器设计资料

1 常用减速器的形式和应用

减速器是原动机和工作机之间的、独立的闭式传动装置，用来降低转速和增大转矩，以满足工作需要。在某些场合也用来增速，称为增速器。

减速器的种类很多，按照传动类型可分为齿轮减速器、蜗杆减速器和行星减速器，以及它们互相组合而形成的减速器；按照传动的级数可分为一级和多级减速器；按照齿轮形状可分为圆柱齿轮减速器、圆锥齿轮减速器和圆锥-圆柱齿轮减速器；按照传动的布置形式又可分为展开式、分流式和同轴式减速器。常用的减速器的形式及其特点和应用见表 10.1-1。

表 10.1-1 常用减速器的形式及其特点和应用

名 称		运动简图	推荐传动比	特点和应用
一级圆柱齿轮减速器			$i \leqslant 8 \sim 10$	轮齿可做成直齿、斜齿和人字齿。直齿用于速度较低（$v \leqslant 8\mathrm{m/s}$）、载荷较轻的传动，斜齿轮用于速度较高的传动，人字齿轮用于载荷较大的传动中。箱体通常用铸铁制成，一件或小批生产有时采用焊接结构。轴承一般采用滚动轴承，重载或特别高速时采用滑动轴承。其他形式的减速器与此类同
二级圆柱齿轮减速器	展开式		$i=i_1i_2$ $i=8\sim60$	结构简单，但齿轮相对于轴承的位置不对称，因此要求轴有较大的刚度。高速级齿轮布置在远离转矩输入端，这样，轴在转矩作用下产生的扭转变形和轴在弯矩作用下产生的弯曲变形可部分地互相抵消，以减缓沿齿宽载荷分布不均匀的现象。用于载荷比较平稳的场合。高速级一般做成斜齿，低速级可做成直齿
	分流式		$i=i_1i_2$ $i=8\sim60$	结构复杂，但由于齿轮相对于轴承对称布置，与展开式相比载荷沿齿宽分布均匀、轴承受载较均匀。中间轴危险截面上的转矩只相当于轴所传递转矩的一半。适用于变载荷的场合。高速级一般用斜齿，低速级可用直齿或人字齿
	同轴式		$i=i_1i_2$ $i=8\sim60$	减速器横向尺寸较小，两对齿轮浸入油中深度大致相同。但轴向尺寸和质量较大，且中间轴较长、刚度差，使沿齿宽载荷分布不均匀。高速轴的承载能力难于充分利用
二级圆柱齿轮减速器	同轴分流式		$i=i_1i_2$ $i=8\sim60$	每对啮合齿轮仅传递全部载荷的一半，输入轴和输出轴只承受转矩，中间轴只受全部载荷的一半，故与传递同样功率的其他减速器相比，轴颈尺寸可以缩小
三级圆柱齿轮减速器	展开式		$i=i_1i_2i_3$ $i=40\sim400$	同二级展开式
	分流式		$i=i_1i_2i_3$ $i=40\sim400$	同二级分流式

（续）

名　　称	运动简图	推荐传动比	特点及应用
一级圆锥齿轮减速器		$i = 8 \sim 10$	轮齿可做成直齿、斜齿或曲线齿。用于两轴垂直相交的传动中，也可用于两轴垂直相错的传动中。由于制造安装复杂、成本高，所以仅在传动布置需要时才采用
二级圆锥-圆柱齿轮减速器		$i = i_1 i_2$ 直齿圆锥齿轮 $i = 8 \sim 22$ 斜齿或曲线齿锥齿轮 $i = 8 \sim 40$	特点同一级圆锥齿轮减速器，圆锥齿轮应在高速级，以使圆锥齿轮尺寸不致太大，否则加工困难
三级圆锥-圆柱齿轮减速器		$i = i_1 i_2 i_3$ $i = 25 \sim 75$	同二级圆锥-圆柱齿轮减速器
一级蜗杆减速器	蜗杆下置式		$i = 10 \sim 80$	蜗杆在蜗轮下方啮合处的冷却和润滑都较好，蜗杆轴承润滑也方便，但当蜗杆圆周速度高时，搅油损失大，一般用于蜗杆圆周速度 $v < 10\mathrm{m/s}$ 的场合
	蜗杆上置式		$i = 10 \sim 80$	蜗杆在蜗轮上方，蜗杆的圆周速度可高些，但蜗杆轴承润滑不太方便
	蜗杆侧置式		$i = 10 \sim 80$	蜗杆在蜗轮侧面，蜗轮轴垂直布置，一般用于水平旋转机构的传动
二级蜗杆减速器		$i = i_1 i_2$ $i = 43 \sim 3600$	传动比大，结构紧凑，但效率低，为使高速级和低速级传动浸油深度大致相等，可取 $a_1 \approx \dfrac{a_2}{2}$
二级齿轮-蜗杆减速器		$i = i_1 i_2$ $i = 15 \sim 480$	有齿轮传动在高速级和蜗杆传动在高速级两种形式。前者结构紧凑，而后者传动效率高
行星齿轮减速器	一级 NGW		$i = 2.8 \sim 12.5$	与普通圆柱齿轮减速器相比，尺寸小，重量轻，但制造精度要求较高，结构较复杂，在要求结构紧凑的动力传动中应用广泛
	二级 NGW		$i = i_1 i_2$ $i = 14 \sim 160$	同一级 NGW 型

（续）

名　　称		运动简图	推荐传动比	特点及应用
摆线针轮减速器	一级		$i = 11 \sim 87$	传动比大；传动效率较高；结构紧凑，相对体积小，重量轻；通用于中、小功率，适用性广，运转平稳，噪声低。结构复杂，制造精度要求较高，广泛用于动力传动中
	二级		$i = 121 \sim 7569$	
谐波齿轮减速器	一级		$i = 50 \sim 500$ 刚轮固定	传动比大，范围宽；在相同条件下可比一般齿轮减速器的元件少一半，体积和重量可减少 $20\% \sim 50\%$；承载能力大；运动精度高；可采用调整波发生器达到无侧隙啮合；运转平稳；噪声低；可通过密封壁传递运动；传动效率高且传动比大时，效率并不显著下降。主要零件柔轮的制造工艺较复杂。主要用于小功率、大传动比或仪表及控制系统中
			$i = 50 \sim 500$ 柔轮固定	
三环减速器	一级或组合多级		一级 $i = 11 \sim 99$ 二级 $i_{max} = 9801$	结构紧凑，体积小，重量轻；传动比大；效率高，一级为 $92\% \sim 98\%$；噪声低，过载能力强。承载能力高，输出转矩高达 $400 kN \cdot m$。不用输出机构，轴承直径不受空间限制。使用寿命长。零件种类少，齿轮精度要求不高，无特殊材料，且不采用特殊加工方法就能制造，造价低，适应性广，派生系列多

2　减速器的基本构造

减速器主要由传动零件（齿轮或蜗杆）、轴、轴承、箱体及其附件组成。图 10.1-1 所示为一级圆柱齿轮减速器的基本结构，主要有三大部分：齿轮、轴和轴承组合，箱体，附件。

2.1　齿轮、轴和轴承组合

小齿轮与轴制成一体，称为齿轮轴，这种结构用于齿轮直径与轴的直径相差不大的情况下。如果轴的直径为 d，齿轮齿根圆的直径为 d_f，则当 $d_f - d \leqslant (6 \sim 7) m_n$ 时，应采用这种结构；而当 $d_f - d > (6 \sim 7) m_n$ 时，采用齿轮与轴分开为两个零件的结构，如低速轴与大齿轮。此时齿轮与轴的周向固定采用平键连接，轴上零件利用轴肩、轴套和轴承盖做轴向固定。两轴均采用了深沟球轴承。这种组合，用于承受径向载荷和轴向载荷不大的情况。当轴向载荷较大时，应采用角接触球轴承、圆锥滚子轴承或深沟球轴承与推力轴承的组合结构。在图 10.1-1 中，轴承是利用齿轮旋转时溅起的稀油进行润滑。箱座中油池的润滑油被旋转的齿轮溅起，飞溅到箱盖的内壁上，沿内壁流到分箱面坡口后，通过导油槽流入轴承。当浸油齿轮圆周速度 $v \leqslant 2 m/s$ 时，应采用润滑脂润滑轴承；为避免可能溅起的稀油中掉润滑脂，可采用挡油环将其分开。为防止润滑油流失和外界灰尘进入箱体内，在轴承端盖和外伸轴之间装有密封元件。

2.2　箱体

箱体是减速器的重要组成部件，它是传动零件的基座，应具有足够的强度和刚度。

箱体通常用灰铸铁制造，对于重载或有冲击载荷的减速器也可以采用铸钢箱体。对单件生产的减速器，为了简化工艺、降低成本，可采用钢板焊接的箱体。

图 10.1-1 中的箱体是由灰铸铁制造的。灰铸铁具有很好的铸造性能和减振性能。为了便于轴系部件的安装和拆卸，箱体制成沿轴心线水平剖分式。箱盖与箱座用螺栓连接成一体。轴承座的连接螺栓应尽量靠近轴承座孔，而轴承座旁的凸台，应具有足够的承托面，以便放置连接螺栓，并保证旋紧螺栓时需要的扳手空间。为保证箱体具有足够的刚度，在轴承孔附近增加支撑肋。为保证减速器安置在基础上的稳定性，并尽可能减少箱体底座平面的机械加工面积，箱体底座一般不采用完整的平面。图 10.1-1 中减速器的箱座底面采用两纵向长条形加工基面。

2.3　附件

为了保证减速器的正常工作，除了对齿轮、轴和轴承组合，以及箱体的结构设计给予足够的重视外，还应考虑到减速器润滑油池注油、排油、检查油面高度、加工及拆装检修时，箱盖与箱座的精确定位、吊装等辅助零件，以及部件的合理选择和设计。

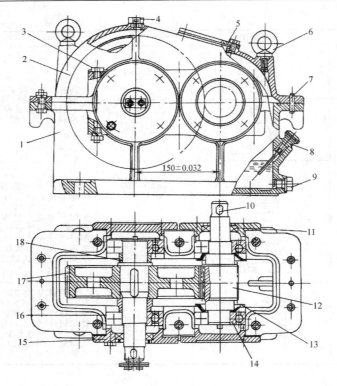

150±0.032

图 10.1-1 一级圆柱齿轮减速器的基本结构

1—箱座 2—箱盖 3—上下箱连接螺栓 4—通气器 5—检查孔盖板 6—吊环螺钉 7—定位销

8—油标尺 9—放油螺塞 10—平键 11—油封 12—齿轮轴 13—挡油盘

14—轴承 15—轴承盖 16—轴 17—齿轮 18—轴套

1）检查孔。为检查传动零件的啮合情况，并向箱内注入润滑油，应在箱体的适当位置设置检查孔。图10.1-1 的中检查孔设在箱盖顶部，能直接观察到齿轮啮合部位处。平时，检查孔的盖板用螺钉固定在箱盖上。

2）通气器。当减速器工作时，箱体内温度升高、气体膨胀、压力增大，为使箱体内热胀空气能自由排出，以保持箱体内外压力平衡，不致使润滑油沿分箱面或轴伸密封件等其他缝隙渗漏，通常在箱体顶部装设通气器。

3）轴承盖。为固定轴系部件的轴向位置并承受轴向载荷，轴承座孔两端用轴承盖封闭。轴承盖有凸缘式和嵌入式两种。图 10.1-1 中采用的是凸缘式轴承盖，利用六角螺栓固定在箱体上，外伸轴处的轴承盖是通孔，其中装有密封装置。凸缘式轴承盖的优点是拆装、调整轴承方便，但和嵌入式轴承盖相比，零件数目较多、尺寸较大、外观不平整。

4）定位销。为保证每次拆装箱盖时仍保持轴承座孔制造加工时的精度，应在精加工轴承孔前，在箱盖与箱座的连接凸缘上配装定位销。图 10.1-1 中采用的两个定位圆锥销，安置在箱体纵向两侧连接凸缘上，对称箱体应呈非对称布置，以免错装。

5）油面指示器。检查减速器内油池油面的高度，经常保持油池内有适量的油。一般在箱体便于观察、油面较稳定的部位装设油面指示器。图 10.1-1 中采用的油面指示器是油标尺。

6）放油螺塞。当换油时，排放污油和清洗剂应在箱座底部、油池的最低位置处开设放油孔，平时用螺塞将放油孔堵住。放油螺塞和箱体接合面间应加防漏用的垫圈。

7）启箱螺钉。为加强密封效果，通常在装配时于箱体剖分面上涂以水玻璃或密封胶，因而在拆卸时往往因胶结紧密难于开盖。为此，常在箱盖连接凸缘的适当位置加工出 1~2 个螺孔，旋入启箱用的圆柱端或平端的启箱螺钉。旋动启箱螺钉便可将箱盖顶起。小型减速器也可不设启箱螺钉，启盖时用螺钉旋具撬开箱盖。启箱螺钉的大小可同于凸缘连接螺栓。

8）起吊装置。当减速器质量超过 25kg 时，为了便于搬运，在箱体上设置起吊装置，如在箱体上铸出吊耳或吊钩等。图 10.1-1 中的箱盖装有两个吊环螺钉，箱座上铸出四个吊钩。

3　减速器的基本参数

3.1　圆柱齿轮减速器的基本参数

（1）中心距（见表 10.1-2~表 10.1-4）

表 10.1-2　一级减速器和二级同轴线式减速器的中心距 a　　　（mm）

系列1	63	—	71	—	80	—	90	—	100	—	112	—	125	—
系列2	—	67	—	75	—	85	—	95	—	106	—	118	—	132
系列1	140	—	160	—	180	—	200	—	224	—	250	—	280	—
系列2	—	150	—	170	—	190	—	212	—	236	—	265	—	300
系列1	315	—	355	—	400	—	450	—	500	—	560	—	630	—
系列2	—	335	—	375	—	425	—	475	—	530	—	600	—	670
系列1	710	—	800	—	900	—	1000	—	1120	—	1250	—	1400	—
系列2	—	750	—	850	—	950	—	1060	—	1180	—	1320	—	1500

注：1. 优先选用系列 1。

2. 当表中数值不够选用时，允许系列 1 按 R20、系列 2 按 R40/2 优先数系延伸。

表 10.1-3　二级减速器的总中心距 a 与高、低速级中心距 a_1、a_2　　　（mm）

系列1	a_2	100	112	125	140	160	180	200	224	250	280	315	355
	a_1	71	80	90	100	112	125	140	160	180	200	224	250
	a	171	192	215	240	272	305	340	384	430	480	539	605
系列2	a_2	106	118	132	150	170	190	212	236	265	300	335	375
	a_1	75	85	95	106	118	132	150	170	190	212	236	265
	a	181	203	227	256	288	322	362	406	455	512	571	640
系列1	a_2	400	450	500	560	630	710	800	900	1000	1120	1250	1400
	a_1	280	315	355	400	450	500	560	630	710	800	900	1000
	a	680	765	855	960	1080	1210	1360	1530	1710	1920	2150	2400
系列2	a_2	425	475	530	600	670	750	850	950	1060	1180	1320	
	a_1	300	353	375	425	475	530	600	670	750	850	950	
	a	725	810	905	1025	1145	1280	1450	1620	1810	2030	2270	

表 10.1-4　三级减速器的总中心距 a 与高、中、低速级中心距 a_1、a_2、a_3　　　（mm）

系列1	a_3	140	160	180	200	224	250	280	315	355	400	450
	a_2	100	112	125	140	160	180	200	224	250	280	315
	a_1	71	80	90	100	112	125	140	160	180	200	224
	a	311	352	395	440	496	555	620	699	785	880	989
系列2	a_3	150	170	190	212	236	265	300	335	275	425	475
	a_2	106	118	132	150	170	190	212	236	265	300	335
	a_1	75	85	95	106	118	132	150	170	190	212	236
	a	331	373	417	468	524	587	662	741	830	937	1046
系列1	a_3	500	560	630	710	800	900	1000	1120	1250	1400	
	a_2	355	400	450	500	560	630	710	800	900	1000	
	a_1	250	280	315	355	400	450	500	560	630	710	
	a	1105	1240	1395	1565	1760	1980	2210	2480	2780	3110	
系列2	a_3	530	600	670	750	850	950	1060	1180	1320		
	a_2	375	425	475	530	600	670	750	850	950		
	a_1	265	300	335	375	425	475	530	600	670		
	a	1170	1325	1480	1655	1875	2095	2340	2630	2940		

（2）传动比（见表 10.1-5~表 10.1-7）

表 10.1-5　一级减速器公称传动比 i

1.25	1.4	1.6	1.8	2	2.24	2.5	2.8
3.15	3.55	4	4.5	5	5.6	6.3	7.1

表 10.1-6　二级减速器的公称传动比 i

6.3	7.1	8	9	10	11.2	12.5	14	16	18
20	22.4	25	28	31.5	35.5	40	45	50	56

表 10.1-7　三级减速器的公称传动比 i

22.4	25	28	31.5	35.5	40	45	50	56	63	71	80
90	100	112	125	140	160	180	200	224	250	280	315

减速器的实际传动比与公称传动比的相对偏差 Δi 遵循以下规定：一级减速器 $|\Delta i| \leqslant 3\%$，两级减速器 $|\Delta i| \leqslant 4\%$，三级减速器 $|\Delta i| \leqslant 5\%$。

（3）齿宽系数（见表 10.1-8）

表 10.1-8　减速器的齿轮齿宽系数 ϕ_a

0.2	0.25	0.3	0.35	0.4	0.45	0.5	0.6

注：$\phi_a = \dfrac{b}{a}$；a—本齿轮副传动中心距；b—工作齿宽，对于人字齿轮（双斜齿轮）为一个斜齿轮的工作齿宽。

3.2　圆柱蜗杆减速器的基本参数

（1）中心距 a（见表 10.1-9）

（2）传动比 i（见表 10.1-10）

圆柱齿轮减速器和圆柱蜗杆减速器的输入和输出轴中心线高度应按 GB/T 12217—2005《机器 轴高》选取。

圆柱齿轮减速器和圆柱蜗杆减速器的输入和输出轴轴伸尺寸应符合 GB/T 1569—2005《圆柱形轴伸》与 GB/T 1570—2005《圆锥形轴伸》的规定。

表 10.1-9　中心距 a（摘自 GB/T 10085—1988）

（mm）

40	50	63	80	100	125	160	(180)	200
(225)	250	(260)	315	(355)	400	(450)	500	

注：1. 大于 500mm 的中心距可按优先数系 R20 的优先数选用。

　　2. 括号中的数字尽可能不采用。

表 10.1-10　传动比 i（摘自 GB/T 10085—1988）

5	7.5	10	12.5	15	20	25	30	40	50	60	70	80

注：10、20、40 和 80 为基本传动比，应优先采用。

4　减速器传动比的分配

在设计两级或多级减速器时，合理地将传动比分配到各级非常重要。因为它直接影响减速器的尺寸、质量、润滑方式和维护等。

分配传动比的基本原则是：

1）使各级传动的承载能力接近相等（一般指齿面接触强度）。

2）使各级传动的大齿轮浸入油中的深度大致相等，以使润滑简便。

3）使减速器获得最小的外形尺寸和重量。

（1）二级圆柱齿轮减速器

按齿面接触强度相等及较有利的润滑条件，可按下面关系分配传动比。高速级的传动比 i_1 为

$$i_1 = \frac{i - c\sqrt[3]{i}}{c\sqrt[3]{i} - 1} \qquad (10.1\text{-}1)$$

$$c = \frac{a_2}{a_1} \sqrt[3]{\left(\frac{\sigma_{HP1}}{\sigma_{HP2}}\right)^2 \frac{\phi_{a2}}{\phi_{a1}}} \qquad (10.1\text{-}2)$$

式中　　i——总传动比；

　　a_1、a_2——高速级、低速级齿轮传动的中心距；

　　σ_{HP1}、σ_{HP2}——高速级、低速级齿轮的接触疲劳许用应力；

　　ϕ_{a1}、ϕ_{a2}——高速级、低速级齿轮的齿宽系数。

当高速级和低速级齿轮的材料和热处理条件相同时，传动比的分配可按图 10.1-2 进行。

对二级卧式圆柱齿轮减速器，按高速级和低速级的大齿轮浸入油中的深度大致相等的原则，传动比的

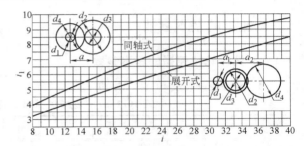

图 10.1-2　两级圆柱齿轮减速器传动比分配线图

分配，可按下述经验数据和经验公式进行：

对于展开式和分流式减速器，由于中心距 $a_2 > a_1$，所以常使 $i_1 > i_2$。

对于同轴式减速器，由于 $a_1 = a_2$，应使 $i_1 \approx i_2$，或按下式计算，使浸油深度相等。

$$i_1 = \sqrt{i} - (0.01 \sim 0.05)i$$

也可近似地按图 10.1-3 进行传动比分配。为达到等强度要求，应取 $\phi_{a2} > \phi_{a1}$。

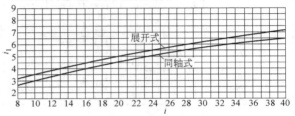

图 10.1-3　二级圆柱齿轮减速器按大轮浸油
深度相近传动比分配线图

（2）二级圆锥-圆柱齿轮减速器

对这种减速器的传动比进行分配时，要尽量避免圆锥齿轮尺寸过大、制造困难，因而高速级圆锥齿轮的传动比 i_1 不宜太大，通常取 $i_1 \approx 0.25i$，最好使 $i_1 \leqslant 3$。当要求两级传动大齿轮的浸油深度大致相等时，也可取 $i_1 = 3.5 \sim 4$。

（3）三级圆柱和圆锥-圆柱齿轮减速器

按各级齿轮齿面接触强度相等，并能获得较小的外形尺寸和质量的原则，三级圆柱齿轮减速器的传动比分配可按图 10.1-4 进行，三级圆锥-圆柱齿轮减速器的传动比分配可按图 10.1-5 进行。

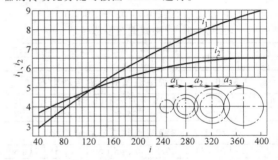

图 10.1-4　三级圆柱齿轮减速器传动比分配线图

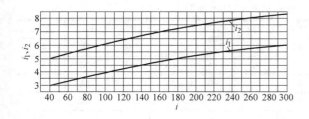

图 10.1-5　三级圆锥-圆柱齿轮减速器传动比分配线图

（4）二级蜗杆减速器

对这类减速器，为满足 $a_1 \approx a_2/2$ 的要求，使高速级和低速级传动浸油深度大致相等，通常取 $i_1 = i_2 = \sqrt{i}$。

（5）二级齿轮-蜗杆和蜗杆-齿轮减速器

对这类减速器，当齿轮传动布置在高速级时，为使箱体结构紧凑和便于润滑，通常取齿轮传动比 $i_1 \leqslant 2 \sim 2.5$。而当蜗杆布置在高速级时，可使传动有较高的效率，这时齿轮传动的传动比 $i_2 = (0.03 \sim 0.06)i$ 为宜。

5　齿轮、蜗杆减速器箱体结构尺寸（见表 10.1-11～表 10.1-13 和图 10.1-6～图 10.1-9）

5.1　铸铁箱体的结构和尺寸（见表 10.1-11）

表 10.1-11　铸铁减速器箱体主要结构尺寸（见图 10.1-6 和图 10.1-7）

名称	符号		减速器形式及尺寸关系/mm		
			齿轮减速器	锥齿轮减速器	蜗杆减速器
箱座壁厚	δ	一级	$0.025a+1 \geqslant 8$	$0.0125(d_{1m}+d_{2m})+1 \geqslant 8$ 或 $0.01(d_1+d_2)+1 \geqslant 8$ d_1、d_2—小、大锥齿轮的大端直径 d_{1m}、d_{2m}—小、大锥齿轮的平均直径	$0.04a+3 \geqslant 8$
		二级	$0.025a+3 \geqslant 8$		
		三级	$0.025a+5 \geqslant 8$		
箱盖壁厚	δ_1	一级	$0.02a+1 \geqslant 8$	$0.01(d_{1m}+d_{2m})+1 \geqslant 8$ 或 $0.0085(d_1+d_2)+1 \geqslant 8$	蜗杆在上：$\approx \delta$ 蜗杆在下：$= 0.85\delta \geqslant 8$
		二级	$0.02a+3 \geqslant 8$		
		三级	$0.02a+5 \geqslant 8$		
箱盖凸缘厚度	b_1		$1.5\delta_1$		
箱座凸缘厚度	b		1.5δ		
箱座底凸缘厚度	b_2		2.5δ		
地脚螺钉直径	d_f		$0.036a+12$	$0.018(d_{1m}+d_{2m})+1 \geqslant 12$ 或 $0.015(d_1+d_2)+1 \geqslant 12$	$0.36a+12$
地脚螺钉数目	n		$a \leqslant 250$ 时，$n=4$ $a>250 \sim 500$ 时，$n=6$ $a>500$ 时，$n=8$	$n=\dfrac{底凸缘周长之半}{200 \sim 300} \geqslant 4$	4
轴承旁连接螺栓直径	d_1		$0.75d_f$		
盖与座连接螺栓直径	d_2		$(0.5 \sim 0.6)d_f$		
连接螺栓 d_2 的间距	l		$150 \sim 200$		
轴承端盖螺钉直径	d_3		$(0.4 \sim 0.5)d_f$		
视孔盖螺钉直径	d_4		$(0.3 \sim 0.4)d_f$		
定位销直径	d		$(0.7 \sim 0.8)d_2$		
凸台高度	h		根据低速级轴承座外径确定		
外箱壁与轴承座端面距离	l_1		$C_1+C_2+(5 \sim 10)$		
大齿轮顶圆（蜗轮外圆）与内箱壁距离	Δ_1		$>1.2\delta$		
齿轮（锥齿轮或蜗轮轮毂）端面与内箱壁距离	Δ_2		$>\delta$		
箱盖、箱座肋厚	m_1、m		$m_1 \approx 0.85\delta_1$；$m \approx 0.85\delta$		
轴承端盖外径	D_2		$D+(5 \sim 5.5)d_3$；D—轴承外径		
轴承旁连接螺栓距离	S		尽量靠近轴承，注意保证 Md_1 和 Md_3 互不干涉，一般取 $S \approx D_2$		

注：1. 多级传动时 a 取低速级中心距。对圆锥-圆柱齿轮减速器，按圆柱齿轮传动中心距取值。

2. 焊接箱体的箱壁厚度约为铸造箱体壁厚的 $70\% \sim 80\%$。

3. C_1、C_2、D_0、R_0、r 见表 10.1-12。

4. 几种常见的二级齿轮减速箱结构见表 10.1-13。

表 10.1-12 凸台及凸缘的结构尺寸（见图 10.1-6 和图 10.1-7） （mm）

螺栓直径	M6	M8	M10	M12	M14	M16	M18	M20	M22	M24	M27	M30
$C_1 \geqslant$	12	14	16	18	20	22	24	26	30	34	38	40
$C_2 \geqslant$	10	12	14	16	18	20	22	24	26	28	32	35
D_0	13	18	22	26	30	33	36	40	43	48	53	61
$R_0 \leqslant$	5						8			10		
$r \leqslant$	3						5			8		

表 10.1-13 几种常见的二级齿轮减速箱结构

结构特点	简图	特点	结构特点	简图	特点
卧式减速箱 — 展开式，水平分箱面		最常见的结构型式，加工、装配都比较方便，但当两个大齿轮直径相差较大时，难以兼顾浸油深度的要求	立式减速箱 — 水平分箱面		上面的齿轮润滑困难，不适于采用油浴润滑。只有当输入、输出轴位置有特殊要求（在同一垂直线上而高度不同），或占地面积要求受到严格限制时，才采用这种减速箱。有两个分箱面，结构复杂
展开式，水平分箱面，下体箱底凸缘抬高		下箱体底凸缘抬高，可以降低减速箱中心高度，减小了油池容积，但下箱体加工时增加了一些困难	垂直分箱面		减速箱的各轴承位于同一个垂直的分箱面上，加工比较容易，支承点在中间，可以满足有特殊安装基面的要求，装配方便，但分箱面容易漏油
展开式，倾斜分箱面		有利于解决两个大齿轮浸油深度相差过大的问题，但下箱体分箱加工较困难，输入轴与输出轴高度不一致			
整体式箱体		箱体结构简单，加工方便，但装配比较困难，轴和齿轮的配合、轴承和箱体孔的配合都比前面几种要松一些，对承受冲击载荷能力和传动精度有不利的影响	水平、垂直组合分箱面		箱体由三块组合而成，既满足装配方便又不易漏油，但结构复杂，增加了加工的难度

5.2 焊接箱体的结构和尺寸

焊接箱体具有结构紧凑、质量小，强度和刚度大、生产周期短等优点，适于小批量生产。箱体一般用低碳钢板焊成，焊缝要密封，不得漏油。通常焊缝不必采用等强接头，角焊缝的焊脚可取壁板厚度的 1/3~1/2，加强肋和隔板角焊缝可更小或用间断焊。焊后一般需要进行消除内应力处理。箱体设计还要考虑散热能力和油的冷却。

整体式箱体常用于中、小型减速器上。剖分式箱体是减速器中最常用的结构型式。图 10.1-8 所示为剖分式焊接箱体结构。

为了提高箱壁的稳定性，改善受力状况，在轴承座处应适当加肋。图 10.1-9a 适用于轴承座受力较小的情况，图 10.1-9b、c 适用于承受重载荷的轴承座。

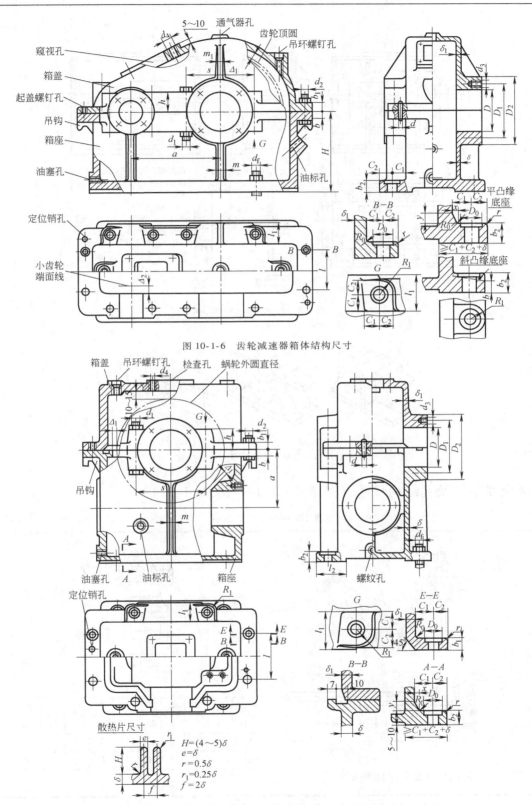

图 10-1-6　齿轮减速器箱体结构尺寸

$H=(4\sim5)\delta$
$e=\delta$
$r=0.5\delta$
$r_1=0.25\delta$
$f=2\delta$

散热片尺寸

图 10.1-7　蜗杆减速器箱体结构尺寸

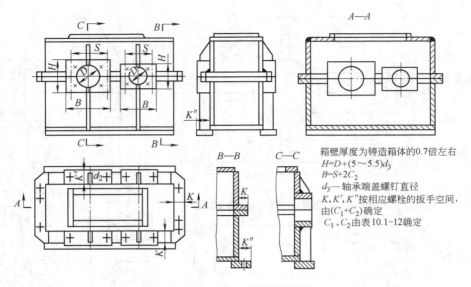

箱壁厚度为铸造箱体的0.7倍左右
$H = D + (5 \sim 5.5)d_3$
$B = S + 2C_2$
d_3——轴承端盖螺钉直径
K, K', K'' 按相应螺栓的扳手空间,
由 $(C_1 + C_2)$ 确定
C_1、C_2 由表10.1-12确定

图 10.1-8 剖分式焊接箱体结构

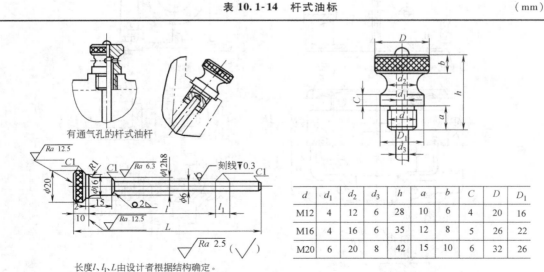

a)   b)   c)

图 10.1-9 单壁剖分式轴承座加肋形式

6 减速器附件及其结构尺寸（见表 10.1-14 ~ 表 10.1-22）

表 10.1-14 杆式油标 (mm)

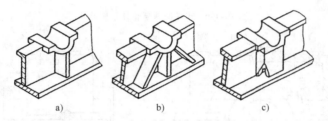

有通气孔的杆式油杆

长度 l、l_1、L 由设计者根据结构确定。

d	d_1	d_2	d_3	h	a	b	C	D	D_1
M12	4	12	6	28	10	6	4	20	16
M16	4	16	6	35	12	8	5	26	22
M20	6	20	8	42	15	10	6	32	26

注：杆式油标是一种结构简单的油面指示器，通过杆上两条刻线来检查油面的合适位置。

表 10.1-15　起重吊耳和吊钩

吊耳（在箱盖上铸出）

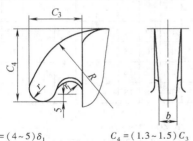 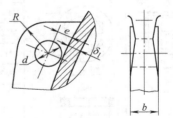

$C_3 = (4 \sim 5)\delta_1$　　　　$C_4 = (1.3 \sim 1.5)C_3$

$b = (1.8 \sim 2.5)\delta_1$　　　$R = C_4$

$r_1 \approx 0.2C_3$　　　　　　$r \approx 0.25C_3$

δ_1—箱盖壁厚

$d = b$　　　　　　　　$b \approx (1.8 \sim 2.5)\delta_1$

$R \approx (1 \sim 1.2)d$　　　　$e \approx (0.8 \sim 1)d$

吊钩（在箱座上铸出）

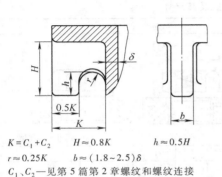 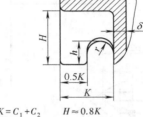

$K = C_1 + C_2$　　$H \approx 0.8K$

$r \approx 0.25K$　　　$b \approx (1.8 \sim 2.5)\delta$

C_1、C_2—见第 5 篇第 2 章螺纹和螺纹连接

$K = C_1 + C_2$　　$H \approx 0.8K$　　$h \approx 0.5H$

$r \approx K/6$　　　　$b \approx (1.8 \sim 2.5)\delta$　　H_1—按结构确定

C_1、C_2—见第 5 篇第 2 章螺纹和螺纹连接

表 10.1-16　视孔盖　　　　　　　　　　　　　　　（mm）

减速器中心距 a、a_Σ			l_1	l_2	b_1	b_2	d 直径	d 孔数	δ	R
一级 $a \leqslant$	150		90	75	70	55	7	4	4	5
	250		120	105	90	75	7	4	4	5
	350		180	163	140	125	7	8	4	5
	450		200	180	180	160	11	8	4	10
	500		220	200	200	180	11	8	4	10
	700		270	240	220	190	11	8	6	15
二级 $a_\Sigma \leqslant$	250	三级 $a_\Sigma \leqslant$ 350	140	125	120	105	7	8	4	5
	425	500	180	165	140	125	7	8	4	5
	500	650	220	190	160	130	11	8	4	15
	650	825	270	240	180	150	11	8	6	15
	850	1100	350	320	220	190	11	8	10	15
	1100	1250	420	390	260	230	13	10	10	15

注：视孔和视孔盖用于检查传动件的啮合情况及向箱中注油之用。

表 10.1-17　外六角螺塞（摘自 JB/ZQ 4450—2006）、纸封油圈、皮封油圈　　　　（mm）

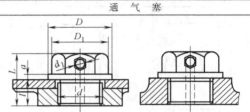

d	d_1	D	e	s	L	h	b	b_1	R	c	D_0	H 纸圈	H 皮圈
M12×1.25	10.2	22	15	13	24	12	3	3	1	1.0	22	2	2
M20×1.5	17.8	30	24.2	21	30	15	3	3	1	1.0	30	2	2
M24×2	21	34	31.2	27	32	16	4	4	1	1.5	35	3	2.5
M30×2	27	42	39.3	34	38	18	4	4	1	1.5	45	3	2.5

标记示例：螺塞　　M20×1.5　JB/ZQ 4450—2006
　　　　　油圈　　30×20　　（$D_0 = 30$、$d = 20$ 的纸封油圈）
　　　　　油圈　　30×20　　（$D_0 = 30$、$d = 20$ 的皮封油圈）

材料：纸封油圈，石棉橡胶纸；皮封油圈，工业用革；螺塞，Q235

表 10.1-18　通气器的结构型式及其尺寸　　　　（mm）

手提式通气器	通 气 塞

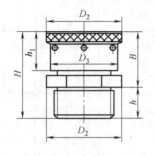 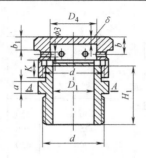

s—螺母扳手宽度

d	D	D_1	s	L	l	a	d_1
M12×1.25	18	16.5	14	19	10	2	4
M16×1.5	22	19.6	17	23	12	2	5
M20×1.5	30	25.4	22	28	15	4	6
M22×1.5	32	25.4	22	29	15	4	7
M27×1.5	38	31.2	27	34	18	4	8
M30×2	42	36.9	32	36	18	4	8
M33×2	45	36.9	32	38	20	4	8
M36×3	50	41.6	36	46	25	5	8

通 气 帽

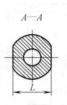

d	D_1	B	h	H	D_2	H_1	a	δ	K	b	h_1	b_1	D_3	D_4	L	孔数
M27×1.5	15	≈30	15	≈45	36	32	6	4	10	8	22	6	32	18	32	6
M36×2	20	≈40	20	≈60	48	42	8	4	12	11	29	8	42	24	41	6
M48×3	30	≈45	25	≈70	62	52	10	5	15	13	32	10	56	36	55	8

（续）

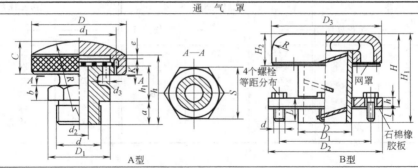

通　气　罩

4个螺栓等距分布

网罩

石棉橡胶板

A型　　　　　　　　　B型

d	d_1	d_2	d_3	D	h	a	b	C	h_1	R	D_1	S	K	e
M18×1.5	M33×1.5	8	3	40	40	12	7	16	18	40	25.4	22	8	2
M27×1.5	M48×1.5	12	4.5	60	54	15	10	22	24	60	36.9	32	9	2
M36×1.5	M64×1.5	16	6	80	70	20	13	28	32	80	53.1	41	10	3

A 型通气罩

No	D	D_1	D_2	D_3	H	H_1	H_2	R	h	螺栓 $d×L$	质量/kg
1	60	100	125	125	77	95	35	20	6	M10×25	2.26
2	114	200	250	260	165	195	70	40	10	M20×50	14

B 型通气罩

注：通气器用于通气，使箱体内外压力一致，以避免运转时箱体内温度升高，内压增大，而引起箱体内润滑油的渗漏。通气塞一般适用于小型、环境比较清洁及发热较少的减速器。通气帽、通气罩一般用在较大或环境较差的减速器上。

表 10.1-19　螺栓连接式轴承盖　　　　　　　　（mm）

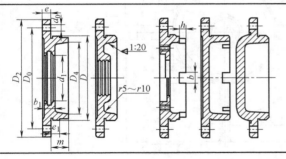

$d_0 = d_3 + 1$mm，d_3 为端盖连接螺栓直径，尺寸见右表
$D_0 = D + 2.5d_3$
$D_2 = D_0 + 2.5d_3$
$e = 1.2d_3$
$e_1 \geqslant e$
m 由结构确定
$D_4 = D - (10 \sim 15)$mm
b_1、d_1 由密封尺寸确定
$b = 5 \sim 10$mm
$h = (0.8 \sim 1)b$

轴承外径 D	螺栓直径 d_3	端盖上螺栓数目
45~65	8	4
70~100	10	4
110~140	12	6
150~230	16	6
230 以上	20	8

材料：HT150

表 10.1-20　嵌入式轴承盖

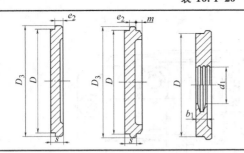

$e_2 = 5 \sim 10$mm
$s = 10 \sim 15$mm
m 由结构确定
$D_3 = D + e_3$，装有 O 形圈的，按 O 形圈外径取整
d_1、b_1 等由密封尺寸确定
$e_3 = 7 \sim 12$mm
材料：HT150

表 10.1-21　套杯　　　　　　　　　　（mm）

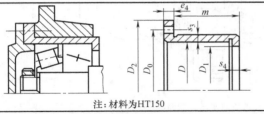

注：材料为HT150

s_3、s_4、$e_4 = 7 \sim 12$
$D_0 = D + 2s_3 + 2.5d_3$
D_1 由轴承安装尺寸确定
$D_2 = D_0 + 2.5d_3$
m 由结构确定
d_3 见表 10.1-19

注：套杯是放置和固定轴承位置用的。

表 10.1-22　地脚螺栓直径 d_ϕ 与数目

一级减速器			二级减速器			三级减速器		
a	d_ϕ	螺栓数目	$a_1 + a_2$	d_ϕ	螺栓数目	$a_1 + a_2 + a_3$	d_ϕ	螺栓数目
mm			mm			mm		
≤100	12		≤350	16		≤500	20	
≤150	14		≤400	20		≤650	24	
≤200	16		≤600	24		≤950	30	
≤250	20	4	≤750	30	6	≤1250	36	8
≤350	24		≤1000	36		≤1650	42	
≤450	30		≤1300	42		≤2150	48	
≤600	36							

7　典型减速器结构示例

7.1　装配图（见图 10.1-10~图 10.1-20）

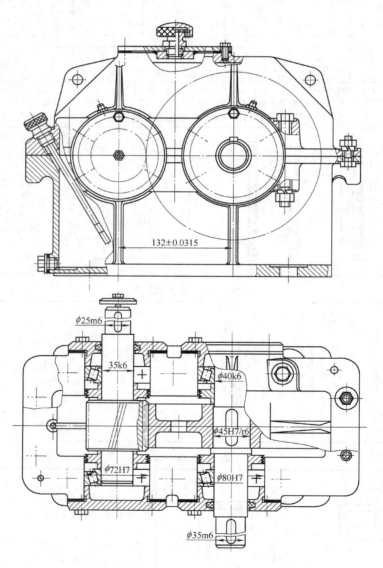

图 10.1-10　一级圆柱齿轮减速器（脂润滑）

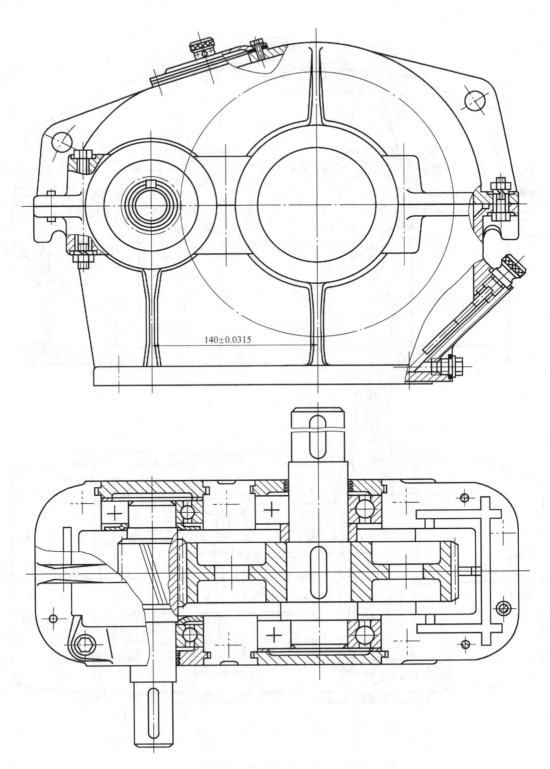

140±0.0315

图 10.1-11　一级圆柱齿轮减速器（油润滑）

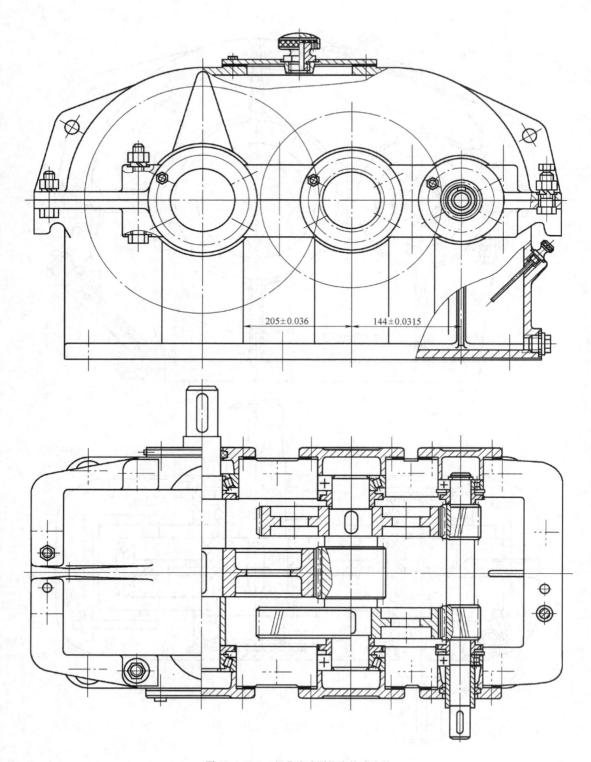

图 10.1-12   二级分流式圆柱齿轮减速器

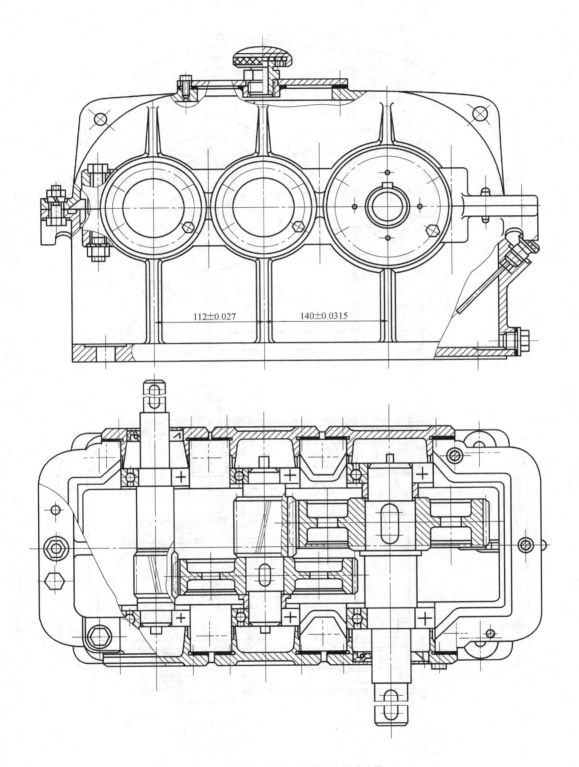

图 10.1-13　二级展开式圆柱齿轮减速器

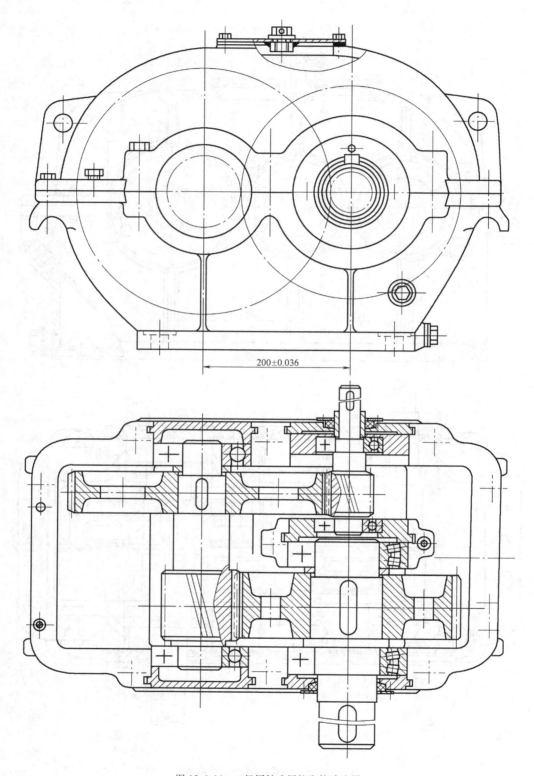

200±0.036

图 10.1-14　二级同轴式圆柱齿轮减速器

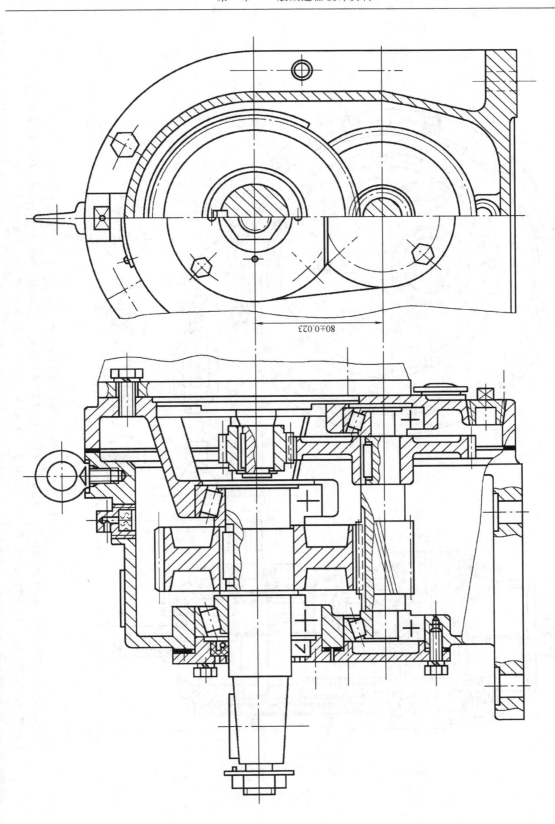

80±0.023

图 10.1-15　二级同轴式轴装圆柱齿轮减速器

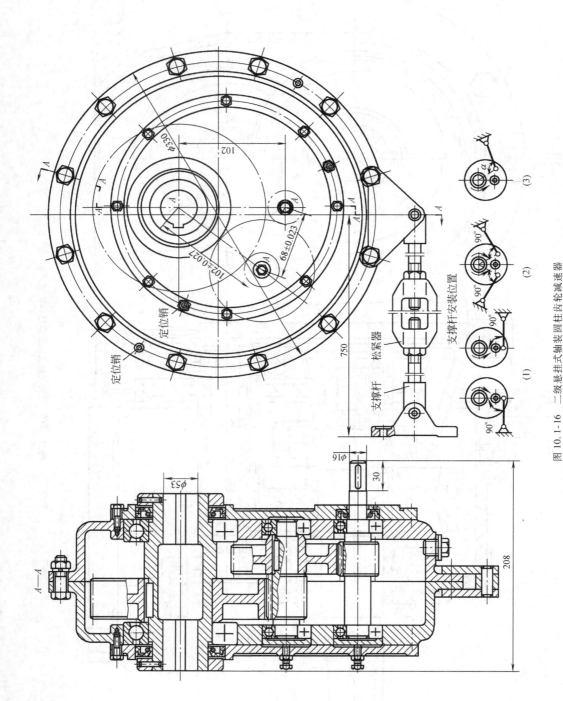

图 10.1-16　二级悬挂式轴装圆柱齿轮减速器

注：轴装式齿轮减速器不需底座，结构紧凑，装配方便，输出轴为空心轴，可直接套在被传动的轴上。为防止减速器绕空心轴回转，用支撑杆固定。支撑杆安装位置与空心轴转向有关，务使支撑杆受向拉力。图 (1) ～图 (3) 为支撑杆的几种安装方式，安装角度 α＝90°～150°，一般常用 90°。

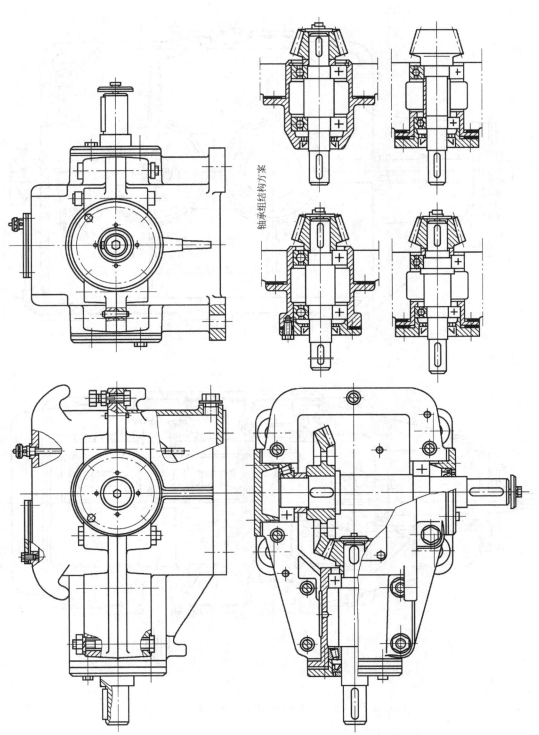

轴承组结构方案

图 10.1-17　一级锥齿轮减速器

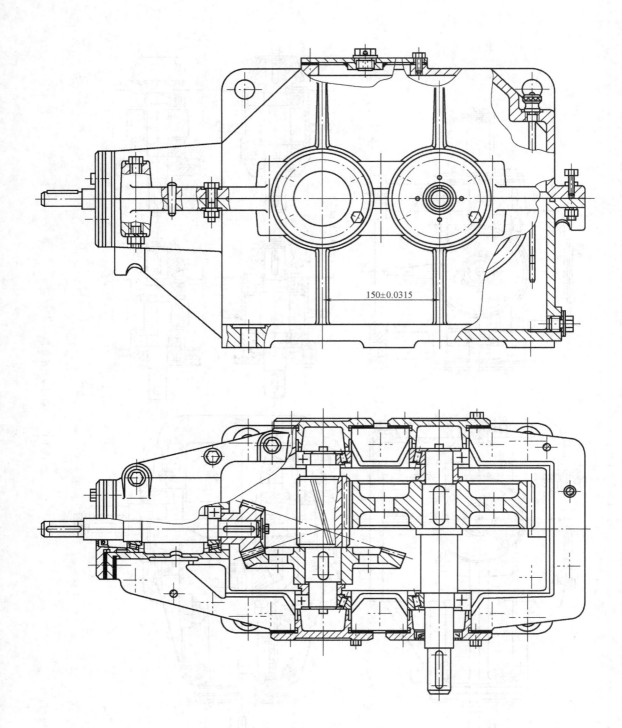

150±0.0315

图 10.1-18　锥齿轮-圆柱齿轮减速器

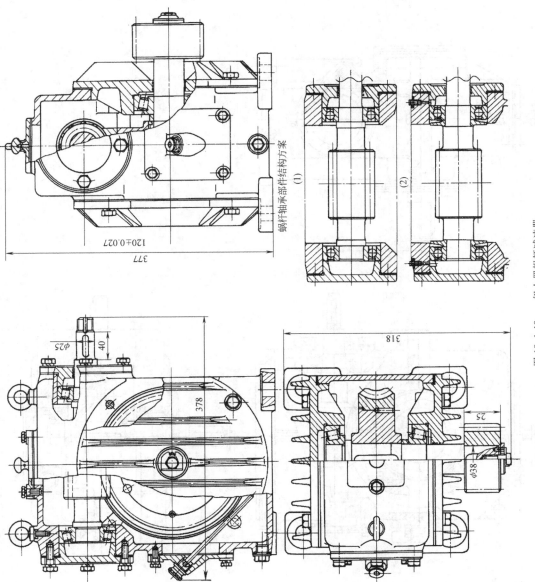

蜗杆轴承部件结构方案

(1)

(2)

图 10. 1-19　一级上置蜗杆减速器

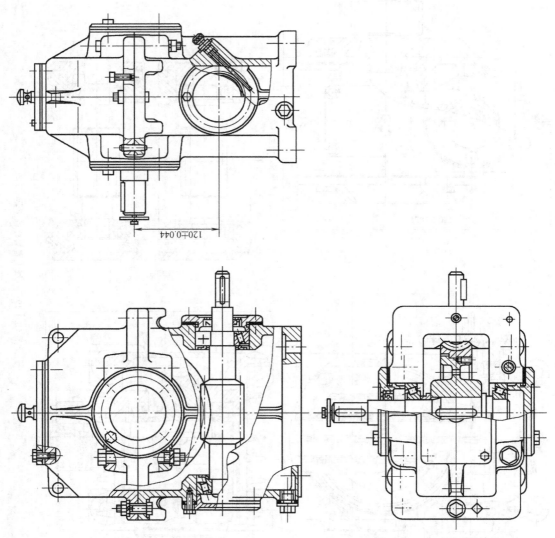

120 ± 0.044

图 10.1-20　一级下置蜗杆减速器

7.2　箱体零件工作图（见图 10.1-21～图 10.1-28）

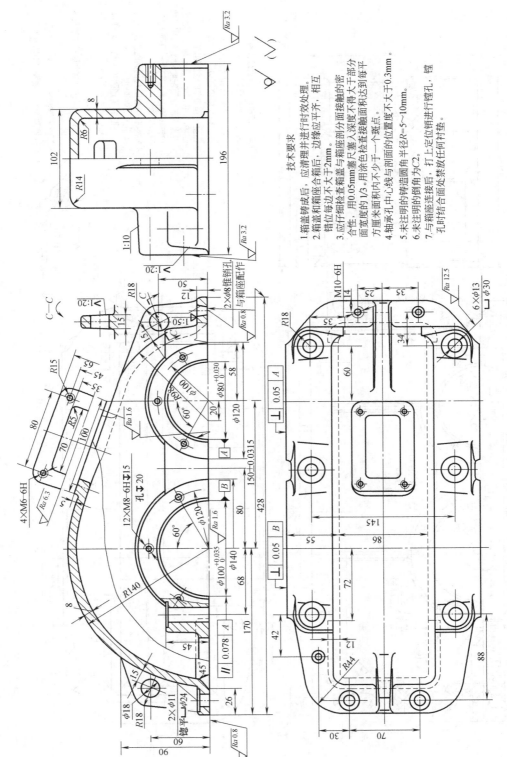

图 10.1-21　圆柱齿轮减速器箱盖

技术要求

1. 箱体铸成后，应清理并进行时效处理。
2. 箱盖和箱座合箱后，边缘应平齐，相互错位每边不大于2mm。
3. 应仔细检查箱盖与箱座剖分面接触的密合性，用0.05mm塞尺检查箱盖与剖面的密合性，塞入深度不得大于接触面宽度的1/3，用涂色法检查接触面积达到每平方厘米面积内不少于一个斑点。
4. 轴承孔中心线与剖面的位置度不大于0.3mm。
5. 未注明的铸造圆角半径R=5～10mm。
6. 未注明的铸造倒角为C2。
7. 与箱座连接后，打上定位销钉孔，镗孔时结合面处禁放任何衬垫。

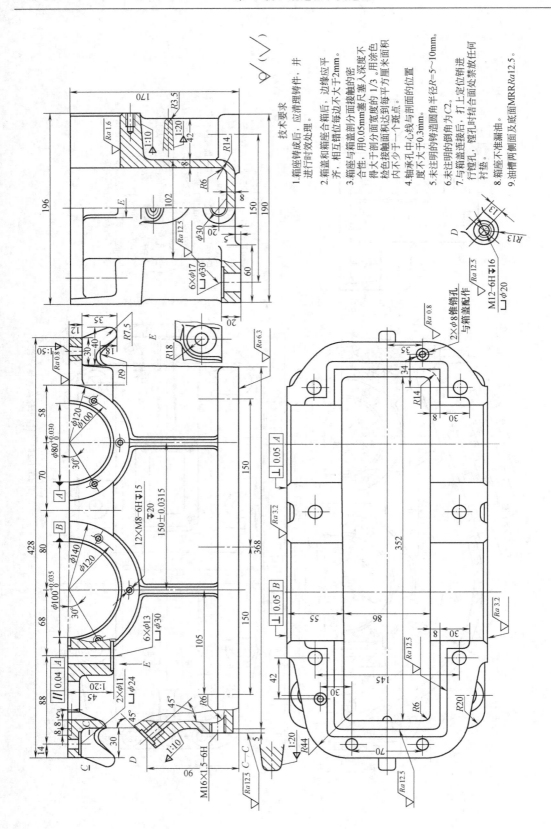

技术要求

1. 箱座铸成后，应清理铸件，并进行时效处理。

2. 箱座和箱盖合箱后，边缘应平齐，相互错位每边不大于2mm。

3. 箱座与箱盖剖分面接触的密合性：用0.05mm塞入深度不得大于剖分面宽度的1/3。用涂色检查接触面积达到每平方厘米面积内不少于一个斑点。

4. 轴承孔中心线与剖分面的位置度不大于0.3mm。

5. 未注明的铸造圆角半径R=5~10mm。

6. 未注明的倒角为C2。

7. 与箱盖连接后，打上定位销进行铰孔，镗孔时结合面处禁放任何衬垫。

8. 箱座不准漏油。

9. 油槽两侧面及底面MRRRa12.5。

图 10.1-22 圆柱齿轮减速器箱座

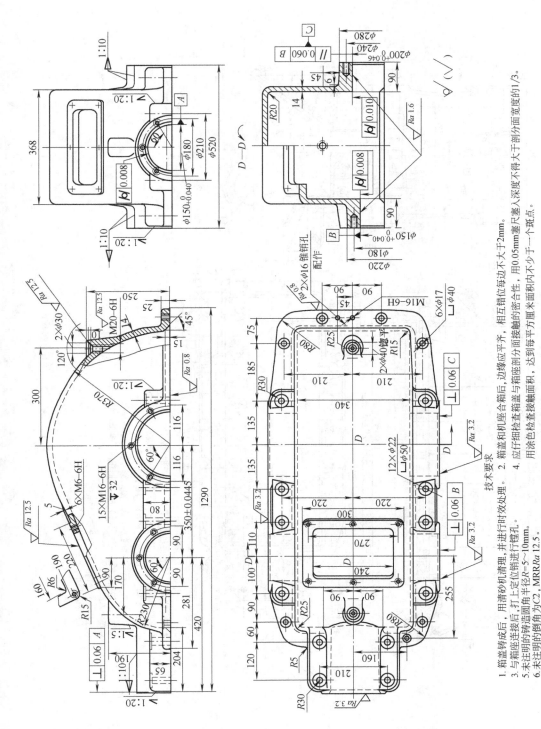

技术要求
1. 箱盖铸成后，用清砂机清理，并进行时效处理。
2. 箱盖和机座合箱后，边缘应平齐，相互错位每边不大于2mm。
3. 与箱座连接后，打上定位销进行镗孔。
4. 应仔细检查箱盖与箱座剖分面接触的密合性，用0.05mm塞尺塞入深度不得大于剖分面宽度的1/3。
5. 未注明的铸造圆角半径R=5～10mm。
6. 未注明的倒角为C2，MRRRa12.5。

图 10. 1-23　锥齿轮-圆柱齿轮减速器箱盖

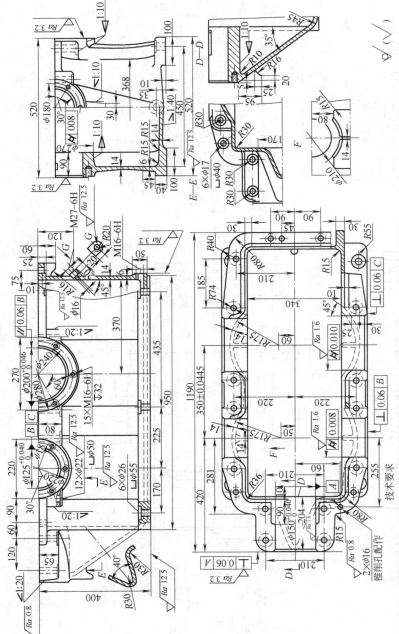

技术要求

1. 箱座铸成后，用清砂机清理铸件，并进行时效处理。
2. 箱座与箱盖合箱后，边缘应平齐，相互错位每边不大于2mm。
3. 与箱盖连接后，打上定位销进行镗孔。
4. 应仔细检查箱座与箱盖剖分接触面的密合性，用0.05mm塞尺塞入深度不得大于剖分面宽度的1/3。
5. 箱座不准漏油。用涂色法检查接触面积达到每平方厘米面积内不少于一个斑点。
6. 未注明的铸造圆角半径R=5~10mm。
7. 未注明的铸造倒角为C3，MRRRa 12.5。

锥销孔配作

图 10.1-24 圆锥-圆柱齿轮减速器箱座

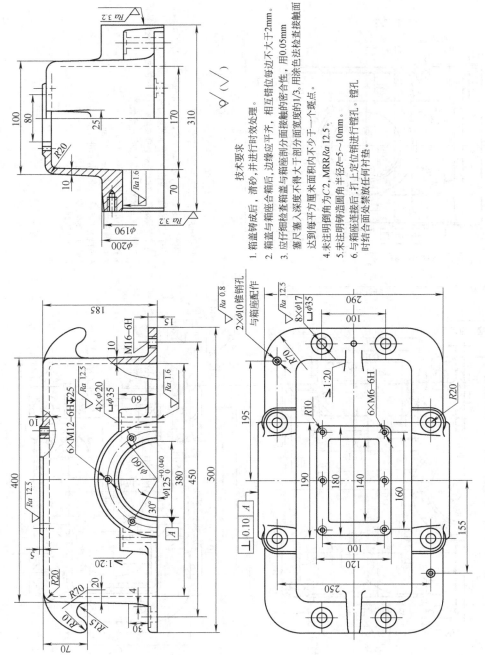

技术要求
1. 箱盖铸成后，清砂，并进行时效处理。
2. 箱盖与箱座合箱后，边缘应平齐，相互错位每边应不大于2mm。
3. 应仔细检查箱盖与箱座剖分面接触的密合性，用0.05mm塞尺塞入深度不得大于剖分面宽度的1/3，用涂色法检查接触面达到每平方厘米面积内不少于一个斑点。
4. 未注明倒角为C2，MRR Ra 12.5。
5. 未注明铸造圆角半径R=5~10mm。
6. 与箱座连接后，打上定位销进行铰孔。铰孔时结合面处禁放任何衬垫。

图10.1-25　蜗杆减速器箱盖

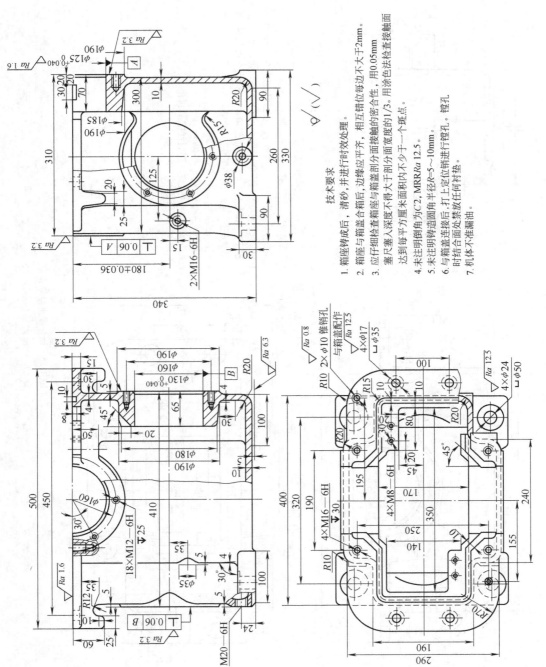

技术要求

1. 箱座铸成后，清砂，并进行时效处理。
2. 箱座与箱盖合箱后，边缘应平齐，相互错位每边不大于2mm。
3. 应行细检查箱座与箱盖剖分面接触的密合性，用0.05mm塞尺塞入深度不得大于剖分面宽度的1/3，用涂色法检查接触面达到每平方厘米面积内不少于一个斑点。
4. 未注明倒角为C2，MRRRRa12.5。
5. 未注明铸造圆角半径R=5～10mm。
6. 与箱盖连接后，打上定位销进行铰孔、镗孔。
7. 机体不准漏油。

图 10.1-26　蜗杆减速器箱座

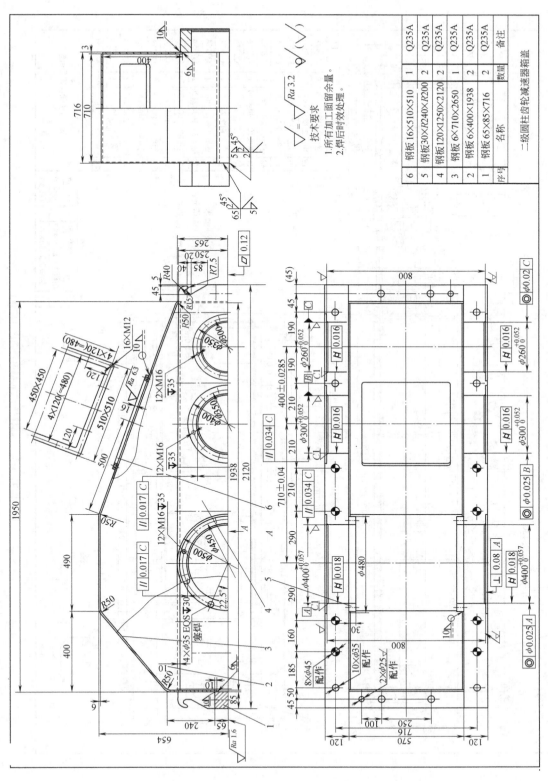

图 10.1-27　二级圆柱齿轮减速器箱盖（焊接件）

6	钢板 16×510×510	1	Q235A
5	钢板 30×R240×R200	2	Q235A
4	钢板 120×1250×2120	2	Q235A
3	钢板 6×710×2650	1	Q235A
2	钢板 6×400×1938	2	Q235A
1	钢板 65×85×716	2	Q235A
序号	名称	数量	备注

二级圆柱齿轮减速器箱盖

技术要求

1. 所有加工面上面留余量。
2. 焊后时效处理。

$\nabla = \sqrt{}\quad \sqrt{Ra\,3.2}\quad \nabla(\sqrt{})$

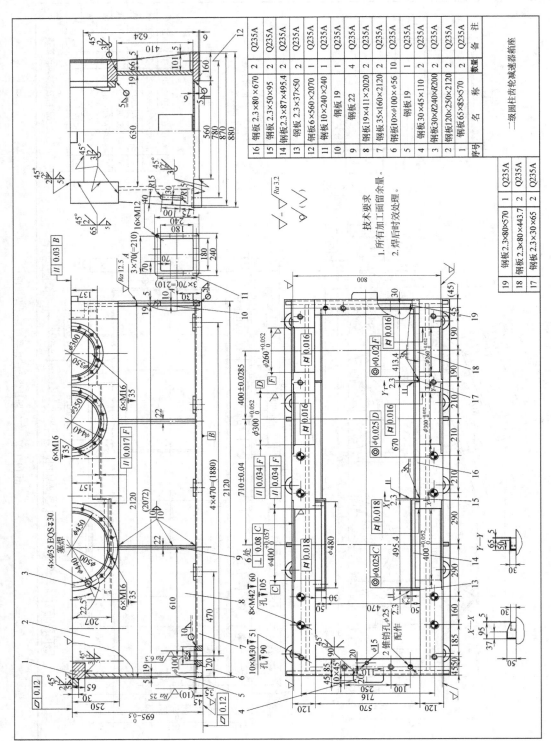

序号	名　称	数量	备　注
19	钢板2.3×80×570	1	Q235A
18	钢板2.3×80×443.7	2	Q235A
17	钢板2.3×30×65	2	Q235A
16	钢板2.3×80×670	2	Q235A
15	钢板2.3×50×95	2	Q235A
14	钢板2.3×87×495.4	2	Q235A
13	钢板2.3×37×50	2	Q235A
12	钢板6×560×2070	1	Q235A
11	钢板10×240×240	1	Q235A
10	钢板19	4	Q235A
9	钢板22	2	Q235A
8	钢板19×411×2020	2	Q235A
7	钢板35×160×2120	2	Q235A
6	钢板10×ϕ100×ϕ56	10	Q235A
5	钢板19	1	Q235A
4	钢板30×45×110	2	Q235A
3	钢板30×R240×R200	2	Q235A
2	钢板120×250×2120	2	Q235A
1	钢板65×85×570	2	Q235A

一级圆柱齿轮减速器箱座

技术要求

1. 所有加工面均留余量。
2. 焊后时效处理。

图 10.1-28　二级圆柱齿轮减速器箱座（焊接件）

第 2 章　标准减速器

1　锥齿轮圆柱齿轮减速器（摘自 JB/T 8853—2015）

1.1　型号和标记方法

本减速器适用的环境温度为 -20～45℃，当工作环境温度低于 0℃时，起动前润滑油应加热至 0℃以上。

（1）型号

减速器型号用 H1、H2、H3、H4、R2、R3、R4 表示。

H1 表示单级圆柱齿轮减速器；

H2 表示两级圆柱齿轮减速器；

H3 表示三级圆柱齿轮减速器；

H4 表示四级圆柱齿轮减速器；

R2 表示一级锥齿轮一级圆柱齿轮减速器；

R3 表示一级锥齿轮二级圆柱齿轮减速器；

R4 表示一级锥齿轮三级圆柱齿轮减速器。

（2）标记方法

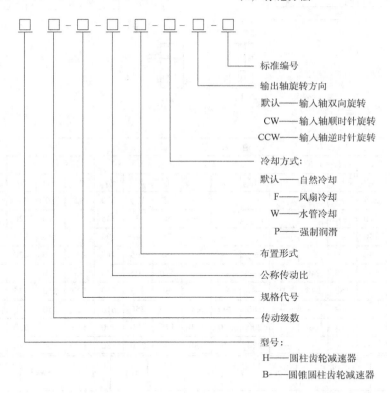

标准编号

输出轴旋转方向

　默认——输入轴双向旋转

　CW——输入轴顺时针旋转

　CCW——输入轴逆时针旋转

冷却方式：

　默认——自然冷却

　F——风扇冷却

　W——水管冷却

　P——强制润滑

布置形式

公称传动比

规格代号

传动级数

型号：

　H——圆柱齿轮减速器

　B——圆锥圆柱齿轮减速器

（3）标记示例

符合 JB/T 8853—2015 的规定、两级传动、10 号规格、公称传动比为 11.2、第 I 种布置形式、风扇冷却、输入轴双向旋转的圆柱齿轮减速器，其标记为：

H2-10-11-11.2-Ⅰ-F-JB/T 8853—2015

1.2　外形尺寸及布置形式

H1 减速器的外形尺寸及布置形式见表 10.2-1。

H2 减速器的外形尺寸及布置形式见表 10.2-2。

H3 减速器的外形尺寸及布置形式见表 10.2-3。

H4 减速器的外形尺寸及布置形式见表 10.2-4。

R2 减速器的外形尺寸及布置形式见表 10.2-5。

R3 减速器的外形尺寸及布置形式见表 10.2-6。

R4 减速器的外形尺寸及布置形式见表 10.2-7。

表 10.2-1　H1 减速器的外形尺寸及布置形式　　　　　　　　（mm）

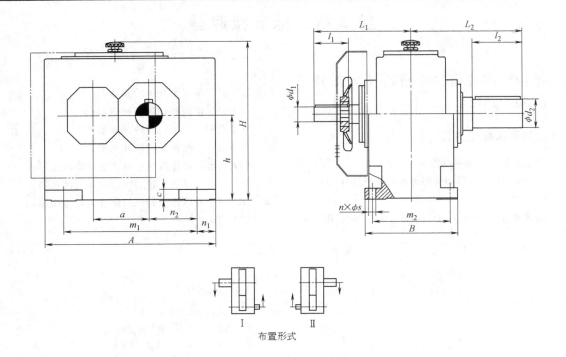

布置形式

规格	输　入　轴															输出轴		
	$i_N = 1.25 \sim 2.8$			$i_N = 1.6 \sim 2.8$			$i_N = 2 \sim 2.8$			$i_N = 3.15 \sim 4$			$i_N = 4.5 \sim 5.6$					
	d_1	l_1	L_1	d_1	l_1	L_1	d_1	l_1	L_1	d_1	l_1	L_1	d_1	l_1	L_1	d_2	l_2	L_2
3	60	125	295	—	—	—	—	—	—	45	100	270	32	80	250	60	125	295
5	85	160	370	—	—	—	—	—	—	60	135	345	50	110	320	85	160	370
7	100	200	450	—	—	—	—	—	—	75	140	390	60	140	390	105	200	450
9	110	200	480	—	—	—	—	—	—	90	165	445	75	140	420	125	210	480
11	—	—	—	130	240	565	—	—	—	110	205	530	90	170	495	150	240	560
13	—	—	—	150	245	610	—	—	—	130	245	610	100	210	575	180	310	670
15	—	—	—	—	—	—	180	290	650	150	250	610	125	250	610	220	350	710
17	—	—	—	—	—	—	200	330	730	170	290	690	140	250	650	240	400	800
19	—	—	—	—	—	—	220	340	780	190	340	780	160	300	740	270	450	890

规格	A	B	c	a	h	H	m_1	m_2	n_1	n_2	$n \times \phi s$	润滑油量 /L	质量 /kg
3	420	200	28	130	200	375	310	160	55	110	$4 \times \phi 19$	≈7	≈128
5	580	285	35	185	290	525	440	240	70	160	$4 \times \phi 24$	≈22	≈302
7	690	375	45	225	350	625	540	315	75	195	$4 \times \phi 28$	≈42	≈547
9	805	425	50	265	420	735	625	350	90	225	$4 \times \phi 35$	≈68	≈862
11	960	515	60	320	500	875	770	440	95	280	$4 \times \phi 35$	≈120	≈1515
13	1100	580	70	370	580	1020	870	490	115	315	$4 \times \phi 42$	≈175	≈2395
15	1295	545	80	442	600	1115	1025	450	135	370	$4 \times \phi 48$	≈190	≈3200
17	1410	615	80	490	670	1235	1170	530	120	425	$4 \times \phi 42$	≈270	≈4250
19	1590	690	90	555	760	1385	1290	590	150	465	$4 \times \phi 48$	≈390	≈5800

表 10.2-2　H2 减速器的外形尺寸及布置形式　　　　　　　　（mm）

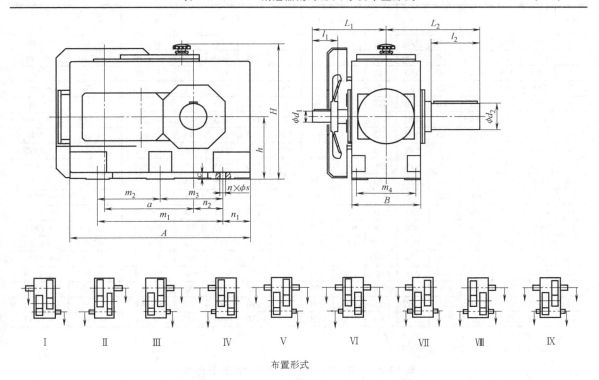

布置形式

规格	输 入 轴																									输出轴		
	i_N=6.3~11.2			i_N=7.1~12.5			i_N=8~14			i_N=12.5~20			i_N=12.5~22.4			i_N=14~22.5			i_N=16~25			i_N=16~28					
	d_1	l_1	L_1	d_1	l_1	L_1	d_1	l_1	L_1	d_1	l_1	L_1	d_1	l_1	L_1	d_1	l_1	L_1	d_1	l_1	L_1	d_1	l_1	L_1	d_2	l_2	L_2
4	45	100	270	—	—	—	—	—	—	—	—	—	32	80	250	—	—	—	—	—	—	—	—	—	80	170	310
5	50	100	295	—	—	—	—	—	—	—	—	—	38	80	275	—	—	—	—	—	—	—	—	—	100	210	375
6	—	—	—	—	—	—	50	100	295	—	—	—	—	—	—	—	—	—	—	—	—	38	80	275	110	210	375
7	60	135	345	—	—	—	—	—	—	—	—	—	50	110	320	—	—	—	—	—	—	—	—	—	120	210	405
8	—	—	—	—	—	—	60	135	345	—	—	—	—	—	—	—	—	—	—	—	—	50	110	320	130	250	445
9	75	140	380	—	—	—	—	—	—	—	—	—	60	140	380	—	—	—	—	—	—	—	—	—	140	250	485
10	—	—	—	—	—	—	75	140	380	—	—	—	—	—	—	—	—	—	—	—	—	60	140	380	160	300	535
11	90	165	440	—	—	—	—	—	—	—	—	—	70	140	415	—	—	—	—	—	—	—	—	—	170	300	570
12	—	—	—	—	—	—	90	165	440	—	—	—	—	—	—	—	—	—	—	—	—	70	140	415	180	300	570
13	100	205	535	—	—	—	—	—	—	85	170	500	—	—	—	—	—	—	—	—	—	—	—	—	200	350	550
14	—	—	—	—	—	—	100	205	535	—	—	—	—	—	—	—	—	—	85	170	500	—	—	—	210	350	560
15	120	210	575	—	—	—	—	—	—	100	210	575	—	—	—	—	—	—	—	—	—	—	—	—	230	410	640
16	—	—	—	120	210	575	—	—	—	—	—	—	100	210	575	—	—	—	—	—	—	—	—	—	240	410	650
17	125	245	665	—	—	—	—	—	—	110	210	630	—	—	—	—	—	—	—	—	—	—	—	—	250	410	660
18	—	—	—	125	245	665	—	—	—	—	—	—	110	210	630	—	—	—	—	—	—	—	—	—	270	470	740
19	150	245	720	—	—	—	—	—	—	120	210	685	—	—	—	—	—	—	—	—	—	—	—	—	290	470	760
20	—	—	—	150	245	720	—	—	—	—	—	—	120	210	685	—	—	—	—	—	—	—	—	—	300	500	800
21	170	290	785	—	—	—	—	—	—	140	250	745	—	—	—	—	—	—	—	—	—	—	—	—	320	500	820
22	—	—	—	170	290	785	—	—	—	—	—	—	140	250	745	—	—	—	—	—	—	—	—	—	340	550	890

（续）

规格	A	B	H	h	a	m_1	m_2	m_3	m_4	n_1	n_2	c	$n\times\phi s$	润滑油量/L	质量/kg
4	565	215	415	200	270	355	—	—	180	105	85	28	$4\times\phi19$	≈10	≈190
5	640	255	482	230	315	430	—	—	220	105	100	28	$4\times\phi19$	≈15	≈300
6	720	255	482	230	350	510	—	—	220	105	145	28	$4\times\phi19$	≈16	≈355
7	785	300	572	280	385	545	—	—	260	120	130	35	$4\times\phi24$	≈27	≈505
8	890	300	582	280	430	650	—	—	260	120	190	35	$4\times\phi24$	≈30	≈590
9	925	370	662	320	450	635	—	—	320	145	155	40	$4\times\phi28$	≈42	≈830
10	1025	370	662	320	500	735	—	—	320	145	205	40	$4\times\phi28$	≈45	≈960
11	1105	370	782	320	545	775	—	—	370	165	180	40	$4\times\phi28$	≈71	≈1335
12	1260	370	790	320	615	930	—	—	370	165	265	40	$4\times\phi28$	≈76	≈1615
13	1290	550	900	440	635	1090	545	545	475	100	305	60	$6\times\phi35$	≈135	≈2000
14	1430	550	900	440	705	1230	545	685	475	100	375	60	$6\times\phi35$	≈140	≈2570
15	1550	625	1000	500	762	1310	655	655	535	120	365	70	$6\times\phi42$	≈210	≈3430
16	1640	625	1000	500	808	1400	655	745	535	120	410	70	$6\times\phi42$	≈215	≈3655
17	1740	690	1110	550	860	1470	735	735	600	135	390	80	$6\times\phi42$	≈290	≈4650
18	1860	690	1110	550	920	1590	735	855	600	135	450	80	$6\times\phi42$	≈300	≈5125
19	2010	790	1240	620	997	1700	850	850	690	155	435	90	$6\times\phi48$	≈320	≈6600
20	2130	790	1240	620	1057	1820	850	970	690	155	495	90	$6\times\phi48$	≈340	≈7500
21	2140	830	1390	700	1067	1800	900	900	720	170	485	100	$6\times\phi56$	≈320	≈8900
22	2250	830	1390	700	1122	1910	900	1010	720	170	540	100	$6\times\phi56$	≈340	≈9600

注：1. 规格 13 和 15 仅用于 $i_N = 6.3 \sim 18$。
　　2. 规格 17 和 19 仅用于 $i_N = 6.3 \sim 16$。

表 10.2-3　H3 减速器的外形尺寸及布置形式　　　　　　　　（mm）

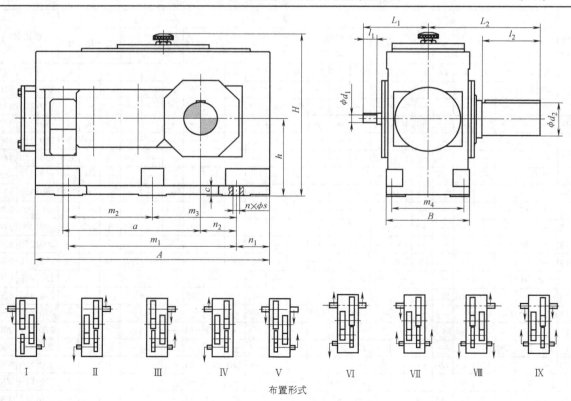

布置形式

（续）

规格	输入轴 $i_N=22.4\sim45$			$i_N=25\sim45$			$i_N=25\sim50$			$i_N=28\sim56$			$i_N=31.5\sim56$			$i_N=50\sim63$			$i_N=56\sim71$			$i_N=63\sim80$			$i_N=71\sim90$			$i_N=80\sim100$		
	d_1	l_1	L_1	d_1	l_1	L_1	d_1	l_1	L_1	d_1	l_1	L_1	d_1	l_1	L_1	d_1	l_1	L_1	d_1	l_1	L_1	d_1	l_1	L_1	d_1	l_1	L_1	d_1	l_1	L_1
5	—	—	—	40	70	230	—	—	—	—	—	—	—	—	—	30	50	210	—	—	—	—	—	—	24	40	200	—	—	—
6	—	—	—	—	—	—	—	—	—	—	—	—	40	70	230	—	—	—	—	—	—	30	50	210	—	—	—	—	—	—
7	—	—	—	45	80	265	—	—	—	—	—	—	—	—	—	35	60	245	—	—	—	—	—	—	28	50	235	—	—	—
8	—	—	—	—	—	—	—	—	—	—	—	—	45	80	265	—	—	—	—	—	—	35	60	245	—	—	—	—	—	—
9	—	—	—	60	125	355	—	—	—	—	—	—	—	—	—	45	100	330	—	—	—	—	—	—	32	80	310	—	—	—
10	—	—	—	—	—	—	—	—	—	—	—	—	60	125	355	—	—	—	—	—	—	45	100	330	—	—	—	—	—	—
11	—	—	—	70	120	375	—	—	—	—	—	—	—	—	—	50	80	335	—	—	—	—	—	—	42	70	325	—	—	—
12	—	—	—	—	—	—	—	—	—	—	—	—	70	120	375	—	—	—	—	—	—	50	80	335	—	—	—	—	—	—
13	85	160	470	—	—	—	—	—	—	—	—	—	—	—	—	60	135	445	—	—	—	—	—	—	50	110	420	—	—	—
14	—	—	—	—	—	—	—	—	—	85	160	470	—	—	—	—	—	—	—	—	—	60	135	445	—	—	—	—	—	—
15	100	200	550	—	—	—	—	—	—	—	—	—	—	—	—	75	140	490	—	—	—	—	—	—	60	140	490	—	—	—
16	—	—	—	—	—	—	100	200	550	—	—	—	—	—	—	—	—	—	75	140	490	—	—	—	—	—	—	60	140	490
17	100	200	580	—	—	—	—	—	—	—	—	—	—	—	—	75	140	520	—	—	—	—	—	—	60	140	520	—	—	—
18	—	—	—	—	—	—	100	200	580	—	—	—	—	—	—	—	—	—	75	140	520	—	—	—	—	—	—	60	140	520
19	110	200	630	—	—	—	—	—	—	—	—	—	—	—	—	90	165	595	—	—	—	—	—	—	75	140	570	—	—	—
20	—	—	—	—	—	—	110	200	630	—	—	—	—	—	—	—	—	—	90	165	595	—	—	—	—	—	—	75	140	570
21	130	240	710	—	—	—	—	—	—	—	—	—	—	—	—	110	205	675	—	—	—	—	—	—	90	170	640	—	—	—
22	—	—	—	—	—	—	130	240	710	—	—	—	—	—	—	—	—	—	110	205	675	—	—	—	—	—	—	90	170	640

规格	输入轴 $i_N=90\sim112$			输出轴			A	B	H	h	a	m_1	m_2	m_3	m_4	n_1	n_2	c	$n\times\phi s$	润滑油量/L	质量/kg
	d_1	l_1	L_1	d_2	l_2	L_2															
5	—	—	—	100	210	375	690	255	482	230	405	480	—	—	220	105	100	28	4×φ19	≈16	≈320
6	24	40	200	110	210	375	770	255	482	230	440	560	—	—	220	105	145	28	4×φ19	≈18	≈365
7	—	—	—	120	210	405	845	300	572	280	495	605	—	—	260	120	130	35	4×φ24	≈29	≈540
8	28	50	235	130	250	445	950	300	582	280	540	710	—	—	260	120	190	35	4×φ24	≈32	≈625
9	—	—	—	140	250	485	1000	370	662	320	580	710	—	—	320	145	155	40	4×φ28	≈48	≈875
10	32	80	310	160	300	535	1100	370	662	320	630	810	—	—	320	145	205	40	4×φ28	≈49	≈1020
11	—	—	—	170	300	570	1200	430	782	380	705	870	—	—	370	165	180	50	4×φ35	≈85	≈1400
12	42	70	325	180	300	570	1355	430	790	380	775	1025	—	—	370	165	265	50	4×φ35	≈90	≈1675
13	—	—	—	200	350	685	1395	550	900	440	820	1195	597.5	597.5	475	100	305	60	6×φ35	≈160	≈2295
14	50	110	320	210	350	685	1535	550	900	440	890	1335	597.5	737.5	475	100	375	60	6×φ35	≈165	≈2625
15	—	—	—	230	410	790	1680	625	1000	500	987	1440	720	720	535	120	365	70	6×φ42	≈235	≈3475
16	—	—	—	240	410	790	1770	625	1000	500	1033	1530	720	810	535	120	410	70	6×φ42	≈245	≈3875
17	—	—	—	250	410	825	1770	690	1110	550	1035	1500	750	750	600	135	390	80	6×φ42	≈305	≈4560
18	—	—	—	270	470	885	1890	690	1110	550	1095	1620	750	870	600	135	450	80	6×φ42	≈315	≈5030
19	—	—	—	290	470	935	2030	790	1240	620	1190	1720	860	860	690	155	435	90	6×φ48	≈420	≈6700
20	—	—	—	300	500	965	2150	790	1240	620	1250	1840	860	980	690	155	495	90	6×φ48	≈450	≈8100
21	—	—	—	320	500	990	2340	830	1390	700	1387	2000	1000	1000	720	170	485	100	6×φ56	≈470	≈9100
22	—	—	—	340	550	1040	2450	830	1390	700	1442	2110	1000	1110	720	170	540	100	6×φ56	≈490	≈9800

表 10.2-4　H4 减速器的外形尺寸及布置形式　　　　　　　　　　　（mm）

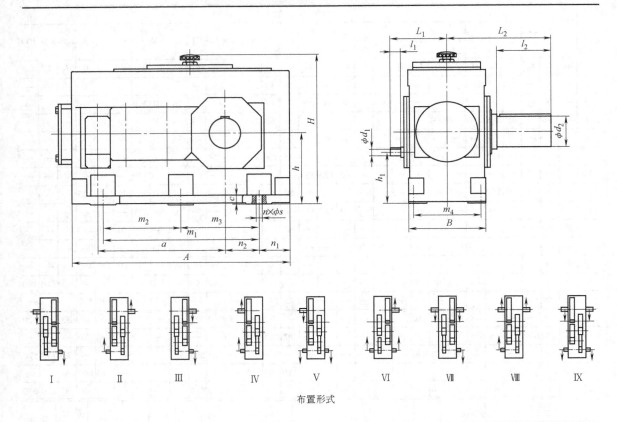

布置形式

规格	输入轴 $i_N=80\sim108$			$i_N=200\sim355$			$i_N=125\sim224$			$i_N=250\sim450$			$i_N=100\sim180$			$i_N=200\sim355$			$i_N=112\sim200$			$i_N=224\sim400$			$i_N=125\sim224$			$i_N=250\sim450$			输出轴		
	d_1	l_1	L_1	d_1	l_1	L_1	d_1	l_1	L_1	d_1	l_1	L_1	d_1	l_1	L_1	d_1	l_1	L_1	d_1	l_1	L_1	d_1	l_1	L_1	d_1	l_1	L_1	d_1	l_1	L_1	d_2	l_2	L_2
7	30	50	230	24	40	220	—	—	—	—	—	—	—	—	—	—	—	—	—	—	—	—	—	—	—	—	—	—	—	—	120	210	405
8	—	—	—	—	—	—	30	50	230	24	40	220	—	—	—	—	—	—	—	—	—	—	—	—	—	—	—	—	—	—	130	250	445
9	35	60	275	28	50	265	—	—	—	—	—	—	—	—	—	—	—	—	—	—	—	—	—	—	—	—	—	—	—	—	140	250	485
10	—	—	—	—	—	—	35	60	275	28	50	265	—	—	—	—	—	—	—	—	—	—	—	—	—	—	—	—	—	—	160	300	535
11	45	100	350	32	80	330	—	—	—	—	—	—	—	—	—	—	—	—	—	—	—	—	—	—	—	—	—	—	—	—	170	300	570
12	—	—	—	—	—	—	45	100	350	32	80	330	—	—	—	—	—	—	—	—	—	—	—	—	—	—	—	—	—	—	180	300	570
13	—	—	—	—	—	—	—	—	—	—	—	—	50	100	405	38	80	385	—	—	—	—	—	—	—	—	—	—	—	—	200	350	685
14	—	—	—	—	—	—	—	—	—	—	—	—	—	—	—	—	—	—	—	—	—	—	—	—	50	100	405	38	80	385	210	350	685
15	—	—	—	—	—	—	—	—	—	—	—	—	60	135	480	50	110	455	—	—	—	—	—	—	—	—	—	—	—	—	230	410	790
16	—	—	—	—	—	—	—	—	—	—	—	—	—	—	—	—	—	—	60	135	480	50	110	455	—	—	—	—	—	—	240	410	790
17	—	—	—	—	—	—	—	—	—	—	—	—	60	105	485	50	80	460	—	—	—	—	—	—	—	—	—	—	—	—	250	410	825
18	—	—	—	—	—	—	—	—	—	—	—	—	—	—	—	—	—	—	60	105	485	50	80	460	—	—	—	—	—	—	270	470	885
19	—	—	—	—	—	—	—	—	—	—	—	—	75	105	545	60	105	545	—	—	—	—	—	—	—	—	—	—	—	—	290	470	935
20	—	—	—	—	—	—	—	—	—	—	—	—	—	—	—	—	—	—	75	105	545	60	105	545	—	—	—	—	—	—	300	500	965
21	—	—	—	—	—	—	—	—	—	—	—	—	90	165	625	70	140	600	—	—	—	—	—	—	—	—	—	—	—	—	320	500	990
22	—	—	—	—	—	—	—	—	—	—	—	—	—	—	—	—	—	—	90	165	625	70	140	600	—	—	—	—	—	—	340	550	1040

（续）

规格	A	B	H	h	h_1	a	m_1	m_2	m_3	m_4	n_1	n_2	c	$n×\phi s$	润滑油量 /L	质量 /kg
7	845	300	572	280	200	495	605	—	—	260	120	130	35	4×φ24	≈25	≈550
8	950	300	582	280	200	540	710	—	—	260	120	190	35	4×φ24	≈27	≈645
9	1000	370	662	320	230	580	710	—	—	320	145	155	40	4×φ28	≈48	≈875
10	1100	370	662	320	230	630	810	—	—	320	145	205	40	4×φ28	≈50	≈1010
11	1200	430	782	380	270	705	870	—	—	370	165	180	50	4×φ35	≈80	≈1460
12	1355	430	790	380	270	775	1025	—	—	370	165	265	50	4×φ35	≈87	≈1725
13	1395	550	900	440	310	820	1195	597.5	597.5	475	100	305	60	6×φ35	≈130	≈2390
14	1535	550	900	440	310	890	1335	597.5	737.5	475	100	375	60	6×φ35	≈140	≈2730
15	1680	625	1000	500	340	987	1440	720	720	535	120	365	70	6×φ42	≈230	≈3635
16	1770	625	1000	500	340	1033	1530	720	810	535	120	410	70	6×φ42	≈235	≈3965
17	1770	690	1110	550	390	1035	1500	750	750	600	135	390	80	6×φ42	≈290	≈4680
18	1890	690	1110	550	390	1095	1620	750	870	600	135	450	80	6×φ42	≈305	≈5185
19	2030	790	1240	620	435	1190	1720	860	860	690	155	435	90	6×φ48	≈430	≈6800
20	2150	790	1240	620	435	1250	1840	860	980	690	155	495	90	6×φ48	≈380	≈8200
21	2340	830	1390	700	475	1387	2000	1000	1000	720	170	485	100	6×φ56	≈395	≈9200
22	2450	830	1390	700	475	1442	2110	1000	1100	720	170	540	100	6×φ56	≈420	≈9900

表 10.2-5　R2 减速器的外形尺寸及布置形式　　　　　　（mm）

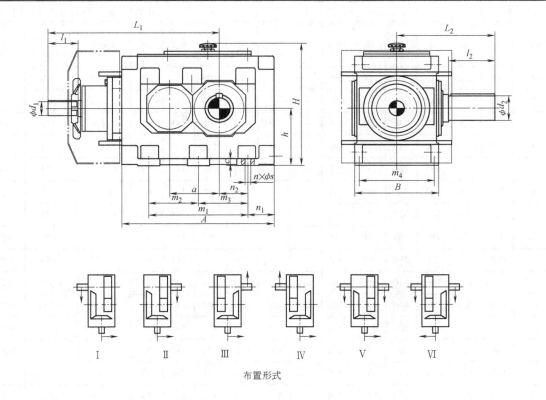

布置形式

（续）

规格	输入轴															输出轴		
	$i_N = 5 \sim 11.2$			$i_N = 5.6 \sim 11.2$			$i_N = 5.6 \sim 12.5$			$i_N = 6.3 \sim 14$			$i_N = 7.1 \sim 12.5$					
	d_1	l_1	L_1	d_1	l_1	L_1	d_1	l_1	L_1	d_1	l_1	L_1	d_1	l_1	L_1	d_2	l_2	L_2
4	45	100	565	—	—	—	—	—	—	—	—	—	—	—	—	80	170	340
5	55	110	645	—	—	—	—	—	—	—	—	—	—	—	—	100	210	410
6	—	—	—	—	—	—	55	110	680	—	—	—	—	—	—	110	210	410
7	70	135	775	—	—	—	—	—	—	—	—	—	—	—	—	120	210	445
8	—	—	—	—	—	—	70	135	820	—	—	—	—	—	—	130	250	485
9	80	165	920	—	—	—	—	—	—	—	—	—	—	—	—	140	250	520
10	—	—	—	—	—	—	80	165	970	—	—	—	—	—	—	160	300	570
11	90	165	1090	—	—	—	—	—	—	—	—	—	—	—	—	170	300	620
12	—	—	—	—	—	—	90	165	1160	—	—	—	—	—	—	180	300	620
13	110	205	1275	—	—	—	—	—	—	—	—	—	—	—	—	200	350	740
14	—	—	—	—	—	—	110	205	1345	—	—	—	—	—	—	210	350	740
15	130	245	1522	—	—	—	—	—	—	—	—	—	—	—	—	230	410	870
16	—	—	—	130	245	1568	—	—	—	—	—	—	—	—	—	240	410	870
17	—	—	—	150	245	1680	—	—	—	—	—	—	—	—	—	250	410	950
18	—	—	—	—	—	—	—	—	—	150	245	1740	—	—	—	270	470	1010

规格	A	B	H	h	a	m_1	m_2	m_3	m_4	n_1	n_2	c	$n \times \phi s$	润滑油量 /L	质量 /kg
4	505	270	415	200	160	295	—	—	235	105	85	28	$4 \times \phi 19$	≈ 10	≈ 235
5	565	320	482	230	185	355	—	—	285	105	100	28	$4 \times \phi 19$	≈ 16	≈ 360
6	645	320	482	230	220	435	—	—	285	105	145	28	$4 \times \phi 19$	≈ 19	≈ 410
7	690	380	582	280	225	450	—	—	340	120	130	35	$4 \times \phi 24$	≈ 31	≈ 615
8	795	380	582	280	270	555	—	—	340	120	190	35	$4 \times \phi 24$	≈ 34	≈ 700
9	820	440	662	320	265	530	—	—	390	145	155	40	$4 \times \phi 28$	≈ 48	≈ 1000
10	920	440	662	320	315	630	—	—	390	145	205	40	$4 \times \phi 28$	≈ 50	≈ 1155
11	975	530	790	380	320	645	—	—	470	165	180	50	$4 \times \phi 35$	≈ 80	≈ 1640
12	1130	530	790	380	390	800	—	—	470	165	265	50	$4 \times \phi 35$	≈ 95	≈ 1910
13	1130	655	900	440	370	930	465	465	580	100	305	60	$6 \times \phi 35$	≈ 140	≈ 2450
14	1270	655	900	440	440	1070	465	605	580	100	375	60	$6 \times \phi 35$	≈ 155	≈ 2825
15	1350	765	1000	500	442	1110	555	555	670	120	365	70	$6 \times \phi 42$	≈ 220	≈ 3990
16	1440	765	1000	500	488	1200	555	645	670	120	410	70	$6 \times \phi 42$	≈ 230	≈ 4345
17	1490	885	1110	550	490	1220	610	610	780	135	390	80	$6 \times \phi 48$	≈ 320	≈ 5620
18	1610	885	1110	550	550	1340	610	730	780	135	450	80	$6 \times \phi 48$	≈ 335	≈ 6150

表 10.2-6　R3 减速器的外形尺寸及布置形式　　　　　　　　　（mm）

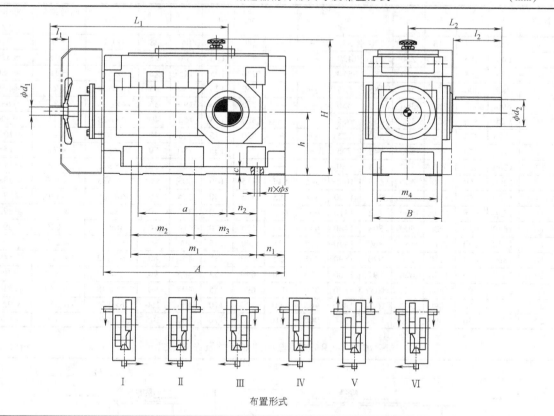

布置形式

规格	输入轴																		输出轴		
	$i_N = 12.5 \sim 45$			$i_N = 14 \sim 50$			$i_N = 16 \sim 56$			$i_N = 50 \sim 71$			$i_N = 56 \sim 80$			$i_N = 63 \sim 90$					
	d_1	l_1	L_1	d_1	l_1	L_1	d_1	l_1	L_1	d_1	l_1	L_1	d_1	l_1	L_1	d_1	l_1	L_1	d_2	l_2	L_2
4	30	70	570	—	—	—	—	—	—	25	60	560	—	—	—	—	—	—	80	170	310
5	35	80	655	—	—	—	—	—	—	28	60	635	—	—	—	—	—	—	100	210	375
6	—	—	—	—	—	—	35	80	690	—	—	—	—	—	—	28	60	670	110	210	375
7	45	100	790	—	—	—	—	—	—	35	80	770	—	—	—	—	—	—	120	210	405
8	—	—	—	—	—	—	45	100	835	—	—	—	—	—	—	35	80	815	130	250	445
9	55	110	910	—	—	—	—	—	—	40	100	900	—	—	—	—	—	—	140	250	485
10	—	—	—	—	—	—	55	110	960	—	—	—	—	—	—	40	100	950	160	300	535
11	70	135	1095	—	—	—	—	—	—	50	110	1070	—	—	—	—	—	—	170	300	570
12	—	—	—	—	—	—	70	135	1165	—	—	—	—	—	—	50	110	1140	180	300	570
13	80	165	1290	—	—	—	—	—	—	60	140	1265	—	—	—	—	—	—	200	350	685
14	—	—	—	—	—	—	80	165	1360	—	—	—	—	—	—	60	140	1335	210	350	685
15	90	165	1532	—	—	—	—	—	—	70	140	1507	—	—	—	—	—	—	230	410	790
16	—	—	—	70	140	1578	—	—	—	—	—	—	70	140	1553	—	—	—	240	410	790
17	110	205	1765	—	—	—	—	—	—	80	170	1730	—	—	—	—	—	—	250	410	825
18	—	—	—	80	170	1825	—	—	—	—	—	—	80	170	1790	—	—	—	270	470	885
19	130	245	2077	—	—	—	—	—	—	100	210	2042	—	—	—	—	—	—	290	470	935
20	—	—	—	100	210	2137	—	—	—	—	—	—	100	210	2102	—	—	—	300	500	965
21	130	245	2147	—	—	—	—	—	—	100	210	2112	—	—	—	—	—	—	320	500	990
22	—	—	—	100	210	2202	—	—	—	—	—	—	100	210	2167	—	—	—	340	550	1040

（续）

规格	A	B	H	h	a	m_1	m_2	m_3	m_4	n_1	n_2	c	$n \times \phi s$	润滑油量 /L	质量 /kg
4	565	215	415	200	270	355	—	—	180	105	85	28	$4 \times \phi 19$	≈9	≈210
5	640	255	482	230	315	430	—	—	220	105	100	28	$4 \times \phi 19$	≈15	≈325
6	720	255	482	230	350	510	—	—	220	105	145	28	$4 \times \phi 19$	≈16	≈380
7	785	300	572	280	385	545	—	—	260	120	130	35	$4 \times \phi 24$	≈27	≈550
8	890	300	582	280	430	650	—	—	260	120	190	35	$4 \times \phi 24$	≈30	≈635
9	925	370	662	320	450	635	—	—	320	145	155	40	$4 \times \phi 28$	≈42	≈890
10	1025	370	662	320	500	735	—	—	320	145	205	40	$4 \times \phi 28$	≈45	≈1020
11	1105	430	782	380	545	775	—	—	370	165	180	50	$4 \times \phi 35$	≈71	≈1455
12	1260	430	790	380	615	930	—	—	370	165	265	50	$4 \times \phi 35$	≈76	≈1730
13	1290	550	900	440	635	1090	545	545	475	100	305	60	$6 \times \phi 35$	≈130	≈2380
14	1430	550	900	440	705	1230	545	685	475	100	375	60	$6 \times \phi 35$	≈140	≈2750
15	1550	625	1000	500	762	1310	655	655	535	120	365	70	$6 \times \phi 42$	≈210	≈3730
16	1640	625	1000	500	808	1400	655	745	535	120	410	70	$6 \times \phi 42$	≈220	≈3955
17	1740	690	1110	550	860	1470	735	735	600	135	390	80	$6 \times \phi 42$	≈290	≈4990
18	1860	690	1110	550	920	1590	735	855	600	135	450	80	$6 \times \phi 42$	≈300	≈5495
19	2010	790	1240	620	997	1700	850	850	690	155	435	90	$6 \times \phi 48$	≈380	≈7000
20	2130	790	1240	620	1057	1820	850	970	690	155	495	90	$6 \times \phi 48$	≈440	≈8100
21	2140	830	1390	700	1067	1800	900	900	720	170	485	100	$6 \times \phi 56$	≈370	≈9200
22	2250	830	1390	700	1122	1910	900	1010	720	170	540	100	$6 \times \phi 56$	≈430	≈9900

表 10.2-7　R4 减速器的外形尺寸及布置形式　　　　　　　　　　（mm）

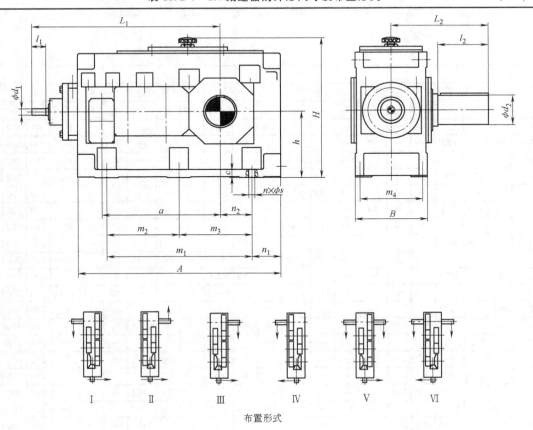

布置形式

（续）

规格	输入轴 $i_N = 80 \sim 180$ d_1	l_1	L_1	$i_N = 90 \sim 200$ d_1	l_1	L_1	$i_N = 100 \sim 224$ d_1	l_1	L_1	$i_N = 200 \sim 315$ d_1	l_1	L_1	$i_N = 224 \sim 355$ d_1	l_1	L_1	$i_N = 250 \sim 400$ d_1	l_1	L_1	输出轴 d_2	l_2	L_2
5	28	55	670	—	—	—	—	—	—	20	50	665	—	—	—	—	—	—	100	210	375
6	—	—	—	28	55	705	—	—	—	—	—	—	20	50	700	—	—	—	110	210	375
7	30	70	795	—	—	—	—	—	—	25	60	785	—	—	—	—	—	—	120	210	405
8	—	—	—	—	—	—	30	70	840	—	—	—	25	60	830	—	—	—	130	250	445
9	35	80	920	—	—	—	—	—	—	28	60	900	—	—	—	—	—	—	140	250	485
10	—	—	—	—	—	—	35	80	970	—	—	—	28	60	950	—	—	—	160	300	535
11	45	100	1110	—	—	—	—	—	—	35	80	1090	—	—	—	—	—	—	170	300	570
12	—	—	—	—	—	—	45	100	1180	—	—	—	35	80	1160	—	—	—	180	300	570
13	55	110	1280	—	—	—	—	—	—	40	100	1270	—	—	—	—	—	—	200	350	685
14	—	—	—	—	—	—	55	110	1350	—	—	—	40	100	1340	—	—	—	210	350	685
15	70	135	1537	—	—	—	—	—	—	50	110	1512	—	—	—	—	—	—	230	410	790
16	—	—	—	70	135	1583	—	—	—	—	—	—	50	110	1558	—	—	—	240	410	790
17	70	135	1585	—	—	—	—	—	—	50	110	1560	—	—	—	—	—	—	250	410	825
18	—	—	—	70	135	1645	—	—	—	—	—	—	50	110	1620	—	—	—	270	470	885
19	80	165	1845	—	—	—	—	—	—	60	140	1820	—	—	—	—	—	—	290	470	935
20	—	—	—	80	165	1905	—	—	—	—	—	—	60	140	1880	—	—	—	300	500	965
21	90	165	2157	—	—	—	—	—	—	70	140	2132	—	—	—	—	—	—	320	500	990
22	—	—	—	90	165	2212	—	—	—	—	—	—	70	140	2187	—	—	—	340	550	1040

规格	A	B	H	h	a	m_1	m_2	m_3	m_4	n_1	n_2	c	$n \times \phi s$	润滑油量 /L	质量 /kg
5	690	255	482	230	405	480	—	—	220	105	100	28	4×φ19	≈16	≈335
6	770	255	482	230	440	560	—	—	220	105	145	28	4×φ19	≈18	≈385
7	845	300	572	280	495	605	—	—	260	120	130	35	4×φ24	≈30	≈555
8	950	300	582	280	540	710	—	—	260	120	190	35	4×φ24	≈33	≈655
9	1000	370	662	320	580	710	—	—	320	145	155	40	4×φ28	≈48	≈890
10	1100	370	662	320	630	810	—	—	320	145	205	40	4×φ28	≈50	≈1025
11	1200	430	782	380	705	870	—	—	370	165	180	50	4×φ35	≈80	≈1485
12	1355	430	790	380	775	1025	—	—	370	165	265	50	4×φ35	≈90	≈1750
13	1395	550	900	440	820	1195	597.5	597.5	475	100	305	60	6×φ35	≈145	≈2395
14	1535	550	900	440	890	1335	597.5	737.5	475	100	375	60	6×φ35	≈150	≈2735
15	1680	625	1000	500	987	1440	720	720	535	120	365	70	6×φ42	≈230	≈3630
16	1770	625	1000	500	1033	1530	720	810	535	120	410	70	6×φ42	≈235	≈3985
17	1770	690	1110	550	1035	1500	750	750	600	135	390	80	6×φ42	≈295	≈4695
18	1890	690	1110	550	1095	1620	750	870	600	135	450	80	6×φ42	≈305	≈5200
19	2030	790	1240	620	1190	1720	860	860	690	155	435	90	6×φ48	≈480	≈6800
20	2150	790	1240	620	1250	1840	860	980	690	155	495	90	6×φ48	≈550	≈8200
21	2340	830	1390	700	1387	2000	1000	1000	720	170	485	100	6×φ56	≈540	≈9200
22	2450	830	1390	700	1442	2110	1000	1110	720	170	540	100	6×φ56	≈620	≈9900

1.3　承载能力

减速器额定机械强度功率 P_N、额定热功率 P_{G1}、P_{G2} 见表 10.2-8～表 10.2-21。表中的数据是按照每小时 100% 的工作周期，在室内大空间安装，海拔为 1000m 计算的。

P_{G1} 为无辅助冷却装置时的额定热功率（kW）；

P_{G2} 为带冷却风扇时的额定热功率（kW）。

表 10.2-8　H1 减速器额定机械强度功率 P_N　　　　　　　　（kW）

i_N	n_1 /r·min⁻¹	n_2 /r·min⁻¹	3	4	5	6	7	8	9	10	11	12	13	14	15	16	17	18	19
													规 格						
1.25	1500	1200	327	—	880	—	1671	—	2702	—	—	—	—	—	—	—	—	—	—
	1000	800	218	—	586	—	1114	—	1801	—	—	—	—	—	—	—	—	—	—
	750	600	163	—	440	—	836	—	1351	—	—	—	—	—	—	—	—	—	—
1.4	1500	1071	303	—	807	—	1559	—	2501	—	—	—	—	—	—	—	—	—	—
	1000	714	202	—	538	—	1039	—	1667	—	—	—	—	—	—	—	—	—	—
	750	536	152	—	404	—	780	—	1252	—	—	—	—	—	—	—	—	—	—
1.6	1500	938	285	—	737	—	1395	—	2318	—	3929	—	—	—	—	—	—	—	—
	1000	625	190	—	491	—	929	—	1545	—	2618	—	4213	—	—	—	—	—	—
	750	469	142	—	368	—	697	—	1159	—	1964	—	3094	—	—	—	—	—	—
1.8	1500	833	209	—	672	—	1326	—	2128	—	3611	—	—	—	—	—	—	—	—
	1000	556	140	—	448	—	885	—	1421	—	2410	—	3860	—	—	—	—	—	—
	750	417	105	—	336	—	664	—	1065	—	1808	—	2895	—	—	—	—	—	—
2	1500	750	196	—	644	—	1217	—	1963	—	3353	—	—	—	—	—	—	—	—
	1000	500	131	—	429	—	812	—	1309	—	2236	—	3571	—	—	—	—	—	—
	750	375	98	—	322	—	609	—	982	—	1677	—	2678	—	4751	—	—	—	—
2.24	1500	670	175	—	589	—	1087	—	1754	—	3087	—	—	—	—	—	—	—	—
	1000	446	117	—	392	—	724	—	1168	—	2055	—	3283	—	—	—	—	—	—
	750	335	88	—	295	—	544	—	877	—	1543	—	2466	—	4280	—	—	—	—
2.5	1500	600	163	—	528	—	974	—	1571	—	2764	—	—	—	—	—	—	—	—
	1000	400	109	—	352	—	649	—	1047	—	1843	—	3016	—	4607	—	—	—	—
	750	300	82	—	264	—	487	—	785	—	1382	—	2262	—	3455	—	—	—	—
2.8	1500	536	152	—	471	—	836	—	1330	—	2470	—	—	—	—	—	—	—	—
	1000	357	101	—	314	—	557	—	886	—	1645	—	2692	—	4224	—	—	—	—
	750	268	76	—	236	—	418	—	665	—	1235	—	2021	—	3171	—	4799	—	—
3.15	1500	476	135	—	419	—	758	—	1221	—	2088	—	3409	—	—	—	—	—	—
	1000	317	90	—	279	—	505	—	813	—	1391	—	2270	—	3850	—	—	—	—
	750	238	67	—	209	—	379	—	611	—	1044	—	1705	—	2891	—	4311	—	—
3.55	1500	423	124	—	368	—	687	—	1103	—	1936	—	3083	—	—	—	—	—	—
	1000	282	83	—	245	—	458	—	735	—	1290	—	2055	—	3484	—	—	—	—
	750	211	62	—	183	—	342	—	550	—	966	—	1538	—	2607	—	3822	—	—
4	1500	375	110	—	330	—	609	—	982	—	1728	—	2780	—	—	—	—	—	—
	1000	250	73	—	220	—	406	—	654	—	1152	—	1853	—	3194	—	4529	—	—
	750	188	55	—	165	—	305	—	492	—	866	—	1394	—	2402	—	3406	—	4823
4.5	1500	333	77	—	234	—	481	—	746	—	1395	—	2008	—	3557	—	—	—	—
	1000	222	51	—	156	—	321	—	497	—	930	—	1339	—	2371	—	3394	—	—
	750	167	38	—	117	—	241	—	374	—	699	—	1007	—	1784	—	2553	—	3777
5	1500	300	66	—	198	—	377	—	644	—	1059	—	1712	—	2790	—	—	—	—
	1000	200	44	—	132	—	251	—	429	—	706	—	1141	—	1860	—	2597	—	3644
	750	150	33	—	99	—	188	—	322	—	529	—	856	—	1395	—	1948	—	2733
5.6	1500	268	56	—	168	—	320	—	491	—	892	—	1454	—	2371	—	—	—	—
	1000	179	37	—	112	—	214	—	328	—	596	—	971	—	1584	—	2212	—	2812
	750	134	28	—	84	—	160	—	246	—	446	—	727	—	1186	—	1656	—	2105

表 10.2-9　H1 减速器额定热功率 P_{G1}、P_{G2}　　　　　　　　（kW）

i_N	$n_1=750$ r·min^{-1}时	3	4	5	6	7	8	9	10	11	12	13	14	15	16	17	18	19
1.25	P_{G1}	77.6	—	—	—	—	—	—	—	—	—	—	—	—	—	—	—	—
	P_{G2}	163	—	385	—	526	—	594	—	—	—	—	—	—	—	—	—	—
1.4	P_{G1}	78.3	—	—	—	—	—	—	—	—	—	—	—	—	—	—	—	—
	P_{G2}	161	—	386	—	532	—	622	—	—	—	—	—	—	—	—	—	—
1.6	P_{G1}	78.3	—	—	—	—	—	—	—	—	—	—	—	—	—	—	—	—
	P_{G2}	157	—	379	—	517	—	642	—	885	—	796	—	—	—	—	—	—
1.8	P_{G1}	88.1	—	—	—	—	—	—	—	—	—	—	—	—	—	—	—	—
	P_{G2}	174	—	368	—	523	—	641	—	924	—	915	—	—	—	—	—	—
2	P_{G1}	85.6	—	142	—	—	—	—	—	—	—	—	—	—	—	—	—	—
	P_{G2}	167	—	354	—	506	—	629	—	936	—	986	—	—	—	—	—	—
2.24	P_{G1}	83.3	—	140	—	—	—	—	—	—	—	—	—	—	—	—	—	—
	P_{G2}	159	—	337	—	472	—	608	—	931	—	1025	—	812	—	—	—	—
2.5	P_{G1}	77	—	134	—	—	—	—	—	249	—	—	—	—	—	—	—	—
	P_{G2}	147	—	317	—	444	—	579	—	907	—	1031	—	900	—	—	—	—
2.8	P_{G1}	72.8	—	127	—	180	—	—	—	—	—	—	—	—	—	—	—	—
	P_{G2}	137	—	296	—	455	—	598	—	870	—	1012	—	962	—	789	—	—
3.15	P_{G1}	72.9	—	137	—	213	—	263	—	—	—	—	—	—	—	—	—	—
	P_{G2}	133	—	293	—	514	—	636	—	928	—	1085	—	1203	—	1159	—	—
3.55	P_{G1}	67.2	—	135	—	199	—	249	—	—	—	—	—	—	—	—	—	—
	P_{G2}	121	—	286	—	471	—	590	—	858	—	1026	—	1176	—	1194	—	—
4	P_{G1}	61.2	—	124	—	182	—	217	—	318	—	—	—	—	—	—	—	—
	P_{G2}	110	—	259	—	421	—	502	—	794	—	953	—	1120	—	1181	—	1131
4.5	P_{G1}	67.9	—	131	—	191	—	257	—	318	—	414	—	—	—	—	—	—
	P_{G2}	118	—	262	—	421	—	563	—	756	—	989	—	1205	—	1260	—	1268
5	P_{G1}	61.7	—	125	—	186	—	238	—	324	—	414	—	—	—	—	—	—
	P_{G2}	107	—	248	—	404	—	508	—	740	—	947	—	1187	—	1419	—	1493
5.6	P_{G1}	55.2	—	111	—	168	—	228	—	309	—	378	—	—	—	—	—	—
	P_{G2}	95.2	—	219	—	361	—	485	—	701	—	852	—	1077	—	1304	—	1568

i_N	$n_1=1000$ r·min^{-1}时	3	4	5	6	7	8	9	10	11	12	13	14	15	16	17	18	19
1.25	P_{G1}	63.2	—	—	—	—	—	—	—	—	—	—	—	—	—	—	—	—
	P_{G2}	187	—	402	—	517	—	536	—	—	—	—	—	—	—	—	—	—
1.4	P_{G1}	65.4	—	—	—	—	—	—	—	—	—	—	—	—	—	—	—	—
	P_{G2}	186	—	409	—	534	—	578	—	—	—	—	—	—	—	—	—	—
1.6	P_{G1}	68.6	—	—	—	—	—	—	—	—	—	—	—	—	—	—	—	—
	P_{G2}	183	—	412	—	540	—	630	—	729	—	510	—	—	—	—	—	—
1.8	P_{G1}	79.9	—	—	—	—	—	—	—	—	—	—	—	—	—	—	—	—
	P_{G2}	205	—	410	—	561	—	655	—	821	—	674	—	—	—	—	—	—
2	P_{G1}	78.5	—	104	—	—	—	—	—	—	—	—	—	—	—	—	—	—
	P_{G2}	197	—	397	—	549	—	651	—	852	—	757	—	—	—	—	—	—
2.24	P_{G1}	78	—	109	—	—	—	—	—	—	—	—	—	—	—	—	—	—
	P_{G2}	189	—	382	—	520	—	645	—	887	—	851	—	523	—	—	—	—
2.5	P_{G1}	72.8	—	108	—	—	—	—	—	—	—	—	—	—	—	—	—	—
	P_{G2}	175	—	362	—	494	—	621	—	884	—	888	—	621	—	—	—	—
2.8	P_{G1}	69.6	—	105	—	133	—	—	—	—	—	—	—	—	—	—	—	—
	P_{G2}	164	—	340	—	511	—	649	—	865	—	902	—	707	—	500	—	—
3.15	P_{G1}	73	—	127	—	189	—	217	—	—	—	—	—	—	—	—	—	—
	P_{G2}	161	—	348	—	601	—	731	—	1019	—	1128	—	1146	—	1040	—	—

（续）

i_N	$n_1=1000$ r·min⁻¹时	规格																
		3	4	5	6	7	8	9	10	11	12	13	14	15	16	17	18	19
3.55	P_{G1}	67.6	—	127	—	178	—	209	—	—	—	—	—	—	—	—	—	—
	P_{G2}	147	—	340	—	553	—	682	—	949	—	1078	—	1140	—	1096	—	—
4	P_{G1}	61.9	—	118	—	167	—	189	—	235	—	—	—	—	—	—	—	—
	P_{G2}	134	—	309	—	498	—	585	—	891	—	1024	—	1124	—	1132	—	1032
4.5	P_{G1}	69.7	—	129	—	183	—	238	—	267	—	304	—	—	—	—	—	—
	P_{G2}	144	—	316	—	504	—	667	—	872	—	1107	—	1289	—	1307	—	1274
5	P_{G1}	63.9	—	125	—	184	—	228	—	290	—	340	—	—	—	—	—	—
	P_{G2}	131	—	301	—	488	—	608	—	869	—	1087	—	1317	—	1541	—	1585
5.6	P_{G1}	57.2	—	111	—	166	—	220	—	277	—	311	—	—	—	—	—	—
	P_{G2}	116	—	266	—	435	—	581	—	823	—	978	—	1195	—	1416	—	1665

i_N	$n_1=1500$ r·min⁻¹时	规格																
		3	4	5	6	7	8	9	10	11	12	13	14	15	16	17	18	19
1.25	P_{G1}	—	—	—	—	—	—	—	—	—	—	—	—	—	—	—	—	—
	P_{G2}	210	—	372	—	408	—	—	—	—	—	—	—	—	—	—	—	—
1.4	P_{G1}	—	—	—	—	—	—	—	—	—	—	—	—	—	—	—	—	—
	P_{G2}	212	—	392	—	447	—	375	—	—	—	—	—	—	—	—	—	—
1.6	P_{G1}	—	—	—	—	—	—	—	—	—	—	—	—	—	—	—	—	—
	P_{G2}	213	—	420	—	500	—	495	—	—	—	—	—	—	—	—	—	—
1.8	P_{G1}	—	—	—	—	—	—	—	—	—	—	—	—	—	—	—	—	—
	P_{G2}	241	—	435	—	554	—	575	—	—	—	—	—	—	—	—	—	—
2	P_{G1}	—	—	—	—	—	—	—	—	—	—	—	—	—	—	—	—	—
	P_{G2}	234	—	427	—	553	—	590	—	509	—	—	—	—	—	—	—	—
2.24	P_{G1}	—	—	—	—	—	—	—	—	—	—	—	—	—	—	—	—	—
	P_{G2}	227	—	422	—	544	—	620	—	631	—	—	—	—	—	—	—	—
2.5	P_{G1}	—	—	—	—	—	—	—	—	—	—	—	—	—	—	—	—	—
	P_{G2}	211	—	405	—	525	—	614	—	676	—	—	—	—	—	—	—	—
2.8	P_{G1}	50	—	—	—	—	—	—	—	—	—	—	—	—	—	—	—	—
	P_{G2}	199	—	384	—	553	—	658	—	705	—	—	—	—	—	—	—	—
3.15	P_{G1}	63.8	—	—	—	—	—	—	—	—	—	—	—	—	—	—	—	—
	P_{G2}	200	—	415	—	702	—	828	—	1055	—	1033	—	816	—	—	—	—
3.55	P_{G1}	59.8	—	—	—	—	—	—	—	—	—	—	—	—	—	—	—	—
	P_{G2}	183	—	407	—	649	—	778	—	998	—	1014	—	860	—	678	—	—
4	P_{G1}	56.2	—	85.1	—	—	—	—	—	—	—	—	—	—	—	—	—	—
	P_{G2}	166	—	374	—	591	—	677	—	964	—	1012	—	938	—	821	—	623
4.5	P_{G1}	66.4	—	106	—	135	—	—	—	—	—	—	—	—	—	—	—	—
	P_{G2}	180	—	389	—	611	—	795	—	994	—	1193	—	1261	—	1192	—	1069
5	P_{G1}	62.5	—	111	—	151	—	169	—	—	—	—	—	—	—	—	—	—
	P_{G2}	165	—	373	—	599	—	738	—	1020	—	1227	—	1395	—	1560	—	1526
5.6	P_{G1}	56	—	98.8	—	136	—	163	—	—	—	—	—	—	—	—	—	—
	P_{G2}	146	—	330	—	535	—	704	—	967	—	1104	—	1266	—	1433	—	1604

表 10.2-10　H2 减速器额定机械强度功率 P_N　　　　（kW）

i_N	n_1 /r·min⁻¹	n_2 /r·min⁻¹	规格																		
			3	4	5	6	7	8	9	10	11	12	13	14	15	16	17	18	19	20	21	22
6.3	1500	238	87	157	262	—	474	—	785	—	1383	—	2143	—	3564	—	4860	—	—	—	—	—
	1000	159	58	105	175	—	316	—	524	—	924	—	1432	—	2381	—	3247	—	4862	—	—	—
	750	119	44	79	131	—	237	—	393	—	692	—	1072	—	1782	—	2430	—	3639	—	—	—

（续）

i_N	n_1 /r·min⁻¹	n_2 /r·min⁻¹	规格																		
			3	4	5	6	7	8	9	10	11	12	13	14	15	16	17	18	19	20	21	22
7.1	1500	211	77	139	232	—	420	—	696	—	1226	—	1900	—	3159	3535	4308	—	—	—	—	—
	1000	141	52	93	155	—	281	—	465	—	819	—	1270	—	2111	2362	2879	3396	4311	4946	—	—
	750	106	39	70	117	—	211	—	350	—	616	—	955	—	1587	1776	2164	2553	3241	3718	4551	—
8	1500	188	69	124	207	266	374	472	620	778	1093	1358	1693	2106	2815	3150	3839	4528	—	—	—	—
	1000	125	46	82	137	177	249	314	412	517	726	903	1126	1401	1872	2094	2552	3010	3822	4385	—	—
	750	94	34	62	103	133	187	236	310	389	546	679	846	1053	1408	1575	1919	2264	2874	3297	4036	4508
9	1500	167	61	110	184	236	332	420	551	691	971	1207	1504	1871	2501	2798	3410	4022	—	—	—	—
	1000	111	41	73	122	157	221	279	366	459	645	802	1000	1244	1662	1860	2266	2673	3394	3894	4765	—
	750	83	30	55	91	117	165	209	274	343	482	600	747	930	1243	1391	1695	1999	2538	2912	3563	3981
10	1500	150	55	99	165	212	298	377	495	620	872	1084	1351	1681	2246	2513	3063	3613	—	—	—	—
	1000	100	37	66	110	141	199	251	330	414	581	723	901	1120	1497	1675	2042	2408	3058	3508	4293	4796
	750	75	27	49	82	106	149	188	247	310	436	542	675	840	1123	1257	1531	1806	2293	2631	3220	3597
11.2	1500	134	49	88	147	189	267	337	442	554	779	968	1207	1501	2006	2245	2736	3227	—	—	—	—
	1000	89	33	59	98	126	177	224	294	368	517	643	801	997	1333	1491	1817	2143	2721	3122	3821	4268
	750	67	25	44	74	95	133	168	221	277	389	484	603	751	1003	1123	1368	1614	2049	2350	2876	3213
12.5	1500	120	44	79	132	170	239	302	396	496	697	867	1081	1345	1797	2010	2450	2890	3669	—	—	—
	1000	80	29	53	88	113	159	201	364	331	465	578	720	896	1198	1340	1634	1927	2446	2806	3435	3837
	750	60	22	40	66	85	119	151	198	248	349	434	540	672	898	1005	1225	1445	1835	2105	2576	2877
14	1500	107	39	71	118	151	213	269	353	443	622	773	964	1199	1602	1793	2185	2577	3272	3752	—	—
	1000	71	26	47	78	100	141	178	234	294	413	513	639	795	1063	1190	1450	1710	2171	2491	3048	3405
	750	54	20	36	59	76	107	136	178	223	314	390	486	605	809	905	1103	1301	1651	1894	2318	2590
16	1500	94	34	62	103	133	187	236	310	389	546	679	846	1053	1408	1575	1919	2264	2874	3297	—	—
	1000	63	23	42	69	89	125	158	208	361	366	455	567	706	943	1055	1286	1517	1926	2210	2705	3021
	750	47	17	31	52	66	94	118	155	194	273	340	423	527	704	787	960	1132	1437	1649	2018	2254
18	1500	83	30	55	91	117	165	209	274	343	482	600	747	930	1243	1391	1695	1999	2538	2912	—	—
	1000	56	21	37	62	79	111	141	185	232	325	405	504	627	839	938	1143	1349	1712	1964	2404	2686
	750	42	15	28	46	59	84	106	139	174	244	303	378	471	629	704	858	1012	1284	1473	1803	2014
20	1500	75	27	49	82	106	149	188	247	310	436	542	675	840	1123	1257	1531	1806	2293	2631	—	—
	1000	50	18	33	55	71	99	126	165	207	291	361	450	560	749	838	1021	1204	1529	1754	2147	2398
	750	38	14	25	42	54	76	95	125	157	221	275	342	426	569	637	776	915	1162	1333	1631	1822
22.4	1500	67	25	43	72	95	130	168	217	277	382	484	—	751	—	1123	—	1614	—	2350	—	—
	1000	45	16	29	48	64	88	113	146	786	257	325	—	504	—	754	—	1084	—	1579	—	2158
	750	33	12	21	35	47	64	83	107	136	188	238	—	370	—	553	—	795	—	1158	—	1583
25	1500	60	—	—	—	85	—	151	—	248	—	434	—	672	—	—	—	—	—	—	—	—
	1000	40	—	—	—	57	—	101	—	165	—	289	—	448	—	—	—	—	—	—	—	—
	750	30	—	—	—	42	—	75	—	124	—	217	—	336	—	—	—	—	—	—	—	—
28	1500	54	—	—	—	74	—	133	—	220	—	383	—	—	—	—	—	—	—	—	—	—
	1000	36	—	—	—	49	—	89	—	147	—	256	—	—	—	—	—	—	—	—	—	—
	750	27	—	—	—	37	—	66	—	110	—	192	—	—	—	—	—	—	—	—	—	—

表 10.2-11　H2 减速器额定热功率 P_{G1}、P_{G2}　　（kW）

i_N	$n_1=750$ r·min⁻¹时	规格																		
		4	5	6	7	8	9	10	11	12	13	14	15	16	17	18	19	20	21	22
6.3	P_{G1}	53.1	68.9	—	97.9	—	134	—	186	—	—	—	—	—	—	—	—	—	—	—
	P_{G2}	86.4	116	—	178	—	234	—	354	—	445	—	416	—	449	—	—	—	—	—
7.1	P_{G1}	54.5	70.4	—	95.2	—	131	—	190	—	—	—	—	—	—	—	—	—	—	—
	P_{G2}	88.8	118	—	172	—	229	—	359	—	456	—	444	439	502	477	—	—	—	—

（续）

i_N	$n_1=750$ r·min⁻¹时	4	5	6	7	8	9	10	11	12	13	14	15	16	17	18	19	20	21	22
													规 格							
8	P_{G1}	52.4	68.6	75.6	92.5	105	129	134	189	216	—	—	—	—	—	—	—	—	—	—
	P_{G2}	85.2	116	127	168	189	224	232	357	402	462	512	467	469	548	532	—	—	—	—
9	P_{G1}	50.8	66.7	77.3	89.8	102	125	132	184	220	252	281	—	—	—	—	—	—	—	—
	P_{G2}	82.7	113	129	164	184	220	228	349	414	471	531	494	506	603	601	—	—	—	—
10	P_{G1}	48.1	63.2	75.3	87.1	100	121	128	179	219	249	284	277	286	—	—	—	—	—	—
	P_{G2}	78.2	107	127	157	180	212	225	341	413	468	536	504	524	633	643	—	—	—	—
11.2	P_{G1}	46.1	60.7	73	88.1	97	115	125	183	211	256	283	276	290	315	321	—	—	—	—
	P_{G2}	75	102	123	159	174	202	219	347	398	482	532	501	529	642	664	—	—	—	—
12.5	P_{G1}	44.5	59.7	68.9	86.7	92.8	113	121	183	205	247	277	280	288	331	329	411	406	—	—
	P_{G2}	71.7	100	116	155	167	198	210	344	384	460	521	508	522	660	667	—	—	—	—
14	P_{G1}	42.2	56.5	66	79.8	93.7	110	116	175	208	238	283	272	291	327	344	412	428	—	—
	P_{G2}	67.8	95.1	111	143	169	192	201	327	391	442	532	492	528	649	684	—	—	—	—
16	P_{G1}	38.7	53	64.8	74.7	92.3	104	113	164	208	218	272	275	282	319	339	404	427	463	—
	P_{G2}	62	88.5	107	133	164.5	180	195	307	386	405	507	497	509	627	669	—	—	—	—
18	P_{G1}	37	50.7	61.3	71.5	84.6	97.9	109	152	198	220	261	261	286	317	330	406	418	462	473
	P_{G2}	59	84.7	102	128	150	170	189	287	366	411	485	471	514	619	647	—	—	—	—
20	P_{G1}	36.2	47.5	57.4	66.6	80	94.8	103	147	185	207	239	251	270	311	328	395	418	450	474
	P_{G2}	57.5	79.2	94.8	119	140	163	177	276	341	384	441	448	484	606	634	—	—	—	—
22.4	P_{G1}	33.4	44.1	54.8	64.2	76.1	87	97.1	137	171	—	240	—	258	—	322	—	405	—	454
	P_{G2}	53.2	73.2	90.8	114	135	151	166	256	317	—	442	—	458	—	616	—	—	—	—
25	P_{G1}	—	—	51.4	—	71.1	—	94	—	166	—	225	—	—	—	—	—	—	—	—
	P_{G2}	—	—	84.7	—	124	—	160	—	305	—	411	—	—	—	—	—	—	—	—
28	P_{G1}	—	—	47.7	—	68.4	—	87	—	154	—	—	—	—	—	—	—	—	—	—
	P_{G2}	—	—	78.4	—	120	—	149	—	283	—	—	—	—	—	—	—	—	—	—

i_N	$n_1=1000$ r·min⁻¹时	4	5	6	7	8	9	10	11	12	13	14	15	16	17	18	19	20	21	22
													规 格							
6.3	P_{G1}	54.1	66.5	—	90.3	—	116	—	134	—	—	—	—	—	—	—	—	—	—	—
	P_{G2}	106	143	—	221	—	293	—	450	—	579	—	563	—	625	—	—	—	—	—
7.1	P_{G1}	56.1	69	—	89.8	—	117	—	145	—	—	—	—	—	—	—	—	—	—	—
	P_{G2}	109	146	—	214	—	286	—	454	—	588	—	591	589	683	659	—	—	—	—
8	P_{G1}	54.4	68.3	74.5	89.1	99	118	120	152	161	—	—	—	—	—	—	—	—	—	—
	P_{G2}	104	142	157	208	235	279	290	449	509	591	656	613	620	733	719	—	—	—	—
9	P_{G1}	53.4	67.9	78.1	89.3	100	120	124	160	182	195	212	—	—	—	—	—	—	—	—
	P_{G2}	101	139	159	202	228	272	283	437	520	594	672	635	655	786	789	—	—	—	—
10	P_{G1}	51.1	65.4	77.4	88.3	100	119	125	164	193	209	234	200	198	—	—	—	—	—	—
	P_{G2}	95.7	131	156	193	222	262	278	424	516	587	673	640	668	812	830	—	—	—	—
11.2	P_{G1}	49.3	63.4	76	90.7	99	116	124	173	195	226	247	218	222	229	223	—	—	—	—
	P_{G2}	91.7	126	151	196	214	249	270	430	495	601	665	632	669	815	847	—	—	—	—
12.5	P_{G1}	47.8	63	72.3	90.2	95.6	116	122	178	194	226	252	235	235	260	250	301	289	—	—
	P_{G2}	87.6	123	142	191	205	244	259	425	475	572	648	637	656	833	844	—	—	—	—
14	P_{G1}	45.5	60	69.8	83.8	97.7	114	119	173	202	225	266	240	252	274	281	328	333	—	—
	P_{G2}	82.9	116	135	175	207	236	247	403	483	547	659	614	659	814	860	—	—	—	—
16	P_{G1}	41.8	56.6	68.9	79	97	108	117	166	206	212	263	252	254	280	292	341	354	336	—
	P_{G2}	75.7	108	131	163	201	221	240	377	476	501	626	617	634	782	837	—	—	—	—
18	P_{G1}	40.1	54.4	65.7	76.1	89.7	103	114	156	200	219	259	248	268	292	299	362	368	367	352
	P_{G2}	72.1	103	124	157	184	208	231	352	450	506	598	583	638	768	805	—	—	—	—

（续）

i_N	$n_1=1000$ r·min⁻¹时	规格																		
		4	5	6	7	8	9	10	11	12	13	14	15	16	17	18	19	20	21	22
20	P_{G1}	39.3	51.1	61.7	71.3	585.2	100	109	152	189	208	239	242	258	293	304	361	378	373	372
	P_{G2}	70.2	96.8	115	145	172	200	217	339	419	473	543	554	599	751	787	—	—	—	—
22.4	P_{G1}	36.4	47.5	59	68.7	81.1	92.3	102	142	175	—	241	—	248	—	300	—	369	—	362
	P_{G2}	64.9	89.4	111	139	165	185	203	314	390	—	544	—	566	—	764	—	—	—	—
25	P_{G1}	—	—	55.3	—	75.8	—	99.4	—	170	—	227	—	—	—	—	—	—	—	—
	P_{G2}	—	—	103	—	152	—	196	—	374	—	506	—	—	—	—	—	—	—	—
28	P_{G1}	—	—	51.5	—	73.3	—	92.5	—	160	—	—	—	—	—	—	—	—	—	—
	P_{G2}	—	—	95.8	—	146	—	182	—	347	—	—	—	—	—	—	—	—	—	—

i_N	$n_1=1500$ r·min⁻¹时	规格																		
		4	5	6	7	8	9	10	11	12	13	14	15	16	17	18	19	20	21	22
6.3	P_{G1}	48.5	48.8	—	—	—	—	—	—	—	—	—	—	—	—	—	—	—	—	—
	P_{G2}	132	172	—	256	—	322	—	428	—	442	—	—	—	—	—	—	—	—	—
7.1	P_{G1}	51.6	53.9	—	—	—	—	—	—	—	—	—	—	—	—	—	—	—	—	—
	P_{G2}	137	177	—	252	—	323	—	453	—	493	—	338	—	—	—	—	—	—	—
8	P_{G1}	51.4	56.4	59.2	64.9	—	—	—	—	—	—	—	—	—	—	—	—	—	—	—
	P_{G2}	132	175	191	249	276	322	328	469	501	537	580	422	390	—	—	—	—	—	—
9	P_{G1}	52.4	60.5	67.8	73.2	77.2	86.3	—	—	—	—	—	—	—	—	—	—	—	—	—
	P_{G2}	129	174	198	248	275	324	333	484	553	600	666	541	530	584	542	—	—	—	—
10	P_{G1}	51.4	61.1	70.9	77.7	84.2	96	95.3	—	—	—	—	—	—	—	—	—	—	—	—
	P_{G2}	123	165	196	241	273	320	335	489	577	631	715	612	617	710	691	—	—	—	—
11.2	P_{G1}	50.4	61.2	72.2	83.4	88	99.9	103	119	—	—	—	—	—	—	—	—	—	—	—
	P_{G2}	118	160	191	246	267	309	331	509	572	674	738	648	669	784	787	—	—	—	—
12.5	P_{G1}	49.5	62.1	70.5	85.6	88.3	104	106	135	—	—	—	—	—	—	—	—	—	—	—
	P_{G2}	113	157	181	242	258	305	322	512	562	660	742	685	691	851	840	—	—	—	—
14	P_{G1}	47.6	60.4	69.5	81.7	93.2	106	108	142	153	—	—	—	—	—	—	—	—	—	—
	P_{G2}	108	150	174	224	263	298	310	494	583	647	774	686	726	875	906	—	—	—	—
16	P_{G1}	44.1	57.8	69.8	78.6	94.9	104	110	144	169	160	193	—	—	—	—	—	—	—	—
	P_{G2}	98.9	140	169	210	257	281	303	469	583	603	751	710	721	873	919	—	—	—	—
18	P_{G1}	42.7	56.4	67.6	77.3	89.8	101	111	143	175	181	209	170	—	—	—	—	—	—	—
	P_{G2}	94.4	134	162	202	237	266	296	443	560	621	731	690	748	888	919	—	—	—	—
20	P_{G1}	42	53.3	64	73.1	86.3	100	107	142	179	202	179	182	—	—	—	—	—	—	—
	P_{G2}	92.1	126	150	188	222	257	278	428	525	586	670	665	712	882	915	—	—	—	—
22.4	P_{G1}	38.9	49.7	61.3	70.7	82.4	92.6	101	133	159	—	206	—	179	—	—	—	—	—	—
	P_{G2}	85.2	116	144	181	213	239	261	397	489	—	673	—	676	—	893	—	—	—	—
25	P_{G1}	—	—	57.6	—	77.2	—	98.9	—	155	—	195	—	—	—	—	—	—	—	—
	P_{G2}	—	—	134	—	197	—	252	—	470	—	627	—	—	—	—	—	—	—	—
28	P_{G1}	—	—	54.1	—	75.5	—	93.4	—	150	—	—	—	—	—	—	—	—	—	—
	P_{G2}	—	—	125	—	190	—	235	—	439	—	—	—	—	—	—	—	—	—	—

表 10.2-12　H3 减速器额定机械强度功率 P_N　　（kW）

i_N	n_1 /r·min⁻¹	n_2 /r·min⁻¹	规格																
			5	6	7	8	9	10	11	12	13	14	15	16	17	18	19	20	21	22
22.4	1500	67	—	—	—	—	—	—	—	—	617	—	1073	—	1403	—	2105	—	2947	—
	1000	45	—	—	—	—	—	—	—	—	415	—	721	—	942	—	1414	—	1979	—
	750	33	—	—	—	—	—	—	—	—	304	—	529	—	691	—	1037	—	1451	—

（续）

i_N	n_1/r·min^{-1}	n_2/r·min^{-1}	5	6	7	8	9	10	11	12	13	14	15	16	17	18	19	20	21	22
																				规 格
25	1500	60	69	—	129	—	214	—	377	—	553	—	961	1087	1257	1508	1885	2168	2639	2953
	1000	40	46	—	86	—	142	—	251	—	369	—	641	725	838	1005	1257	1445	1759	1969
	750	30	35	—	64	—	107	—	188	—	276	—	481	543	628	754	942	1084	1319	1476
28	1500	54	62	—	116	—	192	—	339	—	498	616	865	978	1131	1357	1696	1951	2375	2658
	1000	36	41	—	77	—	128	—	226	—	332	411	577	652	754	905	1131	1301	1583	1772
	750	27	31	—	58	—	96	—	170	—	249	308	433	489	565	679	848	975	1187	1329
31.5	1500	48	55	73	103	128	171	216	302	377	442	548	769	870	1005	1206	1508	1734	2111	2362
	1000	32	37	49	69	85	114	144	201	251	295	365	513	580	670	804	1005	1156	1407	1575
	750	24	28	36	52	64	85	108	151	188	221	274	385	435	503	603	754	867	1055	1181
35.5	1500	42	48	64	90	112	150	189	264	330	387	479	673	761	880	1055	1319	1517	1847	2067
	1000	28	32	43	60	75	100	126	176	220	258	320	449	507	586	704	880	1012	1231	1378
	750	21	24	32	45	56	75	95	132	165	194	240	336	380	440	528	660	759	924	1034
40	1500	38	44	58	82	101	135	171	239	298	350	434	609	688	796	955	1194	1373	1671	1870
	1000	25	29	38	54	67	89	113	157	196	230	285	401	453	524	628	785	903	1099	1230
	750	18.8	22	29	40	50	67	85	118	148	173	215	301	341	394	472	591	679	827	925
45	1500	33	38	50	71	88	117	149	207	259	304	377	529	598	691	829	1037	1192	1451	1624
	1000	22	25	33	47	59	78	99	138	173	203	251	352	399	461	553	691	795	968	1083
	750	16.7	19	25	36	45	59	75	105	131	154	191	268	303	350	420	525	603	734	822
50	1500	30	35	46	64	80	107	135	188	236	276	342	481	543	628	754	942	1084	1319	1476
	1000	20	23	30	43	53	71	90	126	157	184	228	320	362	419	503	628	723	880	984
	750	15	17	23	32	40	53	68	94	118	138	171	240	272	314	377	471	542	660	738
56	1500	27	31	41	58	72	96	122	170	212	249	308	433	489	565	679	848	975	1187	1329
	1000	17.9	21	27	38	48	64	81	112	141	165	204	287	324	375	450	562	647	787	881
	750	13.4	15	20	29	36	48	60	84	105	123	153	215	243	281	337	421	484	589	659
63	1500	24	28	36	52	64	85	108	151	188	221	274	385	435	503	603	754	867	1055	1181
	1000	15.9	18	24	34	42	57	72	100	125	147	181	255	288	333	400	499	574	699	783
	750	11.9	14	18	26	32	42	54	75	93	110	136	191	216	249	299	374	430	523	586
71	1500	21	24	32	45	56	75	95	132	165	194	240	336	380	440	528	660	759	924	1034
	1000	14.1	16	21	30	38	50	63	89	111	130	161	226	255	295	354	443	509	620	694
	750	10.6	12	16	23	28	38	48	67	83	98	121	170	192	222	266	333	383	466	522
80	1500	18.8	22	29	40	50	67	85	118	148	173	215	301	341	394	472	591	679	827	925
	1000	12.5	14	19	27	33	45	56	79	98	115	143	200	226	262	314	393	452	550	615
	750	9.4	11	14	20	25	33	42	59	74	87	107	151	170	197	236	295	340	413	463
90	1500	16.7	19	25	35	45	59	75	105	131	154	191	268	303	350	420	507	603	717	822
	1000	11.1	13	17	23	30	39	50	70	87	102	127	178	201	232	279	337	401	477	546
	750	8.3	10	13	17	22	29	37	52	65	76	95	133	150	174	209	252	300	356	408
100	1500	15	—	23	—	40	—	68	—	118	—	171	—	272	—	355	—	526	—	730
	1000	10	—	15	—	27	—	45	—	79	—	114	—	181	—	237	—	351	—	487
	750	7.5	—	11	—	20	—	34	—	59	—	86	—	136	—	177	—	263	—	365
112	1500	13.4	—	20	—	35	—	59	—	105	—	153	—	—	—	—	—	—	—	—
	1000	8.9	—	13	—	23	—	39	—	70	—	102	—	—	—	—	—	—	—	—
	750	6.7	—	10	—	18	—	29	—	53	—	76	—	—	—	—	—	—	—	—

表 10.2-13　H3 减速器额定热功率 P_{G1}、P_{G2}　（kW）

i_N	$n_1=750$ r·min^{-1}时	5	6	7	8	9	10	11	12	13	14	15	16	17	18	19	20	21	22
																规 格			
22.4	P_{G1}	—	—	—	—	—	—	—	—	193	—	265	—	285	—	353	—	419	—
	P_{G2}	—	—	—	—	—	—	—	—	269	—	393	—	406	—	—	—	—	—

（续）

i_N	$n_1=750$ r·min^{-1}时	规格																	
		5	6	7	8	9	10	11	12	13	14	15	16	17	18	19	20	21	22
25	P_{G1}	45.9	—	68.1	—	92.9	—	139	—	188	—	259	274	276	294	349	363	429	427
	P_{G2}	62.7	—	95	—	130	—	201	—	261	—	381	404	393	418	—	—	—	—
28	P_{G1}	44.1	—	68.5	—	92.1	—	134	—	181	208	256	268	272	285	343	359	432	438
	P_{G2}	60.2	—	95.9	—	129	—	193	—	252	289	375	392	387	404	—	—	—	—
31.5	P_{G1}	42.8	49.5	65.6	73	89.7	92.9	130	156	176	203	249	264	265	281	335	353	431	440
	P_{G2}	58.3	67	91.5	101	125	130	186	222	244	280	365	386	376	397	—	—	—	—
35.5	P_{G1}	41.2	47.5	63.6	73.3	86.5	92.2	125	150	171	196	238	258	252	273	326	345	426	437
	P_{G2}	56.2	64.3	88.9	101	121	127	179	212	236	271	348	376	357	386	—	—	—	—
40	P_{G1}	38.9	45.8	60.3	70.2	81.7	88.9	120	145	164	190	229	245	242	259	314	335	415	431
	P_{G2}	52.9	62.2	84.1	97	115	124	171	205	226	262	333	357	342	366	—	—	—	—
45	P_{G1}	37.2	44.4	58.1	68	78.6	86.5	119	139	157	183	227	236	239	249	311	323	403	421
	P_{G2}	50.5	60	80.7	94.3	109	120	170	197	216	252	330	342	338	351	—	—	—	—
50	P_{G1}	35.9	41.8	54.7	64.5	76.8	81.2	117	134	154	177	227	235	235	247	306	318	403	409
	P_{G2}	48.7	56.5	76	88.9	107	113	166	190	210	243	326	340	331	347	—	—	—	—
56	P_{G1}	34	40.1	52.1	62	73.1	78.5	108	133	148	169	215	233	224	242	292	313	385	408
	P_{G2}	46	54	72.1	85.4	101	108	154	188	203	231	310	335	316	340	—	—	—	—
63	P_{G1}	32	38.6	48.5	58.6	69	76.6	102	130	140	165	203	222	211	231	273	300	368	389
	P_{G2}	43.2	51.9	67	80.4	95.4	105	145	183	192	225	292	319	298	323	—	—	—	—
71	P_{G1}	31.7	36.6	47.1	55.7	67.5	72.9	100	121	136	159	198	210	203	218	269	279	348	372
	P_{G2}	42.7	49.1	64.8	76.4	93.6	100	140	169	186	216	283	301	285	305	—	—	—	—
80	P_{G1}	30.1	34.5	45.9	52	63.8	68.9	94.7	114	132	150	191	203	195	209	254	275	332	351
	P_{G2}	40.4	46	63.2	71.1	88	94.5	132	159	180	205	272	291	273	292	—	—	—	—
90	P_{G1}	29.7	34.1	43.4	50.3	60.6	67.2	91.4	111	123	145	179	196	184	200	241	260	322	335
	P_{G2}	39.9	45.6	59.7	68.5	83.4	91.8	128	155	168	197	255	279	257	280	—	—	—	—
100	P_{G1}	—	32.3	—	49.3	—	63.8	—	105	—	141	—	184	—	189	—	247	—	326
	P_{G2}	—	43.2	—	67.1	—	87.2	—	146	—	192	—	262	—	263	—	—	—	—
112	P_{G1}	—	31.9	—	46.6	—	60.6	—	102	—	132	—	—	—	—	—	—	—	—
	P_{G2}	—	42.7	—	63.4	—	82.9	—	141	—	180	—	—	—	—	—	—	—	—

i_N	$n_1=1000$ r·min^{-1}时	规格																	
		5	6	7	8	9	10	11	12	13	14	15	16	17	18	19	20	21	22
22.4	P_{G1}	—	—	—	—	—	—	—	—	196	—	258	—	270	—	325	—	350	—
	P_{G2}	—	—	—	—	—	—	—	—	303	—	432	—	440	—	—	—	—	—
25	P_{G1}	49.9	—	73.5	—	99.3	—	145	—	191	—	253	265	263	276	323	333	363	343
	P_{G2}	73.4	—	110	—	152	—	230	—	294	—	420	443	427	451	—	—	—	—
28	P_{G1}	48	—	74.2	—	99	—	142	—	186	214	254	264	265	274	326	338	380	370
	P_{G2}	70.7	—	112	—	150	—	222	—	286	327	417	434	425	441	—	—	—	—
31.5	P_{G1}	46.7	54	71.4	79.1	96.9	100	138	164	184	211	252	265	263	276	327	341	394	389
	P_{G2}	68.5	78.6	107	118	146	151	215	255	279	319	411	432	418	440	—	—	—	—
35.5	P_{G1}	45.2	51.9	69.4	79.7	93.9	99.8	134	159	180	206	244	264	255	274	325	342	404	404
	P_{G2}	66.2	75.6	104	119	142	149	208	246	271	311	395	425	401	433	—	—	—	—
40	P_{G1}	42.7	50.2	66	76.6	88.9	96.5	129	155	174	201	237	253	247	264	317	336	401	407
	P_{G2}	62.3	73.3	98.9	113	134	145	199	238	261	302	380	406	387	412	—	—	—	—
45	P_{G1}	40.8	48.7	63.6	74.3	85.6	94	128	149	167	194	237	245	246	254	316	326	393	402
	P_{G2}	59.6	70.7	95	110	128	141	199	229	250	291	378	390	383	397	—	—	—	—
50	P_{G1}	39.6	46.1	60.1	70.9	84.2	89.4	127	145	166	190	241	249	248	259	320	332	410	410
	P_{G2}	57.5	66.7	89.6	104	126	133	195	222	245	283	378	393	381	399	—	—	—	—
56	P_{G1}	37.6	44.3	57.5	68.4	80.4	86.2	118	145	161	183	232	250	240	258	311	332	401	421
	P_{G2}	54.5	63.9	85.2	100	120	128	181	221	238	271	361	390	367	394	—	—	—	—

（续）

i_N	$n_1=1000$ r·min⁻¹时	5	6	7	8	9	10	11	12	13	14	15	16	17	18	19	20	21	22
										规				格					
63	P_{G1}	35.5	42.7	53.7	64.7	76.2	84.6	113	143	154	180	222	242	230	250	295	324	393	413
	P_{G2}	51.2	61.4	79.4	95.1	112	124	171	216	226	265	343	375	349	378	—	—	—	—
71	P_{G1}	35.1	40.5	52.1	61.6	74.6	80.5	110	133	150	174	216	229	221	237	292	303	373	397
	P_{G2}	50.6	58.1	76.7	90.4	110	119	166	200	219	255	333	353	334	357	—	—	—	—
80	P_{G1}	33.3	38.2	50.9	57.6	70.6	76.1	104	125	145	165	208	222	213	228	277	299	358	377
	P_{G2}	47.9	54.5	74.9	84.1	104	111	156	188	213	241	320	342	321	343	—	—	—	—
90	P_{G1}	32.9	37.8	48.1	55.7	67.1	74.3	100	123	136	160	196	215	201	219	263	283	349	361
	P_{G2}	47.3	54.1	70.7	81.1	98.8	108	151	183	199	233	301	328	302	329	—	—	—	—
100	P_{G1}	—	35.9	—	54.6	—	70.7	—	116	—	156	—	203	—	208	—	272	—	356
	P_{G2}	—	51.2	—	79.5	—	103	—	173	—	227	—	310	—	310	—	—	—	—
112	P_{G1}	—	35.5	—	51.7	—	67.2	—	112	—	146	—	—	—	—	—	—	—	—
	P_{G2}	—	50.7	—	75.2	—	98.3	—	168	—	213	—	—	—	—	—	—	—	—

i_N	$n_1=1500$ r·min⁻¹时	5	6	7	8	9	10	11	12	13	14	15	16	17	18	19	20	21	22
										规				格					
22.4	P_{G1}	—	—	—	—	—	—	—	—	169	—	193	—	180	—	—	—	—	—
	P_{G2}	—	—	—	—	—	—	—	—	346	—	463	—	450	—	—	—	—	—
25	P_{G1}	52.5	—	76.1	—	100	—	138	—	167	—	192	193	180	—	—	—	—	—
	P_{G2}	92.4	—	138	—	187	—	275	—	338	—	453	470	442	455	—	—	—	—
28	P_{G1}	50.9	—	77.5	—	101	—	137	—	169	191	206	207	198	196	222	—	—	—
	P_{G2}	89.4	—	140	—	186	—	268	—	334	380	463	475	455	464	—	—	—	—
31.5	P_{G1}	49.9	57.4	75.3	82.8	100	102	137	159	173	196	217	222	212	216	246	249	—	—
	P_{G2}	86.9	99.6	135	148	183	188	263	308	332	377	468	487	463	480	—	—	—	—
35.5	P_{G1}	48.6	55.7	73.9	84.4	98.7	104	135	158	175	198	222	235	221	232	268	276	273	—
	P_{G2}	84.3	96.2	132	150	178	186	257	300	328	374	461	493	459	489	—	—	—	—
40	P_{G1}	46.1	54	70.6	81.4	93.9	101	132	156	172	197	221	232	221	231	272	283	293	269
	P_{G2}	79.5	93.4	125	144	170	182	248	293	318	366	449	476	449	474	—	—	—	—
45	P_{G1}	44.2	52.5	68.2	79.2	90.8	99.1	132	151	166	192	223	227	224	227	276	280	297	278
	P_{G2}	76.1	90.2	120	140	162	177	247	283	306	355	450	460	448	460	—	—	—	—
50	P_{G1}	43.2	50.1	65.2	76.6	90.6	95.9	134	151	171	195	240	246	242	250	304	313	360	344
	P_{G2}	73.8	85.5	114	133	160	169	246	278	306	352	462	479	462	480	—	—	—	—
56	P_{G1}	41.2	48.5	62.7	74.4	87.3	93.4	127	154	170	192	239	256	243	260	310	329	379	387
	P_{G2}	70.1	82.2	109	129	153	164	230	280	300	341	449	484	453	485	—	—	—	—
63	P_{G1}	39.1	47	59	71	83.5	92.5	122	154	166	194	235	255	241	262	307	336	397	411
	P_{G2}	66.1	79.2	102	122	145	160	219	276	288	338	434	473	439	474	—	—	—	—
71	P_{G1}	38.7	44.6	57.3	67.7	81.8	88.2	120	144	162	188	230	243	234	249	306	316	381	400
	P_{G2}	65.3	75	98.9	116	142	153	213	256	279	325	422	447	422	450	—	—	—	—
80	P_{G1}	36.8	42.1	56	63.3	77.6	83.5	113	136	158	178	223	237	227	241	292	315	369	384
	P_{G2}	61.9	70.3	96.6	108	134	143	201	241	272	308	406	434	406	433	—	—	—	—
90	P_{G1}	36.3	41.8	53.1	61.4	73.8	81.6	110	134	148	173	211	231	215	233	280	300	363	372
	P_{G2}	61.1	69.8	91.3	104	127	140	194	235	255	298	383	418	384	417	—	—	—	—
100	P_{G1}	—	39.7	—	60.4	—	78	—	128	—	171	—	221	—	226	—	294	—	379
	P_{G2}	—	66.2	—	102	—	133	—	223	—	293	—	397	—	397	—	—	—	—
112	P_{G1}	—	39.3	—	57.2	—	74.3	—	124	—	161	—	—	—	—	—	—	—	—
	P_{G2}	—	65.6	—	97.3	—	127	—	216	—	274	—	—	—	—	—	—	—	—

表 10.2-14　H4 减速器额定机械强度功率 P_N　　　　　　　　　（kW）

i_N	n_1 /r·min^{-1}	n_2 /r·min^{-1}	规格															
			7	8	9	10	11	12	13	14	15	16	17	18	19	20	21	22
100	1500	15	32	—	53	—	94	—	138	—	240	—	314	—	471	—	660	—
	1000	10	21	—	36	—	63	—	92	—	160	—	209	—	314	—	440	—
	750	7.5	16	—	27	—	47	—	69	—	120	—	157	—	236	—	330	—
112	1500	13.4	29	—	48	—	84	—	123	—	215	243	281	337	421	484	589	659
	1000	8.9	19	—	32	—	56	—	82	—	143	161	186	224	280	322	391	438
	750	6.7	14	—	24	—	42	—	62	—	107	121	140	168	210	242	295	330
125	1500	12	26	32	43	54	75	94	111	137	192	217	251	302	377	434	528	591
	1000	8	17	21	28	36	50	63	74	91	128	145	168	201	251	289	352	394
	750	6	13	16	21	27	38	47	55	68	96	109	126	151	188	217	264	295
140	1500	10.7	23	29	38	48	67	84	99	122	171	194	224	269	336	387	471	527
	1000	7.1	15	19	25	32	45	56	65	81	114	129	149	178	223	256	312	349
	750	5.4	12	14	19	24	34	42	50	62	87	98	113	136	170	195	237	266
160	1500	9.4	20	25	33	42	59	74	87	107	151	170	197	236	295	340	413	463
	1000	6.3	14	17	22	28	40	49	58	72	101	114	132	158	198	228	277	310
	750	4.7	10	13	17	21	30	37	43	54	75	85	98	118	148	170	207	231
180	1500	8.3	18	22	30	37	52	65	76	95	133	150	174	209	261	300	365	408
	1000	5.6	12	15	20	25	35	44	52	64	90	101	117	141	176	202	246	276
	750	4.2	9	11	15	19	26	33	39	48	67	76	88	106	132	152	185	207
200	1500	7.5	16	20	27	34	47	59	69	86	120	136	157	188	236	271	330	369
	1000	5	11	13	18	23	31	39	46	57	80	91	105	126	157	181	220	246
	750	3.8	8.2	10	14	17	24	30	35	43	61	69	80	95	119	137	167	187
224	1500	6.7	14	18	24	30	42	53	62	76	107	121	140	168	210	242	295	330
	1000	4.5	10	12	16	20	28	35	41	51	72	82	94	113	141	163	198	221
	750	3.3	7.1	8.8	12	15	21	26	30	38	53	60	69	83	104	119	145	162
250	1500	6	13	16	21	27	38	47	55	68	96	109	126	151	188	217	264	295
	1000	4	8.6	11	14	18	25	31	37	46	64	72	84	101	126	145	176	197
	750	3	6.4	8	11	14	19	24	28	34	48	54	63	75	94	108	132	148
280	1500	5.4	12	14	19	24	34	42	50	62	87	98	113	136	170	195	237	266
	1000	3.6	7.7	9.6	13	16	23	28	33	41	58	65	75	90	113	130	158	177
	750	2.7	5.8	7.2	10	12	17	21	25	31	43	49	57	68	85	98	119	133
315	1500	4.8	10.3	13	17	22	30	38	44	55	77	87	101	121	151	173	211	236
	1000	3.2	7	8.5	11	14	20	25	29	37	51	58	67	80	101	116	141	157
	750	2.4	5.2	6.4	8.5	11	15	19	22	27	38	43	50	60	75	87	106	118
355	1500	4.2	8.6	11	15	19	26	33	39	48	62	76	84	106	128	152	180	207
	1000	2.8	5.7	7.5	9.7	13	17	22	26	32	41	51	56	70	85	101	120	138
	750	2.1	4.3	5.6	7.3	9.5	13	16	19	24	31	38	42	53	64	76	90	103
400	1500	3.8	—	10.1	—	17	—	30	—	43	—	63	—	89	—	133	—	185
	1000	2.5	—	6.7	—	11	—	20	—	29	—	41	—	58	—	88	—	122
	750	1.9	—	5.1	—	8.6	—	15	—	22	—	31	—	44	—	67	—	93
450	1500	3.3	—	8.6	—	14	—	26	—	38	—	—	—	—	—	—	—	—
	1000	2.2	—	5.7	—	9.6	—	17	—	25	—	—	—	—	—	—	—	—
	750	1.7	—	4.4	—	7.4	—	13	—	19	—	—	—	—	—	—	—	—

表 10.2-15　H4 减速器额定热功率 P_{G1}、P_{G2}　　　　　（kW）

i_N	$n_1=750$ r·min^{-1}时	规格															
		7	8	9	10	11	12	13	14	15	16	17	18	19	20	21	22
100	P_{G1}	39.9	—	55.6	—	82.5	—	110	—	148	—	166	—	234	—	322	—
112	P_{G1}	38.4	—	53.2	—	81.9	—	107	—	141	152	159	170	224	239	314	325

（续）

i_N	$n_1 = 750$ r·min⁻¹时	规　格														
		7	8	9	10	11	12	13	14	15	16	17	18	19	20	21	22
125	P_{G1}	37.2	42.8	51.5	55.8	78.5	91.3	104	117	136	146	153	163	216	229	304	317
140	P_{G1}	35.3	41	49.8	53.4	75.9	90.4	101	114	131	141	147	157	208	221	288	307
160	P_{G1}	34	39.8	47.1	51.7	72.2	87.1	95.4	111	126	136	141	151	200	213	276	291
180	P_{G1}	32.7	37.8	45.1	50.1	69.6	83.8	92.1	107	124	130	138	145	190	205	272	278
200	P_{G1}	31.4	36.4	43.6	47.3	65.7	80	89.6	102	121	127	133	142	184	195	256	274
224	P_{G1}	29.6	34.8	41.9	45.3	62.9	77	85.4	97.9	112	124	124	137	176	188	244	258
250	P_{G1}	28.3	33.7	40	43.9	59.8	72.7	81.3	95.4	107	115	118	128	167	180	231	246
280	P_{G1}	27.4	31.7	38.8	42.1	57.6	69.9	78.7	90.4	103	109	115	122	161	171	222	233
315	P_{G1}	26.8	30.3	37	40.2	56.1	66.3	75.5	87.1	98.7	106	110	118	157	165	213	224
355	P_{G1}	25.6	29.4	36.3	39	53.4	63.8	72	83.8	97.1	102	107	113	150	161	203	215
400	P_{G1}	—	28.8	—	37.2	—	62.3	—	80.5	—	99.6	—	111	—	153	—	205
450	P_{G1}	—	27.4	—	36.6	—	59.2	—	76.8	—	—	—	—	—	—	—	—

i_N	$n_1 = 1000$ r·min⁻¹时	规　格														
		7	8	9	10	11	12	13	14	15	16	17	18	19	20	21	22
100	P_{G1}	43.6	—	60.8	—	90.1	—	120	—	161	—	180	—	253	—	346	—
112	P_{G1}	42	—	58.2	—	89.4	—	117	—	154	166	173	185	243	260	240	350
125	P_{G1}	40.8	46.8	56.4	61.1	85.8	99.7	114	128	149	160	167	177	235	249	330	344
140	P_{G1}	38.7	44.9	54.6	58.5	83	98.9	110	125	144	153	161	171	227	241	313	334
160	P_{G1}	37.2	43.6	51.6	56.7	79	95.3	104	121	138	148	154	165	218	232	301	317
180	P_{G1}	35.8	41.4	49.4	54.9	76.2	91.8	100	118	136	142	151	158	208	224	297	304
200	P_{G1}	34.4	39.9	47.8	51.8	72	87.6	98.2	111	132	139	146	156	201	214	280	300
224	P_{G1}	32.4	38.2	45.9	49.6	69	84.4	93.7	107	123	136	136	151	193	206	268	283
250	P_{G1}	31	37	43.8	48.2	65.6	79.7	89.1	104	117	126	130	141	183	198	253	270
280	P_{G1}	30.1	34.7	42.5	46.2	63.1	76.7	86.3	99.1	113	120	126	133	176	188	243	255
315	P_{G1}	29.4	33.3	40.5	44.1	61.6	72.7	82.8	95.5	108	116	121	130	172	181	233	245
355	P_{G1}	28.1	32.3	39.8	42.8	58.6	69.9	78.9	91.9	106	111	118	124	164	177	222	236
400	P_{G1}	—	31.6	—	40.8	—	68.3	—	88.3	—	109	—	121	—	168	—	225
450	P_{G1}	—	30.1	—	40.1	—	64.9	—	84.2	—	—	—	—	—	—	—	—

i_N	$n_1 = 1500$ r·min⁻¹时	规　格														
		7	8	9	10	11	12	13	14	15	16	17	18	19	20	21	22
100	P_{G1}	48.7	—	67.6	—	99.1	—	130	—	172	—	190	—	264	—	348	—
112	P_{G1}	47.1	—	65.1	—	99.1	—	129	—	167	179	186	198	259	276	352	358
125	P_{G1}	45.8	52.5	63.1	68.3	95.5	110	126	142	163	174	181	192	254	268	348	359
140	P_{G1}	43.5	50.5	61.3	65.6	92.8	110	123	139	158	169	176	188	248	263	336	356
160	P_{G1}	41.9	49.1	58	63.7	88.5	106	116	135	153	164	171	182	240	255	327	342
180	P_{G1}	40.4	46.7	55.8	61.9	85.8	103	113	132	152	159	169	177	232	249	329	335
200	P_{G1}	38.9	45.1	54	58.5	81.3	98.9	110	124	149	157	164	175	226	240	314	335
224	P_{G1}	36.7	43.2	52	56.2	78.1	95.5	106	121	140	154	154	170	219	233	303	321
250	P_{G1}	35.1	41.9	49.6	54.5	74.2	90.2	100	118	132	143	147	159	208	224	287	305
280	P_{G1}	34	39.3	48.2	52.3	71.4	86.8	97.7	112	128	135	143	151	199	213	276	289
315	P_{G1}	33.3	37.6	45.9	49.9	69.7	82.2	93.7	108	122	131	136	147	195	204	264	278
355	P_{G1}	31.8	36.5	45.1	48.5	66.3	79.2	89.4	104	120	126	133	141	186	200	252	267
400	P_{G1}	—	35.8	—	46.2	—	77.3	—	100	—	123	—	138	—	190	—	255
450	P_{G1}	—	34	—	45.4	—	73.5	—	95.3	—	—	—	—	—	—	—	—

表 10.2-16　**R2 减速器额定机械强度功率 P_N**　　　　　　（kW）

i_N	n_1 /r·min⁻¹	n_2 /r·min⁻¹	规　格														
			4	5	6	7	8	9	10	11	12	13	14	15	16	17	18
5	1500	300	182	295	—	559	—	880	—	1351	—	2073	—	—	—	—	—
	1000	200	121	197	—	373	—	586	—	901	—	1382	—	2555	—	—	—
	750	150	91	148	—	280	—	440	—	675	—	1037	—	1916	—	—	—
5.6	1500	268	163	264	—	500	—	786	—	1263	—	1880	—	—	—	—	—
	1000	179	109	176	—	334	—	525	—	843	—	1256	—	2287	—	—	—
	750	134	81	132	—	250	—	393	—	631	—	940	—	1712	1894	2736	—
6.3	1500	238	145	234	299	444	556	698	887	1171	1371	1769	2044	—	—	—	—
	1000	159	97	157	200	296	371	466	593	783	916	1182	1365	2164	2348	—	—
	750	119	72	117	150	222	278	349	444	586	685	885	1022	1620	1757	2430	—
7.1	1500	211	128	208	265	393	493	619	787	1083	1259	1613	1856	—	—	—	—
	1000	141	86	139	177	263	329	413	526	723	842	1078	1240	1949	2141	2879	—
	750	106	64	104	133	198	248	311	395	544	633	810	932	1465	1609	2164	2553
8	1500	188	114	185	236	350	439	551	701	994	1161	1516	1732	2598	—	—	—
	1000	125	76	123	157	233	292	366	466	661	772	1008	1152	1728	1937	2552	—
	750	94	57	93	118	175	219	276	350	497	581	758	866	1299	1457	1919	2264
9	1500	167	101	164	210	311	390	490	623	883	1067	1364	1591	2309	2588	—	—
	1000	111	67	109	139	207	259	325	414	587	709	907	1058	1534	1720	2266	2673
	750	83	50	82	104	155	194	243	309	439	530	678	791	1147	1286	1695	1999
10	1500	150	91	148	188	280	350	440	559	793	974	1225	1492	2073	2325	—	—
	1000	100	61	98	126	186	234	293	373	529	649	817	995	1382	1550	2042	2408
	750	75	46	74	94	140	175	220	280	397	487	613	746	1037	1162	1531	1806
11.2	1500	134	81	132	168	250	313	393	500	709	870	1094	1368	1852	2077	—	—
	1000	89	54	88	112	166	208	261	332	471	578	727	909	1230	1379	1817	2143
	750	67	41	66	84	125	156	196	250	354	435	547	684	926	1038	1368	1614
12.5	1500	120	—	—	151	—	280	—	447	—	779	—	1225	—	1860	—	—
	1000	80	—	—	101	—	187	—	298	—	519	—	817	—	1240	—	1927
	750	60	—	—	75	—	140	—	224	—	390	—	613	—	930	—	1445
14	1500	107	—	—	—	134	—	250	—	399	—	695	—	1092	—	—	—
	1000	71	—	—	—	89	—	166	—	265	—	461	—	725	—	—	—
	750	54	—	—	—	68	—	126	—	201	—	351	—	551	—	—	—

表 10.2-17　**R2 减速器额定热功率 P_{G1}、P_{G2}**　　　　　　（kW）

i_N	$n_1=750$ r·min⁻¹时	规　格														
		4	5	6	7	8	9	10	11	12	13	14	15	16	17	18
5	P_{G1}	50	64.7	—	90	—	109	—	—	—	—	—	—	—	—	—
	P_{G2}	96.9	134	—	214	—	261	—	439	—	635	—	765	—	—	—
5.6	P_{G1}	48.6	63.9	—	87.1	—	106	—	167	—	—	—	—	—	—	—
	P_{G2}	93	131	—	200	—	245	—	428	—	626	—	757	—	827	—
6.3	P_{G1}	47.4	61.6	72.5	82.2	99.8	101	114	157	198	—	—	—	—	—	—
	P_{G2}	90	124	145	186	225	230	261	389	495	573	696	721	782	802	—
7.1	P_{G1}	44.8	58.7	71.5	78.2	95.2	97.1	110	159	200	204	244	—	—	—	—
	P_{G2}	84	117	142	174	212	216	245	381	480	565	683	686	744	771	832
8	P_{G1}	42.2	55.6	68.6	74.7	90.3	93.1	105	148	186	194	233	—	—	—	—
	P_{G2}	78.8	109	134	164	196	203	230	347	435	517	622	632	706	720	798
9	P_{G1}	40.2	52.9	65.1	71.6	85.4	89.7	100	143	186	190	235	230	248	—	—
	P_{G2}	74.4	103	126	155	184	193	216	331	426	494	612	607	650	694	742
10	P_{G1}	33.8	49.1	61.3	67.2	81	84.6	95.7	136	172	183	221	222	243	244	—
	P_{G2}	61.6	94.9	118	144	172	181	203	310	386	465	559	567	624	656	715

（续）

i_N	$n_1=750$ r·min⁻¹时	规　格														
		4	5	6	7	8	9	10	11	12	13	14	15	16	17	18
11.2	P_{G1}	32.7	44.1	58.3	60.2	77.3	76.4	92.1	122	166	165	214	203	233	227	260
	P_{G2}	59.4	84.4	111	127	164	160	193	273	368	413	532	510	583	593	676
12.5	P_{G1}	—	—	54	—	72	—	87	—	157	—	205	—	214	—	241
	P_{G2}	—	—	101	—	152	—	181	—	344	—	501	—	524	—	610
14	P_{G1}	—	—	48	—	65	—	78	—	140	—	185	—	—	—	—
	P_{G2}	—	—	90.6	—	135	—	161	—	303	—	443	—	—	—	—

i_N	$n_1=1000$ r·min⁻¹时	规　格														
		4	5	6	7	8	9	10	11	12	13	14	15	16	17	18
5	P_{G1}	48.3	58.6	—	77.4	—	87.1	—	—	—	—	—	—	—	—	—
	P_{G2}	113	155	—	246	—	297	—	487	—	684	—	788	—	—	—
5.6	P_{G1}	47.7	59.8	—	78.3	—	90.2	—	120	—	—	—	—	—	—	—
	P_{G2}	109	153	—	232	—	282	—	481	—	688	—	804	—	859	—
6.3	P_{G1}	47	58.7	68.3	75.8	89.9	89.4	98.3	122	142	—	—	—	—	—	—
	P_{G2}	105	145	170	216	261	265	300	441	556	637	771	779	838	850	—
7.1	P_{G1}	45	57.2	69	74.3	88.9	89.1	99.3	132	158	151	176	—	—	—	—
	P_{G2}	99	137	166	203	246	250	284	436	546	637	768	756	815	838	897
8	P_{G1}	42.8	54.8	67.2	72.1	86.1	87.4	97.7	129	155	154	181	—	—	—	—
	P_{G2}	92.9	128	157	192	229	237	267	400	498	588	705	705	784	793	874
9	P_{G1}	41	52.7	64.5	70.2	82.7	85.8	95.3	129	162	159	193	169	176	—	—
	P_{G2}	87.8	121	148	182	215	226	251	383	490	565	699	684	730	774	823
10	P_{G1}	34.6	49.3	61.1	66.4	79.2	81.9	91.7	125	153	157	188	172	182	175	—
	P_{G2}	72.8	111	138	169	202	212	237	359	447	535	642	643	704	737	799
11.2	P_{G1}	33.5	44.4	58.4	59.8	76.1	74.5	89	114	150	145	185	162	181	169	187
	P_{G2}	70.2	99.5	131	150	192	187	226	318	426	476	613	581	662	669	760
12.5	P_{G1}	—	—	54.5	—	72.2	—	85.1	—	145	—	183	—	175	—	186
	P_{G2}	—	—	119	—	179	—	212	—	400	—	579	—	598	—	691
14	P_{G1}	—	—	49	—	65.5	—	77	—	131	—	168	—	—	—	—
	P_{G2}	—	—	106	—	159	—	189	—	353	—	514	—	—	—	—

i_N	$n_1=1500$ r·min⁻¹时	规　格														
		4	5	6	7	8	9	10	11	12	13	14	15	16	17	18
5	P_{G1}	35.3	—	—	—	—	—	—	—	—	—	—	—	—	—	—
	P_{G2}	139	184	—	283	—	328	—	478	—	574	—	486	—	—	—
5.6	P_{G1}	38.6	—	—	—	—	—	—	—	—	—	—	—	—	—	—
	P_{G2}	135	185	—	274	—	322	—	504	—	646	—	618	—	565	—
6.3	P_{G1}	40	—	—	—	—	—	—	—	—	—	—	—	—	—	—
	P_{G2}	132	178	206	259	308	310	345	479	581	633	753	664	684	646	—
7.1	P_{G1}	40.6	44	50.6	—	—	—	—	—	—	—	—	—	—	—	—
	P_{G2}	125	169	204	248	298	299	336	493	601	676	804	720	754	740	760
8	P_{G1}	39.6	45.1	53.4	53	—	—	—	—	—	—	—	—	—	—	—
	P_{G2}	117	160	195	236	280	287	321	463	564	646	768	713	775	756	808
9	P_{G1}	39.3	45.7	54.4	55.8	61.6	59.6	—	—	—	—	—	—	—	—	—
	P_{G2}	111	153	186	226	266	277	306	452	568	640	785	724	759	782	812
10	P_{G1}	33.7	44	53.3	55.1	62.3	60.8	63.9	—	—	—	—	—	—	—	—
	P_{G2}	92.8	140	174	211	251	261	291	429	525	616	734	698	753	770	818
11.2	P_{G1}	33	40.4	52.1	51	61.9	57.7	65.2	—	—	—	—	—	—	—	—
	P_{G2}	89.7	125	165	188	240	232	279	382	506	555	709	641	721	714	797

（续）

i_N	$n_1 = 1500$ r·min⁻¹时	规　格														
		4	5	6	7	8	9	10	11	12	13	14	15	16	17	18
12.5	P_{G1}	—	—	50.1	—	61.7	—	66.9	—	—	—	—	—	—	—	—
	P_{G2}	—	—	151	—	224	—	264	—	481	—	681	—	669	—	749
14	P_{G1}	—	—	46	—	57.4	—	63.1	—	—	—	—	—	—	—	—
	P_{G2}	—	—	135	—	200	—	236	—	428	—	611	—	—	—	—

表 10.2-18　R3 减速机额定机械强度功率 P_N　　（kW）

i_N	n_1 /r·min⁻¹	n_2 /r·min⁻¹	规　格																	
			4	5	6	7	8	9	10	11	12	13	14	15	16	17	18	19	20	21	22
12.5	1500	120	69	118	—	214	—	352	—	635	—	980	—	1659	—	2450	—	—	—	—	—
	1000	80	46	79	—	142	—	235	—	423	—	653	—	1106	—	1634	—	2094	—	2848	—
	750	60	35	59	—	107	—	176	—	317	—	490	—	829	—	1225	—	1571	—	2136	—
14	1500	107	67	110	—	204	—	331	—	594	—	896	—	1535	1658	2185	2577	—	—	—	—
	1000	71	45	73	—	135	—	219	—	394	—	595	—	1019	1100	1450	1710	1948	2193	2676	—
	750	54	34	55	—	103	—	167	—	300	—	452	—	775	837	1103	1301	1481	1668	2036	2290
16	1500	94	61	100	118	188	212	305	350	551	610	817	960	1398	1516	1969	2264	—	—	—	—
	1000	63	41	67	79	126	142	205	235	369	409	548	643	937	1016	1319	1517	1814	2032	2507	2784
	750	47	31	50	59	94	106	153	175	276	305	408	480	699	758	984	1132	1353	1516	1870	2077
18	1500	83	56	92	110	172	201	282	326	504	565	739	869	1286	1391	1738	2086	—	—	—	—
	1000	56	38	62	74	116	135	191	220	340	381	498	586	868	938	1173	1407	1689	1876	2346	2568
	750	42	28	47	55	87	102	143	165	255	286	374	440	651	704	880	1055	1267	1407	1759	1926
20	1500	75	52	86	104	161	188	267	309	471	534	691	809	1202	1312	1571	1885	—	—	—	—
	1000	50	35	58	69	107	125	178	206	314	356	461	539	801	874	1047	1257	1571	1738	2199	2382
	750	38	26	44	53	82	95	135	156	239	271	350	410	609	665	796	955	1194	1321	1671	1810
22.4	1500	67	46	77	97	144	174	239	288	421	505	617	744	1073	1214	1403	1684	2105	2420	—	—
	1000	45	31	52	65	97	117	160	193	283	339	415	499	721	815	942	1131	1414	1626	1979	2215
	750	33	23	38	48	71	86	117	142	207	249	304	366	529	598	691	829	1037	1192	1451	1624
25	1500	60	41	69	91	129	160	214	270	377	471	553	685	961	1087	1257	1508	1885	2168	—	—
	1000	40	28	46	61	86	107	142	180	251	314	369	457	641	725	838	1005	1257	1445	1759	1969
	750	30	21	35	46	64	80	107	135	188	236	276	342	481	543	628	754	942	1084	1319	1476
28	1500	54	37	62	82	116	144	192	243	339	424	498	616	865	978	1131	1357	1696	1950	2375	—
	1000	36	25	41	55	77	96	128	162	226	283	332	411	577	652	754	905	1131	1301	1583	1772
	750	27	19	31	41	58	72	96	122	170	212	249	308	433	489	565	679	848	975	1187	1329
31.5	1500	48	33	55	73	103	128	171	216	302	277	442	548	769	870	1005	1206	1508	1734	2111	—
	1000	32	22	37	49	69	85	114	144	201	251	295	365	513	580	670	804	1005	1156	1407	1575
	750	24	17	28	36	52	64	85	108	151	188	221	274	385	435	503	603	754	867	1055	1181
35.5	1500	42	29	48	64	90	112	150	189	264	330	387	479	673	761	880	1055	1319	1517	1847	2067
	1000	28	19	32	43	60	75	100	126	176	220	258	320	449	507	586	704	880	1012	1231	1378
	750	21	15	24	32	45	56	75	95	132	165	194	240	336	380	440	528	660	759	924	1034
40	1500	38	26	44	58	82	101	135	171	239	298	350	434	609	688	796	955	1194	1373	1671	1870
	1000	25	17	29	38	54	67	89	113	157	196	230	285	401	453	524	628	785	903	1099	1230
	750	18.8	13	22	29	40	50	67	85	118	148	173	215	301	341	394	472	591	679	827	925

（续）

i_N	n_1/r·min⁻¹	n_2/r·min⁻¹	规格 4	5	6	7	8	9	10	11	12	13	14	15	16	17	18	19	20	21	22
45	1500	33	23	38	50	71	88	117	149	207	259	304	377	529	598	691	829	1037	1192	1451	1624
	1000	22	15	25	33	47	59	78	99	138	173	203	251	352	399	461	553	691	795	968	1083
	750	16.7	12	19	25	36	45	59	75	105	131	154	191	268	303	350	420	525	603	734	822
50	1500	30	21	35	46	64	80	107	135	188	236	276	342	481	543	628	754	942	1083	1319	1476
	1000	20	14	23	30	43	53	71	90	126	157	184	228	320	362	419	503	628	723	880	984
	750	15	10.4	17	23	32	40	53	68	94	118	138	171	240	272	314	377	471	542	660	738
56	1500	27	19	31	41	58	72	96	122	170	212	249	308	433	489	565	679	848	975	1187	1329
	1000	17.9	12	21	27	38	48	64	81	112	141	165	204	287	324	375	450	562	647	787	881
	750	13.4	9.3	15	20	29	36	48	60	84	105	123	153	215	243	281	337	421	484	589	659
63	1500	24	17	28	36	50	64	85	108	151	188	221	274	385	435	503	603	754	867	1055	1181
	1000	15.9	11	18	24	33	42	57	72	100	125	147	181	255	288	333	400	499	574	699	783
	750	11.9	8.2	14	18	25	32	42	54	75	93	110	136	191	216	249	299	374	430	523	586
71	1500	21	14.5	24	32	44	56	75	95	132	165	194	240	336	380	440	528	660	759	924	1034
	1000	14.1	9.7	16	21	30	38	50	63	89	111	130	161	226	255	295	354	443	509	620	694
	750	10.6	7.3	12	16	22	28	38	48	67	83	98	121	170	192	222	366	333	383	466	522
80	1500	18.8	—	—	28	—	50	—	85	—	148	—	215	—	341	—	472	—	679	—	925
	1000	12.5	—	—	18	—	33	—	56	—	98	—	143	—	226	—	314	—	452	—	615
	750	9.4	—	—	14	—	25	—	42	—	74	—	107	—	170	—	236	—	340	—	463
90	1500	16.7	—	—	24	—	44	—	75	—	131	—	191	—	—	—	—	—	—	—	—
	1000	11.1	—	—	16	—	29	—	50	—	87	—	127	—	—	—	—	—	—	—	—
	750	8.3	—	—	12	—	22	—	37	—	65	—	95	—	—	—	—	—	—	—	—

表 10.2-19　R3 减速机额定热功率 P_{G1}、P_{G2} （kW）

i_N	$n_1=750$ r·min⁻¹时	规格 4	5	6	7	8	9	10	11	12	13	14	15	16	17	18	19	20	21	22
12.5	P_{G1}	35.9	48.7	—	77.4	—	102	—	145	—	188	—	262	—	295	—	—	—	—	—
	P_{G2}	56.1	79.6	—	127	—	174	—	276	—	363	—	511	—	656	—	—	—	—	—
14	P_{G1}	34.9	47.2	—	74.8	—	99.5	—	142	—	190	—	253	274	285	322	—	—	—	—
	P_{G2}	54.5	77	—	122	—	168	—	270	—	366	—	491	529	630	704	—	—	—	—
16	P_{G1}	33.1	45.6	52.9	71.3	83.6	97.1	109	135	161	175	205	250	263	287	297	—	—	—	—
	P_{G2}	51.8	74.2	85	117	134	165	182	257	298	335	387	482	506	625	645	—	—	—	—
18	P_{G1}	32.1	44.2	51.3	68.9	80.5	94	100	133	161	176	206	241	261	276	314	—	—	—	—
	P_{G2}	50.3	71.9	82.3	113	130	159	168	251	298	337	390	462	500	600	670	—	—	—	—
20	P_{G1}	30.3	42.3	49.4	66	76.5	90	102	127	150	165	189	234	250	268	288	323	—	371	—
	P_{G2}	47.4	68.9	79.2	108	123	152	172	240	277	315	356	445	477	577	613	715	—	804	—
22.4	P_{G1}	29.6	41.6	47.8	63.8	74.3	87.6	94.8	121	150	159	192	228	241	266	279	322	339	370	383
	P_{G2}	46.1	67.7	76.8	104	120	148	158	227	277	300	359	432	458	562	589	696	731	785	815
25	P_{G1}	28.1	39.4	45.9	61.7	71.2	83.7	90.9	115	144	151	179	216	237	254	276	315	337	362	381
	P_{G2}	43.6	63.9	73.5	100	114	141	151	213	264	282	335	402	443	526	574	664	711	746	794
28	P_{G1}	27	38.1	45.1	58.6	68.8	79.8	88.5	109	137	144	172	211	224	252	264	307	328	351	371
	P_{G2}	41.7	61.4	72.2	94.8	110	133	147	202	251	266	318	389	412	513	536	632	677	710	754
31.5	P_{G1}	25.5	36.1	42.6	55.6	66.3	76.3	84.6	104	129	136	163	198	219	238	260	293	319	334	361
	P_{G2}	39.5	58	68.1	89.6	106	126	140	191	235	252	298	362	401	479	523	593	646	660	718

（续）

i_N	$n_1=750$ r·min⁻¹时	4	5	6	7	8	9	10	11	12	13	14	15	16	17	18	19	20	21	22
35.5	P_{G1}	24	34	41.1	52.8	63	72.5	80.6	100	123	132	155	191	205	231	247	286	303	323	342
	P_{G2}	36.9	54.3	65.4	84.8	100	120	132	182	222	241	283	348	372	460	488	572	604	633	667
40	P_{G1}	21	29.5	39	46.2	60.1	67.8	76.9	94.9	117	124	148	181	198	221	239	272	296	307	331
	P_{G2}	32.1	46.8	61.9	73.6	95.4	111	126	170	209	114	267	327	358	424	469	537	582	593	640
45	P_{G1}	20.5	28.7	36.6	44.9	57	62.3	73	87	112	207	141	168	187	205	228	255	282	284	313
	P_{G2}	31.3	45.6	57.8	71	90	101	119	156	200	116	256	300	336	401	444	498	547	546	599
50	P_{G1}	20.7	28.6	31.9	44.2	49.9	61.2	68.3	87	106	207	134	172	173	213	211	252	263	306	291
	P_{G2}	31.5	45	50.1	69.6	78.1	98.8	111	153	187	107	240	302	309	407	409	478	507	572	551
56	P_{G1}	19.1	26.3	31.1	41	48.4	56.5	63	79.1	97.4	189	123	157	177	197	220	243	259	290	312
	P_{G2}	28.9	41.5	48.7	64.7	75.6	91.4	101	139	171	103	218	275	310	372	414	458	485	537	576
63	P_{G1}	18.3	25.3	30.9	39.7	47.8	54.5	61.8	76.3	96.6	181	125	150	162	189	202	235	250	281	295
	P_{G2}	27.9	39.9	48.1	62.4	74.3	88.2	98.8	133	168	96	219	262	282	355	379	441	466	518	540
71	P_{G1}	17	24.1	28.5	37.8	44.3	51	57.3	70.6	88.6	169	115	143	155	178	194	222	242	265	286
	P_{G2}	25.9	37.9	44.3	59.5	68.9	82.5	91.7	123	152	—	199	247	269	333	361	413	449	484	522
80	P_{G1}	—	—	27.3	—	42.8	—	55.3	—	84.7	—	110	—	148	—	184	—	228	—	270
	P_{G2}	—	—	42.7	—	66.6	—	88.6	—	146	—	192	—	255	—	338	—	420	—	488
90	P_{G1}	—	—	26	—	40.7	—	51.8	—	78.8	—	103	—	—	—	—	—	—	—	—
	P_{G2}	—	—	40.6	—	63.3	—	83	—	136	—	179	—	—	—	—	—	—	—	—

i_N	$n_1=1000$ r·min⁻¹时	4	5	6	7	8	9	10	11	12	13	14	15	16	17	18	19	20	21	22
12.5	P_{G1}	38.1	50.8	—	79.7	—	103	—	140	—	172	—	221	—	235	—	—	—	—	—
	P_{G2}	66.3	93.9	—	150	—	204	—	321	—	419	—	583	—	742	—	—	—	—	—
14	P_{G1}	37.1	49.4	—	77.4	—	101	—	139	—	177	—	220	233	235	259	—	—	—	—
	P_{G2}	64.4	90.9	—	144	—	198	—	315	—	424	—	562	604	716	798	—	—	—	—
16	P_{G1}	35.2	47.9	55.4	74	86.2	99.4	110	133	155	165	191	221	227	241	245	—	—	—	—
	P_{G2}	61.3	87.5	100	137	158	193	214	300	347	388	448	553	579	713	732	—	—	—	—
18	P_{G1}	34.3	46.5	53.7	71.7	83.2	96.4	102	132	156	167	195	216	230	237	263	—	—	—	—
	P_{G2}	59.5	84.8	97.1	133	153	187	197	293	247	392	452	531	573	686	763	—	—	—	—
20	P_{G1}	32.4	44.6	51.9	68.9	79.4	92.8	105	126	147	159	180	212	223	234	246	271	—	270	—
	P_{G2}	56.1	81.3	93.5	127	145	179	203	280	323	367	413	513	548	662	700	814	—	899	—
22.4	P_{G1}	31.6	44	50.4	66.8	77.4	90.7	97.5	122	148	154	185	210	219	236	243	276	286	279	270
	P_{G2}	54.6	80	90.7	123	141	175	186	266	324	349	417	498	528	646	675	795	833	881	907
25	P_{G1}	30.1	41.8	48.6	65	74.7	83.7	94.3	117	144	149	176	204	222	234	250	281	297	292	291
	P_{G2}	51.7	75.5	86.9	119	134	166	178	250	309	329	390	466	513	607	661	763	816	846	893
28	P_{G1}	29	40.6	48	62.1	72.7	83.9	92.7	113	140	144	172	205	216	239	248	285	302	301	306
	P_{G2}	49.4	72.7	85.5	112	130	157	174	238	295	312	373	453	480	596	621	731	782	811	857
31.5	P_{G1}	27.5	38.6	45.5	59.2	70.3	80.6	89.1	108	133	139	165	196	215	232	250	279	302	299	312
	P_{G2}	46.8	68.7	80.6	106	125	149	165	225	276	296	350	423	468	557	608	688	749	759	821
35.5	P_{G1}	25.9	36.4	44	56.4	67	76.9	85.3	105	128	135	159	192	205	228	241	278	293	297	306
	P_{G2}	43.8	64.3	77.5	100	119	141	156	215	262	284	332	407	435	538	569	666	703	731	767
40	P_{G1}	22.6	31.7	41.8	49.4	64.1	72.1	81.6	99.6	122	128	152	183	199	220	236	267	289	287	302
	P_{G2}	38.1	55.5	73.3	87.1	112	131	149	201	246	267	315	383	419	508	548	627	679	686	738
45	P_{G1}	22.1	30.9	39.3	48	60.9	66.4	77.7	91.6	117	119	147	171	190	206	228	253	278	270	291
	P_{G2}	37.2	54	68.5	84.1	106	120	140	184	236	244	301	352	395	470	520	582	638	634	692
50	P_{G1}	22.4	30.8	34.4	47.6	53.6	65.5	73.1	92.4	112	122	141	178	179	219	216	256	267	302	283
	P_{G2}	37.4	53.3	59.4	82.5	92.5	117	131	181	221	244	283	256	363	478	481	561	595	668	641

（续）

i_N	$n_1=1000$ $r\cdot min^{-1}$时	规格																		
		4	5	6	7	8	9	10	11	12	13	14	15	16	17	18	19	20	21	22
56	P_{G1}	20.7	28.5	33.6	44.3	52.1	60.7	67.7	84.5	103	113	131	165	186	205	228	251	268	294	312
	P_{G2}	34.4	49.3	57.8	76.7	89.6	108	120	164	203	223	258	325	365	438	488	540	571	630	675
63	P_{G1}	19.9	27.4	33.4	42.8	51.5	58.7	66.5	81.7	103	109	133	159	171	198	211	245	260	287	298
	P_{G2}	33.1	47.3	57.1	74.1	88.1	104	117	158	198	214	259	309	333	419	447	520	549	608	633
71	P_{G1}	18.4	26.1	30.8	40.8	47.8	55	61.7	75.7	94.8	103	122	151	164	187	204	232	252	272	291
	P_{G2}	30.7	44.9	52.6	70.5	81.7	97.8	108	146	180	201	236	292	318	393	426	487	529	569	612
80	P_{G1}	—	—	29.5	—	46.2	—	59.6	—	90.7	—	117	—	157	—	193	—	239	—	276
	P_{G2}	—	—	50.6	—	79	—	105	—	173	—	227	—	301	—	400	—	495	—	574
90	P_{G1}	—	—	28.2	—	44	—	55.9	—	84.5	—	110	—	—	—	—	—	—	—	—
	P_{G2}	—	—	48.1	—	75.1	—	98.4	—	161	—	212								

i_N	$n_1=1500$ $r\cdot min^{-1}$时	规格																		
		4	5	6	7	8	9	10	11	12	13	14	15	16	17	18	19	20	21	22
12.5	P_{G1}	39.4	50.4	—	76.7	—	95.4	—	112	—	—	—	—	—	—	—	—	—	—	—
	P_{G2}	84.8	118	—	186	—	250	—	377	—	468	—	602	—	728	—	—			
14	P_{G1}	38.6	49.6	—	75.7	—	95.2	—	117	—	127	—	—	—	—	—				
	P_{G2}	82.6	114	—	180	—	244	—	374	—	482	—	598	631	728	792				
16	P_{G1}	36.8	48.3	55.4	72.9	83.3	94.3	103	114	125	122	138	—	—	—					
	P_{G2}	78.6	110	126	172	196	239	262	358	407	445	511	597	615	737	741				
18	P_{G1}	35.9	47.2	54.1	71.1	81.1	92.5	96.3	115	129	128	146	—	—	—					
	P_{G2}	76.4	107	122	167	191	232	243	353	411	454	520	581	617	722	787				
20	P_{G1}	34	45.6	52.6	68.8	78	89.8	100	112	124	126	140	—	—	—	—				
	P_{G2}	72.1	103	118	161	182	223	251	339	385	428	480	568	599	708	736	839	—	813	—
22.4	P_{G1}	33.3	45.1	51.4	67.2	76.7	88.6	93.9	110	128	126	148	—	—						
	P_{G2}	70.3	101	115	155	177	218	231	324	388	412	489	559	586	702	722	836	864	824	793
25	P_{G1}	31.9	43.3	50.1	66.2	75.2	86.9	92.8	109	130	128	150	153	160	—	—				
	P_{G2}	66.7	96.6	110	151	170	209	223	307	375	395	466	537	585	681	732	833	881	841	844
28	P_{G1}	30.9	42.5	50	64.1	74.4	85	93.1	109	131	131	155	168	172	183	182	200	—	—	
	P_{G2}	63.9	93.3	109	143	165	199	220	296	363	380	452	535	562	689	711	828	878	855	869
31.5	P_{G1}	29.4	40.7	47.8	61.7	72.7	82.7	90.7	106	129	131	154	170	183	190	199	216	227	—	—
	P_{G2}	60.7	88.5	103	136	160	190	210	282	344	365	430	508	558	658	712	799	863	831	871
35.5	P_{G1}	27.8	38.6	46.4	59.1	69.8	79.6	87.7	105	125	130	151	173	181	196	203	228	235	—	—
	P_{G2}	56.8	83	99.8	129	152	181	199	271	328	353	412	495	526	644	677	786	825	821	839
40	P_{G1}	24.3	33.7	44.3	52	67.1	75	84.4	100	121	125	147	168	180	194	204	226	240	208	—
	P_{G2}	49.4	71.6	94.6	112	144	168	191	255	310	334	392	469	510	614	657	747	805	783	822
45	P_{G1}	23.8	32.9	41.8	50.8	64	69.4	80.8	93.2	118	117	144	160	176	187	203	221	240	207	206
	P_{G2}	48.3	69.8	88.5	108	137	154	180	234	298	306	377	434	484	572	629	700	765	733	785
50	P_{G1}	24.2	33	36.8	50.7	56.9	69.3	77	95.8	115	124	142	174	174	210	204	240	247	260	232
	P_{G2}	48.7	69.2	76.9	106	119	151	169	232	281	310	358	445	453	593	594	690	730	799	757
56	P_{G1}	22.4	30.7	36.2	47.5	55.7	64.8	72	88.9	108	117	135	167	186	203	225	245	260	271	279
	P_{G2}	44.8	64	75.1	99.5	116	140	155	211	260	285	330	411	461	552	612	675	712	772	818
63	P_{G1}	21.6	29.5	36	46.1	55.2	62.8	71	86.3	108	114	138	162	173	199	211	243	256	272	275
	P_{G2}	43.2	61.6	74.2	96.2	114	135	151	203	255	275	332	393	422	529	563	654	689	752	776
71	P_{G1}	20	28.2	33.3	43.9	51.4	59	65.9	80.2	99.9	107	127	155	167	190	205	232	251	261	273
	P_{G2}	40	58.5	68.4	91.7	106	126	140	189	232	258	302	372	404	498	539	615	666	707	754
80	P_{G1}	—	—	31.9	—	49.7	—	63.8	—	95.8	—	123	—	161	—	196	—	240	—	262
	P_{G2}	—	—	65.9	—	102	—	136	—	224	—	291	—	384	—	507	—	626	—	710
90	P_{G1}	—	—	30.5	—	47.4	—	60	—	89.6	—	115	—	—	—	—	—	—	—	—
	P_{G2}	—	—	62.7	—	97.6	—	127	—	208	—	273								

表 10.2-20　R4 减速机额定机械强度功率 P_N　（kW）

i_N	n_1/r·min⁻¹	n_2/r·min⁻¹	\[规格\] 5	6	7	8	9	10	11	12	13	14	15	16	17	18	19	20	21	22
80	1500	18.8	22	—	40	—	67	—	118	—	173	—	301	—	394	—	591	—	827	—
	1000	12.5	14	—	27	—	45	—	79	—	115	—	200	—	262	—	393	—	550	—
	750	9.4	11	—	20	—	33	—	59	—	87	—	151	—	197	—	295	—	413	
90	1500	16.7	19	—	36	—	59	—	105	—	154	—	268	303	350	420	525	603	734	822
	1000	11.1	13	—	24	—	40	—	70	—	102	—	178	201	232	279	349	401	488	546
	750	8.3	9.6	—	18	—	30	—	52	—	76	—	133	150	174	209	261	300	365	408
100	1500	15	17.3	23	32	40	53	68	94	118	138	171	240	272	314	377	471	542	660	738
	1000	10	12	15	21	27	36	45	63	79	92	114	160	181	209	251	314	361	440	492
	750	7.5	8.6	11.4	16	20	27	34	47	59	69	86	120	136	157	188	236	271	330	369
112	1500	13.4	15	20	29	36	48	60	84	105	123	153	215	243	281	337	421	484	589	659
	1000	8.9	10.3	13.5	19	24	32	40	56	70	82	102	143	161	186	224	280	322	391	438
	750	6.7	7.7	10	14	18	24	30	42	53	62	76	107	121	140	168	210	242	295	330
125	1500	12	14	18	26	32	43	54	75	94	111	137	192	217	251	302	377	434	528	591
	1000	8	9.2	12	17	21	28	36	50	63	74	91	128	145	168	201	251	289	352	394
	750	6	6.9	9.1	13	16	21	27	38	47	55	68	96	109	126	151	188	217	264	295
140	1500	10.7	12	16.2	23	29	38	48	67	84	99	122	171	194	224	269	336	387	471	527
	1000	7.1	8.2	11	15	19	25	32	45	56	65	81	114	129	149	179	223	256	312	349
	750	5.4	6.2	8.2	12	14.4	19	24	34	42	50	62	87	98	113	136	170	195	237	266
160	1500	9.4	11	14.3	20	25	33	42	59	74	87	107	151	170	197	236	295	340	413	463
	1000	6.3	7.3	9.6	14	17	23	29	40	49	58	72	101	114	132	158	198	228	277	310
	750	4.7	5.4	7.1	10	13	17	21	30	37	43	54	75	85	98	118	148	170	207	231
180	1500	8.3	9.6	13	18	22	30	37	52	65	76	95	133	150	174	209	261	300	365	408
	1000	5.6	6.5	8.5	12	15	20	25	35	44	52	64	90	101	117	141	176	202	246	276
	750	4.2	4.8	6.4	9	11.2	15	19	26	33	39	48	67	76	88	106	132	152	185	207
200	1500	7.5	8.6	11.4	16	20	27	34	47	59	69	86	120	136	157	188	236	271	330	369
	1000	5	5.8	7.6	11	13.4	18	23	31	39	46	57	80	91	105	126	157	181	220	246
	750	3.8	4.4	5.8	8.2	10	14	17	24	30	35	43	61	69	80	95	119	137	167	187
224	1500	6.7	7.7	10	14.4	18	24	30	42	53	62	76	107	121	140	168	210	242	295	330
	1000	4.5	5.2	6.8	9.7	12	16	20	28	35	41	51	72	82	94	113	141	163	198	221
	750	3.3	3.8	5	7.1	9	12	15	21	26	30	38	53	60	69	83	104	119	145	162
250	1500	6	6.9	9.1	13	16	21	27	38	47	55	68	96	109	126	151	188	217	264	295
	1000	4	4.6	6.1	8.6	11	14	18	25	31	37	46	64	72	84	101	126	145	176	197
	750	3	3.5	4.6	6.4	8	11	14	19	24	28	34	48	54	63	75	94	108	132	148
280	1500	5.4	6.2	8.2	12	14.4	19	24	34	42	50	62	87	98	113	136	170	195	237	266
	1000	3.6	4.1	5.5	7.7	9.6	13	16	23	28	33	41	58	65	75	90	113	130	158	177
	750	2.7	3.1	4.1	5.8	7.2	10	12	17	21	25	31	43	49	57	68	85	98	119	133
315	1500	4.8	5.5	7.3	10.3	13	17	22	30	38	44	55	77	87	101	121	151	173	211	236
	1000	3.2	3.7	4.9	6.9	8.5	11	14	20	25	29	37	51	58	67	80	101	116	141	157
	750	2.4	2.8	3.6	5.2	6.4	8.5	11	15.1	19	22	27	38	43	50	60	75	87	106	118
355	1500	4.2	—	6.4	—	11.2	—	19	—	33	—	48	—	76	—	106	—	152	—	207
	1000	2.8	—	4.3	—	7.5	—	13	—	22	—	32	—	51	—	70	—	101	—	138
	750	2.1	—	3.2	—	5.6	—	9.5	—	16	—	24	—	38	—	53	—	76	—	103
400	1500	3.8	—	5.8	—	10	—	17	—	30	—	43	—	—	—	—	—	—	—	—
	1000	2.5	—	3.8	—	6.7	—	11.3	—	20	—	29	—	—	—	—	—	—	—	—
	750	1.5	—	2.9	—	5.1	—	8.6	—	15	—	22	—	—	—	—	—	—	—	—

表 10.2-21　R4 减速机额定热功率 P_{G1}　　　　　　　　　　（kW）

i_N	$n_1=$ 750 r·min⁻¹时	规格																
		5	6	7	8	9	10	11	12	13	14	15	16	17	18	19	20	21	22
80	P_{G1}	26.6	—	39.5	—	55.9	—	84.4	—	113	—	151	—	170	—	233	—	327	—
90	P_{G1}	26	—	38.2	—	54.6	—	81.9	—	110	—	145	155	163	175	223	239	316	331
100	P_{G1}	24.8	28.5	36.2	42.2	51.8	56.3	78.7	94.3	104	121	136	149	153	168	211	229	297	320
112	P_{G1}	23.9	27.8	34.8	41	49.8	55	74.9	91	100	118	130	141	146	158	201	216	288	300
125	P_{G1}	22.8	26.6	33.2	38.7	47.5	52.2	71.7	86.9	95.9	111	123	134	139	150	191	206	271	291
140	P_{G1}	21.8	25.6	31.6	37.3	44.8	50.2	67.8	82.8	91	106	119	127	134	143	184	196	262	274
160	P_{G1}	20	24.5	28.8	35.6	41	47.3	61.9	79.3	86.1	102	113	123	127	138	174	189	247	264
180	P_{G1}	19.6	23.4	28.1	33.9	40	45.4	60.2	75.1	81.3	96.7	106	116	119	130	163	178	231	250
200	P_{G1}	19	21.5	27.8	30.9	39.1	41.5	58.9	68.6	79.4	91.8	104	109	118	123	162	167	223	234
224	P_{G1}	17.7	21.1	25.9	30.2	36.6	40.5	55.4	66.9	74.4	86.9	98.4	108	109	121	152	167	209	227
250	P_{G1}	17.3	20.3	25	29.9	35.3	39.6	53.6	65.3	72	84.45	95.1	100	106	113	147	156	202	212
280	P_{G1}	16.4	19	23.5	27.9	33.7	37.1	51.2	61.3	68	79.4	88.5	97.5	100	109	138	150	193	205
315	P_{G1}	15.4	18.5	22	26.8	31.6	35.8	47.8	59.3	64.9	76.8	83.6	91.8	94.3	103	131	142	180	195
355	P_{G1}	—	17.7	—	25.2	—	34.1	—	56.6	—	72.5	—	86.1	—	97.5	—	134	—	182
400	P_{G1}	—	16.5	—	23.6	—	32.2	—	52.8	—	69.1	—	—	—	—	—	—	—	—

i_N	$n_1=$ 1000 r·min⁻¹时	规格																
		5	6	7	8	9	10	11	12	13	14	15	16	17	18	19	20	21	22
80	P_{G1}	28.6	—	42.4	—	60	—	90.6	—	121	—	162	—	183	—	250	—	351	—
90	P_{G1}	27.9	—	41	—	58.6	—	87.9	—	118	—	155	167	175	188	240	256	339	355
100	P_{G1}	26.6	30.6	38.8	45.3	55.6	60.4	84.4	101	112	130	146	160	164	180	227	246	319	344
112	P_{G1}	25.6	29.9	37.4	44	53.5	59	80.4	97.6	107	126	139	151	157	169	216	232	309	322
125	P_{G1}	24.5	28.6	35.7	41.6	51	56	77	93.2	112	119	132	144	149	161	205	221	291	313
140	P_{G1}	23.4	27.5	33.9	40.1	48.1	53.9	72.8	88.8	97.6	114	128	137	144	154	198	211	281	294
160	P_{G1}	21.5	26.3	30.9	38.2	44	51.3	66.4	85.1	92.4	114	121	132	136	148	187	203	265	284
180	P_{G1}	21.1	25.1	30.1	36.4	42.9	48.7	64.6	80.6	87.2	103	114	124	128	139	175	191	248	269
200	P_{G1}	20.4	23.1	29.9	33.2	42	44.6	63.2	73.6	85.2	98.5	112	117	136	132	174	179	240	251
224	P_{G1}	19	22.7	27.8	32.4	39.3	43.4	59.4	71.8	79.9	93.2	105	116	117	130	163	179	224	243
250	P_{G1}	18.5	21.8	26.9	32.1	37.9	42.5	57.5	70.1	77.3	90.6	102	108	114	122	158	168	217	227
280	P_{G1}	17.6	20.4	25.2	30	36.1	39.8	55	65.8	73	85.2	95	104	107	117	148	161	207	220
315	P_{G1}	16.5	19.8	23.6	28.8	33.9	38.4	51.3	63.7	69.6	82.4	89.7	98.5	101	110	140	153	193	210
355	P_{G1}	—	19	—	27.1	—	36.6	—	60.8	—	77.8	—	92.4	—	104	—	144	—	196
400	P_{G1}	—	17.7	—	25.4	—	34.5	—	56.7	—	74.1	—	—	—	—	—	—	—	—

i_N	$n_1=$ 1500 r·min⁻¹时	规格																
		5	6	7	8	9	10	11	12	13	14	15	16	17	18	19	20	21	22
80	P_{G1}	31.7	—	46.9	—	66.1	—	98.6	—	130	—	171	—	189	—	256	—	343	—
90	P_{G1}	31.1	—	45.5	—	64.7	—	95.9	—	128	—	164	175	183	195	248	264	337	345
100	P_{G1}	29.6	34	43.1	50.2	61.5	66.7	92.4	110	121	140	156	169	173	188	236	255	321	339
112	P_{G1}	28.6	33.3	41.5	48.8	59.2	65.3	88.3	106	116	137	149	161	167	179	227	243	315	323
125	P_{G1}	27.4	31.8	39.7	46.2	56.6	62.1	84.8	102	112	130	143	155	159	172	218	234	300	318
140	P_{G1}	26.1	30.7	37.8	44.6	53.5	59.9	80.4	97.8	107	125	139	148	155	165	211	225	294	304
160	P_{G1}	24.1	29.4	34.5	42.7	49	57.2	73.6	94.1	101	121	132	143	147	160	202	218	281	298
180	P_{G1}	23.6	28.1	33.7	40.7	47.9	54.3	71.8	89.3	96.5	114	125	136	140	152	190	208	266	286
200	P_{G1}	22.8	25.9	33.5	37.2	47	49.8	70.5	81.9	94.7	109	124	130	139	146	191	196	260	271
224	P_{G1}	21.3	25.4	31.2	36.4	44	48.6	66.5	80.2	89.1	104	117	128	130	144	181	198	246	266
250	P_{G1}	20.8	24.5	30.2	36	42.5	47.8	64.5	78.6	86.6	101	114	120	127	136	176	187	241	252
280	P_{G1}	19.8	22.9	28.4	33.7	40.6	44.8	61.8	74	82.1	95.9	106	117	120	132	167	182	233	247
315	P_{G1}	18.6	22.3	26.6	32.4	38.2	43.2	57.8	71.6	78.4	92.7	110	110	113	124	158	172	217	236
355	P_{G1}	—	21.3	—	30.4	—	41.2	—	68.4	—	87.6	—	103	—	117	—	162	—	220
400	P_{G1}	—	19.9	—	28.6	—	38.9	—	63.8	—	83.4	—	—	—	—	—	—	—	—

1.4　选用方法

（1）选用系数

减速器的工作机系数 f_1 见表 10.2-22。减速器原动机系数 f_2 见表 10.2-23。减速器安全系数 f_3 见表 10.2-24。减速器起动系数 f_4 见表 10.2-25，减速器峰值转矩系数 f_5 见表 10.2-26，减速器环境温度系数 f_6 见表 10.2-27，减速器海拔系数 f_7 见表 10.2-28。

表 10.2-22　减速器的工作机系数 f_1

工作机		日工作小时数/h			工作机		日工作小时数/h		
		≤0.5	0.5~10	>10			≤0.5	0.5~10	>10
污水处理	浓缩器(中心传动)	—	—	1.2	金属加工设备	可逆式板坯轧机	—	2.5	2.5
	压滤器	1.0	1.3	1.5		可逆式线材轧机	—	1.8	1.8
	絮凝器	0.8	1.0	1.3		可逆式薄板轧机	—	2.0	2.0
	曝气机	—	1.8	2.0		可逆式中厚板轧机	—	1.8	1.8
	接集设备	1.0	1.2	1.3		辊缝调节驱动装置	0.9	1.0	—
	纵向、回转组合接集装置	1.0	13	1.5	输送机械	斗式输送机	—	1.2	1.5
	预浓缩器	—	1.1	1.3		绞车	1.4	1.6	1.6
	螺杆泵	—	1.3	1.5		卷扬机	—	1.5	1.8
	水轮机	—	—	2.0		皮带输送机(<150kW)	1.0	1.2	1.3
	离心泵	1.0	1.2	1.3		皮带输送机(≥150kW)	1.1	1.3	1.5
	1个活塞容积式泵	1.3	1.4	1.8		货用电梯[1]	—	1.2	1.5
	>1个活塞容积式泵	1.2	1.4	1.5		客用电梯[1]	—	1.5	1.8
挖泥机	斗式运输机	—	1.6	1.6		刮板式输送机	—	1.2	1.5
	倾卸装置	—	1.3	1.5		自动扶梯	—	1.2	1.4
	Carteypillar 行走机构	1.2	1.6	1.8		轨道行走机构	—	1.5	—
	斗轮式挖掘机(用于捡拾)	—	1.7	1.7		变频装置	—	1.8	2.0
	斗轮式挖掘机(用于粗料)	—	2.2	2.2		往复式压缩机	—	1.8	1.9
	切碎机	—	2.2	2.2	起重机械	回转机构[1]	1	1.4	1.8
	行走机构[1]	—	1.4	1.8		俯仰机构	1.2	1.25	1.5
化学工业	弯板机[1]	—	1.0	1.0		行走机构	1.5	1.75	2
	挤压机	—	—	1.6		提升机构	1	1.25	1.5
	调浆机	—	1.8	1.8		转臂式起重机[1]	1	1.25	1.6
	橡胶研光机	—	1.5	1.5	冷却塔	冷却塔风扇	—	—	2.0
	冷却圆筒	—	1.3	1.4		风机(轴流和离心式)	—	1.4	1.5
	混料机(用于均匀介质)	1.0	1.3	1.4	蔗糖生产	甘蔗切碎机[1]	—	—	1.7
	混料机(用于非均匀介质)	1.4	1.6	1.7		甘蔗碾磨机	—	—	1.7
	搅拌机(用于密度均匀介质)	1.0	1.3	1.5	甜菜糖生产	甜菜绞碎机	—	—	1.2
	搅拌机(用于非均匀介质)	1.2	1.4	1.6		榨取机,机械制冷机,蒸煮机	—	—	1.4
	搅拌机(用于不均匀气体吸收)	1.4	1.6	1.8		甜菜清洗机	—	—	1.5
	烘炉	1.0	1.3	1.5		甜菜切碎机	—	—	1.5
	离心机	1.0	1.2	1.3	造纸机械	各种类型[2]	—	1.8	2.0
金属加工设备	翻板机	1.0	1.0	1.2		碎浆机驱动装置	2.0	2.0	2.0
	推钢机	1.0	1.2	1.2		离心式压缩机	—	1.4	1.5
	绕线机	—	1.6	1.6	索道缆车	运货索道	—	1.3	1.4
	冷床横移架	—	1.5	1.5		往返系统空中索道	—	1.6	1.8
	辊式矫直机	—	1.6	1.6		T形杆升降机	—	1.3	1.4
	辊道(连续式)	—	1.5	1.5		连续索道	—	1.4	1.6
	辊道(间歇式)	—	2.0	2.0	水泥工业	混凝土搅拌器	—	1.5	1.5
	可逆式轧管机	—	1.8	1.8		破碎机[1]	—	1.2	1.4
	剪切机(连续式)[1]	—	1.5	1.5		回转窑	—	—	2.0
	剪切机(曲柄式)[1]	1.0	1.0	1.0		管式磨机	—	—	2.0
	连铸机驱动装置	—	1.4	1.4		选粉机	—	1.6	1.6
	可逆式开坯机	—	2.5	2.5		辊压机	—	—	2.0

① 工作机额定功率 P_2 由最大转矩确定。

② 需要校核热功率。

表 10.2-23　减速器原动机系数 f_2

电动机、液压马达、汽轮机	4~6缸活塞发动机	1~3缸活塞发动机
1.00	1.25	1.50

表 10.2-24　减速器安全系数 f_3

重要性与安全要求	一般设备,减速器失效仅引起单机停产且易更换备件	重要设备,减速器失效引起机组、生产线或全厂停车	高度安全要求,减速器失效引起设备、人身事故
f_3	1.25~1.50	1.50~1.75	1.75~2.00

表 10.2-25　减速器起动系数 f_4

每小时起动次数	$f_1 f_2 f_3$			
	1	1.25~1.75	2~2.75	≥3
	f_4			
≤5	1.00	1.00	1.00	1.00
6~25	1.20	1.12	1.06	1.00
26~60	1.30	1.20	1.12	1.06
61~180	1.50	1.30	1.20	1.12
>180	1.70	1.50	1.30	1.20

表 10.2-26　减速器峰值转矩系数 f_5

载荷类型	每小时峰值载荷次数			
	1~5	6~30	31~100	>100
单向载荷	0.50	0.65	0.70	0.85
交变载荷	0.70	0.95	1.10	1.25

表 10.2-27　减速器环境温度系数 f_6

	不带辅助冷却装置或仅带冷却风扇				
环境温度	每小时工作周期百分比(%)				
/℃	100	80	60	40	20
10	1.11	1.31	1.60	2.14	3.64
20	1.00	1.18	1.44	1.93	3.28
30	0.88	1.04	1.27	1.70	2.89
40	0.75	0.89	1.08	1.45	2.46
50	0.63	0.74	0.91	1.22	2.07

表 10.2-28　减速器海拔系数 f_7

	不带辅助冷却装置或仅带冷却风扇				
系数	海拔/m				
	≤1000	≤2000	≤3000	≤4000	≤5000
f_7	1.00	0.95	0.90	0.85	0.80

（2）减速器的选用

减速器的承载能力受机械强度和热平衡许用功率两方面的限制,因此减速器的选用必须通过两个功率表来确定。

1）确定公称传动比及公称转速,见公式（10.2-1）。

$$i' = \frac{n'_1}{n_2} \qquad (10.2\text{-}1)$$

式中　i'——计算传动比;

　　　n'_1——输入转速（r/min）;

　　　n_2——输出转速（r/min）。

根据计算传动比 i',查额定机械强度功率表,得到和 i' 绝对值最接近的公称传动比 i。

将输入转速 n'_1 与 1500r/min、1000r/min、750r/min 进行比较,取 1500r/min、1000r/min、750r/min 中最接近的值作为公称输入转速 n_1,以确定减速器的额定机械强度功率 P_N。

2）减速器的额定机械强度功率,应满足公式（10.2-2）。

$$P_N \leqslant P'_N = P_2 \frac{n'_1}{n_1} f_1 f_2 f_3 f_4 \qquad (10.2\text{-}2)$$

式中　P'_N——计算功率（kW）；

　　　P_N——减速器额定机械强度功率（kW）；

　　　P_2——载荷功率（即工作机所需功率）（kW）；

　　　n_1——公称输入转速（r/min）；

　　　n'_1——输入转速（r/min）；

　　　f_1——工作机系数（见表 10.2-22）；

　　　f_2——原动机系数（见表 10.2-23）；

　　　f_3——安全系数（见表 10.2-24）；

　　　f_4——起动系数（见表 10.2-25）。

　　3）校核输入轴上的最大转矩，如起动转矩、制动转矩和峰值工作转矩折算到输入轴上的转矩，应满足公式（10.2-3）。

$$P_N \geqslant \frac{T_A n'_1}{9550} f_5 \qquad (10.2\text{-}3)$$

式中　T_A——输入轴最大转矩，如起动转矩、制动转矩和峰值工作转矩折算到输入轴上的转矩（N·m）；

　　　f_5——峰值转矩系数（见表 10.2-26）。

　　4）校核热平衡功率。减速器不带辅助冷却装置时，应满足公式（10.2-4）。

$$P_2 \leqslant P_G = P_{G1} f_6 f_7 \qquad (10.2\text{-}4)$$

式中　P_G——减速器额定热功率（kW）；

　　　P_{G1}——无辅助冷却装置时的额定热功率（kW）；

　　　f_6——环境温度系数（见表 10.2-27）；

　　　f_7——海拔系数（见表 10.2-28）。

　　若　　　　　　　$P_2 > P_G$

则需要选用更大规格的减速器重复上述计算，也可以采用冷却盘管装置或进行强制润滑。当减速器带有冷却风扇时，应满足公式（10.2-5）。

$$P_2 \leqslant P_G = P_{G2} f_6 f_7 \qquad (10.2\text{-}5)$$

式中　P_2——载荷功率（kW）；

　　　P_{G2}——带有冷却风扇时的额定热功率（kW）。

2　同轴式圆柱齿轮减速器（摘自 JB/T 7000—2010）

本减速器适用于冶金、矿山、能源、建材和化工等行业。适用于水平卧式和立式安装，输入转速不大于 1500r/min。其工作环境温度为 −40～40℃，低于 −10℃时，起动前润滑油应预热至 0℃ 以上。

2.1　代号与标记方法

　　（1）TZL、TZS 型减速器的代号与标记方法

　　TZL：二级传动双出轴型同轴式圆柱齿轮减速器；

　　TZS：三级传动双出轴型同轴式圆柱齿轮减速器。

在减速器的代号中，包括减速器的机座号和实际传动比。

　　标记示例：

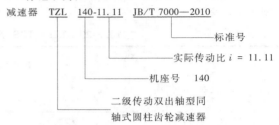

减速器　TZL 140-11.11　JB/T 7000—2010

标准号　　　　　　　　
实际传动比 i = 11.11　
机座号　140　　　　　
二级传动双出轴型同轴式圆柱齿轮减速器

　　（2）TZLD、TZSD 及组合型减速器的代号与标记方法

　　TZLD：二级传动直联电动机型同轴式圆柱齿轮减速器。

　　TZSD：三级传动直联电动机型同轴式圆柱齿轮减速器。

　　TZLDF、TZSDF：分别为二、三级传动法兰安装直联电动机型同轴式圆柱齿轮减速器。

　　在减速器的代号中，包括减速器的机座号、安装形式、实际传动比及电动机功率。

　　标记示例：

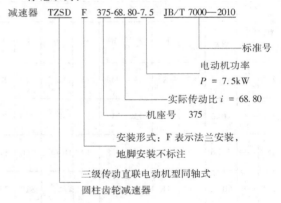

减速器　TZSD F 375-68.80-7.5　JB/T 7000—2010

标准号
电动机功率
P = 7.5kW
实际传动比 i = 68.80
机座号　375
安装形式：F 表示法兰安装，地脚安装不标注
三级传动直联电动机型同轴式圆柱齿轮减速器

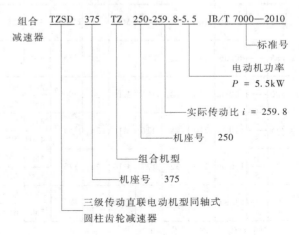

组合减速器　TZSD 375 TZ 250-259.8-5.5　JB/T 7000—2010

标准号
电动机功率
P = 5.5kW
实际传动比 i = 259.8
机座号　250
组合机型
机座号　375
三级传动直联电动机型同轴式圆柱齿轮减速器

2.2　外形尺寸和安装尺寸

（1）TZL、TZS 型减速器的外形尺寸和安装尺寸
（见表 10.2-29）

表 10.2-29　TZL、TZS 型减速器的外形尺寸和安装尺寸　　　　　　　　　　（mm）

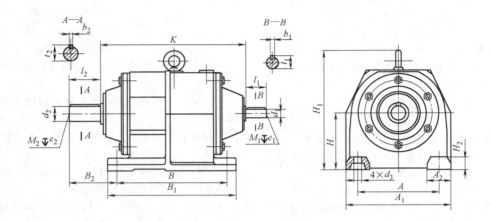

机座号		d_2	l_2	b_2	t_2	M_2	e_2	H	B	B_1	B_2	H_1	K	A	A_1	A_2	H_2	d_3	质量/kg ≈	润滑油量/L ≈
112	L	30js6	80	8	33	M8	12	$112_{-0.5}^{\ 0}$	210	245	99	242	276	155	200	45	25	14.5	25	0.8
	S																		26	
140	L	40k6	110	12	43	M8	12	$140_{-0.5}^{\ 0}$	230	270	144	290	314	170	230	60	30	18.5	41	1.1
	S																		42	
180	L	50k6	110	14	53.5	M8	12	$180_{-0.5}^{\ 0}$	260	310	144	364	369	215	290	75	45	18.5	65	1.6
	S																		57	
225	L	60m6	140	18	64	M10	16	$225_{-0.5}^{\ 0}$	310	365	182	468	433	250	340	90	50	24	123	2.9
	S																		127	
250	L	70m6	140	20	74.5	M12	18	$250_{-0.5}^{\ 0}$	370	440	170	503	486	290	400	110	60	28	175	3.8
	S																		181	
265	L	85m6	170	22	90	M16	24	$265_{-1}^{\ 0}$	390	470	208	543	554	340	450	110	60	35	202	4.7
	S																		211	
300	L	100m6	210	28	106	M16	24	$300_{-1}^{\ 0}$	365	455	246	620	568	380	530	150	60	42	281	6.5
	S								460	550			612						302	7.2
355	L	110m6	210	28	116	M16	24	$355_{-1}^{\ 0}$	410	500	250	742	600	440	600	160	80	42	357	9.1
	S								480	570			645						386	10
375	L	120m6	210	32	127	M16	24	$375_{-1}^{\ 0}$	450	540	255	778	671	500	660	160	80	42	452	12
	S								520	610			718						491	13
425	L	130m6	250	32	137	M20	30	$425_{-1}^{\ 0}$	480	580	296	827	708	500	670	170	90	48	626	15
	S								550	650			757						675	17

注：L 代表 TZL，S 代表 TZS。

（续）

机座号		实际传动比 i	d_1	l_1	b_1	t_1	M_1	e_1
TZL	112	≤12.71	19js6	40	6	21.5	M4	8
		14.29~20.33	16js6	40	5	18	M4	8
		≥22.97	11js6	23	4	12.5	M3	6
	140	≤12.41	24js6	50	8	27	M6	10
		13.96~18.08	19js6	40	6	21.5	M4	8
		≥19.21	16js6	40	5	18	M4	8
	180	≤12.40	28js6	60	8	31	M6	10
		13.61~17.58	24js6	50	8	27	M6	10
		≥19.72	19js6	40	6	21.5	M4	8
	225	≤12.53	38k6	80	10	41	M8	12
		13.85~18.29	28js6	60	8	31	M6	10
		≥20.65	24js6	50	8	27	M6	10
	250	≤12.89	42k6	110	12	45	M8	12
		14.11~20.16	32k6	80	10	35	M8	12
		≥22.71	24js6	50	8	27	M6	10
	265	≤12.08	50k6	110	14	53.5	M8	12
		14.40~17.51	32k6	80	10	35	M8	12
		≥19.52	28js6	60	8	31	M6	10
	300	≤12.73	55m6	110	16	59	M10	16
		13.92~17.80	42k6	110	12	45	M8	12
		≥20.29	38k6	80	10	41	M8	12
	355	≤12.65	55m6	110	16	59	M10	16
		14.51~20.13	50k6	110	14	53.5	M8	12
		≥22.24	42k6	110	12	45	M8	12
	375	≤12.56	70m6	140	20	74.5	M12	18
		14.08~20.16	55m6	110	16	59	M10	16
		≥22.10	50k6	110	14	53.5	M8	12
	425	≤12.58	70m6	140	20	74.5	M12	18
		13.97~19.32	55m6	110	16	59	M10	16
		≥22.44	50k6	110	14	53.5	M8	12
TZS	112	≤19.32	16js6	40	5	18	M4	8
		≥21.66	11js6	23	4	12.5	M3	6
	140	≤18.57	19js6	40	6	21.5	M4	8
		≥20.59	16js6	40	5	18	M4	8
	180	≤17.65	24js6	50	8	27	M6	10
		≥20.42	19js6	40	6	21.5	M4	8
	225	≤17.41	28js6	60	8	31	M6	10
		≥20.30	24js6	50	8	27	M6	10
	250	≤20.61	32k6	80	10	35	M8	12
		≥23.28	24js6	50	8	27	M6	10
	265	≤17.96	32k6	80	10	35	M8	12
		≥19.41	28js6	60	8	31	M6	10
	300	≤17.26	42k6	110	12	45	M8	12
		≥20.44	38k6	80	10	41	M8	12
	355	≤19.67	50k6	110	14	53.5	M8	12
		≥21.37	42k6	110	12	45	M8	12
	375	≤19.89	55m6	110	16	59	M10	16
		≥21.60	50k6	110	14	53.5	M8	12
	425	≤19.90	55m6	110	16	59	M10	16
		≥22.52	50k6	110	14	53.5	M8	12

（2）TZLD、TZSD 型减速器的外形尺寸和安装尺寸（见表 10.2-30）

表 10.2-30　TZLD、TZSD 型减速器的外形尺寸和安装尺寸　　　　　（mm）

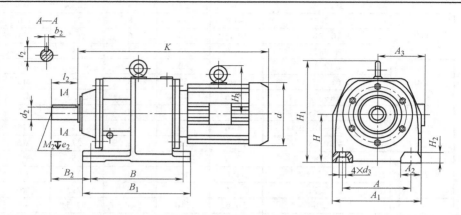

机座号		尺　寸																润滑油量/L≈
		d_2	l_2	b_2	t_2	M_2	e_2	H	B	B_1	B_2	H_1	A	A_1	A_2	H_2	d_3	
112		30js6	80	8	33	M8	12	$112^{0}_{-0.5}$	210	245	99	242	155	200	45	25	14.5	0.8
140		40k6	110	12	43	M8	12	$140^{0}_{-0.5}$	230	270	144	290	170	230	60	30	18.5	1.1
180		50k6	110	14	53.5	M8	12	$180^{0}_{-0.5}$	260	310	144	364	215	290	75	45	18.5	1.6
225		60m6	140	18	64	M10	16	$225^{0}_{-0.5}$	310	365	182	468	250	340	90	50	24	2.9
250		70m6	140	20	74.5	M12	18	$250^{0}_{-0.5}$	370	440	170	503	290	400	110	60	28	3.8
265		85m6	170	22	90	M16	24	265^{0}_{-1}	390	470	208	543	340	450	110	60	35	4.7
300	L	100m6	210	28	106	M16	24	300^{0}_{-1}	365	455	246	620	380	530	150	60	42	6.5
	S								460	550								7.2
355	L	110m6	210	28	116	M16	24	355^{0}_{-1}	410	500	250	742	440	600	160	80	42	9.1
	S								480	570								10
375	L	120m6	210	32	127	M16	24	375^{0}_{-1}	450	540	255	778	500	660	160	80	42	12
	S								520	610								13
425	L	130m6	250	32	137	M20	30	425^{0}_{-1}	480	580	296	827	500	670	170	90	48	15
	S								550	650								17

注:L 代表 TZLD,S 代表 TZSD。

电动机功率 P_1/kW	电动机机座号	d	A_3	H_3	机　座　号									
					TZLD									
					112	140	180	225	250	265	300	355	375	425
					K 质量/kg									
		mm												
1.1	90S	175	155	—	453/44	—	—	—	—	—	—	—	—	—
1.5	90L			—	478/49	—	—	—	—	—	—	—	—	—
2.2	100L1	205	180	142.5	—	567/76	—	—	—	—	—	—	—	—
3	100L2				—	567/80	578/94	—	—	—	—	—	—	—

（续）

电动机功率 P_1 /kW	电动机机座号	d	A_3	H_3	112	140	180	225	250	265	300	355	375	425
					\(机座号 TZLD\)									
		mm	mm	mm	\(K\) / 质量/kg									
4	112M	230	190	150	—	587/85	598/99	—	—	—	—	—	—	—
5.5	132S	270	210	180	—	—	—	670/133	—	—	—	—	—	—
7.5	132M	270	210	180	—	—	—	715/125	826/190	—	—	—	—	—
11	160M	325	255	222.5	—	—	—	—	838/245	841/279	—	—	—	—
15	160L	325	255	222.5	—	—	—	—	883/266	886/300	918/323	—	—	—
18.5	180M	360	285	250	—	—	—	—	908/304	911/338	943/361	933/458	—	—
22	180L	360	285	250	—	—	—	—	948/314	951/346	983/369	958/466	—	—
30	200L	400	310	280	—	—	—	—	1002/426	1048/449	1049/538	1054/606	—	—
37	225S	445	345	312.5	—	—	—	—	—	1082/567	1098/612	1128/687	—	—
45	225M	445	345	312.5	—	—	—	—	—	1107/603	1123/648	1153/723	1170/863	—
55	250M	500	385	320	—	—	—	—	—	—	—	1208/766	1238/841	1255/970
75	280S	560	410	360	—	—	—	—	—	—	—	1278/901	1308/1076	1325/1105
90	280M	560	410	360	—	—	—	—	—	—	—	1308/1006	1358/1081	1375/1210

电动机功率 P_1 /kW	电动机机座号	d	A_3	H_3	112	140	180	225	250	265	300	355	375	425
					\(机座号 TZSD\)									
		mm	mm	mm	\(K/\text{mm}\) / 质量/kg									
0.55	80_1	165	150	—	438/40	472/53	493/78	545/130	557/179	—	—	—	—	—
0.75	80_2	165	150	—	438/41	472/54	493/79	545/131	557/180	—	—	—	—	—
1.1	90S	175	155	—	453/45	487/58	517/83	560/135	573/184	—	659/298	—	—	—
1.5	90L	175	155	—	478/50	512/63	542/88	585/140	598/189	—	684/298	—	—	—
2.2	100L1	205	180	142.5	—	567/77	578/92	631/142	638/196	677/222	722/310	736/402	786/487	805/642
3	100L2	205	180	142.5	—	567/81	578/96	631/146	638/200	672/226	722/314	736/406	786/491	805/646
4	112M	230	190	150	—	587/86	598/101	651/151	658/205	692/231	742/319	756/411	806/496	825/651
5.5	132S	270	210	180	—	—	670/135	781/181	727/225	754/256	809/344	822/436	872/521	891/676
7.5	132M	270	210	180	—	—	715/127	826/194	772/236	799/269	854/357	867/448	917/531	936/686

（续）

电动机功率 P_1 /kW	电动机机座号	d	A_3	H_3	机 座 号 TZSD									
					112	140	180	225	250	265	300	355	375	425
			mm		$\dfrac{K/\text{mm}}{\text{质量/kg}}$									
11	160M	325	255	222.5	—	—	—	$\frac{838}{249}$	$\frac{841}{285}$	$\frac{873}{311}$	$\frac{932}{399}$	$\frac{935}{488}$	$\frac{985}{573}$	$\frac{1004}{728}$
15	160L				—	—	—	$\frac{883}{270}$	$\frac{886}{306}$	$\frac{918}{332}$	$\frac{977}{420}$	$\frac{979}{509}$	$\frac{1029}{594}$	$\frac{1048}{749}$
18.5	180M	360	285	250	—	—	—	$\frac{908}{308}$	$\frac{911}{344}$	$\frac{943}{370}$	$\frac{1002}{458}$	$\frac{994}{547}$	$\frac{1044}{632}$	$\frac{1063}{787}$
22	180L				—	—	—	$\frac{948}{318}$	$\frac{951}{352}$	$\frac{983}{378}$	$\frac{1042}{466}$	$\frac{1034}{555}$	$\frac{1084}{640}$	$\frac{1103}{795}$
30	200L	400	310	280	—	—	—	—	$\frac{1002}{432}$	$\frac{1048}{458}$	$\frac{1093}{538}$	$\frac{1099}{635}$	$\frac{1149}{720}$	$\frac{1168}{862}$
37	225S	445	345	312.5	—	—	—	—	—	—	$\frac{1126}{567}$	$\frac{1143}{641}$	$\frac{1175}{726}$	$\frac{1194}{876}$
45	225M				—	—	—	—	—	—	$\frac{1151}{603}$	$\frac{1168}{677}$	$\frac{1200}{762}$	$\frac{1219}{912}$
55	250M	500	385	320	—	—	—	—	—	—	—	$\frac{1253}{795}$	$\frac{1285}{880}$	$\frac{1304}{1019}$
75	280S	560	410	360	—	—	—	—	—	—	—	$\frac{1323}{930}$	$\frac{1355}{1115}$	$\frac{1374}{1154}$
90	280M				—	—	—	—	—	—	—	$\frac{1353}{1035}$	$\frac{1405}{1120}$	$\frac{1424}{1259}$

注：表中以分式表示的数值中，分子为 K 值，分母为质量值，后同

（3）TZLDF、TZSDF 型减速器的外形尺寸和安装尺寸（见表 10.2-31）

表 10.2-31　TZLDF、TZSDF 型减速器的外形尺寸和安装尺寸　　　（mm）

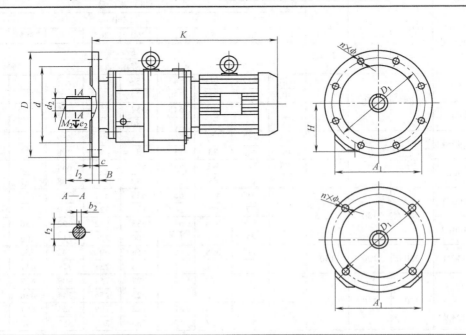

（续）

机座号		尺　　寸															润滑油量 /L≈
		d_2	l_2	b_2	t_2	M_2	e_2	H	D	D_1	d	B	c	A_1	n	ϕ	
112		30js6	80	8	33	M8	12	112	250	215	180h6	15	4	200	4	14	0.8
140		40k6	110	12	43	M8	12	140	300	265	230h6	16	4	230	4	14	1.1
180		50k6	110	14	53.5	M8	12	180	350	300	250h6	18	5	290	4	18	1.6
225		60m6	140	18	64	M10	16	225	450	400	350h6	20	5	340	8	18	2.9
250		70m6	140	20	74.5	M12	18	250	450	400	350h6	22	5	400	8	18	3.8
265		85m6	170	22	90	M16	24	265	550	500	450h6	25	5	450	8	18	4.7
300	L	100m6	210	28	106	M16	24	300	550	500	450h6	25	5	530	8	18	6.5
	S																7.2
355	L	110m6	210	28	116	M16	24	355	660	600	550h6	28	6	600	8	22	9.1
	S																10
375	L	120m6	210	32	127	M16	24	375	660	600	550h6	28	6	660	8	22	12
	S																13
425	L	130m6	250	32	137	M20	30	425	660	600	550h6	30	6	670	8	26	15
	S																17

注：L 代表 TZLDF，S 代表 TZSDF。

电动机功率 P_1 /kW	电动机机座号	d	A_3	H_3	机　座　号									
					TZLDF									
					112	140	180	225	250	265	300	355	375	425
		mm			$\dfrac{K}{质量/kg}$									
1.1	90S	175	155	—	$\dfrac{453}{47}$	—	—	—	—	—	—	—	—	—
1.5	90L			—	$\dfrac{478}{52}$	—	—	—	—	—	—	—	—	—
2.2	100L1	205	180	142.5	—	$\dfrac{567}{82}$	—	—	—	—	—	—	—	—
3	100L2				—	$\dfrac{567}{86}$	$\dfrac{578}{101}$	—	—	—	—	—	—	—
4	112M	230	190	150	—	$\dfrac{587}{91}$	$\dfrac{598}{106}$	—	—	—	—	—	—	—
5.5	132S	270	210	180	—	—	$\dfrac{670}{140}$	—	—	—	—	—	—	—
7.5	132M				—	—	$\dfrac{715}{132}$	$\dfrac{826}{205}$	—	—	—	—	—	—
11	160M	325	255	222.5	—	—	—	$\dfrac{838}{260}$	$\dfrac{841}{289}$	—	—	—	—	—
15	160L				—	—	—	$\dfrac{883}{281}$	$\dfrac{886}{310}$	$\dfrac{918}{348}$	—	—	—	—
18.5	180M	360	285	250	—	—	—	$\dfrac{908}{319}$	$\dfrac{911}{348}$	$\dfrac{943}{386}$	$\dfrac{933}{468}$	—	—	—
22	180L				—	—	—	$\dfrac{948}{329}$	$\dfrac{951}{356}$	$\dfrac{983}{394}$	$\dfrac{958}{476}$	—	—	—
30	200L	400	310	280	—	—	—	—	$\dfrac{1002}{436}$	$\dfrac{1048}{474}$	$\dfrac{1049}{548}$	$\dfrac{1054}{616}$	—	—

（续）

电动机功率 P_1/kW	电动机机座号	d	A_3	H_3	机座号 TZLDF									
					112	140	180	225	250	265	300	355	375	425
		mm			$\dfrac{K}{\text{质量/kg}}$									
37	225S	445	345	312.5	—	—	—	—	—	—	$\dfrac{1082}{578}$	$\dfrac{1098}{622}$	$\dfrac{1128}{697}$	—
45	225M				—	—	—	—	—	—	$\dfrac{1107}{613}$	$\dfrac{1123}{658}$	$\dfrac{1153}{733}$	$\dfrac{1170}{872}$
55	250M	500	385	320	—	—	—	—	—	—	—	$\dfrac{1208}{776}$	$\dfrac{1238}{851}$	$\dfrac{1255}{979}$
75	280S	560	410	360	—	—	—	—	—	—	—	$\dfrac{1278}{911}$	$\dfrac{1308}{1086}$	$\dfrac{1325}{1114}$
90	280M				—	—	—	—	—	—	—	$\dfrac{1308}{1016}$	$\dfrac{1358}{1091}$	$\dfrac{1375}{1219}$

电动机功率 P_1/kW	电动机机座号	d	A_3	H_3	机座号 TZSDF									
					112	140	180	225	250	265	300	355	375	425
		mm			$\dfrac{K/\text{mm}}{\text{质量/kg}}$									
0.55	80_1	165	150	—	$\dfrac{438}{43}$	$\dfrac{472}{59}$	$\dfrac{493}{85}$	$\dfrac{545}{145}$	$\dfrac{557}{189}$					
0.75	80_2			—	$\dfrac{438}{44}$	$\dfrac{472}{60}$	$\dfrac{493}{86}$	$\dfrac{545}{146}$	$\dfrac{557}{190}$					
1.1	90S	175	155	—	$\dfrac{453}{48}$	$\dfrac{487}{64}$	$\dfrac{517}{90}$	$\dfrac{560}{150}$	$\dfrac{573}{194}$	—	$\dfrac{659}{308}$	—		
1.5	90L			—	$\dfrac{478}{53}$	$\dfrac{512}{69}$	$\dfrac{542}{95}$	$\dfrac{585}{155}$	$\dfrac{598}{199}$	—	$\dfrac{684}{308}$	—	—	—
2.2	100L1	205	180	142.5	—	$\dfrac{567}{83}$	$\dfrac{578}{99}$	$\dfrac{631}{157}$	$\dfrac{638}{206}$	$\dfrac{672}{247}$	$\dfrac{722}{320}$	$\dfrac{736}{412}$	$\dfrac{786}{497}$	$\dfrac{805}{651}$
3	100L2				—	$\dfrac{567}{87}$	$\dfrac{578}{103}$	$\dfrac{631}{161}$	$\dfrac{638}{210}$	$\dfrac{672}{251}$	$\dfrac{722}{324}$	$\dfrac{736}{416}$	$\dfrac{786}{501}$	$\dfrac{805}{655}$
4	112M	230	190	150	—	$\dfrac{587}{92}$	$\dfrac{598}{108}$	$\dfrac{651}{166}$	$\dfrac{658}{215}$	$\dfrac{692}{256}$	$\dfrac{742}{329}$	$\dfrac{756}{421}$	$\dfrac{806}{506}$	$\dfrac{825}{660}$
5.5	132S	270	210	180	—	—	$\dfrac{670}{142}$	$\dfrac{781}{196}$	$\dfrac{727}{235}$	$\dfrac{754}{281}$	$\dfrac{809}{354}$	$\dfrac{822}{446}$	$\dfrac{872}{531}$	$\dfrac{891}{685}$
7.5	132M				—	—	$\dfrac{715}{134}$	$\dfrac{826}{209}$	$\dfrac{772}{246}$	$\dfrac{799}{294}$	$\dfrac{854}{367}$	$\dfrac{867}{458}$	$\dfrac{917}{541}$	$\dfrac{936}{695}$
11	160M	325	255	222.5	—	—	—	$\dfrac{838}{264}$	$\dfrac{841}{295}$	$\dfrac{873}{336}$	$\dfrac{932}{409}$	$\dfrac{935}{498}$	$\dfrac{985}{583}$	$\dfrac{1004}{737}$
15	160L				—	—	—	$\dfrac{883}{285}$	$\dfrac{886}{316}$	$\dfrac{918}{357}$	$\dfrac{977}{430}$	$\dfrac{979}{519}$	$\dfrac{1029}{604}$	$\dfrac{1048}{758}$
18.5	180M	360	285	250	—	—	—	$\dfrac{908}{323}$	$\dfrac{911}{354}$	$\dfrac{943}{395}$	$\dfrac{1002}{468}$	$\dfrac{994}{557}$	$\dfrac{1044}{642}$	$\dfrac{1063}{796}$
22	180L				—	—	—	$\dfrac{948}{333}$	$\dfrac{951}{362}$	$\dfrac{983}{403}$	$\dfrac{1042}{476}$	$\dfrac{1034}{565}$	$\dfrac{1084}{650}$	$\dfrac{1103}{804}$
30	200L	400	310	280	—	—	—	—	$\dfrac{1002}{442}$	$\dfrac{1048}{483}$	$\dfrac{1093}{548}$	$\dfrac{1099}{645}$	$\dfrac{1149}{730}$	$\dfrac{1168}{871}$

（续）

电动机功率 P_1 /kW	电动机机座号	d	A_3	H_3	机 座 号									
					TZSDF									
					112	140	180	225	250	265	300	355	375	425
		mm			$\dfrac{K/\text{mm}}{\text{质量/kg}}$									
37	225S	445	345	312.5	—	—	—	—	—	—	$\dfrac{1126}{577}$	$\dfrac{1143}{651}$	$\dfrac{1175}{736}$	$\dfrac{1194}{895}$
45	225M				—	—	—	—	—	—	$\dfrac{1151}{613}$	$\dfrac{1168}{687}$	$\dfrac{1200}{772}$	$\dfrac{1219}{921}$
55	250M	500	385	320	—	—	—	—	—	—	$\dfrac{1253}{805}$	$\dfrac{1285}{890}$	$\dfrac{1304}{1028}$	
75	280S	560	410	360	—	—	—	—	—	—	$\dfrac{1323}{940}$	$\dfrac{1355}{1125}$	$\dfrac{1374}{1163}$	
90	280M				—	—	—	—	—	—	$\dfrac{1353}{1045}$	$\dfrac{1405}{1130}$	$\dfrac{1424}{1268}$	

（4）组合型减速器的外形尺寸和安装尺寸（见表 10.2-32）

表 10.2-32　组合型减速器的外形尺寸和安装尺寸　　　　　　　（mm）

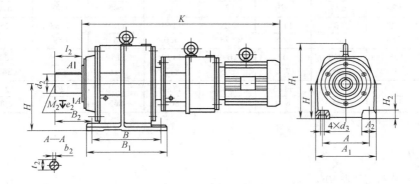

机座号	d_2	l_2	b_2	t_2	M_2	e_2	H	B	B_1	B_2	H_1	A	A_1	A_2	H_2	d_3
180-112	50k6	110	14	53.5	M8	12	$180^{\ 0}_{-0.5}$	260	310	144	364	215	290	75	45	18.5
225-112	60m6	140	18	64	M10	16	$225^{\ 0}_{-0.5}$	310	365	182	468	250	340	90	50	24
250-140	70m6	140	20	74.5	M12	18	$250^{\ 0}_{-0.5}$	370	440	170	503	290	400	110	60	28
265-140	85m6	170	22	90	M16	24	$265^{\ 0}_{-1}$	390	470	208	543	340	450	110	60	35
300L-180	100m6	210	28	106	M16	24	$300^{\ 0}_{-1}$	365	455	246	620	380	530	150	60	42
300S-180								460	550							
355L-225	110m6	210	28	116	M16	24	$355^{\ 0}_{-1}$	410	500	250	742	440	600	160	80	42
355S-225								480	570							
375L-250	120m6	210	32	127	M16	24	$375^{\ 0}_{-1}$	450	540	255	778	500	660	160	80	42
375S-250								520	610							
425L-250	130m6	250	32	137	M20	30	$425^{\ 0}_{-1}$	480	580	296	827	500	670	170	90	48
425S-250								550	650							

（续）

机座号	电动机功率/kW								
	0.55	0.75	1.1	1.5	2.2	3	4	5.5	7.5
	$\dfrac{K}{\text{质量/kg}}$								
180-112	$\dfrac{718}{106}$	$\dfrac{718}{107}$							
225-112	$\dfrac{763}{161}$	$\dfrac{763}{162}$	$\dfrac{778}{166}$	$\dfrac{803}{171}$					
250-140	$\dfrac{857}{224}$	$\dfrac{857}{225}$	$\dfrac{872}{229}$	$\dfrac{897}{234}$	$\dfrac{952}{248}$				
265-140	$\dfrac{867}{255}$	$\dfrac{867}{256}$	$\dfrac{882}{260}$	$\dfrac{907}{265}$	$\dfrac{962}{279}$	$\dfrac{962}{283}$			
300L-180	$\dfrac{908}{352}$	$\dfrac{908}{353}$	$\dfrac{932}{357}$	$\dfrac{957}{362}$	$\dfrac{993}{366}$	$\dfrac{993}{370}$	$\dfrac{1013}{375}$		
300S-180	$\dfrac{953}{373}$	$\dfrac{953}{374}$	$\dfrac{977}{378}$	$\dfrac{1002}{383}$	$\dfrac{1038}{387}$	$\dfrac{1038}{391}$	$\dfrac{1058}{396}$		
355L-225	$\dfrac{985}{472}$	$\dfrac{985}{473}$	$\dfrac{1000}{477}$	$\dfrac{1025}{482}$	$\dfrac{1071}{484}$	$\dfrac{1071}{488}$	$\dfrac{1091}{493}$	$\dfrac{1221}{523}$	
355S-225	$\dfrac{1030}{501}$	$\dfrac{1030}{502}$	$\dfrac{1045}{506}$	$\dfrac{1070}{511}$	$\dfrac{1116}{513}$	$\dfrac{1116}{517}$	$\dfrac{1136}{522}$	$\dfrac{1266}{552}$	
375L-250	$\dfrac{1040}{624}$	$\dfrac{1040}{625}$	$\dfrac{1056}{629}$	$\dfrac{1081}{634}$	$\dfrac{1121}{641}$	$\dfrac{1121}{645}$	$\dfrac{1141}{650}$	$\dfrac{1210}{670}$	$\dfrac{1255}{681}$
375S-250	$\dfrac{1087}{663}$	$\dfrac{1087}{664}$	$\dfrac{1103}{668}$	$\dfrac{1128}{673}$	$\dfrac{1168}{680}$	$\dfrac{1168}{684}$	$\dfrac{1188}{689}$	$\dfrac{1257}{709}$	$\dfrac{1302}{720}$
425L-250	$\dfrac{1058}{795}$	$\dfrac{1058}{796}$	$\dfrac{1074}{750}$	$\dfrac{1099}{805}$	$\dfrac{1139}{812}$	$\dfrac{1139}{816}$	$\dfrac{1159}{821}$	$\dfrac{1228}{841}$	$\dfrac{1273}{852}$
425S-250	$\dfrac{1107}{844}$	$\dfrac{1107}{845}$	$\dfrac{1123}{849}$	$\dfrac{1148}{854}$	$\dfrac{1188}{861}$	$\dfrac{1188}{865}$	$\dfrac{1208}{870}$	$\dfrac{1277}{890}$	$\dfrac{1322}{901}$

注：L 代表 TZL，S 代表 TZS。

2.3　承载能力

减速器的公称传动比见表 10.2-33。

表 10.2-33　减速器的公称传动比

5	5.6	6.3	7.1	8	9	10	11.2	12.5	14	16
18	20	22.4	25	28	31.5	35.5	40	45	50	56
63	71	80	90	100	112	125	140	160	180	200

减速器的实际传动比与公称传动比的相对误差：二级传动不大于 4%；三级传动不大于 5%。

TZL 型减速器的实际传动比 i 和按机械强度计算的公称输入功率 P_1 见表 10.2-34。

TZS 型减速器的实际传动比 i 和按机械强度计算的公称输入功率 P_1 见表 10.2-35。

组合式减速器的实际传动比 i 和按机械强度计算的公称输入功率 P_1 见表 10.2-36。

TZLD、TZSD 型减速器的实际传动比 i、电动机功率 P_1 和选用系数 K 见表 10.2-37。

组合式减速器的实际传动比 i、电动机功率 P_1 和选用系数 K 见表 10.2-38。

减速器按润滑油允许最高平衡温度计算的公称热功率 P_{G1} 见表 10.2-39，采用循环油润滑冷却时的公称热功率 P_{G2} 见表 10.2-39 的注。

表 10.2-34　TZL 型减速器的实际传动比 i 和按机械强度计算的公称输入功率 P_1

机座号

输入转速 n_1 /r·min⁻¹	112		140		180		225		250		265		300		355		375		425	
	i	P_1/kW	i	P_1/kW	i	P_1/kW	i	P_1/kW	i	P_1/kW	i	P_1/kW	i	P_1/kW	i	P_1/kW	i	P_1/kW	i	P_1/kW
1500	5.04	5.63	5.09	10.24	4.93	20.81	5.14	38.36	5.06	65.49	5.03	69.69	5.02	91.20	5.00	154.6	5.06	177.9	4.83	248.5
1000		3.76		6.83		13.87		25.58		43.66		46.47		60.86		103.2		118.8		165.7
750		2.82		5.13		10.42		19.20		32.76		34.85		45.80		77.36		88.99		124.8
1500	5.52	5.15	5.62	9.28	5.38	19.06	5.64	34.97	5.72	57.97	5.64	63.21	5.77	87.57	5.74	134.7	5.79	155.4	5.51	217.6
1000		3.43		6.19		12.71		23.32		38.65		42.15		58.40		89.88		103.9		145.2
750		2.58		4.65		9.55		17.49		28.99		31.62		43.79		67.39		77.76		108.9
1500	6.30	4.51	6.15	9.49	6.17	17.14	6.31	31.26	6.47	51.22	6.34	53.46	6.24	93.58	6.36	139.0	6.46	152.7	6.10	220.1
1000		3.01		6.32		11.43		20.85		34.15		35.65		62.39		92.69		101.8		146.8
750		2.26		4.75		8.59		15.65		25.63		26.74		46.81		69.62		76.43		110.2
1500	7.24	4.49	7.07	8.26	7.10	14.89	7.36	28.52	7.35	48.32	7.22	52.29	7.34	92.44	7.31	131.7	7.23	173.5	7.00	210.8
1000		2.99		5.51		9.93		19.02		32.22		34.87		61.63		87.92		115.7		140.6
750		2.25		4.14		7.45		14.27		24.18		26.16		46.25		65.88		86.85		105.7
1500	7.96	4.56	7.78	8.52	7.93	16.33	7.97	30.49	8.05	49.05	7.99	57.29	7.97	99.05	8.15	135.6	8.04	176.8	7.79	206.8
1000		3.04		5.68		10.89		20.33		32.71		38.2		66.05		90.46		117.9		137.9
750		2.29		4.27		8.17		15.26		24.53		28.67		49.53		67.94		88.50		103.7
1500	9.23	3.93	9.01	7.88	8.88	16.56	9.02	32.54	9.32	45.49	8.88	58.67	8.89	88.83	9.12	129.8	9.22	154.2	8.70	195.1
1000		2.62		5.25		11.02		21.69		30.33		39.12		59.24		86.55		102.9		130.2
750		1.97		3.95		8.27		16.29		22.76		29.34		44.43		64.96		77.18		97.65
1500	10.22	3.55	9.99	7.12	9.61	15.77	10.28	29.25	10.07	44.47	10.01	52.04	10.35	76.27	10.25	115.4	10.26	158.4	9.77	193.9
1000		2.37		4.75		10.51		19.97		29.65		34.70		50.86		76.95		105.7		129.4
750		1.78		3.57		7.89		14.99		22.25		26.03		38.14		57.81		79.25		96.97
1500	11.37	3.19	11.11	6.39	10.88	13.93	11.26	27.34	11.35	40.33	11.14	49.62	11.22	77.41	11.13	113.5	11.49	141.5	11.04	171.5
1000		2.13		4.26		9.28		18.23		26.89		33.08		51.61		75.69		94.34		114.4
750		1.60		3.20		6.98		13.68		20.18		24.83		38.72		56.84		70.76		85.84
1500	12.71	2.86	12.41	5.72	12.40	12.22	12.53	24.57	12.89	36.73	12.08	48.34	12.73	69.44	12.65	99.83	12.56	144.6	12.58	169.4
1000		1.91		3.82		8.15		16.38		24.49		32.23		46.30		66.56		96.46		113.0
750		1.44		2.87		6.12		12.29		18.38		24.19		34.73		49.92		72.31		84.74
1500	14.29	2.45	13.96	5.09	13.61	11.14	13.85	22.23	14.11	33.58	14.40	40.58	13.92	63.50	14.51	87.02	14.08	128.9	13.97	152.5
1000		1.64		3.40		7.43		14.82		22.39		27.06		42.34		58.02		85.94		101.7
750		1.23		2.55		5.58		11.12		16.81		20.31		31.77		43.52		64.45		76.31

（续）

表中各列为机座号下的实际传动比 i 和按机械强度计算的公称输入功率 P_1

输入转速 n_1 /r·min⁻¹	112		140		180		225		250		265		300		355		375		425	
	i	P_1/kW	i	P_1/kW	i	P_1/kW	i	P_1/kW	i	P_1/kW	i	P_1/kW	i	P_1/kW	i	P_1/kW	i	P_1/kW	i	P_1/kW
1500		2.24		4.49		9.59		18.92		30.25		36.90		55.03		77.84		111.7		133.1
1000	16.19	1.49	15.81	3.00	15.79	6.40	16.27	12.62	15.66	20.17	15.83	24.62	16.07	36.69	16.23	51.90	16.25	74.47	16.01	88.74
750		1.13		2.25		4.81		9.47		15.14		18.46		27.52		38.92		55.86		66.56
1500		1.96		3.93		8.62		16.83		26.23		33.35		49.66		68.89		101.5		120.3
1000	18.51	1.31	18.08	2.62	17.58	5.75	18.29	11.22	18.06	17.49	17.51	22.24	17.80	33.11	18.33	45.93	17.88	67.68	17.54	80.23
750		0.99		1.97		4.32		8.42		13.13		16.68		24.84		34.45		50.76		60.16
1500		1.78		3.70		7.69		14.91		23.48		29.92		43.56		62.74		90.05		170.3
1000	20.33	1.19	19.21	2.47	19.72	5.13	20.65	9.94	20.16	15.66	19.52	19.95	20.29	29.05	20.13	41.83	20.16	60.04	19.32	73.55
750		0.90		1.86		3.85		7.46		11.75		14.97		21.79		31.38		45.03		55.16
1500		1.58		3.27		—		13.45		22.28		—		39.62		56.79		82.15		94.99
1000	22.97	1.06	21.71	2.18	22.89	—	22.89	8.97	22.71	14.87	—	—	22.31	26.42	22.24	37.87	22.10	54.77	22.44	63.33
750		0.81		1.64		—		6.74		11.15		—		19.81		28.40		41.08		47.51
1500		1.48		2.86						18.33								—		—
1000	24.50	0.99	24.53	1.91					25.85	12.22								—		—
750		0.75		1.44						9.17								—		—

表 10.2-35　TZS 型减速器的实际传动比 i 和按机械强度计算的公称输入功率 P_1

输入转速 n_1 /r·min⁻¹	112		140		180		225		250		265		300		355		375		425	
	i	P_1/kW	i	P_1/kW	i	P_1/kW	i	P_1/kW	i	P_1/kW	i	P_1/kW	i	P_1/kW	i	P_1/kW	i	P_1/kW	i	P_1/kW
1500		2.57		5.29		10.93		21.82		34.19		42.54		73.53		105.8		143.0		163.8
1000	14.11	1.75	14.04	3.53	14.44	7.29	14.11	14.55	13.85	22.80	14.47	28.37	13.74	49.04	13.65	70.54	8.80	95.40	13.98	109.2
750		1.29		2.65		5.47		10.92		17.10		21.28		36.78		52.91		71.56		81.95
1500		2.38		4.83		9.58		19.01		29.46		36.95		63.36		94.36		127.5		138.3
1000	15.26	1.59	15.35	3.22	16.48	6.39	16.19	12.68	16.08	19.65	16.67	24.64	15.95	42.25	15.31	62.91	15.47	85.20	16.55	92.25
750		1.19		2.42		4.80		9.51		14.74		18.49		31.69		47.19		63.90		69.19
1500		2.06		4.00		8.95		17.68		27.22		34.29		58.55		83.58		113.0		122.6
1000	17.67	1.38	18.57	2.67	17.65	5.97	17.41	11.79	17.40	18.15	17.96	22.87	17.26	39.04	17.28	55.73	17.47	75.34	18.68	81.74
750		1.04		2.01		4.48		8.85		13.62		17.16		29.29		41.80		56.51		61.31
1500		1.88		3.61		7.73		15.17		22.98		31.73		49.43		73.43		99.24		115.0
1000	19.32	1.26	20.59	2.41	20.42	5.15	20.30	10.12	20.61	15.34	19.41	21.16	20.44	32.96	19.67	48.96	19.89	66.17	19.90	76.68
750		0.95		1.81		3.87		7.59		11.51		15.88		24.73		36.73		49.63		57.52

（续）

输入转速 n_1 /r·min⁻¹	112 i	112 P_1/kW	140 i	140 P_1/kW	180 i	180 P_1/kW	225 i	225 P_1/kW	250 i	250 P_1/kW	265 i	265 P_1/kW	300 i	300 P_1/kW	355 i	355 P_1/kW	375 i	375 P_1/kW	425 i	425 P_1/kW
1500	21.66	1.67	22.08	3.36	22.07	7.16	22.03	13.98	23.28	20.34	22.93	26.85	22.40	45.11	21.37	67.61	21.60	91.37	22.52	101.6
1000		1.12		2.24		4.78		9.32		13.57		17.91		30.08		45.08		60.92		67.72
750		0.84		1.69		3.59		6.99		10.18		13.44		22.57		33.82		45.70		50.81
1500	24.84	1.46	24.06	3.09	26.02	6.07	24.01	12.82	25.31	18.72	24.67	24.96	25.74	39.26	24.72	58.45	24.98	78.99	25.50	89.77
1000		0.98		2.06		4.05		8.55		12.48		16.64		26.18		38.97		52.67		59.85
750		0.74		1.55		3.04		6.42		9.37		12.49		19.64		29.23		39.55		44.89
1500	27.60	1.32	29.01	2.56	27.79	5.68	28.87	10.67	27.65	17.13	28.81	21.83	27.85	36.28	27.40	52.71	27.70	71.24	29.18	78.46
1000		0.88		1.71		3.80		7.72		11.42		14.56		24.19		35.15		47.50		52.31
750		0.66		1.29		2.86		5.34		8.57		10.93		18.15		26.37		35.63		39.24
1500	30.36	1.20	31.78	2.34	32.00	4.94	31.34	9.83	31.24	15.16	31.64	19.46	32.76	30.84	31.46	45.92	31.73	62.19	31.36	72.99
1000		0.81		1.56		3.30		6.56		10.11		12.98		20.57		30.62		41.47		48.67
750		0.61		1.18		2.48		4.92		7.59		9.74		15.43		22.97		31.11		36.51
1500	34.64	1.05	36.54	2.03	34.94	4.52	34.38	8.96	35.35	13.40	35.60	17.30	35.55	28.42	34.84	41.47	35.41	55.73	35.81	63.93
1000		0.70		1.36		3.02		5.98		8.94		11.54		18.95		27.65		37.16		42.63
750		0.53		1.02		2.27		4.49		6.71		8.66		14.22		20.74		27.88		31.98
1500	39.82	0.91	40.19	1.85	40.05	3.95	38.45	8.01	40.15	11.80	40.55	15.19	39.64	25.49	40.06	36.06	39.63	49.79	39.59	57.83
1000		0.61		1.24		2.64		5.34		7.87		10.13		17.00		24.05		33.20		38.56
750		0.46		0.93		1.98		4.02		5.91		7.60		12.75		18.04		24.90		28.93
1500	43.80	0.83	46.57	1.59	46.11	3.43	44.86	6.87	43.94	10.78	44.86	13.73	46.18	21.88	44.64	32.36	44.02	44.83	45.43	50.39
1000		0.55		1.06		2.29		4.58		7.19		9.16		14.06		21.58		29.89		33.60
750		0.42		0.80		1.72		3.44		5.40		6.88		10.55		16.19		22.42		25.25
1500	50.76	0.71	51.59	1.44	51.45	3.07	48.58	6.34	50.91	9.31	49.83	12.36	50.04	20.19	49.95	28.92	50.49	39.09	50.56	45.28
1000		0.48		0.96		2.05		4.23		6.21		8.24		13.47		19.29		26.07		30.19
750		0.36		0.72		1.54		3.18		4.66		6.19		10.11		14.47		19.56		22.65
1500	56.22	0.65	57.38	1.29	57.65	2.74	54.98	5.60	54.97	8.62	56.19	10.96	56.80	17.79	56.17	25.72	56.23	35.09	56.50	40.52
1000		0.44		0.86		1.83		3.74		5.75		7.31		11.87		17.15		23.40		27.02
750		0.33		0.65		1.38		2.81		4.32		5.49		8.91		12.87		17.56		20.27
1500	62.53	0.58	64.14	1.16	62.38	2.53	62.62	4.92	61.99	7.64	62.50	9.85	62.11	16.27	60.94	23.70	62.96	31.34	63.46	36.07
1000		0.39		0.78		1.69		3.82		5.10		6.57		10.85		15.82		20.90		24.05
750		0.30		0.59		1.27		2.46		3.83		4.93		8.14		11.87		15.68		18.04

（续）

机　座　号

输入转速 n_1 /r·min⁻¹	112 i	112 P_1/kW	140 i	140 P_1/kW	180 i	180 P_1/kW	225 i	225 P_1/kW	250 i	250 P_1/kW	265 i	265 P_1/kW	300 i	300 P_1/kW	355 i	355 P_1/kW	375 i	375 P_1/kW	425 i	425 P_1/kW
1500		0.52		1.03		2.24		4.49		6.73		9.08		14.10		20.85		28.68		31.92
1000	69.90	0.35	72.12	0.69	70.58	1.50	68.59	2.99	70.42	4.49	67.81	6.06	71.68	9.41	69.30	13.92	68.80	19.13	71.72	21.29
750		0.27		0.52		1.13		2.25		3.37		4.55		7.06		10.44		14.35		15.97
1500		0.46		0.91		1.96		4.03		6.15		7.62		12.72		18.17		25.58		28.02
1000	78.60	0.31	81.70	0.61	80.48	1.31	76.33	2.69	77.03	4.10	80.80	5.09	79.44	8.49	79.51	12.12	77.16	17.06	81.69	18.69
750		0.24		0.46		0.99		2.02		3.08		3.82		6.37		9.09		12.80		14.02
1500		0.41		0.80		1.79		3.46		5.54		6.93		11.16		16.25		22.17		25.22
1000	89.04	0.28	93.41	0.54	88.30	1.20	88.87	2.31	85.52	3.70	88.85	4.63	90.54	7.44	88.88	10.84	89.04	14.78	90.75	16.82
750		0.21		0.41		0.90		1.74		2.78		3.48		5.59		8.13		11.09		12.62
1500		0.35		0.75		1.54		3.11		4.81		6.26		10.15		14.38		20.15		22.01
1000	101.8	0.24	99.23	0.50	102.5	1.03	99.13	2.07	98.61	3.21	98.30	4.18	99.55	6.77	100.4	9.59	97.94	13.44	104.0	14.68
750		0.18		0.38		0.78		1.56		2.41		3.14		5.08		7.20		10.09		11.02
1500		0.33		0.66		1.39		2.76		4.30		5.27		7.46		13.10		17.86		20.10
1000	111.8	0.22	112.2	0.44	114.1	0.93	111.4	1.85	110.1	2.87	117.0	3.52	117.4	4.98	110.3	8.74	110.5	11.91	113.9	13.45
750		0.17		0.33		0.70		1.39		2.16		2.65		3.74		6.56		8.94		10.09
1500		0.29		0.58		1.23		2.45		3.82		4.87		6.72		11.16		16.30		18.25
1000	126.3	0.20	126.8	0.39	128.0	0.82	125.8	1.64	124.1	2.55	126.4	3.25	128.1	4.49	129.4	7.45	121.1	10.88	125.5	12.17
750		0.15		0.30		0.62		1.23		1.92		2.44		3.37		5.59		8.16		9.13
1500		0.25		0.45		1.12		2.21		3.36		3.73		5.61		9.65		12.68		15.71
1000	144.2	0.17	136.4	0.30	140.5	0.75	139.4	1.48	141.2	2.24	142.0	2.49	142.2	3.75	140.7	6.44	144.5	8.46	145.7	10.49
750		0.13		0.23		0.57		1.11		1.69		1.87		2.82		4.84		6.35		7.88
1500		0.20		0.30		0.84		1.98		3.06		3.28		4.01		6.57		9.61		13.56
1000	158.8	0.14	161.7	0.20	152.5	0.56	162.1	1.33	154.7	2.05	154.1	2.19	163.6	2.68	163.5	4.39	157.8	6.41	163.0	9.05
750		0.11		0.15		0.42		1.00		1.54		1.65		2.01		3.30		4.82		6.79
1500		—		—		—		1.57		2.47		2.49		—		—		7.48		10.51
1000	—	—	—	—	—	—	176.0	1.05	173.3	1.65	173.3	1.66	—	—	—	—	171.0	4.99	180.3	7.01
750		—		—		—		0.79		1.24		1.25		—		—		3.75		5.26
1500		—		—		—		1.20		1.47		—		—		—		—		8.24
1000	—	—	—	—	—	—	206.9	0.80	205.1	0.98	—	—	—	—	—	—	—	—	201.3	5.51
750		—		—		—		0.61		0.74		—		—		—		—		4.14

表 10.2-36　组合式减速器的实际传动比 i 和按机械强度计算的公称输入功率 P_1

输入转速 n_1 /(r·min⁻¹)	180-112		225-112		250-140		265-140		300-180		355-225		375-250		425-250	
	i	P_1/kW	i	P_1/kW	i	P_1/kW	i	P_1/kW	i	P_1/kW	i	P_1/kW	i	P_1/kW	i	P_1/kW
1500		0.88		1.69		—		—		—		—		—		—
1000	179.67	0.59	182.2	1.13	—	—	—	—	—	—	—	—	—	—	—	—
750		0.44		0.85		—		—		—		—		—		—
1500		0.79		1.46		—		3.23		5.18		7.2		9.72		10.95
1000	199.88	0.53	211.27	0.97	—	—	195	2.15	194.99	3.45	200.6	4.8	203.01	6.48	209.14	7.3
750		0.39		0.73		—		1.61		2.59		3.6		4.86		5.47
1500		0.71		1.32		2.09		2.9		4.58		6.32		8.62		10.13
1000	223.44	0.47	233.94	0.88	226.87	1.39	216.87	1.93	220.76	3.05	228.63	4.21	228.82	5.75	255.97	6.75
750		0.35		0.66		1.04		1.45		2.29		3.16		4.31		5.07
1500		0.63		1.18		1.88		2.6		4.02		5.77		7.59		8.99
1000	251.22	0.42	260.26	0.79	252.31	1.25	242.24	1.73	251.6	2.68	250.42	3.85	259.86	5.06	254.69	5.99
750		0.31		0.56		0.94		1.3		2.01		2.88		3.8		4.49
1500		0.55		1.06		1.68		2.31		3.66		5.18		6.94		7.92
1000	284.62	0.37	290.93	0.71	281.83	1.12	272.5	1.54	276.15	2.44	278.67	3.46	284.46	4.62	289.25	5.28
750		0.28		0.53		0.84		1.15		1.83		2.59		3.47		3.96
1500		0.49		0.94		1.49		2.04		3.15		4.69		6.25		7.23
1000	325.41	0.32	327.1	0.63	317.03	1	308.61	1.36	320.38	2.1	308.02	3.13	315.71	4.17	316.63	4.82
750		0.24		0.47		0.75		1.02		1.58		2.34		3.12		3.62
1500		0.44		0.83		1.32		1.78		2.83		3.99		5.42		6.51
1000	357.4	0.29	370.59	0.55	359.05	0.88	352.92	1.19	356.7	1.89	361.84	2.66	364.09	3.61	351.41	4.34
750		0.22		0.42		0.66		0.89		1.42		2		2.71		3.26
1500		0.39		0.73		1.15		1.56		2.53		3.55		4.85		5.65
1000	403.81	0.26	423.69	0.48	410.6	0.77	402.19	1.04	400.12	1.68	406.77	2.37	406.43	3.24	405.27	3.77
750		0.2		0.36		0.58		0.78		1.26		1.78		2.43		2.82

（续）

输入转速 n_1 /r·min⁻¹	180-112		225-112		250-140		265-140		300-180		355-225		375-250		425-250	
	i	P_1/kW	i	P_1/kW	i	P_1/kW	i	P_1/kW	i	P_1/kW	i	P_1/kW	i	P_1/kW	i	P_1/kW
1500		0.34		0.67		1.09		1.38		2.23		3.15		4.31		5.06
1000	459.77	0.23	458.47	0.45	436.26	0.72	455.49	0.92	452.51	1.49	459.26	2.1	457.83	2.87	452.39	3.37
750		0.17		0.34		0.54		0.69		1.12		1.57		2.15		2.53
1500		0.31		0.6		0.96		1.21		1.99		2.84		3.79		4.49
1000	502.71	0.21	510.06	0.4	493.03	0.64	520.88	0.8	507.59	1.33	509.07	1.89	521.14	2.52	509.61	3
750		0.16		0.3		0.48		0.6		1		1.42		1.89		2.25
1500		0.28		0.54		0.85		1.14		1.78		2.58		3.59		3.95
1000	563.59	0.19	570.17	0.36	557.08	0.57	553.44	0.76	568.08	1.19	559.34	1.72	548.88	2.4	580.07	2.63
750		0.14		0.27		0.43		0.57		0.89		1.29		1.8		1.97
1500		0.24		0.42		0.74		0.99		1.51		2.34		3.1		3.6
1000	646.34	0.16	641.05	0.32	643.23	0.49	636.12	0.66	669.75	1.01	618.26	1.56	637.25	2.06	636.61	2.4
750		0.12		0.24		0.37		0.49		0.75		1.17		1.55		1.8
1500		0.22		0.42		0.69		0.91		1.41		2		2.86		3.32
1000	718.15	0.15	726.28	0.28	689.78	0.46	693.17	0.6	715.31	0.94	722.72	1.33	689.56	1.91	688.87	2.22
750		0.11		0.21		0.34		0.45		0.71		1		1.43		1.66
1500		0.2		0.39		0.63		0.75		1.23		1.86		2.42		2.81
1000	789.97	0.13	792.68	0.26	751.63	0.42	835.78	0.5	823.68	0.82	777.18	1.24	816.77	1.61	815.95	1.87
750		0.1		0.19		0.32		0.38		0.61		0.93		1.21		1.4
1500		—		0.36		0.52		0.63		1.12		1.59		2.14		2.48
1000	—	—	866.7	0.24	906.27	0.35	915.58	0.46	899.36	0.75	906.19	1.06	922.59	1.43	921.66	1.66
750				0.18		0.26		0.34		0.56		0.8		1.07		1.24
1500		—		0.32		0.48		0.6		0.98		1.47		1.97		2.28
1000	—	—	971.67	0.21	992.81	0.32	1052.7	0.4	1030.9	0.65	983.42	0.98	1003	1.31	1002	1.52
750				0.16		0.24		0.3		0.49		0.73		0.98		1.14

n																
1500	2.09		1.8		1.35		0.85		0.54		0.41		0.28		—	—
1000	1.39	1094.7	1.2	1095.8	0.9	1071.8	0.57	1186.9	0.36	1157.9	0.28	1141.5	0.18	1114.3	—	—
750	1.05		0.9		0.67		0.43		0.27		0.21		0.14		—	—
1500	1.85		1.59		1.12		0.76		0.47		0.38		0.25		—	—
1000	1.23	1236.8	1.06	1238	0.75	1288.8	0.51	1324.3	0.31	1341.7	0.25	1255.5	0.17	1238.1	—	—
750	0.93		0.8		0.56		0.38		0.23		0.19		0.12		—	—
1500	1.64		1.41		1.03		0.68		0.42		0.33		0.23		—	—
1000	1.09	1399.5	0.94	1400.9	0.69	1399	0.45	1483.9	0.28	1486.3	0.22	1454.9	0.15	1362	—	—
750	0.82		0.7		0.52		0.34		0.21		0.16		0.11		—	—
1500	1.44		1.24		0.94		0.63		0.38		0.29		0.2		—	—
1000	0.96	1589.5	0.83	1591.1	0.63	1534.7	0.42	1605.7	0.25	1653.1	0.2	1611.7	0.136	1554	—	—
750	0.72		0.62		0.47		0.31		0.19		0.15		0.1		—	—
1500	1.32		1.13		0.84		0.56		0.34		0.26		—		—	—
1000	0.88	1739.6	0.76	1741.3	0.56	1716.4	0.37	1816.7	0.23	1847.9	0.18	1792.6	—		—	—
750	0.66		0.57		0.42		0.28		0.17		0.13		—		—	—
1500	1.14		0.98		0.72		0.49		0.3		0.24		—		—	—
1000	0.76	2015.5	0.65	2017.6	0.48	2002.6	0.33	2071.6	0.2	2077.8	0.16	2003.7	—		—	—
750	0.57		0.49		0.36		0.24		0.15		0.12		—		—	—
1500	1.05		0.91		0.67		—		—		—		—		—	—
1000	0.7	2176.3	0.6	2178.5	0.44	2168.6	—		—		—		—		—	—
750	0.53		0.45		0.33		—		—		—		—		—	—
1500	0.93		0.8		—		—		—		—		—		—	—
1000	0.62	2454.2	0.54	2456.7	—		—		—		—		—		—	—
750	0.47		0.4		—		—		—		—		—		—	—

表 10.2-37　TZLD、TZSD 型减速器的实际传动比 i、电动机功率 P_1 和选用系数 K

电动机功率 P_1 /kW	实际传动比 i	选用系数 K	机座号	电动机功率 P_1 /kW	实际传动比 i	选用系数 K	机座号
0.55	17.67	3.59		0.75	99.13	3.98	
	19.32	3.29			111.4	3.54	TZSD225
	21.66	2.93			125.8	3.14	
	24.84	2.56			173.3	3.16	TZSD250
	27.60	2.30			205.1	1.88	
	30.36	2.09	TZSD112	1.1	6.30	3.95	
	34.64	1.83			7.24	3.81	TZLD112
	39.82	1.60			7.96	3.99	
	43.80	1.45			14.11	2.25	
	50.76	1.25			15.26	2.08	
	56.22	1.13			17.67	1.80	
	62.54	1.02			19.32	1.64	
	36.54	3.55			21.66	1.47	TZSD112
	40.19	3.23			24.84	1.28	
	46.57	2.79	TZSD140		27.60	1.15	
	51.59	2.52			30.36	1.05	
	57.38	2.26			34.64	0.92	
	64.14	2.02			18.57	3.49	
	70.58	3.91			20.59	3.15	
	80.48	3.43	TZSD180		22.08	2.94	
	88.30	3.12			24.06	2.70	
	102.5	2.69			29.01	2.24	
	205.1	2.56	TZSD250		31.78	2.04	TZSD140
0.75	14.11	3.30			36.54	1.78	
	15.26	3.05			40.19	1.61	
	17.67	2.64			46.57	1.39	
	19.32	2.41			51.59	1.26	
	21.66	2.15			34.94	3.95	
	24.84	1.87			40.05	3.45	
	27.60	1.69	TZSD112		46.11	2.99	
	30.36	1.53			51.45	2.68	
	34.64	1.34			57.65	2.39	TZSD180
	39.82	1.17			62.38	2.21	
	43.80	1.06			70.58	1.96	
	50.76	0.92			80.48	1.72	
	56.22	0.83			88.30	1.52	
	24.06	3.95			68.59	3.92	
	29.01	3.28			76.33	3.53	TZSD225
	31.78	2.99			88.87	3.03	
	36.54	2.60			99.13	2.72	
	40.19	2.37	TZSD140		163.6	3.50	TZSD300
	46.57	2.04		1.5	5.04	3.36	
	51.59	1.84			5.52	3.30	
	57.38	1.66			6.30	2.89	TZLD112
	64.14	1.48			7.24	2.80	
	51.45	3.94			7.96	2.92	
	57.65	3.51			14.11	1.65	
	62.38	3.24			15.26	1.53	
	70.58	2.87	TZSD180		17.67	1.32	
	80.48	2.52			19.32	1.21	TZSD112
	88.30	2.29			21.66	1.08	
	102.5	1.98			24.84	0.94	
					27.60	0.84	

（续）

电动机功率 P_1 /kW	实际传动比 i	选用系数 K	机座号	电动机功率 P_1 /kW	实际传动比 i	选用系数 K	机座号
1.5	14.04	3.39	TZSD140	2.2	32.00	2.16	TZSD180
	15.35	3.10			34.94	1.98	
	18.57	2.56			40.05	1.72	
	20.59	2.31			46.11	1.50	
	22.08	2.15			51.45	1.34	
	24.06	1.98			57.65	1.20	
	29.01	1.64			62.38	1.11	
	31.78	1.50			70.58	0.98	
	36.54	1.30			80.48	0.86	
	40.19	1.18			34.38	3.91	TZSD225
	46.57	1.02			38.45	3.50	
	51.59	0.92			44.86	3.00	
	26.02	3.89	TZSD180		48.58	2.77	
	27.79	3.64			54.98	2.45	
	32.00	3.16			62.62	2.15	
	34.94	2.90			68.59	1.96	
	40.05	2.53			76.33	1.76	
	46.11	2.20			88.87	1.51	
	51.45	1.97			54.97	3.77	TZSD250
	57.65	1.76			61.99	3.34	
	62.38	1.62			70.42	2.94	
	70.58	1.43			77.03	2.69	
	80.48	1.26			85.52	2.42	
	88.30	1.15			67.81	3.97	TZSD265
	54.98	3.59	TZSD225		80.80	3.33	
	62.62	3.15			88.85	3.03	
	68.59	2.88			117.4	3.26	TZSD300
	76.33	2.59			128.1	2.94	
	88.87	2.22			142.2	2.45	
	99.13	1.99			163.6	1.75	
	77.03	3.94			163.5	2.87	TZSD355
	85.82	3.55			171.0	3.27	TZSD375
	98.61	3.08			201.2	3.60	TZSD425
	142.2	3.59	TZSD300	3	5.09	3.28	TZLD140
	163.6	2.57			5.62	2.97	
2.2	7.07	3.61	TZLD140		6.15	3.04	
	7.78	3.73			7.07	2.65	
	9.01	3.45			7.78	2.73	
	14.04	2.31	TZSD140		9.01	2.53	
	15.35	2.11			14.04	1.69	TZSD140
	18.57	1.75			15.35	1.55	
	20.59	1.58			18.57	1.28	
	22.08	1.47			20.59	1.16	
	24.06	1.35			22.08	1.08	
	29.01	1.12			24.06	0.99	
	31.78	1.02			29.01	0.82	
	36.54	0.89			12.40	3.92	TZLD180
	40.19	0.81			14.44	3.50	TZSD180
	17.65	3.91	TZSD180		16.48	3.07	
	20.42	3.38			17.65	2.87	
	22.07	3.13			20.42	2.48	
	26.02	2.65			22.07	2.29	
	27.79	2.48					

（续）

电动机功率 P_1 /kW	实际传动比 i	选用系数 K	机座号	电动机功率 P_1 /kW	实际传动比 i	选用系数 K	机座号
3	26.02	1.95	TZSD180	4	14.04	1.27	TZSD140
	27.79	1.82			15.35	1.16	
	32.00	1.58			18.57	0.96	
	34.94	1.45			20.59	0.87	
	40.05	1.26			22.08	0.81	
	46.11	1.10			7.10	3.58	TZLD180
	51.45	0.98			7.93	3.93	
	57.65	0.88			8.88	3.97	
	62.38	0.81			9.61	3.79	
	28.87	3.42	TZSD225		10.88	3.35	
	31.34	3.15			12.40	2.94	
	34.38	2.87			14.44	2.63	TZSD180
	38.45	2.57			16.48	2.30	
	44.86	2.20			17.65	2.15	
	48.58	2.03			20.42	1.86	
	54.98	1.80			22.07	1.72	
	62.62	1.58			26.02	1.46	
	68.59	1.44			27.79	1.37	
	76.33	1.29			32.00	1.19	
	88.87	1.11			34.94	1.09	
	40.15	3.78	TZSD250		40.05	0.95	
	43.94	3.45			46.11	0.82	
	50.91	2.98			20.30	3.65	TZSD225
	54.97	2.76			22.03	3.36	
	61.99	2.45			24.01	3.08	
	70.42	2.16			28.87	2.56	
	77.03	1.97			31.34	2.36	
	85.52	1.18			34.38	2.15	
	49.83	3.96	TZSD265		38.45	1.92	
	56.19	3.51			44.86	1.65	
	62.50	3.16			48.58	1.52	
	67.81	2.91			54.98	1.35	
	80.80	2.44			62.62	1.18	
	88.85	2.22			68.59	1.08	
	90.54	3.58	TZSD300		76.33	0.97	
	99.55	3.25			88.87	0.83	
	117.4	2.39			31.24	3.65	TZSD250
	128.1	2.15			35.35	3.22	
	142.2	1.80			40.15	2.84	
	163.6	1.28			43.94	2.59	
	129.4	3.58	TZSD355		50.91	2.24	
	140.7	3.09			54.97	2.07	
	163.5	2.11			61.99	1.84	
	157.8	3.08	TZSD375		70.42	1.62	
	171.0	2.40			77.03	1.48	
	180.3	3.37	TZSD425		85.52	1.33	
	201.2	2.64			40.55	3.65	TZSD265
4	5.09	2.46	TZLD140		44.86	3.30	
	5.62	2.23			49.83	2.97	
	6.15	2.28			56.19	2.63	
	7.07	1.99			62.50	2.37	
	7.78	2.05			67.81	2.18	
	9.01	1.90			80.80	1.83	
					88.85	1.67	

（续）

电动机功率 P_1 /kW	实际传动比 i	选用系数 K	机座号	电动机功率 P_1 /kW	实际传动比 i	选用系数 K	机座号
4	62.11	3.91	TZSD300	5.5	23.28	3.56	TZSD250
	71.68	3.39			25.31	3.27	
	79.44	3.06			27.65	3.00	
	90.54	2.68			31.24	2.65	
	99.55	2.44			35.35	2.34	
	117.4	1.79			40.15	2.06	
	128.1	1.62			43.94	1.88	
	142.2	1.35			50.91	1.63	
	163.6	0.96			54.97	1.51	
	88.88	3.91	TZSD355		61.99	1.34	
	100.4	3.46			28.21	3.82	TZSD265
	110.3	3.15			31.64	3.40	
	129.4	2.68			35.60	3.02	
	140.7	2.32			40.55	2.66	
	153.5	1.58			44.86	2.40	
	121.1	3.92	TZSD375		49.83	2.16	
	144.5	3.05			56.19	1.92	
	157.8	2.30			62.50	1.72	
	171.0	1.80			67.81	1.59	
	145.7	3.78	TZSD425		46.18	3.83	TZSD300
	163.0	3.26			50.04	3.53	
	180.3	2.53			56.80	3.11	
	201.2	1.98			62.11	2.84	
5.5	4.93	3.64	TZLD180		71.68	2.47	
	5.38	3.33			69.30	3.64	TZSD355
	6.17	3.00			79.51	3.18	
	7.10	2.60			88.88	2.84	
	7.93	2.86			100.4	2.52	
	8.88	2.89			110.3	2.29	
	14.44	1.91	TZSD180		89.04	3.88	TZSD375
	16.48	1.68			97.94	3.52	
	17.65	1.56			110.5	3.12	
	20.42	1.35			121.1	2.85	
	22.07	1.25			144.5	2.22	
	26.02	1.06			157.8	1.68	
	27.79	0.99			171.0	1.31	
	32.00	0.86			104.0	3.85	TZSD425
	14.11	3.82	TZSD225		113.9	3.51	
	16.19	3.32			125.5	3.19	
	17.41	3.09			145.7	2.75	
	20.30	2.65			163.0	2.37	
	22.03	2.44			180.3	1.84	
	24.01	2.24			201.2	1.44	
	28.87	1.86		7.5	4.93	2.67	TZLD180
	31.34	1.72			5.38	2.44	
	34.38	1.57			6.17	2.20	
	38.45	1.40			7.93	2.09	
	44.86	1.20			8.88	2.12	
	48.58	1.11			14.44	1.40	TZSD180
	54.98	0.98			16.48	1.23	
	62.62	0.86			17.65	1.15	
					20.42	0.99	
					22.07	0.92	

（续）

电动机功率 P_1 /kW	实际传动比 i	选用系数 K	机座号	电动机功率 P_1 /kW	实际传动比 i	选用系数 K	机座号
	7.97	3.91	TZLD225		68.80	3.68	TZSD375
	10.28	3.84			77.16	3.28	
	11.26	3.51			89.04	2.84	
	14.11	2.80	TZSD225		97.94	2.58	
	16.19	2.44			110.5	2.29	
	17.41	2.27			121.1	2.09	
	20.30	1.94		7.5	144.5	1.63	
	22.03	1.79			157.8	1.23	
	24.01	1.64			171.0	0.96	
	28.87	1.37			81.69	3.59	TZSD425
	31.34	1.26			90.75	3.23	
	34.38	1.15			104.0	2.82	
	38.45	1.03			113.9	2.58	
	44.86	0.88			125.5	2.34	
	48.58	0.81			145.7	2.01	
	16.08	3.78	TZSD250		163.0	1.74	
	17.40	3.49			180.3	1.35	
	20.61	2.95			201.2	1.06	
	23.28	2.61			5.14	3.35	TZLD225
	25.31	2.40			5.64	3.06	
	27.65	2.20			6.31	2.73	
	31.24	1.94			7.36	2.49	
	35.35	1.72			7.97	2.67	
	40.15	1.51			9.02	2.84	
	43.94	1.38			14.11	1.91	TZSD225
7.5	50.91	1.19			16.19	1.66	
	54.97	1.11			17.41	1.55	
	61.99	0.98			20.30	1.33	
	22.93	3.44	TZSD265		22.03	1.22	
	24.67	3.20			24.01	1.12	
	28.21	2.80			28.87	0.93	
	31.64	2.50			31.34	0.86	
	35.60	2.22			9.32	3.99	TZSD250
	40.55	1.95			10.07	3.97	TZLD250
	44.86	1.76			11.35	3.53	
	49.83	1.58		11	13.85	2.99	
	56.19	1.41			16.08	2.58	
	62.50	1.26			17.40	2.38	
	67.81	1.16			20.61	2.01	
	35.55	3.64	TZSD300		23.28	1.78	
	39.64	3.27			25.31	1.54	
	46.18	2.81			27.65	1.50	TZSD250
	50.04	2.59			31.24	1.33	
	56.80	2.28			35.35	1.17	
	62.11	2.09			40.15	1.03	
	71.68	1.81			43.94	0.94	
	49.95	3.71	TZSD355		50.91	0.81	
	56.17	3.30			14.47	3.72	TZSD265
	60.94	3.04			16.67	3.23	
	69.30	2.67			17.96	3.00	
	79.51	2.33			19.41	2.77	
	88.88	2.08			22.93	2.35	
	100.4	1.84			24.67	2.18	
	110.3	1.68					

（续）

电动机功率 P_1 /kW	实际传动比 i	选用系数 K	机座号	电动机功率 P_1 /kW	实际传动比 i	选用系数 K	机座号
11	28.21	1.91	TZSD265	15	14.11	1.40	TZSD225
	31.64	1.70			16.19	1.22	
	35.60	1.51			17.41	1.13	
	40.55	1.33			20.30	0.97	
	44.86	1.20			22.03	0.90	
	49.83	1.08			24.01	0.82	
	56.19	0.96			5.72	3.72	TZLD250
	62.50	0.86			6.47	3.28	
	22.40	3.94	TZSD300		7.35	3.10	
	25.74	3.43			8.05	3.14	
	27.85	3.17			9.32	2.93	
	32.76	2.70			10.07	2.92	
	35.55	2.48			11.35	2.59	
	39.64	2.23			13.85	2.19	TZSD250
	46.18	1.91			16.08	1.89	
	50.04	1.77			17.40	1.75	
	56.80	1.56			20.61	1.47	
	62.11	1.42			23.28	1.30	
	34.84	3.63	TZSD355		25.31	1.20	
	40.06	3.15			27.65	1.10	
	44.64	2.83			31.24	0.97	
	49.95	2.53			35.35	0.86	
	56.17	2.25			6.34	3.48	TZLD265
	60.94	2.07			7.22	3.36	
	69.30	1.82			7.99	3.67	
	79.51	1.59			8.88	3.76	
	88.88	1.42			10.01	3.34	
	100.4	1.26			11.14	3.18	
	44.02	3.92	TZSD375		14.47	2.73	TZSD265
	50.49	3.42			16.67	2.37	
	56.23	3.07			17.96	2.20	
	62.96	2.74			19.41	2.03	
	68.80	2.51			22.93	1.72	
	77.16	2.24			24.67	1.60	
	89.04	1.94			28.21	1.40	
	97.94	1.76			31.64	1.25	
	110.5	1.56			35.65	1.11	
	50.56	3.96	TZSD425		40.55	0.97	
	56.50	3.54			44.86	0.88	
	63.46	3.15			17.26	3.75	TZSD300
	71.72	2.79			20.44	3.17	
	81.69	2.45			22.40	2.89	
	90.75	2.21			25.74	2.52	
	104.0	1.92			27.85	2.33	
	113.9	1.76			32.76	1.98	
	125.5	1.60			35.55	1.82	
15	5.14	2.46	TZLD225		39.64	1.63	
	5.64	2.24			46.18	1.40	
	6.31	2.00			50.04	1.29	
	7.36	1.83			56.80	1.14	
	7.97	1.96			62.11	1.04	
	9.02	2.09					

（续）

电动机功率 P_1 /kW	实际传动比 i	选用系数 K	机座号	电动机功率 P_1 /kW	实际传动比 i	选用系数 K	机座号
15	24.72	3.75	TZSD355	18.5	13.85	1.78	TZSD250
	27.40	3.38			16.08	1.53	
	31.46	2.94			17.40	1.42	
	34.84	2.66			20.61	1.19	
	40.06	2.31			23.28	1.06	
	44.64	2.07			25.31	0.97	
	49.95	1.85			27.65	0.89	
	56.17	1.65			5.03	3.26	TZLD265
	60.94	1.52			5.64	3.23	
	69.30	1.34			6.34	2.83	
	79.51	1.17			7.22	2.73	
	88.88	1.04			7.99	2.98	
	100.4	0.92			8.88	3.05	
	31.73	3.99	TZSD375		10.01	2.71	
	35.41	3.57			14.47	2.21	TZSD265
	39.63	3.19			16.67	1.92	
	44.02	2.87			17.96	1.78	
	50.49	2.51			19.41	1.65	
	56.23	2.25			22.93	1.40	
	62.96	2.01			24.67	1.30	
	68.80	1.84			28.21	1.14	
	77.16	1.64			31.64	1.01	
	89.04	1.42			35.60	0.90	
	97.94	1.29			10.35	3.96	TZLD300
	110.5	1.15			12.73	3.61	
	39.59	3.71	TZSD425		13.74	3.82	TZSD300
	45.43	3.23			15.95	3.29	
	50.56	2.90			17.26	3.04	
	56.50	2.60			20.44	2.57	
	63.46	2.31			22.40	2.35	
	71.72	2.05			25.74	2.04	
	81.69	1.80			27.85	1.89	
	90.75	1.62			32.76	1.60	
	104.0	1.41			35.55	1.48	
	113.9	1.29			39.64	1.33	
	125.5	1.17			46.18	1.14	
18.5	5.14	1.99	TZLD225		50.04	1.05	
	5.64	1.82			56.80	0.93	
	6.31	1.63			19.67	3.82	TZSD355
	7.36	1.48			21.37	3.51	
	7.97	1.59			24.72	3.04	
	14.11	1.13	TZSD225		27.40	2.74	
	16.19	0.99			31.46	2.39	
	17.41	0.92			34.84	2.16	
	5.06	3.40	TZSD250		40.06	1.87	
	5.72	3.01			44.54	1.68	
	6.47	2.66			49.95	1.50	
	7.35	2.51			56.17	1.34	
	8.05	2.55			60.94	1.23	
	9.32	2.38			69.30	1.08	
	10.07	2.36			79.51	0.94	
					88.88	0.85	

（续）

电动机功率 P_1 /kW	实际传动比 i	选用系数 K	机座号	电动机功率 P_1 /kW	实际传动比 i	选用系数 K	机座号
18.5	27.70	3.70	TZSD375	22	14.47	1.86	TZSD265
	31.73	3.23			16.67	1.62	
	35.41	2.90			17.96	1.50	
	39.63	2.59			19.41	1.39	
	44.02	2.33			22.93	1.17	
	50.49	2.03			24.67	1.09	
	56.23	1.82			28.21	0.95	
	62.96	1.63			31.64	0.85	
	68.80	1.49			5.02	3.99	TZLD300
	77.16	1.33			5.77	3.83	
	89.04	1.15			8.89	3.88	
	31.36	3.79	TZSD425		10.35	3.33	
	35.81	3.32			11.22	3.38	
	39.59	3.01			12.73	3.04	
	45.43	2.62			13.74	3.21	TZSD300
	50.56	2.35			15.95	2.77	
	56.50	2.11			17.26	2.56	
	63.46	1.88			20.44	2.16	
	71.72	1.66			22.40	1.97	
	81.69	1.46			25.74	1.72	
	90.75	1.31			27.85	1.59	
	104.0	1.14			32.76	1.35	
	113.9	1.05			35.55	1.24	
22	5.14	1.68	TZLD225		39.64	1.11	
	5.64	1.53			46.18	0.96	
	6.31	1.37			50.04	0.88	
	7.36	1.25			17.28	3.65	TZSD355
	7.97	1.33			19.67	3.21	
	14.11	0.95	TZSD225		21.37	2.96	
	16.19	0.83			24.72	2.56	
	5.06	2.86	TZLD250		27.40	2.30	
	5.72	2.53			31.46	2.01	
	6.47	2.24			34.84	1.81	
	7.35	2.11			40.06	1.58	
	8.05	2.14			44.64	1.41	
	9.32	2.00			49.95	1.26	
	10.07	1.99			56.17	1.12	
	13.85	1.49	TZSD250		60.94	1.04	
	16.08	1.29			69.30	0.91	
	17.40	1.19			21.60	3.99	TZSD375
	20.61	1.00			24.98	3.45	
	23.28	0.89			27.70	3.11	
	25.31	0.82			31.73	2.72	
	5.03	2.74	TZLD265		35.41	2.44	
	5.64	2.72			39.63	2.18	
	6.34	2.38			44.02	1.96	
	7.22	2.29			50.49	1.71	
	7.99	2.50			56.23	1.53	
	8.88	2.56			62.96	1.37	
	10.01	2.28			68.80	1.25	
					77.16	1.12	
					89.04	0.97	

（续）

电动机功率 P_1 /kW	实际传动比 i	选用系数 K	机座号
22	25.50	3.92	
	29.18	3.43	
	31.36	3.19	
	35.81	2.79	
	39.59	2.53	
	45.43	2.20	
	50.56	1.98	TZSD425
	56.50	1.77	
	63.46	1.58	
	71.72	1.40	
	81.69	1.23	
	90.75	1.10	
	104.0	0.96	
	113.9	0.88	
30	5.06	2.10	
	5.72	1.86	
	6.47	1.64	TZLD250
	7.35	1.55	
	8.05	1.57	
	13.85	1.10	
	16.08	0.94	TZSD250
	17.40	0.87	
	5.03	2.15	
	5.64	1.99	
	6.34	1.74	TZLD265
	7.22	1.68	
	7.99	1.84	
	14.47	1.36	
	16.67	1.18	
	17.96	1.10	TZSD265
	19.41	1.02	
	22.93	0.86	
	5.02	2.92	
	5.77	2.81	
	6.24	3.00	
	7.34	2.96	TZLD300
	7.97	3.18	
	8.89	2.85	
	10.35	2.44	
	11.22	2.48	
	13.74	2.36	
	15.95	2.03	
	17.26	1.88	
	20.44	1.58	
	22.40	1.45	
	25.74	1.26	TZSD300
	27.85	1.16	
	32.76	0.99	
	35.55	0.91	
	39.64	0.82	
	10.25	3.70	
	11.13	3.64	TZLD355
	12.65	3.20	

电动机功率 P_1 /kW	实际传动比 i	选用系数 K	机座号
30	13.65	3.39	
	15.31	3.02	
	17.28	2.68	
	19.67	2.35	
	21.37	2.17	
	24.72	1.87	
	27.40	1.69	TZSD355
	31.46	1.47	
	34.84	1.33	
	40.06	1.16	
	44.64	1.04	
	49.95	0.93	
	56.17	0.82	
	17.47	3.62	
	19.89	3.18	
	21.60	2.93	
	24.98	2.53	
	27.70	2.28	
	31.73	1.99	
	35.41	1.79	TZSD375
	39.63	1.60	
	44.02	1.44	
	50.49	1.25	
	56.23	1.13	
	62.96	1.01	
	68.80	0.92	
	18.68	3.93	
	19.90	3.69	
	22.52	3.26	
	25.50	2.88	
	29.18	2.52	
	31.36	2.34	
	35.81	2.05	
	39.59	1.85	
	45.43	1.62	TZSD425
	50.56	1.45	
	56.50	1.30	
	63.46	1.16	
	71.72	1.02	
	81.69	0.90	
	90.75	0.81	
37	5.02	2.37	
	5.77	2.28	
	6.24	2.43	TZLD300
	7.34	2.40	
	7.97	2.57	
	8.89	2.31	
	13.74	1.91	
	15.95	1.65	
	17.26	1.52	
	20.44	1.29	
	22.40	1.17	TZSD300
	25.74	1.02	
	27.85	0.94	
	32.76	0.80	

（续）

电动机功率 P_1 /kW	实际传动比 i	选用系数 K	机座号	电动机功率 P_1 /kW	实际传动比 i	选用系数 K	机座号
37	5.74	3.50	TZLD355	45	5.02	1.95	TZLD300
	6.36	3.61			5.77	1.87	
	7.31	3.42			6.24	2.00	
	8.15	3.52			7.34	1.98	
	9.12	3.38			7.97	2.12	
	10.25	3.00			8.89	1.90	
	11.13	2.95			13.74	1.57	TZSD300
	12.65	2.60			15.95	1.35	
	13.65	2.75	TZSD355		17.26	1.25	
	15.31	2.45			20.44	1.06	
	17.28	2.17			22.40	0.96	
	19.67	1.91			25.74	0.84	
	21.37	1.76			5.00	3.30	TZLD355
	24.72	1.52			5.74	2.88	
	27.40	1.37			6.36	2.97	
	31.46	1.19			7.31	2.81	
	34.84	1.08			8.15	2.90	
	40.06	0.94			9.12	2.78	
	44.64	0.84			10.25	2.47	
	11.49	3.68	TZLD375		11.13	2.43	
	12.56	3.76			12.65	2.13	
	13.80	3.72	TZSD375		13.65	2.26	TZSD355
	15.47	3.31			15.31	2.02	
	17.47	2.94			17.28	1.79	
	19.89	2.58			19.67	1.57	
	21.60	2.37			21.37	1.45	
	24.98	2.05			24.72	1.25	
	27.70	1.85			27.40	1.13	
	31.73	1.62			31.46	0.98	
	35.41	1.45			34.84	0.89	
	39.63	1.29			5.06	3.80	TZLD375
	44.02	1.17			5.79	3.32	
	50.49	1.02			6.46	3.26	
	56.23	0.91			7.23	3.71	
	62.96	0.82			8.04	3.78	
	16.55	3.59	TZSD425		9.22	3.30	
	18.68	3.19			10.26	3.39	
	19.90	2.99			11.49	3.02	
	22.52	2.64			12.56	3.09	
	25.56	2.33			13.80	3.06	TZSD375
	29.18	2.04			15.47	2.73	
	31.36	1.90			17.47	2.41	
	35.81	1.66			19.89	2.12	
	39.59	1.50			21.60	1.95	
	45.43	1.31			24.98	1.69	
	50.56	1.18			27.70	1.52	
	56.50	1.05			31.73	1.33	
	63.46	0.94			35.41	1.19	
	71.72	0.83			39.63	1.06	
					44.02	0.96	
					50.49	0.84	

（续）

电动机功率 P_1 /kW	实际传动比 i	选用系数 K	机座号	电动机功率 P_1 /kW	实际传动比 i	选用系数 K	机座号
45	8.70	3.96	TZLD425	55	5.51	3.80	TZLD425
	11.04	3.67			6.10	3.85	
	12.58	3.12			7.00	3.51	
	13.98	3.50	TZSD425		7.79	3.62	
	16.55	2.96			8.70	3.24	
	18.68	2.62			9.77	3.39	
	19.90	2.46			11.04	3.00	
	22.52	2.46			12.58	2.96	
	25.50	1.92			13.98	2.86	TZSD425
	29.18	1.68			16.55	2.42	
	31.36	1.56			18.68	2.14	
	35.81	1.37			19.90	2.01	
	39.59	1.24			22.52	1.78	
	45.43	1.08			25.50	1.57	
	40.56	0.97			29.18	1.37	
	56.50	0.87			31.36	1.28	
55	5.00	2.70	TZLD355		35.81	1.12	
	5.74	2.36			39.59	1.01	
	6.36	2.43			45.53	0.88	
	8.15	2.37		75	5.00	1.98	TZLD355
	9.12	2.27			5.74	1.73	
	10.25	2.02			6.36	1.78	
	11.13	1.99			7.31	1.69	
	13.65	1.85	TZSD355		8.15	1.74	
	15.31	1.65			9.12	1.67	
	17.28	1.46			13.65	1.36	TZSD355
	19.67	1.28			15.31	1.21	
	21.37	1.18			17.28	1.07	
	24.72	1.02			19.67	0.94	
	27.40	0.92			21.37	0.87	
	31.46	0.80			5.06	2.28	TZLD375
	5.06	3.11	TZLD375		5.79	1.99	
	5.79	2.72			6.46	1.96	
	6.46	2.67			7.23	2.23	
	7.23	3.03			8.04	2.27	
	8.04	3.09			9.22	1.98	
	9.22	2.70			10.26	2.03	
	10.26	2.77			13.80	1.83	TZSD375
	11.49	2.47			15.47	1.64	
	12.56	2.53			17.47	1.45	
	13.80	2.50	TZSD375		19.89	1.27	
	15.47	2.23			21.60	1.17	
	17.47	1.98			24.98	1.01	
	19.89	1.74			27.70	0.91	
	21.60	1.60			4.83	3.19	TZLD425
	24.98	1.38			5.51	2.79	
	27.70	1.25			6.10	2.82	
	31.73	1.09			7.00	2.58	
	35.41	0.97			7.79	2.65	
	39.63	0.87			8.70	2.37	
					9.77	2.20	

（续）

电动机功率 P_1/kW	实际传动比 i	选用系数 K	机座号	电动机功率 P_1/kW	实际传动比 i	选用系数 K	机座号
75	13.98	2.10	TZSD425		13.80	1.53	TZSD375
	16.55	1.77			15.47	1.36	
	18.68	1.57			17.47	1.21	
	19.90	1.48			19.89	1.06	
	22.52	1.30			21.60	0.98	
	25.50	1.15			24.98	0.84	
	29.18	1.01			4.83	2.66	TZLD425
	31.36	0.94			5.51	2.33	
90	5.00	1.65	TZLD355	90	6.10	2.35	
	5.74	1.44			7.00	2.15	
	6.36	1.41			7.79	2.21	
	8.15	1.45			8.70	1.98	
	9.12	1.39			9.77	2.07	
	13.65	1.13	TZSD355		11.04	1.83	
	15.31	1.01			13.98	1.75	TZSD425
	17.28	0.89			16.55	1.48	
	5.01	1.90	TZLD375		18.68	1.31	
	5.79	1.66			19.90	1.23	
	6.46	1.63			22.52	1.09	
	7.23	1.85			25.50	0.96	
	8.04	1.89			29.18	0.84	
	9.22	1.65					
	10.26	1.69					

表 10.2-38　组合式减速器的实际传动比 i、电动机功率 P_1 和选用系数 K

电动机功率 P_1/kW	实际传动比 i	选用系数 K	组合机座号	电动机功率 P_1/kW	实际传动比 i	选用系数 K	组合机座号
0.55	777.18	3.09	355-225	0.55	308.61	3.37	265-140
	906.19	2.65			352.92	2.95	
	983.42	2.45			402.19	2.59	
	1071.8	2.24			455.49	2.28	
	1288.8	1.87			520.88	2	
	1399.0	1.72			553.44	1.88	
	1534.7	1.57			636.12	1.63	
	1716.4	1.4			693.17	1.5	
	2002.6	1.2			835.78	1.24	
	568.08	2.96	300-180		915.58	1.14	
	669.75	2.51			1052.7	0.99	
	715.31	2.35			1157.9	0.9	
	823.68	2.04			226.87	3.52	250-140
	899.36	1.87			252.31	3.17	
	1030.9	1.63			281.83	2.83	
	1186.9	1.42			317.03	2.52	
	1324.3	1.27			359.05	2.23	
	1483.9	1.13			410.60	1.95	
	1605.7	1.05			436.26	1.83	
	1816.7	0.93			493.03	1.62	
					557.08	1.43	
					643.23	1.24	
					689.78	1.16	
					751.63	1.06	
					906.27	0.88	

（续）

电动机功率 P_1 /kW	实际传动比 i	选用系数 K	组合机座号	电动机功率 P_1 /kW	实际传动比 i	选用系数 K	组合机座号
0.55	211.27	2.49	225-112	0.75	272.5	2.8	265-140
	233.94	2.25			308.61	2.47	
	260.26	2.02			352.92	2.16	
	290.93	1.81			402.19	1.9	
	327.10	1.61			455.49	1.67	
	370.59	1.42			520.88	1.46	
	423.69	1.24			553.44	1.38	
	458.47	1.15			636.12	1.2	
	510.06	1.03			693.17	1.1	
	570.17	0.92			835.78	0.91	
	179.67	1.52	180-112		226.87	2.58	250-140
	199.88	1.37			252.31	2.32	
	223.44	1.23			281.83	2.08	
	251.22	1.09			359.05	1.63	
	284.62	0.96			410.60	1.43	
0.75	637.25	3.78	375S-250		436.26	1.34	
	689.56	3.5			493.03	1.19	
	816.77	2.95			557.08	1.05	
	922.59	2.61			643.23	0.91	
	1003.0	2.4			182.20	2.12	225-112
	1095.8	2.2			211.27	1.83	
	1238.0	1.95			233.94	1.65	
	1400.9	1.72			260.26	1.48	
	1591.1	1.51			290.93	1.33	
	1741.3	1.38			327.10	1.18	
	2017.6	1.19			370.59	1.04	
	2178.5	1.11			423.69	0.91	
	618.26	2.85	355-250		179.67	1.12	180-112
	722.72	2.44			199.88	1.0	
	777.18	2.27			223.44	0.9	
	906.19	1.95		1.1	521.14	3.15	375S-250
0.75	983.42	1.79			548.88	2.99	
	1071.8	1.65			637.25	2.58	
	1288.8	1.37			689.56	2.38	
	1399.0	1.26			816.77	2.01	
	1534.7	1.15			922.59	1.78	
	1716.4	1.03			1003.4	1.64	
	2002.6	0.88			1095.8	1.5	
	452.51	2.72	300-180		1238.0	1.33	
	507.59	2.43			1400.9	1.17	
	568.08	2.17			1591.1	1.03	
	669.75	1.84			1741.3	0.94	
	715.31	1.72			308.02	3.9	355L-250
	823.68	1.5			361.84	3.32	
	899.36	1.37			406.77	2.96	
	1030.9	1.2			459.26	2.62	
	1186.9	1.04			509.07	2.36	
	1324.3	0.93					

（续）

电动机功率 P_1 /kW	实际传动比 i	选用系数 K	组合机座号	电动机功率 P_1 /kW	实际传动比 i	选用系数 K	组合机座号
	559.34	2.15			548.88	2.2	
	618.26	1.95			637.25	1.89	
	722.72	1.66			689.56	1.75	
	777.18	1.55	355S-250		816.77	1.48	375S-250
	906.19	1.33			922.59	1.31	
	983.42	1.22			1003.0	1.2	
	1071.8	1.12			1095.8	1.1	
	1288.8	0.93			1238.0	0.97	
	251.60	3.34			250.42	3.52	
	276.15	3.04			278.67	3.16	
	320.38	2.62	300L-180		361.84	2.44	355L-250
	356.70	2.36			406.77	2.17	
	400.12	2.1			459.26	1.92	
	452.51	1.86			509.07	1.73	
	507.59	1.66			559.34	1.58	
	568.08	1.48			618.26	1.43	
	669.75	1.25	300S-180		722.72	1.22	355S-250
	715.31	1.17			777.18	1.13	
	823.68	1.02			906.19	0.97	
	899.36	0.93			983.42	0.9	
1.1	1030.9	0.82			194.99	3.16	
	195.0	2.67			220.76	2.79	
	216.87	2.40			251.60	2.45	
	242.24	2.15			276.15	2.23	300L-180
	272.50	1.91			320.38	1.92	
	308.61	1.68			356.70	1.73	
	352.92	1.47	265-140	1.5	400.12	1.54	
	402.19	1.29			452.51	1.36	
	455.49	1.14			507.59	1.21	300S-180
	520.88	1.0			568.08	1.08	
	553.44	0.94			669.75	0.92	
	226.87	1.76			195.00	1.96	
	252.31	1.58			216.87	1.76	
	281.83	1.42	250-140		242.24	1.57	
	359.05	1.11			272.50	1.40	265-140
	410.60	0.97			308.61	1.24	
	436.26	0.92			352.92	1.08	
	182.20	1.45			402.19	0.95	
	211.27	1.25			226.87	1.29	
	233.94	1.13	225-112		252.31	1.16	
	260.26	1.01			281.83	1.04	250-140
	290.93	0.91			317.03	0.92	
	315.71	3.82					
	364.09	3.31					
1.5	406.43	2.97	375L-250		182.2	1.06	225-112
	457.83	2.63			211.27	0.91	
	521.14	2.31					

（续）

电动机功率 P_1/kW	实际传动比 i	选用系数 K	组合机座号	电动机功率 P_1/kW	实际传动比 i	选用系数 K	组合机座号
2.2	203.01	4.11			636.61	1.11	
	228.82	3.64			688.87	1.03	425S-250
	259.86	3.21			815.95	0.87	
	284.46	2.93			203.01	3.01	
	315.71	2.64	375L-250		228.82	2.67	
	364.09	2.29			259.86	2.35	
	406.43	2.05			284.46	2.15	
	457.83	1.82			315.71	1.94	375L-250
	521.14	1.60			364.09	1.63	
	548.88	1.52			406.43	1.50	
	637.25	1.31			457.83	1.34	
	689.56	1.21	375S-250		521.14	1.17	
	816.77	1.02			548.88	1.11	
	922.59	0.9			637.25	0.96	375S-250
	200.60	3.04		3	689.56	0.89	
	228.63	2.67			200.60	2.23	
	250.42	2.44	355L-250		228.63	1.96	
	278.67	2.19			250.42	1.79	
	361.84	1.69			278.67	1.61	
	406.77	1.50			361.84	1.24	355L-250
	459.26	1.33			406.77	1.10	
	509.07	1.20	355S-250		459.26	0.97	
	559.34	1.09			509.07	0.88	
	618.26	0.99			194.99	1.60	
	194.99	2.19			220.76	1.42	
	220.76	1.93			251.60	1.24	300L-180
	251.60	1.69			276.15	1.13	
	276.15	1.54	300L-180		320.38	0.98	
	320.38	1.33			209.14	2.60	
	356.70	1.20			225.97	2.40	
	400.12	1.07			254.69	2.13	
	452.51	0.94	300S-180		289.25	1.88	
	195.0	1.35			316.63	1.72	425L-250
	216.87	1.22			351.41	1.55	
	242.24	1.09	265-140		405.27	1.34	
	272.50	0.97			452.39	1.20	
	182.2	1.11			509.61	1.07	
	211.27	0.96	250-140	4	580.07	0.94	
3	209.14	3.39			203.01	2.31	
	225.97	3.14			228.82	2.01	
	254.69	2.78			259.86	1.80	
	289.25	2.45			284.46	1.65	
	316.63	2.24	425L-250		315.71	1.48	375L-250
	351.41	2.02			364.09	1.29	
	405.27	1.75			406.43	1.15	
	452.39	1.57			457.83	1.02	
	509.61	1.39			521.14	0.90	
	580.07	1.22					

（续）

电动机功率 P_1 /kW	实际传动比 i	选用系数 K	组合机座号	电动机功率 P_1 /kW	实际传动比 i	选用系数 K	组合机座号
4	200.60	1.71	355L-250	5.5	284.46	1.20	375L-250
	228.63	1.50			315.71	1.08	
	250.42	1.37			364.09	0.94	
	278.67	1.23			200.60	1.39	355L-250
	361.84	0.95			228.63	1.28	
	194.99	1.23	300L-180		250.42	1.14	
	220.76	1.08			278.67	1.0	
	251.60	0.95					
5.5	209.14	1.89	425L-250	7.5	209.14	1.39	425L-250
	225.97	1.75			225.97	1.28	
	254.69	1.55			254.69	1.14	
	289.25	1.37			289.25	1.0	
	316.63	1.25			316.63	0.92	
	351.41	1.12			203.01	1.23	375L-250
	405.27	0.97			228.82	1.09	
	203.01	1.68	375L-250		259.86	0.96	
	228.82	1.49					
	259.86	1.31					

表 10.2-39　按润滑油允许最高平衡温度计算的公称热功率 P_{G1}

机　座　号		112	140	180	225	250	265	300	355	375	425
环境条件	环境气流速度 v /(m/s)	TZL、TZLD									
		P_{G1}/kW									
空间小，厂房小	$\geqslant 0.5\sim 1.4$	7	10	15	23	27	33	42	55	64	71
较大的空间、厂房	$>1.4\sim <3.7$	10	14	21	32	38	46	59	77	90	99
在户外露天	$\geqslant 3.7$	13	19	29	44	51	63	80	105	122	135
机　座　号		112	140	180	225	250	265	300	355	375	425
环境条件	环境气流速度 v /(m/s)	TZS、TZSD									
		P_{G1}/kW									
空间小，厂房小	$\geqslant 0.5\sim 1.4$	5	7	10	15	18	22	28	37	43	48
较大的空间、厂房	$>1.4\sim <3.7$	7	10	14	21	25	31	39	52	60	67
在户外露天	$\geqslant 3.7$	9.5	13	19	29	34	42	53	70	82	91

注：当采用循环油润滑冷却时，公称热功率 P_{G2} 为：

二级传动　$P_{G2}=P_{G1}+0.63\Delta t q_V$；

三级传动　$P_{G2}=P_{G1}+0.43\Delta t q_V$。

式中　Δt—进、出油温差，一般 $\Delta t\leqslant 10℃$，进油温度$\leqslant 25℃$；

q_V—油流量，单位为 L/min。

减速器的工况系数 K_A 见表 10.2-40，安全系数 S_A 见表 10.2-41，环境温度系数 f_1 见表 10.2-42，载荷率系数 f_2 见表 10.2-43。公称功率利用系数 f_3 见表 10.2-44，减速器的载荷分类见表 10.2-45。

当径向力 Q 的作用点在轴伸中点时，减速器输出轴轴伸的许用径向载荷 Q 见表 10.2-46，TZL、TZS 型减速器输入轴轴伸的许用径向载荷 Q 分别见表 10.2-47 和表 10.2-48。

TZLD、TZSD 型减速器电动机功率与直联电动机机座号及转速对照见表 10.2-49。

表 10.2-40 减速器的工况系数 K_A

原动机	每日工作小时	轻微冲击(均匀载荷)U	中等冲击载荷 M	强冲击载荷 H
电动机	≤3	0.8	1	1.5
汽轮机	>3~10	1	1.25	1.75
水轮机	>10	1.25	1.5	2
4~6 缸的活塞发动机	≤3	1	1.25	1.75
	>3~10	1.25	1.5	2
	>10	1.5	1.75	2.25
1~3 缸的活塞发动机	≤3	1.25	1.5	2
	>3~10	1.5	1.75	2.25
	>10	1.75	2	2.5

注: 表中载荷分类见表 10.2-45。

表 10.2-41 安全系数 S_A

重要性与安全要求	一般设备,减速器失效仅引起单机停产且易更换备件	重要设备,减速器失效引起机组、生产线或全厂停产	高度安全设备,减速器失效引起设备、人身事故
S_A	1.1~1.3	1.3~1.5	1.5~1.7

表 10.2-42 环境温度系数 f_1

环境温度 $t/℃$	10	20	30	40	50
冷却条件	f_1				
无冷却	0.88	1	1.15	1.35	1.65
循环油润滑冷却	0.9	1	1.1	1.2	1.3

表 10.2-43 载荷率系数 f_2

小时载荷率	100%	80%	60%	40%	20%
f_2	1	0.94	0.86	0.74	0.56

表 10.2-44 公称功率利用系数 f_3

功率利用率	0.4	0.5	0.6	0.7	0.8~1
f_3	1.25	1.15	1.1	1.05	1

注: 1. 对 TZL、TZS 型及组合式减速器,功率利用率 $= P_2/P_1$; P_2 为载荷功率; P_1 为表 10.2-34 ~ 表 10.2-36 中的输入功率。

2. 对 TZLD、TZSD 型及组合式减速器,功率利用率 $= P_2/(KP_1)$; P_2 为载荷功率; P_1、K 为表 10.2-37、表 10.2-38 中的电动机功率和选用系数。

表 10.2-45 减速器的载荷分类

机 械 类 型	负载符号	机 械 类 型	负载符号
风机类		化工类	
风机(轴向和径向)	U	离心机(重型)	M
冷却塔风扇	M	离心机(轻型)	U
引风机	M	冷却滚筒①	M
螺旋活塞式风机	M	干燥滚筒①	M
涡轮式风机	U	压缩机类	
建筑机械类		活塞式压缩机	H
混凝土搅拌机	M	涡轮式压缩机	M
卷扬机	M	传送运输机类	
路面建筑机械	M	平板传送机	M
化工类		平衡块升降机	M
搅拌机(液体)	U	槽式传送机	M
搅拌机(半液体)	M	带式传送机(大件)	M

（续）

机 械 类 型	负 载 符 号	机 械 类 型	负 载 符 号
传送运输机类		金属滚轧机类	
带式传送机(碎料)	H	棒坯推料机[1]	H
筒式面粉传送机	U	推床[1]	H
链式传送机	M	剪板机[1]	H
环式传送机	M	板材摆动升降台[1]	M
货物升降机	M	轧辊调整装置	M
卷扬机[1]	H	辊式校直机[1]	M
倾斜卷扬机[1]	H	轧钢机辊道(重型)[1]	H
连杆式传送机	M	轧钢机辊道(轻型)[1]	M
载人升降机	M	薄板轧机[1]	H
螺旋式传送机	M	修整剪切机[1]	M
钢带式传送机	M	焊管机	H
链式槽型传送机	M	焊接机(带材和线材)	M
绞车运输	M	线材拉拔机	M
起重机类		金属加工机床类	
转臂式起重传动齿轮装置	M	动力轴	U
卷扬机齿轮传动装置	U	锻造机	H
吊杆起落齿轮传动装置	U	锻锤[1]	H
转向齿轮传动装置	M	机床及辅助装置	U
行走齿轮传动装置	H	机床及主要传动装置	M
挖泥机类		金属刨床	H
筒式传送机	H	板材校直机床	H
筒式转向轮	H	冲床	H
挖泥头	H	冲压机床	H
机动绞车	M	剪床	H
泵	M	薄板弯曲机床	M
转向齿轮传动装置	M	石油工业机械类	
行走齿轮传动装置(履带)	H	输油管油泵[1]	M
行走齿轮传动装置(铁轨)	M	转子钻井设备	H
食品工业机械类		制纸机类	
灌注及装箱机器	U	压光机[1]	H
甘蔗压榨机[1]	M	多层纸板机[1]	H
甘蔗切断机[1]	M	干燥滚筒[1]	H
甘蔗粉碎机[1]	H	上光滚筒[1]	H
搅拌机	M	搅浆机[1]	H
酱状物吊桶	M	纸浆擦碎机[1]	H
包装机	U	吸水滚	H
糖甜菜切断机[1]	M	吸水滚压机[1]	H
糖甜菜清洗机	M	潮纸滚压机[1]	H
发动机及转换器		威罗机	H
频率转换器	H	泵类	
发动机	H	离心泵(稀液体)	U
焊接发动机	H	离心泵(半液体)	M
洗衣机类		活塞泵	H
滚筒	M	柱塞泵[1]	H
洗衣机	M	压力泵	H
金属滚轧机类		塑料工业类	
钢坯剪断机[1]	H	压光机[1]	M
链式输送机[1]	M	挤压机[1]	M
冷轧机[1]	H	螺旋压出机[1]	M
连铸成套设备[1]	H	混合机[1]	M
冷床[1]	M	橡胶机械类	
剪料机头[1]	H	压光机[1]	M
交叉转弯输送机[1]	M	挤压机[1]	H
除锈机[1]	H	混合搅拌机[1]	M
重型和中型板轧机[1]	H	捏和机[1]	H
棒坯初轧机[1]	H	滚压机[1]	H
棒坯运转机械[1]	H	石料、瓷土料加工机械类	
		球磨机[1]	H

（续）

机 械 类 型	负 载 符 号	机 械 类 型	负 载 符 号
石料、瓷土料加工机械类		纺织机械类	
挤压粉碎机[①]	H	精制桶	M
破碎机	H	威罗机	M
压砖机	H	水处理类	
锤粉碎机[①]	H	鼓风机[①]	M
转炉[①]	H	水处理类	
筒形磨机[①]	H	螺杆泵	M
纺织机械类		木材加工机床	
送料机	M	剥皮机	H
织布机	M	刨床	M
印染机械	M	锯床[①]	H
		木材加工机床	U

注：U—均匀载荷；M—中等冲击载荷；H—强冲击载荷。

① 仅用于 24h 工作制。

表 10.2-46　减速器输出轴轴伸的许用径向载荷 Q

输出转速 n_2 /r·min^{-1}	机 座 号									
	112	140	180	225	250	265	300	355	375	425
	输出轴轴伸的许用径向载荷 Q/kN									
>160	0	0	0	4	10	15	19	24	29
>100~160	1.2	2.0	2.8	6.0	11	16	22	26	31	36
>40~100	2.6	4.8	5.9	7.6	13	20	27	31	35	40
>16~40	3.0	5.3	7.5	11	15	25	30	34	39	44
≤16	3.4	5.5	8.1	12	17	27	33	37	42	47

表 10.2-47　TZL 型减速器输入轴轴伸的许用径向载荷 Q

实际传动比 i	机 座 号									
	112	140	180	225	250	265	300	355	375	425
	TZL 型减速器输入轴轴伸的许用径向载荷 Q/kN									
≤13	1.0	1.6	2.0	3.1	3.8	4.6	5.4	6.5	7.6	8.1
>13	0.4	0.7	1.1	1.4	1.3	2.0	2.9	3.5	4.1	4.4

表 10.2-48　TZS 型减速器输入轴轴伸的许用径向载荷 Q

机 座 号									
112	140	180	225	250	265	300	355	375	425
TZS 型减速器输入轴轴伸的许用径向载荷 Q/kN									
0.4	0.7	1.1	1.4	1.3	2.0	2.9	3.5	4.1	4.4

当轴为双向旋转时，表 10.2-46~表 10.2-48 中值除以 1.5。

当外部载荷有较大冲击时，表 10.2-46~表 10.2-48 中值除以 1.4。

当 Q 的作用点在轴伸外端部或轴肩处时，Q 值为表 10.2-46~表 10.2-48 中值的 0.5 和 1.6 倍。当 Q 作用在其他部位时，许用的 Q 值按插入法计算。

表 10.2-49　TZLD、TZSD 型减速器电动机功率与直联电动机座号及转速对照

电动机功率 P_1/kW	电动机 机座号	电动机转速 n_1 /r·min^{-1}	电动机功率 P_1/kW	电动机 机座号	电动机转速 n_1 /r·min^{-1}
0.55	Y80$_1$-4	1390	15	Y160L-4	1460
0.75	Y80$_2$-4	1390	18.5	Y180M-4	1470
1.1	Y90S-4	1400	22	Y180L-4	1470
1.5	Y90L-4	1400	30	Y200L-4	1470
2.2	Y100L1-4	1420	37	Y225S-4	1480
3	Y100L2-4	1420	45	T225M-4	1480
4	Y112M-4	1440	55	Y250M-4	1480
5.5	Y132S-4	1440	75	Y280S-4	1480
7.5	Y132M-4	1440	90	Y280M-4	1480
11	Y160M-4	1460			

2.4　选用方法

（1）TZL、TZS 型及组合式减速器的选用

1）首先，按减速器机械强度许用公称输入功率 P_1 选用。

① 确定减速器的载荷功率 P_2。

② 确定工况系数 K_A、安全系数 S_A。

③ 求得计算功率 P_{2c}。

$$P_{2c} = P_2 K_A S_A$$

④ 查表 10.2-34～表 10.2-36，使 $P_{2c} \leqslant P_1$。若减速器的实际输入转速与表 10.2-34～表 10.2-36 中的三档（1500r/min、1000r/min、750r/min）转速之某一转速相对误差不超过 4%，可按该档转速下的公称功率选用合适的减速器；如果转速相对误差超过 4%，则应按实际转速折算减速器的公称功率选用。

2）其次，校核热功率能否通过。

① 确定系数 f_1、f_2、f_3。

② 求得计算热功率 $P_{2t} = P_2 f_1 f_2 f_3$。

③ 查表 10.2-39，$P_{2t} \leqslant P_{G1}$，则热功率通过。

若 $P_{2t} > P_{G1}$，则有两种选择：

① 采用循环油润滑冷却，使 $P_{2t} \leqslant P_{G1}$，这时 f_1 应按表 10.2-42 重选；

② 另选用较大规格减速器，重复以上程序，使 $P_{2t} \leqslant P_{G1}$。

如果轴伸承受径向载荷，径向载荷不允许超过表 10.2-46～表 10.2-48 中的许用径向载荷。若轴伸承受的轴向载荷或径向载荷大于许用径向载荷，则应校核轴伸强度与轴承寿命。

减速器许用的瞬时尖峰载荷 $P_{2max} \leqslant 1.8 P_1$。

例 10.2-1　输送大块物料的带式输送机要选用 TZL 型减速器，驱动机为电动机，其转速 $n_1 = 1350$r/min，要求实际传动比 $i \approx 8$，载荷功率 $P_2 = 52$kW，轴伸受纯转矩，每日连续工作 24h，最高环境温度 38℃。厂房较大，自然通风冷却，油池润滑。

解：1）按减速器机械强度许用公称输入功率 P_1 选用。

载荷功率 $P_2 = 52$kW，根据表 10.2-45，带式输送机输送大块物料时载荷为中等冲击，减速器失效会引起生产线停产，查表 10.2-40、表 10.2-41 得：$K_A = 1.5$，$S_A = 1.4$，计算功率 P_{2c} 为

$$P_{2c} = P_2 K_A S_A = 109.2\text{kW}$$

查表 10.2-34：TZL355，$i = 8.15$，$n_1 = 1500$r/min 时，$P_1 = 135.6$kW。当 $n_1 = 1350$r/min 时，折算公称功率为

$$P_1 = \frac{1350}{1500} \times 135.6\text{kW} = 122\text{kW}$$

$P_{2c} < P_1$，可以选用 TZL355 减速器。

2）校核热功率能否通过。

查表 10.2-42～表 10.2-44 得：$f_1 = 1.31$，$f_2 = 1$，

$f_3 = 1.23$。

计算热功率 P_{2t} 为

$$P_{2t} = P_2 f_1 f_2 f_3 = 52\text{kW} \times 1.31 \times 1 \times 1.23 = 83.8\text{kW}$$

查表 10.2-39：TZL355，$P_{G1} = 77$kW。

$P_{2t} > P_{G1}$，热功率未通过。

不采用循环油润滑冷却，另选较大规格的减速器，按以上述程序重新计算，TZL375 满足要求，因此选定的减速器为 TZL375-8.04。

此例未给出运转中的瞬时尖峰载荷，故不校核 P_{2max}。

（2）TZLD、TZSD 型减速器的选用

1）按减速器的电动功率 P_1 选用。

① 确定减速器的载荷功率 P_2。

② 按载荷功率 P_2 大约为电动机全容量的 0.7～0.9，确定电动机的功率 P_1。

③ 确定工况系数 K_A、安全系数 S_A，并求得计算选用系数 K_C。

$$K_C = K_A S_A P_2 / P_1$$

④ 查表 10.2-37，按所要求的 P_1、传动比，查找选用系数 K，使 $K \geqslant K_C$，则 K 所对应的机座号即为所选的减速器。

2）校核热功率能否通过，方法同（1）。

轴伸的校核也同（1）。

减速器许用的瞬时尖峰载荷 $P_{2max} \leqslant 1.8 K P_1$。

例 10.2-2　生产线上使用的螺旋输送机要选用 TZSD 型减速器，要求实际传动比 $i \approx 25$，实际载荷 $P_2 = 6.3$kW。轴伸受纯转矩，每日连续工作 8h，最高环境温度 $t = 35$℃，户外露天工作，自然通风冷却，油池润滑。

解：1）按减速器的电动机功率 P_1 选用。

载荷功率 $P_2 = 6.3$kW，按 $P_2 \approx (0.7 \sim 0.9) P_1$，取 $P_1 = 7.5$kW，查表 10.2-45，螺旋输送机载荷为中等冲击，减速器失效会引起生产线停产，查表 10.2-40、表 10.2-41 得：$K_A = 1.25$，$S_A = 1.4$，计算选用系数 K_C 为

$$K_C = K_A S_A P_2 / P_1 = 1.25 \times 1.4 \times 6.3 / 7.5 = 1.47$$

查表 10.2-37：TZSD225，实际传动比 $i = 24.01$，符合传动比要求；选用系数 $K = 1.64$，$K > K_C$，可以选用 TZSD225 减速器。

2）校核热功率能否通过：

查表 10.2-42～表 10.2-44 得：$f_1 = 1.25$，$f_2 = 1$，$f_3 = 1.15$。

计算热功率 P_{2t} 为

$$P_{2t} = P_2 f_1 f_2 f_3 = (6.3 \times 1.25 \times 1 \times 1.15)\text{kW} = 9.06\text{kW}$$

查表 10.2-39：TZL225，$P_{G1} = 29$kW。

$P_{G1} > P_{2t}$，热功率通过。

所选定的减速器为 TZSD225-24.01-7.5。

此例未给出运转中的瞬时尖峰载荷，故不校核 P_{2max}。

3　起重机用三支点减速器（摘自 JB/T 8905.1—1999）

JB/T 8905.1—1999 中有 QJR、QJS 和 QJRS 三个系列的斜齿圆柱齿轮减速器，它适用于起重机的各种机构，也可用于运输、冶金、矿山、化工和轻工等各种机械设备的传动中。其工作条件为：齿轮圆周速度不大于 16m/s；高速轴转速不大于 1000r/min；工作环境温度为 -40~45 ℃；可正、反两向运转；允许输出轴瞬时最大转矩为 2.7 倍的额定转矩。减速器是三支点安装形式。

3.1　形式和标记方法

1）结构型式。QJ 型减速器分为 R 型（二级）、S 型（三级）和 RS 型（二、三级）结合三种，如图 10.2-1 所示。

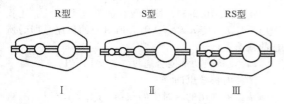

图 10.2-1　QJ 型减速器结构型式

2）装配形式共九种，如图 10.2-2 所示。

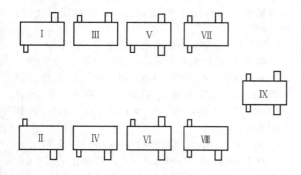

图 10.2-2　QJ 型减速器装配形式

3）安装形式。如图 10.2-3 所示，可卧式 W 或立式 L（V）安装。在 ±α 角范围内为卧式安装，在 L 角范围内为立式安装。α 角的大小与传动比有关，应保证中间级的大齿轮浸油 1~2 个齿高深度。

4）轴端形式。高速轴端采用圆柱形轴伸平键连接，输出轴端有三种，其形式和尺寸见表 10.2-50。

5）中心距。减速器以输出级中心距为名义中心距 a。

6）标记示例。起重机减速器三级传动，名义中心距为 560mm，公称传动比为 50，装配形式为第 Ⅲ 种，输出轴端为齿轮轴端，卧式安装。

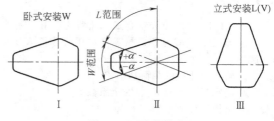

图 10.2-3　安装形式

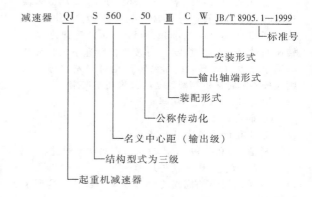

3.2　减速器外形尺寸（见表 10.2-51 ~ 表 10.2-53）

3.3　承载能力

QJR、QJS、QJRS 三个系列的减速器的承载能力见表 10.2-54 ~ 表 10.2-57。

3.4　选用方法

选择减速器时首先要满足传动比的要求，然后求名义功率，计算公式为

$$P_n = \frac{P_c}{K} \approx \frac{K_A P}{K} \leqslant P_p$$

式中　P_c ——计算功率，应按专业机器的规定来确定，如无可靠数据，可按 $P_c = K_A P$ 近似求之；

K_A ——工况系数，查表 10.2-84；

P ——传递的功率（kW）；

K ——系数，查表 10.2-58；

$P_p = P_1 \dfrac{n}{n_1}$，n 为要求的输入转速（r/min）；P_p 为对应于 n 时的许用输入功率（kW）；n_1 为承载能力表中靠近 n 的转速（r/min）；P_1 为选用 a 对应的许用功率（kW），见表 10.2-54 ~ 表 10.2-57。

表 10.2-50　减速器输出轴轴端的形式和尺寸　　（mm）

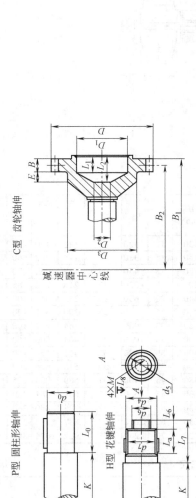

P型 圆柱形轴伸　　H型 花键轴伸　　C型 齿轮轴伸

名义 中心距 a_1	K	P型 d_0	P型 L_0	C型 $m\times z$	C型 D	C型 D_1 (H7)	C型 D_2	C型 D_3	C型 B_1	C型 B_2	C型 B	C型 E	C型 L_1	C型 L_2	H型 $m\times z$	H型 d_4 (h11)	H型 L_a	H型 d_6 (k6)	H型 L_6	H型 d_7 (k6)	H型 L_7	H型 d_5	H型 M	H型 L_8
140	130	48	82	—	—	—	—	—	—	—	—	—	—	—	3×15	48	35	40	23	50	78	25	6	12
170	140	55	82	—	—	—	—	—	—	—	—	—	—	—	3×18	57	35	50	27	60	82	30	6	12
200	195	65	105	—	—	—	—	—	—	—	—	—	—	—	3×22	69	40	60	30	70	90	40	8	16
236	225	80	130	3×56	174	90	40	135	279.5	253	25	25	45	60	3×27	84	45	70	30	85	95	50	8	16
280	250	90	130	4×56	232	120	40	170	302.5	271	35	25	50	75	5×18	95	55	80	35	100	125	60	8	16
335	280	110	165	4×56	232	120	40	170	339.5	308	35	25	50	75	5×22	115	60	100	40	120	135	70	10	20
400	340	130 (140)	200	6×56	348	170	45	260	402	370	40	32	76	100	5×26	135	75	120	45	140	155	90	10	20
450	366	150	200	6×56	348	170	45	260	429	397	40	32	76	100	5×30	155	80	140	50	160	165	100	12	25
500	410	170 (180)	240	8×54	448	200	105	260	482	442	50	32	78	100	5×34	175	90	160	55	180	180	120	12	25
560	445	190 (200)	280	10×48	500	200	105	280	570	505	60	35	78	110	5×38	195	100	180	55	200	190	140	12	25
630	495	220	280	—	—	—	—	—	—	—	—	—	—	—	8×26	216	110	190	60	222	205	160	12	25
710	565	250 (260)	330	—	—	—	—	—	—	—	—	—	—	—	8×30	248	125	220	60	254	220	180	16	32
800	615	280	380	—	—	—	—	—	—	—	—	—	—	—	8×34	280	140	250	60	286	235	200	16	32
900	670	320	380	—	—	—	—	—	—	—	—	—	—	—	8×38	312	155	280	70	318	260	220	20	40
1000	740	360	450	—	—	—	—	—	—	—	—	—	—	—	8×44	360	175	320	75	366	285	250	20	40

表 10.2-51　QJR 减速器外形尺寸　　　　　　　　　　　　　　（mm）

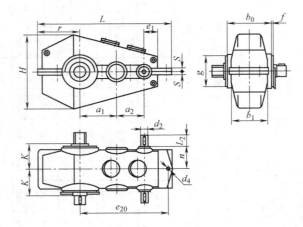

名 义中心距 a_1	a_2	a_{02}	输入轴端		L	H	n	K	$b_0{}_{-0.5}^{\ 0}$	$f_{\ 0}^{+0.1}$	g(h9)	d_4	e_{20}	S	b_1	r	e_1	质量/kg
			d_2	L_2														
140	100	240	22	50	505	320	120	130	190	16	130	12	320	12	128	170	50	59
170	118	288	28	60	600	386	135	140	215	18	150	15	380	14	148	202	60	85
200	140	340	32	80	707	455	180	195	250	20	170	18	450	17	182	232	70	133
236	170	406	38	80	828	518	210	225	300	20	200	18	530	17	218	272	85	240
280	200	480	48	110	974	584	235	250	335	25	240	22	630	22	255	314	100	330
335	236	571	55	110	1156	735	255	280	400	25	270	26	750	27	300	375	120	590
400	280	680	65	140	1387	867	285	340	475	30	320	33	900	27	364	447	140	850
450	315	765	80	170	1547	990	310	365	530	30	360	33	1000	32	404	506	160	1300
500	355	855	90	170	1720	1130	350	410	600	40	400	39	1120	32	471	554	180	1760
560	400	960	100	210	1922	1270	385	445	670	40	430	39	1250	37	515	626	200	2600
630	450	1080	110	210	2156	1380	425	495	750	40	480	45	1400	37	569	704	225	3550
710	500	1210	120	210	2433	1540	450	565	850	50	530	45	1600	42	654	781	250	4900
800	560	1360	130	250	2739	1712	490	615	950	50	580	52	1800	42	728	880	280	6600
900	630	1530	150	250	3043	1910	540	670	1060	50	650	62	2000	47	837	978	320	9200
1000	710	1710	170	300	3384	2150	610	740	1180	60	720	70	2240	55	922	1074	360	12000

表 10.2-52　QJS 减速器外形尺寸　　　　　　　　　　　　　　（mm）

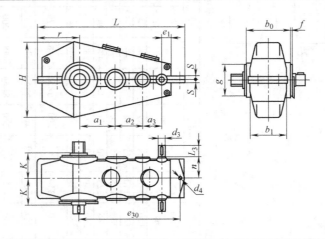

（续）

名义中心距 a_1	a_2	a_3	a_{03}	输入轴端		L	H	n	K	$b_{0\ 0}^{\ -0.5}$	$f_{\ 0}^{+0.1}$	g	d_4	e_{30}	S	b_1	r	e_1	质量 /kg
				d_3	L_3														
140	100	71	311	18	40	567	320	120	130	190	16	130	12	380	12	128	170	40	64
170	118	85	373	22	50	673	386	135	140	215	18	150	15	450	14	148	202	48	95
200	140	100	440	28	60	793	455	180	195	250	20	170	18	530	17	182	232	56	170
236	170	118	524	32	80	928	518	210	225	300	20	200	18	630	17	218	272	67	256
280	200	140	620	38	80	1024	584	235	250	335	25	240	22	750	22	255	314	80	350
335	236	170	741	45	110	1301	735	255	280	400	25	270	26	900	27	300	375	95	654
400	280	200	880	50	110	1559	867	285	340	475	30	320	33	1060	27	364	447	112	940
450	315	224	989	55	110	1736	990	310	365	530	30	360	33	1180	32	404	506	125	1400
500	355	250	1105	60	140	1930	1130	350	410	600	40	400	39	1320	32	471	554	140	1850
560	400	280	1240	70	140	2162	1270	385	445	670	40	430	39	1500	37	515	626	160	2800
630	450	315	1395	80	170	2426	1380	425	495	750	40	480	45	1700	37	569	704	180	3500
710	500	355	1565	90	170	2738	1540	450	565	850	50	530	45	1900	42	654	781	200	4700
800	560	400	1760	100	210	3084	1712	490	615	950	50	580	52	2120	42	728	880	225	6400
900	630	450	1980	110	210	3423	1910	540	670	1060	50	650	62	2360	47	837	978	250	9000
1000	710	500	2210	130	250	3804	2150	610	740	1180	60	720	70	2650	55	922	1074	280	11700

表 10.2-53　QJRS 减速器外形尺寸　　　　　（mm）

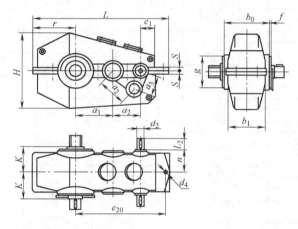

名义中心距 a_1	a_2	a_3	a_{03}	输入轴端		L	H	n	K	$b_{0\ 0}^{\ -0.5}$	$f_{\ 0}^{+0.1}$	g	d_4	e_{20}	S	b_1	r	e_1	质量 /kg
				d_3	L_3														
140	100	71	311	18	40	505	298	120	130	190	16	130	12	320	12	128	170	50	64
170	118	85	373	22	50	600	375	135	140	215	18	150	15	380	14	148	202	60	94
200	140	100	440	28	60	707	440	180	195	250	20	170	18	450	17	182	232	70	185
236	170	118	524	32	80	828	500	210	225	300	20	200	18	530	17	218	272	85	284
280	200	140	620	38	80	974	562	235	250	335	25	240	22	630	22	255	314	100	380
335	236	170	741	45	110	1156	710	255	280	400	25	270	26	750	27	300	375	120	650
400	280	200	880	50	110	1387	836	285	340	475	30	320	33	900	27	364	447	140	930
450	315	224	989	55	110	1547	980	310	365	530	30	360	33	1000	32	404	506	160	1410
500	355	250	1105	60	140	1720	1060	350	410	600	40	400	39	1120	32	471	554	180	1820
560	400	280	1240	70	140	1922	1240	385	445	670	40	430	39	1250	37	515	626	200	2890
630	450	315	1395	80	170	2156	1370	425	495	750	40	480	45	1400	37	569	704	225	3550
710	500	355	1565	90	170	2433	1530	450	565	850	50	530	45	1600	42	654	781	250	4900
800	560	400	1760	100	210	2739	1691	490	615	950	50	580	52	1800	42	728	880	280	6600
900	630	450	1980	110	210	3043	1900	540	670	1060	50	650	62	2000	47	837	978	320	9200
1000	710	500	2210	130	250	3384	2070	610	740	1180	60	720	70	2240	55	922	1074	360	12000

表 10.2-54 QJR 减速器工作级别 M5[①]时的承载能力

输入轴转速 /r·min⁻¹	名义中心距 a/mm	输出转矩 /N·m	公 称 传 动 比					
			10	12.5	16	20	25	31.5
			高速轴许用功率/kW					
600	140	820	5.3	4.3	3.4	2.7	2.1	1.6
	170	1360	9.0	7.2	5.7	4.5	3.5	2.8
	200	2650	15.5	12.4	9.7	7.8	6.2	4.9
	236	4500	26.0	21.0	16.5	13.3	10.5	8.4
	280	7500	44.0	35.0	27.0	22.0	17.6	13.9
	335	12500	73.0	59.0	46.0	37.0	29.0	23.0
	400	21200	124.0	99.0	78.0	62.0	50.0	39.0
	450	30000	176.0	141.0	110.0	88.0	70.0	56.0
	500	42500	249.0	199.0	155.0	124.0	100.0	79.0
	560	60000	351.0	281.0	220.0	176.0	141.0	112.0
	630	85000	497.0	398.0	311.0	249.0	199.0	159.0
	710	118000	691.0	552.0	432.0	345.0	276.0	219.0
	800	170000	995.0	796.0	622.0	497.0	398.0	316.0
	900	236000	1381.0	1105.0	863.0	691.0	552.0	438.0
	1000	335000	1961.0	1568.0	1225.0	980.0	784.0	622.0
750	140	820	6.4	5.2	4.1	3.3	2.6	2.0
	170	1360	10.7	8.8	7.0	5.7	4.5	3.4
	200	2650	19.3	15.5	12.1	9.7	7.7	6.1
	236	4500	33.0	26.0	21.0	16.4	13.1	10.4
	280	7500	55.0	44.0	34.0	27.0	22.0	17.4
	335	12500	91.0	73.0	57.0	46.0	36.0	29.0
	400	21200	155.0	124.0	97.0	77.0	62.0	49.0
	450	30000	219.0	175.0	137.0	109.0	88.0	69.0
	500	42500	310.0	248.0	194.0	155.0	124.0	98.0
	560	60000	437.0	350.0	273.0	219.0	175.0	139.0
	630	85000	620.0	496.0	387.0	310.0	248.0	197.0
	710	118000	860.0	688.0	538.0	430.0	344.0	273.0
	800	170000	1239.0	991.0	775.0	620.0	496.0	393.0
	900	236000	1720.0	1376.0	1025.0	860.0	688.0	546.0
	1000	335000	2442.0	1954.0	1526.0	1221.0	977.0	775.0
1000	140	820	7.9	6.5	5.2	4.2	3.3	2.6
	170	1360	13.2	10.9	8.7	7.1	5.7	4.4
	200	2650	26.0	21.0	16.2	12.9	10.3	8.2
	236	4500	44.0	35.0	27.0	22.0	17.6	13.9
	280	7500	73.0	59.0	46.0	37.0	29.0	23.0
	335	12500	122.0	98.0	76.0	61.0	49.0	39.0
	400	21200	207.0	165.0	129.0	103.0	83.0	66.0
	450	30000	293.0	234.0	183.0	146.0	117.0	93.0
	500	42500	415.0	332.0	259.0	207.0	166.0	132.0
	560	60000	585.0	468.0	366.0	293.0	234.0	186.0
	630	85000	829.0	663.0	518.0	415.0	332.0	263.0
	710	118000	1151.0	921.0	719.0	576.0	460.0	365.0
	800	170000	1668.0	1327.0	1036.0	829.0	663.0	526.0
	900	236000	2302.0	1842.0	1439.0	1151.0	921.0	731.0
	1000	335000	3268.0	2614.0	2042.0	1634.0	307.0	1037.0

① GB/T 3811—2008《起重机设计规范》将起重机各机构的工作级别分为 M1~M8 八种。

表 10.2-55 QJR 减速器连续工作[①]时的承载能力

输入轴转速 /r·min⁻¹	名义中心距 a/mm	输出转矩 /N·m	公 称 传 动 比					
			10	12.5	16	20	25	31.5
			高速轴许用功率/kW					
600	140	410	2.7	2.2	1.7	1.4	1.1	0.8
	170	680	4.5	3.6	2.9	2.3	1.8	1.4
	200	1325	7.8	6.2	4.9	3.9	3.1	2.5
	236	2250	13.0	10.5	8.3	6.7	5.3	4.2
	280	3750	22.0	17.5	13.5	11.0	8.8	7.0
	335	6250	36.5	29.5	23.0	18.5	14.5	11.5
	400	10600	62.0	49.5	39.0	31.0	25.0	19.5
	450	15000	88.0	70.5	55.0	44.0	35.0	28.0
	500	21250	124.5	99.5	77.5	62.0	50.0	39.5
	560	30000	175.5	140.5	110.0	88.0	70.5	56.0
	630	42500	248.5	199.0	155.5	124.5	99.5	79.0
	710	59000	345.5	276.0	216.0	172.5	138.0	109.5

（续）

输入轴转速 /r·min⁻¹	名义中心距 a/mm	输出转矩 /N·m	公称传动比					
			10	12.5	16	20	25	31.5
			高速轴许用功率/kW					
600	800	85000	497.5	398.0	311.0	248.5	199.0	158.0
	900	118000	690.5	552.5	431.5	345.5	276.0	219.0
	1000	167500	980.5	784.0	612.5	490.0	392.0	311.0
750	140	410	3.2	2.6	2.1	1.7	1.3	1.0
	170	680	5.4	4.4	3.5	2.9	2.3	1.7
	200	1325	9.7	7.8	6.1	4.9	3.9	3.1
	236	2250	16.5	13.0	10.5	8.2	6.6	5.2
	280	3750	27.5	22.0	17.0	13.5	11.0	8.7
	335	6250	45.5	36.5	28.5	23.0	18.0	14.5
	400	10600	77.5	62.0	48.5	38.5	31.0	24.5
	450	15000	109.5	87.5	68.5	54.5	44.0	34.5
	500	21250	155.0	124.0	97.0	77.5	62.0	49.0
	560	30000	218.5	175.0	136.5	109.5	87.5	69.5
	630	42500	310.0	298.0	198.5	155.0	124.0	98.5
	710	59000	430.0	344.0	269.0	215.0	172.0	136.5
	800	85000	619.5	495.5	387.5	310.0	248.0	196.5
	900	118000	860.0	688.0	537.5	430.0	344.0	273.0
	1000	167500	1221.0	977.0	763.0	610.5	488.5	387.5
1000	140	410	3.9	3.2	2.5	2.1	1.6	1.3
	170	680	6.6	5.4	4.3	3.5	2.8	2.2
	200	1325	13.0	10.5	8.1	6.4	5.1	4.1
	236	2250	22.0	17.5	13.5	11.0	8.8	6.9
	280	3750	36.5	29.5	23.0	18.5	14.5	11.5
	335	6250	61.0	49.0	38.0	30.5	24.5	19.5
	400	10600	103.5	82.5	64.5	51.5	41.5	33.0
	450	15000	146.5	117.5	91.5	73.0	58.5	46.5
	500	21250	207.5	166.0	129.5	103.5	83.0	66.0
	560	30000	292.5	234.0	183.0	146.5	117.0	93.0
	630	42500	414.5	331.5	259.0	207.5	166.0	131.5
	710	59000	575.5	460.5	359.5	288.0	230.0	182.5
	800	85000	829.0	663.5	518.0	414.5	331.5	263.0
	900	118000	1151.0	921.0	719.5	575.5	460.5	365.5
	1000	167500	1634.0	1307.0	1021.0	817.0	653.5	518.5

① 连续工作类型减速器推荐用于除起重机以外的其他各种机械设备中。

表 10.2-56　QJS、QJRS 减速器工作级别 M5 时的承载能力

输入轴转速 /r·min⁻¹	名义中心距 a/mm	输出转矩 /N·m	公称传动比							
			40	50	63	80	100	125	160	200
			高速轴许用功率/kW							
600	140	820	1.5	1.4	1.5	0.8	0.6	0.5	0.4	0.3
	170	1360	2.5	2.0	1.6	1.3	1.0	0.8	0.6	0.5
	200	2650	3.9	3.1	2.5	1.9	1.6	1.2	1.0	0.8
	236	4500	6.6	5.3	4.2	3.3	2.6	2.1	1.7	1.3
	280	7500	11.0	8.8	7.0	5.5	4.4	3.5	2.7	2.2
	335	12500	18.3	14.6	11.6	9.1	7.3	5.9	4.6	3.7
	400	21200	31.0	25.0	19.7	15.5	12.4	9.9	7.8	6.2
	450	30000	44.0	35.0	28.0	22.0	17.6	14.1	11.0	8.8
	500	42500	62.0	50.0	40.0	31.0	25.0	19.9	15.6	12.4
	560	60000	88.0	70.0	56.0	44.0	35.0	28.0	22.0	17.6
	630	85000	124.0	100.0	79.0	62.0	50.0	40.0	31.0	25.0
	710	118000	173.0	138.0	110.0	86.0	69.0	55.0	43.0	35.0
	800	170000	249.0	199.0	158.0	124.0	100.0	80.0	62.0	50.0
	900	236000	345.0	276.0	219.0	173.0	138.0	111.0	86.0	69.0
	1000	335000	490.0	392.0	311.0	245.0	196.0	157.0	123.0	98.0
750	140	820	1.8	1.5	1.2	1.0	0.8	0.6	0.5	0.4
	170	1360	3.1	2.6	2.0	1.6	1.3	1.0	0.8	0.6
	200	2650	4.8	3.9	3.1	2.4	1.9	1.6	1.2	4.0
	236	4500	8.2	6.6	5.2	4.1	3.3	2.6	2.1	1.6
	280	7500	13.7	10.9	8.7	6.8	5.5	4.4	3.4	2.7
	335	12500	23.0	18.2	14.5	11.4	9.1	7.3	5.7	4.6
	400	21200	39.0	31.0	25.0	19.3	15.5	12.4	9.7	7.7
	450	30000	55.0	44.0	35.0	27.0	22.0	17.5	13.7	10.9
	500	42500	78.0	62.0	49.0	39.0	31.0	25.0	19.4	15.5

（续）

输入轴转速 /r·min⁻¹	名义中心距 a/mm	输出转矩 /N·m	公称传动比							
			40	50	63	80	100	125	160	200
			高速轴许用功率/kW							
750	560	60000	109.0	88.0	69.0	55.0	44.0	35.0	27.0	22.0
	630	85000	155.0	124.0	98.0	78.0	62.0	50.0	39.0	31.0
	710	118000	215.0	172.0	137.0	108.0	86.0	69.0	54.0	43.0
	800	170000	310.0	248.0	197.0	155.0	124.0	99.0	78.0	62.0
	900	236000	430.0	344.0	273.0	215.0	172.0	138.0	108.0	86.0
	1000	335000	611.0	488.0	388.0	305.0	244.0	195.0	153.0	122.0
1000	140	820	2.3	1.9	1.5	1.2	1.0	0.8	0.6	0.5
	170	1360	3.9	3.2	2.6	2.1	1.7	1.3	1.0	0.8
	200	2650	6.5	5.2	4.1	3.2	2.6	2.1	1.6	1.3
	236	4500	11.0	8.8	7.0	5.5	4.4	3.5	2.7	2.2
	280	7500	18.3	14.6	11.6	9.1	7.3	5.9	4.6	3.7
	335	12500	31.0	24.0	19.4	15.2	12.2	9.8	7.6	6.1
	400	21200	52.0	41.0	33.0	26.0	21.0	16.5	12.9	10.3
	450	30000	73.0	59.0	47.0	37.0	29.0	23.0	18.3	14.6
	500	42500	104.0	83.0	66.0	52.0	42.0	33.0	26.0	21.0
	560	60000	146.0	117.0	95.0	73.0	59.0	47.0	37.0	29.0
	630	85000	207.0	166.0	132.0	104.0	83.0	66.0	52.0	42.0
	710	118000	288.0	230.0	183.0	144.0	115.0	92.0	72.0	58.0
	800	170000	415.0	332.0	263.0	207.0	166.0	133.0	104.0	83.0
	900	236000	576.0	460.0	365.0	288.0	230.0	184.0	144.0	115.0
	1000	335000	817.0	654.0	519.0	408.0	327.0	261.0	204.0	163.0

表 10.2-57　QJS、QJRS 减速器连续工作时的承载能力

输入轴转速 /r·min⁻¹	名义中心距 a_1/mm	输出转矩 /N·m	公称传动比							
			40	50	63	80	100	125	160	200
			高速轴许用功率/kW							
600	140	410	0.8	0.7	0.5	0.4	0.3	0.3	0.2	0.1
	170	680	1.3	1.1	0.8	0.7	0.5	0.4	0.3	0.2
	200	1325	2.0	1.6	1.3	1.0	0.8	0.6	0.5	0.4
	236	2250	3.3	2.7	2.1	1.7	1.3	1.1	0.9	0.7
	280	3750	5.5	4.4	3.5	2.8	2.2	1.8	1.4	1.1
	335	6250	9.2	7.3	5.8	4.6	3.7	3.0	2.3	1.9
	400	10600	15.5	12.5	9.9	7.8	6.2	5.0	3.9	3.4
	450	15000	22.0	17.5	14.0	11.0	8.8	7.1	5.5	4.4
	500	21250	31.0	25.0	20.0	15.5	12.5	10.0	7.8	6.2
	560	30000	44.0	35.0	28.0	22.0	17.5	14.0	11.0	8.8
	630	42500	62.0	50.0	39.5	31.0	25.0	20.0	15.5	12.5
	710	59000	86.5	69.0	55.0	43.0	34.5	27.5	21.5	17.5
	800	85000	124.5	99.5	79.0	62.0	50.0	40.0	31.0	25.0
	900	118000	172.5	138.0	109.5	86.5	69.0	55.5	43.0	34.5
	1000	167500	245.0	196.0	155.5	122.5	98.0	78.5	61.5	49.0
750	140	410	0.9	0.8	0.6	0.5	0.4	0.3	0.2	0.1
	170	680	1.6	1.3	1.0	0.8	0.7	0.5	0.4	0.3
	200	1325	2.4	2.0	1.6	1.2	1.0	0.8	0.6	0.5
	236	2250	4.1	3.3	2.6	2.1	1.7	1.3	1.1	0.8
	280	3750	6.9	5.5	4.4	3.4	2.8	2.2	1.7	1.3
	335	6250	11.5	9.1	7.3	5.7	4.6	3.7	2.9	2.3
	400	10600	19.5	15.5	12.5	9.7	7.8	6.2	4.9	3.9
	450	15000	27.5	22.0	17.5	13.5	11.0	8.8	6.9	5.5
	500	21250	39.0	31.0	24.5	19.5	15.5	12.5	9.7	7.8
	560	30000	54.5	44.0	34.5	27.5	22.0	17.5	13.5	11.0
	630	42500	77.5	62.0	49.0	39.0	31.0	25.0	19.5	15.5
	710	59000	107.5	86.0	68.5	54.0	43.0	34.5	27.0	21.5
	800	85000	155.0	124.0	98.5	77.5	62.0	49.5	39.0	31.0
	900	118000	215.0	172.0	136.5	107.5	86.0	69.0	54.0	43.0
	1000	167500	305.5	244.0	194.0	152.5	122.0	97.5	76.5	61.0
1000	140	410	1.1	0.9	0.7	0.6	0.5	0.4	0.3	0.2
	170	680	1.9	1.6	1.3	1.0	0.8	0.6	0.5	0.4
	200	1325	3.2	2.6	2.0	1.6	1.3	1.0	0.8	0.6
	236	2250	5.5	4.4	3.5	2.7	2.2	1.7	1.3	1.1
	280	3750	9.1	7.3	5.8	4.5	3.6	2.9	2.3	1.8
	335	6250	15.5	12.0	9.7	7.6	6.1	4.9	3.8	3.0
	400	10600	26.0	20.5	16.5	13.0	10.5	8.2	6.4	5.1

（续）

输入轴转速 /r·min⁻¹	名义中心距 a_1/mm	输出转矩 /N·m	公 称 传 动 比							
			40	50	63	80	100	125	160	200
			高速轴许用功率/kW							
1000	450	15000	36.0	29.5	23.5	18.5	14.5	11.5	9.1	7.3
	500	21250	52.0	41.5	33.0	26.0	21.0	16.5	13.0	10.5
	560	30000	73.0	58.5	46.5	36.5	29.5	23.5	18.5	14.5
	630	42500	103.5	83.0	66.0	52.0	41.5	33.0	26.0	21.0
	710	59000	144.0	115.0	91.5	72.0	57.5	46.0	36.0	29.0
	800	85000	207.5	166.0	131.5	103.5	83.0	66.5	52.0	41.5
	900	118000	288.0	230.0	182.5	144.0	115.0	92.0	72.0	57.5
	1000	167500	408.5	327.0	259.5	204.0	163.5	130.5	102.0	81.5

表 10.2-58　系数 K

减速器平均每天运转时间/h	≤1	1~3	3~6	1~3	≤1	>6	3~6	1~3	>6	>3
平均载荷	轻	中	轻	中	额定	轻	中	额定	中	额定
起重机载荷状态	Q1		Q2			Q3			Q4	
系 数 K	1.25		1			0.80			0.63	

注：起重机载荷状态分类见表 10.2-59。

表 10.2-59　起重机载荷状态分类

起重设备名称	载荷状况	起重设备名称	载荷状况
电站用桥式起重机	Q1	砸铁起重机	Q2~Q3
金工车间装卸用起重机	Q1	脱锭起重机	Q3~Q4
仓库起重机	Q1~Q2	均热炉起重机	Q2~Q3
车间的吊钩起重机	Q2	平炉装料起重机	Q3~Q4
抓斗桥式起重机	Q1~Q3	锻造起重机	Q3~Q4
废料场起重机或电磁起重机	Q2~Q3	悬臂或伸缩臂起重机（根据用途）	
铸造起重机	Q4	堆料场用轨道式吊钩起重机	Q2~Q3
船坞抓斗起重机	Q2~Q3	轨道式抓斗起重机	Q2~Q4
特殊任务动臂起重机	Q1~Q4	车辆装卸用轨道式吊钩起重机	Q2~Q4
浮游装货起重机	Q1~Q2	装卸桥	Q2~Q4
浮游抓斗起重机	Q1~Q2	轨道式拆卸用起重机	Q1~Q2
建筑起重机	Q1~Q2	集装箱桥式起重机或动臂起重机	Q2~Q3
铁路急救起重机	Q1	装卸用动臂起重机	Q1~Q2
甲板起重机	Q2	吊钩动臂起重机	Q2~Q3
步行式起重机	Q2~Q3	抓斗动臂起重机	Q2~Q4
桅杆动臂起重机	Q1	造船动臂起重机	Q2
单轨起重机（根据用途）		船坞装货起重机	Q2~Q3

减速器输出轴端最大允许径向载荷（当 $n_1 = 1000$r/min 时）见表 10.2-60。

表 10.2-60　输出轴端最大允许径向载荷（当 $n = 1000$r/min 时）　　　　　（N）

名义中心距 a/mm		140	170	20	236	280	335	400	450	500	560	630	710	800	900	1000
最大允许径向载荷	R 级	5000	7000	9000	15000	21000	28000	35000	55000	60000	75000	100000	107000	120000	150000	200000
	S 级 RS 级	5000	8000	10000	15000	30000	37000	55000	64000	93000	120000	150000	170000	200000	240000	270000

例 10.2-3　选择炼钢车间使用的铸造起重机的减速器，$P_c = 80$kW，$n = 750$r/min，$i = 100$。

解：由表 10.2-58 及表 10.2-59 查出载荷状态为 Q4，经常是额定载荷，所以 $K = 0.63$。

$$P_n = \frac{80}{0.63}\text{kW} = 127\text{kW}$$

查表 10.2-56 选用 $a = 800\text{mm}$，$P_\text{p} = 124 \times \dfrac{750}{710}\text{kW} = 131\text{kW}$，故合适。

4　起重机用底座式减速器（摘自 JB/T 8905.2—1999）

JB/T 8905.2—1999 中有 QJR-D、QJS-D 和 QJRS-D 三个系列起重机用底座式减速器，这种减速器除了外形尺寸及输出轴端的 K 值（见表 10.2-50）与 JB/T 8905.1—1999 不同外，其他如适用范围、结构型式、装配形式、轴端形式、中心距，以及承载能力和选择方法等都一样，因此除外形尺寸本节单列外（见表 10.2-61~表 10.2-63），其他都按本章第 3 节（JB/T 8905.1—1999）相应的表图查，本节省略。

标记示例：起重机带底座的二级减速器，名义中心距 $a = 560\text{mm}$，公称传动比 $i = 20$，第 Ⅳ 种装配形式，轴端形式为 P 型，标记为

减速器 QJR-D560-20ⅣP　JB/T 8905.2—1999

表 10.2-61　QJR-D 减速器的外形尺寸　　　　　　　　　　（mm）

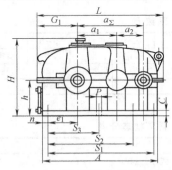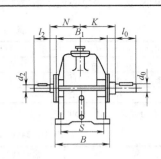

名义中心距	a_2	a_Σ	外 形 尺 寸			中心高	输 入 轴 端		
a_1			L	H	B	h	N	d_2	l_2
140	100	240	494	305	220	140	120	22	50
170	118	288	577	365	250	170	135	28	60
200	140	340	664	425	270	200	180	32	80
236	170	406	796	497	330	236	210	38	80
280	200	480	925	585	360	280	235	48	110
335	236	571	1100	695	430	335	255	55	110
400	280	680	1380	830	510	400	285	65	140
450	315	765	1462	930	590	450	310	80	170
500	355	855	1622	1030	640	500	350	90	170
560	400	960	1822	1160	710	560	385	100	210
630	450	1080	2037	1300	770	630	425	110	210
710	500	1210	2278	1460	860	710	450	120	210
800	560	1360	2538	1640	980	800	490	130	250
900	630	1530	2860	1840	1100	900	540	150	250
1000	710	1710	3200	2040	1200	1000	610	170	300

名义中心距	地脚安装尺寸							A	B_1	n	G_1	e_1
a	S	S_1	S_2	S_3	C	P	孔数/个					
140	175	380	—	190	22	18	6	430	190	25	172	117
170	205	460	—	230	25	18	6	513	215	27	197	138
200	230	550	—	275	25	18	6	600	250	25	222	165
236	280	660	—	330	28	23	6	716	300	30	265	195
280	310	780	—	390	30	23	6	845	340	33	303	230
335	370	940	—	450	35	27	6	1006	400	35	362	280
400	450	1140	—	550	40	27	6	1195	490	50	422	325
450	490	1240	1000	600	43	33	8	1350	550	55	481	370
500	540	1390	1120	670	45	33	8	1510	620	60	531	415
560	600	1550	1250	750	50	39	8	1600	690	70	596	460
630	650	1750	1410	850	55	39	8	1905	770	80	666	520
710	740	1960	1580	950	60	45	8	2130	868	85	744	585
800	830	2195	1770	1060	65	45	8	2390	980	100	824	650
900	950	2480	2000	1200	70	52	8	2700	1130	110	930	740
1000	1050	2750	2220	1320	75	52	8	3020	1220	135	1040	815

表 10.2-62　QJS-D 减速器的外形尺寸　　　　　　　　（mm）

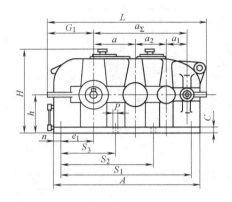
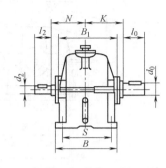

名义中心距	a_2	a_1	a_Σ	外 形 尺 寸			中心高	输 入 轴 端		
a				L	H	B	h	N	d_2	l_2
140	100	71	311	560	305	220	140	120	18	40
170	118	85	373	652	365	250	170	135	22	50
200	140	100	440	750	425	275	200	180	28	60
236	170	118	524	896	497	330	236	210	32	80
280	200	140	620	1045	585	360	280	235	38	80
335	236	170	741	1245	695	430	335	255	45	110
400	280	200	880	1461	830	510	400	285	50	110
450	315	224	989	1651	930	590	450	310	55	110
500	355	250	1105	1832	1030	640	500	350	60	140
560	400	280	1240	2062	1160	710	560	385	70	140
630	450	315	1395	2307	1300	770	630	425	80	170
710	500	355	1565	2583	1460	860	710	450	90	170
800	560	400	1760	2883	1640	980	800	490	100	210
900	630	450	1980	3240	1840	1100	900	540	110	210
1000	710	500	2210	3620	2040	1200	1000	610	130	250

名义中心距	地脚安装尺寸							A	B_1	n	G_1	e_1
a	S	S_1	S_2	S_3	C	P	孔数/个					
140	175	450	—	200	22	18	6	496	190	25	172	117
170	205	535	—	235	25	18	6	588	215	27	197	138
200	230	635	—	275	25	18	6	686	250	25	222	165
236	280	750	—	330	28	23	6	816	300	30	265	195
280	310	900	—	390	30	23	6	965	340	33	303	230
335	370	1050	750	450	35	27	6	1151	400	35	362	280
400	450	1270	900	550	40	27	6	1367	490	50	422	325
450	490	1425	1000	600	40	33	8	1539	550	55	481	370
500	540	1600	1120	670	45	33	8	1720	620	60	531	415
560	600	1780	1250	750	50	39	8	1930	690	70	596	460
630	650	2010	1410	850	55	39	8	2175	770	80	666	520
710	740	2265	1580	950	60	45	8	2435	868	85	744	585
800	830	2535	1770	1060	65	45	8	2735	980	100	824	650
900	950	2860	2000	1200	70	52	8	3080	1130	110	930	740
1000	1050	3170	2220	1320	75	52	8	3440	1220	135	1040	815

表 10.2-63　QJRS-D 减速器的外形尺寸　　　　　　　　　　　　　（mm）

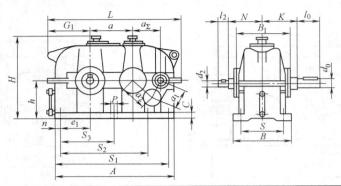

| 名义中心距 | a_2 | a_1 | a_Σ | 外形尺寸 | | | 中心高 | 输入轴端 | | |
a				L	H	B	h	N	d_2	l_2
140	100	71	311	494	305	220	140	120	18	40
170	118	85	374	577	365	250	170	135	22	50
200	140	100	440	664	425	275	200	180	28	60
236	170	118	524	796	497	330	236	210	32	80
280	200	140	620	925	585	360	280	235	38	80
335	236	170	741	1100	695	430	335	255	45	110
400	280	200	880	1289	830	510	400	285	50	110
450	315	224	989	1462	930	590	450	310	55	110
500	355	250	1105	1622	1030	640	500	350	60	140
560	400	280	1240	1872	1160	710	560	385	70	140
630	450	315	1395	2037	1300	770	630	425	80	170
710	500	355	1565	2278	1460	860	710	450	90	170
800	560	400	1760	2538	1640	980	800	490	100	210
900	630	450	1980	2860	1840	1100	900	540	110	210
1000	710	500	2210	3200	2040	1200	1000	610	130	250

| 名义中心距 | 地脚安装尺寸 | | | | | | 孔数/个 | A | B_1 | n | G_1 | e_1 |
a	S	S_1	S_2	S_3	C	P						
140	175	380	—	190	22	18	6	430	190	25	172	115
170	205	460	—	230	25	18	6	513	215	27	197	138
200	230	550	—	275	25	18	6	600	250	25	222	165
236	280	660	—	330	28	23	6	716	300	30	265	195
280	310	780	—	390	30	23	6	845	340	33	303	230
335	370	940	—	450	35	27	6	1006	400	35	362	280
400	450	1100	—	550	40	27	6	1195	490	50	422	325
450	490	1240	1000	600	40	33	6	1350	550	55	481	370
500	540	1390	1120	670	45	33	6	1510	620	60	531	415
560	600	1550	1250	750	50	39	6	1690	690	70	596	460
630	650	1750	1410	850	55	39	8	1905	770	80	666	520
710	740	1960	1580	950	60	45	8	2130	868	85	744	585
800	830	2195	1770	1060	65	45	8	2390	980	100	824	650
900	950	2480	2000	1200	70	52	8	2700	1130	110	930	740
1000	1050	2750	2220	1320	75	52	8	3020	1220	135	1040	815

5　起重机用立式减速器（摘自 JB/T 8905.3—1999）

　　JB/T 8905.3—1999 中的 QJ-L 型立式斜齿圆柱齿轮减速器，主要用于起重机的运行机构，也可用于运输、冶金、矿山、化工及轻工等机械设备的传动中。

其工作条件为：齿轮圆周速度不大于 16m/s；高速轴转速不大于 1500r/min；工作环境温度为 –40～45℃；可正反两向运转。

5.1　形式和标记方法

　　1）结构型式。QJ-L 型减速器为三级传动的立式底座式减速器。

2）装配形式。共有六种，如图 10.2-4 所示。

3）轴端形式。高速轴和低速轴均采用圆柱形轴伸，平键连接。

4）中心距。减速器以输出级中心距为名义中心距 a_1，其数值见表 10.2-64。

5）传动比。减速器的公称传动比与实际传动比应符合表 10.2-65 的规定，其极限偏差不大于±5%。

6）标记示例。起重机用立式减速器，名义中心距 $a_1 = 200$mm，公称传动比 $i = 40$，装配形式为第Ⅲ种，

标记为

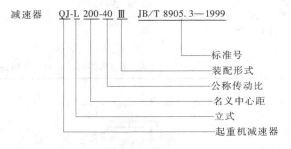

减速器　QJ-L 200-40 Ⅲ　JB/T 8905.3—1999

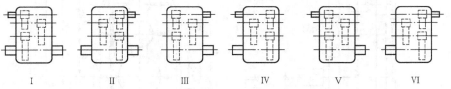

Ⅰ　　　Ⅱ　　　Ⅲ　　　Ⅳ　　　Ⅴ　　　Ⅵ

图 10.2-4　QJ-L 型减速器的装配形式

表 10.2-64　QJ-L 型减速器的中心距　　　　　　　　　　（mm）

a_1（名义中心距）	140	170	200	236	280	335	400
a_2	100	118	140	170	200	236	280
a_3	71	85	100	118	140	170	200
a_{03}（总中心距）	311	373	440	524	620	741	880

表 10.2-65　公称传动比与实际传动比

a_1/mm	\multicolumn{8}{c}{公称传动比}
	16	18	20	22.4	25	28	31.5	35.5
	\multicolumn{8}{c}{实 际 传 动 比}
140	15.57	17.92	19.96	23.13	24.46	28.59	32.15	35.83
170	15.82	17.86	19.95	22.64	25.44	27.78	31.45	35.22
200	15.78	18.10	20.22	22.23	24.98	27.57	31.21	35.99
236	15.68	18.07	20.21	22.28	25.09	27.77	31.53	34.37
280	16.51	18.19	20.26	22.39	23.69	27.72	31.18	34.83
335	15.70	17.98	20.20	22.18	25.11	27.64	31.58	35.76
400	15.78	18.10	20.22	22.23	24.98	27.57	31.21	36.00

a_1/mm	\multicolumn{9}{c}{公称传动比}
	40	45	50	56	63	71	80	90	100
	\multicolumn{9}{c}{实 际 传 动 比}
140	40.30	45.72	49.26	55.20	63.09	68.25	78.00	90.88	103.87
170	39.87	43.34	49.21	56.39	64.04	72.06	81.82	89.29	101.39
200	40.75	44.03	49.95	55.73	63.22	68.12	77.28	86.10	97.67
236	41.13	43.95	50.21	53.36	64.92	71.00	81.11	85.83	98.05
280	39.15	44.41	50.76	53.69	61.36	71.84	82.11	90.04	102.91
335	40.00	45.70	48.76	58.43	62.35	72.82	83.19	93.75	100.04
400	40.75	44.03	49.95	55.73	63.22	68.12	77.28	86.10	97.67

5.2　外形尺寸和安装尺寸

QJ-L 型减速器的外形尺寸和安装尺寸见表10.2-66。

5.3　承载能力

机构工作级别为 M5 时的 QJ-L 型减速器的承载能力见表 10.2-67。

连续工作类型减速器的承载能力见表 10.2-68。

表 10.2-66　QJ-L 型减速器的外形尺寸和安装尺寸　　　　　　　（mm）

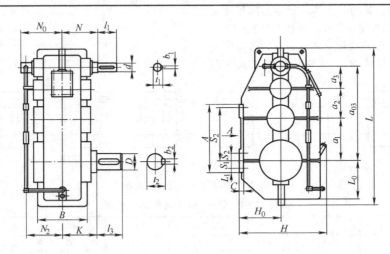

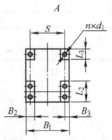

型号	中 心 距				主 动 轴					被 动 轴					外 形 尺 寸					
	a_1	a_2	a_3	a_{03}	d	l_1	N	b_1	t_1	D	l_2	K	b_2	t_2	H	B	L	L_0	N_0	N_2
QJ-L140	140	100	71	311	20	50	120	6	22.5	48	82	130	14	51.5	300	190	558	167	103	107
QJ-L170	170	118	85	375	25	50	135	8	28	55	82	150	16	59	355	215	650	192	115	120
QJ-L200	200	140	100	440	28	60	180	8	31	65	105	175	18	69	405	250	747	217	133	137
QJ-L236	236	170	118	524	35	80	210	10	38	80	130	200	22	82	475	300	894	260	158	164
QJ-L280	280	200	140	620	40	110	235	12	43	90	130	220	25	95	557	340	1035	295	277	211
QJ-L335	335	236	170	741	45	110	255	14	48.5	110	165	260	28	116	654	400	1243	357	307	241
QJ-L400	400	280	200	880	55	110	285	16	59	130	200	310	32	137	778	490	1443	412	352	286

型号	安 装 尺 寸														质量
	H_0	A	S	S_1	S_2	S_3	B_1	B_2	B_3	L_1	L_2	L_3	C	d_1	孔数 n/个	/kg
QJ-L140	138	260	185	30	0	170	245	60	30	30	80	80	20	21	4	77
QJ-L170	168	290	205	35	0	205	265	60	30	25	110	110	25	21	4	112
QJ-L200	193	340	235	40	0	240	295	60	30	30	120	120	25	21	4	165
QJ-L236	230	405	270	55	55	290	330	60	30	30	180	120	30	21	6	249
QJ-L280	265	480	320	60	60	340	400	80	40	40	195	120	30	25	6	364
QJ-L335	315	550	365	60	60	410	445	80	40	40	200	120	35	25	6	647
QJ-L400	380	680	430	70	70	510	520	90	45	50	240	140	40	31	6	1048

表 10.2-67　QJ-L 型减速器的承载能力（工作级别为 M5 时）

输入轴转速 /r·min⁻¹	名义中心距 a_1/mm	输出转速 /N·m	公称传动比 i																
			16.0	18.0	20.0	22.4	25.0	28.0	31.5	35.5	40.0	45.0	50.0	56.0	63.0	71.0	80.0	90.0	100.0
			高速轴许用功率/kW																
600	140	820	3.1	2.7	2.5	2.2	2.0	1.8	1.6	1.4	1.2	1.1	0.98	0.87	0.78	0.69	0.61	0.54	0.52
	170	1360	5.1	4.5	4.1	3.6	3.3	2.9	2.6	2.3	2.0	1.8	1.6	1.5	1.3	1.1	1.0	0.90	0.81
	200	2650	9.9	8.8	7.9	7.1	6.3	5.7	5.0	4.5	4.0	3.5	3.2	2.8	2.5	2.2	2.0	1.8	1.6
	236	4500	16.7	14.9	13.4	11.9	10.7	9.5	8.5	7.5	6.7	5.9	5.3	4.8	4.2	3.7	3.3	2.9	2.6
	280	7500	27.9	24.8	22.3	19.9	17.9	15.9	14.2	12.6	11.1	9.9	8.9	7.9	7.1	6.3	5.6	4.9	4.4
	335	12500	46.6	41.4	37.3	33.3	29.8	26.6	23.6	21.0	18.6	16.5	14.9	13.3	11.8	10.5	9.3	8.2	7.4
	400	21200	79.0	70.3	63.2	56.4	50.6	45.2	40.1	35.6	31.6	28.1	25.3	22.6	20.0	17.8	15.8	14.0	12.6
750	140	820	3.8	3.4	3.1	2.7	2.4	2.2	1.9	1.7	1.5	1.4	1.2	1.1	0.97	0.86	0.76	0.68	0.61
	170	1360	6.3	5.6	5.1	4.5	4.0	3.6	3.2	2.9	2.5	2.3	2.0	1.8	1.6	1.4	1.3	1.1	1.0
	200	2650	12.3	11.0	9.9	8.8	7.9	7.0	6.3	5.6	4.9	4.4	3.9	3.5	3.1	2.8	2.5	2.2	2.0
	236	4500	20.9	18.5	16.7	14.9	13.3	11.9	10.6	9.4	8.3	7.4	6.6	5.9	5.3	4.7	4.1	3.7	3.3
	280	7500	34.8	30.9	27.8	24.9	22.3	19.9	17.7	15.7	13.9	12.3	11.1	9.9	8.8	7.8	6.9	6.2	5.5
	335	12500	58.0	51.6	46.4	41.4	37.1	33.1	29.5	26.1	23.2	20.6	18.5	16.6	14.7	13.0	11.6	10.3	9.2
	400	21200	98.5	87.5	78.8	70.3	63.0	56.3	50.0	44.4	39.4	35.0	31.5	28.1	25.0	22.2	19.7	17.5	15.7
1000	140	820	5.1	4.5	4.1	3.6	3.3	2.9	2.6	2.3	2.0	1.8	1.6	1.5	1.3	1.2	1.0	0.91	0.82
	170	1360	8.5	7.5	6.8	6.0	5.4	4.8	4.3	3.8	3.4	3.0	2.7	2.4	2.2	1.9	1.7	1.5	1.4
	200	2650	16.5	14.7	13.2	11.8	10.6	9.4	8.4	7.4	6.6	5.9	5.3	4.7	4.2	3.7	3.3	2.9	2.6
	236	4500	28.0	24.8	22.3	19.9	17.9	15.9	14.2	12.6	11.1	9.9	8.9	7.9	7.1	6.3	5.6	4.9	4.4
	280	7500	46.6	41.4	37.3	33.3	29.8	26.6	23.6	21.0	18.6	16.5	14.9	13.3	11.8	10.5	9.3	8.2	7.4
	335	12500	77.7	69.0	62.1	55.5	49.7	44.4	39.4	35.0	31.0	27.6	24.8	22.2	19.7	17.5	15.5	13.8	12.4
	400	21200	131.8	117.1	105.4	94.1	84.3	75.3	66.9	59.4	52.7	46.8	42.1	37.6	33.4	29.7	26.3	23.4	21.0
1500	140	820	7.5	6.7	6.0	5.4	4.8	4.3	3.8	3.4	3.0	2.7	2.4	2.3	2.1	1.8	1.6	1.4	1.2
	170	1360	12.5	11.1	10.0	8.9	8.0	7.1	6.3	5.6	5.0	4.4	4.0	3.8	3.4	3.0	2.6	2.4	2.1
	200	2650	24.3	21.6	19.4	17.3	15.5	13.9	12.3	10.9	9.7	8.6	7.8	7.0	6.6	5.8	5.2	4.6	4.2
	236	4500	41.2	36.6	32.9	29.4	26.3	23.5	20.9	18.5	16.4	14.6	13.2	11.7	10.4	9.2	8.2	7.3	6.6
	280	7500	68.7	61.0	54.9	49.0	43.9	39.2	34.9	30.9	27.4	24.4	21.9	19.6	17.4	15.4	13.7	12.2	11.0
	335	12500	114.5	101.8	91.6	81.8	73.3	65.4	58.1	51.6	45.8	40.7	36.6	32.7	29.0	25.8	22.9	20.3	18.3
	400	21200	194.2	172.6	155.4	138.7	124.3	111.0	98.6	87.5	77.7	69.0	62.1	55.5	49.3	43.7	38.8	34.5	31.0

表 10.2-68　QJ-L 型减速器连续工作时的承载能力

输入轴转速 /r·min⁻¹	名义中心距 a_1/mm	输出转速 /N·m	公称传动比 i																
			16.0	18.0	20.0	22.4	25.0	28.0	31.5	35.5	40.0	45.0	50.0	56.0	63.0	71.0	80.0	90.0	100.0
			高速轴许用功率/kW																
600	140	410	1.5	1.3	1.2	1.0	0.98	0.87	0.78	0.69	0.61	0.54	0.49	0.44	0.39	0.34	0.31	0.27	0.24
	170	680	2.5	2.2	2.0	1.8	1.6	1.4	1.2	1.1	1.0	0.90	0.81	0.72	0.64	0.57	0.51	0.45	0.41
	200	1325	4.9	4.3	3.9	3.5	3.1	2.8	2.5	2.2	1.9	1.7	1.5	1.4	1.2	1.1	0.99	0.88	0.79
	236	2250	8.3	7.4	6.7	6.0	5.3	4.8	4.2	3.7	3.3	2.9	2.6	2.4	2.1	1.8	1.6	1.4	1.3
	280	3750	13.9	12.4	11.1	9.9	8.9	7.9	7.1	6.3	5.6	4.9	4.4	4.0	3.5	3.1	2.8	2.4	2.2
	335	6250	23.3	20.7	18.6	16.6	14.9	13.3	11.8	10.5	9.3	8.2	7.4	6.6	5.9	5.2	4.6	4.1	3.7
	400	10600	39.5	35.1	31.6	28.2	25.3	22.6	20.0	17.8	15.8	14.0	12.6	11.3	10.0	8.9	7.9	7.0	6.3
750	140	410	1.9	1.6	1.5	1.3	1.2	1.0	0.97	0.86	0.76	0.68	0.61	0.54	0.48	0.43	0.38	0.34	0.30
	170	680	3.1	2.8	2.5	2.2	2.0	1.8	1.6	1.4	1.2	1.1	1.0	0.90	0.80	0.71	0.63	0.56	0.51
	200	1325	6.1	5.4	4.9	4.4	3.9	3.5	3.1	2.7	2.4	2.1	1.9	1.7	1.5	1.3	1.2	1.0	0.99
	236	2250	10.4	9.2	8.3	7.4	6.6	5.9	5.3	4.7	4.1	3.7	3.3	2.9	2.6	2.3	2.0	1.8	1.6

（续）

输入轴转速 /r·min⁻¹	名义中心距 a_1/mm	输出转速 /N·m	公称传动比 i																
			16.0	18.0	20.0	22.4	25.0	28.0	31.5	35.5	40.0	45.0	50.0	56.0	63.0	71.0	80.0	90.0	100.0
			高速轴许用功率/kW																
750	280	3750	17.4	15.4	13.9	12.4	11.1	9.9	8.8	7.8	6.9	6.2	5.5	4.9	4.4	3.9	3.4	3.1	2.7
	335	6250	29.0	25.8	23.2	20.7	18.5	16.6	14.7	13.0	11.6	10.3	9.2	8.3	7.3	6.5	5.8	5.1	4.6
	400	10600	49.2	43.7	39.4	35.1	31.5	28.1	25.0	22.2	19.7	17.5	15.7	14.0	12.5	11.1	9.8	8.7	7.8
1000	140	410	2.5	2.2	2.0	1.8	1.6	1.4	1.2	1.1	1.0	0.91	0.82	0.73	0.65	0.57	0.51	0.45	0.41
	170	680	4.2	3.7	3.3	3.0	2.7	2.4	2.1	1.9	1.6	1.5	1.3	1.2	1.0	0.95	0.85	0.75	0.68
	200	1325	8.2	7.3	6.5	5.8	5.2	4.7	4.1	3.7	3.3	2.9	2.6	2.3	2.0	1.8	1.6	1.4	1.3
	236	2250	13.9	12.4	11.1	9.9	8.9	7.9	7.1	6.3	5.6	4.9	4.4	4.0	3.5	3.1	2.8	2.4	2.2
	280	3750	23.3	20.7	18.6	16.6	14.9	13.3	11.8	10.5	9.3	8.2	7.4	6.6	5.9	5.2	4.6	4.1	3.7
	335	6250	38.8	34.5	31.0	27.7	24.8	22.2	19.7	17.5	15.5	13.8	12.4	11.1	9.8	8.7	7.7	6.9	6.2
	400	10600	65.9	58.9	52.7	47.0	42.1	37.6	33.4	29.7	26.3	23.4	21.0	18.8	16.7	14.8	13.1	11.7	10.5
1500	140	410	3.7	3.3	3.0	2.6	2.4	2.1	1.9	1.6	1.5	1.3	1.2	1.0	0.95	0.85	0.75	0.67	0.60
	170	680	6.2	5.5	4.9	4.4	3.9	3.5	3.1	2.8	2.4	2.2	1.9	1.7	1.5	1.4	1.2	1.1	1.0
	200	1325	12.1	10.7	9.6	8.6	7.7	6.9	6.1	5.4	4.8	4.3	3.9	3.4	3.0	2.7	2.4	2.1	1.9
	236	2250	20.6	18.3	16.4	14.7	13.2	11.7	10.4	9.2	8.2	7.3	6.6	5.8	5.2	4.6	4.1	3.6	3.3
	280	3750	34.3	30.5	27.4	24.5	21.9	19.6	17.4	15.4	13.7	12.2	11.0	9.8	8.7	7.7	6.8	6.1	5.5
	335	6250	57.2	50.9	45.8	40.9	36.6	32.7	29.0	25.8	22.9	20.3	18.3	16.3	14.5	12.9	11.4	10.1	9.1
	400	10600	97.1	86.3	77.7	69.3	62.1	55.5	49.3	43.7	38.8	34.5	31.0	27.7	24.6	21.8	19.4	17.2	15.5

5.4　选用方法

1) QJ-L 型立式减速器主要用于起重机的运行机构。根据 GB/T 3811—2008《起重机设计规范》的规定，起重机各机构的工作级别分为 M1～M8 共八级。表 10.2-67 所列为工作级别为 M5 的功率值，若用在其他工作级别时，应按式（10.2-6）进行折算。

$$P_{Mi} = P_{M5} \times 1.12^{(5-i)} \qquad (10.2\text{-}6)$$

式中　P_{Mi}——相对 Mi 工作级别的功率值（kW）；

　　　i——机构工作级别，i=1，2，…，8；

　　　P_{M5}——表 10.2-67 所列许用功率值（kW）。

2) 根据 GB/T 3811—2008，起重机运行机构疲劳计算基本载荷为

$$M_{max} = \varphi_8 M_n \qquad (10.2\text{-}7)$$

式中　M_n——电动机额定转矩（N·m）；

　　　φ_8——刚性动载系数，φ_8=1.2～2.0。

刚性动载系数 φ_8 与电动机驱动特性和计算零件两侧的转动惯量的比值有关，详见 GB/T 3811—2008 附录 P。

3) 根据疲劳计算基本载荷和转速确定减速器的计算功率 P_{Mij}。

$$P_{Mij} = M_{max} n/9549 \qquad (10.2\text{-}8)$$

式中　M_{max}——疲劳计算基本载荷（N·m）；

　　　n——减速器输入转速（r/min）。

4) 根据减速器的计算功率 P_{Mij}、输入转速 n 及公称传动比选择减速器的型号，使

$$P_{Mij} \leqslant P_{Mi}$$

式中　P_{Mi}——减速器的许用功率。

当机构工作级别为 M5 时，由表 10.2-67 直接查取；当机构工作级别不是 M5 时，先由表 10.2-67 查出 P_{M5}，然后按式（10.2-6）计算出相应的工作级别的许用功率值 P_{Mi}。

例 10.2-4　一台起重量为 50t 的桥式起重机，其小车运行机构的额定功率为 7.5kW，转速 n=1000 r/min，机构工作级别为 M6，试选择立式减速器（传动比 40，第 Ⅱ 种装配形式）。

解：电动机的额定转矩为

M_n = 9549P/n = （9549 × 7.5/1000）N·m
　　= 71.6N·m

疲劳计算基本载荷为

$$M_{max} = \varphi_8 M_n$$

式中，φ_8=1.6，则

M_{max} = 1.6 × 71.6N·m = 114.6N·m

相对于 M6 工作级别的计算功率为

P_{M6j} = $M_{max} n$/9549 = （114.6 × 1000/9549）kW
　　= 12kW

初选 QJ-L280-40Ⅱ，查表 10.2-67，P_{M5}=18.6kW，按式（10.2-6）折算为 M6 的功率值为

P_{M6} = P_{M5} × 1.12$^{5-6}$ = 18.6 × 1.12^{-1}kW = 16.6kW

因为 P_{M6j}<P_{M6}，所以选择减速器 QJ-L280-40Ⅱ 满足要求。

6 KPTH 型圆柱齿轮减速器（摘自 JB/T 10243—2001）

JB/T 10243—2001 规定的 KPTH 型渐开线圆柱齿轮减速器主要用于矿井提升机，也可用于冶金、水泥、化工、建材、能源及轻工等机械设备的传动中。高速轴转速不大于 1000r/min。减速器工作环境温度为 -40~45℃，低于 8℃ 时需增设加热装置，高于 35℃ 时需增设冷却装置。可正、反两向运转。减速器在安装使用之前或停机超过 4h 后必须进行空载荷运转，在确认噪声、振动和润滑正常后方可加载使用。

标记示例：

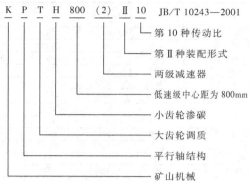

6.1 装配形式和标记方法（见图 10.2-5）

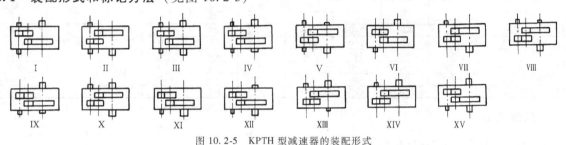

图 10.2-5　KPTH 型减速器的装配形式

6.2 中心距和公称传动比（见表 10.2-69、表 10.2-70）

表 10.2-69　减速器的中心距（mm）

低速级 a_2	710	800	900	1000	1120	1250
高速级 a_1	500	560	630	710	800	900
总中心距 a	1210	1360	1530	1710	1920	2150

表 10.2-70　减速器的公称传动比

传动比代号	1	2	3	4	5	6	7	8
公称传动比 i	7.1	8	9	10	11.2	12.5	14	16
传动比代号	9	10	11	12	13	14	15	—
公称传动比 i	18	20	22.4	25	28	31.5	35.5	—

6.3 外形尺寸（见表 10.2-71）

表 10.2-71　KPTH 型减速器的外形尺寸　　　（mm）

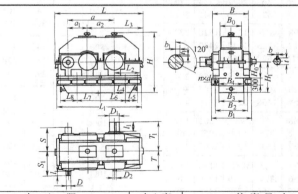

型号	中 心 距			中心高	轮 廓 尺 寸			B_0	B_1
	a	a_1	a_2	H_0	H	L	B		
KPTH710（2）	1210	500	710	560	1770	2615	1190	580	1290
KPTH800（2）	1360	560	800	560	1955	2845	1260	640	1390
KPTH900（2）	1530	630	900	560	2190	3150	1420	780	1520
KPTH1000（2）	1710	710	1000	560	2400	3420	1420	790	1600
KPTH1120（2）	1920	800	1120	710	2600	3660	1580	900	1640
KPTH1250（2）	2150	900	1250	710	2770	4180	1810	990	1950

（续）

型号	B_3	B_4	L_1	L_2	L_3	H_1	地脚尺寸		B_2
							d	n	
KPTH710（2）	680	660	2545	780	915	895	M42		940
KPTH800（2）	690	665	2695	840	975	975			1000
KPTH900（2）	810	780	2990	930	1070	1150	M48	10	1150
KPTH1000（2）	1000	865	3370	965	1090	1240			1320
KPTH1120（2）	1040	990	3510	1060	1195	1335	M56		1440
KPTH1250（2）	1110	1060	4020	1240	1380	1415			1550

型号	地脚尺寸					高速轴			
	L_4	L_5	L_6	L_7	L_8	l	D	b	t
KPTH710（2）	280	280	780	500	400	140	110	28	116
KPTH800（2）	315	315	875	560	450	160	125	32	132
KPTH900（2）	355	355	985	630	505	165	140	36	148
KPTH1000（2）	350	480	1000	770	650	180	160	40	169
KPTH1120（2）	450	500	1020	975	675	200	190	45	200
KPTH1250（2）	500	500	1400	900	685	200	190	45	200

型号	S	S_1	低速轴				T	T_1	D_2	最大质量 /kg
			l_1	D_1	b_1	t_1				
KPTH710（2）	845	820	240	240	72	24	650	930		9913
KPTH800（2）	895	870	260	280	84	28	690	990		13510
KPTH900（2）	980	955	280	300	90	30	770	1100	75	16600
KPTH1000（2）	1000	975	350	340	102	34	770	1190		20525
KPTH1120（2）	1055	1030	400	410	123	41	840	1290		24200
KPTH1250（2）	1235	1200	400	410	123	41	985	1420		34255

6.4　承载能力

KPTH 型减速器的承载能力见表 10.2-72。

表 10.2-72　KPTH 型减速器的承载能力

公称传动比 i	转速/ r·min⁻¹ n_1	n_2	低速级中心距 a_2/mm 710	800	900	1000	1120	1250	公称传动比 i	转速/ r·min⁻¹ n_1	n_2	低速级中心距 a_2/mm 710	800	900	1000	1120	1250
			许用输入功率 P_1/kW									许用输入功率 P_1/kW					
7.1	500	70	525	801	1067	1623	2135	3245	18	500	28	189	283	389	591	778	1071
	750	105	787	1202	1601	2434	3202	4407		750	42	284	425	584	887	1168	1607
	1000	140	1050	1603	2135	3246	4271	5876		1000	56	379	567	778	1183	1557	2143
8	500	63	444	684	911	1385	1822	2557	20	500	25	159	245	336	512	673	925
	750	94	666	1026	1367	2077	2734	3761		750	38	246	368	504	768	1009	1388
	1000	125	889	1368	1822	2770	3645	5014		1000	50	328	490	673	1924	1346	1851
9	500	56	395	608	810	1231	1620	2273	22.4	500	22	142	219	300	457	600	826
	750	83	592	912	1215	1847	2430	3343		750	33	219	328	450	686	901	1239
	1000	110	790	1216	1620	2462	3240	4457		1000	45	293	438	600	914	1201	1653
10	500	50	355	547	792	1108	1458	2046	25	500	20	127	196	269	409	538	740
	750	75	533	820	1093	1662	2187	3008		750	30	196	294	403	614	807	1110
	1000	100	711	1094	1458	2216	2916	4011		1000	40	262	392	538	819	1076	1481
11.2	500	45	317	488	650	989	1301	1827	28	500	18	113	175	240	365	480	661
	750	67	476	732	976	1484	1952	2686		750	27	175	262	360	548	721	991
	1000	89	635	977	1301	1978	2603	3582		1000	36	234	350	480	731	961	1322
12.5	500	40	284	437	583	886	1166	1637	31.5	500	16	101	155	213	325	427	587
	750	60	426	656	874	1329	1749	2407		750	24	156	233	320	487	640	881
	1000	80	569	875	1166	1773	2333	3209		1000	32	208	311	427	650	854	1175
14	500	36	244	364	500	761	1001	1377	35.5	500	14	73	123	175	246	361	491
	750	54	366	546	751	1141	1502	2066		750	21	115	195	273	373	547	752
	1000	71	488	729	1001	1522	2002	2755		1000	28	154	260	364	497	729	1003
16	500	31	213	318	438	665	876	1205									
	750	47	320	478	657	998	1314	1808									
	1000	63	427	637	876	1331	1752	2410									

6.5 选用方法

当选用 KPTH 标准减速器时，应根据使用条件按下式计算

$$P_{2m} = P_2 K_B$$

式中 P_{2m}——减速器的计算功率（kW）；

P_2——要求传递的功率（kW）；

K_B——工况系数，$K_B = K_A K_1$；

K_A——使用系数，见表 10.2-73；

K_1——利用率系数，见表 10.2-74。

表 10.2-73 使用系数 K_A

从动机械负载类别	原 动 机			
	电动机		活塞式发动机	
	具有少量起动冲击①，每小时起动次数少于 5 次	具有较大起动冲击②，每小时起动次数大于 5 次	≥2 缸	<2 缸
	燃气轮机汽轮机	液压马达	水轮机	—
1	1.00	1.25	1.50	1.60
2	1.12	1.50	1.60	
3	1.25	1.60	1.75	2.00
4	1.50	1.75		
5	1.60	2.00	2.25	2.50
6	1.75	2.25		

① 不大于额定转矩的 2 倍。

② 大于额定转矩的 2 倍。

根据计算出的 P_{2m} 和其他已知条件按表 10.2-72 选用，所选用减速器应满足 $P_{2m} \leqslant P$（$P = P_1 \dfrac{n}{n_1}$，其中 n 为电动机转速）。

如果减速器的实际输入转速与承载能力表中的三档（1000r/min、750r/min、500r/min）转速中某一档

表 10.2-74 利用率系数 K_1

每日工作时间①/h	<1/2	1/2~3	>3~8	>8~16	>16~24
每年工作时间/h	≤200	>200~1000	>1000~3000	>3000~6000	>6000
利用率系数 K_1	按调查②	0.71	0.80	0.90	1.00

① 必须按较长停车时间计算，利用率系数 K_1 最好按年平均工作时间计算。

② 调查工作条件和负载类别情况。

转速相对误差不超过 3%，可按该档转速下的许用功率选用减速器；如果转速相对误差超过 3%，则应按实用转速折算减速器的许用功率选用。

例 10.2-5 提升机减速器，电动机驱动，电动机转速 $n = 720$ r/min，传动比 $i = 20$，每日工作 24 h，传递功率 $P_2 = 487$ kW，要求选用规格相当的第 Ⅱ 种装配形式标准减速器。

解： 按表 10.2-75，提升机负载分类为 3。查表 10.2-73，由于电动机具有较大起动冲击，故 $K_A = 1.60$，查表 10.2-74，$K_1 = 1.00$，计算载荷功率 P_{2m} 为

$$P_{2m} = P_2 K_A K_1 = 487 \times 1.6 \times 1 \text{ kW} = 779.2 \text{ kW}$$

要求 $P_{2m} \leqslant P$

按 $n = 720$ r/min，$i = 20$ 查表 10.2-72：

KPTH1120（2） $i = 20$，$n_1 = 750$ r/min，$P_1 = 1009$ kW。当 $n = 720$ r/min 时，折算公称功率

$$P = (1009 \times 720/750) \text{kW} = 968.64 \text{kW}$$

$$P_{2m} = 779.2 \text{ kW} < P$$

故该提升机减速器应选用 KPTH1120（2） Ⅱ.10 减速器。

从动机械的负载分类见表 10.2-75。

表 10.2-75 从动机械的负载分类

从动机械	类 别	从动机械	类 别
升降机类		采矿机械类	
载货升降机	3	掘进运输机	2
载人升降机	4	破碎装置	4
倾斜式提升机	2	团矿机	4
挖掘机类		提升机	3
链式挖掘机	4	磨煤机	4
运输式履带挖掘机	3	烧结回转窑	3
运输式轨道挖掘机	2	带式烧结机	3
索斗式挖掘机	3	筛子	2
铲斗式挖掘机	4	截煤机	4
抽吸泵式挖掘机	4	化工机械类	
切割头驱动装置	5	浓缩机	2
斗轮式挖掘机	3	压光机	4
建筑机械类		反应器驱动装置	3
混凝土搅拌机	3	液体搅拌器	2
砌块压制机	4	变性液体搅拌器	4
压砖机	4	拉丝模	2
水泥管压制机	4	干燥滚筒	3

（续）

从 动 机 械	类　别	从 动 机 械	类　别
离心机	3	机床副传动	1
雾化器	2	食品机械类	
输送机械类		灌装机	1
橡胶带式输送机	2	酿造机	2
斗式带式输送机	2	捏和机	2
架空索道	2	包装机	1
螺旋输送机	2	雾化机	2
链斗式运输机	2	甘蔗破碎机	5
板式运输机	3	甘蔗切割机	4
辊道（非轨机）	1	甘蔗压榨机	5
鼓风机与通风机类		甜菜切割机	4
回转活塞式鼓风机	3	甜菜清洗机	3
轴流离心鼓风机	1	造纸机械类	
冷却塔通风机	2	挤浆机	4
排烟机	2	平纸滚筒	4
透平鼓风机	2	纸浆研磨机	3
变换器与发动机类		木材磨浆机	5
频率变换器	2	压光机	4
采暖发电机	3	湿压机	4
电焊用发电机	3	吸浆压纸机	4
橡胶、塑料机械类		碾纸机	4
压光机	4	干燥机	3
混合机	3	打浆机	4
拌和机	3	泵类	
炼胶机（碾压机）	3	排水泵	2
破碎机	4	1 缸或 2 缸单作用活塞泵	4
螺旋压出机	3	1 缸双作用活塞泵	4
起重机类		2 缸或多缸双作用活塞泵	3
吊杆起落机构	2	柱塞泵	3
行走机构	3	离心回转齿轮泵	
提升机构	2	用于单一密度液体	1
回转机构	2	用于非单一密度液体	3
摆动机构	2	泥浆泵	3
木材加工机械类		给水泵	2
剥皮机	3	配流泵	2
刨床	2	人员输送缆车类	
一般木材加工机械	2	主传动	4
锯床	3	副传动和备用载货传动	1
冶金机械类		建材机械类	
高炉鼓风机	1	破碎机	5
装料机	2	转窑	
转炉	3	主传动	3
喷氧管升降机	1	副传动	1
混料倾翻装置	2	锤式碾机	4
浇注线推进辊道	2	球磨机和筒式磨机	
钢包车驱动装置	2	主传动	4
气压机、压缩机类		副传动	1
轴流式气压机	1	粒化机	3
旋转活塞式压缩机	2	冷却器传动	2
活塞式压缩机		炉蓖传动	2
不均匀系数>1∶100	3	辊磨	5
<1∶100	5	纺织机械类	
金属加工机械类		一般	1
弯曲和校正机	3	轧钢类	
拉丝机	2	主传动	
卷簧机	2	带钢轧机	1
锤	4	开坯和板坯初轧机	6
模压机	3	线材轧机组终轧机	3
压床（曲柄与偏心式）	4	小型轧机	4
剪床	4	厚板轧机	6
锻压机	4	冷轧机	3
机床主传动	2	钢坯轧机组	5

（续）

从动机械	类别		从动机械	类别
中型轧机	4		矫直机	3
皮尔格轧管机	6		剪切机	4
副传动（精整）			拉钢机	2
推钢机	5		冷床驱动装置	2
运锭设备	5		推钢装置	5
卷取机	2		轧辊调节装置	2
辊道	2		翻板机	3

7 运输机械用减速器

DBY、DCY 型和 DBZ、DCZ 型二级、三级圆锥圆柱齿轮减速器，主要用于运输机械，也可用于冶金、矿山、化工、煤炭、建材、轻工和石油等各种通用机械。输入轴转速不大于1500 r/min，齿轮圆周速度不大于 20 m/s，工作环境温度为 -40~45℃。当环境温度低于 0℃时，起动前润滑油应加热。

7.1 装配形式和标记方法

减速器按输出轴形式可分为 Ⅰ 、Ⅱ 、Ⅲ 、Ⅳ 四种装配形式，按旋转方向可分为顺时针（S）和逆时针（N）两种方向，如图 10.2-6、图 10.2-7 所示。

标记示例：

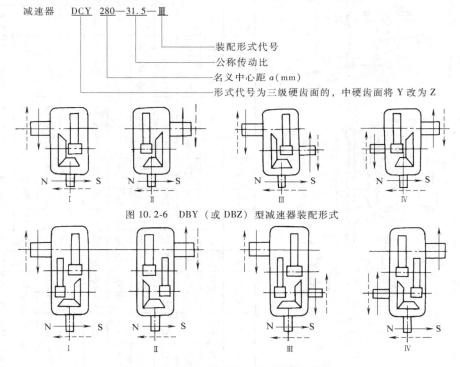

减速器 DCY 280—31.5—Ⅲ
　　　　　　　　　　　　装配形式代号
　　　　　　　　　　公称传动比
　　　　　　　名义中心距 a(mm)
　　　　形式代号为三级硬齿面的，中硬齿面将 Y 改为 Z

图 10.2-6 DBY（或 DBZ）型减速器装配形式

图 10.2-7 DCY（或 DCZ）型减速器装配形式

7.2 外形尺寸和安装尺寸

DBY 及 DBZ 型减速器的外形尺寸和安装尺寸见表 10.2-76。

DCY 及 DCZ 型减速器的外形尺寸和安装尺寸见表 10.2-77。

7.3 承载能力

DBY 型和 DBZ 型减速器的承载能力分别见表 10.2-78、表 10.2-79。

DCY 型和 DCZ 型减速器的承载能力分别见表 10.2-80、表 10.2-81。

DBY 型和 DCY 型减速器热功率分别见表 10.2-82、表 10.2-83。

工况系数 K_A 见表 10.2-84；环境温度系数 f_W、功率利用系数 f_A 见表 10.2-85；工作机械载荷分类见表 10.2-86。

表 10.2-76　DBY 及 DBZ 型减速器的外形尺寸和安装尺寸

（mm）

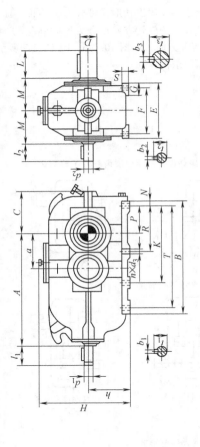

公称中心距 a	d_1	l_1	d_2	l_2	D	L	A	B	C	E	F	G	S	h	H	M	$n \times d_3$	N	P	R	K	T	b_1	t_1	b_2	t_2	b_3	t_3	质量 /kg	油量 /L
160	40	110	48	110	70	140	500	500	190	250	210	65	35	180	430	145	6×18	30	115	210	—	440	12	43	14	51.5	20	74.5	173	7
180	42	110	50	110	80	170	565	565	215	270	230	70	35	200	475	160	6×18	30	135	240	—	505	12	45	14	53.5	22	85	232	9
200	50	110	55	110	90	170	625	625	240	300	250	75	40	225	520	175	6×23	35	145	255	—	555	14	53.5	16	59	25	95	305	13
224	55	110	65	140	100	210	705	705	260	320	270	80	45	250	570	190	6×23	35	165	290	—	635	16	59	18	69	28	106	415	18
250	60	140	75	140	110	210	785	785	290	370	310	90	50	280	626	210	6×27	40	180	315	—	705	18	64	20	79.5	28	116	573	25
280	65	140	85	170	120	210	875	875	325	400	340	100	55	315	702	230	6×27	45	200	355	—	785	18	69	22	90	32	127	760	36
315	75	140	95	170	140	250	975	975	355	450	380	110	60	355	809	260	6×33	50	220	405	—	875	20	79.5	25	100	36	148	1020	51
355	90	170	100	210	160	300	1085	1085	390	480	410	120	65	400	900	285	6×33	55	245	450	—	975	25	95	28	106	40	169	1436	69
400	100	210	110	210	170	300	1215	1215	440	530	460	130	70	450	970	305	6×33	55	280	510	—	1105	28	106	28	116	40	179	1966	95
450	110	210	130	250	190	350	1365	1365	490	600	510	140	80	500	1071	345	8×39	60	315	575	940	1245	28	116	32	137	45	200	2532	130
500	120	210	150	250	220	350	1525	1525	570	650	560	150	90	560	1210	435	8×39	70	350	645	1050	1385	32	127	36	158	50	231	3633	185
560	130	250	160	300	250	410	1705	1705	610	750	640	160	100	630	1325	475	8×45	80	390	715	1165	1545	32	137	40	169	56	262	5020	260

表 10.2-77　DCY 及 DCZ 型减速器的外形尺寸和安装尺寸　　　　（mm）

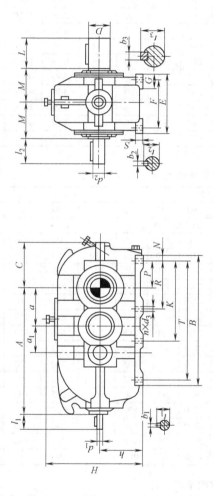

名义中心距 a	a_1	d_1	l_1	d_2	l_2	D	L	A	B	C	E	F	G	S	h	H	M	$n\times d_3$	N	P	R	K	T	b_1	t_1	b_2	l_2	b_3	t_3	质量 /kg	油量 /L
160	112	25	60	32	80	70	140	510	555	190	250	210	65	35	180	423	145	6×18	30	115	210	—	495	8	28	10	35	20	74.5	200	9
180	125	30	80	38	80	80	170	575	625	215	270	230	70	35	200	468	160	6×18	30	135	240	—	565	8	33	10	41	22	85	255	13
200	140	35	80	42	110	90	170	640	685	240	300	250	75	40	225	520	175	6×23	35	145	255	—	615	10	38	12	45	25	95	325	18
224	160	40	110	48	110	100	210	725	775	260	320	270	80	45	250	570	190	6×23	35	165	290	—	705	12	43	14	51.5	28	106	453	26
250	180	42	110	50	110	110	210	815	860	290	370	310	90	50	280	626	210	6×27	40	180	315	—	780	12	45	14	53.5	28	116	586	33
280	200	50	110	55	110	110	210	905	970	325	400	340	100	55	315	702	230	6×27	45	200	355	—	880	14	53.5	16	59	32	127	837	46
315	224	55	110	65	140	120	250	1020	1085	355	450	380	110	60	355	809	260	8×33	50	220	405	655	985	16	59	18	69	36	148	1100	65
355	250	60	140	75	140	140	300	1140	1220	390	480	410	120	65	400	900	285	8×33	55	245	450	740	1110	18	64	20	79.5	40	169	1550	90
400	280	65	140	85	140	160	300	1275	1355	440	530	460	130	70	450	970	305	8×33	55	280	510	840	1245	18	69	22	90	40	179	1967	125
450	315	75	140	95	170	170	350	1425	1520	490	600	510	140	80	500	1065	345	8×39	60	315	575	940	1400	20	79.5	25	100	45	200	2675	180
500	355	90	170	100	210	190	350	1585	1690	570	650	560	150	90	560	1208	435	8×39	70	350	645	1050	1550	25	95	28	106	50	231	4340	240
560	400	100	210	110	210	220	410	1675	1895	610	750	640	160	100	630	1325	475	8×45	80	390	715	1165	1735	28	106	28	116	56	262	5320	335
630	450	110	210	130	250	250	470	1995	2145	675	800	690	170	110	710	1460	525	8×45	80	445	800	1305	1985	28	116	32	137	70	314	7170	480
710	500	120	210	150	340	300	550	2235	2400	760	900	770	190	125	800	1665	570	8×45	90	500	900	1490	2220	32	127	36	158	80	355	9600	690
800	560	130	250	160	400	400	650	2505	2700	840	1000	870	200	140	900	1870	625	8×45	90	560	1100	1680	2520	32	137	40	169	90	417	13340	940

表 10.2-78　DBY 型减速器的承载能力

公称传动比 i	公称转速/r·min⁻¹ 输入 n_1	公称转速/r·min⁻¹ 输出 n_2	名义中心距 a/mm 许用输入功率 P_{P1}/kW 160	180	200	224	250	280	315	355	400	450	500	560
8	1500	188	81	115	145	205	320	435	610	750	1080①	1680①	2100①	—
	1000	125	56	86	110	155	245	325	465	560	810	1260	1700	2200
	750	94	42	55	88	125	185	250	340	465	660	950	1400	1800
10	1500	150	67	92	130	165	255	345	480	610	910	1370	1900①	—
	1000	100	44	69	94	125	195	260	360	465	620	950	1270	1700
	750	75	34	46	73	105	155	210	295	380	510	710	950	1300
11.2	1500	134	59	81	115	150	235	325	450	560	840	1200	1550	—
	1000	89	40	61	84	130	175	245	340	430	630	810	1030	1380
	750	67	31	41	65	98	140	185	240	350	470	610	780	1040
12.5	1500	120	53	75	105	140	210	285	390	500	760	980	1260	1550①
	1000	80	36	56	74	105	145	215	265	380	480	660	850	1110
	750	60	27	36	56	76	110	150	190	270	365	500	640	840
14	1500	107	48	66	81	125	190	260	345	465	580	780	1000	1150
	1000	71	31	42	54	84	110	165	205	310	415	520	680	900
	750	53	23	31	38	60	80	115	145	235	310	400	510	690

① 需采用循环油润滑。

表 10.2-79　DBZ 型减速器的承载能力

公称传动比 i	公称转速/r·min⁻¹ 输入 n_1	公称转速/r·min⁻¹ 输出 n_2	名义中心距 a/mm 许用输入功率 P_{P1}/kW 160	180	200	224	250	280	315	355	400	450	500	560
8	1500	188	29.0	39.0	55.0	80.0	120	170	215	320	490	600	930	—
	1000	125	18.8	26.0	36.0	55.0	78.0	110	150	220	320	450	650	930
	750	94	14.0	21.0	28.5	42.0	59.0	84.0	110	165	240	365	485	690
10	1500	150	18.0	32.0	45.0	65.0	90.0	130	180	260	370	550	760	—
	1000	100	12.0	21.0	29.0	42.0	62.0	87.0	120	175	250	370	510	680
	750	75	8.5	16.0	22.0	32.0	46.0	66.0	90.0	130	185	280	370	480
11.2	1500	134	17.5	26.0	36.0	57.0	75.0	115	150	215	330	480	670	—
	1000	89	10.5	17.0	24.0	38.0	51.0	74.0	100	150	220	325	440	650
	750	67	8.1	12.5	18.0	28.0	38.0	56.0	71.0	105	165	250	320	460
12.5	1500	120	14.0	24.0	32.0	52.0	70.0	105	140	205	300	430	600	800
	1000	80	9.0	15.0	22.0	34.0	49.0	69.0	95	140	200	295	400	550
	750	60	6.5	12.0	16.5	25.0	36.0	52.0	68.0	100	145	220	290	380
14	1500	107	13.5	20.0	28.0	45.0	61.0	91.0	120	170	265	390	510	770
	1000	71	8.8	12.0	18.0	30.0	40.0	60.0	85	115	175	260	350	500
	750	53	6.3	9.5	14.0	23.0	30.0	44.0	60.0	80.0	130	200	250	360

表 10.2-80　DCY 型减速器的承载能力

公称传动比 i	公称转速/r·min⁻¹ 输入 n_1	公称转速/r·min⁻¹ 输出 n_2	名义中心距 a/mm 许用输入功率 P_{P1}/kW 160	180	200	224	250	280	315	355	400	450	500	560	630	710	800
16	1500	94	45	61	80	120	160	230	305	440	600①	830①	1350①	1850①	—	—	—
	1000	63	30	43	60	85	115	170	230	330	440	630	1010	1420①	2200①	2500①	2850①
	750	47	24	35	45	70	85	140	185	270	360	510	830	1180	1600	2300①	2600
18	1500	83	42	58	75	110	150	210	290	440	560	780①	1350①	1850①	—	—	—
	1000	56	30	40	53	75	105	155	215	330	420	590	1000	1400①	1860①	2500①	2850①
	750	42	23	32	42	65	80	120	175	260	345	480	790	1120	1460	2180①	2500

（续）

公称传动比 i	公称转速/r·min⁻¹		名义中心距 a/mm														
	输入 n_1	输出 n_2	160	180	200	224	250	280	315	355	400	450	500	560	630	710	800
			许用输入功率 P_{P1}/kW														
20	1500	75	39	53	68	100	135	195	270	430	550	780①	1320①	1800①	—	—	—
	1000	50	27	36	48	70	95	140	200	315	380	550	880	1240①	1640①	2400	2850①
	750	38	20	28	38	55	75	110	160	245	310	445	700	1000	1290	1920①	2500①
22.4	1500	67	34	50	65	94	130	175	250	400	510	730	1170①	1540①	—	—	—
	1000	45	23	34	48	65	90	130	185	290	360	520	780	1100	1450①	2120①	2600①
	750	33	17	25	36	49	70	95	140	220	275	400	620	880	1140	1710	2460①
25	1500	60	30	44	62	83	115	160	225	350	450	650	1030	1460①	—	—	—
	1000	40	20	30	42	57	80	110	165	255	315	460	730	1040	1350①	2010①	2600①
	750	30	15	23	32	43	60	85	125	195	240	350	550	780	1010	1510	2180①
28	1500	54	22	37	48	75	92	140	215	320	405	590	910	1290①	—	—	—
	1000	36	15	25	34	52	66	94	150	225	285	420	640	910	1190	1770①	2500①
	750	27	12	19	26	39	50	71	115	170	215	315	490	690	890	1330	1920①
31.5	1500	48	20	33	44	69	85	120	195	290	385	550	820	1170	—	—	—
	1000	32	14	22	31	46	59	83	130	200	255	370	580	820	1070	1600①	2310①
	750	24	10	17	23	34	44	62	100	150	190	280	440	620	800	1200	1740①
35.5	1500	42	18	30	40	62	77	110	180	260	345	500	770	1100	1430①	2120①	—
	1000	28	12	20	28	42	53	75	120	180	230	340	510	720	950	1410	2030①
	750	21	9	15	21	31	40	56	90	135	175	250	385	540	710	1060	1540
40	1500	38	17	27	36	56	69	98	160	235	310	450	690	990	1290	1920①	—
	1000	25	11	18	25	41	47	67	120	160	225	330	465	660	860	1280①	1850①
	750	19	8.5	14	19	29	36	52	82	125	155	230	350	495	640	960	1390
45	1500	33.5	15	24	33	50	64	90	145	215	275	400	620	880	1150	1720①	2100①
	1000	22	10	16	22	33	42	60	95	145	180	265	455	640	840	1250	1810
	750	16.6	7.5	12	17	26	32	46	74	110	140	205	320	455	600	870	1260
50	1500	30	13	21	30	44	57	80	130	195	245	360	550	780	1030	1540①	2050①
	1000	20	9	14	20	31	38	54	87	130	165	240	365	520	680	1020	1480
	750	15	7	11	15	23	29	41	65	99	120	180	290	410	540	780	1130

① 需采用循环油润滑。

表 10.2-81　DCZ 型减速器的承载能力

公称传动比 i	公称转速/r·min⁻¹		名义中心距 a/mm														
	输入 n_1	输出 n_2	160	180	200	224	250	280	315	355	400	450	500	560	630	710	800
			许用输入功率 P_{P1}/kW														
16	1500	94	14.0	20.0	28.0	42.0	60.0	85.0	120	165	240	350	490	710	—	—	—
	1000	63	9.4	13.5	18.7	28.0	40.0	56.0	80.0	110	160	235	330	490	670	980	1450
	750	47	7.0	10.0	13.9	21.0	30.0	41.0	60.0	85.0	120	175	250	350	500	730	1050
18	1500	83	12.0	18.0	26.0	35.0	50.0	75.0	105	150	215	320	440	630	—	—	—
	1000	56	8.2	12.0	17.3	22.0	35.0	49.0	70.0	95.0							
	750	42	6.1	8.8	12.8	18.0	26.0	36.0	51.0	73.0	110	160	223	320	440	640	950
20	1500	75	9.4	15.7	23.0	29.0	48.0	65.0	85.0	130	190	280	395	540	—	—	—
	1000	50	6.0	10.2	15.1	18.0	31.0	43.0	57.0	90.0	130	185	270	370	515	760	1050
	750	38	4.4	7.2	11.1	13.5	23.0	32.0	41.0	65.0	95.0	135	200	260	390	600	780
22.4	1500	67	9.1	14.0	19.0	28.0	39.0	53.0	75.0	110	155	210	260	450	—	—	—
	1000	45	6.1	9.3	13.0	17.5	26.0	37.0	50.0	75.0	105	159	190	320	420	630	900
	750	33	4.5	6.9	9.0	13.0	20.0	27.0	40.0	55.0	80.0	117	145	240	315	480	670

（续）

公称传动比 i	公称转速 /r·min⁻¹ 输入 n_1	输出 n_2	名义中心距 a/mm 160	180	200	224	250	280	315	355	400	450	500	560	630	710	800
			许用输入功率 P_{P1}/kW														
25	1500	60	8.0	10.7	16.0	26.5	35.0	50.0	68.0	105	140	200	250	430	—	—	—
	1000	40	5.5	6.9	11.0	17.5	23.0	33.0	45.0	70.0	93.0	145	175	290	395	580	795
	750	30	4.0	5.3	8.0	13.0	17.5	25.0	34.0	50.0	70.0	110	130	215	300	440	580
28	1500	54	7.0	10.5	15.0	22.5	32.0	45.0	63.0	90	130	190	245	380	—	—	—
	1000	36	4.8	7.3	10.4	14.0	21.0	29.0	41.0	62.0	87.0	135	165	255	365	540	750
	750	27	3.6	5.4	7.8	10.5	16.5	22.0	30.0	48.0	65.0	100	120	190	270	410	550
31.5	1500	48	6.3	8.9	12.5	21.0	28.0	40.0	56.0	82.0	115	180	220	350	—	—	—
	1000	32	4.2	5.7	8.8	14.0	19.0	27.0	38.0	54.0	80.0	125	145	235	330	490	665
	750	24	3.2	4.4	6.5	10.0	14.0	20.0	28.0	40.0	61.0	90.0	110	170	245	360	480
35.5	1500	42	5.6	8.3	12.0	18.0	26.0	35.0	48.0	72	100	160	190	300	420	650	—
	1000	28	3.9	5.5	8.0	11.5	17.0	23.0	33.0	48.0	70.0	105	125	195	275	435	525
	750	21	2.8	4.2	6.2	8.5	13.0	17.0	24.0	35.0	51.0	78.0	95.0	145	205	325	430
40	1500	38	5.1	6.9	10.5	17.0	23.0	32.0	43.0	65.0	91.0	145	170	270	390	590	—
	1000	25	3.4	4.6	7.2	11.5	15.5	21.0	29.0	42.0	61.0	97.0	115	175	250	400	520
	750	19	2.5	3.4	5.3	8.5	11.5	16.0	21.0	31.0	47.0	70.0	80	130	185	300	375
45	1500	33.5	4.5	6.7	9.0	13.7	19.0	27.0	39.0	55.0	80.0	121	150	240	330	530	685
	1000	22	2.9	4.3	6.2	9.0	13.0	18.0	25.0	36.0	55.0	85.0	98	155	225	345	450
	750	16.6	2.1	3.2	4.6	6.5	10.0	14.0	19.0	25.0	41.0	60.0	73	115	165	300	345
50	1500	30	3.8	5.1	7.8	12.0	17.0	24.0	34.0	51.0	71.0	112	130	215	310	465	610
	1000	20	2.6	3.3	5.2	8.7	12.0	17.0	23.0	33.0	48.0	76.0	87.0	140	200	300	405
	750	15	2.0	2.5	4.0	6.5	8.5	12.0	17.0	25.0	36.0	55.0	65.0	105	145	220	300

表 10.2-82　DBY 型减速器热功率

环境条件	空气流速 /m·s⁻¹	减速器不附加冷却装置的热功率 P_{G1}/kW 名义中心距 a/mm 160	180	200	224	250	280	315	355	400	450	500	560
狭小车间内	≥0.5	32	40	50	61	76	95	118	143	180	225	279	355
中大型车间内	≥1.4	45	57	71	85	106	133	165	201	252	316	391	497
室　外	≥3.7	62	77	96	116	144	181	224	272	342	429	531	675

表 10.2-83　DCY 型减速器热功率

环境条件	空气流速 /m·s⁻¹	减速器不附加冷却装置的热功率 P_{G1}/kW 名义中心距 a/mm 160	180	200	224	250	280	315	355	400	450	500	560	630	710	800
狭小车间内	≥0.5	22	27	34	41	52	65	81	99	124	156	192	245	299	384	482
中大型车间内	≥1.4	31	38	48	58	73	91	114	139	174	218	270	343	419	537	675
室　外	≥3.7	42	52	65	79	99	124	155	189	237	296	366	465	568	730	910

表 10.2-84　工况系数 K_A

原　动　机	每天工作时间/h	载 荷 种 类 U	M	H
电动机、涡轮机	≤3	1.0	1.0	1.50
	>3~10	1.25	1.25	1.75
	>10~24	1.25	1.50	2.0
4~6 缸活塞发动机	≤3	1.0	1.25	1.75
	>3~10	1.25	1.50	2.0
	>10~24	1.50	1.75	2.25
1~3 缸活塞发动机	≤3	1.25	1.50	2.0
	>3~10	1.50	1.75	2.25
	>10~24	1.75	2.00	2.50

注：U—平稳载荷；M—中等冲击载荷；H—重型冲击载荷；工作机械的载荷分类见表 10.2-86。

表 10.2-85　环境温度系数 f_W、功率利用系数 f_A

系　数	冷却方式	环境温度/°C	每小时运转率（%）				
			100	80	60	40	20
f_W	减速器不附加外冷却装置	10	1.12	1.18	1.30	1.51	1.93
		20	1.0	1.06	1.16	1.35	1.78
		30	0.89	0.93	1.02	1.33	1.52
		40	0.75	0.87	0.9	1.01	1.34
		50	0.63	0.67	0.73	0.85	1.12
	减速器附加散热器	10	1.1	1.32	1.54	1.76	1.98
		20	1.0	1.2	1.4	1.6	1.8
		30	0.9	1.08	1.26	1.44	1.62
		40	0.85	1.02	1.19	1.36	1.53
		50	0.8	0.96	1.12	1.29	1.44
f_A	减速器形式		功率利用率（P_1/P_{P1}）×100%				
			100	80	60		40
	DBY　DCY		1.0	0.96	0.89		0.79

表 10.2-86　工作机械载荷分类

工作机械	载荷分类	工作机械	载荷分类	工作机械	载荷分类
挖掘机和堆料机		斗式提升机	H[1]	打光机	H[1]
链斗式挖掘机	H	带式输送机(件货,大块,散料)	H[1]	轮压机	M[1]
行走装置(履带式)	H	链式输送机	H	混合机	M[1]
行走装置(轨道式)	M	货物电梯	H	胶式压力机	H[1]
斗轮堆料机		板式输送机	H	湿性压榨机	H[1]
——堆废岩	H	振动输送机	H	吸入式压榨机	H[1]
——堆煤	H	螺旋输送机	H	钢铁工业机械	
——堆石灰石	H	吊斗提升机	H[1]	铸造起重机(提升齿轮)	H[1]
切割头	H	斜梯式输送机(扶梯)	M[1]	石渣车	U[1]
旋转机构	M	木材工业机械		烧结带	M[1]
钢缆操筒	M	滚式去皮机	H	破碎机	H[1]
卷扬机	M	刨削机	M	汽车倾卸机	H[1]
采矿、矿山工业用机械		磨机		金属加工机械	
混凝土搅拌机	M	锤式磨机	H[1]	卷压机	H
破碎机	H	球磨机	H[1]	弯板机	M[1]
转炉	H[1]	辊式磨机	H[1]	钢板矫直机	H[1]
分选机	M	轧钢机		偏心压力机	H
混合机	M	板材翻转机	M[1]	锻锤	H[1]
大型通风机(矿用)	M[1]	推锭机	H	刨削机	H[1]
输送机		拉管机	H	曲柄压力机	H
平稳载荷和中等载荷		连铸机	H[1]	锻压机	H[1]
斗式提升机	M	管材焊接机	H[1]	锻压机	H
锅炉用输送机	M	板材,钢坯剪切机	H[1]	橡胶与塑料机械	
螺旋输送机	U	起重机		挤压机	
装配线输送机	U	臂架摆动机	U	——橡胶	H[1]
板式输送机	M	运行机构	M	——塑料	M[1]
链式输送机	M	提升机构	M	轮压机	H[1]
中等载荷和重载荷机械		变幅机构	M	揉压机(橡胶)	M[1]
装配线输送机	M	卷扬机构	U	混合机	M[1]
带式输送机	M[1]	造纸机械		粉碎机(橡胶)	M[1]
载人电梯	M	叠层机	H[1]	辊式破碎机(橡胶)	H[1]

注：U—平稳载荷；M—中等冲击载荷；H—重型冲击载荷；
① 每天 24h 连续工作时，表 10.2-84 中 K_A 值要增大 10%。

7.4　选用方法

选择的减速器必须满足传动比的要求，然后按承载能力选择减速器的型号，再校核起动转矩和热功率。方法如下：

（1）选用型号

（2）计算功率

$$P_{c1} = K_A P_1 \leqslant P'_{P1} = P_{P1} \frac{n'_1}{n_1} \qquad (10.2\text{-}9)$$

式中　P_1——传递的功率（kW）；

$\quad K_A$——工况系数，见表 10.2-84、表 10.2-86；

$\quad n'_1$——要求的输入转速（r/min）；

$\quad P'_{P1}$——对应于 n'_1 时的许用输入功率（kW）；

$\quad n_1$——承载能力表中靠近 n'_1 的转速（r/min）；

$\quad P_{P1}$——n_1 时的许用输入功率（kW），由表 10.2-78～表 10.2-81 中查出。

（3）校核起动转矩

$$\frac{T_{max} n'_1}{P'_{P1} 9550} \leqslant 2.5 \qquad (10.2\text{-}10)$$

（4）校核热功率

当减速器不附加冷却装置时

$$P_1 \leqslant P_{G1} f_w f_A \qquad (10.2\text{-}11)$$

式中　P_{G1}——减速器的热功率（kW），见表 10.2-82、表 10.2-83，对 DBZ 型 DCZ 型无须校核；

$\quad f_w$——环境温度系数，见表 10.2-85；

$\quad f_A$——功率利用系数，见表 10.2-85。

如果满足不了式（10.2-10）时，则必须增大减速器的型号或增设冷却装置。

例 10.2-6　带式输送机，运搬大块岩石，重型冲击。电动机功率 $P = 75kW$，转速 $n_1 = 1500r/min$。起动转矩 $T_{max} = 955N \cdot m$；所需输入功率 $P_1 = 62kW$，滚筒转速 $n_2 = 60r/min$，每天连续工作 24h，露天作业，环境温度 40℃。试选择运输机械用减速器。

解：

（1）需要的传动比

$$i = \frac{n_1}{n_2} = \frac{1500}{60} = 25$$

选择 DCY 型减速器。

（2）选择型号

$$P_{c1} = K_A P_1$$

根据表 10.2-86 载荷类型为 H，按表 10.2-84 查得 $K_A = 2.0$；每天连续工作 24h，K_A 应加大 10%，即 $K_A = 2.2$。

$$P_{c1} = 2.2 \times 62kW = 136.4kW$$

查表 10.2-80 选用 DCY280 型，$P_{P1} = 160kW$。

（3）校核起动转矩

$$\frac{T_{max} n_1}{P_{p1} \times 9550} = \frac{955 \times 1500}{160 \times 9550} = 0.94 < 2.5$$

（4）校核减速器的热功率。

$$P_1 \leqslant P_{G1} f_W f_A$$

查表 10.2-83 得 $P_{G1} = 124kW$。

查表 10.2-85 得 $f_W = 0.75$，由

$$\frac{P_1}{P_{P1}} \times 100\% = \frac{62}{160} \times 100\% = 38.4\% \approx 40\%$$

查表 10.2-85 得 $f_A = 0.79$。

$P_{G1} f_W f_A = 124 \times 0.75 \times 0.79kW = 73.5kW > P_1 = 62kW$，符合要求。

8　少齿数渐开线圆柱齿轮减速器

ZDS 型少齿数渐开线圆柱齿轮减速器适用于冶金、矿山、起重运输、建材、化工、纺织和轻工等行业的机械传动。

减速器的高速轴（输人轴）转速不得大于 1500r/min；齿轮圆周速度不得大于 12.5m/s；工作环境温度为 -40～45℃，低于 0℃ 时，起动前润滑油应预热。

减速器的小齿轮的齿数 $z_1 = 2～11$。

8.1　装配形式和标记方法

减速器的装配形式如图 10.2-8 所示。

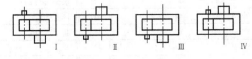

图 10.2-8　装配形式

标记示例：中心距 $a = 160mm$，公称传动比 $i = 20$，第 I 种装配的少齿渐开线圆柱齿轮减速器，其标记为：

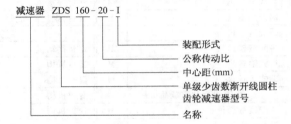

8.2　外形尺寸

减速器的外形尺寸见表 10.2-87。

表 10.2-87　ZDS 型少齿数渐开线圆柱齿轮减速器的外形尺寸　　　（mm）

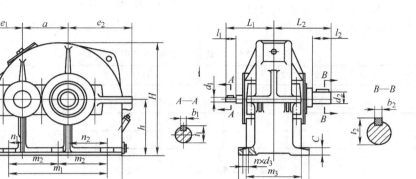

规格	A	B	H ≈	a	i=4~5.6					i=6.3~10					i=11.2~16					i=18~31.5				
					d_1 m6	b_1	t_1	l_1	L_1	d_1 m6	b_1	t_1	l_1	L_1	d_1 m6	b_1	t_1	l_1	L_1	d_1 m6	b_1	t_1	l_1	L_1
80	230	150	242	80	18	6	20.5	28	126	14	5	16	25	125	10	3	11.2	20	121	10	3	11.2	20	121
100	281	165	284	100	22	6	24.5	36	140	18	6	20.5	28	131	14	5	16	25	127	10	3	11.2	20	123
125	345	190	339	125	28	8	31	42	170	28	8	31	42	170	18	6	20.5	28	156	18	6	20.5	28	156
160	442	260	404	160	35	10	38	58	195	28	8	31	42	179	22	6	24.5	36	173	18	5	18	28	165
200	540	300	500	200	42	12	45	82	245	32	10	35	58	215	24	8	27	36	193	18	6	20.5	28	189
250	652	340	623	250	60	18	64	105	304	50	14	53.5	82	270	30	8	33	58	246	28	8	31	42	230
280	750	380	685	280	65	18	69	105	322	50	14	53.5	82	294	35	10	38	58	265	28	8	31	42	240
315	800	450	778	315	70	20	74.5	105	350	55	16	59	82	320	40	12	43	82	320	30	8	33	58	290
355	936	496	878	355	80	22	85	130	419	65	18	69	105	380	45	14	48.5	82	346	35	10	38	58	332
400	1028	530	984	400	90	25	95	130	426	70	20	74.5	105	392	50	14	53.5	82	362	40	12	43	82	356
450	1110	580	1080	450	100	28	106	165	490	80	22	85	130	450	55	16	59	82	400	45	14	48.5	82	390
500	1255	632	1195	500	110	28	116	165	506	90	25	95	130	475	60	18	64	105	445	50	14	53.5	82	415
560	1400	695	1345	560	140	36	148	180	548	110	28	116	165	503	80	22	85	130	463	65	18	69	105	448

规格	d_2 m6	b_2	t_2	l_2	L_2	C	m_1	m_2	m_3	n_1	n_2	e_1	e_2	h	地脚螺栓孔 d_3	地脚螺栓孔 n	质量 /kg
80	28	8	31	42	134	12	175	—	120	30	65	82	131	125	12		30
100	38	10	41	58	158	16	215	—	126	32	83	97	141	140	14.5		36.2
125	48	14	51.5	82	208	18	270	—	155	37	108	105	180	160	14.5	4	60.8
160	65	18	69	105	267	20	332	—	200	50	122	143	227	200	18.5		103
200	75	20	79.5	105	280	25	420	—	240	58	162	160	266	250	25		202
250	90	25	95	130	353	30	500	250	270	70	180	202	306	315	28		329
280	105	28	111	165	413	35	610	305	300	75	255	205	375	355	28		500
315	120	32	127	165	419	40	650	325	350	75	260	216	405	400	35		612
355	130	36	138	200	486	50	740	370	376	90	295	240	451	450	35		910
400	150	36	158	200	500	50	836	418	430	106	330	214	502	500	42	6	1150
450	170	40	179	240	565	55	890	460	480	106	350	290	570	560	42		1460
500	190	45	200	280	640	60	1030	515	490	112	418	290	590	630	42		1850
560	200	45	210	280	642	65	1140	570	530	130	450	335	695	710	42		2500

8.3　承载能力

减速器的齿轮传动中心距 a 见表 10.2-88。

减速器的公称传动比见表 10.2-89。

减速器的公称功率见表 10.2-90。

8.4　选用方法

减速器的工况系数 K_A 见表 10.2-91。

表 10.2-88　减速器的齿轮传动中心距 a　　　　　　（mm）

80	100	125	160	200	250	280	315	355	400	450	500	560

表 10.2-89　减速器的公称传动比

4	4.5	5	5.6	6.3	7.1	8	9	10
11.2	12.5	14	16	18	20	25	28	31.5

表 10.2-90　减速器的公称功率

公称传动比 i	公称转速 /r·min⁻¹		规格												
	输入 n_1	输出 n_2	80	100	125	160	200	250	280	315	355	400	450	500	560
			公称功率 P_1/kW												
4	1500	375	6.766	13.85	22.62	54.11	107.1	180.82	272.88	407.99	556	856.03	—	—	
	1000	250	4.51	9.23	15.08	36.12	71.4	120.54	181.92	272	310.16	570.69	711.33	963.8	1684
	750	187	3.383	6.92	11.31	27.09	53.55	90.41	136.44	204	278	428.02	533.5	722.84	1263
4.5	1500	335	5.771	12	20.772	46.95	92.97	154.21	242.36	353.6	481.45	636.84	934.45	—	—
	1000	220	3.848	8	13.848	31.3	61.98	102.81	161.57	235.73	320.96	424.56	622.97	876.3	1334
	750	166	2.886	6	10.386	23.48	46.49	77.11	121.18	176.8	240.72	318.42	467.22	657.2	1000.5
5	1500	300	4.811	10.17	19.268	89.66	78.97	—	232.16	300.46	408.02	634.97	734.22	1231	—
	1000	200	3.207	6.78	12.846	26.44	52.65	—	154.77	200.3	272.01	420.65	489.48	820.7	1252.6
	750	150	2.405	5.08	9.643	19.83	39.49	—	116.08	150.23	204.01	315.48	367.11	615.49	939.48
5.6	1500	270	—	8.43	15.25	30.34	65.49	117.33	193.12	235.7	315.79	495.21	757.46	915.64	1552.4
	1000	180	—	5.62	10.17	20.22	43.66	78.22	128.74	157.14	210.63	330.14	504.97	610.43	1034.9
	750	134	—	4.22	7.63	15.17	32.75	58.66	96.56	117.85	157.9	247.6	378.73	457.82	776.18
6.3	1500	240	3.896	6.78	12.96	28.28	52.81	81.9	156.13	201.1	—	422.71	612.07	827.02	1252.6
	1000	160	2.597	4.52	8.64	18.86	35.21	54.6	104.08	134.07	—	281.81	408.05	551.35	835.08
	750	120	1.948	3.39	6.48	14.14	26.41	40.95	78.06	100.55	—	211.36	306.04	413.51	626.31
7.1	1500	210	—	—	10.11	—	—	80.87	—	272.47	—	—	498.48	—	—
	1000	140	—	—	6.74	—	—	53.92	—	181.65	—	—	332.32	—	—
	750	105	—	—	5.06	—	—	40.44	—	136.23	—	—	249.24	—	—
8	1500	185	—	5.28	—	16.96	35.55	—	101.65	130.72	211.63	274.94	391	—	977.28
	1000	125	—	3.52	—	11.31	23.7	—	67.76	87.15	141.09	183.29	260.67	—	651.52
	750	94	—	2.64	—	8.48	17.77	—	50.82	65.36	105.81	137.47	195.5	—	488.64
9	1500	166	2.275	—	5.82	—	—	58.82	68.57	—	—	—	356.4	452.35	719.21
	1000	110	1.516	—	3.88	—	—	39.21	45.72	—	—	—	237.6	301.57	479.47
	750	83	1.137	—	2.91	—	—	29.41	34.29	—	—	—	178.2	226.18	359.6
10	1500	150	1.354	3.93	—	15.12	24.11	—	—	87.84	157.46	245.5	—	—	—
	1000	100	0.903	2.62	—	10.08	16.08	—	—	58.56	104.97	163.66	—	—	—
	750	75	0.677	1.97	—	7.56	12.06	—	—	43.92	78.73	122.75	—	—	—
11.2	1500	134	1.221	—	4.15	—	—	42.51	—	—	—	—	—	339.45	—
	1000	88	0.814	—	2.76	—	—	28.34	—	—	—	—	—	226.3	—
	750	67	0.61	—	2.07	—	—	21.25	—	—	—	—	—	169.72	—
12.5	1500	120	—	2.01	—	7.96	17.21	—	63.86	62.05	110.29	172.41	185.42	—	512.86
	1000	80	—	1.34	—	5.31	11.47	—	42.57	41.37	73.53	114.94	123.61	—	341.91
	750	60	—	1.004	—	3.98	8.6	—	31.93	30.02	55.14	86.21	92.71	—	256.43

（续）

公称传动比 i	公称转速/r·min⁻¹ 输入 n_1	公称转速/r·min⁻¹ 输出 n_2	规格 80	100	125	160	200	250	280	315	355	400	450	500	560
			公称功率 P_1/kW												
16	1500	94	0.854	1.37	2.93	—	12.21	20.63	34.09	52.85	—	91.34	161.88	156.41	333.11
	1000	62	0.57	0.92	1.95	—	8.14	13.75	22.73	35.24	—	60.9	107.92	104.28	222.08
	750	47	0.427	0.69	1.47	—	6.11	10.31	17.04	26.43	—	45.67	80.94	78.21	166.56
18	1500	83	0.416	—	—	6.84	—	—	27.03	32.09	71.06	—	—	123.96	248.72
	1000	55	0.277	—	—	4.56	—	—	18.02	21.39	47.37	—	—	82.64	165.81
	750	42	0.208	—	—	3.42	—	—	13.51	16.04	35.53	—	—	61.98	124.36
20	1500	75	—	0.79	—	5.81	6.81	—	—	44.45	70.76	96.43	—	—	—
	1000	50	—	0.53	—	3.87	4.54	—	—	29.63	47.17	64.29	—	—	—
	750	38	—	0.39	—	2.91	3.41	—	—	22.22	35.38	48.22	—	—	—
25	1500	60	0.422	1.01	1.49	3.87	6.31	9.54	16.92	21.31	29.34	45.02	91.88	124.96	120.22
	1000	40	0.281	0.67	0.99	2.58	4.21	6.36	11.28	14.2	19.56	30.05	61.25	83.31	80.15
	750	30	0.211	0.504	0.74	1.94	3.16	4.77	8.46	10.65	14.67	22.54	45.94	62.48	60.11
28	1500	53	0.171	—	1.03	2.73	—	8.47	16.96	21.09	21.65	—	47.5	59.45	140.55
	1000	36	0.114	—	0.69	1.82	—	5.65	11.3	14.06	14.43	—	31.67	39.63	93.7
	750	27	0.086	—	0.52	1.36	—	4.24	8.48	10.54	10.82	—	23.75	29.72	70.27
31.5	1500	48	—	0.32	—	—	5.03	—	—	—	—	39.95	—	—	—
	1000	32	—	0.21	—	—	3.36	—	—	—	—	26.63	—	—	—
	750	24	—	0.16	—	—	2.52	—	—	—	—	19.97	—	—	—

表 10.2-91　减速器的工况系数 K_A

原动机	每日工作时间/h	轻微冲击（均匀）载荷	中等冲击载荷	强冲击载荷
电动机 汽轮机 水力机	≤3	0.8	1	1.5
	>3~10	1	1.25	1.75
	>10	1.25	1.5	2
4~6 缸的活塞发动机	≤3	1	1.25	1.75
	>3~10	1.25	1.5	2
	>10	1.5	1.75	2
1~3 缸的活塞发动机	≤3	1.25	1.5	2
	>3~10	1.5	1.75	2.25
	>10	1.75	2	2.5

注：表中载荷分类见表 10.2-278。

在选用减速器时，如果减速器的实际输入转速与承载能力表中的三档（1500r/min、1000r/min、750r/min）转速中某一档转速相对误差不超过 4%，可按该档转速下的公称功率并考虑工况系数 K_A 或安全系数，选用相当规格的减速器。如果转速相对误差超过 4%，则应按实际输入转速折算减速器的公称功率并考虑工况系数 K_A 或安全系数选用。

例 10.2-7　输送大件物品的带式输送机减速器，电动机驱动，电动机转速 $n_1 = 1200$r/min，传动比 $i = 4.5$，传动功率 $P_2 = 380$kW，每日工作 24h，油池润滑，要求选用规格相当的第 I 种装配形式标准减速器。

解：按减速器的机械功率表选取。一般情况下要计入工况系数 K_A，特殊情况下还要考虑安全系数。

查表 10.2-278，带式输送机的载荷为中等冲击，查表 10.2-91 得：$K_A = 1.5$，计算功率 P_m 为

$$P_m = P_2 K_A = 380 \times 1.5 \text{kW}$$
$$= 570 \text{kW}$$

要求 $P_m \leqslant P_1$

按 $i = 4.5$ 及 $n_1 = 1200 \text{r/min}$ 接近公称转速 1000r/min，查表 10.2-90，ZDS 450，$i = 4.5$，$n_1 = 1000 \text{r/min}$，$P_1 = 623 \text{kW}$，当 $n_1 = 1200 \text{r/min}$ 时，折算公称功率

$$P_1 = 623 \times \frac{1200}{1000} \text{kW} = 747.6 \text{kW}$$
$$P_m < P_1$$

故选用 ZDS 450 减速器。减速器型号为：

ZDS 450-4.5- I

减速器许用瞬时尖峰载荷 $P_{mmax} \leqslant 2P_1$。此例未给出运转中的瞬时尖峰载荷，故不校核。

9　NGW 行星齿轮减速器（摘自 JB/T 6502—2015）

NGW 行星齿轮减速器适用于机械设备的减速传动。减速器最高输入转速不超过 1500r/min。工作环境温度为 $-40 \sim 40 \text{℃}$。当工作环境温度低于 0℃ 时，起动前润滑油必须加热到 0℃ 以上，或采用低凝固点的润滑油，如合成油。

9.1　代号和标记方法

（1）代号

减速器代号包括型号、级别、形式、规格、公称传动比和标准编号。

P——行星传动英文首字母；
2——两级行星齿轮传动；
3——三级行星齿轮传动；
F——法兰连接；
D——底座连接；
Z——定轴圆柱齿轮。

减速器标记方法 1：

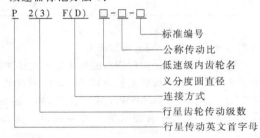

减速器标记方法 2：

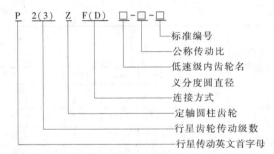

注：法兰连接方式为传动基本型。

（2）标记示例

示例 1：低速级内齿轮名义分度圆直径 $d = 1000 \text{mm}$，公称传动比 $i_0 = 25$，二级行星传动，法兰式连接行星减速器标记为

P2F1000-25 JB/T 6502—2015

示例 2：低速级内齿轮名义分度圆直径 $d = 1000 \text{mm}$，公称传动比 $i_0 = 25$，三级行星传动与一级定轴圆柱齿轮组合，底座式连接行星减速器标记为

P3ZD1000-25 JB/T 6502—2015

9.2　公称传动比（见表 10.2-92）

表 10.2-92　减速器的公称传动比

序号	1	2	3	4	5	6	7	8	9	10	11	12
传动比	20	22.4	25	28	31.5	35.5	40	45	50	56	63	71
序号	13	14	15	16	17	18	19	20	21	22	23	24
传动比	80	90	100	112	125	140	160	180	200	224	250	280
序号	25	26	27	28	29	30	31	32	33	34		
传动比	315	355	400	450	500	560	630	710	800	900		

9.3　结构型式和尺寸

P2F280~1400 系列减速器的结构型式和外形接口尺寸见表 10.2-93。

P2ZF280~1400 系列减速器的结构型式和外形接口尺寸见表 10.2-94。

P3F315~1400 系列减速器的结构型式和外形接口尺寸见表 10.2-95。

P3ZF315~1400 系列减速器的结构型式和外形接口尺寸见表 10.2-96。

输出空心轴轴伸尺寸见表 10.2-97。
输出内花键轴轴伸尺寸见表 10.2-98。
输出外花键轴轴伸尺寸见表 10.2-99。
连接底座尺寸见表 10.2-100。

表 10.2-93　P2F280~1400 系列减速器的结构型式和外形接口尺寸　　（mm）

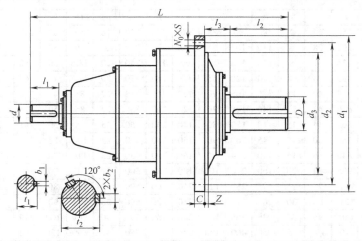

型号	外 形 尺 寸							轴　　伸								法兰孔		质量	油量
	L	d_1	d_2	d_3	C	Z	l_3	d	l_1	D	l_2	b_1	t_1	b_2	t_2	S	N_0	/kg	/L
280	865	430	388	350	25	7	95	55	90	120	210	16	59	32	127	18	24	160	7
315	1050	472	436	394	28	8	110	55	90	130	210	16	59	32	137	18	28	220	9
355	1090	525	485	425	32	8	110	70	120	150	240	20	74.5	36	158	22	20	280	12
400	1214	605	555	495	34	9	110	70	120	160	270	20	74.5	40	169	26	20	450	16
450	1312	645	595	535	40	11	125	80	140	180	310	22	85	45	190	26	24	560	25
500	1480	720	665	610	42	12	140	80	140	210	350	22	85	50	221	26	32	900	36
560	1530	780	720	665	44	15	140	95	160	230	350	25	100	50	241	26	36	1230	45
630	1710	895	830	750	50	15	145	95	160	260	400	25	100	56	272	33	24	1830	58
710	1810	980	915	840	56	15	150	110	180	300	450	28	116	70	314	33	36	2500	75
800	1920	1115	1025	935	62	20	160	120	210	320	500	32	127	70	334	39	32	3550	95
900	2216	1320	1220	1110	75	25	175	130	210	360	590	32	137	80	375	39	36	4250	145
1000	2510	1460	1345	1215	80	30	200	150	240	430	690	36	158	90	447	45	36	6100	200
1120	2890	1665	1545	1400	95	35	230	160	270	480	790	40	169	100	499	52	36	9500	295
1250	3193	1755	1635	1495	100	35	250	180	310	570	950	45	190	120	592	62	36	13150	380
1400	3474	1945	1825	1685	112	40	270	190	310	640	1000	45	200	150	665	62	40	19800	550

表 10.2-94　P2ZF280~1400 系列减速器的结构型式和外形接口尺寸　　（mm）

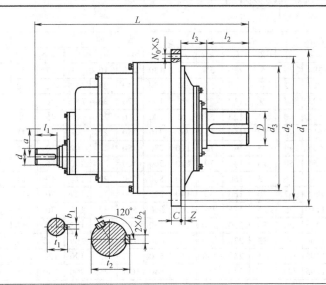

（续）

型号	外形尺寸								轴　伸								法兰孔		质量	油量
	L	d_1	d_2	d_3	C	Z	l_3	a	d	l_1	D	l_2	b_1	t_1	b_2	t_2	S	N_0	/kg	/L
280	840	430	388	350	25	7	95	90	38	60	120	210	16	59	32	127	18	24	220	8
315	989	472	436	394	28	8	110	100	55	90	130	210	16	59	32	137	18	28	310	11
355	1033	525	485	425	32	8	110	112	55	90	150	240	20	74.5	36	158	22	20	450	15
400	1184	605	555	495	34	9	110	120	55	90	160	270	20	74.5	40	169	26	20	520	18
450	1290	645	595	535	40	11	125	145	70	120	180	310	22	85	45	190	26	24	700	25
500	1460	720	665	610	42	12	140	145	70	120	210	350	22	85	50	221	26	32	1150	40
560	1507	780	720	665	44	15	140	180	80	140	230	350	25	100	50	241	26	36	1500	55
630	1710	895	830	750	50	15	145	200	90	160	260	400	25	100	56	272	33	24	1950	65
710	1836	980	915	840	56	15	150	224	90	160	300	450	28	116	70	314	33	36	2800	100
800	2015	1115	1025	935	62	20	160	250	100	180	320	500	32	127	70	334	39	32	3850	135
900	2266	1320	1220	1110	75	25	175	280	120	210	360	590	32	137	80	375	39	36	4850	185
1000	2559	1460	1345	1215	80	30	200	315	140	240	430	690	36	158	90	447	45	36	6800	245
1120	2922	1665	1545	1400	95	35	230	365	150	240	480	790	40	169	100	499	52	36	10300	350
1250	3215	1755	1635	1495	100	35	250	400	170	270	570	950	45	190	120	592	62	36	13500	400
1400	3580	1945	1825	1685	112	40	270	450	180	310	640	1000	45	200	150	665	62	40	20000	550

表 10.2-95　　P3F315~1400 系列减速器的结构型式和外形接口尺寸　　　　（mm）

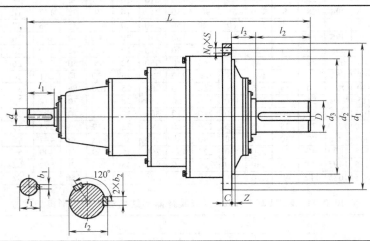

型号	外形尺寸							轴　伸								法兰孔		质量	油量
	L	d_1	d_2	d_3	C	Z	l_3	d	l_1	D	l_2	b_1	t_1	b_2	t_2	S	N_0	/kg	/L
315	1026	472	436	394	28	8	110	55	90	130	210	16	59	32	137	18	28	285	12
355	1070	525	485	425	32	8	110	55	90	150	240	20	74.5	36	158	22	20	360	16
400	1158	605	555	495	34	9	110	55	90	160	270	20	74.5	40	169	26	20	535	23
450	1236	645	595	535	40	11	125	55	90	180	310	22	85	45	190	26	24	760	32
500	1433	720	665	610	42	12	140	70	90	210	350	22	85	50	221	26	32	1120	42
560	1489	780	720	665	44	15	140	70	120	230	350	25	100	50	241	26	36	1500	58
630	1678	895	830	750	50	15	145	70	120	260	400	25	100	56	272	33	24	2110	70
710	1833	980	915	840	56	15	150	80	140	300	450	28	116	70	314	33	36	2610	102
800	2022	1115	1025	935	62	20	160	80	140	320	500	32	127	70	334	39	32	3610	145
900	2210	1320	1220	1110	75	25	175	95	160	360	590	32	137	80	375	39	36	5210	180
1000	2540	1460	1345	1215	80	30	200	110	180	430	690	36	158	90	447	45	36	6500	235
1120	2785	1665	1545	1400	95	35	230	110	180	480	790	40	169	100	499	52	36	9600	340
1250	3120	1755	1635	1495	100	35	250	130	210	570	950	45	190	120	592	62	36	14000	450
1400	3500	1945	1825	1685	112	40	270	150	240	640	1000	45	200	150	665	62	40	19530	685

表 10.2-96　P3ZF315~1400 系列减速器的结构型式和外形接口尺寸　　（mm）

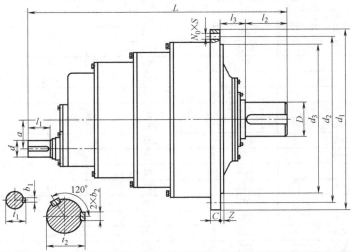

型号	外形尺寸								轴　伸								法兰孔		质量	油量
	L	d_1	d_2	d_3	C	Z	l_3	a	d	l_1	D	l_2	b_1	t_1	b_2	t_2	S	N_0	/kg	/L
315	996	472	436	394	28	8	110	90	38	60	130	210	16	59	32	137	18	28	315	13
355	1040	525	485	425	32	8	110	90	38	60	150	240	20	74.5	36	158	22	20	450	15
400	1070	605	555	495	34	9	110	90	38	60	160	270	20	74.5	40	169	26	20	500	18
450	1183	645	595	535	40	11	125	90	38	60	180	310	22	85	45	190	26	24	610	25
500	1430	720	665	610	42	12	140	112	55	90	210	350	22	85	50	221	26	32	1100	42
560	1459	780	720	665	44	15	140	112	55	90	230	350	25	100	50	241	26	36	1600	60
630	1678	895	830	750	50	15	145	140	70	120	260	400	25	100	56	272	33	24	2060	75
710	1813	980	915	840	56	15	150	140	70	120	300	450	28	116	70	314	33	36	2880	115
800	1937	1115	1025	935	62	20	160	160	70	120	320	500	32	127	70	334	39	32	3700	156
900	2189	1320	1220	1110	75	25	175	180	80	140	360	590	32	137	80	375	39	36	5200	200
1000	2520	1460	1345	1215	80	30	200	200	90	160	430	690	36	158	90	447	45	36	6850	285
1120	2817	1665	1545	1400	95	35	230	250	100	180	480	790	40	169	100	499	52	36	11000	390
1250	2920	1755	1635	1495	100	35	250	280	120	210	570	950	45	190	120	592	62	36	14200	430
1400	3450	1945	1825	1685	112	40	270	315	140	240	640	1000	45	200	150	665	62	40	22000	585

表 10.2-97　输出空心轴轴伸尺寸　　（mm）

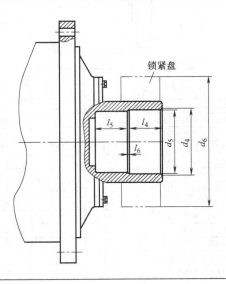

（续）

规格	外 形 尺 寸					
	d_4H7	l_4	d_5H7	l_5	d_6	l_6
280	120	65	115	65	263	2.5
315	140	82.5	135	82.5	320	2.5
355	160	90	155	90	370	2.5
400	180	95	175	95	405	2.5
450	210	105	205	105	460	2.5
500	230	110	225	110	485	2.5
560	250	120	245	120	520	2.5
630	260	120	255	120	570	2.5
710	310	152	305	152	650	2.5
800	350	164	345	164	720	2.5
900	380	180	375	180	800	2.5
1000	430	191	425	191	910	2.5
1120	480	232	470	232	960	5
1250	570	242	560	242	1140	5
1400	630	272	640	272	1230	5

表 10.2-98　输出内花键轴轴伸尺寸　　　　　　　　　　（mm）

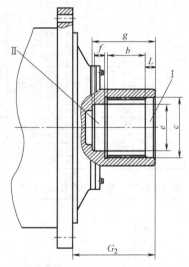

规格	G_2	内 花 键 （GB/T 3478.1—2008）	b	中心孔 I		中心孔 II		g
				c(H7)	L	e(H7)	f	
280	165	INT 22z×5m×30R×7H	70	122	40	107	20	150
315	204	INT 26z×5m×30R×7H	90	142	45	125	25	180
355	223	INT 30z×5m×30R×7H	100	162	45	145	25	190
400	237	INT 34z×5m×30R×7H	110	182	45	165	25	200
450	264	INT 40z×5m×30R×7H	125	212	45	195	25	215
500	285	INT 28z×8m×30R×7H	140	242	50	220	25	235
560	290	INT 30z×8m×30R×7H	150	252	50	230	30	250
630	303	INT 31z×8m×30R×7H	160	262	50	240	30	260
710	354	INT 37z×8m×30R×7H	190	312	60	290	40	310
800	348	INT 41z×8m×30R×7H	200	342	60	320	40	320
900	372	INT 46z×8m×30R×7H	230	382	60	360	40	350
1000	423	INT 54z×8m×30R×7H	250	442	60	420	40	370
1120	448	INT 58z×8m×30R×7H	285	482	65	460	45	415

表 10.2-99　输出外花键轴轴伸尺寸　　　　　　　　　　　（mm）

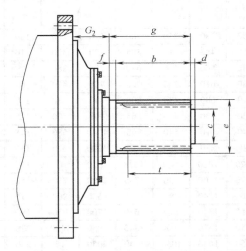

规格	外　花　键 （GB/T 3478.1—2008）	b	$c(k6)$	d	$e(k6)$	f	g	G_2	t
280	EXT 24z×5m×30R×7h	80	110	20	132	20	120	95	70
315	EXT 30z×5m×30R×7h	100	140	25	162	25	150	109	90
355	EXT 34z×5m×30R×7h	110	90	25	182	25	160	106	100
400	EXT 38z×5m×30R×7h	120	100	30	202	25	175	118	110
450	EXT 42z×5m×30R×7h	135	120	30	202	25	190	118	125
500	EXT 30z×8m×30R×7h	155	140	35	252	30	220	130	140
560	EXT 31z×5m×30R×7h	165	155	40	262	35	240	139	150
630	EXT 34z×5m×30R×7h	175	170	40	282	35	250	134	160
710	EXT 34z×5m×30R×7h	205	200	40	322	35	280	158	190
800	EXT 44z×5m×30R×7h	215	230	40	362	35	290	175	200
900	EXT 48z×5m×30R×7h	245	260	40	402	35	320	182	230
1000	EXT 54z×5m×30R×7h	265	310	40	442	35	340	196	250
1120	EXT 58z×5m×30R×7h	300	360	45	482	40	385	209	285

表 10.2-100　连接底座尺寸　　　　　　　　　　　（mm）

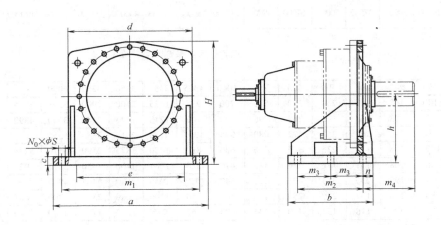

（续）

规格	a	b	c	d	e	h	H	m_1	m_2	m_3	m_4	n	地脚螺栓 $N_0 \times \phi S$	质量 /kg
280	580	330	20	450	380	260	480	520	260	130	240	35	$6 \times \phi 26$	56
315	680	400	30	550	480	315	585	620	330	110	274	35	$8 \times \phi 26$	125
355	760	450	30	630	560	360	670	700	380	95	292	35	$10 \times \phi 26$	157
400	820	490	35	680	610	390	720	750	420	105	334	35	$10 \times \phi 26$	213
450	920	560	35	760	680	430	800	840	480	120	380	40	$10 \times \phi 33$	270
500	980	580	40	820	700	470	865	900	500	125	374	40	$10 \times \phi 33$	350
560	1130	670	45	940	810	540	998	1040	580	145	405	45	$10 \times \phi 39$	520
630	1180	720	45	980	830	560	1035	1080	620	155	385	50	$10 \times \phi 39$	580
710	1440	840	55	1170	1020	660	1228	1320	700	175	513	70	$10 \times \phi 52$	950
800	1540	910	60	1270	1100	730	1345	1420	750	150	567	80	$12 \times \phi 52$	1280
900	1700	1000	65	1400	1240	795	1465	1550	860	215	574	70	$10 \times \phi 62$	1675
1000	1850	1100	70	1550	1370	870	1610	1700	950	190	664	75	$12 \times \phi 62$	2200
1120	2150	1300	75	1750	1570	1000	1845	1950	1100	220	773	100	$12 \times \phi 70$	3100
1250	2230	1350	85	1850	1630	1050	1940	2050	1150	230	933	100	$12 \times \phi 78$	3900
1400	2350	1420	90	1960	1700	1100	2050	2150	1200	240	985	110	$12 \times \phi 86$	4670

9.4　润滑和冷却

　　减速器采用喷油循环润滑。当无循环润滑条件时，允许采用油池润滑。当减速器采用油池润滑时，其工作平衡油温不得超过 95℃，实际载荷功率不得超过热平衡功率 P_{G1}。油池润滑的油量应按图样规定的油标高度注入润滑油。

　　循环润滑的油量一般不少于 0.5L/kW，或按热平衡、胶合强度计算的结果决定油站的容积和流量。

　　润滑油的牌号、黏度：当环境温度 $t > 38℃$ 时，选用中载荷齿轮油 L-CKC320（或 VG320，Mobil632）；当环境温度 $t \leqslant 38℃$ 时，选用中载荷齿轮油 L-CKC220（或 VG220，Mobil630）。

9.5　承载能力

　　（1）减速器高速轴公称输入功率

　　P2F/P2D 减速器高速轴公称输入功率 P_1 见表 10.2-101，油池润滑的许用热功率 P_{G1} 见表 10.2-102；P2ZF/P2ZD 减速器高速轴公称输入功率 P_1 见表 10.2-103，油池润滑的许用热功率 P_{G1} 见表 10.2-104；P3F/P3D 减速器高速轴公称输入功率 P_1 见表 10.2-105，油池润滑的许用热功率 P_{G1} 见表 10.2-106；P3ZF/P3ZD 减速器高速轴公称输入功率 P_1 见表 10.2-107，油池润滑的许用热功率 P_{G1} 见表 10.2-108。

表 10.2-101　P2F/P2D 减速器高速轴公称输入功率 P_1

规格		280	315	355	400	450	500	560	630	710	800	900	1000	1120	1250	1400
额定输出转矩/N·m		19000	30000	37500	50000	67000	98000	135000	180000	310000	400000	551500	764000	1120000	1680000	2400000
公称传动比 i	输入转速 n/r·min^{-1}	公称输入功率 P_1/kW														
20	1500	150	245	294	390	525	785	1060	1405	2437	3150	4350	6000	—	—	—
20	1000	100	165	196	260	350	530	706	937	1625	2100	2900	3998	5855	8747	12565
20	750	75	123	147	195	262	396	530	702	1218	1575	2180	3000	4390	6560	9445
22.4	1500	134	215	263	352	472	680	945	1255	2175	2812	3885	5355	—	—	—
22.4	1000	89	145	175	235	315	456	630	837	1450	1875	2590	3570	5228	7810	11218
22.4	750	68	108	131	176	236	342	470	628	1087	1406	1950	2677	3920	5857	8435
25	1500	120	195	235	315	420	615	847	1125	1950	2520	3465	4800	—	—	—
25	1000	80	130	157	210	280	410	565	750	1300	1680	2310	3200	4685	7000	10052
25	750	60	95	118	157	210	305	423	562	975	1260	1735	2400	3510	5263	7540

（续）

规格	280	315	355	400	450	500	560	630	710	800	900	1000	1120	1250	1400
额定输出转矩/N·m	19000	30000	37500	50000	67000	98000	135000	180000	310000	400000	551500	764000	1120000	1680000	2400000

公称传动比 i	输入转速 n/r·min⁻¹	公称输入功率 P_1/kW														
28	1500	107	172	210	280	375	548	756	1005	1740	2250	3075	4285	—	—	—
	1000	71	115	140	187	250	366	504	670	1160	1500	2050	2857	4122	6250	8975
	750	54	85	105	140	187	270	378	502	870	1125	1540	2142	3090	4687	6733
31.5	1500	76	120	147	190	270	392	547	885	1237	1807	2220	3000	4350	7050	9750
	1000	51	80	98	127	180	260	365	590	825	1205	1480	2000	2900	4700	6500
	750	39	61	74	95	135	200	273	442	618	905	1112	1500	2175	3525	4885
35.5	1500	66	108	130	170	232	347	480	787	1095	1603	1972	2655	3825	6255	8652
	1000	44	73	87	113	155	232	320	525	730	1069	1315	1770	2550	4170	5768
	750	33	53	65	85	116	173	240	394	547	800	988	1327	1910	3127	4326
40	1500	45	70	87	105	150	223	285	435	660	900	1320	1725	2551	3600	4950
	1000	30	48	59	70	100	150	190	290	440	600	880	1150	1702	2400	3300
	750	23	36	44	53	75	110	142	218	330	450	660	860	1275	1800	2475

表 10.2-102　P2F/P2D 减速器油池润滑的许用热功率 P_{G1}　　　　（kW）

规格	280	315	355	400	450	500	560	630	710	800	900	1000	1120	1250	1400
P_{G1}（小空间）	16	24	30	36	48	58	70	80	100	130	155	195	252	304	360
P_{G1}（大空间）	23	34	45	52	70	83	100	118	150	190	230	285	368	440	528
P_{G1}（户外露天）	31	47	60	72	95	110	135	156	210	265	315	395	502	605	720

表 10.2-103　P2ZF/P2ZD 减速器高速轴公称输入功率 P_1

规格	280	315	355	400	450	500	560	630	710	800	900	1000	1120	1250	1400
额定输出转矩/N·m	19000	30000	37500	50000	67000	98000	135000	180000	310000	400000	551500	764000	1120000	1680000	2400000

公称传动比 i	输入转速 n/r·min⁻¹	公称输入功率 P_1/kW														
45	1500	65	108	130	172	235	340	470	627	1087	1405	1920	2667	3910	5850	8400
	1000	44	72	87	115	157	225	315	418	725	937	1280	1775	2606	3900	5600
	750	32	54	66	86	118	170	236	310	543	702	962	1335	1952	2920	4200
50	1500	58	97	115	155	211	305	425	560	978	1264	1728	2400	3517	5265	7560
	1000	39	65	77	103	141	204	283	376	652	843	1150	1600	2345	3510	5040
	750	28	48	57	77	105	150	212	280	485	630	865	1200	1755	2632	3780
56	1500	50	87	102	135	187	270	376	502	870	1125	1540	2140	3130	4685	6725
	1000	34	58	68	90	125	180	251	335	580	750	1025	1428	2087	3123	4485
	750	21	43	51	67	93	136	188	251	435	560	771	1070	1565	2340	3360
63	1500	45	78	90	123	165	240	335	447	774	1000	1365	1905	2775	4170	5985
	1000	30	52	60	80	110	160	223	298	516	667	910	1270	1852	2780	3992
	750	22	38	44	60	82.5	120	167	220	387	500	680	950	1390	2085	2990
71	1500	33	55	62	83	117	170	238	318	547	710	968	1327	1972	2958	4245
	1000	22	37	42	56	78	112	160	212	365	475	645	885	1315	1972	2832
	750	16	28	30	40	58	85	120	158	271	356	480	660	985	1476	2120
80	1500	30	48	57	75	103	150	212	280	485	630	860	1180	1745	2625	3780
	1000	20	32	38	50	69	100	143	188	325	420	570	787	1165	1750	2520
	750	16	23	28	37	51	75	107	141	240	312	430	590	870	1310	1890

（续）

规格		280	315	355	400	450	500	560	630	710	800	900	1000	1120	1250	1400
额定输出转矩/N·m		19000	30000	37500	50000	67000	98000	135000	180000	310000	400000	551500	764000	1120000	1680000	2400000
公称传动比 i	输入转速 n/r·min^{-1}						公称输入功率 P_1/kW									
90	1500	25	43	49	67	90	132	190	247	433	560	765	1050	1550	2325	3360
	1000	17	29	33	45	61	89	127	165	289	375	510	700	1036	1550	2240
	750	13	22	25	33	45	67	95	123	215	281	382	525	775	1160	1680
100	1500	22	37	45	60	80	118	170	220	385	495	685	930	1395	2065	2980
	1000	15	25	30	40	55	80	113	147	257	332	460	623	930	1378	1989
	750	10	18	23	30	41	59	85	108	192	247	340	465	697	1033	1490
112	1500	19	32	37	52	70	105	148	196	345	442	610	830	1235	1835	2650
	1000	13	22	25	35	48	70	100	130	230	295	407	555	825	1225	1770
	750	9.5	16	19	26	36	53	75	97	172	220	305	415	618	918	1325
125	1500	13	22	27	33	48	70	97	130	223	292	410	555	825	1220	1770
	1000	9	15	18	22	32	47	66	87	150	195	275	370	550	815	1180
	750	6	12	13	15	23	35	49	66	112	145	206	275	410	611	882

表 10.2-104　P2ZF/P2ZD 减速器油池润滑的许用热功率 P_{G1}　　　　　（kW）

规格	280	315	355	400	450	500	560	630	710	800	900	1000	1120	1250	1400
P_{G1}（小空间）	13	19	25	29	39	47	57	65	86	108	130	162	207	250	299
P_{G1}（大空间）	19	28	36	43	57	68	82	95	125	157	189	235	300	363	435
P_{G1}（户外露天）	26	38	49	59	78	93	114	130	172	216	260	325	414	500	600

表 10.2-105　P3F/P3D 减速器高速轴公称输入功率 P_1

规格		315	355	400	450	500	560	630	710	800	900	1000	1120	1250	1400
额定输出转矩/N·m		30000	37500	50000	67000	98000	135000	180000	310000	400000	551500	764000	1120000	1680000	2400000
公称传动比 i	输入转速 n/r·min^{-1}						公称输入功率 P_1/kW								
140 (6.3×5.6×4)	1500	32	42	55	76	110	151	202	345	450	622	—	—	—	—
	1000	22	28	37	50	73	100	135	231	300	415	571	835	1233	1770
	750	16.5	20	28	37	56	76	100	173	225	310	428	625	925	1325
160 (7.1×5.6×4)	1500	29	36.7	48	65	95	131	176	303	390	552	—	—	—	—
	1000	19.2	24.5	32	43.7	64	87.5	118	202	262	368	508	743	1093	1570
	750	14.5	18	23	33	48	66	87	150	196	276	381	557	821	1176
180 (7.1×6.3×4)	1500	26	32	42	58	85	116	155	271	345	492	—	—	—	—
	1000	17	21.7	28	38.5	57	77.8	104	180	230	328	450	660	975	1400
	750	13	15	20	30	43	59	78	136	172	245	337	494	730	1052
200 (8×6.3×4)	1500	22.5	29	38	51	76	102	135	243	310	435	—	—	—	—
	1000	15	19.5	25.5	34	50	68	91	162	207	290	402	588	877	1260
	750	11	15	20	26	39	50	68	120	155	217	300	442	655	945
224 (8×7.1×4)	1500	19.5	26	34.2	46	67	90	121	216	275	388	535	781	1170	1680
	1000	13	17.3	22.8	31	45	61	81	144	184	260	358	520	780	1121
	750	10	12.6	17.5	22	33.6	46	62	108	138	193	268	390	585	842

（续）

规格		315	355	400	450	500	560	630	710	800	900	1000	1120	1250	1400
额定输出转矩/N·m		30000	37500	50000	67000	98000	135000	180000	310000	400000	551500	764000	1120000	1680000	2400000
公称传动比 i	输入转速 n/r·min^{-1}	公称输入功率 P_1/kW													
250 (8×7.1×4.5)	1500	14	18	24	34	47	64	87	153	196	277	381	555	830	1205
	1000	9.5	12	16	22	32	43	58	102	131	185	254	370	555	802
	750	7	9.2	11.5	17.5	23	31	43	76	98	138	190	275	416	603
280 (8×8×4.5)	1500	12.7	16.5	21.7	28	40	57	78	134	170	246	337	495	742	1070
	1000	8.5	11	14.5	19	28	38	52	90	115	164	225	330	495	715
	750	6	8	11	15	21	28	38	68	86	122	168	245	370	536

表 10.2-106 P3F/P3D 减速器油池润滑的许用热功率 P_{G1} （kW）

规格	315	355	400	450	500	560	630	710	800	900	1000	1120	1250	1400
P_{G1}（小空间）	16	21	25	34	39	48	56	73	90	109	139	179	222	258
P_{G1}（大空间）	23	30	36	48	57	70	81	105	132	158	202	259	320	372
P_{G1}（户外露天）	32	42	49	65	79	96	110	145	182	222	277	356	441	512

表 10.2-107 P3ZF/P3ZD 减速器高速轴公称输入功率 P_1

规格		315	355	400	450	500	560	630	710	800	900	1000	1120	1250	1400
额定输出转矩/N·m		30000	37500	50000	67000	98000	135000	180000	310000	400000	551500	764000	1120000	1680000	2400000
公称传动比 i	输入转速 n/r·min^{-1}	公称输入功率 P_1/kW													
315 (2×7.1×5.6×4)	1500	14	19.5	25.5	32	48	67.5	91	150	198	270	380	558	817	1177
	1000	9.5	13	17	22	32	45	60	102	132	182	253	372	545	785
	750	7	9.7	12.7	15.5	23	33	46	76	95	136	192	280	408	586
355 (2.24×7.1×5.6×4)	1500	12.6	17	22.5	29	42	61	80	132	175	240	335	495	730	1052
	1000	8.4	11.5	15	19.5	28	40	53	90	117	160	224	330	486	700
	750	11	8	11.2	14.5	20	30	41	65	87	122	166	247	364	526
400 (2.24×7.1×6.3×4)	1500	11	15	20	25	37.5	52	70	121	155	212	302	438	657	931
	1000	7.5	10	13.4	17	25	35	47	80	104	142	200	292	438	620
	750	6	7.6	10.5	13	18.7	25	36	60	77	105	153	218	328	465
450 (2.5×7.1×6.3×4)	1500	10	13.5	17.5	8	32	47	63	100	138	190	265	392	585	820
	1000	6.7	9	11.8	15	22	32	42	71	92	126	178	260	390	550
	750	5	6.7	8.6	4	15	24	32	52	69	96	133	196	290	412
500 (2.5×8×6.3×4)	1500	9	12	15	19.5	29	42	55	94	125	168	235	350	520	740
	1000	6	8	10	13	19.5	28	37	63	82	112	158	234	348	495
	750	4	6.3	7	10	14	20	28	47	63	85	118	176	261	371
560 (2.5×8×7.1×4)	1500	8	10.8	12.7	18	26.5	37.5	50	85	110	152	210	310	462	660
	1000	5.3	7.2	8.5	12	17.7	25	33	57	73	100	140	208	308	443
	750	4	5.5	6	9	13	19	26	43	56	75	104	156	233	330
630 (2.5×8×7.1×4.5)	1500	5.7	7.5	9	12.7	19	27	35	62	78	108	152	220	332	478
	1000	3.8	5	6	8.5	12.6	18	23.5	40	52	72	100	148	220	319
	750	2.8	3.7	4.5	6.3	9.5	14	17	30	40	55	78	112	165	238

（续）

规格	315	355	400	450	500	560	630	710	800	900	1000	1120	1250	1400
额定输出转矩/N·m	30000	37500	50000	67000	98000	135000	180000	310000	400000	551500	764000	1120000	1680000	2400000

公称传动比 i	输入转速 n/r·min^{-1}	公称输入功率 P_1/kW												
710 (2.8×8× 7.1×4.5)	1500	5	6.7	8	11	16.5	24	30	54	70	94	130	195	292	425
	1000	3.3	4.5	5.4	7.5	11	16	21	36	46	63	88	130	195	283
	750	2.6	3.4	4.2	5.6	8	12.5	16	28	36	47	66	98	145	212
800 (3.15×8× 7.1×4.5)	1500	4.6	6	7.2	9.7	15	21	28.5	48	61	83	117	170	260	380
	1000	3	4	4.8	6.5	10	14	19	32	41	56	78	115	173	252
	750	2.1	3	3.5	4.8	7.5	10	14	25	30	42	58	86	129	191
900 (3.15×8× 8×4.5)	1500	3.8	5.4	6.3	9	13	19	25	42	54	76	103	155	228	113
	1000	2.6	3.6	4.2	6	8.7	12.6	16.6	28	36.5	50	69	103	152	225
	750	2	2.7	3.1	4.6	6.5	8	13	20	28	39	52	77	115	56

表 10.2-108　P3ZF/P3ZD 减速器油池润滑的许用热功率 P_{G1}　　　　（kW）

规格	315	355	400	450	500	560	630	710	800	900	1000	1120	1250	1400
P_{G1}（小空间）	14	18	21	30	35	42	49	64	80	96	123	158	193	223
P_{G1}（大空间）	20	26	31	42	50	61	72	92	116	139	179	229	280	325
P_{G1}（户外露天）	28	36	43	58	69	84	99	126	159	191	246	314	385	446

（2）减速器输出轴轴端径向许用载荷 F_r（见表 10.2-109）。

表 10.2-109　减速器输出轴轴端径向许用载荷 F_r　　　　（kN）

规格		280	315	355	400	450	500	560	630	710	800	900	1000
输出轴		10.55	13.14	17.21	20.83	21.22	28.69	38.83	37.17	41.02	42.20	52.73	67.04
二级输入轴转速 n/r·min^{-1}	$n=1500$	0.74	0.97	1.16	1.40	1.52	1.99	2.33	2.95	3.16	4.23	5.62	7.06
	$n=1000$	0.84	1.11	1.33	1.60	1.74	2.28	2.67	3.38	3.62	4.84	6.44	8.08
	$n=750$	0.93	1.22	1.47	1.77	1.92	2.51	2.93	3.72	3.98	5.33	7.09	8.89
三级输入轴转速 n/r·min^{-1}	$n=1500$	—	0.62	0.74	0.71	0.64	1.05	1.42	1.47	2.24	2.36	3.48	4.13
	$n=1000$		0.71	0.84	0.81	0.73	1.21	1.63	1.68	2.56	2.71	3.99	4.73
	$n=750$		0.78	0.93	0.89	0.81	1.33	1.79	1.85	2.82	2.98	4.39	5.21

注：1. F_r 是根据外力作用于输出轴轴端的中点确定的。
　　当外力作用点偏离中点 ΔL 时，其径向许可载荷应由公式（10.2-12）确定。

$$F'_r = F_r \frac{L}{L \pm 2\Delta L} \tag{10.2-12}$$

　　式中的正负号分别对应于外力作用点由轴端中点向外侧及内侧偏移的情形。
　　2. 输入轴转速界于表列转速之间时，许用径向载荷用插值法求值。
　　3. 1000 以上规格另行计算。

9.6　选用方法

（1）减速器的选用系数

1）工况系数 K_A 见表 10.2-110。

表 10.2-110　工况系数 K_A

日运行时间/h	0.5h 间歇运行	<0.5~2	<2~10	<10~24
均匀载荷(U)	0.8	0.9		1.25
中等冲击载荷(M)	0.9		1.25	1.5
强冲击载荷(H)	1	1.2	1.75	2

注：U、M、H 见表 10.2-114。

2）起动频率系数 f_1 见表 10.2-111。

表 10.2-111　起动频率系数 f_1

每小时起动次数	≤10	<10~60	<60~240	<240~400
f_1	1	1.1	1.2	1.3

3）小时载荷率系数 f_2 见表 10.2-112。

表 10.2-112　小时载荷率系数 f_2

小时载荷率 J_c(%)	100	80	60	40	20
f_2	1	0.94	0.86	0.74	0.56

4）环境温度系数 f_3 见表 10.2-113。

表 10.2-113 环境温度系数 f_3

环境温度/℃	≤ 10~20	< 20~30	< 30~40	< 40~50
f_3	1	1.14	1.33	1.6

（2）减速器的选用

减速器的承载能力受机械强度和热平衡功率两方面的限制，因此减速器的选用必须通过两个功率表来确定。

首先按减速器机械强度公称输入功率 P_1 选用，如果减速器的实际输入转速与承载能力表中的三档（1500r/min，1000r/min，750r/min）中的某一档转速相对误差不超过 4%，可按该档转速下的公称功率选用。如果转速相对误差超过 4%，那么应按实际转速折算减速器的公称功率选用。然后校核减速器的热平衡功率。

表 10.2-101 中的额定输入功率 P_1 适用于如下工作条件：减速器工作载荷平稳无冲击，每日工作 8~10h，每小时起动不超过 10 次，起动转矩不超过额定转矩的 2.5 倍，小时载荷率 $J_c = 100\%$，环境温度为 20℃。当上述条件不能满足时，应依据表 10.2-110~表 10.2-113 的规定进行修正。

选用减速器应已知原动机、工作机的类型及参数、载荷性质及大小、每日运行时间、每小时起动次数、环境温度及轴端载荷等。

当已知条件与表 10.2-101 规定的工作条件相同时，可直接由表 10.2-101 选取所需减速器的规格。

当已知条件与表 10.2-101 规定的工作条件不同时，应由公式（10.2-13）和公式（10.2-14）进行修正计算，再由计算结果的较大值从表 10.2-101 选取与承载能力相符或偏大的减速器。

$$P_{1J} = P_{1B} K_A f_1 \qquad (10.2\text{-}13)$$
$$P_{1R} = P_{1B} f_2 f_3 \qquad (10.2\text{-}14)$$

式中 P_{1J}——减速器计算输入机械功率（kW）；

P_{1R}——减速器计算输入热功率（kW）；

P_{1B}——减速器实际输入功率（kW）。

在初选好减速器的规格后，还应校核减速器的最大尖峰载荷不超过额定承载能力的 2.5 倍。

例 10.2-8 试为一重型输送机选择行星减速器。

已知电动机转速 $n_1 = 1500$r/min，传动比 $i = 900$，电动机功率 $P = 55$kW，工作环境温度为 40℃，减速器每日工作 24h，每小时起动次数为 5 次，受中等冲击载荷，采用油池润滑及底座连接，输入、输出轴端无径向载荷，安装在大厂房内。试选行星减速器的型号规格。

解：由于给定条件与表 10.2-107 规定的工作应用条件不一致，故应进行选型计算。

由表 10.2-110 查得 $K_A = 1.5$，由表 10.2-111 查得 $f_1 = 1$，则

$$P_{1J} = P_{1B} K_A f_1 = 55 \times 1.5 \times 1\text{kW} = 82.5\text{kW}$$

查表 10.2-107（P3ZD 1000）查得 $P_1 = 103$kW，大于 P_{1J}。

由于环境温度较高，应验算热平衡时临界功率 P_{G1}。

查表 10.2-112、表 10.2-113 得 $f_2 = 1$，$f_3 = 1.33$，则

$$P_{1R} = P_{1B} f_2 f_3 = 55 \times 1 \times 1.33\text{kW} = 73.15\text{kW}$$

查表 10.2-108 得 $P_{G1} = 179$kW，大于 P_{1R}，即工作状态热功率小于减速器的热平衡功率，故无须增加冷却措施。

表 10.2-114 减速器的载荷分类及代码

工作机类型	载荷分类代号	工作机类型	载荷分类代号	工作机类型	载荷分类代号
建筑机械		斗式输送机	M	连铸成套设备	H
卷扬机	M	环式输送机	M	剪料机头	H
搅拌机	M	卷扬机	H	重型板轧机	H
铣刨机	H	倾斜卷扬机	H	棒坯粗轧机	H
化工机械		轻工机械		剪板机	H
搅拌器（液体）	U	灌装机	U	焊管机	H
搅拌器（半液体）	M	捣碎机	M	轧机辊道	H
挤压机	M	搅拌机	M	推床	H
离心机（轻型）	U	切片机	M	橡塑机械	
离心机（重型）	M	清洗机	M	硫化机	M
冷却滚筒	M	冶金机械		压光机	M
干燥滚筒	M	输送辊道（轻型）	M	挤压机	M
破碎机	M	鼓风机	M	捏合机	M
混合机	H	离心泵（稀液体）	U	混合搅拌机	M
运输机械		离心泵（半液体）	M	滚压机	M
刮板输送机	M	活塞泵	H	水处理类	
带式输送机（小件）	U	柱塞泵	H	鼓风机	M
带式输送机（大件）	M	压力泵	H	螺杆泵	M
带式输送机（碎料）	H	抽气泵	M	石料、瓷土加工机床类	
螺旋输送机	M	螺杆泵	M	球磨机	H
绞车运输	M	压缩机	H	挤压粉碎机	H
链板输送机	M	钢坯剪断机	H	锤粉碎机	H
客运电梯	M	冷轧机	H	筒型磨机	H

（续）

工作机类型	载荷分类代号	工作机类型	载荷分类代号	工作机类型	载荷分类代号
输送辊道（重型）	H	纺织机械		倒角机	M
矫直机	M	送料器	M	切坯机	M
摆动升降台	M	织布机	M	辊压机	H
滚筒	M	印染机	M	球磨机	H
剪板机	H	捏合机	M	立磨	H
推料机	H	包装机	U	回转窑	M
翻板机	H	卷绕机	M	提升机	M
焊管机	M	木工机械		风机	
冷床	M	剥皮机	H	破碎机（重型）	H
金属加工机械		刨床	M	堆取料机	M
机床辅助装置	U	锯床	H	挤出机	M
机床主传动装置	M	木材加工机	U	喂料机	M
压力机	H	通用机械		压砖机	H
剪切机	M	通风机	M	搅拌机	H
弯板机	M	挤压机	M	石油机械类	
矫直机	H	混合机	M	输油管液压泵	M
拉拔机	M	捏合机	H	钻井设备	H
拉丝机	M	建材机械		挖泥机类	
锻造机	H	破碎机（轻型）	M	筒式传送机	M
挤压机	H	压片机	M	挖泥头	M
锻锤	H	输送辊道	M	泵	M
造纸机械		打包机	M	行走装置	H
所有造纸机械	H	打磨机	M	机动绞车	M

注：U—均匀载荷；M—中等冲击载荷；H—强冲击载荷。

10　矿井提升机用行星齿轮减速器（摘自 JB/T 9043—2016）

JB/T 9043—2016 规定的 ZKD 型、ZKP 型和 ZKL 型单级、单级派生和两级传动行星齿轮减速器主要用于矿井提升机械，也可用于矿山、冶金、水泥、建材、能源及化工等行业机械设备用减速器。高速轴转速不大于1000r/min，可正、反两向运转；工作环境温度为 −40~45℃，低于 8℃时需增设加热装置，高于 35℃时需增设冷却装置。在安装使用之前或停机超过 4h 后，必须进行空负荷运转，在确认噪声、振动和润滑正常情况下方可加载使用。负荷运转时，箱体内润滑油的温升不得高于 35℃，轴承温升不得高于 40℃。

10.1　标记方法

标记示例：

单级和两级行星齿轮减速器：

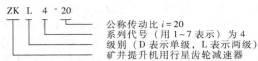

ZKL4-20

公称传动比 $i=20$
系列代号（用 1~7 表示）为 4
级别（D 表示单级，L 表示两级）
矿井提升机用行星齿轮减速器

单级派生型行星齿轮减速器：

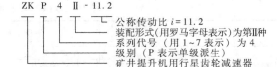

ZKP4Ⅱ-11.2

公称传动比 $i=11.2$
装配形式（用罗马字母表示）为第Ⅱ种
系列代号（用 1~7 表示）为 4
级别（P 表示单级派生）
矿井提升机用行星齿轮减速器

10.2　结构型式和外形尺寸

ZKD 型、ZKP 型和 ZKL 型减速器的结构型式和外形尺寸分别见表 10.2-115~表 10.2-117。

表 10.2-115　ZKD 型减速器的结构型式和外形尺寸　（mm）

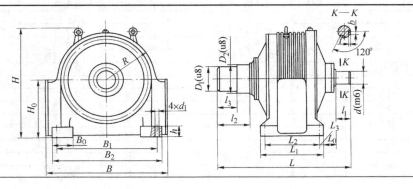

（续）

机座号码	型号	外形尺寸及中心高					轴伸尺寸				
		L	B	H	H_0	R	d	$b \times t$	l_1	D_1/D_2	l_3/l_2
1	ZKD1	1469	1206	1043	500	480	140	37.7×11	250	198/200	125/230
2	ZKD2	1670	1340	1167	560	535	160	42.1×12	300	238/240	150/280
3	ZKD3	1865	1586	1445	710	640	180	44.9×12	300	298/300	180/335
4	ZKD4	2015	1815	1610	800	735	220	57.1×18	350	338/340	200/375
5	ZKD5	2400	2060	1875	900	850	250	64.6×18	410	398/400	240/440
6	ZKD6	2700	2450	2170	1120	925	280	72.1×20	470	438/440	270/500
7	ZKD7	3105	2774	2445	1250	1040	320	81×22	470	478/480	300/560

机座号码	型号	地脚尺寸									质量 /kg
		L_1	L_2	L_3	L_0	B_1	B_2	B_0	d_1	h	
1	ZKD1	580	460	60	202	1020	1140	220	56	70	2212～2244
2	ZKD2	720	590	65	247	1140	1270	240	56	80	2960～3010
3	ZKD3	850	700	75	268	1360	1515	290	66	90	4764～4871
4	ZKD4	900	740	80	273	1550	1740	330	66	100	6171～6532
5	ZKD5	1160	890	135	295	1760	2000	390	78	120	10300～10500
6	ZKD6	1350	1100	125	350	2100	2350	420	91	180	16842～17165
7	ZKD7	1465	1160	152.5	430	2300	2690	500	107	180	27168～27228

表 10.2-116　ZKP 型减速器的结构型式和外形尺寸　　　　　　　　（mm）

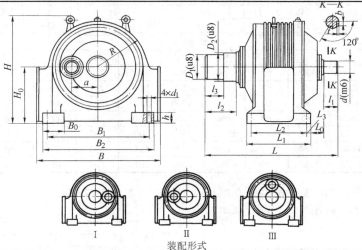

装配形式

机座号码	型号	外形尺寸及中心高						轴伸尺寸				
		L	B	H	H_0	R	a	d	$b \times t$	l_1	D_1/D_2	l_3/l_2
1	ZKP1	1435	1206	1043	500	480	250	110	30.1×9	165	198/200	125/230
2	ZKP2	1660	1340	1167	560	535	300	130	33×10.3	200	238/240	150/280
3	ZKP3	1900	1586	1445	710	640	355	160	42.1×12	240	298/300	180/335
4	ZKP4	2100	1815	1610	800	735	410	170	43.5×12	300	338/340	200/375
5	ZKP5	2400	2060	1875	900	850	474	180	44.9×12.4	300	398/400	240/440
6	ZKP6	2890	2450	2170	1120	925	532	220	57.1×16	350	438/440	270/500
7	ZKP7	3171	2774	2445	1250	1040	600	280	72.1×20	470	478/480	300/560

机座号码	型号	地脚尺寸									质量 /kg
		L_1	L_2	L_3	L_0	B_1	B_2	B_0	d_1	h	
1	ZKP1	580	460	60	302	1020	1140	220	56	70	2475～2526
2	ZKP2	720	590	65	365	1140	1270	240	56	80	3390～3430
3	ZKP3	850	700	75	364	1360	1515	290	66	90	5382～5505
4	ZKP4	900	740	80	442	1550	1740	330	66	100	7112～7667
5	ZKP5	1160	890	135	445	1760	2000	390	78	120	11620～11700
6	ZKP6	1350	1100	125	620	2100	2350	420	91	180	19390～19634
7	ZKP7	1465	1160	152.5	655	2300	2690	500	107	180	28505～28625

表 10.2-117　ZKL 型减速器的结构型式和外形尺寸　　　　　　　　　（mm）

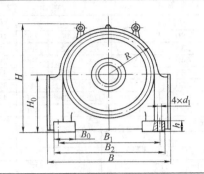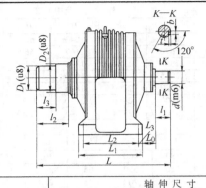

机座号码	型号	外形尺寸及中心高					轴伸尺寸				
		L	B	H	H_0	R	d	$b \times t$	l_1	D_1/D_2	l_3/l_2
1	ZKL1	1443	1176	1038	500	460	90	25.6×8	130	198/200	125/230
2	ZKL2	1660	1340	1167	560	535	110	30.1×9	165	238/240	150/280
3	ZKL3	1860	1586	1445	710	640	120	33.2×10	210	298/300	180/335
4	ZKL4	2055	1812	1642	800	735	140	37.7×11	250	338/340	200/375
5	ZKL5	2370	2068	1875	900	850	160	42.1×12	300	398/400	240/440
6	ZKL6	2690	2450	2170	1120	925	180	44.9×12	300	438/440	270/500
7	ZKL7	2980	2715	2445	1250	1050	200	51×14	350	478/480	300/560

机座号码	型号	地脚尺寸									质量 /kg
		L_1	L_2	L_3	L_0	B_1	B_2	B_0	d_1	h	
1	ZKL1	720	600	60	190	960	1105	220	56	70	2482~2521
2	ZKL2	820	690	65	220	1140	1270	240	56	80	3464~3515
3	ZKL3	920	760	80	246	1360	1515	290	66	90	4385~5519
4	ZKL4	1040	880	80	268	1550	1740	330	66	100	6742~7115
5	ZKL5	1300	1030	80	275.5	1760	2000	390	78	120	11290~11488
6	ZKL6	1440	1180	130	290	2100	2350	420	91	150	18952~19226
7	ZKL7	1720	1420	150	300	2300	2640	500	107	180	27198~27330

ZKD 型、ZKP 型、ZKL 型减速器中心距见表 10.2-118~ 表 10.2-120，减速器的公称传动比见表 10.2-121。

表 10.2-118　ZKD 型减速器中心距

（mm）

型号	中心距
ZKD 型	190, 195, 228, 234, 280, 288, 320, 330, 366, 378, 427, 441, 488, 504

表 10.2-119　ZKP 型减速器中心距

（mm）

型号	中心距	
	高速级	低速级
ZKP 型	250, 300, 355, 410, 474, 532, 600	190, 195, 228, 234, 280, 288, 320, 330, 366, 378, 427, 441, 488, 504

表 10.2-120　ZKL 型减速器中心距

（mm）

型号	中心距	
	高速级	低速级
ZKL 型	160, 165, 186, 192, 225, 233, 258, 260, 267, 270, 285, 300, 312, 338, 351, 375, 390	190, 195, 228, 234, 280, 288, 300, 320, 330, 366, 378, 427, 441, 488, 504

表 10.2-121　减速器的公称传动比

型号	公称传动比						
ZKD	4	4.5	5		5.6	6.3	
ZKP	7.1	8	9	10	11.2	12.5	14
ZKL	16	18	20	22.4	25	28	31.5	35.5	40

注：减速器的实际传动比与公称传动比的相对误差，ZKD 型减速器不大于 3%，ZKP 型、ZKL 型减速器不大于 4%。

10.3　承载能力

ZKD 型、ZKP 型和 ZKL 型减速器的许用输出转矩 T_P 见表 10.2-122~ 表 10.2-124，许用输入功率 P_P 见表 10.2-125~ 表 10.2-127。

表 10.2-122　ZKD 型减速器许用输出转矩 T_P

公称传动比 i	$n_1/r \cdot min^{-1}$	单级行星齿轮减速器许用输出转矩 $T_P/N \cdot m$						
		型　号						
		ZKD1	ZKD2	ZKD3	ZKD4	ZKD5	ZKD6	ZKD7
4	500	62670	107140	197920	296540	437640	682800	1000810
	600	61930	105600	194690	291480	429390	567760	975700
	750	60820	103310	189920	284010	417280	645920	939600
	1000	58990	99600	182250	272030	398030	611750	883900
4.5	500	73670	125820	233140	350430	520660	812910	1192390
	600	72740	124080	229500	344770	511360	795950	1164040
	750	71480	121480	224120	336400	497690	771260	1123170
	1000	69400	117270	215450	322950	475910	732500	1059830
5	500	67660	115940	210520	309960	456920	715310	1284120
	600	67020	114680	207700	305770	450120	702790	1258380
	750	66040	112550	204590	299490	440000	684360	1220810
	1000	64410	109200	196630	289270	423640	654940	1161580
5.6	500	75590	129590	236860	346640	510150	799520	1390330
	600	74910	128160	232900	342120	503260	786790	1374740
	750	73880	126020	228490	335370	492960	767960	1350830
	1000	72160	122490	221290	324340	746200	737700	1310830
6.3	500	73790	127260	234220	347620	517400	816740	1308490
	600	73520	126670	232970	345720	514270	810620	1296830
	750	73090	125710	230960	342660	509240	800970	1278620
	1000	72310	124010	227400	337220	500380	784230	1247490

表 10.2-123　ZKP 型减速器许用输出转矩 T_P

公称传动比 i	$n_1/r \cdot min^{-1}$	单级派生行星齿轮减速器许用输出转矩 $T_P/N \cdot m$						
		型　号						
		ZKP1	ZKP2	ZKP3	ZKP4	ZKP5	ZKP6	ZKP7
7.1	500	58970	100670	163260	245260	375330	526550	758440
	600	58180	98030	160660	240980	367990	515360	740040
	750	57000	96600	156790	234650	357200	499040	713450
	1000	55060	92700	150560	224510	346110	473360	672240
8	500	57950	99170	165810	247530	377900	528590	764180
	600	57310	97830	163530	243840	371660	519050	748320
	750	56350	95830	160120	238320	362220	504930	725110
	1000	54750	92570	154530	229350	347130	482350	688470
9	500	65190	111560	186530	278470	425140	594670	859700
	600	64470	110060	183970	274320	418050	583930	841860
	750	63390	107810	180130	268110	407500	568050	815750
	1000	61590	104140	173850	258020	390520	542640	774530
10	500	72430	123960	207260	308410	472380	660740	955220
	600	71640	122290	204410	304800	464490	648810	935400
	750	70430	119790	200150	297900	452780	631170	906390
	1000	68440	115710	193170	286690	433910	602640	860590
11.2	500	81120	138830	232130	346540	529070	740030	1069850
	600	80230	136970	228940	341380	520230	726670	1047650
	750	78890	134170	224160	333650	507110	706910	1015150
	1000	76650	129600	216350	321100	485980	675290	963860
12.5	500	75220	130070	239760	355880	530380	825930	1194030
	600	75150	129880	239350	355270	529350	811010	1169250
	750	75010	129540	238610	354170	527500	788960	1132980
	1000	74720	128860	237170	351990	523890	753670	1075740
14	500	75250	130160	129950	356150	530840	807610	1171750
	600	75200	130010	239620	355680	530030	795490	1151410
	750	75090	129730	239020	354780	528530	777320	1121200
	1000	74850	129170	237810	352960	525500	747710	1072620

表 10.2-124　ZKL 型减速器许用输出转矩 T_P

公称传动比 i	$n_1/\text{r} \cdot \text{min}^{-1}$	两级行星齿轮减速器许用输出转矩 $T_P/\text{N} \cdot \text{m}$							
		型　号							
		ZKL1	ZKL2	ZKL3	ZKL3A	ZKL4	ZKL5	ZKL6	ZKL7
16	500	64350	112180	211260	298560	318850	478630	765780	1146130
	600	64680	112880	212520	298930	321860	488000	770970	1155100
	750	65150	113680	214330	299180	324770	487480	778550	1166980
	1000	65810	114920	216860	299020	323800	493890	789310	1183800
18	500	64150	111280	210460	298260	318590	477590	761820	1140680
	600	64470	112400	211710	298700	320580	480790	767240	1149230
	750	64900	113220	213380	299080	323250	485060	774470	1160580
	1000	65530	114390	215790	299160	327100	491180	784770	1176710
20	500	63950	111460	209780	297960	317490	475850	758870	1136030
	600	64280	112040	210980	298460	319400	478940	764060	1144210
	750	64690	112820	212570	298930	321960	483000	770970	1155100
	1000	65290	113940	214880	299200	325640	488860	790860	1170600
22.4	500	63800	111160	209090	297650	316330	474070	755850	1131260
	600	64090	111680	210220	298190	318200	476930	760790	1139050
	750	64490	112420	211740	298740	320530	480870	767380	1149440
	1000	65050	113480	213930	299160	324140	486470	776830	1164290
25	500	81050	134380	256810	344540	369640	562900	895190	1337330
	600	77630	134670	257410	345120	370540	564350	897660	1341240
	750	77830	135040	258200	345700	371740	566300	900970	1346460
	1000	78120	435590	259360	346140	373480	569100	905720	1353930
28	500	80860	134220	256470	344150	369620	562050	893750	1335050
	600	77530	134490	257030	344770	369970	563430	896100	1338770
	750	77720	134850	257790	345420	371110	565280	899250	1343740
	1000	78000	135470	258890	342200	372770	567960	903780	1350890
31.5	500	80670	134060	256130	343720	368610	561220	882840	1332810
	600	77440	134810	256660	344370	370410	562530	894550	1336340
	750	77620	134650	257380	345090	370490	564280	897550	1341060
	1000	77880	135150	258420	342200	372060	566320	901860	1347860
35.5	500	62070	107670	198880	—	285250	440720	701120	1047710
	600	62170	107870	199280		285880	441710	702810	1050460
	750	62320	108140	199810		236720	443050	705090	1054060
	1000	62520	108520	200580		287950	444880	708370	1059260
40	500	62010	107560	198640	—	294870	440110	700080	1046130
	600	62110	107740	199010		295460	441050	701690	1048670
	750	62240	107990	199520		296260	442310	703840	1052080
	1000	62430	108360	200260		297420	444150	706960	1057020

表 10.2-125　ZKD 型减速器许用输入功率 P_P

公称传动比 i	$n_1/\text{r} \cdot \text{min}^{-1}$	单级行星齿轮减速器许用输入功率 P_P/kW						
		型　号						
		ZKD1	ZKD2	ZKD3	ZKD4	ZKD5	ZKD6	ZKD7
4	500	837	1431	2644	3961	5846	9121	13368
	600	993	1693	3121	4672	6883	10704	15640
	750	1219	2070	3805	5691	8361	12942	18826
	1000	1576	2661	4869	7267	10633	16343	23613
4.5	500	874	1494	2768	4161	6182	9652	14158
	600	1036	1768	3270	4912	7286	11341	16585
	750	1273	2164	3992	5991	8864	13736	20004
	1000	1648	2785	5116	7669	11301	17394	25167
5	500	723	1239	2250	3312	4883	7644	13722
	600	859	1469	2663	3921	5777	9012	16136
	750	1059	1804	3262	4801	7053	10970	19568
	1000	1377	2334	4202	6182	9054	13997	24825
5.6	500	721	1236	2250	3307	4867	7628	13265
	600	858	1467	2667	3917	5762	9008	15740
	750	1057	1804	3270	4800	7055	10991	19333
	1000	1377	2337	4223	6189	9087	14077	25013

（续）

公称传动比 i	$n_1/r \cdot min^{-1}$	单级行星齿轮减速器许用输入功率 P_P/kW						
		型　号						
		ZKD1	ZKD2	ZKD3	ZKD4	ZKD5	ZKD6	ZKD7
6.3	500	626	1079	1986	2948	4388	6927	11097
	600	748	1289	2371	3518	5234	8250	13198
	750	930	1599	2938	4359	6478	10190	16266
	1000	1227	2103	3857	5720	8487	13302	21160

表 10.2-126　ZKP 型减速器许用输入功率 P_P

公称传动比 i	$n_1/r \cdot min^{-1}$	单级派生行星齿轮减速器许用输入功率 P_P/kW						
		型　号						
		ZKP1	ZKP2	ZKP3	ZKP4	ZKP5	ZKP6	ZKP7
7.1	500	453	773	1254	4884	2883	4045	5826
	600	536	913	1481	2221	3392	4751	6822
	750	657	1113	1807	2704	4116	5751	8221
	1000	846	1424	2313	3449	5226	7273	10328
8	500	395	676	1130	1688	2576	3604	5210
	600	469	800	1338	1995	3040	4247	6122
	750	576	980	1638	2437	3704	5164	7416
	1000	747	1262	2107	3127	4733	6577	9388
9	500	395	676	1130	1688	2577	3604	5210
	600	469	800	1338	1995	3040	4247	6122
	750	576	980	1637	2437	3704	5164	7416
	1000	747	1262	2107	3127	4733	6577	9388
10	500	395	676	1130	1688	2577	3604	5210
	600	469	800	1338	1995	3040	4247	6122
	750	576	980	1637	2437	3704	5164	7416
	1000	747	1262	2107	3127	4733	6577	9388
11.2	500	395	676	1130	1688	2577	3604	5210
	600	469	800	1338	1995	3040	4247	6122
	750	576	980	1637	2437	3704	5164	7416
	1000	747	1262	2107	3127	4733	6577	9388
12.5	500	328	568	1046	1553	2314	3604	5210
	600	393	680	1253	1860	2772	4247	6122
	750	491	848	1562	2318	3453	5164	7416
	1000	652	1125	2070	3072	4572	6577	9388
14	500	293	507	935	1388	2068	3146	4565
	600	352	608	1120	1663	2478	3719	5383
	750	439	758	1397	2073	3089	4543	6552
	1000	583	1006	1853	2750	4095	5826	8358

表 10.2-127　ZKL 型减速器许用输入功率 P_P

公称传动比 i	$n_1/r \cdot min^{-1}$	两级行星齿轮减速器许用输入功率 P_P/kW						
		型　号						
		ZKL1	ZKL2	ZKL3	ZKL3A	ZKL4	ZKL5	ZKL6	ZKL7
16	500	219	382	720	1018	1090	1635	2609	3907
	600	265	462	870	1223	1317	1976	3154	4725
	750	333	581	1096	1530	1661	2493	3921	5967
	1000	449	784	1479	2039	2242	3367	5381	8071
18	500	194	339	639	904	965	1447	2308	3456
	600	234	409	770	1086	1166	1748	2790	4179
	750	295	515	970	1359	1469	2205	3520	5275
	1000	297	693	1308	1813	1982	2977	4756	7131
20	500	174	304	572	813	866	1298	2070	3095
	600	210	367	690	877	1045	1567	2500	3745
	750	265	462	870	1228	1317	1976	3154	4725
	1000	356	621	1172	1631	1776	2666	4314	6385

（续）

公称传动比 i	$n_1/\text{r} \cdot \text{min}^{-1}$	两级行星齿轮减速器许用输入功率 P_p/kW							
		型 号							
		ZKL1	ZKL2	ZKL3	ZKL3A	ZKL4	ZKL5	ZKL6	ZKL7
22.4	500	155	271	509	734	770	1154	1840	2755
	600	187	326	614	882	930	1394	2223	3328
	750	236	411	773	1105	1171	1756	2803	4198
	1000	317	553	1042	1075	1579	2369	3788	5670
25	500	177	293	560	752	806	1228	1953	2918
	600	203	353	674	904	970	1478	2350	3511
	750	255	442	845	1131	1217	1853	2949	4106
	1000	341	592	1132	1496	1630	2483	3952	5968
28	500	152	252	482	670	694	1057	741	2511
	600	175	304	580	806	835	1272	2022	3024
	750	219	380	727	1009	1047	1595	2537	3791
	1000	293	509	974	1333	1402	2136	3400	5082
31.5	500	140	232	443	595	638	972	1545	2308
	600	161	279	533	716	768	1169	1859	2777
	750	202	350	668	893	962	1466	2331	2483
	1000	270	468	895	1085	1288	1963	3123	4668
35.5	500	95	165	306	—	454	677	1077	1610
	600	115	199	367		546	814	1296	1937
	750	144	249	460		684	1021	1625	2429
	1000	192	333	616		916	1367	2177	3255
40	500	85	147	271		402	600	955	1426
	600	102	176	326		483	722	1148	1716
	750	127	221	408		606	905	1440	2152
	1000	170	296	546		811	1211	1928	2883

10.4 选用方法

对 ZK 标准减速器，表 10.2-122～表 10.2-127 所列许用输出转矩和许用输入功率的使用系数 $K_A = 1$。

选用 ZK 减速器时应根据使用条件按下式计算：

$$T_C = T_2 K_1$$

式中 T_C——计算转矩（N·m）；

T_2——最大工作转矩（N·m）；

K_1——利用率系数见表 10.2-128。

根据计算出的 T_C 和其他已知条件按表 10.2-122～表 10.2-124 选用 T_P，所选减速器应满足 $T_C \leqslant T_P$。

例 10.2-9 2JK-3.5/20 型单绳缠绕式提升机用减速器，电动机驱动，电动机转速 $n_1 = 1000$ r/min，传动比 $i = 20$，每日工作 20 h，最大工作转矩为 325000N·m，要求选用规格相当的 ZK 标准行星齿轮减速器。

解：查表 10.2-128，$K_1 = 1.00$。

计算转矩：$T_C = 325000 \times 1$N·m $= 325000$N·m。

按 $n_1 = 1000$r/min，$i = 20$，查表 10.2-124，$T_P = 325640$N·m。

$$T_C = 325000\text{N} \cdot \text{m} \leqslant T_P$$

可选用 ZKL4 行星齿轮减速器。

表 10.2-128 利用率系数 K_1

每日工作时间[①]/h	<1/2	1/2～3	3～8	8～16	16～24
每年工作时间/h	≤200	>200～1000	>1000～3000	>3000～6000	>6000
利用率系数 K_1	按调查[②]	0.71	0.80	0.90	1.00

① 必须按较长停车时间计算，利用率系数 K_1 最好按年平均工作时间计算。

② 调查工作条件和负载组合情况。

11 矿用重载行星齿轮减速器（摘自 JB/T 12808—2016）

JB/T 12808—2016 中规定的 ZZD 型、ZZL 型、ZZS 型单级、两级、三级传动行星齿轮减速器以及 ZZDP 型、ZZLP 型单级、两级派生传动行星齿轮减速器，可用作矿山、冶金、水泥、建材、能源及化工等设备用减速器。高速轴转速不大于 1000r/min，可正反两向运转；工作环境温度为-40～45℃，低于 8℃时需增设加热装置，高于 35℃时需增设冷却装置。在安装使用之前或停机超过 4h 后，必须进行空负荷运转，在确认噪声、振动、润滑正常情况下方可加载使用。负荷运转时箱体内润滑油的温升不得高于 35℃，轴承温升不得高于 40℃。

11.1　标记方法

标记示例：

单级、两级和三级行星齿轮减速器：

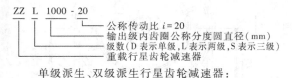

ZZ L 1000 - 20
- 公称传动比 i = 20
- 输出级内齿圈公称分度圆直径（mm）
- 级数（D 表示单级，L 表示两级，S 表示三级）
- 重载行星齿轮减速器

单级派生、双级派生行星齿轮减速器：

ZZ D P 1000 - Ⅱ - 11.2
- 公称传动比 i = 11.2
- 装配形式为第 Ⅱ 种
- 输出级内齿圈公称分度圆直径（mm）
- 派生型
- 级数（D 表示单级，L 表示两级）
- 重载行星齿轮减速器

11.2　结构型式和外形尺寸

ZZD、ZZL、ZZS 型减速器的结构型式和外形尺寸见表 10.2-129～表 10.2-131，ZZDP、ZZLP 型减速器的结构型式和外形尺寸见表 10.2-132、表 10.2-133。

表 10.2-129　ZZD 型减速器的结构型式和外形尺寸　　　　　　　　　（mm）

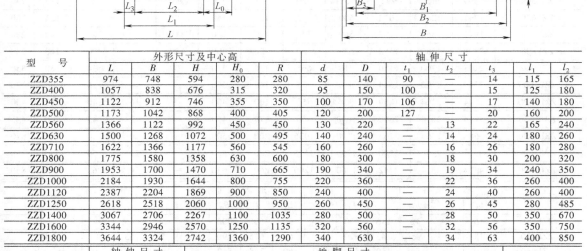

型　号	外形尺寸及中心高					轴伸尺寸						
	L	B	H	H_0	R	d	D	t_1	t_2	t_3	l_1	l_2
ZZD355	974	748	594	280	280	85	140	90	—	14	115	165
ZZD400	1057	838	676	315	320	95	150	100	—	15	125	180
ZZD450	1122	912	746	355	350	100	170	106	—	17	140	180
ZZD500	1173	1042	868	400	405	120	200	127	—	20	160	200
ZZD560	1366	1122	992	450	450	130	220	—	13	22	165	240
ZZD630	1500	1268	1072	500	495	140	240	—	14	24	180	260
ZZD710	1622	1366	1177	560	545	160	260	—	16	28	180	280
ZZD800	1775	1580	1358	630	600	180	300	—	18	30	200	320
ZZD900	1953	1700	1470	710	665	190	340	—	19	34	240	350
ZZD1000	2184	1930	1644	800	755	220	360	—	22	36	260	400
ZZD1120	2387	2204	1869	900	850	240	400	—	24	40	260	400
ZZD1250	2618	2518	2060	1000	950	260	450	—	26	45	280	485
ZZD1400	3067	2706	2267	1100	1035	280	500	—	28	50	350	670
ZZD1600	3344	2946	2570	1250	1135	320	560	—	32	56	350	750
ZZD1800	3644	3324	2742	1360	1290	340	630	—	34	63	400	850

型　号	轴伸尺寸			地脚尺寸									质量/kg
	b_1	b_2	b_3	L_0	L_1	L_2	L_3	B_1	B_2	B_3	d_1	h	n	
ZZD355	22	—	42	146	450	350	50	600	700	130	50	45	4	545
ZZD400	25	—	45	143	520	400	60	675	790	155	50	55	4	800
ZZD450	28	—	51	169	520	400	60	745	860	155	50	55	4	949
ZZD500	32	—	60	180	580	450	65	860	990	180	55	65	4	1476
ZZD560	—	39	66	225	580	480	50	940	1070	185	55	65	4	1851
ZZD630	—	42	72	228	680	530	75	1050	1200	210	65	75	4	2520
ZZD710	—	48	78	258	720	570	75	1150	1300	215	65	75	4	3412
ZZD800	—	54	90	263	840	650	95	1320	1510	265	75	90	4	4683
ZZD900	—	57	102	235	980	770	105	1420	1630	270	80	100	4	6582
ZZD1000	—	66	108	308	1050	810	120	1640	1860	310	95	110	4	8208
ZZD1120	—	72	120	322	1130	930	100	1870	2120	350	100	125	4	11453
ZZD1250	—	78	135	356	1330	1020	155	2120	2430	405	120	150	4	15795
ZZD1400	—	84	150	372	1430	1120	155	2300	2610	425	120	150	4	20743
ZZD1600	—	96	168	459	1500	1180	160	2540	2880	450	145	170	4	27313
ZZD1800	—	102	189	434	1720	1350	185	2850	3220	510	165	200	4	37667

表 10.2-130　ZZL 型减速器的结构型式和外形尺寸　　　　　（mm）

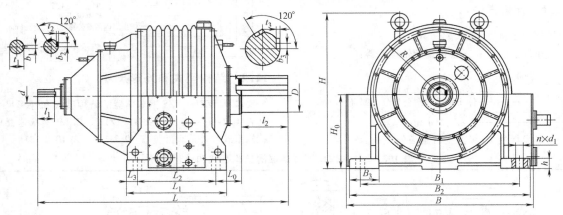

型　　号	外形尺寸及中心高					轴　伸　尺　寸						
	L	B	H	H_0	R	d	D	t_1	t_2	t_3	l_1	l_2
ZZL355	1151	784	594	280	280	55	140	59	—	14	85	165
ZZL400	1213	838	676	315	320	60	150	64	—	15	85	180
ZZL450	1325	912	746	355	350	70	170	74.5	—	17	105	180
ZZL500	1441	1042	868	400	405	80	200	85	—	20	115	200
ZZL560	1599	1122	992	450	450	90	220	95	—	22	115	240
ZZL630	1767	1268	1072	500	495	100	240	106	—	24	125	260
ZZL710	1947	1366	1177	560	545	110	260	116	—	26	140	280
ZZL800	2099	1580	1358	630	600	120	300	127	—	30	140	280
ZZL900	2208	1700	1470	710	665	130	340	137	—	34	160	350
ZZL1000	2584	1930	1644	800	755	140	360	—	14	36	180	320
ZZL1120	2774	2204	1869	900	850	160	400	—	16	40	180	400
ZZL1250	3115	2518	2060	1000	950	170	450	—	17	45	200	485
ZZL1400	3586	2706	2267	1100	1035	200	500	—	20	50	240	670
ZZL1600	3952	2946	2570	1250	1135	220	560	—	22	56	240	750
ZZL1800	4314	3324	2742	1360	1290	240	630	—	24	63	260	850

型　　号	轴伸尺寸			地　脚　尺　寸									质量/kg
	b_1	b_2	b_3	L_0	L_1	L_2	L_3	B_1	B_2	B_3	d_1	h	n	
ZZL355	16	—	42	146	450	350	50	600	700	130	50	45	4	633
ZZL400	18	—	45	143	520	400	60	675	790	155	50	55	4	883
ZZL450	20	—	51	169	520	400	60	745	860	155	50	55	4	1106
ZZL500	22	—	60	180	580	450	65	860	990	180	55	65	4	1631
ZZL560	25	—	66	225	580	480	50	940	1070	185	55	65	4	2137
ZZL630	28	—	72	228	680	530	75	1050	1200	210	65	75	4	2914
ZZL710	28	—	78	258	720	570	75	1150	1300	215	65	75	4	4037
ZZL800	32	—	90	263	840	650	95	1320	1510	265	75	90	4	5562
ZZL900	32	—	102	235	980	770	105	1420	1630	270	80	100	4	7339
ZZL1000	—	42	108	308	1050	810	120	1640	1860	310	95	110	4	9732
ZZL1120	—	48	120	322	1130	930	100	1870	2120	355	100	125	4	14166
ZZL1250	—	51	135	356	1330	1020	155	2120	2430	405	120	150	4	18862
ZZL1400	—	60	150	372	1430	1120	155	2300	2610	425	120	150	4	25122
ZZL1600	—	66	168	459	1500	1180	160	2540	2880	450	145	170	4	33488
ZZL1800	—	72	189	434	1720	1350	185	2850	3220	510	165	200	4	45051

表 10.2-131　**ZZS 型减速器的结构型式和外形尺寸** （mm）

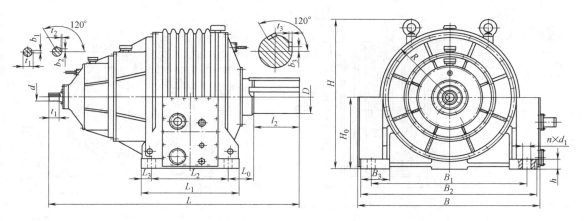

型　号	外形尺寸及中心高					轴 伸 尺 寸						
	L	B	H	H_0	R	d	D	t_1	t_2	t_3	l_1	l_2
ZZS355	1266	748	594	280	280	30	140	33	—	14	55	165
ZZS400	1344	838	676	315	320	35	150	38	—	15	55	180
ZZS450	1411	912	746	355	350	40	170	43	—	17	55	180
ZZS500	1619	1042	868	400	405	45	200	48.5	—	20	70	200
ZZS560	1773	1122	992	450	450	50	220	53.5	—	22	70	240
ZZS630	1969	1268	1072	500	495	55	240	59	—	24	85	260
ZZS710	2140	1358	1177	560	545	60	260	64	—	26	85	280
ZZS800	2317	1580	1358	630	600	65	300	69	—	30	105	280
ZZS900	2384	1700	1470	710	665	70	340	74.5	—	34	105	350
ZZS1000	2842	1930	1644	800	755	75	360	79.5	—	36	105	320
ZZS1120	3125	2204	1869	900	850	80	400	85	—	40	115	400
ZZS1250	3458	2518	2060	1000	950	90	450	95	—	45	115	485
ZZS1400	3926	2706	2267	1100	1035	100	500	106	—	50	125	670
ZZS1600	4335	2946	2570	1250	1135	110	560	116	—	56	140	750
ZZS1800	4742	3324	2742	1360	1290	120	630	127	—	63	140	850

型　号	轴 伸 尺 寸			地 脚 尺 寸									质量/kg
	b_1	b_2	b_3	L_0	L_1	L_2	L_3	B_1	B_2	B_3	d_1	h	n	
ZZS355	8	—	42	146	450	350	50	600	700	130	50	45	4	648
ZZS400	10	—	45	143	520	400	60	675	790	155	50	55	4	915
ZZS450	12	—	51	169	520	400	60	745	860	155	50	55	4	1155
ZZS500	14	—	60	180	580	450	65	860	990	180	55	65	4	1674
ZZS560	14	—	66	225	580	480	50	940	1070	185	55	65	4	2237
ZZS630	16	—	72	228	680	530	75	1050	1200	210	65	75	4	3057
ZZS710	18	—	78	258	720	570	75	1150	1300	215	65	75	4	4234
ZZS800	18	—	90	263	840	650	95	1320	1510	265	75	90	4	5832
ZZS900	20	—	102	235	980	770	105	1420	1630	270	80	90	4	7323
ZZS1000	20	—	108	308	1050	810	120	1640	1860	310	95	110	4	10339
ZZS1120	22	—	120	322	1130	930	100	1870	2120	350	100	125	4	14570
ZZS1250	25	—	135	356	1330	1020	155	2120	2430	405	120	150	4	19935
ZZS1400	28	—	150	372	1430	1120	155	2300	2610	425	120	150	4	25014
ZZS1600	28	—	168	459	1500	1180	160	2540	2880	450	145	170	4	35577
ZZS1800	32	—	189	434	1720	1350	185	2850	3220	510	165	200	4	47850

表 10.2-132　ZZDP 型减速器的结构型式及外形尺寸　　　　　　（mm）

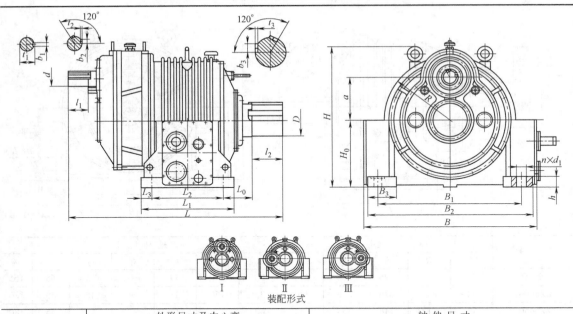

装配形式

型　　号	外形尺寸及中心高						轴伸尺寸						
	L	B	H	H_0	R	a	d	D	t_1	t_2	t_3	l_1	l_2
ZZDP355	1015	748	594	280	280	180	60	140	64	—	14	85	165
ZZDP400	1118	838	676	315	320	200	70	150	74.5	—	15	105	180
ZZDP450	1166	912	746	355	350	224	75	170	79.5	—	17	105	180
ZZDP500	1298	1042	868	400	405	250	90	200	95	—	20	115	200
ZZDP560	1445	1122	992	450	450	280	95	220	100	—	22	125	240
ZZDP630	1603	1268	1072	500	495	315	110	240	116	—	24	140	260
ZZDP710	1743	1366	1177	560	545	355	120	260	127	—	26	140	280
ZZDP800	1940	1580	1358	630	600	400	140	300	—	14	30	180	280
ZZDP900	2080	1700	1470	710	665	450	150	340	—	15	34	180	350
ZZDP1000	2253	1930	1644	800	755	475	170	360	—	17	36	180	320
ZZDP1120	2534	2204	1869	900	850	530	200	400	—	20	40	200	400
ZZDP1250	2850	2518	2060	1000	950	600	230	450	—	23	45	240	485
ZZDP1400	3287	2706	2267	1100	1035	670	250	500	—	25	50	260	670
ZZDP1600	3488	2946	2570	1250	1135	750	270	560	—	27	56	280	750
ZZDP1800	3928	3324	2742	1360	1290	850	300	630	—	30	63	320	850

型　　号	轴伸尺寸			地脚尺寸										质量/kg
	b_1	b_2	b_3	L_0	L_1	L_2	L_3	B_1	B_2	B_3	d_1	h	n	
ZZDP355	18	—	42	146	450	350	50	600	700	130	50	45	4	652.5
ZZDP400	20	—	45	143	520	400	60	675	790	155	50	55	4	919
ZZDP450	20	—	51	169	520	400	60	745	860	155	50	55	4	1139
ZZDP500	25	—	60	180	580	450	65	860	990	180	55	65	4	1710
ZZDP560	25	—	66	225	580	480	50	940	1070	185	55	65	4	2222
ZZDP630	28	—	72	228	680	530	75	1050	1200	210	65	75	4	3077
ZZDP710	32	—	78	258	720	570	75	1150	1300	215	65	75	4	4195
ZZDP800	—	42	90	263	840	650	95	1320	1510	265	75	90	4	5768
ZZDP900	—	45	102	235	980	770	105	1420	1630	270	80	100	4	7376
ZZDP1000	—	51	108	308	1050	810	120	1640	1860	310	95	110	4	10049
ZZDP1120	—	60	120	322	1130	930	100	1870	2120	350	100	125	4	14522
ZZDP1250	—	69	135	356	1330	1020	155	2120	2430	405	120	150	4	19902
ZZDP1400	—	75	150	372	1430	1120	155	2300	2610	425	120	150	4	26655
ZZDP1600	—	81	168	459	1500	1180	160	2540	2880	450	145	170	4	34562
ZZDP1800	—	90	189	434	1720	1350	185	2850	3220	510	165	200	4	47500

表 10.2-133 ZZLP 型减速器的结构型式及外形尺寸 （mm）

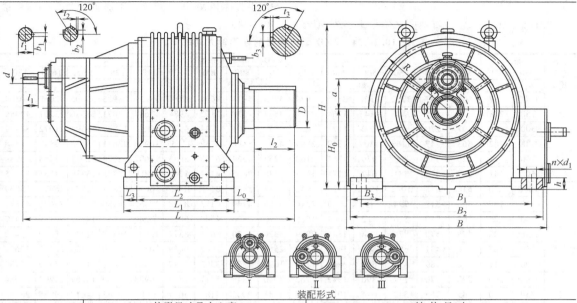

装配形式

型号	外形尺寸及中心高						轴伸尺寸						
	L	B	H	H_0	R	a	d	D	t_1	t_2	t_3	l_1	l_2
ZZLP355	1165	748	594	280	280	100	35	140	38	—	14	55	165
ZZLP400	1243	838	676	315	320	112	40	150	43	—	15	55	180
ZZLP450	1323	912	746	355	350	125	45	170	48.5	—	17	70	180
ZZLP500	1447	1042	868	400	405	140	48	200	51.5	—	20	70	200
ZZLP560	1626	1122	992	450	450	160	50	220	54	—	22	85	240
ZZLP630	1762	1268	1072	500	495	180	60	240	64	—	24	85	260
ZZLP710	1953	1366	1177	560	545	200	70	260	74.5	—	26	105	280
ZZLP800	2083	1580	1358	630	600	224	75	300	79.5	—	30	105	320
ZZLP900	2217	1700	1470	710	665	236	80	340	85	—	34	115	350
ZZLP1000	2598	1930	1644	800	755	265	95	360	100	—	36	125	400
ZZLP1120	2869	2204	1869	900	850	300	100	400	106	—	40	140	400
ZZLP1250	3056	2518	2060	1000	950	335	120	450	127	—	45	140	485
ZZLP1400	3598	2706	2267	1100	1035	375	130	500	137	—	50	165	670
ZZLP1600	3963	2946	2570	1250	1135	400	140	560	—	14	56	180	750
ZZLP1800	4321	3324	2742	1360	1290	450	150	630	—	15	63	180	850

型号	轴伸尺寸			地脚尺寸								质量/kg
	b_1	b_2	b_3	L_0	L_1	L_2	L_3	B_1	B_2	B_3	d_1	h	n	
ZZLP355	10	—	42	146	450	350	50	600	700	130	50	45	4	626
ZZLP400	12	—	45	143	520	400	60	675	790	155	50	55	4	881
ZZLP450	14	—	51	169	520	400	60	745	860	155	50	55	4	1103
ZZLP500	14	—	60	180	580	450	65	860	990	180	55	65	4	1666.5
ZZLP560	16	—	66	225	580	480	50	940	1070	185	55	65	4	2185
ZZLP630	18	—	72	228	680	530	75	1050	1200	210	65	75	4	2983
ZZLP710	20	—	78	258	720	570	75	1150	1300	215	65	75	4	4107.5
ZZLP800	20	—	90	263	840	650	95	1320	1510	265	75	90	4	5660
ZZLP900	22	—	102	235	980	770	105	1420	1630	270	80	100	4	7183
ZZLP1000	25	—	108	308	1050	810	120	1640	1860	310	95	110	4	9981
ZZLP1120	28	—	120	322	1130	930	100	1870	2120	350	100	125	4	14082
ZZLP1250	32	—	135	356	1330	1020	155	2120	2430	405	120	150	4	18799
ZZLP1400	32	—	150	372	1430	1120	155	2300	2610	425	120	150	4	25657
ZZLP1600	—	42	168	459	1500	1180	160	2540	2880	450	145	170	4	34042
ZZLP1800	—	45	189	434	1720	1350	185	2850	3220	510	165	200	4	45978

11.3　承载能力

ZZD 型、ZZDP 型、ZZL 型、ZZLP 型、ZZS 型减

速器的许用输入功率 P_P 分别见表 10.2-134～表 10.2-138，其许用输出转矩 T_P 分别见表 10.2-139～表 10.2-143。

表 10.2-134　ZZD 型减速器的许用输入功率 P_P

公称传动比 i	转速 /r·min⁻¹		ZZD 型行星减速器														
			355	400	450	500	560	630	710	800	900	1000	1120	1250	1400	1600	1800
	n_1	n_2	许用输入功率 P_P/kW														
3.15	1000	317	606	747	1222	1527	2375	2929	4785	5973	9604	12047	18251	23925	30005	42062	60304
	750	238	449	555	911	1143	1764	2191	3563	4378	7152	8984	13687	18071	23380	33201	47449
	500	159	297	270	641	762	1174	1459	2359	2901	4734	5973	9132	11877	15504	21972	33449
3.55	1000	282	563	747	1168	1307	2349	2909	4396	5888	8732	11653	16953	23631	28133	39548	58378
	750	211	420	553	869	970	1762	2168	3252	4364	6595	8695	12692	18378	22031	31055	45989
	500	141	279	366	581	647	1171	1453	2138	2865	4442	5766	8507	12725	15389	21755	32315
4	1000	250	510	678	1042	1561	2138	3042	4113	5478	8178	10904	16071	21857	25873	36471	53039
	750	188	396	517	794	1193	1603	2314	3165	4149	6173	8458	12053	16980	20298	28685	41877
	500	125	265	340	516	812	1064	1505	2170	2806	4142	5826	7898	11751	14192	20117	29477
4.5	1000	222	428	570	874	1140	1884	2209	3326	4550	6651	8374	13897	16438	21328	28099	43472
	750	167	326	431	654	864	1424	1669	2564	3474	5042	6469	10387	12560	16124	22042	32604
	500	111	220	289	434	580	962	1116	1698	2357	3385	4397	6960	8350	11215	15389	21736
5	1000	200	323	470	727	890	1342	1762	2950	3848	5517	7434	10983	14260	18667	25293	34954
	750	150	245	355	542	674	1015	1335	2181	2902	4187	5647	8340	10743	14619	19985	26782
	500	100	167	237	357	453	682	898	1443	1956	2823	3813	5630	7216	10000	13625	18232
5.6	1000	179	288	382	592	764	1166	1517	2247	3226	4581	5918	9518	11366	16673	22788	30417
	750	134	219	251	450	577	881	1147	1701	2420	3479	4467	7219	8681	12689	17458	23247
	500	89	148	195	304	387	591	770	1144	1632	2338	2987	4895	5846	8582	11835	15816
6.3	1000	159	241	271	441	526	848	1103	1668	2189	3444	4480	6753	8772	10961	12066	23755
	750	119	182	206	328	405	646	839	1248	1654	2583	3334	5027	6617	8272	9154	18198
	500	79	121	139	215	271	433	563	830	1120	1722	2206	3394	4471	5582	6173	12471
7.1	1000	141	181	211	361	420	668	918	1295	1658	2695	3549	5691	7016	9365	14517	18398
	750	106	137	160	269	316	497	687	969	1250	1987	2680	4291	5307	7091	11029	13889
	500	70	93	107	177	217	331	456	644	839	1317	1787	2861	3598	4788	7447	9320
8	1000	125	144	171	262	354	533	722	1042	1317	2205	2778	4396	5612	7096	10112	14357
	750	94	109	129	195	269	396	539	781	977	1634	2063	3307	4239	5399	7686	10883
	500	63	73	87	127	180	261	358	5185	644	1089	1359	2195	2846	3629	5166	7376
9	1000	111	107	137	211	271	439	523	855	1045	1687	2292	3397	4276	5820	8046	11718
	750	83	81	107	158	205	326	392	638	766	1247	1701	2583	3234	4365	6034	8880
	500	56	59	69	104	137	214	260	422	510	820	1118	1687	2185	2869	3957	5967

表 10.2-135　ZZDP 型减速器的许用输入功率 P_P

公称传动比 i	转速 /r·min⁻¹		ZZDP 型行星减速器														
			355	400	450	500	560	630	710	800	900	1000	1120	1250	1400	1600	1800
	n_1	n_2	许用输入功率 P_P/kW														
10	1000	100	165	240	371	454	685	898	1504	1962	2814	3791	5600	7272	9519	12898	17824
	750	75	125	181	276	344	518	681	1112	1480	2135	2880	4253	5478	7455	10191	13657
	500	50	85	121	182	231	348	458	736	998	1440	1944	2871	3679	5099	6948	9297
11.2	1000	89	147	214	331	405	611	802	1343	1752	2512	3385	5000	6493	8499	11516	15915
	750	67	112	161	247	307	462	608	993	1321	1906	2571	3797	4891	6656	9099	12194
	500	45	76	108	163	206	311	409	657	891	1286	1736	2563	3285	4553	6204	8301
12.5	1000	80	132	192	297	363	548	719	1204	1570	2251	3033	4480	5817	7615	10318	14260
	750	60	100	145	221	275	414	545	890	1184	1708	2304	3402	4383	5964	8153	10926
	500	40	68	97	146	185	278	366	589	798	1152	1555	2297	2944	4079	5559	7438
14	1000	71	118	171	265	324	489	642	1075	1402	2010	2708	4000	5194	6799	9213	12732
	750	54	89	129	197	245	370	486	794	1057	1525	2057	3038	3913	5325	7279	9755
	500	36	61	86	130	165	248	327	526	713	1028	1389	2051	2628	3642	4963	6641

（续）

公称传动比 i	转速/r·min⁻¹		ZZDP 型行星减速器															
	n_1	n_2	355	400	450	500	560	630	710	800	900	1000	1120	1250	1400	1600	1800
			许用输入功率 P_P/kW														
16	1000	63	105	152	235	288	435	570	955	1246	1786	2407	3556	4617	6044	8189	11317
	750	48	79	115	175	218	329	432	706	940	1355	1828	2700	3478	4733	6471	8671
	500	32	54	77	116	147	221	291	467	633	914	1234	1823	2336	3238	4412	5903
18	1000	56	93	135	209	256	386	506	848	1106	1585	2136	3155	4097	5363	7266	10042
	750	42	70	102	156	194	292	384	626	834	1203	1622	2396	3086	4200	5742	7694
	500	28	48	68	103	130	196	258	415	562	811	1095	1618	2073	2873	3914	5238

表 10.2-136　ZZL 型减速器的许用输入功率 P_P

公称传动比 i	转速/r·min⁻¹		ZZL 型行星减速器															
	n_1	n_2	355	400	450	500	560	630	710	800	900	1000	1120	1250	1400	1600	1800
			许用输入功率 P_P/kW														
16	1000	63	105	152	236	288	435	571	956	1247	1788	2409	3559	4621	6049	8196	11327
	750	48	79	115	176	218	329	433	707	940	1357	1830	2702	3481	4737	6476	8679
	500	32	54	77	116	147	221	291	468	634	915	1236	1824	2338	3240	4415	5908
18	1000	56	93	135	209	256	386	507	848	1107	1586	2137	3158	4100	5367	7273	10051
	750	42	71	102	156	194	292	384	627	835	1204	1624	2398	3089	4204	5747	7701
	500	28	48	68	103	130	196	258	415	562	812	1096	1619	2075	2875	3918	5242
20	1000	50	82	120	185	227	343	450	753	982	1408	1897	2803	3639	4764	6454	8920
	750	38	63	90	138	172	259	341	556	741	1068	1441	2128	2742	3731	5100	6835
	500	25	43	61	91	116	174	229	368	499	721	973	1437	1841	2552	3477	4653
22.4	1000	44	73	107	165	202	305	400	669	873	1252	1686	2491	3235	4234	5737	7929
	750	33	56	80	123	153	230	303	495	658	950	1281	1892	2437	3316	4533	6075
	500	22	38	54	81	103	155	204	327	444	640	865	1277	1637	2268	3091	4136
25	1000	40	66	96	148	182	274	360	602	786	1126	1518	2242	2911	3811	5164	7136
	750	30	50	72	111	138	207	273	445	592	855	1153	1703	2193	2985	4080	5468
	500	20	34	48	73	92	139	183	295	399	576	778	1149	1473	2041	2782	3722
28	1000	36	59	86	132	162	245	321	538	701	1006	1355	2002	2599	3403	4610	6371
	750	27	45	65	99	123	185	243	397	529	763	1029	1520	1958	2665	3643	4882
	500	18	30	48	65	83	124	164	263	357	515	695	1026	1315	1823	2484	3323
31.5	1000	32	52	76	118	144	218	285	478	624	894	1204	1779	2310	3025	4098	5663
	750	24	40	57	68	109	164	216	353	470	678	915	1351	1741	2369	3238	4339
	500	16	27	88	58	73	110	146	234	317	457	618	912	1169	1620	2208	2954
35.5	1000	28	46	68	165	128	193	253	424	553	793	1069	1579	2050	2684	3636	5025
	750	21	35	51	78	97	146	192	314	417	602	812	1199	1545	2102	2873	3850
	500	14	24	34	51	65	98	129	207	281	406	548	809	1037	1438	1959	2621
40	1000	25	41	60	93	114	171	225	376	491	704	949	1401	1820	2382	3227	4460
	750	19	31	45	69	86	129	170	278	370	534	721	1064	1371	1865	2550	3417
	500	13	21	30	46	58	87	115	184	250	360	486	718	921	1276	1739	2326
45	1000	22	37	53	82	101	152	200	335	436	626	843	1246	1617	2117	2869	3964
	750	17	28	40	61	76	115	151	247	329	475	640	946	1218	1658	2267	3038
	500	11	19	27	40	61	77	102	164	222	320	432	639	818	1134	1545	2068

表 10.2-137　ZZLP 型减速器的许用输入功率 P_P

公称传动比 i	转速 /r·min⁻¹		ZZLP 型行星减速器															
	355	400	450	500	560	630	710	800	900	1000	1120	1250	1400	1600	1800
	n_1	n_2	许用输入功率 P_P/kW															
50	1000	20	33	49	75	92	139	182	305	398	570	769	1136	1474	1930	2615	3614
	750	15	25	37	56	70	105	138	225	300	433	584	862	1111	1512	2066	2769
	500	10	17	25	37	47	71	93	149	202	292	394	582	746	1034	1409	1885
56	1000	18	30	43	67	82	123	162	271	354	507	683	1009	1311	1716	2324	3212
	750	13	23	33	50	62	93	123	200	267	385	519	766	987	1344	1837	2461
	500	9	15	22	33	42	63	83	133	180	259	350	517	663	919	1252	1676
63	1000	16	27	39	60	74	111	146	244	318	456	615	908	1180	1544	2092	2891
	750	12	20	29	45	56	84	110	180	240	346	467	690	889	1209	1653	2215
	500	8	14	20	30	37	56	74	119	162	234	315	466	597	827	1127	1508
71	1000	14	24	35	54	66	99	130	218	284	407	549	811	1053	1379	1868	2581
	750	11	18	26	40	50	75	99	161	214	309	417	616	793	1080	1476	1978
	500	7	12	18	26	33	50	66	107	144	209	282	416	533	738	1006	1346
80	1000	13	21	31	48	59	89	117	195	255	365	492	727	944	1235	1674	2313
	750	10	16	23	36	45	67	88	144	192	277	374	552	711	967	1322	1772
	500	6	11	16	24	30	45	59	95	129	187	252	373	477	662	902	1206
90	1000	11	19	28	43	53	79	104	174	227	326	439	649	843	1103	1494	2065
	750	9	14	21	32	40	60	79	129	171	247	334	493	635	864	1181	1582
	500	6	10	14	21	27	40	53	85	116	167	225	333	426	591	805	1077
100	1000	10	17	25	38	47	70	92	155	202	289	390	576	748	979	1326	1832
	750	8	13	19	28	35	53	70	114	152	219	296	437	563	766	1048	1404
	500	5	9	12	19	24	36	47	76	103	148	200	295	378	524	714	956
112	1000	9	15	22	34	41	62	82	137	179	257	346	511	663	869	1177	1626
	750	7	11	16	25	31	47	62	101	135	195	263	388	500	680	930	1246
	500	4	8	11	17	21	32	42	67	91	131	177	262	336	465	634	848
125	1000	8	13	19	30	37	56	73	122	159	228	307	454	590	772	1046	1446
	750	6	10	15	22	28	42	55	90	120	173	234	345	444	605	827	1108
	500	4	7	10	15	19	28	37	60	81	117	158	233	298	414	564	754

表 10.2-138　ZZS 型减速器的许用输入功率 P_P

公称传动比 i	转速 /r·min⁻¹		ZZS 型行星减速器															
	355	400	450	500	560	630	710	800	900	1000	1120	1250	1400	1600	1800
	n_1	n_2	许用输入功率 P_P/kW															
140	1000	7	12	18	27	33	50	66	110	144	206	278	410	532	697	944	1305
	750	5	9	13	20	25	38	50	81	108	156	211	311	401	546	746	1000
	500	4	6	9	13	17	25	34	54	73	105	142	210	269	373	509	681
160	1000	6	11	16	24	30	45	59	98	128	184	248	366	475	622	843	1165
	750	5	8	12	18	22	34	45	73	97	140	188	278	358	487	666	893
	500	3	6	8	12	15	23	30	48	65	94	127	188	241	333	454	608
180	1000	6	10	14	22	26	40	52	87	114	163	220	325	423	553	749	1036
	750	4	7	11	16	20	30	40	65	86	124	167	247	318	433	592	794
	500	3	5	7	11	13	20	27	43	58	84	113	167	214	296	404	540
200	1000	5	9	12	19	23	35	46	78	101	145	196	289	376	492	666	921
	750	4	6	9	14	17	27	35	57	76	110	149	220	283	385	526	705
	500	3	4	6	9	12	18	24	38	52	74	100	148	190	263	359	480
224	1000	4	8	11	17	21	31	41	69	90	129	174	257	333	436	591	817
	750	3	6	8	13	16	24	31	51	68	98	132	195	251	342	467	626
	500	2	4	6	8	11	16	21	34	46	66	89	132	169	234	318	426
250	1000	4	7	10	15	18	28	37	61	80	114	154	228	296	387	525	725
	750	3	5	7	11	14	21	28	45	60	87	117	173	223	303	415	556
	500	2	3	5	7	9	14	19	30	41	59	79	117	150	207	283	378

（续）

公称传动比 i	转速/r·min⁻¹		ZZS 型行星减速器															
			355	400	450	500	560	630	710	800	900	1000	1120	1250	1400	1600	1800
	n_1	n_2	许用输入功率 P_P/kW														
280	1000	4	6	9	13	16	25	32	54	71	102	137	202	263	344	466	644
	750	3	5	7	10	12	19	25	40	54	77	104	154	198	270	368	494
	500	2	3	4	7	8	13	17	27	36	52	70	104	133	184	251	336
315	1000	3	5	8	12	15	32	29	48	63	90	122	180	233	305	414	572
	750	2	4	6	9	11	17	22	36	47	68	92	136	176	239	327	438
	500	2	3	4	6	7	11	15	24	32	46	62	92	118	164	223	298
355	1000	3	5	7	11	13	19	26	43	56	80	108	159	207	271	367	508
	750	2	4	5	8	10	15	19	32	42	61	82	121	156	212	290	389
	500	1	2	3	5	7	10	13	21	28	41	55	82	105	145	198	265
400	1000	2	4	6	9	11	17	23	38	50	71	96	142	184	241	326	451
	750	2	3	5	7	9	13	17	28	37	54	73	108	139	189	258	346
	500	1	2	3	5	6	9	12	19	23	36	49	73	93	129	176	235

表 10.2-139　ZZD 型减速器的许用输出转矩 T_P

公称传动比 i	转速/r·min⁻¹		ZZD 型行星减速器															
			355	400	450	500	560	630	710	800	900	1000	1120	1250	1400	1600	1800
	n_1	n_2	许用输出转矩 T_P/kN·m														
3.15	1000	317	18.62	22.96	37.51	46.99	73.13	98.50	147.1	183.6	294.8	371.2	563.1	739.2	922.1	1293	1851
	750	238	18.40	22.74	37.28	46.90	72.57	90.26	145.9	179.4	292.7	369.1	563.1	744.5	958.8	1368	1942
	500	159	18.25	22.74	39.35	46.90	72.45	90.16	145.8	178.3	290.6	368.1	563.5	733.9	952.9	1358	2053
3.55	1000	282	19.28	25.58	40.97	44.94	81.55	101.5	150.5	281.6	286.3	482.6	588.6	824.6	963.3	1354	2048
	750	211	19.17	25.25	40.64	44.75	81.56	100.9	148.5	199.2	388.5	400.5	587.5	855.8	1886	1418	2151
	500	141	19.11	25.06	40.76	44.50	81.31	101.4	146.4	196.2	311.6	398.4	690.7	888.8	1054	1489	2267
4	1000	258	19.72	26.21	39.98	60.84	81.89	117.5	159.0	211.8	313.7	428.5	615.6	844.2	1000	1410	2835
	750	188	20.41	26.65	40.62	62.00	81.87	119.2	163.2	213.9	315.7	443.3	615.6	874.5	1046	1479	2143
	500	125	28.49	26.29	39.75	63.30	81.51	116.3	167.8	216.5	317.8	458.8	685.6	907.8	1097	1556	2262
4.5	1000	222	18.77	25.28	38.77	50.00	81.61	94.71	145.8	201.8	295.0	371.4	594.9	711.8	935.2	1246	1928
	750	167	19.06	25.49	38.68	50.51	83.25	96.36	149.9	205.4	298.2	382.6	592.8	725.2	942.7	1384	1928
	500	111	19.29	25.64	38.50	50.86	84.36	96.65	148.9	209.1	300.3	398.1	595.8	723.1	983.5	1365	1928
5	1000	200	16.01	23.25	34.63	43.36	66.04	82.92	146.2	190.4	272.9	367.8	548.5	694.7	925.3	1251	1729
	750	150	16.19	23.42	34.43	43.78	66.46	86.72	144.1	191.4	276.2	372.5	555.3	697.9	966.2	1318	1766
	500	100	16.55	23.45	34.01	44.14	66.98	87.50	143.1	193.5	279.3	377.3	562.3	783.1	991.3	1348	1884
5.6	1000	179	15.63	20.47	33.10	41.87	62.24	84.46	121.9	172.9	256.2	317.2	518.5	632.8	905.1	1274	1630
	750	134	15.85	20.79	33.55	42.17	62.70	85.15	123.1	172.9	259.4	319.2	524.4	644.4	918.4	1302	1661
	500	89	16.87	20.90	34.08	42.42	63.09	85.74	124.2	174.9	261.5	328.2	533.3	651.8	931.7	1324	1695
6.3	1000	159	14.72	16.26	27.01	32.22	53.53	67.71	102.7	131.3	210.9	274.4	413.6	525.7	674.6	724.0	1455
	750	119	14.83	16.48	26.79	33.00	53.96	68.67	102.9	132.3	210.9	272.3	410.5	528.7	678.8	732.4	1486
	500	79	14.78	16.68	26.34	33.20	54.25	69.12	102.2	134.4	218.9	270.2	415.8	535.8	687.1	740.8	1528
7.1	1000	141	12.81	15.04	24.44	28.43	46.24	62.61	89.07	118.1	182.4	248.2	385.2	494.6	644.1	1034	1245
	750	106	12.93	15.20	24.28	28.52	45.88	62.48	88.87	118.8	179.8	241.9	387.3	498.8	650.3	1048	1254
	500	70	13.16	15.25	23.96	29.38	45.83	62.20	88.59	119.6	178.3	241.9	387.3	587.3	658.6	1061	1262
8	1000	125	11.39	13.00	19.82	26.78	41.24	55.40	81.22	100.1	166.8	210.2	332.6	448.4	553.1	768.5	1086
	750	94	11.49	13.07	19.67	27.14	48.85	55.15	81.19	99.01	164.8	208.1	332.6	451.6	561.1	778.9	1098
	500	63	11.55	13.22	19.22	27.24	40.39	54.94	80.46	97.89	164.8	285.6	332.2	454.8	565.8	785.2	1116
9	1000	111	9.592	12.01	18.09	23.24	38.50	45.86	76.90	91.64	144.7	196.5	291.3	366.1	523.5	705.6	1005
	750	83	9.682	12.51	18.86	23.43	38.12	45.84	76.51	89.57	142.6	194.5	295.3	369.1	523.5	785.5	1015
	500	56	10.58	12.10	17.83	23.49	37.53	45.60	75.91	89.45	140.6	193.4	289.3	374.1	561.1	694.0	1023

表 10.2-140　ZZDP 型减速器的许用输出转矩 T_P

公称传动比 i	转速/r·min⁻¹		ZZDP 型行星减速器 许用输出转矩 T_P/kN·m														
	n_1	n_2	355	400	450	500	560	630	710	800	900	1000	1120	1250	1400	1600	1800
10	1000	100	16.69	24.23	36.83	45.16	68.68	87.61	155.4	198.1	278.5	375.6	559.8	753.7	983.8	1302	1768
	750	75	16.86	24.37	36.53	45.62	69.25	88.58	153.2	199.2	281.8	380.4	566.9	757.0	1027	1372	1806
	500	50	17.20	24.43	36.14	45.95	69.78	89.36	152.1	201.5	285.1	385.2	574.0	762.0	1054	1483	1845
11.2	1000	89	16.74	24.31	37.30	45.12	68.92	88.07	147.7	199.0	281.3	377.4	565.0	716.2	835.0	1382	1762
	750	67	17.01	24.38	37.12	45.60	69.48	89.02	145.7	200.1	284.6	382.2	572.1	719.4	976.3	1372	1888
	500	43	17.31	24.00	36.74	54.90	70.16	89.83	144.6	202.4	288.1	387.1	579.2	724.7	1002	1403	1838
12.5	100	80	17.88	24.67	35.76	45.53	69.93	89.40	150.9	201.8	307.0	382.8	576.2	730.2	954.4	1314	1778
	750	60	17.17	24.05	35.49	45.99	70.45	90.35	148.7	202.9	290.2	387.8	583.4	733.6	996.6	1384	1888
	500	40	17.52	25.45	35.17	46.41	70.96	91.01	147.6	205.1	293.6	392.6	590.8	739.1	1022	1416	1847
14	1000	71	16.21	23.44	36.61	46.05	66.54	91.00	154.6	192.2	274.1	389.8	550.7	747.6	977.9	1330	1783
	750	54	16.30	23.58	36.29	46.43	67.13	91.85	152.3	193.2	277.3	394.8	557.6	750.9	1021	1401	1822
	500	36	16.76	23.58	35.92	46.91	67.49	92.70	151.3	195.5	280.4	399.8	564.7	750.5	1048	1433	1860
16	1000	63	16.50	23.84	37.63	46.75	67.72	92.93	147.6	195.4	280.5	371.1	563.8	711.8	934.2	1350	1888
	750	47	16.55	24.05	37.37	47.18	68.29	93.90	145.5	197.4	283.8	375.8	570.8	715.8	975.5	1422	1839
	500	31	16.97	24.16	37.15	47.73	68.81	94.88	144.4	198.6	287.1	380.5	578.1	720.3	1001	1451	1878
18	1000	56	16.88	24.47	37.61	44.56	69.42	88.83	152.8	200.4	290.1	380.7	583.1	738.8	966.6	1284	1831
	750	42	16.94	24.65	37.43	45.03	70.02	89.89	150.4	201.5	293.6	385.5	590.4	742.0	1009	1353	1871
	500	28	17.43	24.65	37.07	45.26	70.50	90.59	149.6	203.7	296.9	390.4	598.1	747.7	1036	1384	1918

表 10.2-141　ZZL 型减速器的许用输出转矩 T_P

公称传动比 i	转速/r·min⁻¹		ZZL 型行星减速器 许用输出转矩 T_P/kN·m														
	n_1	n_2	355	400	450	500	560	630	710	800	900	1000	1120	1250	1400	1600	1800
16	1000	63	16.77	24.31	36.39	45.18	76.71	89.45	152.7	199.4	286.3	383.6	572.1	723.9	968.1	1311	1814
	750	47	16.83	24.53	36.18	45.59	69.38	90.45	158.6	200.5	289.8	388.6	579.1	727.1	1011	1381	1853
	500	31	17.25	24.63	35.77	46.12	69.90	91.18	149.5	202.8	293.1	393.7	586.4	732.6	1037	1412	1892
18	1000	56	16.60	24.47	36.40	45.09	68.00	90.78	151.4	199.2	286.8	379.2	565.7	734.1	963.1	1309	1818
	750	42	16.90	24.47	36.23	45.21	68.58	91.67	149.3	200.3	290.3	384.2	572.8	737.4	1006	1410	1857
	500	28	17.14	24.47	35.88	45.44	69.05	92.39	148.2	202.3	293.7	389.0	500.1	743.0	1032	1410	1896
20	1000	50	16.60	25.81	35.66	44.80	68.24	88.13	152.4	195.0	281.9	380.0	566.8	712.7	972.4	1281	1786
	750	38	17.00	23.82	35.47	45.26	68.78	89.05	150.1	196.2	285.1	384.9	573.8	716.0	1015	1358	1825
	500	25	17.41	24.22	35.00	45.78	69.23	89.78	149.0	198.1	288.7	389.8	581.2	721.1	1042	1381	1863
22.4	1000	45	16.62	24.32	33.50	45.21	69.60	90.56	152.3	198.4	281.8	383.2	578.1	732.4	975.0	1273	1779
	750	33	17.00	24.24	35.45	47.15	70.00	91.46	150.1	199.4	284.2	388.2	585.4	735.6	1018	1341	1818
	500	22	17.80	24.55	35.12	46.10	70.74	92.37	148.9	201.8	287.2	393.2	592.7	741.2	1045	1371	1856
25	1000	40	16.69	24.44	35.98	46.04	69.74	87.53	127.8	200.1	284.2	390.0	580.3	734.9	850.7	1337	1801
	750	30	16.86	24.44	35.98	46.54	70.25	88.50	150.1	195.2	287.8	395.0	587.7	738.2	1023	1408	1841
	500	20	17.20	24.44	35.49	46.54	70.76	88.99	149.2	203.1	290.8	399.8	594.8	743.7	1049	1440	1879
28	1000	36	16.79	23.79	36.68	44.89	67.55	91.64	153.1	193.9	290.3	381.3	561.4	742.0	943.7	1301	1838
	750	27	17.07	23.97	36.68	45.45	68.01	92.49	150.6	203.5	293.8	386.1	568.3	745.3	988.9	1371	1878
	500	18	17.07	23.79	36.13	46.88	68.38	93.64	149.7	197.5	297.2	391.1	575.4	750.8	1015	1402	1918
31.5	1000	32	16.54	23.19	36.15	44.93	67.31	89.10	152.1	202.6	277.6	384.0	558.5	722.2	962.3	1301	1759
	750	24	16.97	23.19	35.95	45.34	67.51	90.84	149.7	203.5	280.7	389.1	565.5	725.7	1005	1370	1797
	500	16	17.18	23.19	32.47	45.55	71.63	91.15	148.9	205.8	283.8	394.2	572.6	730.9	1031	1402	1845
35.5	1000	28	16.17	28.81	35.74	46.24	70.76	87.42	149.0	198.4	280.3	381.1	588.7	708.4	943.5	1276	1836
	750	21	16.40	24.40	35.40	46.72	71.87	88.46	147.2	199.5	283.8	386.0	596.0	711.8	985.2	1344	1875
	500	14	1687	24.40	34.72	46.96	71.86	89.15	145.5	201.6	287.1	390.7	603.2	716.7	1011	1375	1915
40	1000	25	15.79	23.32	37.16	46.33	68.14	88.85	144.8	190.5	281.3	366.4	569.7	718.7	917.2	1280	1765
	750	19	15.92	23.32	36.76	46.60	68.54	89.51	148.7	191.9	284.5	371.2	576.9	721.9	957.5	1348	1817
	500	13	16.17	23.32	36.76	47.15	69.33	90.82	141.7	194.4	287.7	379.3	583.9	727.4	982.6	1379	1841
45	1000	22	15.92	23.02	37.87	45.87	64.60	88.27	144.2	189.4	281.4	368.9	540.5	713.7	910.9	1872	1778
	750	17	16.06	23.17	36.57	46.02	65.17	88.86	141.7	190.6	284.7	373.5	547.1	716.7	951.2	1340	1803
	500	11	16.35	23.46	35.97	46.33	65.45	90.03	141.1	192.9	287.7	378.1	554.4	722.0	975.9	1370	1855

表 10.2-142　ZZLP 型减速器的许用输出转矩 T_P

公称传动比 i	转速/r·min⁻¹		ZZLP 型行星减速器															
			355	400	450	500	560	630	710	800	900	1000	1120	1250	1400	1600	1800
	n_1	n_2	许用输出转矩 T_P/kN·m														
50	1000	20	17.15	24.92	37.85	46.90	70.12	92.98	159.8	212.1	290.1	388.7	565.1	756.3	972.8	1356	1779
	750	15	17.32	25.09	37.68	47.58	70.63	94.00	157.1	213.1	292.9	393.6	571.7	760.1	1016	1419	1817
	500	10	17.67	25.43	37.35	47.92	71.63	95.02	156.1	215.3	297.3	398.3	579.8	765.6	1042	1462	1856
56	1000	18	17.40	24.68	37.50	46.66	69.25	92.36	157.2	199.9	288.3	387.3	563.1	756.6	978.3	1345	1773
	750	13	17.79	25.17	37.40	47.04	69.81	93.50	154.7	201.1	291.9	392.4	570.0	759.5	1013	1418	1812
	500	9	17.40	25.17	37.03	47.79	70.94	94.64	154.3	203.3	294.5	396.4	577.1	765.2	1019	1458	1851
63	1000	16	17.54	25.20	37.55	47.16	69.99	93.23	155.9	205.3	290.6	392.7	570.6	769.2	983.0	1356	1797
	750	12	17.32	24.98	37.55	47.58	70.62	93.66	155.9	203.7	294.8	397.5	578.1	772.6	1026	1429	1836
	500	8	18.19	25.85	37.55	47.16	70.62	94.51	154.6	206.2	298.3	402.5	585.7	778.3	1053	1461	1875
71	1000	14	17.54	24.08	39.30	47.31	70.23	93.38	159.3	204.7	292.0	396.5	576.5	730.8	993.2	1362	1815
	750	11	17.54	23.85	38.82	47.79	70.94	94.82	156.9	205.6	295.6	401.6	583.9	733.8	1037	1435	1855
	500	7	17.54	22.02	37.85	47.31	70.94	94.82	156.4	207.6	299.9	407.4	591.5	739.8	1063	1468	1893
80	1000	13	17.36	24.29	36.29	47.85	71.42	95.08	161.2	209.4	296.5	404.5	588.2	746.3	1012	1381	1852
	750	9	17.64	24.03	37.87	48.66	71.69	95.35	158.7	210.2	300.0	410.0	595.5	494.4	1057	1455	1891
	500	6	18.19	25.88	37.87	48.66	72.23	95.90	157.1	211.8	303.8	414.4	603.4	754.2	1005	1489	1931
90	1000	11	16.75	25.18	38.44	48.97	72.23	97.29	153.4	213.9	301.9	413.6	602.3	764.9	1037	1485	1896
	750	8	16.46	25.18	38.14	49.28	73.14	97.52	151.6	214.9	305.0	419.6	610.1	768.2	1083	1480	1937
	500	6	17.63	24.99	37.55	49.89	73.14	98.14	149.9	218.6	309.3	424.3	618.1	773.1	1111	1514	1978
100	1000	10	16.57	26.03	39.95	49.09	70.11	94.11	151.0	203.0	297.4	410.8	592.2	750.2	1017	1378	1846
	750	7	16.89	26.38	39.25	46.73	70.43	95.48	148.1	211.0	300.5	415.8	599.0	752.9	1061	1452	1886
	500	5	17.54	24.99	39.95	46.06	73.14	96.16	148.1	214.5	304.6	421.4	606.5	758.2	1089	1484	1926
112	1000	9	16.72	24.63	38.17	46.97	72.05	89.88	152.7	200.4	283.3	391.9	605.3	770.5	978.2	1389	1888
	750	7	16.34	25.88	37.42	47.35	72.83	90.61	150.1	201.5	286.6	397.2	612.8	774.8	1012	1319	1929
	500	4	17.83	24.68	38.17	48.11	74.38	92.07	149.3	203.7	288.8	401.0	620.7	780.9	1038	1410	1969
125	1000	8	16.75	24.80	38.64	48.98	69.86	92.40	157.1	207.6	290.4	405.1	579.7	742.0	1085	1345	1818
	750	6	17.17	26.11	37.78	49.42	69.86	92.82	154.6	200.9	293.8	411.7	587.4	744.5	1050	1495	1849
	500	4	18.03	26.11	38.64	50.30	69.86	93.67	154.6	211.5	298.1	417.0	595.0	749.5	1077	1451	1887

表 10.2-143　ZZS 型减速器的许用输出转矩 T_P

公称传动比 i	转速/r·min⁻¹		ZZS 型行星减速器															
			355	400	450	500	560	630	710	800	900	1000	1120	1250	1400	1600	1800
	n_1	n_2	许用输出转矩 T_P/kN·m														
140	1000	7	17.44	24.87	38.89	46.70	70.96	96.21	162.7	206.6	296.7	399.3	591.8	775.5	1008	1382	1953
	750	5	17.44	23.95	38.41	41.17	71.90	97.18	159.7	206.5	299.6	404.1	598.6	779.4	1052	1456	1995
	500	4	17.44	24.87	37.45	48.11	72.05	99.13	159.2	209.4	302.5	407.9	606.2	784.3	1078	1490	2038
160	1000	6	17.99	24.87	37.47	47.76	72.59	98.29	158.7	198.9	311.2	400.8	574.1	791.4	985.1	1337	1970
	750	5	17.45	24.87	37.47	46.68	73.13	99.96	157.6	201.0	315.7	405.1	581.4	795.2	1028	1408	2013
	500	3	19.63	24.87	37.47	47.76	74.21	99.96	155.4	209.4	318.0	410.5	589.7	803.0	1055	1440	2057
180	1000	6	18.63	25.43	39.24	46.25	69.12	95.51	158.6	198.4	302.0	397.4	598.2	776.9	992.6	1330	1920
	750	4	17.39	26.64	38.06	47.43	69.17	97.96	158.0	199.5	306.3	402.2	606.2	778.7	1036	1402	1962
	500	3	18.63	25.43	39.24	46.25	69.12	99.18	157.2	201.3	311.3	408.2	614.8	786.1	1063	1435	2001
200	1000	5	18.73	24.42	37.37	46.05	67.70	92.52	158.9	206.2	296.1	401.4	595.7	756.3	1009	1329	1837
	750	4	16.65	24.42	36.71	48.05	69.63	93.86	154.9	206.2	299.5	406.9	604.6	759.0	1053	1488	1874
	500	3	16.65	24.42	35.40	48.05	69.63	96.55	154.9	212.4	302.2	409.6	610.1	764.3	1079	1433	1914
224	1000	4	18.32	24.74	39.01	46.48	69.44	91.63	162.8	218.2	291.2	393.8	585.3	744.2	999.7	1401	1800
	750	3	18.32	23.99	39.78	47.22	71.68	92.37	159.2	219.6	294.9	398.3	592.2	747.9	1046	1476	1839
	500	2	18.32	26.99	36.72	48.77	73.93	93.06	160.3	224.1	298.0	402.9	601.3	755.4	1073	1452	1877
250	1000	4	17.72	26.04	38.25	46.13	74.49	92.08	159.1	214.4	285.9	389.5	616.8	731.3	980.9	1375	1880
	750	3	16.88	24.30	37.40	47.84	74.49	92.23	156.5	214.4	290.0	394.6	624.0	734.6	1024	1450	1922
	500	2	15.19	26.04	35.70	46.13	74.49	93.88	156.5	219.7	296.0	400.0	633.0	741.2	1049	1483	1960
280	1000	4	16.63	25.39	37.28	46.13	72.28	90.34	154.2	206.1	289.2	375.9	598.1	742.5	954.7	1980	1889
	750	3	18.48	26.33	38.24	46.13	73.24	94.10	152.3	209.0	291.1	379.9	605.9	745.3	999.1	1453	1850
	500	2	16.63	22.57	40.15	46.13	75.17	95.98	154.2	209.0	294.9	383.6	613.8	750.9	1021	1487	1888
315	1000	3	15.40	25.22	38.02	40.33	71.09	92.09	153.2	195.1	285.2	373.7	593.7	739.9	959.6	1308	1795
	750	2	16.43	25.22	38.02	47.26	73.25	93.15	153.2	194.0	287.3	375.7	598.1	745.2	1003	1377	1833
	500	2	18.48	25.22	38.02	45.11	71.09	95.27	153.2	198.2	291.5	379.8	606.9	749.4	1032	1409	1871

（续）

公称传动比 i	转速 /r·min⁻¹		ZZS 型行星减速器														
			355	400	450	500	560	630	710	800	900	1000	1120	1250	1400	1600	1800
	n_1	n_2	许用输出转矩 T_p/kN·m														
355	1000	3	17.33	25.01	37.86	47.48	68.58	94.37	155.6	200.1	287.3	374.8	594.4	751.3	983.6	1338	1807
	750	2	18.48	23.82	36.71	48.69	73.24	91.95	154.3	200.1	292.1	379.4	603.1	755.0	1026	1409	1845
	500	1	18.86	21.44	34.42	51.13	73.24	94.37	151.9	200.1	294.5	381.7	613.1	762.2	1053	1443	1885
400	1000	3	15.49	23.96	34.85	44.90	66.42	93.29	153.6	199.7	286.8	377.6	566.2	746.4	977.6	1328	1818
	750	2	15.49	26.62	36.14	48.98	67.72	91.94	150.9	197.0	290.9	382.8	574.2	751.8	1022	1402	1860
	500	1	15.49	23.96	38.72	48.98	70.33	97.35	153.6	199.7	290.9	385.5	582.1	754.5	1047	1434	1895

11.4　选用方法

当选用矿用重载行星齿轮减速器时，应根据使用条件按下式计算：

$$P_{2m} = P_2 K_B / \eta$$

式中　P_{2m}——减速器的计算功率（kW）；
　　　P_2——要求传递的功率（kW）；
　　　K_B——工况系数；
　　　η——齿轮减速器的效率。

$$K_B = K_A K_1$$

式中　K_A——使用系数，见表 10.2-73；
　　　K_1——利用率系数，见表 10.2-128。

根据计算出的 P_{2m} 和其他已知条件按表 10.2-134~表 10.2-138 选用，所选用减速器应满足 $P_{2m} \leqslant P_P$。

如果减速器的实际输入转速与承载能力表中的三档（1000r/min，750r/min，500r/min）转速中的某一档转速相对误差不超过 3%，可按该档转速下的许用功率选用减速器。如果转速相对误差超过 3%，则应按实际转速折算减速器的许用功率选用。

例 10.2-10　JKM-2×4 型井塔多绳摩擦式提升机减速器，电动机驱动，电动机转速 $n_1 = 1000$r/min，传动比 $i = 11.5$，每日工作 16h，摩擦因数 0.25 时，提升静力矩 T_{2j} 为 9×10^4N·m，要求选用规格相当的第Ⅱ种装配形式标准行星齿轮减速器。

解： 实际负载功率 P_2 为

$$P_2 = \frac{T_{2j} n_2}{9549} = \frac{T_{2j} n_1}{9549 i}$$

$$= \frac{9 \times 10^4 \times 1000}{9549 \times 11.5} \text{kW} = 819.6 \text{kW}$$

查表 10.2-75，提升机负载分类为 3。查表 10.2-73，由于电动机具有较大的起动冲击，故 $K_A = 1.6$；查表 10.2-128，$K_1 = 1.00$，计算负载功率 P_{2m} 为

$$P_{2m} = P_2 K_A K_1 / \eta = \frac{819.6 \times 1.6 \times 1}{0.96} \text{kW} = 1366 \text{kW}$$

要求 $P_{2m} \leqslant P_P$。

按 $n_1 = 1000$r/min，$i = 11.5$ 接近公称传动比 $i = 11.2$，查表 10.2-135，型号 ZZDP800 行星减速器，$i = 11.2$，$n_1 = 1000$r/min，$P_P = 1752$kW，$P_{2m} = 1366 \leqslant P_P$。可以选用 ZZDP800 行星齿轮减速器。

12　三环减速器（摘自 YB/T 079—1995）

三环减速器具有行星减速器和普通圆柱齿轮减速器的优点，充分运用了功率分流与多齿内啮合机理，在技术性能、产品制造、使用维护方面有较明显的优势。

其承载、超载能力强；传动比大，分级密集；效率高，结构紧凑，体积较小。

工作环境温度为 -40~45℃，当低于 0℃时，起动前应对润滑油进行预热；高速轴转速 ≤1500r/min，瞬时超载转矩允许为额定转矩的 2.7 倍，可连续或断续工作，并可正、反两方向运转。

12.1　结构型式和标记方法

三环减速器的结构型式有 21 种之多，本手册仅选择基本型（SH 型）进行介绍。

标记示例：

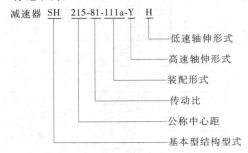

减速器 SH 215-81-111a-Y H

低速轴伸形式
高速轴伸形式
装配形式
传动比
公称中心距
基本型结构型式

12.2　外形尺寸及承载能力

1）外形尺寸见表 10.2-144。

2）承载能力。额定功率、热功率及输出转矩见表 10.2-145。

表 10.2-144 SH 型减速器的外形尺寸 (mm)

规格	中心尺寸		轮廓尺寸				地脚螺栓									高速轴伸 $i \leqslant 23$					高速轴伸 $i \geqslant 25.5$					低速轴伸					质量 /kg
	a	H_0	H	L	L_1	L_5	d	n	k	L_2	L_3	L_4	L_6	L_7	L_8	D_1	l_1	S_1	c_1	b_1	D_1	l_1	S_1	c_1	b_1	D_2	t	T	c_2	b_2	
80	80	75	155	280	160	105	M8	4	10	67.5	30	—	85	30	—	9j6	20	70	10.2	3	9j6	20	70	10.2	3	24j6	36	85	27	8	17
90	90	85	176	315	180	120	M10	4	12	77.5	40	—	95	35	—	11j6	23	80	12.5	4	11j6	23	80	12.5	4	28j6	42	100	31	8	22
105	105	100	201	360	230	135	M12	4	14	80	60	—	105	40	—	14j6	25	90	16	5	14j6	25	90	16	5	32k6	58	125	35	10	30
125	125	115	258	410	270	140	M12	4	16	100	60	—	110	40	—	18j6	28	100	20.5	6	18j6	28	100	20.5	6	38k6	58	130	41	10	43
145	145	130	291	475	310	175	M16	4	18	115	70	—	130	50	—	22j6	36	115	25	8	22j6	36	115	25	8	48k6	82	160	51.1	14	73
175	175	165	367	585	370	200	M16	4	20	145	80	—	150	60	—	30j6	58	150	33	8	30j6	58	150	33	8	60m6	105	203	64	18	110
215	215	200	433	690	450	240	M20	4	25	190	100	—	185	65	—	35k6	58	165	38	10	35k6	58	165	38	10	75m6	105	215	79.5	20	170
255	255	230	493	810	530	260	M20	4	25	220	100	100	210	70	210	45k6	82	195	48.5	14	45k6	82	195	48.5	14	90m6	130	245	95	25	250
300	300	280	585	960	630	300	M24	6	30	255	120	120	235	80	240	50k6	82	215	53.5	16	50k6	82	215	53.5	16	110m6	165	315	116	28	440
350	350	325	678	1100	720	340	M24	6	35	310	120	160	270	90	250	55m6	82	240	59	16	55m6	82	240	59	16	130m6	200	365	137	32	590
400	400	355	740	1280	820	370	M24	6	40	150	120	120	310	100	290	65m6	105	290	69	18	65m6	105	290	69	18	150m6	200	395	158	36	850
450	450	400	825	1440	920	420	M30	8	45	160	150	120	340	100	300	75m6	105	310	79.5	20	70m6	105	310	74.5	20	170m6	240	460	179	40	1190
500	500	500	988	1610	1050	465	M36	8	50	185	150	120	390	100	350	80m6	130	350	85	22	70m6	105	325	74.5	20	180m6	240	470	190	45	1690
550	550	560	1110	1750	1130	510	M36	8	60	200	150	150	440	120	420	85m6	130	370	90	22	75m6	105	345	79.5	20	200m6	280	535	210	50	2220
600	600	630	1230	1920	1250	555	M42	8	60	220	180	150	480	120	410	90m6	130	390	95	25	80m6	130	390	85	22	220m6	280	540	231	50	2900
670	670	670	1330	2110	1370	600	M42	8	70	250	180	150	520	120	480	100m6	165	450	106	28	90m6	130	415	95	25	250m6	330	630	262	56	4100
750	750	750	1480	2350	1550	660	M48	8	80	250	210	180	560	140	540	110m6	165	485	116	28	100m6	165	485	106	28	280m6	380	705	292	63	5900
840	840	840	1626	2640	1730	750	M48	10	80	330	225	210	640	150	600	130m6	200	545	137	32	110m6	165	510	116	28	300m6	380	730	314	70	8450
950	950	950	1830	2940	1950	815	M56	10	90	360	235	200	685	200	640	150m6	200	575	158	36	130m6	200	575	137	32	340m6	450	830	355	80	12370
1070	1070	1060	2060	3230	2190	870	M56	10	90	440	240	240	735	200	740	170m6	240	640	179	40	150m6	200	600	158	36	380m6	450	860	395	80	18100

表 10.2-145　SH 型三环减速器额定功率 P_n、热功率 P_G 及输出转矩 T_{2N}

规格	输入转速 /r·min⁻¹	99	93	87	81	75	69	63	57	51	45	40.5	37.5	34.5	31.5	28.5	25.5	23	21	19	17	15	13	11	输出转矩 T_{2N}/kN·m	热功率 P_G/kW
		传动比 i ／ 额定功率 P_n/kW																								
80	1500	0.21	0.23	0.24	0.26	0.28	0.30	0.33	0.36	0.41	0.46	0.51	0.55	0.59	0.65	0.72	0.80	0.89	0.97	1.07	1.20	1.36	1.56	1.84	0.124	1.57
	1000	0.14	0.15	0.16	0.17	0.19	0.20	0.22	0.24	0.27	0.31	0.34	0.37	0.40	0.43	0.48	0.53	0.59	0.65	0.71	0.80	0.90	1.04	1.23		
	750	0.11	0.11	0.12	0.13	0.14	0.15	0.17	0.18	0.20	0.23	0.25	0.27	0.30	0.33	0.36	0.40	0.44	0.49	0.54	0.60	0.68	0.78	0.92		
90	1500	0.30	0.32	0.34	0.36	0.39	0.42	0.46	0.51	0.57	0.64	0.71	0.77	0.83	0.91	1.01	1.12	1.24	1.36	1.50	1.68	1.90	2.19	2.59	0.174	1.99
	1000	0.20	0.21	0.23	0.24	0.26	0.28	0.31	0.34	0.38	0.43	0.48	0.51	0.56	0.61	0.67	0.75	0.83	0.91	1.00	1.12	1.27	1.46	1.73		
	750	0.15	0.16	0.17	0.18	0.20	0.21	0.23	0.26	0.29	0.32	0.36	0.38	0.42	0.46	0.50	0.56	0.62	0.68	0.75	0.84	0.95	1.10	1.29		
105	1500	0.45	0.47	0.51	0.54	0.58	0.63	0.69	0.76	0.85	0.96	1.06	1.14	1.24	1.36	1.50	1.67	1.85	2.08	2.24	2.50	2.83	3.26	3.85	0.259	2.71
	1000	0.30	0.32	0.34	0.36	0.39	0.42	0.46	0.51	0.56	0.64	0.71	0.76	0.83	0.91	1.00	1.12	1.24	1.35	1.49	1.67	1.89	2.18	2.57		
	750	0.22	0.24	0.25	0.27	0.29	0.32	0.34	0.38	0.42	0.48	0.53	0.57	0.62	0.68	0.75	0.84	0.93	1.01	1.12	1.25	1.42	1.63	1.93		
125	1500	0.75	0.80	0.85	0.91	0.98	1.06	1.16	1.28	1.42	1.61	1.78	1.92	2.09	2.28	2.52	2.81	3.11	3.41	3.76	4.20	4.75	5.48	6.47	0.435	3.84
	1000	0.50	0.53	0.57	0.61	0.65	0.71	0.77	0.85	0.95	1.07	1.19	1.28	1.39	1.52	1.68	1.87	2.07	2.27	2.51	2.80	3.17	3.65	4.31		
	750	0.38	0.40	0.42	0.45	0.49	0.53	0.58	0.64	0.71	0.80	0.89	0.96	1.04	1.14	1.26	1.41	1.56	1.70	1.88	2.10	2.38	2.74	3.24		
145	1500	1.51	1.60	1.71	1.83	1.97	2.13	2.33	2.57	2.86	3.23	3.58	3.87	4.20	4.59	5.07	5.56	6.26	6.85	7.65	8.45	9.56	11.0	13.0	0.875	5.16
	1000	1.01	1.07	1.14	1.22	1.31	1.42	1.55	1.71	1.91	2.16	2.39	2.58	2.80	3.06	3.38	3.77	4.17	4.57	5.04	5.63	6.37	7.35	8.68		
	750	0.75	0.80	0.85	0.91	0.98	1.07	1.16	1.28	1.43	1.62	1.79	1.93	2.10	2.29	2.53	2.83	3.13	3.42	3.78	4.22	4.78	5.51	6.51		
175	1500	2.95	3.13	3.33	3.57	3.84	4.17	4.55	5.01	5.59	6.32	7.00	7.55	8.20	8.96	9.89	11.0	12.2	13.4	14.8	16.5	18.7	21.5	25.4	1.709	7.52
	1000	1.96	2.09	2.22	2.38	2.56	2.78	3.03	3.34	3.73	4.21	4.67	5.03	5.46	5.98	6.60	7.36	8.15	8.92	9.85	11.0	12.5	14.4	16.9		
	750	1.47	1.56	1.67	1.79	1.92	2.08	2.28	2.51	2.79	3.16	3.50	3.78	4.10	4.48	4.95	5.52	6.11	6.69	7.39	8.25	9.34	10.8	12.7		
215	1500	5.75	6.11	6.51	6.97	7.50	8.13	8.88	9.79	10.9	12.3	13.7	14.7	16.0	17.5	19.3	21.6	23.9	26.1	28.8	32.2	36.5	42.0	49.6	3.336	11.4
	1000	3.84	4.07	4.34	4.65	5.00	5.42	5.92	6.53	7.27	8.22	9.11	9.83	10.7	11.7	12.9	14.4	15.9	17.4	19.2	21.5	24.3	28.0	33.1		
	750	2.88	3.05	3.25	3.48	3.75	4.07	4.44	4.89	5.45	6.16	6.83	7.37	8.00	8.75	9.66	10.8	11.9	13.1	14.4	16.1	18.2	21.0	24.8		
255	1500	9.94	10.6	11.2	12.0	13.0	14.1	15.3	16.9	18.8	21.3	23.6	25.5	27.6	30.2	33.4	37.2	41.2	45.1	49.8	55.6	63.0	72.6	85.7	5.764	16.0
	1000	6.63	7.03	7.50	8.03	8.64	9.37	10.2	11.3	12.6	14.2	15.7	17.0	18.4	20.2	22.2	24.8	27.5	30.1	33.2	37.1	42.0	48.4	57.2		
	750	4.97	5.28	5.62	6.02	6.48	7.03	7.67	8.46	9.42	10.6	11.8	12.7	13.8	15.1	16.7	18.6	20.6	22.6	24.9	27.8	31.5	36.3	42.9		
300	1000	12.1	12.8	13.7	14.7	15.8	17.1	18.7	20.6	22.9	25.9	28.7	31.0	33.6	36.8	40.6	45.3	50.2	54.9	60.6	67.7	76.6	—	—	10.52	22.1
	750	9.07	9.63	10.3	11.0	11.8	12.8	14.0	15.4	17.2	19.4	21.6	23.2	25.2	27.6	30.4	34.4	37.6	41.2	45.5	50.8	57.5	—	—		
	600	7.26	7.70	8.21	8.79	9.47	10.3	11.2	12.3	13.8	15.5	17.2	18.6	20.2	22.1	24.4	27.2	30.1	32.9	36.4	40.5	46.0	—	—		
350	1000	18.2	19.3	20.5	22.0	23.7	25.7	28.0	30.9	34.4	38.9	43.1	46.5	50.5	55.2	60.9	68.0	75.3	82.4	91.0	102	115	133	—	15.790	30.0
	750	13.6	14.5	15.4	16.5	17.8	19.2	21.0	23.2	25.8	29.2	32.3	34.9	37.9	41.4	45.7	51.0	56.5	61.8	68.2	76.2	86.3	99.5	—		
	600	10.9	11.6	12.3	13.2	14.7	15.4	16.8	18.5	20.7	23.3	25.9	27.9	30.3	33.1	36.6	40.8	45.2	49.4	54.6	61.0	69.0	79.6	—		

（续）

传动比 i 栏为额定功率 P_n/kW

规格	输入转速 /(r·min⁻¹)	99	93	87	81	75	69	63	57	51	45	40.5	37.5	34.5	31.5	28.5	25.5	23	21	19	17	15	13	11	输出转矩 T_{2N}/(kN·m)	热功率 P_G/kW
400	1000	28.4	30.1	32.1	34.4	37.0	40.1	43.8	48.3	53.8	60.8	67.4	72.7	78.9	86.3	95.2	106	118	129	142	159	180	207	245	24.670	39.9
	750	21.3	22.6	24.1	25.8	27.7	30.1	32.8	36.2	40.3	45.6	50.5	54.5	59.2	64.7	71.4	79.7	88.2	96.6	107	119	135	155	184		
	600	17.0	18.1	19.3	20.6	22.2	24.1	26.3	29.0	32.3	36.5	40.4	43.6	47.3	51.8	57.1	63.8	70.6	77.2	85.3	95.2	108	124	147		
450	1000	41.3	43.8	46.7	50.0	53.8	58.4	63.7	70.2	78.3	88.4	98.1	106	115	126	139	155	171	187	207	231	262	302	356	35.900	49.7
	750	31.0	32.9	35.0	37.5	40.4	43.8	47.8	52.7	58.7	66.3	73.5	79.3	86.1	94.1	104	116	128	141	155	173	196	226	267		
	600	24.8	26.3	28.0	30.0	32.3	35.0	38.2	42.1	47.0	53.1	58.8	61.4	68.9	75.3	83.1	92.8	103	112	124	139	157	181	214		
500	750	41.4	43.9	46.8	50.2	54.0	58.5	63.9	70.4	78.5	88.7	98.3	106	115	126	139	155	172	188	208	232	262	302	—	48.01	61.4
	600	33.1	35.1	37.5	40.1	43.2	46.8	51.1	56.4	62.8	71.0	78.7	84.9	92.1	101	111	124	137	150	166	185	210	242	—		
	500	27.6	29.3	31.2	33.4	36.0	39.0	42.6	47.0	52.3	59.1	65.6	70.7	76.7	83.9	92.6	103	115	125	138	155	175	202	—		
550	750	56.8	60.3	64.2	68.8	74.1	80.3	87.7	96.6	108	122	135	146	158	173	191	213	236	258	285	318	360	415	—	65.86	74.3
	600	45.4	48.2	51.4	55.0	59.3	64.2	70.1	77.3	86.1	97.3	108	116	126	138	153	170	189	206	228	254	288	332	—		
	500	37.9	40.2	42.8	45.9	49.4	53.5	58.5	64.4	71.8	81.1	89.9	97.0	105	115	127	142	157	172	190	212	240	277	—		
600	750	75.6	80.2	85.5	91.6	98.6	107	117	129	143	162	180	194	210	230	254	283	314	343	379	423	479	552	—	87.66	88.4
	600	60.5	64.2	68.4	73.3	78.9	85.5	93.4	103	115	130	144	155	168	184	203	227	251	275	303	338	383	442	—		
	500	50.4	53.5	57.0	61.0	65.7	71.2	77.8	85.7	95.6	108	120	129	140	153	169	189	209	229	253	282	319	368	—		
670	750	107	113	121	129	139	151	165	181	202	228	253	273	296	324	358	399	442	484	534	596	675	778	—	123.54	110
	600	85.2	90.4	96.4	103	111	121	132	145	162	183	203	218	237	259	286	319	354	387	427	477	540	623	—		
	500	71.0	75.4	80.3	86.0	92.6	100	110	121	135	152	169	182	198	216	238	266	295	322	356	398	450	519	—		
750	600	120	127	136	145	157	170	185	204	227	257	285	307	334	365	403	449	498	544	601	671	760	876	—	173.87	138
	500	99.9	106	113	121	130	141	154	170	190	214	238	256	278	304	336	374	415	454	501	559	633	730	—		
	375	—	—	—	—	—	—	—	—	—	—	—	—	—	—	—	—	—	—	—	—	—	—	—		
840	750	147	155	167	178	192	208	227	251	279	316	350	377	410	448	494	552	611	668	738	824	933	1076	—	213.47	173
	600	120	130	139	149	160	174	190	209	233	263	292	314	341	373	412	460	509	557	615	687	778	896	—		
	500	100	108	116	124	133	145	158	174	194	219	243	262	284	311	343	383	424	464	513	573	648	747	—		
	375	—	—	—	—	—	—	—	—	—	—	—	—	—	—	—	—	—	—	—	—	—	—	—		
950	600	228	243	260	280	303	331	365	407	459	509	549	596	652	720	803	889	973	1074	1200	1358	—	—	—	310.75	222
	500	179	190	202	216	233	253	276	304	339	383	424	458	497	543	600	669	741	811	895	1000	1132	—	—		
	375	—	—	—	—	—	—	—	—	—	—	—	—	—	—	—	—	—	—	—	—	—	—	—		
1070	600	324	343	366	392	422	454	500	551	614	693	769	829	900	984	1086	1212	1342	1622	1811	2050	—	—	—	469.00	281
	500	270	286	305	327	352	381	416	459	511	578	641	691	750	820	905	1010	1118	1224	1351	1509	—	—	—		
	375	—	—	—	—	—	—	—	—	—	—	—	—	—	—	—	—	—	—	—	—	—	—	—		

12.3　选用方法

选用的减速器必须满足机械强度和热平衡许用功率两方面的要求。

1) 所选用的减速器额定功率 P_N 或输出转矩 T_{2N} 按表 10.2-145 选取时必须满足下式：

$$P_c = P_2 K_A K_R \leqslant P_N$$

或

$$T_c = T_2 K_A K_R \leqslant T_{2N}$$

式中，P_c 或 T_c 为计算功率或计算转矩；P_2 或 T_2 为工作机功率或转矩；K_A 为使用系数，见表 10.2-146；K_R 为可靠度系数，见表 10.2-147。

表 10.2-146　使用系数 K_A

每天工作时间/h	工作机载荷性质分类		
	U 均匀	M 中等冲击	H 强冲击
≤3	0.8	1	1.5
3~10	1	1.25	1.75
>10	1.25	1.5	2

表 10.2-147　可靠度系数 K_R

失效概率低于	1/100	1/1000	1/10000
可靠度系数 K_R	1.00	1.25	1.50

2) 所选用的减速器热功率 P_G 按表 10.2-145 选取时，必须满足下式：

$$P_{ct} = P_2 f_1 f_2 f_3 \leqslant P_G$$

式中，P_{ct} 为计算热功率；f_1 为环境温度系数，$f_1 = 80/(100-\theta)$；θ 为环境温度（℃）；f_2 为载荷率系数，见表 10.2-148；f_3 为功率利用系数，见表 10.2-149。

表 10.2-148　载荷率系数 f_2

小时载荷率(%)	100	80	60	40	20
f_2	1	0.94	0.86	0.74	0.56

表 10.2-149　功率利用系数 f_3

(P_2/P_1)（%）	40	50	60	70	80~100
f_3	1.25	1.15	1.1	1.05	1

注：P_1—公称功率；P_2—工作机功率。

13　RH 二环减速器（摘自 JB/T 10299—2001）

JB/T 10299—2001 中规定的 RH、ZZRH 双曲柄二环少齿差行星齿轮减速器（以下简称 RH 二环减速器）可用于冶金、矿山、石油、运输、建材、轻工、能源和交通等机械。输入轴转速 $n \leqslant 1500\text{r/min}$，齿轮圆周速度 $v \leqslant 12\text{m/s}$；可正、反两向运转；工作环境温度为 $-40 \sim 45℃$，当低于 $0℃$ 时，起动前应预热至 $10℃$ 以上。

13.1　标记方法

标记示例：

二环减速器：

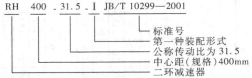

建筑机械用二环减速器：

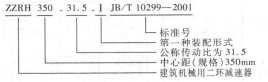

13.2　装配形式和外形尺寸

RH 二环减速器的装配形式和外形尺寸见表 10.2-150，建筑机械用 ZZRH 二环减速器的装配形式和外形尺寸见表 10.2-151。

表 10.2-150　RH 二环减速器的装配形式和外形尺寸　　　　　（mm）

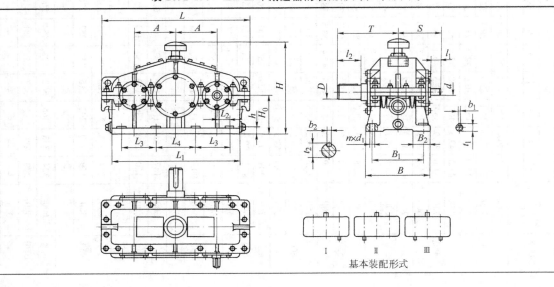

基本装配形式

（续）

型号规格	外形及中心高								轴　伸							地脚尺寸							质量/kg	油量/L
	L	B	H	L_1	S	T	A	H_0	d	D	l_1	l_2	t_1	b_1	t_2	b_2	h	B_1	B_2	L_2	L_3	L_4	d_1	n		
RH125	455	205	260	400	153	196	125	125	18J6	38k6	28	58	20.5	6	41	10	20	165	45	45	110	120	M12	8	75	2
RH145	520	225	290	450	165	212	145	140	22J6	48k6	36	82	24.5	6	51.5	14	22	180	60	45	120	140	M16	8	92	2.5
RH175	635	245	375	550	206	264	175	180	30J6	60n6	58	105	33	8	64	18	24	200	65	65	140	200	M16	8	145	5
RH215	770	300	470	675	230	285	215	225	35k6	75n6	58	105	38	10	79.5	20	28	250	75	80	180	230	M20	8	275	10
RH255	890	320	535	790	250	324	255	250	45k6	90n6	82	130	48.5	14	95	25	32	270	80	90	205	280	M20	8	430	14
RH300	1010	370	620	910	284	379	300	300	50m6	110n6	82	165	53.5	14	116	28	38	320	90	100	220	360	M24	8	589	19
RH350	1150	400	650	1050	310	432	350	315	55m6	130n6	82	200	59	16	137	32	42	340	100	120	255	430	M24	8	820	27
RH400	1330	490	760	1210	320	470	400	375	65m6	150n6	105	200	69	18	158	36	45	380	110	140	300	480	M24	8	1045	42
RH450	1470	500	850	1350	373	523	450	400	75m6	170n6	105	240	79.5	20	179	40	50	420	120	160	330	560	M30	8	1830	60
RH500	1620	600	980	1500	413	583	500	450	85m6	200n6	130	280	90	22	210	45	65	490	150	190	390	600	M36	8	2000	84

表 10.2-151　ZZRH 二环减速器的装配形式和外形尺寸　　　　　　（mm）

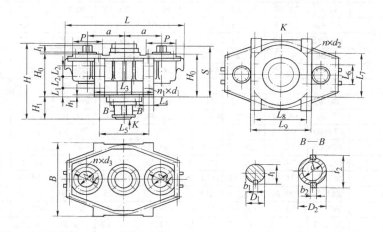

型号规格	中心尺寸		轮廓尺寸			地脚螺栓										
	a	H_0	L	H	B	$n_1 \times d_1$	h_1	L_1	L_2	L_3	L_4	L_5	L_6	L_7	L_8	L_9	$n \times d_2$
350	350	405	1220	773	780	12×M20	20	60	115	550	90	450	140	400	450	550	8×22
430	430	485	1310	910	810	12×M24	25	70	120	600	120	500	150	450	500	600	8×26
450	450	550	1570	1054	832	12×M30	28	70	160	670	120	560	180	540	560	670	8×32
480	480	580	1700	1180	870	16×M30	30	80	120	780	130	680	230	690	680	780	8×32

型号规格	法兰连接尺寸				高速轴伸					低速轴伸					质量/kg
	P	M	N	$n \times d_3$	D_1	l_1	h_1	t_1	S	D_2	d	b_2	t_2	H_1	
350	380	340	300H8	8×M16	60	55	18	64	480	149	70	36	165	238	1200
430	450	400	350H8	8×M20	70	55	20	74.5	565	190	135	45	210	295	1650
450	450	400	350H8	8×M20	75	55	20	79.5	650	190	135	45	210	385	1950
480	450	400	350H8	8×M20	75	75	20	79.5	700	190	135	45	210	442	2400

13.3　承载能力

　　RH 二环减速器的承载能力受机械强度和热平衡功率两方面的限制，因此减速器的选用必须同时满足公称输入功率和热平衡功率的要求。

　　RH 二环减速器的公称输入功率 P_1 见表 10.2-152，ZZRH 二环减速器的公称输入功率 P_1 见表 10.2-153。RH 二环减速器的热平衡功率 P_{G1}、P_{G2} 见表 10.2-154。

表 10.2-152　RH 二环减速器的公称输入功率 P_1

型号规格	n_1 /r·min⁻¹	公称传动比 i									
		11.2	12.5	14	16	18	20	22.4	25	28	31.5
		公称输入功率 P_1/kW									
RH125	1500	6.64	6.26	4.31	4.35	4.22	3.85	3.75	3.36	3.01	2.72
	1000	4.43	4.26	3.27	2.96	2.87	2.62	2.55	2.29	2.05	1.85
	750	3.32	3.19	2.46	2.24	2.15	1.97	1.91	2.72	1.54	1.38
RH145	1500	15.73	13.3	9.25	8.52	8.10	7.83	6.88	6.08	5.87	5.63
	1000	10.7	9.05	6.29	5.79	5.51	5.35	4.68	4.14	3.99	3.83
	750	8.03	6.79	4.72	4.35	4.13	4.02	3.51	3.1	2.99	2.87
RH175	1500	30.74	25.16	22	16.71	14.95	13.71	12.39	11.14	10.87	8.50
	1000	20.91	17.12	14.97	11.37	10.17	9.33	8.43	7.58	7.4	6.78
	750	15.68	12.84	11.23	8.52	7.62	6.99	6.32	5.68	5.62	5.09
RH215	1500	51.3	48.41	38.51	33.91	32.82	29.5	26.43	25.43	24.37	21.36
	1000	34.9	34.68	26.2	23.073	22.33	20.2	17.98	17.3	16.53	14.58
	750	26.17	26.01	19.55	17.8	16.74	15.15	13.49	12.97	12.43	10.93
RH255	1000	56.54	49.31	41.01	39.55	36.1	31	27.85	26.39	24.77	22.06
	750	42.4	36.98	30.75	29.65	27.05	23.25	20.89	19.79	18.83	16.54
	600	33.92	29.58	24.51	23.73	21.66	18.5	16.71	15.83	14.85	13.24
RH300	1000	100.52	88.58	80.36	70.08	61.02	59.84	54.53	44.27	41.95	39.58
	750	75.39	66.43	60.27	52.56	45.76	44.38	40.9	33.2	31.45	29.69
	600	60.31	53.15	48.21	42.08	36.61	35.9	32.72	26.56	25.17	23.75
RH350	1000	141.36	140.14	112.96	90.86	89.38	82.5	78.16	69.34	51.4	49.48
	750	106.62	105.11	84.72	68.15	67.04	51.95	58.62	52	46.05	37.11
	600	84.81	84.09	64.78	54.52	53.63	49.56	46.9	41.6	36.84	29.69
RH400	1000	292.07	207.61	171.56	157.94	140.1	129.93	111.33	110.25	38.43	85.49
	750	219.05	155.71	128.67	118.45	105.07	97.44	83.5	82.68	66.35	64.12
	600	175.24	124.57	102.93	94.76	84.06	77.96	66.8	66.1	53.09	51.3
RH450	750	263.87	261.59	185.33	160.26	155.14	133.12	127.23	114.09	100.52	94.32
	600	211.1	209.27	148.26	128.2	124.12	106.5	101.79	91.28	80.49	75.46
RH500	750	397.55	308.68	304.99	215.53	177.31	171.21	160.4	147.92	139.58	117.62
	600	318.04	264.94	243.99	172.43	141.85	136.97	128.31	118.34	111.75	94.09

型号规格	n_1 /r·min⁻¹	公称传动比 i										公称输出转矩 T_2 /kN·m
		35.5	40	45	50	56	63	71	80	90	100	
		公称输入功率 P_1/kW										
RH125	1500	2.63	2.22	1.83	1.71	1.54	1.35	1.01	0.89	0.71	0.69	0.38 ~ 0.54
	1000	1.79	1.51	1.24	1.16	1.05	0.92	0.68	0.61	0.48	0.47	
	750	1.34	1.13	0.93	0.87	0.79	0.59	0.51	0.45	0.36	0.35	
RH145	1500	4.81	4.38	3.48	3.07	2.88	2.55	2.37	1.69	1.58	1.49	0.74 ~ 0.99
	1000	3.27	2.98	2.37	2.09	1.96	1.8	1.61	1.15	1.08	1.02	
	750	2.45	2.23	1.77	1.57	1.47	1.35	1.21	0.86	0.81	0.76	
RH175	1500	7.36	7.14	6.26	5.42	5.08	4.75	4.61	3.73	3.57	3.03	1.43 ~ 2.1
	1000	5.01	4.88	4.26	3.69	3.46	3.23	3.14	2.54	2.43	2.06	
	750	3.76	3.66	3.2	2.76	2.59	2.42	2.36	1.9	1.83	1.54	
RH215	1500	19.8	17.78	13.36	12.13	10.86	9.4	8.44	7.63	5.78	5.67	2.81 ~ 4.51
	1000	13.47	12.1	9.09	8.25	7.39	6.4	5.74	5.19	3.93	3.86	
	750	10.1	9.08	6.82	6.18	5.54	4.8	4.29	3.89	2.94	2.9	
RH255	1500	18.15	16.57	13.92	13.33	12.91	12.6	8.24	8.03	7.86	6.71	4.8 ~ 7.23
	1000	13.62	12.43	10.44	9.99	9.69	9.45	6.18	6.02	5.89	5.03	
	750	10.78	9.94	8.35	7.99	7.75	7.56	4.94	4.81	4.71	4.02	

（续）

型号规格	n_1 /r·min⁻¹	公称传动比 i										公称输出转矩 T_2 /kN·m
		35.5	40	45	50	56	63	71	80	90	100	
		公称输入功率 P_1/kW										
RH300	1500	35.96	32.69	27.56	23.47	19.77	19.22	18.38	14.16	13.79	13.32	8.79 ~ 12.9
	1000	26.97	23.77	20.67	17.6	14.83	14.41	13.76	10.62	10.34	9.99	
	750	21.58	19.1	16.53	14.08	11.86	11.53	11.01	8.49	8.27	7.99	
RH350	1500	44.95	42.98	38.45	35.04	31.58	25.28	23.43	20.71	19.83	16.65	13.57 ~ 19.97
	1000	33.71	32.23	28.84	26.28	23.69	18.96	17.57	15.53	14.87	12.49	
	750	26.97	25.97	23.07	21.03	18.95	15.17	14.06	12.42	11.9	9.99	
RH400	1500	70.45	62.07	56.26	53.23	48.7	45.15	43.95	36.85	33.26	31.23	20.72 ~ 29.51
	1000	52.84	46.55	42.2	39.92	36.52	33.86	32.96	27.63	24.95	23.42	
	750	42.27	37.24	33.76	31.94	29.22	27.09	26.37	22.11	19.96	18.74	
RH450	1500	85.52	79.81	64.3	53.83	50.85	46.02	38.45	38.12	34.56	27.33	30 ~ 41.13
	1000	68.42	63.85	51.44	43.06	40.68	36.81	30.76	30.09	27.65	21.86	
RH500	750	110.08	92.21	80.99	74.76	68.4	62.45	59.81	45.92	44.64	41.36	40 ~ 52.89
	1500	88.07	72.97	64.79	59.8	54.72	49.96	47.85	36.74	35.71	33.09	

表 10.2-153 ZZRH 二环减速器的公称输入功率 P_1

型号规格	n_1 /r·min⁻¹	公称传动比 i									
		11.2	12.5	14	16	18	20	22.4	25	28	31.5
		公称输入功率 P_1/kW									
ZZRH350	1000	141.35	140.14	112.96	90.86	89.38	82.6	78.16	69.34	61.4	49.48
	750	106.62	105.11	84.72	68.15	67.04	61.95	58.62	52	46.05	37.11
	500	84.81	84.09	64.78	54.52	53.63	49.56	46.9	41.6	36.84	29.69
ZZRH430	1000	318.35	226.29	187	172.15	152.17	141.62	121.35	120.17	96.44	93.18
	750	238.75	169.72	140.25	129.12	114.53	106.21	91.01	90.13	72.33	69.88
	500	191.01	135.78	112.19	103.29	91.62	84.97	72.81	72.10	57.86	55.91
ZZRH450	750	263.87	261.59	185.33	160.26	155.14	133.12	127.23	114.09	100.62	94.32
	500	211.1	209.27	148.26	128.2	124.11	106.5	102.79	91.23	80.49	75.46
ZZRH480	750	287.362	285.13	202.10	104.68	169.10	145.10	138.68	124.35	109.67	102.81
	500	230.09	228.10	161.61	139.75	135.28	116.08	110.94	99.43	87.74	82.24

型号规格	n_1 /r·min⁻¹	公称传动比 i										公称输出转矩 T_2 /kN·m
		35.5	40	45	50	56	63	71	80	90	100	
		公称输入功率 P_1/kW										
ZZRH350	1000	44.95	42.98	38.45	35.04	31.58	25.28	23.43	20.71	19.83	16.65	13.57 ~ 19.97
	750	33.71	32.23	28.84	26.28	23.69	18.96	17.57	15.53	14.87	12.49	
	500	26.97	25.97	23.07	21.03	18.95	15.17	14.06	12.42	11.9	9.99	
ZZRH430	1000	76.76	67.65	61.29	58.02	53.08	49.21	47.9	40.16	36.25	34.04	22 ~ 29
	750	57.59	50.74	45.96	43.51	39.81	36.91	35.93	30.12	27.19	25.53	
	500	46.07	40.59	36.77	34.81	31.85	29.53	28.74	24.09	21.75	20.42	
ZZRH450	750	85.52	79.81	54.3	53.83	50.85	46.02	38.45	38.12	34.56	27.33	30 ~ 41.13
	500	68.42	63.85	51.44	43.06	40.68	36.81	30.76	30.09	27.65	21.86	
ZZRH480	750	93.21	86.99	70.08	58.67	55.42	50.16	41.91	41.50	37.67	29.73	40 ~ 50
	500	74.57	69.59	56.07	46.94	44.34	40.13	33.53	33.24	30.13	23.83	

表 10.2-154 RH 减速器的热平衡功率 P_{G1}、P_{G2}

散热冷却条件		规格									
	环境条件	125	145	175	215	255	300	350	400	450	500
		P_{G1}/kW									
没有冷却措施	小空间、小厂房	3.05	4.05	5.85	8.34	11.9	16.5	22.4	30.1	36.2	45
	较大空间或厂房	3.98	5.29	7.64	10.9	15.6	21.5	29.2	39.3	47.2	58.8
	户外露天	4.99	6.53	9.42	13.4	19.2	26.5	36	48.4	58.3	72.5
稀油站循环润滑		P_{G2}/kW									
		按工况条件、润滑油、润滑油入出口温差决定									

13.4　选用方法

首先，按减速器机械强度公称输入功率 P_1 选用，如果减速器的实际输入转速与承载能力表中的四档（1500r/min、1000r/min、750r/min、600r/min）转速中的某一档转速相对误差不超过 4%，可按该档转速下的公称输入功率选用相应规格的减速器。如果转速相对误差超过 4%，则应按实际转速折算的减速器的公称输入功率选用；然后，校核减速器的热平衡功率，如果输出轴承受轴向载荷（除转矩外），应校核轴伸安全系数。

1）按减速器机械强度限制的承载能力 P_1 选定。减速器公称输入功率 P_1 是在减速器由电动机驱动、每日 10h 平稳连续工况下，每小时起动次数不超过 10 次计算决定的。在不同原动机驱动、不同载荷（减速器传递功率 P_2）性质的情况下，应考虑工况系数 K_A 和安全系数 S_A。按机械强度计算功率应满足下式：

$$P_{2m} = P_2 K_A S_A \le P_1$$

式中　K_A——减速器的工况系数（见表 10.2-155）；
　　　S_A——减速器的安全系数（见表 10.2-156）。

表 10.2-155　减速器的工况系数 K_A

原动机	每日工作时间/h	K_A		
		轻微冲击（均匀）载荷 U	中等冲击载荷 M	强冲击载荷 H
电动机 汽轮机	≤3	0.8	1	1.5
	>3~10	1	1.25	1.75
水力机、液压马达	>10	1.25	1.5	2

2）按减速器在给定条件下（油池润滑，环境温度为 20℃，最高油温为 90℃，每小时载荷持续率为 100%）热平衡时的临界功率（即热平衡功率）P_{G1} 选定，见表 10.2-154。同时应考虑环境温度系数 f_1（见表 10.2-157）、每小时载荷持续率系数 f_2（见表 10.2-158）和公称功率利用率系数 f_3（见表 10.2-159），并满足下列计算公式：

热平衡计算功率：　$P_{2t} = P_2 f_1 f_2 f_3 \le P_{G1}$

3）当 $P_{2t} > P_{G1}$ 时，应采用油冷却器或稀油站集中循环润滑。采用油冷却器通常是把减速器本体容积作为注油油箱，通过冷却器冷却的油在保证入、出口油温温差的条件下，达到油温平衡。在这两种冷却方法下，油温平衡时的热功率称为 P_{G2}，其值应大于 P_{2t}。

4）本系列减速器的最大许用尖峰载荷（短时过载或起动状态）为许用额定载荷能力的 2 倍。当按上述方法所选减速器，其实际尖峰载荷超过许用值时，可按 1/2 的实际尖峰载荷（即 $P_1/2$ 或 $T_1/2$）另行选择。

5）选用示例。

表 10.2-156　减速器的安全系数 S_A

可靠性与安全要求	一般设备，减速器失效仅引起单机停产且易更换备件	重要设备，减速器失效引起机组、生产线或全厂停车	高可靠性要求，减速器失效引起设备、人身事故
S_A	1	1.25	1.5

表 10.2-157　环境温度系数 f_1

冷却条件	环境温度 $t/℃$				
	10	20	30	40	50
	f_1				
无冷却	0.9	1	1.15	1.35	1.65
冷却管冷却	0.9	1	1.1	1.2	1.3

表 10.2-158　载荷率系数 f_2

小时载荷率（%）	100	80	60	40	20
载荷率系数 f_2	1	0.94	0.86	0.74	0.56

表 10.2-159　公称功率利用率系数 f_3

$(P_2/P_1) \times 100\%$	≤40%	50%	60%	70%	80%~100%
f_3	1.25	1.15	1.1	1.05	1

注：P_1—公称功率；P_2—传递功率。

例 10.2-11　需要一台 RH 二环减速器，驱动建筑用卷扬机，减速器为系列第I种装配形式，油池润滑。

电动机 $P_2 = 9.5$kW，$n_1 = 725$r/min。

公称传动比：$i = 20$。

输出转矩：$T_2 = 2500$N·m。

起动转矩：$T_{2max} = 5000$N·m。

每日工作时间：8h。

每小时起动次数：10 次（载荷始终作用）。

每次运转时间：3min。

环境温度：30℃，露天使用。

输出轴端无附加载荷。

解：选用减速器

1）按机械强度计算选用：由表 10.2-278 查知建筑用卷扬机为均匀载荷，每日工作 8h，$K_A = 1$，查表 10.2-156 得 $S_A = 1.5$。

则　$P_{2m} = P_2 K_A S_A = 9.5 \times 1 \times 1.5$kW = 14.25kW

当 $i = 20$，$n_1 = 725$r/min，按 750r/min 查表 10.2-152 知：RH255，$P_1 = 23.25$kW > 14.25kW。

2）由于环境温度较高，应验算热平衡功率，使 $P_{G1} > P_{2t}$。

按已知条件查表 10.2-157~表 10.2-159 得：$f_1 = 1.15$，$f_2 = 0.8$（$10 \times 3/60 = 0.5 = 50\%$），$f_3 = 1.15$（$P_2/P_1 = 9.5/23.25 = 0.4086 = 40.86\%$），则　$P_{2t} = 9.5 \times 1.15 \times 0.8 \times 1.15$kW = 10.051kW。

由表 10.2-154 查得 $P_{G1} = 19.2$kW > 10.051kW，即工作状态的热功率小于减速器热平衡功率，因此无须增加冷却措施。

结论：选 RH255，$i=20$ 是合适的，输出轴端无附加载荷，轴伸安全系数不必校核，起动转矩满足要求。

14 摆线针轮减速器（摘自 JB/T 2982—2016）

本减速器的工作环境温度不高于 40℃，直连型减速器配套电动机应符合 GB/T 755 的有关规定。

14.1 型号和标记方法

型号由系列代号、安装形式代号，电动机功率、机型号和传动比等组成。

系列代号用汉语拼音字母"X"或"B"表示，安装形式代号见表 10.2-160。

表 10.2-160 安装形式代号

安装形式	传动级数		
	一级	二级	三级
双轴型卧式	W	WE	WS
直连型卧式	WD	WED	WSD
双轴型立式	L	LE	LS
直连型立式	LD	LED	LSD

机型号由数字组成，按以下规则表示：

1）X 系列一级减速器用阿拉伯数字 0、1、2、3、4、5、6、7、8、9、10、11、12 表示。

2）B 系列一级减速器用阿拉伯数字 12、15、18、22、27、33、39、45、55、65 表示。

3）X 系列二级减速器用两个一级减速器机型号的组合，如 20、42、128 表示。

4）B 系列二级减速器用两个一级减速器机型号的组合，如 1815、2215、6533 表示。

5）X 系列三级减速器用三个一级减速器机型号的组合，如 420、742、1285 表示。

标记示例：

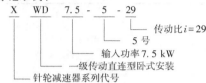

X WD 7.5 - 5 - 29
- 传动比 $i=29$
- 5 号
- 输入功率 7.5 kW
- 一级传动直连型卧式安装
- 针轮减速器系列代号

一级摆线针轮减速器针齿中心圆直径 d_p 与机型号的关系见表 10.2-161。

本手册仅列出一级减速器。

表 10.2-161 一级减速器的针齿中心圆直径 d_p 与机型号的关系 （mm）

X 系列机型号	0	1	2	3	4	5	6	7	8	9	10	11	12
B 系列机型号	—	—	12	15	18	22	27	—	33	39	45	55	65
d_p	75~94	95~105	160~120	140~155	165~185	210~230	250~275	280~300	315~335	380~400	440~460	535~555	645~690

注：1. 二级减速器的针齿中心圆直径由两个一级减速器的针齿中心圆直径确定。
2. 三级减速器的针齿中心圆直径由三个一级减速器的针齿中心圆直径确定。

14.2 外形尺寸 （见表 10.2-162、表 10.2-163）

表 10.2-162 X（B）W、X（B）WD 型减速器的外形及尺寸 （mm）

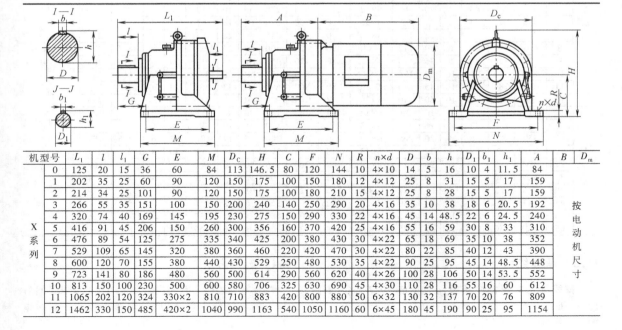

机型号		L_1	l	l_1	G	E	M	D_C	H	C	F	N	R	$n×d$	D	b	h	D_1	b_1	h_1	A	B	D_m
	0	125	20	15	36	60	84	113	146.5	80	120	144	10	4×10	14	5	16	10	4	11.5	84		
	1	202	35	25	60	90	120	150	175	100	150	180	12	4×12	25	8	31	15	5	17	159		
	2	214	34	25	101	90	120	150	175	100	180	210	15	4×12	25	8	28	15	5	17	159		
	3	266	55	35	151	100	150	200	240	140	260	290	20	4×16	35	10	38	18	6	20.5	192		
X	4	320	74	40	169	145	195	230	275	150	290	330	22	4×16	45	14	48.5	22	6	24.5	240	按	
系	5	416	91	45	206	150	260	300	356	160	370	420	25	4×16	55	16	59	30	8	33	310	电	
列	6	476	89	54	125	275	335	340	425	200	380	430	30	4×22	65	18	69	35	10	38	352	动	
	7	529	109	65	145	320	380	360	460	220	420	470	30	4×22	80	22	85	40	12	43	390	机	
	8	600	120	70	155	380	430	430	529	250	480	530	35	4×22	90	25	95	45	14	48.5	448	尺	
	9	723	141	80	186	480	560	500	614	290	560	620	40	4×26	100	28	106	50	14	53.5	552	寸	
	10	813	150	100	230	500	600	580	706	325	630	690	45	4×30	110	28	116	55	16	60	612		
	11	1065	202	120	324	330×2	810	710	883	420	800	880	50	6×32	130	32	137	70	20	76	809		
	12	1462	330	150	485	420×2	1040	990	1163	540	1050	1160	60	6×45	180	45	190	90	25	95	1154		

（续）

机型号		L_1	l	l_1	G	E	M	D_C	H	C	F	N	R	$n×d$	D	b	h	D_1	b_1	h_1	A	B	D_m
B系列	12	213	35	22	99	90	120	168	184	100	150	190	15	4×11	30	8	33	15	5	17	165	按电动机尺寸	
	15	282	58	28	153	100	150	215	284	140	250	290	20	4×13	35	10	38	18	6	20.5	216		
	18	352	82	36	177	145	195	245	318	150	290	330	22	4×17	45	14	48.5	22	6	24.5	276		
	22	422	82	58	195	150	238	300	360	160	370	410	25	4×17	55	16	59	30	8	33	316		
	27	490	105	58	140	275	335	360	435	200	380	430	30	4×22	70	20	74.5	35	10	38	383		
	33	629	130	82	165	380	440	435	542	250	480	530	35	4×26	90	25	95	45	14	48.5	464		
	39	736	165	82	210	480	560	510	619	290	560	620	40	4×26	100	28	106	50	14	53.5	556		
	45	783	165	82	245	500	600	580	706	325	630	690	45	4×26	110	28	116	55	16	59	594		
	55	996	200	105	322	330×2	810	705	880	410	800	880	50	6×35	130	32	137	70	20	74.5	733		
	65	1120	240	130	354	375×2	900	820	1008	490	920	1030	55	6×38	160	40	169	80	22	85	—		

表 10.2-163　X（B）L、X（B）LD 型减速器的外形及尺寸　　　　　　（mm）

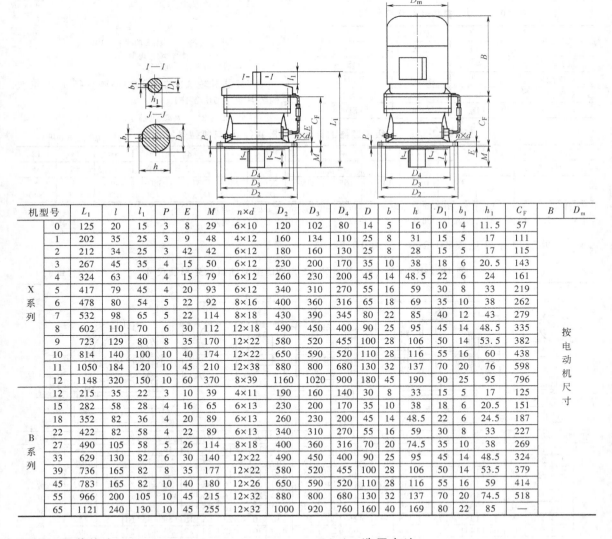

机型号		L_1	l	l_1	P	E	M	$n×d$	D_2	D_3	D_4	D	b	h	D_1	b_1	h_1	C_F	B	D_m
X系列	0	125	20	15	3	8	29	6×10	120	102	80	14	5	16	10	4	11.5	57	按电动机尺寸	
	1	202	35	25	3	9	48	4×12	160	134	110	25	8	31	15	5	17	111		
	2	212	34	25	3	42	42	6×12	180	160	130	25	8	28	15	5	17	115		
	3	267	45	35	4	15	50	6×12	230	200	170	35	10	38	18	6	20.5	143		
	4	324	63	40	4	15	79	6×12	260	230	200	45	14	48.5	22	6	24	161		
	5	417	79	45	4	20	93	6×12	340	310	270	55	16	59	30	8	33	219		
	6	478	80	54	5	22	92	8×16	400	360	316	65	18	69	35	10	38	262		
	7	532	98	65	5	22	114	8×18	430	390	345	80	22	85	40	12	43	279		
	8	602	110	70	6	30	112	12×18	490	450	400	90	25	95	45	14	48.5	335		
	9	723	129	80	8	35	170	12×22	580	520	455	100	28	106	50	14	53.5	382		
	10	814	140	100	10	40	174	12×22	650	590	520	110	28	116	55	16	60	438		
	11	1050	184	120	10	45	210	12×38	880	800	680	130	32	137	70	20	76	598		
	12	1148	320	150	10	60	370	8×39	1160	1020	900	180	45	190	90	25	95	796		
B系列	12	215	35	22	3	10	39	4×11	190	160	140	30	8	33	15	5	17	125		
	15	282	58	28	4	16	65	6×13	230	200	170	35	10	38	18	6	20.5	151		
	18	352	82	36	4	20	89	6×13	260	230	200	45	14	48.5	22	6	24.5	187		
	22	422	82	58	4	22	89	6×13	340	310	270	55	16	59	30	8	33	227		
	27	490	105	58	5	26	114	8×18	400	360	316	70	20	74.5	35	10	38	269		
	33	629	130	82	6	30	140	12×22	490	450	400	90	25	95	45	14	48.5	324		
	39	736	165	82	8	35	177	12×22	580	520	455	100	28	106	50	14	53.5	379		
	45	783	165	82	10	40	180	12×26	650	590	520	110	28	116	55	16	59	414		
	55	966	200	105	10	45	215	12×32	880	800	680	130	32	137	70	20	74.5	518		
	65	1121	240	130	10	45	255	12×32	1000	920	760	160	40	169	80	22	85	—		

14.3　承载能力

摆线针轮减速器的承载能力见表 10.2-164 ～ 表 10.2-166。

14.4　选用方法

选择减速器时，首先应满足传动比的要求，然后按输入的计算输入功率 P_{C1}（或输出轴的计算转矩

T_C）确定机型号。即

$$P_{C1} = P_1 K_A \left(\frac{n_1}{n'_1} \right)^{0.3} \leqslant P_{P1} \quad (10.2\text{-}15)$$

或

$$T_C = T K_A \left(\frac{n'_1}{n_1} \right)^{0.3} \leqslant T_{P2} \quad (10.2\text{-}16)$$

式中　P_{C1}——计算输入功率（kW）；

　　　　P_1——输入功率（kW）；

　　　　K_A——工况系数，见表 10.2-167；

　　　　n_1——表 10.2-164、表 10.2-165 中指定的输

入转速（r/min）；

n'_1——减速器实际输入轴的转速（r/min）；

P_{P1}——在指定转速 n_1 时，许用输入功率（kW），见表 10.2-164、表 10.2-165；

T_C——计算输出转矩（N·m）；

T——名义输出转矩（N·m）；

T_{P2}——在指定转速 $n_1 = n_2 i$ 时，减速器许用输出转矩（N·m），见表 10.2-166。

表 10.2-164　双轴型一级减速器的许用输入功率 P_{P1}　　　　　　　　（kW）

机 型 号		传 动 比 i								
X 系列	B 系列	11	17	23	29	35	43	59	71	87
0	—	0.2	0.2	—	0.1	—	0.1	—	—	—
1	—	0.75	0.55	—	0.37	0.25	0.25	—	—	—
2	12	1.5	0.75	0.75	0.55	0.55	0.37	—	—	—
3	15	3.0	2.2	1.5	1.1	1.1	0.75	0.55	0.55	—
4	18	4.0	4.0	3.0	2.2	1.5	1.5	1.1	1.1	0.75
5	22	7.5	7.5	5.5	5.5	4.0	3.0	2.2	2.2	1.5
6	27	11	11	11	11	7.5	5.5	4	3	2.2
7	—	15	15	11	11	11	7.5	5.5	4	4
8	33	18.5	18.5	18.5	15	15	11	7.5	5.5	5.5
9	39	22	22	18.5	18.5	18.5	18.5	11	11	11
10	45	45	45	45	37	30	30	18.5	18.5	15
11	55	55	55	55	55	45	37	30	22	22
12	65	—	75	75	75	75	55	55	37	37

注：表中粗线以上输入转速 $n_1 = 1500$ r/min，粗线以下输入转速 $n_1 = 1000$ r/min。

表 10.2-165　直连型一级减速器的许用输入功率 P_{P1}　　　　　　　　（kW）

机 型 号		传 动 比 i								
X 系列	B 系列	11	17	23	29	35	43	59	71	87
0	—	0.09	0.09	—	0.09	—	0.09	—	—	—
1	—	0.75 / 0.37	0.55 / 0.37	0.25	0.25	0.25	0.25	—	—	—
2	12	1.5 / 0.75	0.75 / 0.55	0.55	0.37	0.37	0.37	—	—	—
3	15	2.2 / 1.5	2.2 / 1.5	1.5 / 1.1	1.1	1.1 / 0.75	0.75	0.55	0.55	—
4	18	4 / 3	4 / 3	3	3 / 2.2	2.2 / 1.5	2.2 / 1.5	1.5 / 1.1	1.1 / 0.75	0.75
5	22	7.5	7.5	5.5	5.5	5.5 / 4	4	3 / 2.2	2.2 / 1.5	1.5
6	27	11	11	11 / 7.5	11 / 7.5	7.5	5.5 / 4	4	4 / 3	3
7	—	15	15 / 11	11	11	11	7.5 / 5.5	5.5	5.5	4
8	33	22 / 8.5	18.5	18.5	15	15	11 / 7.5	7.5	7.5	7.5
9	39	22	22	22 / 18.5	18.5	18.5	15 / 11	11	11	11
10	45	45[1] / 37	45 / 37	37 / 30	30	30	22 / 18.5	18.5	18.5	15
11	55	55 / 45	55 / 45	55 / 45	55 / 45	45	37 / 30	30	22	22
12	65	—	75[1]	75[1]	75[1]	75[1]	55[1]	45[1]	30	30

注：1. 每格中数值大者为设计输入功率，小者为可配备电动机的功率。

　　2. 表中粗线以上输入转速 $n_1 = 1500$ r/min，粗线以下输入转速 $n_1 = 1000$ r/min。

① 仅立式减速器配备的功率。

表 10.2-166　输出轴许用转矩 T_{P2}　　　　　　　　（N・m）

传动比 i	X 系列	0	1	2	3	4	5	6	7	8	9	10	11	12
	机 型 号													
	B 系列	—	—	12	15	18	22	27		33	39	45	55	65
11		—	15	69	118	196	490	785	1570	2160	3530	5780	7650	9640	—
17		—	15	69	147	245	490	981	1960	2650	4220	6960	9210	13700	12700
23		—	—	69	147	245	490	981	1960	2650	4410	7840	10300	16600	16800
29		—	15.3	69	147	245	490	981	1960	2650	4410	7840	10300	16600	—
35				69	147	245	490	981	1960	2650	4410	8820	11700	19600	21200
43		—	22.7	69	147	245	490	981	1960	2650	4410	8820	11700	19600	25300
59			—	—	—	245	490	981	1960	2650	4410	8820	11700	19600	25300
71						245	490	981	1960	2650	4410	8820	11700	19600	31000
87							490	981	1960	2650	4410	8820	11700	19600	31000

表 10.2-167　减速器的工况系数 K_A

原动机	每日工作时间/h	轻微冲击（均匀）载荷 U	中等冲击载荷 M	强冲击载荷 H	原动机	每日工作时间/h	轻微冲击（均匀）载荷 U	中等冲击载荷 M	强冲击载荷 H	原动机	每日工作时间/h	轻微冲击（均匀）载荷 U	中等冲击载荷 M	强冲击载荷 H
电动机汽轮机水力机	≤3	0.8	1	1.5	4～6 缸的活塞发动机	≤3	1	1.25	1.75	1～3 缸的活塞发动机	≤3	1.25	1.5	2
	>3～10	1	1.25	1.75		>3～10	1.25	1.5	2		>3～10	1.5	1.75	2.25
	>10	1.25	1.5	2		>10	1.5	1.75	2.25		>10	1.75	2	2.5

15　谐波传动减速器（摘自 GB/T 14118—1993）

15.1　标记方法

15.2　外形尺寸（见表 10.2-168）

表 10.2-168　谐波传动减速器的外形及尺寸　　　　　　　　（mm）

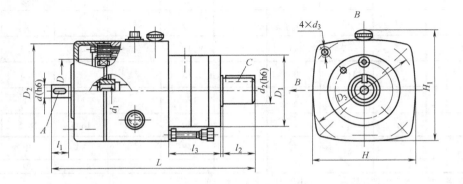

（续）

机型	d h6	d_1	d_2 h6	d_3	D	D_1	D_2	D_3	L	l_1	l_2	l_3	H	H_1	A	C	质量 /kg
25	4	6	8	M4	25	28	40	43	86	8	12	22	45	50	键 1×4	键 C2×10	0.3
32	6	10	12	M5	32	36	50	55	115	11	16	33	55	60	键 2×7	键 C4×14	0.5
40	8	12	15	M5	40	44	60	66	140	16	22	39	65	72	键 3×10	键 C5×18	1
50	10	14	18	M6	50	53	70	76	170	18	30	43	75	83	键 3×13	键 C6×25	1.5
60	14	18	22	M6	60	68	85	100	205	18	35	43	92	101	键 5×14	键 C6×32	5.5
80	14	18	30	M10	80	85	115	130	240	20	43	48	122	132	键 5×16	键 C8×40	10
100	16	24	35	M12	100	100	135	155	290	24	55	54	142	155	键 5×20	键 C10×50	16
120	18	24	45	M14	120	114	170	195	340	28	68	67	180	220	键 6×25	键 C14×62	30
160	24	40	60	M20	160	140	220	245	430	38	88	77	230	265	键 8×32	键 C18×80	58
200	30	50	80	M24	200	180	270	300	530	48	108	102	280	320	键 8×40	键 C22×100	100
250	35	60	95	M27	250	215	330	360	669	60	128	156	345	423	键 10×50	键 C25×120	—
320	40	80	110	M30	320	240	370	400	750	80	140	170	400	440	键 12×60	键 C28×130	—

注：1. 25~50 机型，A 键按 GB/T 1099.1—2003 选用；60~320 机型，A 键按 GB/T 1096—2003 选用。

　　2. 25~320 机型，C 键按 GB/T 1096—2003 选用。

支座外形及尺寸见表 10.2-169。　　　　　　　　谐波传动减速器的重量指标见表 10.2-171。

15.3　承载能力

谐波传动减速器的性能参数见表 10.2-170。

表 10.2-169　支座外形及尺寸　　　　　　　　　　　（mm）

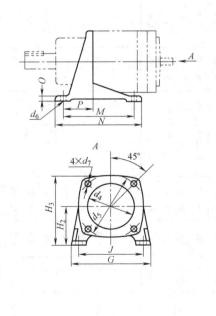

机型	60	80	100	120	160	200	250	320
H_3	101	140	160	196	255	310	380	450
G	112	140	168	205	260	320	400	480
H_2	56	80	90	106	140	170	210	250
J	92	116	138	175	220	280	340	400
d_6	7	9	10	10	14	14	18	22
d_4	68	85	100	114	140	180	215	240
M	85	130	150	100	240	280	330	380
N	115	160	180	215	280	330	390	450
O	10	13	14	16	20	20	22	25
P	54	61	67	80	90	110	120	140
d_7	8	12	14	16	24	28	30	34
d_5	100	130	155	195	245	300	350	400

表 10.2-170　谐波传动减速器的性能参数

机型	柔轮内径 /mm	模数 /mm	传动比 i	$n_1=3000\text{r/min}$ P_{P1}/kW	n_2/r·min⁻¹	T_{P2}/N·m	$n_1=1500\text{r/min}$ P_{P1}/kW	n_2/r·min⁻¹	T_{P2}/N·m	$n_1=1000\text{r/min}$ P_{P1}/kW	n_2/r·min⁻¹	T_{P2}/N·m	$n_1=750\text{r/min}$ P_{P1}/kW	n_2/r·min⁻¹	T_{P2}/N·m	$n_1=500\text{r/min}$ P_{P1}/kW	n_2/r·min⁻¹	T_{P2}/N·m
25	25	0.2	63	0.0122	47.6	2	0.0071	23.8	2	0.0047	15.8	2.5	0.0035	11.9	2.5	0.0023	7.9	2.5
		0.15	80	0.0096	37.5	2	0.0056	18.8	2	0.0044	12.5	2.9	0.0033	9.4	3	0.0023	6.25	3.4
		0.1	125	0.0061	24	2	0.0035	12	2.5	0.0028	8	2.9	0.0021	6	3	0.0016	4	3.4
32	32	0.25	63	0.027	47.6	4.5	0.0015	23.8	5	0.012	15.8	6	0.010	11.9	6.5	0.007	7.9	7
		0.2	80	0.024	37.5	5	0.015	18.8	6.5	0.012	12.5	7.6	0.010	9.4	8	0.007	6.25	9
		0.15	100	0.023	30	6	0.014	15	7.5	0.011	10	8.6	0.008	7.5	9	0.006	5	10
		0.1	160	0.015	18.6	6	0.008	9.4	7.5	0.071	6.25	8.6	0.005	4.7	9	0.004	3	10
40	40	0.25	80	0.078	37.5	16	0.044	18.8	20	0.034	12.5	23	0.027	9.4	24	0.021	6.25	28
		0.2	100	0.061	30	16	0.035	15	20	0.028	10	23	0.021	7.5	24	0.016	5	28
		0.15	125	0.049	24	16	0.029	12	20	0.022	8	23	0.018	6	24	0.013	4	28
		0.1	200	0.033	15	16	0.020	7.5	20	0.016	5	23	0.012	3.8	24	0.009	2.5	28
50	50	0.3	80	0.135	37.5	28	0.068	18.8	30	0.045	12.5	30	0.034	9.4	30	0.022	6.25	30
		0.25	100	0.115	30	30	0.068	15	38	0.051	10	42	0.041	7.5	45	0.031	5	50
		0.2	125	0.093	24	30	0.055	12	38	0.040	8	42	0.033	6	45	0.025	4	52
		0.15	160	0.076	18.6	30	0.044	9.4	38	0.032	6.25	42	0.026	4.7	45	0.019	2.5	52
60	60	0.4	80	0.216	37.5	45	0.136	18.8	60	0.098	12.5	60	0.074	9.4	65	0.049	6.25	65
		0.3	100	0.193	30	50	0.114	15	63	0.087	10	72	0.068	7.5	75	0.049	5	82
		0.25	125	0.154	24	50	0.092	12	63	0.069	8	72	0.054	6	75	0.041	4	86
		0.2	160	0.127	18.6	50	0.072	9.4	63	0.054	6.25	72	0.042	4.7	75	0.031	3	86
80	80	0.5	80	0.481	37.5	100	0.284	18.8	125	0.226	12.5	150	0.171	9.4	150	0.113	6.25	150
		0.4	100	0.461	30	120	0.272	15	150	0.211	10	175	0.162	7.5	180	0.121	5	200
		0.3	125	0.369	24	120	0.218	12	150	0.169	8	175	0.130	6	180	0.101	4	210
		0.25	160	0.305	18.6	120	0.171	9.4	150	0.132	6.25	175	0.102	4.7	180	0.076	3	210
		0.2	200	0.249	15	120	0.135	7.5	150	0.106	5	175	0.082	3.8	180	0.064	2.5	210
100	100	0.6	80	0.961	37.5	200	0.454	18.8	200	0.301	12.5	200	0.227	9.4	200	0.151	6.25	200
		0.5	100	0.961	30	250	0.561	15	310	0.374	10	310	0.28	7.5	310	0.187	5	310
		0.4	125	0.769	24	250	0.449	12	310	0.338	8	350	0.268	6	350	0.183	4	380
		0.3	160	0.637	18.6	250	0.352	9.4	310	0.264	6.25	350	0.209	4.7	350	0.155	3	430
		0.25	200	0.513	15	250	0.317	7.5	310	0.239	5	350	0.192	3.8	350	0.147	2.5	430

规格	n_2	P	T_{P2}	i	P_{P1}	T_{P2}	i	P_{P1}	T_{P2}	i	P_{P1}	T_{P2}	i	P_{P1}	T_{P2}	i	P_{P1}
120	80	0.8	380	6.25	0.287	380	9.4	0.431	380	12.5	0.573	380	18.8	0.862	380	37.5	1.828
	100	0.6	560	5	0.338	560	7.5	0.507	560	10	0.675	560	15	1.014	450	30	1.731
	125	0.5	680	4	0.328	670	6	0.485	560	8	0.618	560	12	0.811	450	24	1.385
	160	0.4	770	3	0.279	670	4.7	0.380	560	6.25	0.482	560	9.4	0.635	450	18.6	1.144
	200	0.3	770	2.5	0.263	670	3.8	0.348	560	5	0.437	560	7.5	0.575	450	15	0.923
160	80	1	800	6.25	0.604	800	9.4	0.907	800	12.5	1.207	800	18.8	1.814			
	100	0.8	1000	5	0.604	1200	7.5	1.086	1000	10	1.387	1000	15	1.809			
	125	0.6	1250	4	0.604	1200	6	0.868	1000	8	1.111	1000	12	1.448			
	160	0.5	1350	3	0.488	1200	4.7	0.680	1000	6.25	0.867	1000	9.4	1.134			
	200	0.4	1350	2.5	0.461	1200	3.8	0.750	1000	5	0.787	1000	7.5	1.025			
	250	0.3	1350	2	0.369	1200	3	0.492	1000	4	0.629	1000	6	0.82			
200	80	1	1500	6.25	1.132	1500	9.4	1.701	1500	12.5	2.262	1500	18.8	3.402			
	100	0.8	2000	5	1.207	2000	7.5	1.809	2000	10	2.413	2000	15	3.620			
	125	0.6	2410	4	1.164	2390	6	1.731	2300	8	2.886	2000	12	2.896			
	160	0.5	2750	3	0.995	2390	4.7	1.355	2300	6.25	1.734	2000	9.4	2.268			
	200	0.4	2750	2.5	0.940	2390	3.8	1.241	2300	5	1.572	2000	7.5	2.051			
	250	0.3	2750	2	0.752	2390	3	0.980	2300	4	1.259	2000	6	1.641			
250	80	1.5	2800	6.25	2.24	2800	9.4	3.37	2800	12.5	4.49	2800	18.8	6.68			
	100	1.25	3500	5	2.24	3500	7.5	3.37	3500	10	4.49	3500	15	6.33			
	125	1	4830	4	2.33	4200	6	3.04	3500	8	3.86	3500	12	5.07			
	160	0.8	4830	3	1.75	4200	4.7	2.38	3500	6.25	3.01	3500	9.4	3.96			
	200	0.6	4830	2.5	1.65	4200	3.8	2.19	3500	5	2.73	3500	7.5	3.59			
	250	0.5	4830	2	1.32	4200	3	1.72	3500	4	2.19	3500	6	2.87			
	320	0.4	4830	1.6	1.05	4200	2.3	1.32	3500	3.1	1.69	3500	4.7	2.25			
320	80	2	5300	6.25	4.25	5300	9.4	6.40	5300	12.5	8.50	5300	18.8	12.27			
	100	1.5	6300	5	4.04	6300	7.5	6.06	6300	10	8.08	6300	15	11.4			
	125	1.25	8600	4	4.15	7500	6	5.44	7200	8	6.95	6300	12	9.12			
	160	1	8600	3	3.12	7500	4.7	4.26	7200	6.25	5.44	6300	9.4	7.14			
	200	0.8	8600	2.5	2.94	7500	3.8	3.89	7200	5	4.92	6300	7.5	6.47			
	250	0.6	8600	2	2.35	7500	3	3.07	7200	4	3.93	6300	6	5.17			
	3200	0.5	8600	1.6	1.88	7500	2.3	2.36	7200	3.1	3.05	6300	4.7	4.05			

注：n_1—输入转速；n_2—输出转速；P_{P1}—许用输入功率；T_{P2}—许用输出转矩。

表 10.2-171　谐波传动减速器的重量指标

机型	效　率 $\eta(\%)$	起动转矩 /N·cm	额定载荷下扭转刚度/[N·m/(′)]	波发生器转动惯量/kg·m²
25		≤0.8	0.365	7×10^{-7}
32		≤1.25	0.725	2.8×10^{-6}
40	$i=63\sim125$	≤2	1.45	8.8×10^{-6}
50	$\eta=75\sim90$	≤3	2.90	2.5×10^{-5}
60	$i>125$	≤5	5.80	5.85×10^{-5}
80	$\eta=70\sim85$	≤8	11.65	1.77×10^{-4}
100		≤12.5	23.25	5.46×10^{-4}
120		≤20	46.55	1.18×10^{-3}
160	$i=80\sim160$	≤35	93.10	5.65×10^{-3}
200	$\eta=80\sim90$	≤60	186.20	1.72×10^{-2}
250	$i>160$	≤100	327.35	5.16×10^{-2}
320	$\eta=70\sim80$	≤150	744.65	1.52×10^{-1}

注：使用环境温度为 -40~55℃；相对湿度为 95%±3%（20℃）；振动频率为 10~500Hz，加速度为 2g，扫频循环次数为 10 次。

16　TH、TB 型减速器

TH、TB 型减速器系采用模块化组合设计而成的平行轴和垂直轴两种不同形式的减速器，其特点为整体结构紧凑、使用方便；功率、传动比和转矩范围宽，$P=2.8\sim5366$kW，$i=1.25\sim450$，$M=0.62\sim470$ kN·m；有卧、立式安装，实心轴、空心轴和胀紧盘空心轴等多种输出方式，可广泛地应用于建筑、矿山、冶金、水泥、化工和石油等行业。

16.1　装配形式和标记方法

TH、TB 型减速器的装配形式如图 10.2-9 所示。

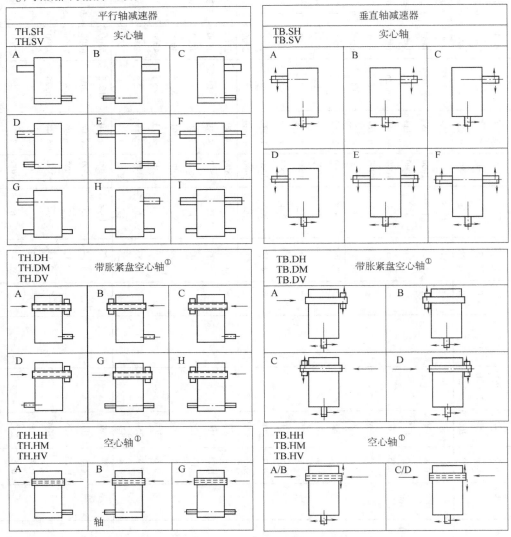

图 10.2-9　TH、TB 型减速器的装配形式
①箭头表示工作机驱动插入方向。

标记示例：

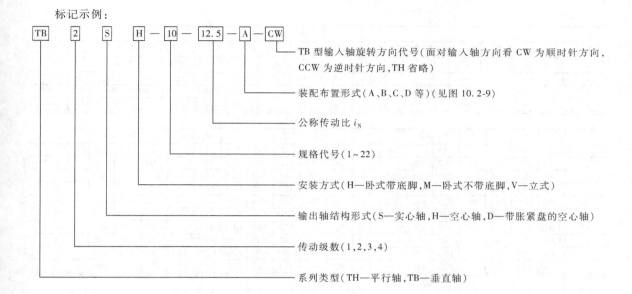

TB ── 2 ── S ── H ── 10 ── 12.5 ── A ── CW

TB 型输入轴旋转方向代号（面对输入轴方向看 CW 为顺时针方向，CCW 为逆时针方向，TH 省略）

装配布置形式（A、B、C、D 等）（见图 10.2-9）

公称传动比 i_N

规格代号（1～22）

安装方式（H—卧式带底脚，M—卧式不带底脚，V—立式）

输出轴结构形式（S—实心轴，H—空心轴，D—带胀紧盘的空心轴）

传动级数（1，2，3，4）

系列类型（TH—平行轴，TB—垂直轴）

16.2　外形尺寸

TH、TB 型减速器各规格的外形尺寸见表 10.2-172～表 10.2-186（立式相同于卧式）。

表 10.2-172　TH1SH 型减速器的外形尺寸（规格 1～19）　　　　　　（mm）

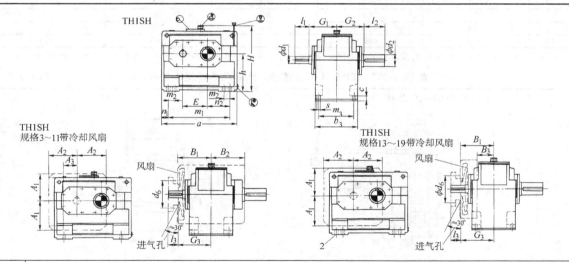

| 规格 | 输　入　轴 | | | | | | | | | | | | | | | G_1 | G_3 |
| | $i_N = 1.25～2.8$ | | | $i_N = 1.6～2.8$ | | | $i_N = 2～2.8$ | | | $i_N = 3.15～4$ | | | $i_N = 4.5～5.6$ | | | | |
	$d_1^①$	l_1	l_3	$d_1^①$	l_1	l_3	$d_1^①$	l_1	l_3	$d_1^①$	l_1	l_3	$d_1^①$	l_1	l_3		
1	40	70	—	—	—	—	—	—	—	30	50	—	24	40	—	110	—
3	60	125	105	—	—	—	—	—	—	45	100	80	32	80	60	170	190
5	85	160	130	—	—	—	—	—	—	60	135	105	50	110	80	210	240
7	100	200	165	—	—	—	—	—	—	75	140	105	60	140	105	250	285
9	110	200	165	—	—	—	—	—	—	90	165	130	75	140	105	280	315
11	—	—	—	130	240	205	—	—	—	110	205	170	90	170	135	325	360
13	—	—	—	150	245	200	—	—	—	130	245	200	100	210	165	365	410

（续）

规格	$i_N=1.25\sim2.8$			$i_N=1.6\sim2.8$			$i_N=2\sim2.8$			$i_N=3.15\sim4$			$i_N=4.5\sim5.6$			G_1	G_3
	$d_1^①$	l_1	l_3	$d_1^①$	l_1	l_3	$d_1^①$	l_1	l_3	$d_1^①$	l_1	l_3	$d_1^①$	l_1	l_3		
15	—	—	—	—	—	—	180	290	240	150	250	200	125	250	200	360	410
17	—	—	—	—	—	—	200	330	280	170	290	240	140	250	200	400	450
19	—	—	—	—	—	—	220	340	290	190	340	290	160	300	250	440	490

输入轴

规格	a	A_1	A_2	A_3	b	B_1	B_2	B_3	c	d_6	E	h	H	m_1	m_2	m_3	n_1	n_2	s
1	295	—	—	—	150	—	—	—	18	—	90	140	305	220	—	120	37.5	80	12
3	420	150	145	80	200	205	130	—	28	130	130	200	405	310	—	160	55	160	19
5	580	225	215	115	285	255	185	—	35	190	185	290	555	440	—	240	70	160	24
7	690	255	250	120	375	300	230	—	45	245	225	350	655	540	—	315	75	195	28
9	805	300	265	140	425	330	265	—	50	280	265	420	770	625	—	350	90	225	35
11	960	360	330	190	515	375	320	—	60	350	320	500	875	770	—	440	95	280	35
13	1100	415	350	—	580	430	—	150	70	350	370	580	1055	870	—	490	115	315	42
15	1295	500	430	—	545	430	—	120	80	450	442	600	1150	1025	—	450	135	370	48
17	1410	550	430	—	615	470	—	150	80	445	490	670	1270	1170	130	530	120	425	42
19	1590	630	475	—	690	510	—	190	90	445	555	760	1430	1290	150	590	150	465	48

减速器

规格	输出轴			润滑油/L	质量/kg
	$d_2^①$	G_2	l_2		
1	45	110	80	2.5	55
3	60	170	125	7	128
5	85	210	160	22	302
7	105	250	200	42	547
9	125	270	210	68	862
11	150	320	240	120	1515
13	180	360	310	175	2395
15	220	360	350	190	3200
17	240	400	400	270	4250
19	270	440	450	390	5800

① d_1 和 d_2 的公差：d_1（和 d_2）$\leqslant24mm$ 为 K6，$28mm\leqslant d_1$（和 d_2）$\leqslant100mm$ 为 m6，d_1（和 d_2）$>100mm$ 为 n6。

表 10.2-173　TH2.H 型减速器的外形尺寸（规格 3~12）　　　　　（mm）

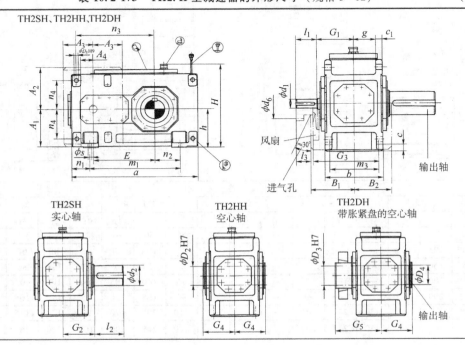

（续）

规格	输入轴												G_1	G_3
	$i_N = 6.3 \sim 11.2$			$i_N = 8 \sim 14$			$i_N = 12.5 \sim 22.4$			$i_N = 16 \sim 28$				
	$d_1^{①}$	l_1	l_3	$d_1^{①}$	l_1	l_3	$d_1^{①}$	l_1	l_3	$d_1^{①}$	l_1	l_3		
3	35	60	—	—	—	—	28	50	—	—	—	—	135	—
4	45	100	80	—	—	—	32	80	60	—	—	—	170	190
5	50	100	80	—	—	—	38	80	60	—	—	—	195	215
6	—	—	—	50	100	80	—	—	—	38	80	60	195	215
7	60	135	105	—	—	—	50	110	80	—	—	—	210	240
8	—	—	—	60	135	105	—	—	—	50	110	80	210	240
9	75	140	110	—	—	—	60	140	110	—	—	—	240	270
10	—	—	—	75	140	110	—	—	—	60	140	110	240	270
11	90	165	130	—	—	—	70	140	105	—	—	—	275	310
12	—	—	—	90	165	130	—	—	—	70	140	105	275	310

规格	减速器											
	a	A_1	A_2	A_3	A_4	b	B_1	B_2	c	c_1	D_5	d_6
3	450	—	—	—	—	190	—	—	22	24	18	—
4	565	195	225	150	30	215	205	158	28	30	24	136
5	640	225	260	175	55	255	230	177.5	28	30	24	150
6	720	225	260	175	55	255	230	177.5	28	30	24	150
7	785	272	305	210	70	300	255	210	35	36	28	200
8	890	272	305	210	70	300	255	210	35	36	28	200
9	925	312	355	240	100	370	285	245	40	45	36	200
10	1025	312	355	240	100	380	285	245	40	45	36	200
11	1105	372	420	285	135	430	325	285	50	54	40	210
12	1260	372	420	285	135	430	325	285	50	54	40	210

规格	减速器										
	E	g	h	H	m_1	m_3	n_1	n_2	n_3	n_4	s
3	220	71	175	390	290	160	80	65	285	132.5	15
4	270	77.5	200	445	355	180	105	85	345	150	19
5	315	97.5	230	512	430	220	105	100	405	180	19
6	350	97.5	230	512	510	220	105	145	440	180	19
7	385	114	280	602	545	260	120	130	500	215	24
8	430	114	280	617	650	260	120	190	545	215	24
9	450	140	320	697	635	320	145	155	585	245	28
10	500	140	320	697	735	320	145	205	635	245	28
11	545	161	380	817	775	370	165	180	710	300	35
12	615	161	380	825	930	370	165	265	780	300	35

规格	输出轴									润滑油/L	质量/kg
	TH2SH			TH2HH		TH2DH					
	$d_2^{①}$	G_2	l_2	$D_2^{②}$	G_4	D_3	D_4	G_4	G_5		
3	65	125	140	65	125	70	70	125	180	6	115
4	80	140	170	80	140	85	85	140	205	10	190
5	100	165	210	95	165	100	100	165	240	15	300
6	110	165	210	105	165	110	110	165	240	16	355
7	120	195	210	115	195	120	120	195	280	27	505
8	130	195	250	125	195	130	130	195	285	30	590
9	140	235	250	135	235	140	145	235	330	42	830
10	160	235	300	150	235	150	155	235	350	45	960
11	170	270	300	165	270	165	170	270	400	71	1335
12	180	270	300	180	270	180	185	270	405	76	1615

① 同表 10.2-172①。

② 键槽 GB/T 1095—2003。

表 10.2-174　TH2.H、TH2.M 型减速器的外形尺寸（规格 13~22）　　　　（mm）

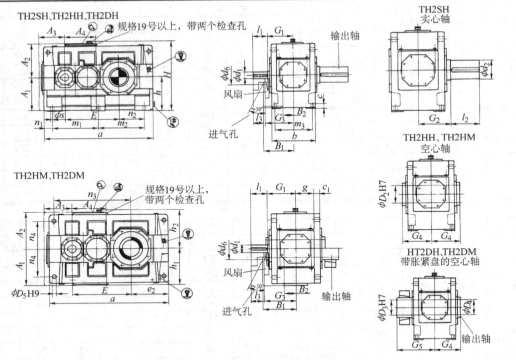

规格	输入轴																		G_1	G_3
	$i_N = 6.3 \sim 11.2$			$i_N = 7.1 \sim 12.5$			$i_N = 8 \sim 14$			$i_N = 12.5 \sim 20$			$i_N = 14 \sim 22.4$			$i_N = 16 \sim 25$				
	$d_1^{①}$	l_1	l_3	$d_1^{①}$	l_1	l_3	$d_1^{①}$	l_1	l_3	$d_1^{①}$	l_1	l_3	$d_1^{①}$	l_1	l_3	$d_1^{①}$	l_1	l_3		
13	100	205	170							85	170	135							330	365
14							100	205	170							85	170	135	330	365
15	120	210	165							100	210	165							365	410
16				120	210	165							100	210	165				365	410
17	125	245	200							110	210	165							420	465
18				125	245	200							110	210	165				420	465
19	150	245	200							120	210	165							475	520
20				150	245	200							120	210	165				475	520
21	170	290	240							140	250	200							495	545
22				170	290	240							140	250	200				495	545

规格	减速器													
	a	A_1	A_2	A_3	A_4	b	B_1	B_2	c	$c_1^{③}$	d_6	D_5	e_2	E
13	1290	430	460	330	365	550	385	135	60	61	250	48	405	635
14	1430	430	460	330	365	550	385	135	60	61	250	48	475	705
15	1550	490	500	370	440	625	430	155	70	72	280	55	485	762
16	1640	490	500	370	440	625	430	155	70	72	280	55	530	808
17	1740	540	565	435	505	690	485	140	80	81	280	55	525	860
18	1860	540	565	435	505	690	485	140	80	81	280	55	585	920
19	2010	600	600	500	450	790	540	190	90	91	310	65	590	997
20	2130	600	600	500	450	790	540	190	90	91	310	65	650	1057
21	2140	680	680	500	610	830	565	200	100	100	450	75	655	1067
22	2250	680	680	500	610	830	565	200	100	100	450	75	710	1122

（续）

规格	减速器												
	g	h	h_1	h_2	H	m_1	m_2	m_3	n_1	n_2	n_3	n_4	s
13	211.5	440	450	495	935	545	545	475	100	305	835	340	35
14	211.5	440	450	495	935	545	685	475	100	375	905	340	35
15	238	500	490	535	1035	655	655	535	120	365	1005	375	42
16	238	500	490	535	1035	655	745	535	120	410	1050	375	42
17	259	550	555	595	1145	735	735	600	135	390	1145	425	42
18	259	550	555	595	1145	735	855	600	135	450	1205	425	42
19	299	620	615	655	1275	850	850	690	155	435	1345	475	48
20	299	620	615	655	1275	850	970	690	155	495	1405	475	48
21	310	700	685	725	1425	900	900	720	170	485	1400	520	56
22	310	700	685	725	1425	900	1010	720	170	540	1455	520	56

规格	尺寸/mm								润滑油/L		质量/kg	
	输 出 轴								TH2.H	TH2.M	TH2.H	TH2.M
	TH2SH			TH2HH TH2HM		TH2DH TH2DM						
	$d_2^{①}$	G_2	l_2	$D_2^{②}$	G_4	D_3	D_4	G_4	G_5			
13	200	335	350	190	335	190	195	335	480	135	110	2000	1880
14	210	335	350	210	335	210	215	335	480	140	115	2570	2430
15	230	380	410	230	380	230	235	380	550	210	160	3430	3240
16	240	380	410	240	380	240	245	380	550	215	165	3655	3465
17	250	415	410	250	415	250	260	415	600	290	230	4650	4420
18	270	415	470	275	415	280	285	415	600	300	240	5125	4870
19	290	465	470	—	—	285	295	465	670	320	300	5250	5000
20	300	465	500	—	—	310	315	465	670	340	320	6550	6150
21	320	490	500	—	—	330	335	490	715	320	350	7200	6950
22	340	490	550	—	—	340	345	490	725	340	370	7800	7550

① 同表 10.2-172①。

② 键槽 GB/T 1095—2003。

③ 规格 13 和 15 号：传动比只有 $i_N = 6.3 \sim 18$；规格 17 和 19 号：传动比只有 $i_N = 6.3 \sim 14$。

表 10.2-175　TH3.H 型减速器的外形尺寸（规格 5~12）　　　　　　　（mm）

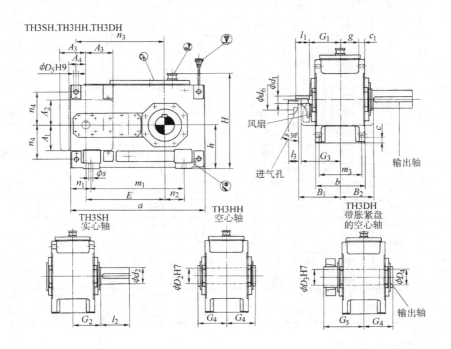

（续）

规格	输入轴																		G_1	G_3
	$i_N = 25\sim45$			$i_N = 31.5\sim56$			$i_N = 50\sim63$			$i_N = 63\sim80$			$i_N = 71\sim90$			$i_N = 90\sim112$				
	$d_1^①$	l_1	l_3	$d_1^①$	l_1	l_3	$d_1^①$	l_1	l_3	$d_1^①$	l_1	l_3	$d_1^①$	l_1	l_3	$d_1^①$	l_1	l_3		
5	40	70	70				30	50	50				24	40	40				160	220
6				40	70	70				30	50	50				24	40	40	160	220
7	45	80	80				35	60	60				28	50	50				185	250
8				45	80	80				35	60	60				28	50	50	185	250
9	60	125	105				45	100	80				32	80	60				230	300
10				60	125	105				45	100	80				32	80	60	230	300
11	70	120	120				50	80	80				42	70	70				255	330
12				70	120	120				50	80	80				42	70	70	255	330

规格	减速器											
	a	A_1	A_2	A_3	A_4	b	B_1	B_2	c	c_1	d_6	D_5
5	690	137	135	140	80	255	215	175	28	30	60	24
6	770	137	135	140	80	255	215	175	28	30	60	24
7	845	157	160	180	100	300	245	205	35	36	75	28
8	950	157	160	180	100	300	245	205	35	36	75	28
9	1000	182	190	205	120	370	295	240	40	45	90	36
10	1100	182	190	205	120	380	295	240	40	45	90	36
11	1200	218	220	255	150	430	325	280	50	54	100	40
12	1355	218	220	255	150	430	325	280	50	54	100	40

规格	减速器										
	E	g	h	H	m_1	m_3	n_1	n_2	n_3	n_4	s
5	405	97.5	230	512	480	220	105	100	455	180	19
6	440	97.5	230	512	560	220	105	145	490	180	19
7	495	114	280	602	605	260	120	130	560	215	24
8	540	114	280	617	710	260	120	190	605	215	24
9	580	140	320	697	710	320	145	155	660	245	28
10	630	140	320	697	810	320	145	205	710	245	28
11	705	161	380	817	870	370	165	180	805	300	35
12	775	161	380	825	1025	370	165	265	875	300	35

规格	输出轴									润滑油/L	质量/kg
	TH3SH			TH3HH		TH3DH					
	$d_2^①$	G_2	l_2	$D_2^②$	G_4	D_3	D_4	G_4	G_5		
5	100	165	210	95	165	100	100	165	240	15	320
6	110	165	210	105	165	110	110	165	240	17	365
7	120	195	210	115	195	120	120	195	280	28	540
8	130	195	250	125	195	130	130	195	285	30	625
9	140	235	250	135	235	140	145	235	330	45	875
10	160	235	300	150	235	150	155	235	350	46	1020
11	170	270	300	165	270	165	170	270	400	85	1400
12	180	270	300	180	270	180	185	270	405	90	1675

① 同表 10.2-172①。
② 键槽 GB/T 1095—2003。

表 10.2-176 TH3. H、TH3. M 型减速器的外形尺寸（规格 13~22） （mm）

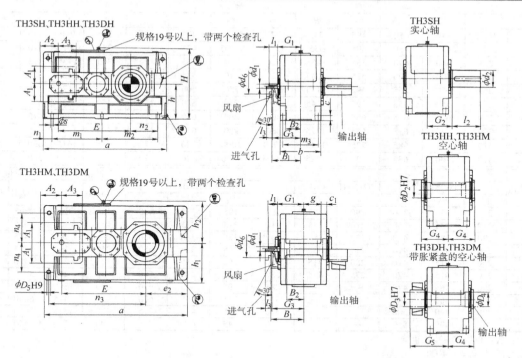

规格	输 入 轴																							G_1	G_3
	$i_N = 22.4~45$			$i_N = 25~50$ $i_N = 28~56^*$			$i_N = 50~63$			$i_N = 56~71$ $i_N = 63~80^*$			$i_N = 71~90$			$i_N = 80~100$ $i_N = 90~112^*$				
	$d_1^①$	l_1	l_3	$d_1^①$	l_1	l_3	$d_1^①$	l_1	l_3	$d_1^①$	l_1	l_3	$d_1^①$	l_1	l_3	$d_1^①$	l_1	l_3		
13	85	160	130	—	—	—	60	135	105	—	—	—	50	110	80	—	—	—	310	385
14	—	—	—	85	160	130	—	—	—	60	135	105	—	—	—	50	110	80	310	385
15	100	200	165	—	—	—	75	140	105	—	—	—	60	140	105	—	—	—	350	420
16	—	—	—	100	200	165	—	—	—	75	140	105	—	—	—	60	140	105	350	420
17	100	200	165	—	—	—	75	140	105	—	—	—	60	140	105	—	—	—	380	450
18	—	—	—	100	200	165	—	—	—	75	140	105	—	—	—	60	140	105	380	450
19	110	200	△	—	—	—	90	165	△	—	—	—	75	140	△	—	—	—	430	△
20	—	—	—	110	200	△	—	—	—	90	165	△	—	—	—	75	140	△	430	△
21	130	240	△	—	—	—	110	205	△	—	—	—	90	170	△	—	—	—	470	△
22	—	—	—	130	240	△	—	—	—	110	205	△	—	—	—	90	170	△	470	△

* 仅指规格 14 号减速器

规格	减 速 器												
	a	A_1	A_2	A_3	b	B_1	B_2	c	c_1	d_6	D_5	e_2	E
13	1395	225	225	212	550	380	195	60	61	120	48	405	820
14	1535	225	225	212	550	380	195	60	61	120	48	475	890
15	1680	270	265	252	625	415	205	70	72	150	55	485	987
16	1770	270	265	252	625	415	205	70	72	150	55	530	1033
17	1770	270	265	252	690	445	235	80	81	150	55	525	1035
18	1890	270	265	252	690	445	235	80	81	150	55	585	1095
19	2030	△	△	△	790	△	△	90	91	△	65	590	1190
20	2150				790			90	91		65	650	1250
21	2340				830			100	100		75	655	1387
22	2450				830			100	100		75	710	1442

（续）

规格	减速器												
	g	h	h_1	h_2	H	m_1	m_2	m_3	n_1	n_2	n_3	n_4	s
13	211.5	440	450	495	935	597.5	597.5	475	100	305	940	340	35
14	211.5	440	450	495	935	597.5	737.5	475	100	375	1010	340	35
15	238	500	490	535	1035	720	720	535	120	365	1135	375	42
16	238	500	490	535	1035	720	810	535	120	410	1180	375	42
17	259	550	555	595	1145	750	750	600	135	390	1175	425	42
18	259	550	555	595	1145	750	870	600	135	450	1235	425	42
19	299	620	615	655	1275	860	860	690	155	435	1365	475	48
20	299	620	615	655	1275	860	980	690	155	495	1425	475	48
21	310	700	685	725	1425	1000	1000	720	170	485	1615	520	56
22	310	700	685	725	1425	1000	1110	720	170	540	1670	520	56

规格	输 出 轴									润滑油/L		质量/kg	
	TH3SH			TH3HH TH3HM		TH3DH TH3DM				TH3. H	TH3. M	TH3. H	TH3. M
	$d_2^{①}$	G_2	l_2	$D_2^{②}$	G_4	D_3	D_4	G_4	G_5				
13	200	335	350	190	335	190	195	335	480	160	125	2295	2155
14	210	335	350	210	335	210	215	335	480	165	130	2625	2490
15	230	380	410	230	380	230	235	380	550	235	190	3475	3260
16	240	380	410	240	380	240	245	380	550	245	195	3875	3625
17	250	415	410	250	415	250	260	415	600	305	240	4560	4250
18	270	415	470	275	415	280	285	415	600	315	250	5030	4740
19	290	465	470	—	—	285	295	465	670	420	390	5050	4750
20	300	465	500	—	—	310	315	465	670	450	415	6650	6250
21	320	490	500	—	—	330	335	490	715	470	515	6950	6550
22	340	490	550	—	—	340	345	490	725	490	540	7550	7050

注：△ 根据客户要求供货。
①② 同表 10.2-174①②。

表 10.2-177　TB2. H 型减速器的外形尺寸（规格 1~22）　　　　（mm）

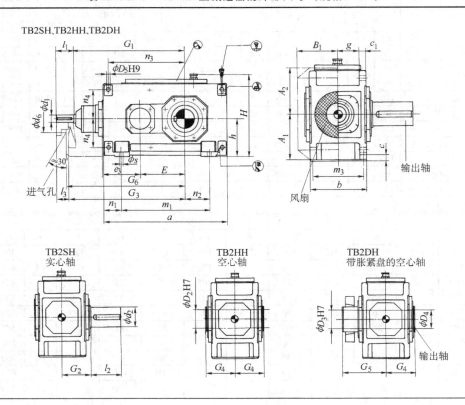

（续）

规格	输 入 轴									G_1	G_3
	$i_N = 5 \sim 11.2$			$i_N = 6.3 \sim 14$			$i_N = 12.5 \sim 18$				
	$d_1^{①}$	l_1	l_3	$d_1^{①}$	l_1	l_3	$d_1^{①}$	l_1	l_3		
1	28	55	40	—	—	—	20	50	35	300	315
2	30	70	50	—	—	—	25	60	40	340	360
3	35	80	60	—	—	—	28	60	40	390	410
4	45	100	80	—	—	—	—	—	—	465	485
5	55	110	80	—	—	—	—	—	—	535	565
6	—	—	—	55	110	80	—	—	—	570	600
7	70	135	105	—	—	—	—	—	—	640	670
8	—	—	—	70	135	105	—	—	—	685	715
9	80	165	130	—	—	—	—	—	—	755	790
10	—	—	—	80	165	130	—	—	—	805	840
11	90	165	130	—	—	—	—	—	—	925	960
12	—	—	—	90	165	130	—	—	—	995	1030

规格	减 速 器											
	a	A_1	A_2	b	B_1	c	c_1	D_5	d_6	e_3	E	g
1	305	125	130	180	128	18	16	12	110	90	90	74
2	355	140	145	205	143	18	20	14	110	110	110	82.5
3	405	170	170	225	163	22	24	18	120	130	130	88.5
4	505	195	200	270	188	28	30	24	150	160	160	105
5	565	220	235	320	215	28	30	24	160	185	185	130
6	645	220	235	320	215	28	30	24	160	185	220	130
7	690	270	285	380	250	35	36	28	210	225	225	154
8	795	270	285	380	250	35	36	28	210	225	270	154
9	820	310	325	440	270	40	48	36	195	265	265	172
10	920	310	325	440	270	40	48	36	195	265	315	172
11	975	370	385	530	328	50	54	40	210	320	320	211
12	1130	370	385	530	328	50	54	40	210	320	390	211

规格	减 速 器									
	G_6	h	H	m_1	m_3	n_1	n_2	n_3	n_4	s
1	325	130	305	185	155	60	70	160	105	12
2	370	145	335	225	180	65	75	195	115	12
3	420	175	390	245	195	80	70	235	132.5	15
4	495	200	445	295	235	105	85	285	150	19
5	575	230	512	355	285	105	100	330	180	19
6	610	230	512	435	285	105	145	365	180	19
7	685	280	612	450	340	120	130	405	215	24
8	730	280	617	555	340	120	190	450	215	24
9	805	320	697	530	390	145	155	480	245	28
10	855	320	697	630	390	145	205	530	245	28
11	980	380	825	645	470	165	180	580	300	35
12	1050	380	825	800	470	165	265	650	300	35

规格	输 出 轴									润滑油/L	质量/kg
	TB2SH			TB2HH		TB2DH					
	$d_2^{①}$	G_2	l_2	$D_2^{②}$	G_4	D_3	D_4	G_4	G_5		
1	45	120	80	—	—	—	—	—	—	2	65
2	55	135	110	55	135	60	60	135	180	4	90
3	65	145	140	65	145	70	70	145	200	6	140
4	80	170	170	80	170	85	85	170	235	10	235
5	100	200	210	95	200	100	100	200	275	16	360
6	110	200	210	105	200	110	110	200	275	19	410
7	120	235	210	115	235	120	120	235	320	31	615
8	130	235	250	125	235	130	130	235	325	34	700
9	140	270	250	135	270	140	145	270	365	48	1000
10	160	270	300	150	270	150	155	270	385	50	1155
11	170	320	300	165	320	165	170	320	450	80	1640
12	180	320	300	180	320	180	185	320	455	95	1910

① 见表 10.2-172①。

② 键槽 GB/T 1095—2003。

表 10.2-178　TB2. H、TB2. M 型减速器的外形尺寸（规格 13~18）　　　（mm）

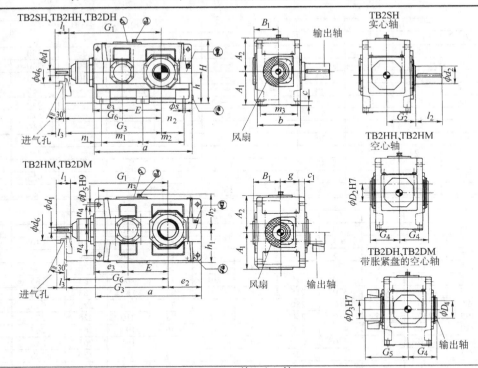

规格	输 入 轴															G_1	G_3
	$i_N = 5 \sim 11.2$			$i_N = 5.6 \sim 11.2$			$i_N = 5.6 \sim 12.5$			$i_N = 6.3 \sim 14$			$i_N = 7.1 \sim 12.5$				
	$d_1^{①}$	l_1	l_3	$d_1^{①}$	l_1	l_3	$d_1^{①}$	l_1	l_3	$d_1^{①}$	l_1	l_3	$d_1^{①}$	l_1	l_3		
13	110	205	165													1070	1110
14										110	205	165				1140	1180
15	130	245	200													1277	1322
16							130	245	200							1323	1368
17				150	245	200										1435	1480
18													150	245	200	1495	1540

规格	减 速 器											
	a	A_1	A_2	b	B_1	c	c_1	d_6	D_5	e_2	e_3	E	g
13	1130	430	450	655	375	60	61	245	48	405	380	370	264
14	1270	430	450	655	375	60	61	245	48	475	380	440	264
15	1350	490	495	765	435	70	72	280	55	485	450	442	308
16	1440	490	495	765	435	70	72	280	55	530	450	488	308
17	1490	540	555	885	505	80	81	380	65	525	510	490	356
18	1610	540	555	885	505	80	81	380	65	585	510	550	356

规格	减 速 器											
	G_6	h	h_1	h_2	H	m_1	m_2	m_3	n_1	n_2	n_3	n_4	s
13	1130	440	450	495	935	465	465	580	100	305	675	340	35
14	1200	440	450	495	935	465	605	580	100	375	745	340	35
15	1340	500	490	535	1035	555	555	670	120	365	805	375	42
16	1385	500	490	535	1035	555	645	670	120	410	850	375	42
17	1500	550	555	595	1145	610	610	780	135	390	895	420	48
18	1560	550	555	595	1145	610	730	780	135	450	955	420	48

规格	输 出 轴									润滑油/L		质量/kg	
	TB2SH			TB2HH、TB2HM		TB2DH、TB2DM				TB2. H	TB2. M	TB2. H	TB2. M
	$d_2^{①}$	G_2	l_2	$D_2^{②}$	G_4	D_3	D_4	G_4	G_5				
13	200	390	350	—	—	—	—	—	—	140	120	2450	2350
14	210	390	350	210	390	210	215	390	535	155	130	2825	2725
15	230	460	410	—	—	—	—	—	—	220	180	3990	3795
16	240	460	410	240	450	240	245	450	620	230	190	4345	4160
17	250	540	410	—	—	—	—	—	—	320	260	5620	5320
18	270	540	470	275	510	280	285	510	700	335	275	6150	5860

①②同表 10.2-174①②。

表 10.2-179　TB3.H 型减速器的外形尺寸（规格 3~12）　　　　　（mm）

TB3SH、TB3HH、TB3DH

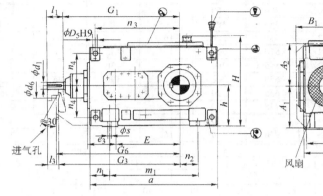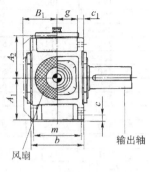

进气孔　风扇　输出轴

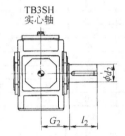

TB3SH
实心轴

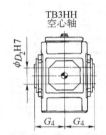

TB3HH
空心轴

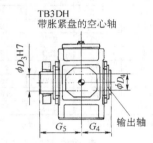

TB3DH
带胀紧盘的空心轴

输出轴

规格	输 入 轴															G_1	G_3
	$i_N = 12.5 \sim 45$			$i_N = 16 \sim 56$			$i_N = 20 \sim 45$			$i_N = 50 \sim 71$			$i_N = 6.3 \sim 90$				
	$d_1^①$	l_1	l_3	$d_1^①$	l_1	l_3	$d_1^①$	l_1	l_3	$d_1^①$	l_1	l_3	$d_1^①$	l_1	l_3		
3				28	55	40	20	50	35							430	445
4	30	70	50				25	60	40							500	520
5	35	80	60				28	60	40							575	595
6				35	80	60							28	60	40	610	630
7	45	100	80							35	80	60				690	710
8				45	100	80							35	80	60	735	755
9	55	110	80							40	100	70				800	830
10				55	110	80							40	100	70	850	880
11	70	135	105							50	110	80				960	990
12				70	135	105							50	110	80	1030	1060

规格	减 速 器											
	a	A_1	A_2	b	B_1	c	c_1	d_6	D_5	e_3	E	g
3	450	170	170	190	128	22	24	90	18	90	220	71
4	565	195	200	215	143	28	30	110	24	110	270	77.5
5	640	220	235	255	168	28	30	130	24	130	315	97.5
6	720	220	235	255	168	28	30	130	24	130	350	97.5
7	785	275	275	300	193	35	36	165	28	160	385	114
8	890	275	275	300	193	35	36	165	28	160	430	114
9	925	315	325	370	231	40	45	175	36	185	450	140
10	1025	315	325	380	231	40	45	175	36	185	500	140
11	1105	370	385	430	263	50	54	190	40	225	545	161
12	1260	370	385	430	263	50	54	190	40	225	615	161

（续）

规格	减速器									
	G_6	h	H	m_1	m	n_1	n_2	n_3	n_4	s
3	455	175	390	290	160	80	65	285	132.5	15
4	530	200	445	355	180	105	85	345	150	19
5	605	230	512	430	220	105	100	405	180	19
6	640	230	512	510	220	105	145	440	180	19
7	720	280	602	545	260	120	130	500	215	24
8	765	280	617	650	260	120	190	545	215	24
9	845	320	697	635	320	145	155	585	245	28
10	895	320	697	735	320	145	205	635	245	28
11	1010	380	817	775	370	165	180	710	300	35
12	1080	380	825	930	370	165	265	780	300	35

规格	输 出 轴								润滑油/L	质量/kg
	TB3SH			TB3HH		TB3DH				
	$d_2^{①}$	G_2	l_2	$D_2^{②}$	G_4	D_3	D_4	G_4	G_5	
3	65	125	140	65	125	70	70	125	180	6	130
4	80	140	170	80	140	85	85	140	205	9	210
5	100	165	210	95	165	100	100	165	240	14	325
6	110	165	210	105	165	110	110	165	240	15	380
7	120	195	210	115	195	120	120	195	280	25	550
8	130	195	250	125	195	130	130	195	285	28	635
9	140	235	250	135	235	140	145	235	330	40	890
10	160	235	300	150	235	150	155	235	350	42	1020
11	170	270	300	165	270	165	170	270	400	66	1455
12	180	270	300	180	270	180	185	270	405	72	1730

①②见表 10.2-177①②。

表 10.2-180　TB3.H、TB3.M 型减速器的外形尺寸（规格 13~22）　　　（mm）

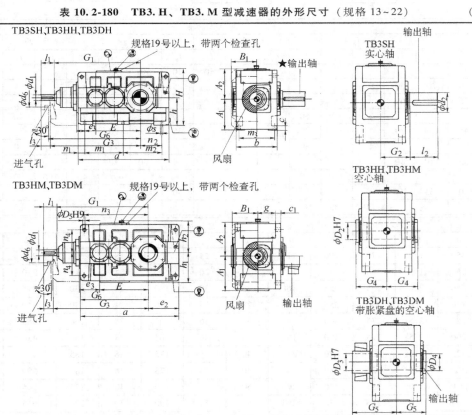

（续）

规格	$i_N=12.5\sim45$			$i_N=14\sim50$			$i_N=16\sim56$			$i_N=50\sim71$			$i_N=56\sim80$			$i_N=63\sim90$			G_1	G_3
	$d_1^①$	l_1	l_3	$d_1^①$	l_1	l_3	$d_1^①$	l_1	l_3	$d_1^①$	l_1	l_3	$d_1^①$	l_1	l_3	$d_1^①$	l_1	l_3		
13	80	165	130							60	140	105							1125	1160
14							80	165	130							60	140	105	1195	1230
15	90	165	130							70	140	105							1367	1402
16				90	165	130							70	140	105				1413	1448
17	110	205	165							80	170	130							1560	1600
18				110	205	165							80	170	130				1620	1660
19	130	245	200							100	210	165							1832	1877
20				130	245	200							100	210	165				1892	1937
21	130	245	200							100	210	165							1902	1947
22				130	245	200							100	210	165				1957	2002

规格	a	A_1	A_2	b	B_1	c	c_1	d_6	D_5	e_2	e_3	E	g
13	1290	425	475	550	325	60	61	210	48	405	265	635	211.5
14	1430	425	475	550	325	60	61	210	48	475	265	705	211.5
15	1550	485	520	625	365	70	72	210	55	485	320	762	238
16	1640	485	520	625	365	70	72	210	55	530	320	808	238
17	1740	535	570	690	395	80	81	230	55	525	370	860	259
18	1860	535	570	690	395	80	81	230	55	585	370	920	259
19	2010	610	630	790	448	90	91	245	65	590	420	997	299
20	2130	610	630	790	448	90	91	245	65	650	420	1057	299
21	2140	690	690	830	473	100	100	280	75	655	450	1067	310
22	2250	690	690	830	473	100	100	280	75	710	450	1122	310

规格	G_6	h	h_1	h_2	H	m_1	m_2	m_3	n_1	n_2	n_3	n_4	s
13	1180	440	450	495	935	545	545	475	100	305	835	340	35
14	1250	440	450	495	935	545	685	475	100	375	905	340	35
15	1420	500	490	535	1035	655	655	535	120	365	1005	375	42
16	1470	500	490	535	1035	655	745	535	120	410	1050	375	42
17	1620	550	555	595	1145	735	735	600	135	390	1145	425	42
18	1680	550	555	595	1145	735	855	600	135	450	1205	425	42
19	1900	620	615	655	1275	850	850	690	155	435	1345	475	48
20	1960	620	615	655	1275	850	970	690	155	495	1405	475	48
21	1970	700	685	725	1425	900	900	720	170	485	1400	520	56
22	2025	700	685	725	1425	900	1010	720	170	540	1455	520	56

规格	输出轴									润滑油/L		质量/kg	
	TB3SH			TB3HH TB3HM		TB3DH TB3DM				TB3.H	TB3.M	TB3.H	TB3.M
	$d_2^①$	G_2	l_2	$D_2^②$	G_4	D_3	D_4	G_4	G_5				
13	200	335	350	190	335	190	195	335	480	130	110	2380	2260
14	210	335	350	210	335	210	215	335	480	140	115	2750	2615
15	230	380	410	230	380	230	235	380	550	210	160	3730	3540
16	240	380	410	240	380	240	245	380	550	220	165	3955	3765
17	250	415	410	250	415	250	260	415	600	290	230	4990	4760
18	270	415	470	275	415	280	285	415	600	300	235	5495	5240
19	290	465	470	—	—	285	295	465	670	380	360	6240	6050
20	300	465	500	—	—	310	315	465	670	440	420	6950	6710
21	320	490	500	—	—	330	335	490	715	370	420	8480	8190
22	340	490	550	—	—	340	345	490	725	430	490	9240	8950

①②见表10.2-174①②。

表 10.2-181　　TB4.H 型减速器的外形尺寸（规格 5~12）　　　　　　　（mm）

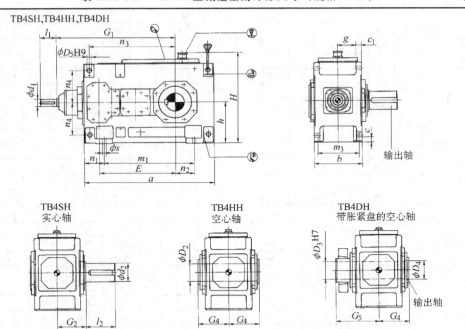

规格	输 入 轴									
	$i_N = 80 \sim 180$		$i_N = 100 \sim 224$		$i_N = 200 \sim 315$		$i_N = 250 \sim 400$		G_1
	$d_1^{①}$	l_1	$d_1^{①}$	l_1	$d_1^{①}$	l_1	$d_1^{①}$	l_1	
5	28	55			20	50			615
6			28	55			20	50	650
7	30	70			25	60			725
8			30	70			25	60	770
9	35	80			28	60			840
10			35	80			28	60	890
11	45	100			35	80			1010
12			45	100			35	80	1080

规格	减 速 器														
	a	b	c	c_1	D_5	E	g	h	H	m_1	m_3	n_1	n_2	n_3	n_4	s
5	690	255	28	30	24	405	97.5	230	512	480	220	105	100	455	180	19
6	770	255	28	30	24	440	97.5	230	512	560	220	105	145	490	180	19
7	845	300	35	36	28	495	114	280	602	605	260	120	130	560	215	24
8	950	300	35	36	28	540	114	280	617	710	260	120	190	605	215	24
9	1000	370	40	45	36	580	140	320	697	710	320	145	155	660	245	28
10	1100	380	40	45	36	630	140	320	697	810	320	145	205	710	245	28
11	1200	430	50	54	40	705	161	380	817	870	370	165	180	805	300	35
12	1355	430	50	54	40	775	161	380	825	1025	370	165	265	875	300	35

规格	输 出 轴									润滑油/L	质量/kg
	TB4SH			TB4HH		TB4DH					
	$d_2^{①}$	G_2	l_2	$D_2^{②}$	G_4	D_3	D_4	G_4	G_5		
5	100	165	210	95	165	100	100	165	240	16	335
6	110	165	210	105	165	110	110	165	240	18	385
7	120	195	210	115	195	120	120	195	280	30	555
8	130	195	250	125	195	130	130	195	285	33	655
9	140	235	250	135	235	140	145	235	330	48	890
10	160	235	300	150	235	150	155	235	350	50	1025
11	170	270	300	165	270	165	170	270	400	80	1485
12	180	270	300	180	270	180	185	270	405	90	1750

①②见表 10.2-177①②。

表 10.2-182　TB4. H、TB4. M 型减速器的外形尺寸（规格 13～22）　　　　（mm）

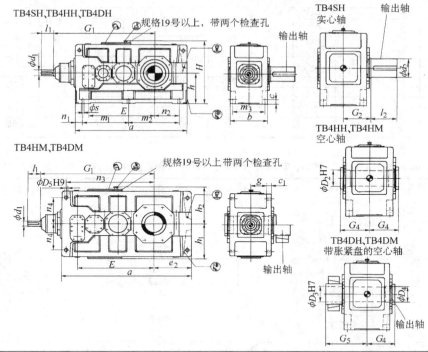

规格	输　入　轴												G_1
	$i_N = 80 \sim 180$		$i_N = 90 \sim 200$		$i_N = 100 \sim 224$		$i_N = 200 \sim 315$		$i_N = 224 \sim 355$		$i_N = 250 \sim 400$		
	$d_1^{①}$	l_1	$d_1^{①}$	l_1	$d_1^{①}$	l_1	$d_1^{①}$	l_1	$d_1^{①}$	l_1	$d_1^{①}$	l_1	
13	55	110					40	100					1170
14			55	110							40	100	1240
15	70	135					50	110					1402
16			70	135					50	110			1448
17	70	135					50	110					1450
18			70	135					50	110			1510
19	80	165					60	140					1680
20			80	165					60	140			1740
21	90	165					70	140					1992
22			90	165					70	140			2047

规格	减　速　器									
	a	b	c	c_1	D_5	e_2	E	g	h	h_1
13	1395	550	60	61	48	405	820	211.5	440	450
14	1535	550	60	61	48	475	890	211.5	440	450
15	1680	625	70	72	55	485	987	238	500	490
16	1770	625	70	72	55	530	1033	238	500	490
17	1770	690	80	81	55	525	1035	259	550	555
18	1890	690	80	81	55	585	1095	259	550	555
19	2030	790	90	91	65	590	1190	299	620	615
20	2150	790	90	91	65	650	1250	299	620	615
21	2340	830	100	100	75	655	1387	310	700	685
22	2450	830	100	100	75	710	1442	310	700	685

规格	减　速　器								
	h_2	H	m_1	m_2	m_3	n_1	n_2	n_3	n_4	s
13	495	935	597.5	597.5	475	100	305	940	340	35
14	495	935	597.5	737.5	475	100	375	1010	340	35
15	535	1035	720	720	535	120	365	1135	375	42
16	535	1035	720	810	535	120	410	1180	375	42
17	595	1145	750	750	600	135	390	1175	425	42
18	595	1145	750	870	600	135	450	1235	425	42
19	655	1275	860	860	690	155	435	1365	475	48
20	655	1275	860	980	690	155	495	1425	475	48
21	725	1425	1000	1000	720	170	485	1615	520	56
22	725	1425	1000	1110	720	170	540	1670	520	56

（续）

规格	输出轴									润滑油/L		质量/kg	
	TB4SH			TB4HH TB4HM		TB4DH TB4DM				TB4.H	TB4.M	TB4.H	TB4.M
	$d_2$①	G_2	l_2	$D_2$②	G_4	D_3	D_4	G_4	G_5				
13	200	335	350	190	335	190	195	335	480	145	120	2395	2280
14	210	335	350	210	335	210	215	335	480	150	125	2735	2605
15	230	380	410	230	380	230	235	380	550	230	170	3630	3435
16	240	380	410	240	380	240	245	380	550	235	175	3985	3765
17	250	415	410	250	415	250	260	415	600	295	230	4695	4460
18	270	415	470	275	415	280	285	415	600	305	235	5200	4930
19	290	465	470	—	—	285	295	465	670	480	440	5750	5400
20	300	465	500	—	—	310	315	465	670	550	510	6450	6000
21	320	490	500	—	—	330	335	490	715	540	590	7850	7350
22	340	490	550	—	—	340	345	490	725	620	680	8400	7850

①②见表 10.2-174。

表 10.2-183　TH2D、TH3D、TH4D、TB3D、TB4D 带胀紧盘连接的空心轴（规格 3～22）　（mm）

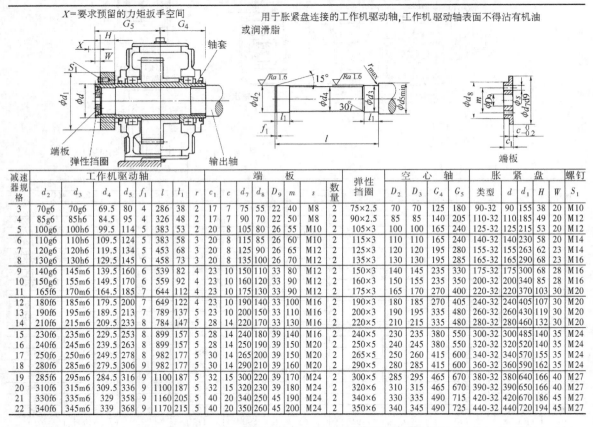

减速器规格	工作机驱动轴								端板							数量	弹性挡圈	空心轴				胀紧盘					螺钉
	d_2	d_3	d_4	d_5	f_1	l	l_1	r	c_1	c	d_7	d_8	D_9	m	s			D_2	D_3	G_4	G_5	类型	d	d_1	H	W	S_1
3	70g6	70g6	69.5	80	4	286	38	2	17	7	75	55	22	40	M8	2	75×2.5	70	70	125	180	90-32	90	155	38	20	M10
4	85g6	85h6	84.5	95	4	326	48	2	17	7	90	70	22	50	M8	2	90×2.5	85	85	140	205	110-32	110	185	49	20	M12
5	100g6	100h6	99.5	114	5	383	53	2	20	8	105	80	26	55	M10	2	105×3	100	100	155	240	125-32	125	215	53	20	M12
6	110g6	110h6	109.5	124	5	383	58	3	20	8	115	85	26	60	M10	2	115×3	110	110	165	240	140-32	140	230	58	22	M14
7	120g6	120h6	119.5	134	5	453	68	3	20	8	125	90	26	65	M12	2	125×3	120	120	195	280	155-32	155	263	62	23	M14
8	130g6	130h6	129.5	145	6	458	73	3	20	8	135	100	26	70	M12	2	135×3	130	130	195	285	165-32	165	290	68	28	M16
9	140g6	145m6	139.5	160	6	539	82	4	23	10	150	110	33	80	M12	2	150×3	140	145	235	330	175-32	175	300	68	28	M16
10	150g6	155m6	149.5	170	6	559	92	4	23	10	160	120	33	90	M12	2	160×3	150	155	235	350	200-32	200	340	85	28	M16
11	165f6	170m6	164.5	185	7	644	112	4	23	10	175	130	33	90	M16	2	175×3	165	170	270	400	220-32	220	370	103	30	M20
12	180f6	185m6	179.5	200	7	649	122	4	23	10	190	140	33	100	M16	2	190×3	180	185	270	405	240-32	240	405	107	30	M20
13	190f6	195m6	189.5	213	7	789	137	5	28	14	200	150	33	110	M16	2	200×5	190	195	335	480	260-32	260	430	119	30	M20
14	210f6	215m6	209.5	233	8	784	147	5	28	14	220	170	33	130	M16	2	220×5	210	215	335	480	280-32	280	460	132	30	M20
15	230f6	235m6	229.5	253	8	899	157	5	28	14	240	180	39	140	M16	2	240×5	230	235	380	550	300-32	300	485	140	35	M24
16	240f6	245m6	239.5	263	8	899	157	5	28	14	250	190	39	150	M20	2	250×5	240	245	380	550	320-32	320	520	140	35	M24
17	250f6	255m6	249.5	278	8	982	177	5	30	14	265	200	39	155	M20	2	265×5	250	260	415	600	340-32	340	550	155	35	M24
18	280f6	285m6	279.5	306	9	982	177	5	30	14	290	210	39	160	M20	2	290×5	280	285	415	600	360-32	360	590	162	35	M24
19	285f6	295m6	284.5	316	9	1100	187	5	32	15	300	220	39	170	M24	2	300×5	285	295	465	670	380-32	380	640	166	40	M27
20	310f6	315m6	309.5	336	9	1100	187	5	32	15	320	230	39	180	M24	2	320×6	310	315	465	670	390-32	390	650	166	40	M27
21	330f6	335m6	329	358	9	1160	205	5	40	20	340	250	45	190	M24	2	340×6	330	335	490	715	420-32	420	670	186	45	M27
22	340f6	345m6	339	368	9	1170	215	5	40	20	350	260	45	200	M24	2	350×6	340	345	490	725	440-32	440	720	194	45	M27

表 10.2-184　TB2D 带胀紧盘连接的空心轴（规格 2～18）　（mm）

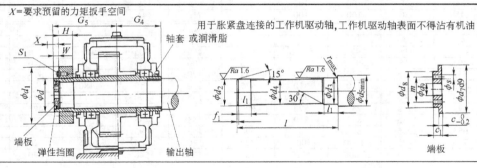

（续）

减速器规格	工作机驱动轴								端板							数量	弹性挡圈	空心轴				类型	胀紧盘				螺钉
	d_2	d_3	d_4	d_5	f_1	l	l_1	r	c_1	c	d_7	d_8	D_9	m	s			D_2	D_3	G_4	G_5		d	d_1	H	W	S_1
2	60g6	60g6	59.5	70	3	300	36	2	13	6	65	47	22	35	M6	2	65×2.5	60	60	135	180	80-32	80	141	31	16	M10
3	70g6	70h6	69.5	80	4	326	38	2	17	7	75	55	22	40	M8	2	75×2.5	70	70	145	200	90-32	90	155	38	20	M10
4	85g6	85h6	84.5	95	4	386	48	2	17	7	90	70	22	50	M8	2	90×2.5	85	85	170	235	110-32	110	185	49	20	M12
5	100g6	100h6	99.5	114	5	453	53	2	20	8	105	80	26	55	M10	2	105×3	100	100	200	275	125-32	125	215	53	20	M12
6	110g6	110h6	109.5	124	5	453	58	3	20	8	115	85	26	60	M10	2	115×3	110	110	200	275	140-32	140	230	58	20	M14
7	120g6	120h6	119.5	134	5	533	68	3	20	8	125	90	26	65	M12	2	125×3	120	120	235	320	155-32	155	263	62	23	M14
8	130g6	130h6	129.5	145	6	538	73	3	20	8	135	100	26	70	M12	2	135×3	130	130	235	325	165-32	165	290	68	20	M16
9	140g6	145m6	139.5	160	6	609	82	4	23	10	150	110	33	80	M12	2	150×3	140	145	270	365	175-32	175	300	68	28	M16
10	150g6	155m6	149.5	170	6	629	92	4	23	10	160	120	33	90	M12	2	160×3	150	155	270	385	200-32	200	340	85	28	M16
11	165f6	170m6	164.5	185	7	744	112	4	23	10	175	130	33	90	M12	2	175×3	165	170	320	450	220-32	220	370	103	30	M20
12	180f6	185m6	179.5	200	7	749	122	4	23	10	190	140	33	100	M16	2	190×3	180	185	320	455	240-32	240	405	107	30	M20
14	210f6	215m6	209.5	233	8	894	147	5	28	14	220	170	33	130	M16	2	220×5	210	215	390	535	280-32	280	460	132	30	M20
16	240f6	245m6	239.5	263	8	1039	157	5	28	14	250	190	39	150	M20	2	250×5	240	245	450	620	320-32	320	520	140	35	M24
18	280f6	285m6	279.5	306	9	1177	177	5	30	14	290	210	39	160	M20	2	290×5	280	285	510	700	360-32	360	590	162	35	M24

表 10.2-185　TH2H、TH3H、TB3H、TB4H 带平键连接的空心轴（规格 3~18）　（mm）

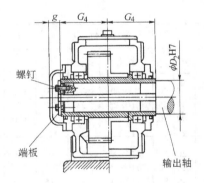

带平键连接的工作机驱动轴，键槽尺寸根据GB/T 1095确定

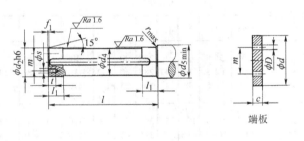

减速器规格	工作机驱动轴									端板				螺钉		空心轴		
	d_2	d_4	d_5	f_1	l	l_1	r	s	t	c	D	d	m	规格	数量	D_2	G_4	g
3	65	64.5	73	4	248	30	1.2	M10	18	8	11	78	45	M10×25	2	65	125	35
4	80	79.5	88	4	278	35	1.2	M10	18	10	11	100	60	M10×25	2	80	140	35
5	95	94.5	105	5	328	40	1.6	M10	18	10	11	120	70	M10×25	2	95	165	40
6	105	104.5	116	5	328	45	1.6	M10	18	10	11	120	70	M10×25	2	105	165	40
7	115	114.5	126	5	388	50	1.6	M12	20	12	13.5	140	80	M10×30	2	115	195	40
8	125	124.5	136	6	388	55	2.5	M12	20	12	13.5	150	85	M12×30	2	125	195	40
9	135	134.5	147	6	467	60	2.5	M12	20	12	13.5	150	90	M12×30	2	135	235	45
10	150	149.5	162	6	467	65	2.5	M12	20	12	13.5	180	110	M12×30	2	150	235	45
11	165	164.5	177	7	537	70	2.5	M16	28	15	17.5	195	120	M16×40	2	165	270	45
12	180	179.5	192	7	537	75	2.5	M16	28	15	17.5	220	130	M16×40	2	180	270	45

（续）

减速器规格	工作机驱动轴										端　板				螺　钉		空　心　轴		
	d_2	d_4	d_5	f_1	l	l_1	r	s	t		c	D	d	m	规格	数量	D_2	G_4	g
13	190	189.5	206	7	667	80	3	M16	28		18	17.5	230	140	M16×40	2	190	335	45
14	210	209.5	226	8	667	85	3	M16	28		18	17.5	250	160	M16×40	2	210	335	45
15	230	229.5	248	8	756	100	3	M20	38		25	22	270	180	M16×55	4	230	380	60
16	240	239.5	258	8	756	100	3	M20	38		25	22	280	180	M20×55	4	240	380	60
17	250	249.5	270	8	826	110	4	M20	38		25	22	300	190	M20×55	4	250	415	60
18	275	274.5	295	9	826	120	4	M20	38		25	22	330	210	M20×55	4	275	415	60

表 10.2-186　TB2H 带平键连接的空心轴（规格 2~18）　　　　　（mm）

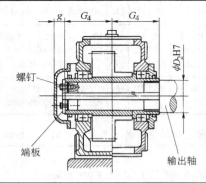
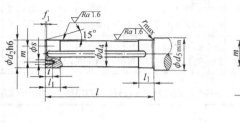
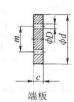

带平键连接的工作机驱动轴,键槽尺寸根据GB/T 1095确定

减速器规格	工作机驱动轴									端　板				螺　钉		空　心　轴		
	d_2	d_4	d_5	f_1	l	l_1	r	s	t	c	D	d	m	规格	数量	D_2	G_4	g
2	55	54.5	63	3	268	30	1.2	M8	15	8	9	70	40	M8×20	2	55	135	35
3	65	64.5	73	4	288	30	1.2	M10	18	8	11	78	45	M10×25	2	65	145	35
4	80	79.5	88	4	338	35	1.2	M10	18	10	11	100	60	M10×25	2	80	170	35
5	95	94.5	105	5	398	40	1.6	M10	18	10	11	120	70	M10×25	2	95	200	40
6	105	104.5	116	5	398	45	1.6	M10	18	10	11	120	70	M10×25	2	105	200	40
7	115	114.5	126	5	468	50	1.6	M12	20	12	13.5	140	80	M12×30	2	115	235	40
8	125	124.5	136	6	468	55	2.5	M12	20	12	13.5	150	85	M12×30	2	125	235	40
9	135	134.5	147	6	537	60	2.5	M12	20	12	13.5	150	90	M12×30	2	135	270	45
10	150	149.5	162	6	537	65	2.5	M12	20	12	13.5	185	110	M12×30	2	150	270	45
11	165	164.5	177	7	637	70	2.5	M16	28	15	17.5	195	120	M16×40	2	165	320	45
12	180	179.5	192	7	637	75	2.5	M16	28	15	17.5	220	130	M16×40	2	180	320	45
14	210	209.5	226	8	777	85	3	M16	28	18	17.5	250	160	M16×40	2	210	390	45
16	240	239.5	258	8	896	100	3	M20	38	25	22	280	180	M20×55	4	240	450	60
18	275	274.5	295	9	1016	120	4	M20	38	25	22	330	210	M20×55	4	275	510	60

16.3　承载能力

减速器额定功率见表 10.2-187~表 10.2-192,热功率见表 10.2-193~表 10.2-198。

表 10.2-187　TH1 型减速器的额定功率 P_N 　　　　　　　　　　　　（kW）

i_N	n_1 /r·min⁻¹	n_2 /r·min⁻¹	规格									
			1	3	5	7	9	11	13	15	17	19
1.25	1500	1200	99	327	880	1671	2702	—	—	—	—	—
	1000	800	66	218	586	1114	1801	—	—	—	—	—
	750	600	50	163	440	836	1351	—	—	—	—	—
1.4	1500	1071	93	303	807	1559	2501	—	—	—	—	—
	1000	714	62	202	538	1039	1667	—	—	—	—	—
	750	536	47	152	404	780	1252	—	—	—	—	—
1.6	1500	938	85	285	737	1395	2318	3929	—	—	—	—
	1000	625	57	190	491	929	1545	2618	4123	—	—	—
	750	469	43	142	368	697	1159	1964	3094	—	—	—
1.8	1500	833	79	209	672	1326	2128	3611	—	—	—	—
	1000	556	53	140	448	885	1421	2410	3860	—	—	—
	750	417	40	105	336	664	1065	1808	2895	—	—	—
2	1500	750	73	196	644	1217	1963	3353	—	—	—	—
	1000	500	49	131	429	812	1309	2236	3571	—	—	—
	750	375	37	98	322	609	982	1677	2678	4751	—	—
2.24	1500	670	67	175	589	1087	1754	3087	—	—	—	—
	1000	446	45	117	392	724	1168	2055	3283	—	—	—
	750	335	34	88	295	544	877	1543	2466	4280	—	—
2.5	1500	600	63	163	528	974	1571	2764	—	—	—	—
	1000	400	42	109	352	649	1047	1843	3016	4607	·	—
	750	300	31	82	264	487	785	1382	2262	3455	—	—
2.8	1500	536	56	152	471	836	1330	2470	—	—	—	—
	1000	357	37	101	314	557	886	1645	2692	4224	—	—
	750	268	28	76	236	418	665	1235	2021	3171	4799	—
3.15	1500	476	50	135	419	758	1221	2088	3409	—	—	—
	1000	317	33	90	279	505	813	1391	2270	3850	—	—
	750	238	25	67	209	379	611	1044	1705	2891	4311	—
3.55	1500	423	44	124	368	687	1103	1936	3083	—	—	—
	1000	282	30	83	245	458	735	1290	2055	3484	—	—
	750	211	22	62	183	342	550	966	1538	2607	3822	—
4	1500	375	39	110	330	609	982	1728	2780	—	—	—
	1000	250	26	73	220	406	654	1152	1853	3194	4529	—
	750	188	20	55	165	305	492	866	1394	2402	3406	4823
4.5	1500	333	29	77	234	481	746	1395	2008	3557	—	—
	1000	222	19	51	156	321	497	930	1339	2371	3394	—
	750	167	14	38	117	241	374	699	1007	1784	2553	3777
5	1500	300	25	66	198	377	644	1059	1712	2790	—	—
	1000	200	16	44	132	251	429	706	1141	1860	2597	3644
	750	150	12	33	99	188	322	529	856	1395	1948	2733
5.6	1500	268	17	56	168	320	491	892	1454	2371	—	—
	1000	179	12	37	112	214	328	596	971	1584	2212	2812
	750	134	9	28	84	160	246	446	727	1186	1656	2105

▨ 卧式安装减速器要求强制润滑。

表 10.2-188　TH2 型减速器的额定功率 P_N 　　　　　　　　　　　　（kW）

i_N	n_1 /r·min⁻¹	n_2 /r·min⁻¹	规格																			
			1、2	3	4	5	6	7	8	9	10	11	12	13	14	15	16	17	18	19	20	21	22
6.3	1500	238	—	87	157	262	—	474	—	785	—	1383	—	2143	—	3564	—	4860	—	—	—	—	—
	1000	159	—	58	105	175	—	316	—	524	—	924	—	1432	—	2381	—	3247	—	4862	—	—	—
	750	119	—	44	79	131	—	237	—	393	—	692	—	1072	—	1782	—	2430	—	3639	—	—	—
7.1	1500	211	—	77	139	232	—	420	—	696	—	1226	—	1900	—	3159	3535	4308	5082	—	—	—	—
	1000	141	—	52	93	155	—	281	—	465	—	819	—	1270	—	2111	2362	2879	3396	4311	4946	—	—
	750	106	—	39	70	117	—	211	—	350	—	616	—	955	—	1587	1776	2164	2553	3241	3718	4551	—
8	1500	188	—	69	124	207	266	374	472	620	778	1093	1358	1693	2106	2815	3150	3839	4528	—	—	—	—
	1000	125	—	46	82	137	177	249	314	412	517	726	903	1126	1401	1872	2094	2552	3010	3822	4385	5366	—
	750	94	—	34	62	103	133	187	236	310	389	546	679	846	1053	1408	1575	1919	2264	2874	3297	4036	4508

（续）

i_N	n_1/r·min^{-1}	n_2/r·min^{-1}	规格																				
			1、2	3	4	5	6	7	8	9	10	11	12	13	14	15	16	17	18	19	20	21	22
9	1500	167	—	61	110	184	236	332	420	551	691	971	1207	1504	1871	2501	2798	3410	4022	—	—	—	—
	1000	111	—	41	73	122	157	221	279	366	459	645	802	1000	1244	1662	1860	2266	2673	3394	3894	4765	5323
	750	83	—	30	55	91	117	165	209	274	343	482	600	747	930	1243	1391	1695	1999	2538	2912	3563	3981
10	1500	150	—	55	99	165	212	298	377	495	620	872	1084	1351	1681	2246	2513	3063	3613	—	—	—	—
	1000	100	—	37	66	110	141	199	251	330	414	581	723	901	1120	1497	1675	2042	2408	3058	3508	4293	4796
	750	75	—	27	49	82	106	149	188	247	310	436	542	675	840	1123	1257	1531	1806	2293	2631	3220	3597
11.2	1500	134	—	49	88	147	189	267	337	442	554	779	968	1207	1501	2006	2245	2736	3227	—	—	—	—
	1000	89	—	33	59	98	126	177	224	294	368	517	643	801	997	1333	1491	1817	2143	2721	3122	3821	4268
	750	67	—	25	44	74	95	133	168	221	277	389	484	603	751	1003	1123	1368	1614	2049	2350	2876	3213
12.5	1500	120	—	44	79	132	170	239	302	396	496	697	867	1081	1345	1797	2010	2450	2890	3669	—	—	—
	1000	80	—	29	53	88	113	159	201	264	331	465	578	720	896	1198	1340	1634	1927	2446	2806	3435	3837
	750	60	—	22	40	66	85	119	151	198	248	349	434	540	672	898	1005	1225	1445	1835	2105	2576	2877
14	1500	107	—	39	71	118	151	213	269	353	443	622	773	964	1199	1602	1793	2185	2577	3272	3753	—	—
	1000	71	—	26	47	78	100	141	178	234	294	413	513	639	795	1063	1190	1450	1710	2171	2491	3048	3405
	750	54	—	20	36	59	76	107	136	178	223	314	390	486	605	809	905	1103	1301	1651	1894	2318	2590
16	1500	94	—	34	62	103	133	187	236	310	389	546	679	846	1053	1408	1575	1919	2264	2874	3297	—	—
	1000	63	—	23	42	69	89	125	158	208	261	366	455	567	706	943	1055	1286	1517	1926	2210	2705	3021
	750	47	—	17	31	52	66	94	118	155	194	273	340	423	527	704	787	960	1132	1437	1649	2018	2254
18	1500	83	—	30	55	91	117	165	209	274	343	482	600	747	930	1243	1391	1695	1999	2538	2912	—	—
	1000	56	—	21	37	62	79	111	141	185	232	325	405	504	627	839	938	1143	1349	1712	1964	2404	2686
	750	42	—	15	28	46	59	84	106	139	174	244	303	378	471	629	704	858	1012	1284	1473	1803	2014
20	1500	75	—	27	49	82	106	149	188	247	310	436	542	675	840	1123	1257	1531	1806	2293	2631	—	—
	1000	50	—	18	33	55	71	99	126	165	207	291	361	450	560	749	838	1021	1204	1529	1754	2147	2398
	750	38	—	14	25	42	54	76	95	125	157	221	275	342	426	569	637	776	915	1162	1333	1631	1822
22.4	1500	67	—	25	43	72	95	130	168	217	277	382	484	—	751	—	1123	—	1614	—	2350	—	—
	1000	45	—	16	29	48	64	88	113	146	186	257	325	—	504	—	754	—	1084	—	1579	—	2158
	750	33	—	12	21	35	47	64	83	107	136	188	238	—	370	—	553	—	795	—	1158	—	1583
25	1500	60	—	—	—	85	—	151	—	248	—	434	—	672	—	—	—	—	—	—	—	—	—
	1000	40	—	—	—	57	—	101	—	165	—	289	—	448	—	—	—	—	—	—	—	—	—
	750	30	—	—	—	42	—	75	—	124	—	217	—	336	—	—	—	—	—	—	—	—	—
28	1500	54	—	—	—	74	—	133	—	220	—	383	—	—	—	—	—	—	—	—	—	—	—
	1000	36	—	—	—	49	—	89	—	147	—	256	—	—	—	—	—	—	—	—	—	—	—
	750	27	—	—	—	37	—	66	—	110	—	192	—	—	—	—	—	—	—	—	—	—	—

▨卧式安装减速器要求强制润滑。

表 10.2-189　TH3 型减速器的额定功率 P_N　　　　　　　（kW）

i_N	n_1/r·min^{-1}	n_2/r·min^{-1}	规格																	
			1、2、3、4	5	6	7	8	9	10	11	12	13	14	15	16	17	18	19	20	21	22
22.4	1500	67	—	—	—	—	—	—	—	—	—	617	—	1073	—	1403	—	2105	—	2947	—
	1000	45	—	—	—	—	—	—	—	—	—	415	—	721	—	942	—	1414	—	1979	—
	750	33	—	—	—	—	—	—	—	—	—	304	—	529	—	691	—	1037	—	1451	—
25	1500	60	—	69	—	129	—	214	—	377	—	553	—	961	1087	1257	1508	1885	2168	2639	2953
	1000	40	—	46	—	86	—	142	—	251	—	369	—	641	725	838	1005	1257	1445	1759	1969
	750	30	—	35	—	64	—	107	—	188	—	276	—	481	543	628	754	942	1084	1319	1476
28	1500	54	—	62	—	116	—	192	—	339	—	498	616	865	978	1131	1357	1696	1951	2375	2658
	1000	36	—	41	—	77	—	128	—	226	—	332	411	577	652	754	905	1131	1301	1583	1772
	750	27	—	31	—	58	—	96	—	170	—	249	308	433	489	565	679	848	975	1187	1329
31.5	1500	48	—	55	73	103	128	171	216	302	377	442	548	769	870	1005	1206	1508	1734	2111	2362
	1000	32	—	37	49	69	85	114	144	201	251	295	365	513	580	670	804	1005	1156	1407	1575
	750	24	—	28	36	52	64	85	108	151	188	221	274	385	435	503	603	754	867	1055	1181
35.5	1500	42	—	48	64	90	112	150	189	264	330	387	479	673	761	880	1055	1319	1517	1847	2067
	1000	28	—	32	43	60	75	100	126	176	220	258	320	449	507	586	704	880	1012	1231	1378
	750	21	—	24	32	45	56	75	95	132	165	194	240	336	380	440	528	660	759	924	1034
40	1500	38	—	44	58	82	101	135	171	239	298	350	434	609	688	796	955	1194	1373	1671	1870
	1000	25	—	29	38	54	67	89	113	157	196	230	285	401	453	524	628	785	903	1099	1230
	750	18.8	—	22	29	40	50	67	85	118	148	173	215	301	341	394	472	591	679	827	925

（续）

i_N	n_1 /r·min⁻¹	n_2 /r·min⁻¹	规格 1、2、3、4	5	6	7	8	9	10	11	12	13	14	15	16	17	18	19	20	21	22
45	1500	33	—	38	50	71	88	117	149	207	259	304	377	529	598	691	829	1037	1192	1451	1624
	1000	22	—	25	33	47	59	78	99	138	173	203	251	352	399	461	553	691	795	968	1083
	750	16.7	—	19	25	36	45	59	75	105	131	154	191	268	303	350	420	525	603	734	822
50	1500	30	—	35	46	64	80	107	135	188	236	276	342	481	543	628	754	942	1084	1319	1476
	1000	20	—	23	30	43	53	71	90	126	157	184	228	320	362	419	503	628	723	880	984
	750	15	—	17	23	32	40	53	68	94	118	138	171	240	272	314	377	471	542	660	738
56	1500	27	—	31	41	58	72	96	122	170	212	249	308	433	489	565	679	848	975	1187	1329
	1000	17.9	—	21	27	38	48	64	81	112	141	165	204	287	324	375	450	562	647	787	881
	750	13.4	—	15	20	29	36	48	60	84	105	123	153	215	243	281	337	421	484	589	659
63	1500	24	—	28	36	52	64	85	108	151	188	221	274	385	435	503	603	754	867	1055	1181
	1000	15.9	—	18	24	34	42	57	72	100	125	147	181	255	288	333	400	499	574	699	783
	750	11.9	—	14	18	26	32	42	54	75	93	110	136	191	216	249	299	374	430	523	586
71	1500	21	—	24	32	45	56	75	95	132	165	194	240	336	380	440	528	660	759	924	1034
	1000	14.1	—	16	21	30	38	50	63	89	111	130	161	226	255	295	354	443	509	620	694
	750	10.6	—	12	16	23	28	38	48	67	83	98	121	170	192	222	266	333	383	466	522
80	1500	18.8	—	22	29	40	50	67	85	118	148	173	215	301	341	394	472	591	679	827	925
	1000	12.5	—	14	19	27	33	45	56	79	98	115	143	200	226	262	314	393	452	550	615
	750	9.4	—	11	14	20	25	34	42	59	74	87	107	151	170	197	236	295	340	413	463
90	1500	16.7	—	19	25	35	45	59	75	105	131	154	191	268	303	350	420	507	603	717	822
	1000	11.1	—	13	17	23	30	39	50	70	87	102	127	178	201	232	279	337	401	477	546
	750	8.3	—	10	13	17	22	29	37	52	65	76	95	133	150	174	209	252	300	356	408
100	1500	15	—	—	23	—	40	—	68	—	118	—	171	—	272	—	355	—	526	—	730
	1000	10	—	—	15	—	27	—	45	—	79	—	114	—	181	—	237	—	351	—	487
	750	7.5	—	—	11	—	20	—	34	—	59	—	86	—	136	—	177	—	263	—	365
112	1500	13.4	—	—	20	35	—	59	—	105	—	153	—	—	—	—	—	—	—	—	—
	1000	8.9	—	—	13	23	—	39	—	70	—	102	—	—	—	—	—	—	—	—	—
	750	6.7	—	—	10	18	—	29	—	53	—	76	—	—	—	—	—	—	—	—	—

表 10.2-190　TB2 型减速器的额定功率 P_N 　（kW）

i_N	n_1 /r·min⁻¹	n_2 /r·min⁻¹	规格 1	2	3	4	5	6	7	8	9	10	11	12	13	14	15	16	17	18
5	1500	300	36	63	97	182	295	—	559	—	880	—	1351	—	2073	—	—	—	—	—
	1000	200	24	42	65	121	197	—	373	—	586	—	901	—	1382	—	2555	—	—	—
	750	150	18	31	49	91	148	—	280	—	440	—	675	—	1037	—	1916	—	—	—
5.6	1500	268	32	56	87	163	264	—	500	—	786	—	1263	—	1880	—	—	—	—	—
	1000	179	22	37	58	109	176	—	334	—	525	—	843	—	1256	—	2287	—	—	—
	750	134	16	28	43	81	132	—	250	—	393	—	631	—	940	—	1712	1894	2736	—
6.3	1500	238	29	50	77	145	234	299	444	556	698	887	1171	1371	1769	2044	—	—	—	—
	1000	159	19	33	52	97	157	200	296	371	466	593	783	916	1182	1365	2164	2348	—	—
	750	119	14	25	39	72	117	150	222	278	349	444	586	685	885	1022	1620	1757	2430	—
7.1	1500	211	25	44	68	128	208	265	393	493	619	787	1083	1259	1613	1856	—	—	—	—
	1000	141	17	30	46	86	139	177	263	329	413	526	723	842	1078	1240	1949	2141	2879	—
	750	106	13	22	34	64	104	133	198	248	311	395	544	633	810	932	1465	1609	2164	2553
8	1500	188	23	39	61	114	185	236	350	439	551	701	994	1161	1516	1732	2598	—	—	—
	1000	125	15	26	41	76	123	157	233	292	366	466	661	772	1008	1152	1728	1937	2552	—
	750	94	11	20	31	57	93	118	175	219	276	350	497	581	758	866	1299	1457	1919	2264
9	1500	167	20	35	54	101	164	210	311	390	490	623	883	1067	1364	1591	2309	2588	—	—
	1000	111	13	23	36	67	109	139	207	259	325	414	587	709	907	1058	1534	1720	2266	2673
	750	83	10	17	27	50	82	104	155	194	243	309	439	530	678	791	1147	1286	1695	1999
10	1500	150	18	31	49	91	148	188	280	350	440	559	793	974	1225	1492	2073	2325	—	—
	1000	100	12	21	32	61	98	126	186	234	293	373	529	649	817	995	1382	1550	2042	2408
	750	75	9	16	24	46	74	94	140	175	220	280	397	487	613	746	1037	1162	1531	1806
11.2	1500	134	16	28	43	81	132	168	250	313	393	500	709	870	1094	1368	1852	2077	—	—
	1000	89	11	19	29	54	88	112	166	208	261	332	471	578	727	909	1230	1379	1817	2143
	750	67	8.1	14	22	41	66	84	125	156	196	250	354	435	547	684	926	1038	1368	1614
12.5	1500	120	14	25	39	—	151	—	280	—	447	—	779	—	1225	—	1860	—	—	—
	1000	80	10	17	26	—	101	—	187	—	298	—	519	—	817	—	1240	—	1927	—
	750	60	7.2	13	19	—	75	—	140	—	224	—	390	—	613	—	930	—	1445	—

（续）

i_N	n_1 /r·min⁻¹	n_2 /r·min⁻¹	规格																	
			1	2	3	4	5	6	7	8	9	10	11	12	13	14	15	16	17	18
14	1500	107	13	22	35	—	—	134	—	250	—	399	—	695	—	1092	—	—	—	—
	1000	71	8.5	15	23	—	—	89	—	166	—	265	—	461	—	725	—	—	—	—
	750	54	6.5	11	18	—	—	68	—	126	—	201	—	351	—	551	—	—	—	—
16	1500	94	11	19	31	—	—	—	—	—	—	—	—	—	—	—	—	—	—	—
	1000	63	7.3	13	20	—	—	—	—	—	—	—	—	—	—	—	—	—	—	—
	750	47	5.4	9.6	15	—	—	—	—	—	—	—	—	—	—	—	—	—	—	—
18	1500	83	9	16	26	—	—	—	—	—	—	—	—	—	—	—	—	—	—	—
	1000	56	6	11	18	—	—	—	—	—	—	—	—	—	—	—	—	—	—	—
	750	42	4.5	7.9	13	—	—	—	—	—	—	—	—	—	—	—	—	—	—	—

▨ 卧式安装减速器要求强制润滑。

表 10.2-191　TB3 型减速器的额定功率 P_N　　（kW）

i_N	n_1 /r·min⁻¹	n_2 /r·min⁻¹	规格																			
			1、2	3	4	5	6	7	8	9	10	11	12	13	14	15	16	17	18	19	20	21	22
12.5	1500	200	—	—	69	118	—	214	—	352	—	635	—	980	—	1659	—	2450	—	—	—	—	—
	1000	80	—	—	46	79	—	142	—	235	—	423	—	653	—	1106	—	1634	—	2094	—	2848	—
	750	60	—	—	35	59	—	107	—	176	—	317	—	490	—	829	—	1225	—	1571	—	2136	—
14	1500	107	—	—	67	110	—	204	—	331	—	594	—	896	—	1535	1658	2185	2577	—	—	—	—
	1000	71	—	—	45	73	—	135	—	219	—	394	—	595	—	1019	1100	1450	1710	1948	2193	2676	—
	750	54	—	—	34	55	—	103	—	167	—	300	—	452	—	775	837	1103	1301	1481	1668	2036	2290
16	1500	94	—	—	61	100	118	188	212	305	350	551	610	817	960	1398	1516	1969	2264	—	—	—	—
	1000	63	—	—	41	67	79	126	142	205	235	369	409	548	643	937	1016	1319	1517	1814	2032	2507	2784
	750	47	—	—	31	50	59	94	106	153	175	276	305	408	480	699	758	984	1132	1353	1516	1870	2077
18	1500	83	—	—	56	92	110	172	201	282	326	504	565	739	869	1286	1391	1738	2086	—	—	—	—
	1000	56	—	—	38	62	74	116	135	191	220	340	381	498	586	868	938	1173	1407	1689	1876	2346	2568
	750	42	—	—	28	47	55	87	102	143	165	255	286	374	440	651	704	880	1055	1267	1407	1759	1926
20	1500	75	—	28	52	86	104	161	188	267	309	471	534	691	809	1202	1312	1571	1885	—	—	—	—
	1000	50	—	19	35	58	69	107	125	178	206	314	356	461	539	801	874	1047	1257	1571	1738	2199	2382
	750	38	—	14	26	44	53	82	95	135	156	239	271	350	410	609	665	796	955	1194	1321	1671	1810
22.4	1500	67	—	25	46	77	97	144	174	239	288	421	505	617	744	1073	1214	1403	1684	2105	2420	—	—
	1000	45	—	17	31	52	65	97	117	160	193	283	339	415	499	721	815	942	1131	1414	1626	1979	2215
	750	33	—	12	23	38	48	71	86	117	142	207	249	304	366	529	598	691	829	1037	1192	1451	1624
25	1500	60	—	23	41	69	91	129	160	214	270	377	471	553	685	961	1087	1257	1508	1885	2168	—	—
	1000	40	—	15	28	46	61	86	107	142	180	251	314	369	457	641	725	838	1005	1257	1445	1759	1969
	750	30	—	11	21	35	46	64	80	107	135	188	236	276	342	481	543	628	754	942	1084	1319	1476
28	1500	54	—	20	37	62	82	116	144	192	243	339	424	498	616	865	978	1131	1357	1696	1950	2375	—
	1000	36	—	14	25	41	55	77	96	128	162	226	283	332	411	577	652	754	905	1131	1301	1583	1772
	750	27	—	10.2	19	31	41	58	72	96	122	170	212	249	308	433	489	565	679	848	975	1187	1329
31.5	1500	48	—	18	33	55	73	103	128	171	216	302	377	442	548	769	870	1005	1206	1508	1734	2111	—
	1000	32	—	12.1	22	37	49	69	85	114	144	201	251	295	365	513	580	670	804	1005	1156	1407	1575
	750	24	—	9	17	28	36	52	64	85	108	151	188	221	274	385	435	503	603	754	867	1055	1181
35.5	1500	42	—	15.8	29	48	64	90	112	150	189	264	330	387	479	673	761	880	1055	1319	1517	1847	2067
	1000	28	—	11	19	32	43	60	75	100	126	176	220	258	320	449	507	586	704	880	1012	1231	1378
	750	21	—	7.9	15	24	32	45	56	75	95	132	165	194	240	336	380	440	528	660	759	924	1034
40	1500	38	—	14	26	44	58	82	101	135	171	239	298	350	434	609	688	796	955	1194	1373	1671	1870
	1000	25	—	9	17	29	38	54	67	89	113	157	196	230	285	401	453	524	628	785	903	1099	1230
	750	18.8	—	7.1	13	22	29	40	50	67	85	118	148	173	215	301	341	394	472	591	679	827	925
45	1500	33	—	12	23	38	50	71	88	117	149	207	259	304	377	529	598	691	829	1037	1192	1451	1624
	1000	22	—	8.3	15	25	33	47	59	78	99	138	173	203	251	352	399	461	553	691	795	968	1083
	750	16.7	—	6.3	12	19	25	36	45	59	75	105	131	154	191	268	303	350	420	525	603	734	822
50	1500	30	—	11	21	35	46	64	80	107	135	188	236	276	342	481	543	628	754	942	1083	1319	1476
	1000	20	—	8	14	23	30	43	53	71	90	126	157	184	228	320	362	419	503	628	723	880	984
	750	15	—	6	10.4	17	23	32	40	53	67	94	118	138	171	240	272	314	377	471	542	660	738
56	1500	27	—	10.2	19	31	41	58	72	96	122	170	212	249	308	433	489	565	679	848	975	1187	1329
	1000	17.9	—	6.7	12	21	27	38	48	64	81	112	141	165	204	287	324	375	450	562	647	787	881
	750	13.4	—	5.1	9.3	15	20	28	36	48	60	84	105	123	153	215	243	281	337	421	484	589	659
63	1500	24	—	9	17	28	36	50	64	85	108	151	188	221	274	385	435	503	603	754	867	1055	1181
	1000	15.9	—	6	11	18	24	33	42	57	72	100	125	147	181	255	288	333	400	499	574	699	783

（续）

i_N	n_1 /r·min⁻¹	n_2 /r·min⁻¹	1、2	3	4	5	6	7	8	9	10	11	12	13	14	15	16	17	18	19	20	21	22
												规 格											
63	750	11.9	—	4.5	8.2	14	18	25	32	42	54	75	93	110	136	191	216	249	299	374	430	523	586
71	1500	21	—	7.9	14.5	24	32	44	56	75	95	132	165	194	240	336	380	440	528	660	759	924	1034
	1000	14.1	—	5.3	9.7	16	21	30	38	50	63	89	111	130	161	226	255	295	354	443	509	620	694
	750	10.6	—	4	7.3	12	16	22	28	38	48	67	83	98	121	170	192	222	266	333	383	466	522
80	1500	18.8	—	—	—	—	28	—	50	—	85	—	148	—	215	—	341	—	472	—	679	—	925
	1000	12.5	—	—	—	—	18	—	33	—	56	—	98	—	143	—	226	—	314	—	452	—	615
	750	9.4	—	—	—	—	14	—	25	—	42	—	74	—	107	—	170	—	236	—	340	—	463
90	1500	16.7	—	—	—	—	24	—	44	—	75	—	131	—	191								
	1000	11.1	—	—	—	—	16	—	29	—	50	—	87	—	127								
	750	8.3	—	—	—	—	12	—	22	—	37	—	65	—	95								

▨卧式安装减速器要求强制润滑。

表 10.2-192　TB4 型减速器的额定功率 P_N　　　　　　　　（kW）

i_N	n_1 /r·min⁻¹	n_2 /r·min⁻¹	1、2、3、4	5	6	7	8	9	10	11	12	13	14	15	16	17	18	19	20	21	22
								规 格													
80	1500	18.8	—	22	—	40	—	67	—	118	—	173	—	301	—	394	—	591	—	827	—
	1000	12.5	—	14	—	27	—	45	—	79	—	115	—	200	—	262	—	393	—	550	—
	750	9.4	—	11	—	20	—	33	—	59	—	87	—	151	—	197	—	295	—	413	—
90	1500	16.7	—	19	—	36	—	59	—	105	—	154	—	268	303	350	420	525	603	734	822
	1000	11.1	—	13	—	24	—	40	—	70	—	102	—	178	201	232	279	349	401	488	546
	750	8.3	—	9.6	—	18	—	30	—	52	—	76	—	133	150	174	209	261	300	365	408
100	1500	15	—	17.3	23	32	40	53	68	94	118	138	171	240	272	314	377	471	542	660	738
	1000	10	—	12	15	21	27	36	45	63	79	92	114	160	181	209	251	314	361	440	492
	750	7.5	—	8.6	11.4	16	20	27	34	47	59	69	86	120	136	157	188	236	271	330	369
112	1500	13.4	—	15	20	29	36	48	60	84	105	123	153	215	243	281	337	421	484	589	659
	1000	8.9	—	10.3	13.5	19	24	32	40	56	70	82	102	143	161	186	224	280	322	391	438
	750	6.7	—	7.7	10	14	18	24	30	42	53	62	76	107	121	140	168	210	242	295	330
125	1500	12	—	14	18	26	32	43	54	75	94	111	137	192	217	251	302	377	434	528	591
	1000	8	—	9.2	12	17	21	28	36	50	63	74	91	128	145	168	201	251	289	352	394
	750	6	—	6.9	9.1	13	16	21	27	38	47	55	68	96	109	126	151	188	217	264	295
140	1500	10.7	—	12	16.2	23	29	38	48	67	84	99	122	171	194	224	269	336	387	471	527
	1000	7.1	—	8.2	11	15	19	25	32	45	56	65	81	114	129	149	178	223	256	312	349
	750	5.4	—	6.2	8.2	12	14.4	19	24	34	42	50	62	87	98	113	136	170	195	237	266
160	1500	9.4	—	11	14.3	20	25	33	42	59	74	87	107	151	170	197	236	295	340	413	463
	1000	6.3	—	7.3	9.6	14	17	24	28	40	49	58	72	101	114	132	158	198	228	277	310
	750	4.7	—	5.4	7.1	10	13	17	21	30	37	43	54	75	85	98	118	148	170	207	231
180	1500	8.3	—	9.6	13	18	22	30	37	52	65	76	95	133	150	174	209	261	300	365	408
	1000	5.6	—	6.5	8.5	12	15	20	25	35	44	52	64	90	101	117	141	176	202	246	276
	750	4.2	—	4.8	6.4	9	11.2	15	19	26	33	39	48	67	76	88	106	132	152	185	207
200	1500	7.5	—	8.6	11.4	16	20	27	34	47	59	69	86	120	136	157	188	236	271	330	369
	1000	5	—	5.8	7.6	11	13.4	18	23	31	39	46	57	80	91	105	126	157	181	220	246
	750	3.8	—	4.4	5.8	8.2	10	14	17	24	30	35	43	61	69	80	95	119	137	167	187
224	1500	6.7	—	7.7	10	14.4	18	24	30	42	53	62	76	107	121	140	168	210	242	295	330
	1000	4.5	—	5.2	6.8	9.7	12	16	20	28	35	41	51	72	82	94	113	141	163	198	221
	750	3.3	—	3.8	5	7.1	9	12	15	21	26	30	38	53	60	69	83	104	119	145	162
250	1500	6	—	6.9	9.1	13	16	21	27	38	47	55	68	96	109	126	151	188	217	264	295
	1000	4	—	4.6	6.1	8.6	11	14	18	25	31	37	46	64	72	84	101	126	145	176	197
	750	3	—	3.5	4.6	6.4	8	11	14	19	24	28	34	48	54	63	75	94	108	132	148
280	1500	5.4	—	6.2	8.2	12	14.4	19	24	34	42	50	62	87	98	113	136	170	195	237	266
	1000	3.6	—	4.1	5.5	7.7	9.6	13	16	23	28	33	41	58	65	75	90	113	130	158	177
	750	2.7	—	3.1	4.1	5.8	7.2	10	12	17	21	25	31	43	49	57	68	85	98	119	133
315	1500	4.8	—	5.5	7.3	10.3	13	17	22	30	38	44	55	77	87	101	121	151	173	211	236
	1000	3.2	—	3.7	4.9	6.9	8.5	11	14	20	25	29	37	51	58	67	80	101	116	141	157
	750	2.4	—	2.8	3.6	5.2	6.4	8.5	11	15.1	19	22	27	38	43	50	60	75	87	106	118
355	1500	4.2	—	—	6.4	—	11.2	—	19	—	33	—	48	—	76	—	106	—	152	—	207
	1000	2.8	—	—	4.3	—	7.5	—	13	—	22	—	32	—	51	—	70	—	101	—	138
	750	2.1	—	—	3.2	—	5.6	—	9.5	—	16	—	24	—	38	—	53	—	76	—	103
400	1500	3.8	—	—	5.8	—	10	—	17	—	30	—	43	—	—	—	—	—	—	—	—
	1000	2.5	—	—	3.8	—	6.7	—	11.3	—	20	—	29	—	—	—	—	—	—	—	—
	750	1.5	—	—	2.9	—	5.1	—	8.6	—	15	—	22	—	—	—	—	—	—	—	—

表 10.2-193　TH1 型减速器的热功率 P_G　　　　　　　　　　　　　　（kW）

热功率取决于冷却方式：P_{G1} 表示无辅助冷却装置；P_{G2} 表示带冷却风扇

i_N	—	\規格 1	3	5	7	9	11	13	15	17	19
1.25	P_{G1}	70.4	105	188	322	497					
	P_{G2}		146	360	580	875					
1.4	P_{G1}	68	105	192	319	504					
	P_{G2}		144	358	579	870					
1.6	P_{G1}	66.2	104	186	316	507	516	747			
	P_{G2}		140	347	555	853	1134	1394			
1.8	P_{G1}	66	107	185	313	502	511	740			
	P_{G2}		151	335	561	834	1119	1441			
2	P_{G1}	65	104	178	310	492	507	733	991		
	P_{G2}		146	321	544	806	1204	1413	1766		
2.24	P_{G1}	57	95.5	172	307	473	502	725	950		
	P_{G2}		139	304	506	767	1154	1385	1752		
2.5	P_{G1}	54.1	88.8	164	303	449	498	719	923		
	P_{G2}		127	285	474	720	1088	1357	1788		
2.8	P_{G1}	52.3	86.7	155	295	473	493	713	925	955	
	P_{G2}		119	264	494	750	1015	1329	1699	1846	
3.15	P_{G1}	49.7	84.6	150	269	379	495	707	888	919	
	P_{G2}		111	253	432	606	1067	1301	1609	1718	
3.55	P_{G1}	45	78.4	145	248	351	479	699	849	902	
	P_{G2}		101	245	395	554	955	1273	1565	1649	
4	P_{G1}	41	73.1	132	233	300	452	665	797	866	1051
	P_{G2}		91.2	220	353	467	866	1227	1520	1639	1647
4.5	P_{G1}	41	77	139	225	321	388	630	816	916	1020
	P_{G2}		99.7	221	331	492	728	1115	1475	1675	1771
5	P_{G1}	37	69	134	218	290	377	604	812	980	1146
	P_{G2}		89.7	209	314	439	697	1022	1431	1734	1894
5.6	P_{G1}	36.5	66.4	122	212	274	364	571	736	899	1149
	P_{G2}		79.5	184	280	411	656	929	1386	1541	1878

表 10.2-194　TH2 型减速器的热功率 P_G　　　　　　　　　　　　　　（kW）

热功率取决于冷却方式：P_{G1} 表示无辅助冷却装置；P_{G2} 表示带冷却风扇

i_N		1	2	3	4	5	6	7	8	9	10	11	12	13	14	15	16	17	18	19	20	21	22
6.3	P_{G1}	—	—	53.2	75	88.1	—	143	—	182	—	244	—	406	—	532	—	572	—	650	—	—	—
	P_{G2}				93.9	131		214		295		417		734		993		1031		1071			
7.1	P_{G1}	—	—	50.9	76.8	86.8	—	138	—	179	—	240	—	404	—	542	570	575	581	699	720	770	—
	P_{G2}				74.1	95.7		132		204		285		416		717	1023	1179	1026	1071	1209	1143	
8	P_{G1}	—	—	49.2	73.4	85.1	93	135	155	174	180	235	281	398	437	548	579	575	639	738	745	844	862
	P_{G2}				91.2	128	139	196	229	275	300	403	482	689	757	956	1007	1125	1127	1171	1233	1332	1310
9	P_{G1}	—	—	46.5	70.6	82.7	92.3	129	148	169	174	231	273	388	431	542	576	589	653	763	778	892	902
	P_{G2}				87.6	121	137	188	220	263	290	382	471	658	733	923	978	1110	1175	1218	1328	1435	1474
10	P_{G1}	—	—	44.1	66.7	80.6	90.1	125	143	165	168	229	264	376	425	537	600	672	785	801	917	936	
	P_{G2}				82.3	114	134	179	210	251	277	361	459	627	708	891	949	1094	1223	1398	1424	1537	1638
11.2	P_{G1}	—	—	41.7	63.5	76.7	88.6	123	139	162	166	220	259	380	414	515	561	595	673	783	822	921	972
	P_{G2}				78.4	109	130	179	200	236	266	360	431	615	678	849	912	1048	1179	1301	1408	1435	1611
12.5	P_{G1}	—	—	40.8	60.7	75.3	84.9	120	134	155	164	224	249	349	398	529	549	593	649	783	815	919	972
	P_{G2}				74.1	106	121	170	192	222	253	346	409	563	644	842	867	1016	1128	1307	1355	1457	1578
14	P_{G1}	—	—	38.2	57.3	70.6	80.8	110	131	149	162	222	248	330	400	501	556	589	630	765	814	898	966
	P_{G2}				69.6	98.7	114	153	190	212	238	323	408	527	640	782	860	961	1093	1238	1312	1419	1524
16	P_{G1}	—	—	35.3	52	65.8	79.2	108	127	143	160	218	242	300	367	476	525	552	594	735	792	865	943
	P_{G2}				63	91.5	111	142	180	196	224	299	390	471	576	733	798	900	1030	1161	1244	1327	1442
18	P_{G1}	—	—	34.4	49.3	64.7	74.3	110	122	143	155	213	288	292	350	450	477	535	612	677	767	844	913
	P_{G2}				58.3	87	101	138	158	188	207	288	348	451	515	650	710	838		1036	1108	1200	1286
20	P_{G1}	—	—	32.1	47.9	60.2	69.1	95.7	109	134	144	206	228	283	317	436	469	545	617	686	732	815	883
	P_{G2}				57.9	82.8	95.8	131	151	186	198	259	305	395	438	590	629	772	860	946	996	1088	1161
22.4	P_{G1}	—	—	31.9	44	55.3	67.8	92	105	124	142	202	224	—	320	—	455	—	594	—	696	—	817
	P_{G2}				53.7	55.9	93.6	125	150	171	195	238	305		440		602		827		947		1105
25	P_{G1}	—	—	—	—	63.1	—	102	—	138	—	219	—	298	—	—	—	—	—	—	—	—	—
	P_{G2}					86.7		139		188		290		404									
28	P_{G1}	—	—	—	—	58.1	—	97.8	—	127	—	209	—										
	P_{G2}					79.6		132		172		267											

表 10.2-195　TH3 型减速器的热功率 P_G　　　　　　　　　　（kW）

i_N		规格																					
		1	2	3	4	5	6	7	8	9	10	11	12	13	14	15	16	17	18	19	20	21	22
22.4	P_{G1}													252		367		504		661		769	
	P_{G2}													376		540		712					
25	P_{G1}					61.4		94.3		127		185		262		361	397	440	491	581	610	644	679
	P_{G2}					75.6		131		176		256		378		535	587	651	712				
28	P_{G1}					59.6		95.5		127		181		258	282	355	394	434	476	577	608	642	695
	P_{G2}					73.8		134		173		247		369	414	523	582	636	694				
31.5	P_{G1}					58.4	64.5	89.7	100	123	124	176	214	251	275	347	390	422	469	564	596	638	690
	P_{G2}					71.8	8035	126	139	166	175	237	288	354	403	498	575	603	683				
35.5	P_{G1}					57	63	89.7	100	120	123	169	208	253	274	347	380	415	454	564	588	635	684
	P_{G2}					69.7	79	122	139	162	170	228	280	347	394	479	543	573	643				
40	P_{G1}					54.3	61.8	86.3	96.6	111	121	162	204	228	258	330	360	382	430	527	562	631	673
	P_{G2}					66	76.9	115	134	150	165	216	271	309	368	470	512	550	606				
45	P_{G1}					52.3	60.1	79.9	86.7	106	116	161	194	217	247	321	344	378	412	521	542	623	666
	P_{G2}					63.5	74.5	107	122	142	157	215	255	291	345	443	496	542	585				
50	P_{G1}					50.8	57.4	73.9	84.8	102	110	156	189	212	238	312	340	369	407	493	536	611	657
	P_{G2}					60.8	70.7	100	115	135	147	206	245	281	322	413	480	490	570				
56	P_{G1}					48.4	55.3	71	82.1	97.4	106	146	182	204	227	305	339	360	398	470	507	600	643
	P_{G2}					57.6	67.9	94.9	110	127	143	189	240	262	297	386	454	460	520				
63	P_{G1}					45.8	53.6	66.4	78.4	92.8	105	139	177	194	221	290	321	327	375	454	500	588	622
	P_{G2}					54	65	88.2	105	120	139	173	230	249	278	365	394	417	460				
71	P_{G1}					46.1	51.1	64.9	75	91.1	101	138	168	190	212	282	301	321	352	436	469	566	598
	P_{G2}					52.8	61.5	83.8	97.7	118		166	228	245	271	335	378	384	440				
80	P_{G1}					43.6	48.3	63.4	70.3	86.5	95.9	130	159	185	202	269	291	306	345	411	449	542	585
	P_{G2}					51.1	57.6	82.6	93	112	121	165	201	237	260	325	358	365	423				
90	P_{G1}					43.2	48.8	60.1	66.7	81.4	94.2	127	154	175	199	255	279	286	329	389	422	524	560
	P_{G2}					50.3	56.4	77.6	88.6	108	119	160	198	230	254	310	334	340	395				
100	P_{G1}					46.1		67.4		89.5		145		194			263		307		400		543
	P_{G2}					54.6		87.5		112		182		243			315		369				
112	P_{G1}					45.9		63.7		84.4		140		183									
	P_{G2}					54		82		105		174		235									

表 10.2-196　TB2 型减速器的热功率 P_G　　　　　　　　　　（kW）

i_N		规格																	
		1	2	3	4	5	6	7	8	9	10	11	12	13	14	15	16	17	18
5	P_{G1}	34.9	45.6	59.7	83.4	106		152		186		280		360		517			
	P_{G2}	38.1	50.6	73.1	115	160		218		236		478		659		828			
5.6	P_{G1}	33.4	44	57.6	77.1	107		145		180		276		376		531	558	570	
	P_{G2}	36	48.5	70.4	106	150		210		225		488		658		818	858	869	
6.3	P_{G1}	32	39.7	52.2	73.3	99.8	112	139	160	176	194	273	339	355	412	523	571	591	
	P_{G2}	34.7	43.7	63.5	100	140	173	197	210	233	252	443	540	597	673	820	848	871	
7.1	P_{G1}	30.7	39.4	51.5	68.8	91.2	106	132	155	168	188	284	350	381	429	534	586	603	627
	P_{G2}	35.4	43.5	62.7	93.6	131	162	201	225	237		440	527	601	667	787	838	861	880
8	P_{G1}	28.5	36.6	48	62.6	90.1	99.8	126	150	164	180	276	332	356	423	499	567	580	618
	P_{G2}	31.2	40.2	58.2	86.9	121	150	176	198	219	246	402	515	564	626	746	828	840	862
9	P_{G1}	25	34.2	45.8	58.9	83.2	93.6	121	144	150	168	283	359	374	425	529	560	591	639
	P_{G2}	26.6	37.6	55.2	82.7	117	140	167	195	211	222	387	506	520	626	678	735	773	819
10	P_{G1}	22.2	28.6	38.4	52	84.8	86.4	113	133	140	159	258	327	366	422	500	559	593	620
	P_{G2}	23	31.2	46.4	69.9	99.5	130	155	189	203	218	362	459	492	573	630	702	720	783
11.2	P_{G1}	21.3	27.8	37.6	50.9	65.6	83.2	110	125	132	152	255	336	346	440	550	572	619	
	P_{G2}	22.1	30.4	44.8	67.2	95.5	125	138	180	195	215	308	401	420	525	536	625	655	708
12.5	P_{G1}	20.5	29.4	37.3			80.6		126		150		321		423		521		580
	P_{G2}	21.4	32	45.1			115		167		205		395		495		567		622
14	P_{G1}	19.4	25.6	33.3			76.5		117		138		302		378				
	P_{G2}	21	27.8	39.7			102		148		181		347		439				
16	P_{G1}	18.6	24	31.2															
	P_{G2}	19.8	25.9	37.1															
18	P_{G1}	17.1	21.8	28.3															
	P_{G2}	18.2	23.7	33.6															

表 10.2-197　TB3 型减速器的热功率 P_G　　　　　　　　　　（kW）

热功率取决于冷却方式：P_{G1}表示无辅助冷却装置；P_{G2}表示带冷却风扇

i_N		1	2	3	4	5	6	7	8	9	10	11	12	13	14	15	16	17	18	19	20	21	22
12.5	P_{G1}				57.6	81		104		157		218		335		413		458		552		623	
	P_{G2}				66.5	97		141		205		277		434		535		625		664		761	
14	P_{G1}				55.7	78		109		152		211		322		401	429	445	460	556	605	635	654
	P_{G2}				64.9	93.2		135		197		267		417		520	565	625	648	673	737	780	854
16	P_{G1}				53.7	75.2	86.8	105	122	146	158	204	239	310	365	389	417	433	447	560	611	641	665
	P_{G2}				62.2	89.7	102	130	149	189	212	256	313	400	468	502	543	600	630	687	745	793	862
18	P_{G1}				51.4	72.2	83.7	101	118	139	152	197	232	299	353	377	404	419	436	564	621	657	677
	P_{G2}				59.8	86	98.2	125	143	181	204	246	301	383	449	482	523	581	605	701	754	802	870
20	P_{G1}			33	49.6	69.9	80.7	98.9	113	133	146	194	225	289	340	363	392	400	423	570	629	669	691
	P_{G2}			37.1	57	82.9	94.4	120	138	174	195	241	288	372	429	475	502	548	585	715	761	815	875
22.4	P_{G1}			32.8	47.8	67.5	77.4	92.1	109	130	140	184	218	275	327	344	381	394	425	575	635	681	708
	P_{G2}			37.1	54.7	79.5	90.8	112	132	165	187	227	276	353	409	460	490	537	585	730	781	837	888
25	P_{G1}			30.7	43.8	61.9	74.2	87.5	106	122	135	187	219	260	315	347	378	392	413	562	604	670	681
	P_{G2}			34.7	49.9	72.6	87.4	106	129	155	178	213	269	328	389	430	474	520	571	715	763	822	861
28	P_{G1}			29.9	43.5	61	71.4	82.7	99	115	129	179	221	249	301	330	363	380	388	540	569	638	663
	P_{G2}			33.6	49.9	71.2	84	99.8	120	145	169	201	255	315	372	400	441	486	527	679	725	797	837
31.5	P_{G1}			28.2	41	57.6	65.8	79.5	94.7	109	121	170	208	236	286	319	340	353	373	509	548	301	645
	P_{G2}			31.7	46.9	67.2	76.6	93.6	113	136	159	189	238	296	346	384	428	449	515	621	679	729	805
35.5	P_{G1}			26.7	39	55.5	65.1	75.2	89.6	106	114	149	189	226	255	293	311	315	325	475	500	588	631
	P_{G2}			29.8	44.3	64.3	75.5	89	107	131	148	180	224	282	325	369	395	430	477	496	628	700	744
40	P_{G1}			23.5	33.9	48.6	61.6	65.6	84.3	98.9	108	150	180	211	258	296	315	321	336	464	504	558	611
	P_{G2}			26.2	38.2	56	71.5	77.6	100	121	139	168	211	263	307	347	379	406	457	558	603	655	713
45	P_{G1}			23.2	33.4	47.4	59.2	63.3	80.3	90	103	144	177	192	249	271	307	311	325	445	478	513	578
	P_{G2}			25.6	37.4	54.6	68.5	75	95.1	110	134	153	201	235	294	314	355	370	430	528	563	595	667
50	P_{G1}			22.7	34.1	47.2	52	62.9	70.5	88.1	98.3	143	168	198	234	274	282	300	306	433	439	520	531
	P_{G2}			25.3	38.2	54.1	59.5	74.4	83.7	107	124	150	186	242	273	316	322	375	392	507	515	594	606
56	P_{G1}			20.3	30.4	42.7	50.4	57.5	68.3	79.4	89.9	132	164	180	211	249	275	288	311	395	424	471	521
	P_{G2}			22.4	34.1	48.8	57.9	67.5	81	96.8	113	135	170	217	246	285	323	360	397	458	512	534	593
63	P_{G1}			20	29	40.8	49.6	55.2	67.1	75.9	86.3	124	160	171	203	239	261	272	295	386	410	463	493
	P_{G2}			21.8	32	46.1	57.4	63.9	80	91.2	111	127	167	204	250	270	292	322	359	439	461	513	541
71	P_{G1}			18.6	25.8	37.6	45.8	51	65.3	69.3	79.4	112	148	154	200	226	249	261	288	365	396	436	476
	P_{G2}			20	28.3	42.1	52	58.8	72.8	82.8	99.6	129	164	185	225	249	276	300	341	411	443	480	521
80	P_{G1}					43.4		59.4		75.3		139		189		234		279		375		450	
	P_{G2}					49		68.9		94.3		168		212		255		316		414		487	
90	P_{G1}					40		55.1		68.7		125		171									
	P_{G2}					45		63.5		85.5		154		193									

表 10.2-198　TB4 型减速器的热功率 P_G　　　　　　　　　　（kW）

热功率取决于冷却方式：P_{G1}表示无辅助冷却装置；P_{G2}表示带冷却风扇

i_N		1	2	3	4	5	6	7	8	9	10	11	12	13	14	15	16	17	18	19	20	21	22
80	P_{G1}					35.9		53.5		76.4		114		164		216		266		333		464	
90	P_{G1}					35.8		52.1		74		108		158		215	234	254	284	318	343	453	490
100	P_{G1}					33.9	38.1	48.5	57.5	68.9	79.5	103	134	149	173	204	223	238	270	299	326	439	486
112	P_{G1}					33	38.1	48.4	56	68.1	77	98.5	126	143	165	195	211	228	254	283	306	414	440
125	P_{G1}					31.3	36.1	46	52.3	65.3	71.5	93.6	120	135	156	186	203	218	241	270	291	400	440

（续）

i_N		热功率取决于冷却方式：P_{G1}表示无辅助冷却装置；P_{G2}表示带冷却风扇																					
		规　格																					
		1	2	3	4	5	6	7	8	9	10	11	12	13	14	15	16	17	18	19	20	21	22
140	P_{G1}					29.5	35	43.9	52.1	62.9	71.1	90	115	131	149	180	194	209	230	261	278	388	413
160	P_{G1}					26.6	33.1	38.8	49.6	56.3	68.1	81	109	123	141	170	186	198	223	248	269	370	401
180	P_{G1}					26.3	31.5	38.1	47.3	54.9	65.5	78.9	105	114	138	158	176	183	209	228	255	344	383
200	P_{G1}					26.1	28.4	38.8	41.8	54.6	58.6	78.3	94.6	113	130	156	164	181	194	231	245	345	355
224	P_{G1}					23.5	28	35.5	41	50.1	57.3	72.3	91.9	103	120	144	163	166	193	214	239	318	354
250	P_{G1}					23.1	27.8	33.8	41.9	47.8	56.9	69.1	91.3	98.5	119	138	149	159	176	204	220	305	328
280	P_{G1}					21.4	25	30.4	38.1	44.4	52.4	64.5	84	90.5	109	126	143	146	168	189	210	288	313
315	P_{G1}					19.5	24.5	28.5	36.3	41.3	49.8	59.1	80.3	85.9	104	118	130	136	154	178	195	264	295
355	P_{G1}						22.8		32.9		46.5		74.8		95.5		122		144		184		270
400	P_{G1}						21		31.1		43.1		68.8		90.5								

16.4　选用方法

减速器的承载能力受机械强度和热功率两方面的限制，选用减速器时必须通过这两项功率核算。

1）计算传动比。

$$i_s = \frac{n_1}{n_2}$$

式中　i_s——要求的传动比；

　　　n_1——输入转速（r/min）；

　　　n_2——输出转速（r/min）。

2）确定减速器的额定功率，应满足：

$$P_N \geqslant P_2 f_1 f_2 f_3 f_4$$

式中　P_N——减速器的额定功率（见表 10.2-187～表 10.2-192）；

　　　P_2——载荷功率（即工作机所需功率）；

　　　f_1——工作机系数（见表 10.2-199）；

　　　f_2——原动机系数（见表 10.2-200）；

　　　f_3——减速器安全系数（见表 10.2-201）；

　　　f_4——起动系数（见表 10.2-202）。

3）校核最大转矩，如峰值工作转矩、起动转矩或制动转矩应满足要求。

$$P_N \geqslant \frac{T_A n_1}{9550} f_5$$

式中　T_A——输入轴最大转矩，如峰值工作转矩、起动转矩和制动转矩（N·m）；

　　　f_5——峰值转矩系数（见表 10.2-203）。

4）检查输出轴上是否允许有附加载荷，许用附加径向力 F_{R2}见表 10.2-209。

5）检查实际传动比 i 是否满足要求，TH、TB 型减速器的实际传动比 i 分别见表 10.2-210、表 10.2-211。

6）确定供油方式。减速器卧式安装时采用浸油飞溅润滑，也可按用户要求提供强制润滑方式。

7）校核热平衡功率。

a. 减速器无辅助冷却装置时应满足：

立式安装时可选浸油润滑或强制润滑。

$$P_2 \leqslant P_G = P_{G1} f_6 f_7 f_8 f_9$$

式中　P_G——减速器热功率；

　　　P_{G1}——无辅助冷却装置时的热功率（见表 10.2-193～表 10.2-198）；

　　　f_6——环境温度系数（见表 10.2-204）；

　　　f_7——海拔系数（见表 10.2-205）；

　　　f_8——立式安装供油系数（见表 10.2-206）；

　　　f_9——无辅助冷却装置时的热容量系数（见表 10.2-207）。

b. 减速器带有冷却风扇装置时应满足：

$$P_2 \leqslant P_G = P_{G2} f_6 f_7 f_8 f_{10}$$

式中　P_{G2}——带冷却风扇时的热功率（见表 10.2-193～表 10.2-198）；

　　　f_{10}——带冷却风扇时的热容量系数（见表 10.2-208）。

表 10.2-199　工作机系数 f_1

工作机		≤0.5h	0.5~10h	>10h	工作机		≤0.5h	0.5~10h	>10h
污水处理	浓缩器(中心传动)	—	—	1.2	金属加工设备	可逆式板坯轧机	—	2.5	2.5
	压滤器	1.0	1.3	1.5		可逆式线材轧机	—	1.8	1.8
	絮混器	0.8	1.0	1.3		可逆式薄板轧机	—	2.0	2.0
	暖气机	—	1.8	2.0		可逆中厚板轧机	—	1.8	1.8
	接集设备	1.0	1.2	1.3		辊缝调节驱动装置	0.9	1.0	—
	纵向、回转组合接集装置	1.0	1.3	1.5	输送机械	斗式输送机	—	1.2	1.5
	预浓缩器	—	1.1	1.3		绞车	1.4	1.6	1.6
	螺杆泵		1.3	1.5		卷扬机		1.5	1.8
	水轮机	—	—	2.0		带式输送机<150kW	1.0	1.2	1.3
	离心泵	1.0	1.2	1.3		带式输送机≥150kW	1.1	1.3	1.5
	1个活塞容积式泵	1.3	1.4	1.8		货用电梯		1.2	1.5
	>1个活塞容积式泵	1.2	1.4	1.5		客用电梯①		1.5	1.8
挖泥机	斗式运输机	—	1.6	1.6		刮板式输送机		1.2	1.5
	倾卸装置		1.3	1.5		自动扶梯		1.2	1.4
	Carteypillar 行走机构	1.2	1.6	1.8		轨道行走机构		1.5	—
	斗轮式挖掘机(用于捡拾)	—	1.7	1.7		变频装置	—	1.8	2.0
	斗轮式挖掘机(用于粗料)	—	2.2	2.2		往复式压缩机	—	1.8	1.9
	切碎机		2.2	2.2	起重机械	回转机构	2.5	2.5	3.0
	行走机构①		1.4	1.8		俯仰机构	2.5	2.5	3.0
	弯板机①	—	1.0	1.0		行走机构	2.5	3.0	3.0
化学工业	挤压机	—	—	1.6		提升机构	2.5	2.5	3.0
	调浆机		1.8	1.8		转臂式起重机	2.5	2.5	3.0
	橡胶研光机	—	1.5	1.5	冷却塔	冷却塔风扇	—	—	2.0
	冷却圆筒		1.3	1.4		风机(轴流和离心式)	—	1.4	1.5
	混料机,用于均匀介质	1.0	1.3	1.4	蔗糖生产	甘蔗切碎机①	—	—	1.7
	混料机,用于非均匀介质	1.4	1.6	1.7		甘蔗碾磨机	—	—	1.7
	搅拌机,用于密度均匀介质	1.0	1.3	1.5	甜菜糖生产	甜菜绞碎机	—	—	1.2
	搅拌机,用于非均匀介质	1.2	1.4	1.6		榨取机、机械制冷机、蒸煮机	—	—	1.4
	搅拌机,用于不均匀气体吸收	1.4	1.6	1.8		甜菜清洗机	—	—	1.5
	烘炉	1.0	1.3	1.5		甜菜切碎机	—	—	1.5
	离心机	1.0	1.2	1.3	造纸机械	各种类型②	—	1.8	2.0
金属加工设备	翻板机	1.0	1.0	1.2		碎浆机驱动装置	2.0	2.0	2.0
	推钢机	1.0	1.2	1.2		离心式压缩机	—	1.4	1.5
	绕线机	—	1.6	1.6	索道缆车	运货索道	—	1.3	1.4
	冷床横移架	—	1.5	1.5		往返系统空中索道	—	1.6	1.8
	辊式矫直机		1.6	1.6		T型杆升降机	—	1.3	1.4
	辊道(连续式)		1.5	1.5		连续索道	—	1.4	1.6
	辊道(间歇式)		2.0	2.0	水泥工业	混凝土搅拌器	—	1.5	1.5
	可逆式轧管机		1.8	1.8		破碎机①	—	1.2	1.4
	剪切机(连续式)①	—	1.5	1.5		回转窑	—	—	2.0
	剪切机(曲柄式)①	1.0	1.0	1.0		管式磨机	—	—	2.0
	连铸机驱动装置	—	1.4	1.4		选粉机	—	1.6	1.6
	可逆式开坯机		2.5	2.5		辊压机	—	—	2.0

① 按最大转矩确定工作机所需功率。
② 检验热功率是绝对必要的。

表 10.2-200　原动机系数 f_2

电动机,液压马达,汽轮机	1.0
4~6缸活塞发动机	1.25
1~3缸活塞发动机	1.5

表 10.2-201　减速器安全系数 f_3

重要性与安全要求	一般设备,减速器失效仅引起单机停产且易更换备件	重要设备,减速器失效引起机组、生产线或全厂停产	高度安全要求,减速器失效引起设备、人身事故
f_3	1.3~1.7	1.5~2.0	1.7~2.5

表 10.2-202　起动系数 f_4

每小时起动次数	$f_1f_2f_3$			
	1	1.25~1.75	2~2.75	≥3
	f_4			
≤5	1	1	1	1
6~25	1.2	1.12	1.06	1
26~60	1.3	1.2	1.12	1.06
61~180	1.5	1.3	1.2	1.2
>180	1.7	1.5	1.3	1.2

表 10.2-203　峰值转矩系数 f_5

载荷类型	每小时峰值载荷次数			
	1~5	6~30	31~100	>100
单向载荷	0.5	0.65	0.7	0.85
交变载荷	0.7	0.95	1.10	1.25

表 10.2-204　环境温度系数 f_6

不带辅助冷却装置或仅带冷却风扇

环境温度/℃	每小时工作周期(ED)(%)				
	100	80	60	40	20
10	1.14	1.20	1.32	1.54	2.04
20	1.00	1.06	1.16	1.35	1.79
30	0.87	0.93	1.00	1.18	1.56
40	0.71	0.75	0.82	0.96	1.27
50	0.55	0.58	0.64	0.74	0.98

表 10.2-205　海拔系数 f_7

不带辅助冷却装置或仅带冷却风扇

系数	海拔/m				
	高达1000	高达2000	高达3000	高达4000	高达5000
f_7	1.0	0.95	0.90	0.85	0.80

表 10.2-206　立式安装供油系数 f_8

类型	供油方式	规格 1~12			
		不带辅助冷却装置	带冷却风扇	带冷却盘管	带风扇和冷却盘管
TH2.V TH3.V TH4.V	浸油润滑	0.95	…	…	…
	强制润滑	1.15	…	…	…
TB2.V TB3.V TB4.V	浸油润滑	0.95	0.95	…	…
	强制润滑	1.15	1.10	…	…

类型	供油方式	规格 13~18			
		不带辅助冷却装置	带冷却风扇	带冷却盘管	带风扇和冷却盘管
TH2.V TH3.V TH4.V	浸油润滑	…			
	强制润滑	1.15			
TB2.V TB3.V TB4.V	浸油润滑	…			
	强制润滑	1.15	1.10		

注：…根据用户要求供货。

表 10.2-207　无辅助冷却装置时的热容量系数 f_9

类型	$n/r\cdot min^{-1}$	传动比 i	狭小空间安装 规格				室内大厅、大车间安装 规格				室外安装 规格			
			1~6	7~12	13~18	19~22	1~6	7~12	13~18	19~22	1~6	7~12	13~18	19~22
TH1SH	750	1.25~2	0.60	0.57	—	—	0.77	0.73	—	—	1.00	1.00	1.00	—
		2.24~5.6	0.67	0.64	0.61	0.56	0.81	0.79	0.75	0.74	1.00	1.00	1.00	1.00
	1000	1.25~2	0.55	—	—	—	0.72	0.63	—	—	0.99	0.90	—	—
		2.24~5.6	0.69	0.59	0.53	—	0.85	0.76	0.66	0.50	1.07	0.99	0.92	0.78
	1500	1.25~2	0.43	—	—	—	0.63	—	—	—	0.92	—	—	—
		2.24~3.55	0.56	—	—	—	0.76	0.56	—	—	1.04	0.86	—	—
		4~5.6	0.74	0.52	—	—	0.93	0.69	—	—	1.19	0.96	0.76	—
TH2.. TB2..	750	5~9	0.66	0.58	0.60	0.60	0.81	0.76	0.74	0.76	1.00	1.00	1.00	1.00
		10~28	0.71	0.68	0.67	0.68	0.83	0.82	0.81	0.81	1.00	1.00	1.00	1.00
	1000	5~9	0.66	0.54	0.51	—	0.83	0.69	0.65	—	1.06	0.95	0.90	0.97
		10~28	0.75	0.68	0.66	0.63	0.90	0.84	0.80	0.77	1.10	1.06	1.03	0.99
	1500	5~6.3	0.56	—	—	—	0.76	0.59	—	—	1.05	0.88	—	—
		7~9	0.64	0.47	—	—	0.82	0.62	—	—	1.10	0.87	0.81	—
		10~16	0.75	0.56	0.54	—	0.94	0.71	0.67	—	1.20	0.98	0.93	0.83
		18~28	0.81	0.69	0.63	—	0.99	0.88	0.78	0.68	1.24	1.14	1.05	0.93
TH3.. TB3..	750	12.5~112	0.71	0.70	0.70	0.70	0.83	0.83	0.83	0.82	1.00	1.00	1.00	1.00
	1000	12.5~112	0.76	0.74	0.71	0.70	0.90	0.89	0.86	0.84	1.09	1.09	1.07	1.05
	1500	12.5~31.5	0.77	0.62	0.54	0.53	0.96	0.82	0.67	0.65	1.21	1.10	0.95	0.88
		35.5~56	0.83	0.78	0.69	0.64	1.00	0.96	0.87	0.81	1.23	1.20	1.12	1.07
		63~112	0.87	0.87	0.84	0.81	1.03	1.03	1.00	0.97	1.24	1.24	1.23	1.20
TH4.. TB4..	750	80~450	0.71	0.72	0.73	0.73	0.84	0.85	0.85	0.85	1.00	1.00	1.00	1.00
	1000	80~450	0.76	0.77	0.78	0.78	0.90	0.91	0.91	0.91	1.09	1.09	1.09	1.09
	1500	80~112	0.79	0.82	0.80	0.72	0.98	0.99	0.98	0.94	1.21	1.21	1.20	1.18
		125~450	0.84	0.86	0.85	0.85	1.01	1.02	1.01	1.01	1.23	1.23	1.22	1.22

表 10.2-208　带冷却风扇时的热容量系数 f_{10}

类型	$n/r\cdot min^{-1}$	传动比 i	狭小空间安装(风速≥1m/s) 规格				室内大厅、大车间安装(风速≥2m/s) 规格				室外安装(风速≥4m/s) 规格			
			1~6	7~12	13~18	19~22	1~6	7~12	13~18	19~22	1~6	7~12	13~18	19~22
TH1SH TH2、H3.. TB2.. TB3..	750	1.25~112	0.89	0.93	0.98	0.98	0.93	0.95	0.99	0.99	1.00	1.00	1.00	1.00
	1000		1.07	1.13	1.16	1.18	1.11	1.15	1.17	1.17	1.18	1.19	1.19	1.19
	1500		1.41	1.46	1.45	1.44	1.43	1.47	1.45	1.44	1.49	1.51	1.46	1.46

表 10.2-209　许用附加径向力 F_{R2}（作用于输出轴轴端中部） （kN）

类型	布置形式	规格																	
		1	2	3	4	5	6	7	8	9	10	11	12	13	14	15	16	17	18
TH1SH	A/B	*	—	*	—	*	—	*	—	—	*	—	*	—	*	—	*	—	*
TH2S	A/B/G/H	—	—	8	10	22	22	30	30	30	45	64	64	150	150	140	205	205	205
	C/D	—	—	8	10	13	13	18	18	10	28	35	35	112	112	85	135	135	135
TH3S	A/B/G/H	—	—	—	—	29	29	40	40	40	60	85	85	190	190	185	265	265	265
	C/D	—	—	—	—	18	18	26	26	18	40	50	50	150	150	120	185	185	190
TH4S	A/B	—	—	—	—	—	—	26	26	26	50	50	50	150	150	120	185	185	185
	C/D	—	—	—	—	—	—	40	40	40	60	85	85	190	190	185	265	265	265
TB2S	A/C	7	10	10	13	27	27	37	37	38	55	78	78	160	160	150	210	210	210
	B/D	4	7	9	12	15	15	17	17	10	30	35	38	110	110	75	145	100	100
TB3S	A/C	—	—	9	14	29	29	40	40	40	60	85	85	190	190	185	265	265	265
	B/D	—	—	7	9	18	18	26	26	18	40	50	50	150	150	120	185	185	190
TB4S	A/C	—	—	—	—	29	29	40	40	40	60	85	85	190	190	185	265	265	265
	B/D	—	—	—	—	18	18	26	26	18	40	50	50	150	150	120	185	185	190

注：1. 基础螺栓的最低性能等级为 8.8 级。
　　2. 基础必须干燥，不得有油脂。
　　3. * 表示需要承受附加径向力时请与厂家联系。

表 10.2-210　TH 型减速器的实际传动比

i_N	规格										
	1	2	3	4	5	6	7	8	9	10	11
1.25	1.250	—	1.243	—	1.256	—	1.263	—	1.27	—	—
1.4	1.415	—	1.371	—	1.378	—	1.389	—	1.400	—	—
1.6	1.605	—	1.594	—	1.588	—	1.606	—	1.625	—	1.636
1.8	1.829	—	1.829	—	1.839	—	1.774	—	1.800	—	1.806
2.0	2.000	—	2.000	—	2.034	—	1.966	—	2.000	—	2.000
2.24	2.194	—	2.194	—	2.259	—	2.308	—	2.231	—	2.222
2.5	2.536	—	2.536	—	2.520	—	2.583	—	2.500	—	2.480
2.8	2.808	—	2.808	—	2.826	—	2.800	—	2.741	—	2.783
3.15	3.125	—	3.125	—	3.190	—	3.130	—	3.208	—	3.080
3.55	3.500	—	3.500	—	3.591	—	3.524	—	3.591	—	3.478
4.0	3.950	—	3.950	—	4.050	—	4.000	—	4.050	—	3.905
4.5	4.476	—	4.435	—	4.619	—	4.400	—	4.381	—	4.421
5.0	5.053	—	4.952	—	4.900	—	4.905	—	4.947	—	5.150
5.6	5.571	—	5.579	—	5.556	—	5.526	—	5.684	—	5.474
6.3	—	—	6.232	6.319	6.286	—	6.088	—	6.26	—	6.246
7.1	—	—	7.099	6.844	7.213	—	7.048	—	7.247	—	6.900
8.0	—	—	7.765	7.778	7.889	7.792	7.799	7.676	8.018	7.848	7.644
9.0	—	—	8.516	8.485	8.652	8.940	8.660	8.887	8.904	9.085	8.974
10	—	—	9.845	9.722	10.002	9.778	9.660	9.833	9.932	10.053	10.046
11.2	—	—	10.900	10.694	11.075	10.724	10.648	10.920	11.138	11.163	10.889
12.5	—	—	12.132	12.444	12.326	12.397	11.807	12.180	12.574	12.452	12.174
14	—	—	13.588	13.854	13.806	13.726	13.939	13.426	14.152	13.964	13.704
16	—	—	15.335	15.556	15.581	15.278	15.717	14.887	15.962	15.765	15.556
18	—	—	17.378	17.602	17.493	17.111	17.598	17.576	18.204	17.743	17.111
20	—	—	19.616	19.444	19.534	19.311	19.742	19.817	19.312	20.012	19.074
22.4	—	—	21.630	22.037	22.006	21.681	20.982	22.189	21.895	22.824	21.491
25	—	—		—	25.011	24.212	25.54	24.892	25.439	24.212	24.706
28	—	—			28.490	27.275	27.661	26.456	29.187	27.451	28.602
31.5	—	—			31.161	30.999	31.433	32.202	31.924	31.894	31.648
35.5	—	—		—	34.177	35.312	34.291	34.877	35.013	36.593	35.144

（续）

i_N	规　格										
	1	2	3	4	5	6	7	8	9	10	11
40	—	—	—	—	39.508	38.622	39.292	39.633	40.474	40.024	39.200
45	—	—	—	—	43.745	42.360	43.221	43.236	44.816	43.897	43.210
50	—	—	—	—	48.689	48.967	50.293	49.542	49.881	50.744	47.911
56	—	—	—	—	54.532	54.220	55.991	54.496	55.866	56.187	56.566
63	—	—	—	—	61.543	60.347	62.867	63.413	63.049	62.537	63.778
71	—	—	—	—	69.742	67.589	71.139	70.597	70.787	70.041	71.414
80	—	—	—	—	78.723	76.279	78.583	79.267	79.049	79.046	80.111
90	—	—	—	—	86.806	86.440	89.061	89.696	89.050	88.748	85.146
100	—	—	—	—	—	97.572	101.554	99.083	101.210	99.106	103.639
112	—	—	—	—	—	107.590	115.256	112.294	115.290	111.645	112.249
125	—	—	—	—	—	—	125.733	128.046	126.098	126.89	127.556
140	—	—	—	—	—	—	143.985	145.322	138.301	144.542	139.152
160	—	—	—	—	—	—	158.251	158.533	159.874	158.093	159.444
180	—	—	—	—	—	—	174.630	181.546	177.022	173.392	175.389
200	—	—	—	—	—	—	193.629	199.533	197.028	200.439	204.089
224	—	—	—	—	—	—	228.606	220.185	220.671	221.938	227.208
250	—	—	—	—	—	—	257.753	244.141	249.043	247.020	255.111
280	—	—	—	—	—	—	288.615	288.242	282.219	276.663	288.678
315	—	—	—	—	—	—	305.352	324.993	318.563	312.234	318.889
355	—	—	—	—	—	—	344.112	363.906	351.273	353.827	361.407
400	—	—	—	—	—	—	—	385.010	—	399.393	—
450	—	—	—	—	—	—	—	433.881	—	440.402	—

i_N	规　格										
	12	13	14	15	16	17	18	19	20	21	22
1.25	—	—	—	—	—	—	—	—	—	—	—
1.4	—	—	—	—	—	—	—	—	—	—	—
1.6	—	1.588	—	—	—	—	—	—	—	—	—
1.8	—	1.839	—	—	—	—	—	—	—	—	—
2.0	—	2.034	—	2.000	—	—	—	—	—	—	—
2.24	—	2.259	—	2.231	—	—	—	—	—	—	—
2.5	—	2.520	—	2.481	—	—	—	—	—	—	—
2.8	—	2.826	—	2.760	—	2.760	—	—	—	—	—
3.15	—	3.208	—	3.087	—	3.087	—	—	—	—	—
3.55	—	3.591	—	3.476	—	3.476	—	—	—	—	—
4.0	—	4.050	—	3.947	—	3.947	—	3.944	—	—	—
4.5	—	4.619	—	4.579	—	4.526	—	4.400	—	—	—
5.0	—	4.900	—	5.100	—	4.900	—	4.950	—	—	—
5.6	—	5.556	—	5.778	—	5.556	—	5.700	—	—	—
6.3	—	6.410	—	6.449	—	6.154	—	6.410	—	6.500	—
7.1	—	7.100	—	7.120	7.316	7.125	7.147	7.100	7.313	7.200	7.258
8.0	7.941	7.889	7.944	7.882	8.076	7.884	8.274	7.889	8.100	8.000	8.040
9.0	8.772	8.799	8.800	8.758	8.941	8.755	9.155	8.799	9.000	8.923	8.933
10	9.718	9.861	9.778	9.774	9.935	9.765	10.167	9.788	10.038	9.926	9.964
11.2	11.410	10.811	10.906	10.967	11.087	10.951	11.340	10.887	11.167	11.040	11.084
12.5	12.773	12.655	12.222	12.139	12.440	12.432	12.717	12.176	12.420	12.348	12.328

（续）

i_N	规　格										
	12	13	14	15	16	17	18	19	20	21	22
14	13.844	14.164	13.399	13.708	13.769	13.915	14.438	13.712	13.891	13.905	13.788
16	15.478	15.975	15.685	15.389	15.550	15.694	16.159	15.570	15.643	15.789	15.527
18	17.423	17.280	17.556	17.424	17.457	17.899	18.225	18.061	17.763	18.316	17.632
20	19.778	19.515	19.800	20.297	19.765	18.988	20.786	20.117	20.605	20.400	20.453
22.4	21.756	22.020	21.418	21.374	23.024	20.930	22.050	21.782	22.950	22.368	22.780
25	24.251	25.372	24.187	24.716	24.245	24.202	24.306	25.283	24.850	25.837	24.978
28	27.325	29.373	27.292	27.304	28.036	26.736	28.106	28.006	28.844	28.523	28.852
31.5	31.412	32.501	31.447	30.248	30.971	29.619	31.048	31.117	31.950	31.579	31.851
35.5	36.366	36.092	36.406	35.514	34.311	34.776	34.397	34.708	35.500	35.088	35.263
40	40.238	40.257	40.283	39.756	40.284	38.929	40.385	38.897	39.596	39.158	39.181
45	44.683	45.147	44.733	43.090	45.096	42.194	45.208	42.642	44.375	43.936	43.726
50	49.840	50.968	49.896	48.175	48.878	47.174	49.000	49.917	48.648	48.632	49.062
56	54.938	57.365	55.957	54.229	54.647	53.102	54.783	55.870	56.948	54.920	54.305
63	60.916	64.699	63.171	61.557	61.514	60.278	61.667	63.013	63.739	61.654	61.327
71	71.919	73.789	71.100	67.713	69.826	66.306	70.000	68.162	71.888	69.806	68.847
80	81.089	78.278	80.190	75.481	76.809	73.912	77.000	76.974	77.762	81.316	77.950
90	90.798	88.750	91.457	85.046	85.620	83.279	85.833	88.439	87.816	86.427	90.803
100	101.856	103.114	97.020	97.768	96.471	95.735	96.711	100.079	100.895	99.020	96.510
112	108.257	118.306	110.000	113.186	110.901	110.833	111.176	115.862	114.174	109.386	110.573
125	131.769	129.398	127.803	125.238	128.390	122.634	128.710	128.198	132.180	121.182	122.148
140	142.716	141.920	146.633	139.074	142.060	136.183	142.414	142.362	146.254	142.279	135.320
160	162.178	164.058	1603.380	155.125	157.756	151.900	158.148	158.792	162.413	159.273	158.878
180	176.921	181.654	1175.901	170.993	175.962	167.438	176.400	178.079	181.157	172.632	177.855
200	202.722	202.184	203.339	189.597	193.962	185.656	194.444	201.040	203.160	193.004	192.772
224	222.994	226.446	225.149	223.845	215.065	219.192	215.600	226.272	229.355	217.257	215.521
250	259.484	255.560	250.594	252.385	253.914	247.139	254.545	255.201	258.141	246.617	242.604
280	288.879	286.925	280.665	282.605	286.288	276.730	287.000	291.058	291.144	271.278	275.388
315	324.356	320.413	316.751	317.021	320.566	310.431	321.364	308.761	332.052	302.399	302.927
355	367.034	360.951	355.625	336.946	359.606	329.942	360.500	350.069	352.249	340.720	337.679
400	405.444	—	397.131	—	382.207	—	383.158	—	399.375	—	380.471
450	459.504	—	447.376	—	—	—	—	—	—	—	—

表 10.2-211　TB 型减速器的实际传动比

i_N	规　格										
	1	2	3	4	5	6	7	8	9	10	11
5.0	4.980	5.043	4.895	4.936	5.006	—	4.865	—	5.002	—	4.897
5.6	5.566	5.636	5.471	5.480	5.488	—	5.333	—	5.483	—	5.534
6.3	6.445	6.526	6.334	6.296	6.386	6.205	6.206	6.135	6.381	6.271	6.296
7.1	7.068	7.158	6.947	6.959	7.058	6.802	6.860	6.725	7.053	6.875	7.037
8.0	7.668	7.765	7.536	7.549	7.657	7.915	7.880	7.825	8.101	8.000	7.994
9.0	8.829	8.941	8.678	8.693	8.817	8.749	8.569	8.649	8.810	8.842	8.693
10	10.027	10.154	9.855	9.872	10.108	9.490	9.823	9.935	10.099	10.157	9.965
11.2	10.938	11.077	10.751	10.769	10.923	10.928	10.615	10.804	10.914	11.045	10.769

（续）

i_N	规 格										
	1	2	3	4	5	6	7	8	9	10	11
12.5	12.458	12.615	12.244	12.034	12.703	12.528	12.433	12.385	12.554	12.662	12.334
14	14.005	14.182	13.765	13.484	13.964	13.538	13.515	13.385	14.137	13.683	13.821
16	15.441	15.636	15.176	15.589	15.835	15.826	16.275	15.773	15.952	15.693	15.522
18	17.595	17.818	17.294	17.468	17.407	17.307	17.692	17.041	17.963	17.724	17.393
20	—	—	19.336	19.614	19.645	19.729	19.948	20.648	20.259	19.940	19.744
22.4	—	—	21.609	21.919	21.954	21.575	22.146	22.308	22.208	22.520	21.643
25	—	—	25.021	25.380	25.421	24.349	25.446	25.152	25.843	25.400	25.185
28	—	—	27.442	27.836	27.881	27.211	28.125	27.923	28.563	27.842	27.836
31.5	—	—	29.769	30.196	30.245	31.508	30.509	32.084	30.985	32.400	31.975
35.5	—	—	34.279	34.771	34.827	34.557	35.131	35.461	35.679	35.811	34.771
40	—	—	38.928	39.487	39.551	37.486	39.896	38.468	40.902	38.846	39.661
45	—	—	42.467	43.077	43.146	43.166	43.523	44.296	44.202	44.732	43.077
50	—	—	48.365	49.060	49.139	49.021	49.568	50.304	50.341	51.280	49.060
56	—	—	54.371	55.152	55.240	53.477	55.723	54.877	56.592	55.417	55.152
63	—	—	59.947	60.808	60.906	60.904	61.438	62.499	62.396	63.114	60.808
71	—	—	68.312	69.293	69.404	68.467	70.011	70.259	71.102	70.951	69.293
80	—	—	—	—	77.598	75.489	79.267	77.465	79.497	78.228	80.949
90	—	—	—	—	86.720	86.022	88.585	88.274	88.842	89.143	89.869
100	—	—	—	—	100.413	96.178	102.572	99.945	102.869	99.667	103.259
112	—	—	—	—	110.130	107.484	112.498	111.694	112.824	111.384	114.129
125	—	—	—	—	119.466	124.455	122.035	129.330	122.389	128.971	123.804
140	—	—	—	—	137.567	136.499	140.525	141.846	140.933	141.452	142.562
160	—	—	—	—	156.225	148.071	159.585	153.871	160.047	153.443	161.897
180	—	—	—	—	170.427	170.506	174.092	177.184	174.597	176.692	176.615
200	—	—	—	—	194.098	193.631	198.272	201.215	198.847	200.656	201.145
224	—	—	—	—	218.199	211.234	222.891	219.508	223.537	218.898	226.121
250	—	—	—	—	240.578	240.572	245.752	249.995	246.464	249.300	249.313
280	—	—	—	—	274.147	270.443	280.042	281.036	280.855	280.256	284.101
315	—	—	—	—	302.121	298.181	308.618	309.861	309.513	309.000	313.091
355	—	—	—	—	—	339.788	—	353.097	—	352.116	—
400	—	—	—	—	—	374.460	—	389.127	—	388.046	—
450	—	—	—	—	—	—	—	—	—	—	—

i_N	规 格										
	12	13	14	15	16	17	18	19	20	21	22
5.0	—	4.967	—	4.963	—	4.880	—	—	—	—	—
5.6	—	5.613	—	5.609	5.630	5.514	—	—	—	—	—
6.3	6.226	6.386	6.156	6.340	6.362	6.234	—	—	—	—	—
7.1	7.036	7.138	6.957	7.132	7.192	7.012	7.239	—	—	—	—
8.0	8.005	8.108	7.915	8.101	8.090	7.965	8.143	—	—	—	—
9.0	8.947	8.817	8.847	8.810	9.190	8.662	9.250	—	—	—	—
10	10.164	10.108	10.049	10.099	9.993	9.930	10.059	—	—	—	—
11.2	11.052	10.923	10.928	10.914	11.456	10.731	11.531	—	—	—	—

（续）

i_N	规 格										
	12	13	14	15	16	17	18	19	20	21	22
12.5	12.670	12.482	12.528	12.172	12.380	12.770	12.462	12.062	—	12.256	—
14	13.692	13.721	13.538	13.810	13.832	13.790	14.654	13.709	13.698	13.902	13.719
16	15.888	16.354	15.552	15.215	15.665	16.226	16.014	15.192	15.640	15.436	15.524
18	17.572	17.978	17.007	17.262	17.290	17.522	18.620	17.267	17.252	17.510	17.279
20	19.995	20.276	20.376	19.379	19.581	19.762	20.348	19.607	19.698	19.883	19.552
22.4	22.114	22.226	22.282	21.900	21.982	22.333	22.950	22.158	22.368	22.470	22.203
25	25.103	25.864	25.131	24.916	24.942	25.409	25.936	25.048	25.278	25.400	25.091
28	27.517	28.587	27.548	27.847	28.263	28.398	29.507	28.175	28.576	28.571	28.364
31.5	32.021	32.838	32.057	31.634	31.588	32.259	32.979	32.005	32.143	32.456	31.905
35.5	35.392	35.709	35.432	34.400	35.883	35.080	37.463	34.804	36.513	35.294	36.243
40	40.654	40.936	40.700	39.435	39.021	40.215	40.738	39.899	39.706	40.461	39.411
45	44.209	44.238	44.259	42.617	44.732	43.460	46.702	43.117	45.518	43.725	45.181
50	50.681	50.383	50.737	48.536	48.341	49.496	50.469	49.106	49.190	49.798	48.826
56	54.769	56.639	54.831	54.562	55.055	55.641	57.479	55.203	56.022	55.981	55.607
63	62.376	62.448	62.446	60.158	61.892	61.348	64.616	60.865	62.978	61.722	62.512
71	70.121	71.161	70.200	68.553	68.239	69.909	71.243	69.358	69.438	70.335	68.923
80	77.313	82.118	77.400	78.131	77.761	76.506	81.184	79.977	79.127	77.639	78.541
90	88.101	90.016	88.200	85.645	88.626	83.865	88.846	87.670	91.242	87.739	86.696
100	102.921	104.750	101.780	99.664	97.150	97.593	97.391	102.020	100.017	99.821	97.975
112	114.262	115.777	111.569	110.155	113.052	107.865	113.333	112.759	116.389	111.565	111.467
125	131.287	125.592	129.831	126.535	124.952	123.904	125.263	129.526	128.641	126.733	124.580
140	145.106	144.621	143.498	137.599	143.532	134.769	143.889	140.851	147.769	137.815	141.519
160	157.408	165.791	155.663	157.741	156.082	154.462	156.471	161.470	160.690	157.989	153.894
180	181.258	179.166	179.248	170.467	178.930	166.923	179.375	174.496	184.212	170.735	176.421
200	205.841	204.050	205.487	194.143	193.365	190.107	193.846	198.732	199.073	194.448	190.654
224	224.554	229.386	222.065	218.249	220.222	213.712	220.769	223.408	226.722	218.592	217.133
250	255.742	252.913	252.907	240.634	247.566	235.631	248.182	246.322	254.874	241.012	244.097
280	287.497	288.204	284.310	274.210	272.957	268.510	273.636	280.692	281.015	274.641	269.130
315	316.984	317.612	313.470	302.191	311.045	295.909	311.818	309.334	320.226	302.666	306.683
355	361.214	—	357.210	—	342.784	—	343.636	—	352.902	—	337.977
400	398.073	—	393.660	—	—	—	—	—	—	—	—
450		—	—	—	—	—	—	—	—	—	—

17　圆弧圆柱蜗杆减速器（摘自 JB/T 7935—2015）

此种减速器适用于机械设备的减速传动。最高输入转速不超过 1500r/min。减速器工作环境温度为 −40~40℃，当工作环境低于 0℃时，起动前润滑油应加热到 0℃以上，或采用低凝固点的润滑油，如合成油；当工作环境温度高于 40℃时，应采取冷却措施。减速器输入轴可正、反双向运转。

17.1　形式和标记方法

1）基本参数。减速器的中心距见表 10.2-212。减速器的公称传动比见表 10.2-213。

表 10.2-212　减速器的中心距（mm）

63	80	100	125	140	160	180
200	225	250	280	315	355	400

17.2　装配形式和外形尺寸（见表 10.2-214）

表 10.2-213　减速器的公称传动比

5	6.3	8	10	12.5	16
20	25	31.5	40	50	63

2）减速器的装配形式有 10 种，分别用 I ~ X 表示，见表 10.2-214。

3）标记方法。

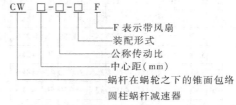

CW □-□-□ F
- F 表示带风扇
- 装配形式
- 公称传动比
- 中心距（mm）
- 蜗杆在蜗轮之下的锥面包络圆柱蜗杆减速器

标记示例：中心距 $a = 200mm$，公称传动比 $i = 25$，第 I 种装配形式，带风扇的圆弧圆柱蜗杆减速器标记为：

CW 200-25-IF　JB/T 7935—2015

表 10.2-214　减速器的装配形式和外形尺寸　　　　　　（mm）

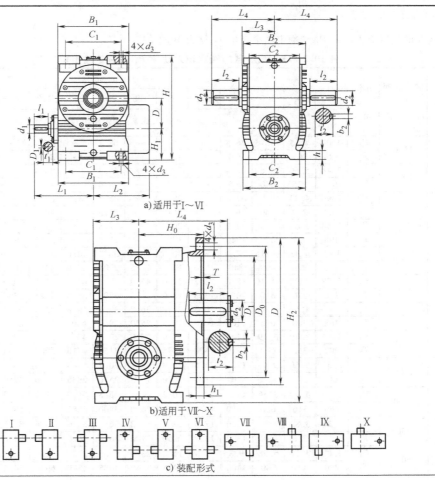

a）适用于 I~VI

b）适用于 VII~X

c）装配形式

（续）

中心距	尺寸																										质量
a	B_1	B_2	C_1	C_2	H_1	H	L_1	L_2	L_3	L_4	h	d_1	b_1	t_1	l_1	d_2	l_2	b_2	t_2	d_3	D	D_0	D_1	T	h_1	H_0	H_2	/kg
63	145	125	105	100	65	225	120	118	62	140	16	19j6	6	21.5	28	32k6	58	10	35	M10	240	210	170H8	5	15	100	248	20
80	170	160	120	130	80	275	142	135	80	150	20	24j6	8	27	36	38k6	58	10	41	M12	275	240	200H8	5	15	125	298	35
100	215	190	170	155	100	340	178	170	95	190	28	28j6	8	31	42	48k6	82	14	51.5	M12	320	285	245H8	5	16	140	360	60
125	260	220	200	180	112	412	215	195	110	205	32	32j6	10	35	58	55k6	82	16	59	M16	400	355	300H8	6	20	160	437	100
140	290	250	220	205	125	455	230	220	130	238	35	38k6	10	41	58	60m6	105	18	64	M16	435	390	340H8	6	22	180	482	130
160	330	270	275	230	140	500	280	243	140	258	38	42k6	12	45	82	65m6	105	18	69	M16	490	445	395H8	6	25	195	545	145
180	360	315	280	265	160	590	295	258	165	275	40	42k6	12	45	82	75m6	105	20	79.5	M20	530	480	425H8	6	28	210	605	190
200	415	330	340	285	180	650	320	295	170	320	45	48k6	14	51.5	82	80m6	130	22	85	M20	580	530	475H8	6	30	230	670	250
225	460	360	380	320	200	724	350	325	195	330	50	48k6	14	51.5	82	90m6	130	25	95	M24	670	615	545H8	6	30	260	755	305
250	510	390	425	325	200	765	380	350	195	375	55	55k6	16	59	82	100m6	165	28	106	M24	705	640	580H8	6	32	270	808	420
280	560	450	450	380	225	857	425	390	225	395	60	60m6	18	64	105	110m6	165	28	116	M30	800	720	635H8	6	35	300	905	540
315	620	470	500	395	250	960	460	430	235	415	65	65m6	18	69	105	120m6	165	32	127	M30	890	810	725H8	8	40	325	1010	720
355	700	560	560	480	280	1068	498	485	280	480	70	70m6	20	74.5	105	130m6	200	32	137	M36	980	890	790H8	8	45	365	1125	920
400	780	600	630	520	300	1183	550	525	298	515	75	75m6	20	79.5	105	150m6	200	36	158	M36	1080	990	890H8	8	50	410	1240	1250

17.3 承载能力

减速器的额定输入功率 P_1 和额定输出转矩 T_2 见表 10.2-215。

表 10.2-215 减速器的额定输入功率 P_1 和额定输出转矩 T_2

公称传动比 i	输入转速 n_1 /r·min^{-1}	功率、转矩代号	中心距 a/mm												
			63	80	100	125	140	160	180	200	225	250	280	315	355	400
			额定输入功率 P_1/kW，额定输出转矩 T_2/N·m													
5	1500	P_1	4.03	7.35	15.75	26.5	—	46.9	—	68.1	—	103.4	—	149.0	—	197.0
		T_2	123	207	450	770	—	1365	—	1995	—	3050	—	4410	—	6300
	1000	P_1	3.44	5.60	12.60	22.4	—	37.4	—	56.4	—	96.4	—	142.5	—	203.3
		T_2	141	235	540	965	—	1630	—	2470	—	4250	—	6300	—	9030
	750	P_1	2.96	4.83	9.88	17.2	—	29.1	—	45.2	—	82.5	—	132.7	—	195.2
		T_2	162	270	560	990	—	1680	—	2625	—	4830	—	7770	—	11550
	500	P_1	2.44	3.88	7.14	12.2	—	20.8	—	32.8	—	59.0	—	109.4	—	177.9
		T_2	198	322	600	1040	—	1785	—	2835	—	5145	—	9600	—	15750
6.3	1500	P_1	3.68	6.33	13.15	22.4	28.9	40.3	50.9	58.2	72.6	88.0	107.6	127.8	158.0	193.6
		T_2	131	230	490	840	1010	1520	1785	2205	2570	3360	3830	4900	5640	7875
	1000	P_1	2.78	4.98	11.10	18.8	26.2	32.6	46.0	52.4	67.3	82.5	100.4	120.1	152.5	181.1
		T_2	146	270	610	1050	1365	1840	2415	2890	3570	4725	5355	6909	8160	11025
	750	P_1	2.40	4.13	8.65	14.9	20.5	26.0	36.2	39.1	59.8	73.3	93.2	112.6	141.5	174.8
		T_2	168	300	630	1100	1420	1945	2520	2940	4200	5565	6615	8610	10070	14175
	500	P_1	1.96	3.40	6.19	11.0	14.3	17.9	25.8	27.9	43.1	52.9	70.7	87.8	118.1	155.5
		T_2	202	362	670	1210	1470	1995	2680	3150	4515	5985	7455	10000	12590	18900
8	1500	P_1	3.37	5.60	9.45	17.9	25.5	29.9	45.7	50.7	64.4	77.5	96.3	119.3	142.8	174.3
		T_2	146	270	455	870	1100	1520	1995	2500	2835	3880	4250	6000	6340	8820
	1000	P_1	2.59	4.49	8.36	14.2	22.8	26.2	41.1	45.8	58.9	71.2	88.7	110.0	133.0	166.1
		T_2	168	316	600	1000	1470	1995	2600	3400	3885	5350	5880	8300	8860	12600
	750	P_1	2.26	3.83	7.38	13.6	17.5	22.4	32.2	36.8	52.9	65.4	81.3	99.9	119.7	156.3
		T_2	193	356	700	1300	1520	2250	2780	3620	4620	6510	7140	10000	10570	15750
	500	P_1	1.89	3.12	5.58	9.8	12.9	16.2	23.0	26.6	37.7	46.9	64.4	84.0	106.8	136.1
		T_2	240	431	780	1400	1620	2415	2940	3885	4880	6930	8400	12500	14000	20475

（续）

公称传动比 i	输入转速 n_1 /r·min^{-1}	功率、转矩代号	中心距 a/mm													
			63	80	100	125	140	160	180	200	225	250	280	315	355	400
			额定输入功率 P_1/kW，额定输出转矩 T_2/N·m													
10	1500	P_1	2.69	4.69	8.43	14.9	18.2	25.7	33.7	44.2	53.3	62.1	77.4	99.3	147.2	153.5
		T_2	152	270	500	890	1100	1575	1940	2730	3400	3990	4980	6200	7850	9660
	1000	P_1	2.07	3.69	7.45	13.4	16.9	23.1	30.1	38.9	46.1	53.7	67.6	92.1	118.0	145.0
		T_2	172	316	660	1200	1520	2100	2570	3570	4400	5140	6500	8600	11000	13650
	750	P_1	1.83	3.14	6.24	11.1	13.6	18.3	24.9	30.3	36.9	48.7	60.8	84.8	105.2	138.6
		T_2	195	356	730	1310	1620	2200	2835	3675	4670	6190	7700	10500	13000	17300
	500	P_1	1.46	2.53	4.56	8.1	9.8	13.5	17.8	21.9	27.7	37.4	47.8	67.8	86.9	124.0
		T_2	240	425	790	1410	1730	2415	2990	3935	5190	7000	9000	12500	16100	23100
12.5	1500	P_1	2.34	4.06	6.81	11.8	15.5	20.3	26.6	34.3	44.7	54.8	75.5	83.9	110.4	136.9
		T_2	158	276	475	840	1050	1470	1890	2570	3200	4040	5460	6400	8450	10500
	1000	P_1	1.83	3.27	5.78	10.4	14.0	18.5	24.4	30.5	40.4	49.6	70.2	77.6	101.5	133.5
		T_2	182	328	600	1100	1400	1995	2570	3410	4300	5460	7560	8700	11580	15220
	750	P_1	1.58	2.80	5.19	9.4	12.5	16.1	22.1	26.2	37.0	46.6	65.3	72.7	95.9	124.2
		T_2	209	374	710	1300	1680	2310	3090	3885	5250	6825	9345	11000	14595	18900
	500	P_1	1.29	2.26	4.08	7.1	9.6	11.7	16.8	18.5	29.1	34.6	47.3	58.2	80.2	106.4
		T_2	256	448	830	1470	1890	2460	3465	4000	6000	7450	9975	13000	18000	24150
16	1500	P_1	1.98	3.47	6.68	11.6	14.3	20.6	24.3	34.9	41.5	49.0	60.1	81.6	99.2	130.4
		T_2	158	287	570	1000	1260	1830	2310	3150	3885	4460	5670	7500	9360	12000
	1000	P_1	1.56	2.73	5.74	10.1	12.9	17.1	20.8	27.1	32.4	44.1	53.7	76.6	91.2	121.2
		T_2	182	333	730	1310	1680	2250	2940	3600	4500	5980	7560	10500	12580	16800
	750	P_1	1.35	2.33	4.61	8.3	10.4	13.6	16.4	21.7	27.9	39.1	47.3	68.9	88.1	111.7
		T_2	209	374	770	1410	1785	2360	3000	3830	5154	7000	8800	12510	16100	20400
	500	P_1	1.11	1.91	3.37	5.9	7.3	9.6	11.9	15.6	19.6	28.5	34.7	50.1	65.0	90.4
		T_2	256	460	830	1470	1830	2460	3300	4095	5350	7560	9550	13520	17600	24600
20	1500	P_1	1.93	3.08	5.0	9.0	11.6	15.9	20.4	26.2	33.5	44.0	54.3	65.5	84.9	103.6
		T_2	188	328	550	1010	1260	1830	2250	3050	3780	5250	6195	7900	9700	12600
	1000	P_1	1.53	2.41	4.30	8.2	9.8	13.7	17.5	23.1	28.4	39.5	49.2	61.3	78.9	95.5
		T_2	219	380	700	1310	1575	2360	2880	4000	4750	7030	8400	11000	13590	17320
	750	P_1	1.32	2.10	3.75	7.3	9.1	12.0	15.5	19.0	25.6	36.6	45.2	54.6	72.8	87.2
		T_2	252	437	810	1575	1940	2730	3360	4400	5670	8600	10185	13000	16600	21000
	500	P_1	1.00	1.69	2.71	5.5	6.8	9.0	11.4	13.8	18.9	26.7	33.2	42.7	57.0	76.6
		T_2	282	518	850	1730	2100	2940	3620	4700	6195	9240	11000	15000	19100	27300
25	1500	P_1	1.38	2.47	3.94	6.9	8.7	12.4	14.9	19.3	23.4	32.3	39.9	54.0	71.1	87.8
		T_2	162	316	500	930	1200	1680	2150	2780	3465	4725	5880	7700	10570	13100
	1000	P_1	1.16	2.04	3.41	5.6	7.1	10.9	12.7	17.3	20.8	28.9	36.8	47.1	63.6	77.8
		T_2	205	391	640	1150	1470	2200	2730	3675	4560	6300	8000	10000	14000	17300
	750	P_1	0.95	1.74	2.82	5.1	6.4	9.9	11.7	15.5	18.8	26.3	33.3	44.6	60.0	72.9
		T_2	220	437	700	1365	1730	2620	3300	4350	5460	7560	9600	12500	17600	21500
	500	P_1	0.69	1.34	1.99	3.7	4.6	7.2	8.5	12.2	14.8	21.1	27.1	37.6	49.1	63.8
		T_2	235	500	730	1470	1830	2780	3500	5040	6300	8925	11500	15500	21100	27800
31.5	1500	P_1	1.21	2.08	4.27	7.6	8.8	12.7	15.2	22.6	25.9	30.2	36.8	52.9	68.9	—
		T_2	168	299	650	1150	1400	2100	2670	3780	4500	5145	6510	9200	12000	—
	1000	P_1	0.95	1.66	3.39	6.0	7.1	9.8	11.7	17.3	19.4	26.9	32.3	48.6	61.9	78.2
		T_2	193	350	770	1365	1680	2360	3045	3885	5040	6825	8500	12500	16100	20470
	750	P_1	0.79	1.41	2.67	4.8	8.2	7.8	9.3	12.5	15.7	22.3	26.6	38.3	51.3	71.4
		T_2	215	391	790	1400	1785	2460	3150	4040	5250	7350	9240	13000	17600	24670
	500	P_1	0.67	1.17	1.98	3.5	5.8	5.6	6.9	9.1	11.5	16.1	19.4	28.1	35.8	51.3
		T_2	262	472	840	1470	1830	2570	3400	4300	5670	7770	9765	14000	18100	26250

（续）

公称传动比 i	输入转速 n_1 /r·min^{-1}	功率、转矩代号	中心距 a/mm													
			63	80	100	125	140	160	180	200	225	250	280	315	355	400
			额定输入功率 P_1/kW，额定输出转矩 T_2/N·m													
40	1500	P_1	1.17	1.88	3.22	5.7	7.3	9.9	12.4	16.7	21.1	28.3	35.0	42.6	58.2	70.9
		T_2	198	345	620	1150	1410	2100	2570	3620	4500	6300	7450	9600	12580	16275
	1000	P_1	0.90	1.47	2.19	4.9	6.2	8.8	10.9	13.9	18.0	24.1	31.4	39.1	51.9	66.3
		T_2	225	397	790	1470	1785	2730	3300	4410	5670	8190	9870	13000	16600	22575
	750	P_1	0.81	1.26	2.35	4.4	5.5	7.0	8.7	11.2	14.8	20.5	25.4	34.0	42.8	60.7
		T_2	262	449	870	1680	2040	2835	3465	4670	6090	8925	10500	15000	18100	27300
	500	P_1	0.64	1.02	1.68	3.2	3.9	5.2	6.5	8.0	11.0	15.2	19.3	25.0	31.6	46.8
		T_2	298	523	920	1785	2150	3045	3720	4880	6600	9450	11550	16000	19600	30975
50	1500	P_1	0.91	1.64	2.55	4.4	5.6	7.6	9.3	12.7	15.2	21.3	26.7	33.7	45.3	56.3
		T_2	183	357	570	1040	1365	1890	2415	3255	4095	5565	7245	9000	12580	15750
	1000	P_1	0.74	1.32	2.18	3.8	4.7	6.7	8.2	11.0	14.0	19.0	23.5	31.3	41.6	52.1
		T_2	220	414	720	1315	1680	2465	3150	4200	5565	7350	9450	12510	17110	21525
	750	P_1	0.60	1.11	1.77	3.4	4.0	6.1	7.3	9.5	11.9	16.9	21.8	28.6	38.1	48.2
		T_2	236	466	760	1520	1890	2885	3675	4670	6195	8610	11550	15000	20640	26250
	500	P_1	0.45	0.84	1.25	2.4	2.9	4.5	5.4	7.1	8.6	13.2	16.6	22.5	30.2	40.0
		T_2	256	523	790	1575	1995	3095	3885	5090	6510	9660	12600	17000	23650	32000
63	1500	P_1	—	1.35	1.85	3.5	4.7	5.9	8.1	10.5	13.8	16.1	23.3	26.3	35.5	47.7
		T_2	—	322	470	935	1260	1730	2360	3150	4095	4830	6400	8200	11000	15220
	1000	P_1	—	0.99	1.44	2.6	3.6	4.4	6.7	8.2	12.1	14.0	21.4	23.9	32.9	44.7
		T_2	—	345	530	1000	1410	1890	2880	3570	5250	6195	8505	11000	15000	21000
	750	P_1	—	0.82	1.21	2.3	3.0	3.9	5.4	7.2	10.1	12.2	16.2	21.4	30.9	39.7
		T_2	—	374	580	1155	1575	2150	3045	4095	5775	7000	9550	13000	18600	24600
	500	P_1	—	0.66	0.95	1.8	2.4	3.0	4.5	5.6	7.6	9.0	12.4	16.6	22.8	30.2
		T_2	—	449	660	1310	1785	2415	3500	4620	6300	7560	10500	14520	20100	27300

减速器输出轴轴端径向许用载荷 F_r 或轴向许用载荷 F_A 应符合表 10.2-216 的规定。

表 10.2-216　轴端径向许用载荷 F_r 或轴向许用载荷 F_A

中心距 a /mm	63	80	100	125	140	160	180
F_r 或 F_A /N	3500	5000	6000	8500	10000	11000	13000
中心距 a /mm	200	225	250	280	315	355	400
F_r 或 F_A /N	18000	20000	21000	27000	31000	35000	38000

注：F_r 是根据外力作用于输出轴轴端的中点确定的，如图 10.2-10 所示。

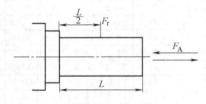

图 10.2-10　确定 F_r 示意图

当外力作用点偏离中点 ΔL 时，其许可的径向载荷应由公式（10.2-17）确定：

$$F'_r = F_r \frac{L}{L \pm 2\Delta L} \qquad (10.2\text{-}17)$$

式中的正、负号分别对应于外力作用点由轴端中点向外侧及内侧偏移的情形。

17.4　选用方法

表 10.2-215 适用于如下工作条件：减速器工作载荷平稳，无冲击，每日工作 8h，每小时起动 10 次，起动转矩不超过额定转矩的 2.5 倍，小时载荷率 $J_c = 100\%$，环境温度为 20℃。当上述条件不能满足时，应依据表 10.2-217～表 10.2-219 进行修正。

由式（10.2-18）～式（10.2-21）进行修正计算，再由计算结果中的较大值从表 10.2-215 选取与承载能力相符或偏大的减速器。

$$P_{1J} = P_{1B} f_1 f_2 \qquad (10.2\text{-}18)$$

$$P_{1R} = P_{1B} f_3 f_4 \qquad (10.2\text{-}19)$$

或

$$T_{2J} = T_{2B} f_1 f_2 \qquad (10.2\text{-}20)$$

$$T_{2R} = T_{2B} f_3 f_4 \qquad (10.2\text{-}21)$$

式中 P_{1J}——减速器计算输入机械功率（kW）；

P_{1R}——减速器计算输入热功率（kW）；

T_{2J}——减速器计算输出机械转矩（N·m）；

T_{2R}——减速器计算输出热转矩（N·m）；

P_{1B}——减速器实际输入功率（kW）；

T_{2B}——减速器实际输出转矩（N·m）；

f_1——工作载荷系数，见表 10.2-217；

f_2——起动频率系数，见表 10.2-218；

f_3——小时载荷率系数，见表 10.2-218；

f_4——环境温度系数，见表 10.2-219。

式（10.2-19）和式（10.2-21）是油温为 100℃ 时热平衡计算，如果采用循环油或水冷却，温升限制在允许范围内，则无须进行热平衡计算。

在初选好减速器的规格后，还应校核减速器的最大尖峰载荷不超过额定承载能力的 2.5 倍，并按表 10.2-216 进行减速器输出轴上作用载荷的校核。

表 10.2-217 工作载荷系数 f_1

日运行时间/h	0.5h 间歇运行	0.5~2	2~10	10~24
均匀载荷（U）	0.8	0.9	1	1.2
中等冲击载荷（M）	0.9	1	1.2	1.4
强冲击载荷（H）	1	1.2	1.4	1.6

注：U、M、H 参见表 10.2-278。

表 10.2-218 起动频率系数 f_2 和小时载荷率系数 f_3

每小时起动次数	≤10	>10~60	>60~240	>240~400
f_2	1	1.1	1.2	1.3
小时载荷率 J_c（%）	100	80	60	40	20
f_3	1	0.94	0.86	0.74	0.56

表 10.2-219 环境温度系数 f_4

环境温度/℃	10~20	>20~30	>30~40	>40~50
f_4	1	1.14	1.33	1.6

例 10.2-12 试为一建筑卷扬机选择 CW 型蜗杆减速器。已知电动机转速 $n_1 = 725$r/min，传动比 $i = 20$，输出轴转矩 $T_{2B} = 2555$N·m，起动转矩 $T_{2max} = 5100$N·m，输出轴端径向载荷 $F_r = 11000$N，工作环境温度 30℃，减速器每日工作 8h，每小时起动次数 15 次，每次运行时间 3min，中等冲击载荷，装配形式为第 I 种。

解：由于给定条件与规定的工作条件不一致，故应进行有关选型计算。

由表 10.2-217 查得 $f_1 = 1.2$，由表 10.2-218 查得

$f_2 = 1.1$，根据 $J_c = 75\% \left(\dfrac{3 \times 15}{60} \times 100\% \right)$ 由表 10.2-218 查得 $f_3 = 0.93$，由表 10.2-219 查得 $f_4 = 1.14$，由式（10.2-20）、式（10.2-21）计算得

$$T_{2J} = T_{2B} f_1 f_2$$
$$= 2555 \times 1.2 \times 1.1 \text{N·m}$$
$$= 3372.6 \text{N·m}$$

$$T_{2R} = T_{2B} f_3 f_4$$
$$= 2555 \times 0.93 \times 1.14 \text{N·m}$$
$$= 2708.8 \text{N·m}$$

按计算结果最大值 3372.6N·m 及 $i = 20$，$n_1 = 725$r/min，由表 10.2-215 初选减速器为 $a = 200$mm，$T_2 = 4400$N·m，大于要求值，符合要求。

对减速器输出轴轴端载荷及最大尖峰载荷进行的校核均满足要求，故最后选定减速器的型号为

$$\text{CW } 200-20-\text{I F}$$

18 轴装式圆弧圆柱蜗杆减速器（摘自 JB/T 6387—2010）

JB/T 6387—2010 规定的单级轴装式圆弧圆柱蜗杆减速器包括 SCWU、SCWS、SCWO 和 SCWF 四个系列，直接套装在工作机主轴上，主要应用于冶金、矿山、起重、运输、化工和建筑等机械设备的减速传动。

减速器蜗杆轴转速不超过 1500r/min。

减速器工作环境温度为 -40~40℃，当工作环境温度低于 0℃ 时，起动前润滑油必须加热到 0℃ 以上。

减速器蜗杆轴可正、反双向运转。

18.1 标记方法

减速器型号：

SCWU——蜗杆在蜗轮之下的轴装式圆弧圆柱蜗杆减速器。

SCWS——蜗杆在蜗轮之侧的轴装式圆弧圆柱蜗杆减速器。

SCWO——蜗杆在蜗轮之上的轴装式圆弧圆柱蜗杆减速器。

SCWF——蜗杆在蜗轮之侧的带输出法兰轴装式圆弧圆柱蜗杆减速器。

S——表示轴装式。

CW——表示蜗杆齿廓为 ZC_1 形。

F——表示带法兰输出。

U、S、O——分别表示蜗杆在蜗轮之下、之侧、之上。

标记方法

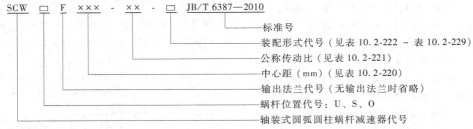

标记示例：

$a = 200\text{mm}$，$i = 10$，第二种装配形式，带风扇，蜗杆在蜗轮之下的轴装式圆弧圆柱蜗杆减速器标记为：

SCWU 200-10-Ⅱ F　JB/T 6387—2010

18.2　装配形式和外形尺寸

（1）基本参数

减速器的中心距见表 10.2-220。

表 10.2-220　减速器的中心距 a

（mm）

中心距 a											
第一系列	63	80	100	125	—	160	—	200	—	250	—	315
第二系列	—	—	—	—	140	—	180	—	225	—	280	—

注：优先选用第一系列。第二系列仅提出形式尺寸，图样根据用户需要另行设计。

减速器的公称传动比 i 见表 10.2-221。

表 10.2-221　减速器的公称传动比 i

i	5	6.3	8	10	12.5	16	20	25	31.5	40	50	63

（2）装配形式和外形尺寸

减速器 SCWU63～SCWU100 的装配形式和外形尺寸见表 10.2-222。

减速器 SCWU125～SCWU315 的装配形式和外形尺寸见表 10.2-223。

减速器 SCWS63～SCWS100 的装配形式和外形尺寸见表 10.2-224。

减速器 SCWS125～SCWS315 的装配形式和外形尺寸见表 10.2-225。

减速器 SCWO63～SCWO100 的装配形式和外形尺寸见表 10.2-226。

减速器 SCWO125～SCWO315 的装配形式和外形尺寸见表 10.2-227。

减速器 SCWF63～SCWF100 的装配形式和外形尺寸见表 10.2-228。

减速器 SCWF125～SCWF315 的装配形式和外形尺寸见表 10.2-229。

表 10.2-222　减速器 SCWU63～SCWU100 的装配形式和外形尺寸

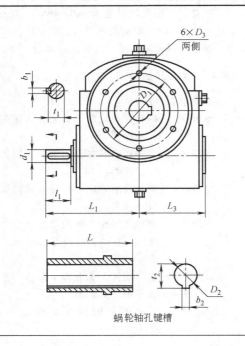

蜗轮轴孔键槽

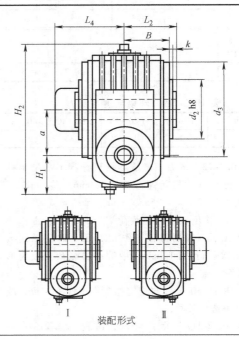

装配形式

（续）

型号 SCWU	a	d₃	i<16					i≥16					D₂	L
			d₁	l₁	b₁	t₁	L₁	d₁	l₁	b₁	t₁	L₁		
63	63	150	19j6	28	6	21.5	128	19j6	28	6	21.5	128	30H7	140
80	80	175	24j6	36	8	27	151	24j6	36	8	27	151	40H7	150
100	100	218	28j6	42	8	31	182	24j6	36	8	27	176	50H7	172

型号 SCWU	b₂	t₂	L₂	L₃	L₄	H₁	H₂	D₁	D₃	B	d₂	k	质量/kg（不包括油）
63	8	33.3	70	97	95	60	220	102	M8×16	63	80	3	17
80	12	43.3	75	110	106	66	267	125	M8×16	69	100	3	24
100	14	53.8	86	130	140	85	325	150	M10×20	80	120	3	42

表 10.2-223　减速器 SCWU125～SCWU315 的装配形式和外形尺寸

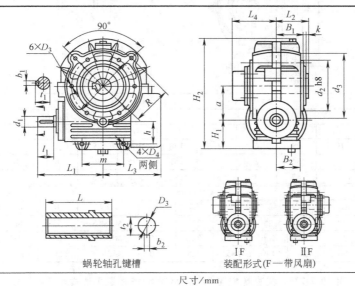

蜗轮轴孔键槽　　　装配形式(F—带风扇)

型号 SCWU	a	d₃	i<16					i≥16					D₂	b₂	t₂	L	L₂
			d₁	l₁	b₁	t₁	L₁	d₁	l₁	b₁	t₁	L₁					
125	125	235	32k6	58	10	35	218	28j6	42	8	31	202	60H7	18	64.4	214	107
140	140	265	35k6	58	10	41	228	28j6	42	8	31	212	65H7	18	69.4	240	120
160	160	300	42k6	82	12	45	277	32k6	58	10	35	253	70H7	20	74.9	250	125
180	180	330	42k6	82	12	45	292	32k6	58	10	35	268	80H7	22	85.4	275	137.5
200	200	365	48k6	82	14	51.5	324	38k6	58	10	41	300	85H7	22	90.4	286	143
225	225	415	48k6	82	14	51.5	342	38k6	58	10	41	318	95H7	25	100.4	320	160
250	250	475	55k6	82	16	59	380	42k6	82	12	45	380	105H7	28	111.4	336	168
280	280	540	60m6	105	18	64	430	48k6	82	14	51.5	407	115H7	32	122.4	360	180
315	315	600	65m6	105	18	69	470	48k6	82	14	51.5	447	125H7	32	132.4	400	200

型号 SCWU	L₃	L₄	H₁	H₂	D₁	D₃	D₄	B₁	B₂	m	R	h	d₂	k	质量/kg（不包括油）
125	202	143	105	380	210	M12×24	13×35	84	84	145	135	80	180	10	80
140	220	152	125	433	235	M12×24	13×35	95	95	160	150	105	200	10	108
160	245	158	125	470	270	M12×24	13×35	95	95	170	170	95	220	10	138
180	260	175	150	530	290	M16×30	17×45	110	110	200	190	125	245	12	183
200	295	185	148	580	320	M16×30	17×45	115	115	250	213	110	245	12	243
225	320	198	170	640	360	M16×30	17×45	130	130	280	235	145	265	12	286
250	360	203	150	682	420	M16×30	17×45	135	135	320	265	125	280	12	350
280	390	227	165	755	450	M20×38	21×55	150	150	380	295	130	350	14	483
315	430	252	195	850	520	M20×38	21×55	170	170	410	340	150	380	15	655

表 10.2-224　减速器 SCWS63~SCWS100 的装配形式和外形尺寸

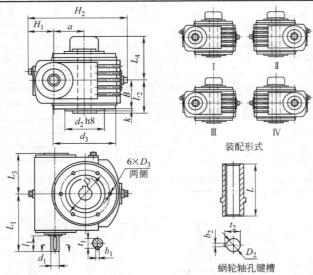

型号			尺寸/mm											
SCWS	a	d_3	$i<16$					$i\geqslant16$					D_2	L
			d_1	l_1	b_1	t_1	L_1	d_1	l_1	b_1	t_1	L_1		
63	63	150	19j6	28	6	21.5	128	19j6	28	6	21.5	128	30H7	140
80	80	175	24j6	36	8	27	151	24j6	36	8	27	151	40H7	150
100	100	218	28j6	42	8	31	182	24j6	36	8	27	176	50H7	172

型号					尺寸/mm							质量/kg
SCWS	b_2	t_2	L_2	L_3	L_4	H_1	H_2	D_1	D_3	B	d_2	k	（不包括油）
63	8	33.3	70	97	95	60	220	102	M8×16	63	80	3	17
80	12	43.3	75	110	106	66	267	125	M8×16	69	100	3	24
100	14	53.8	86	130	140	85	325	150	M10×20	80	120	3	41

表 10.2-225　减速器 SCWS125~SCWS315 的装配形式和外形尺寸

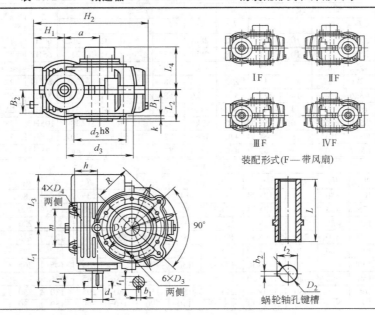

（续）

型号 SCWS	a	d₃	i<16					i≥16					D₂	b₂	t₂	L	L₂
			d_1	l_1	b_1	t_1	L_1	d_1	l_1	b_1	t_1	L_1					
125	125	235	32k6	58	10	35	218	28j6	42	8	31	202	60H7	18	64.4	214	107
140	140	265	38k6	58	10	41	228	28j6	42	8	31	212	65H7	18	69.4	240	120
160	160	300	42k6	82	12	45	277	32k6	58	10	35	253	70H7	20	74.9	250	125
180	180	330	42k6	82	12	45	292	32k6	58	10	35	268	80H7	22	85.4	275	137.5
200	200	365	48k6	82	14	51.5	324	38k6	58	10	41	300	85H7	22	90.4	286	143
225	225	415	48k6	82	14	51.5	342	38k6	58	10	41	318	95H7	25	100.4	320	160
250	250	475	55k6	82	16	59	380	42k6	82	12	45	380	105H7	28	111.4	336	168
280	280	540	60m6	105	18	64	430	48k6	82	14	51.5	407	115H7	32	122.4	360	180
315	315	600	65m6	105	18	69	470	48k6	82	14	51.5	447	125H7	32	132.4	400	200

型号 SCWS	L_3	L_4	H_1	H_2	D_1	D_3	D_4	B_1	B_2	m	R	h	d_2	k	质量/kg （不包括油）
125	202	143	105	380	210	M12×24	13×35	84	84	145	135	80	180	10	80
140	220	152	125	433	235	M12×24	13×35	95	95	160	150	105	200	10	108
160	245	158	125	470	270	M12×24	13×35	95	95	170	170	95	220	10	138
180	260	175	150	530	290	M16×30	17×45	110	110	200	190	125	245	12	183
200	295	185	148	580	320	M16×30	17×45	115	115	250	213	110	245	12	243
225	320	198	170	640	360	M16×30	17×45	130	130	280	235	145	265	12	286
250	360	203	150	682	420	M16×30	17×45	135	135	320	265	125	280	12	350
280	390	227	165	755	450	M20×38	21×55	150	150	380	295	130	350	14	483
315	430	252	195	850	520	M20×38	21×55	170	170	410	340	150	380	15	655

表 10.2-226　减速器 SCWO63～SCWO100 的装配形式和外形尺寸

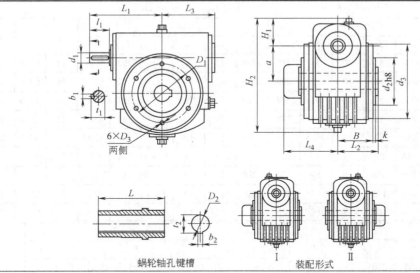

蜗轮轴孔键槽　　　　Ⅰ　装配形式　Ⅱ

型号 SCWO	a	d₃	i<16					i≥16					D₂	L
			d_1	l_1	b_1	t_1	L_1	d_1	l_1	b_1	t_1	L_1		
63	63	150	19j6	28	6	140	128	19j6	28	6	21.5	128	30H7	140
80	80	175	24j6	36	8	220	151	24j6	36	8	27	151	40H7	150
100	100	218	28j6	42	8	260	182	24j6	36	8	27	176	50H7	172

型号 SCWO	b_2	t_2	L_2	L_3	L_4	H_1	H_2	D_1	D_3	B	d_2	k	质量/kg （不包括油）
63	8	33.3	70	97	95	60	220	102	M8×16	63	80	3	17
80	12	43.3	75	110	106	66	267	125	M8×16	69	100	3	24
100	14	53.8	86	130	140	85	325	150	M10×20	80	120	3	41

表 10.2-227　减速器 SCWO125~SCWO315 的装配形式和外形尺寸

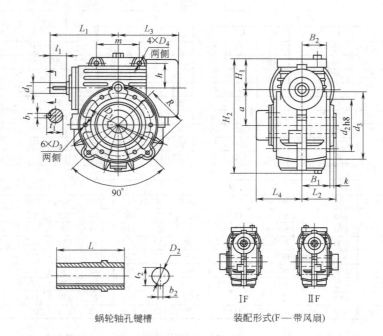

蜗轮轴孔键槽　　　　装配形式(F — 带风扇)

型号 SCWO	尺寸/mm																	
	a	d_3	i<16					i≥16					D_2	b_2	t_2	L	L_2
			d_1	l_1	b_1	t_1	L_1	d_1	l_1	b_1	t_1	L_1					
125	125	235	32k6	58	10	35	218	28j6	42	8	31	202	60H7	18	64.4	214	107
140	140	265	38k6	58	10	41	228	28j6	42	8	31	212	65H7	18	69.4	240	120
160	160	300	42k6	82	12	45	277	32k6	58	10	35	253	70H7	20	74.9	250	125
180	180	330	42k6	82	12	45	292	32k6	58	10	35	268	80H7	22	85.4	275	137.5
200	200	365	48k6	82	14	51.5	324	38k6	58	10	41	300	85H7	22	90.4	286	143
225	225	415	48k6	82	14	51.5	342	38k6	58	10	41	318	95H7	25	100.4	320	160
250	250	475	55k6	82	16	59	380	42k6	82	12	45	380	105H7	28	111.4	336	168
280	280	540	60m6	105	18	64	430	48k6	82	14	51.5	407	115H7	32	122.4	360	180
315	315	600	65m6	105	18	69	470	48k6	82	14	51.5	447	125H7	32	132.4	400	200

型号 SCWO	尺寸/mm													质量/kg （不包括油）
	L_3	L_4	H_1	H_2	D_1	D_3	D_4	B_1	B_2	m	R	h	d_2	k	
125	202	143	105	380	210	M12×24	13×35	84	84	145	135	80	180	10	80
140	220	152	125	433	235	M12×24	13×35	95	95	160	150	105	200	10	108
160	245	158	125	470	270	M12×24	13×35	95	95	170	170	95	220	10	138
180	260	175	150	530	290	M16×30	17×45	110	110	200	190	125	245	12	183
200	295	185	148	580	320	M16×30	17×45	115	115	250	213	110	245	12	243
225	320	198	170	640	360	M16×30	17×45	130	130	280	235	145	265	12	286
250	360	203	150	682	420	M16×30	17×45	135	135	320	265	125	280	12	350
280	390	227	165	755	450	M20×38	21×55	150	150	380	295	130	350	14	483
315	430	252	195	850	520	M20×38	21×55	170	170	410	340	150	380	15	655

表 10.2-228　减速器 SCWF63～SCWF100 的装配形式和外形尺寸

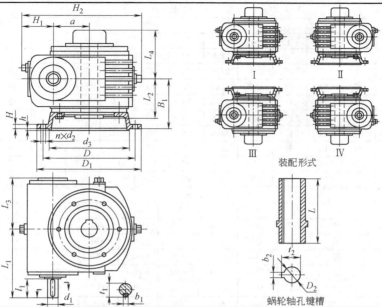

型号			尺寸/mm											质量/kg
SCWF	a	d_3	$i<16$					$i \geqslant 16$					D_2	L	(不包括油)
			d_1	l_1	b_1	t_1	L_1	d_1	l_1	b_1	t_1	L_1			
63	63	180h7	19j6	28	6	21.5	128	19j6	28	6	21.5	128	30H7	140	22
80	80	180h7	24j6	36	8	27	151	24j6	36	8	27	151	40H7	150	30
100	100	230h7	28j6	42	8	31	182	24j6	36	8	27	176	50H7	172	51

型号			尺寸/mm									
SCWF	b_2	t_2	L_2	L_3	L_4	h	H	H_1	H_2	D	D_1	B_1	d_2	n
63	8	33.3	70	97	95	4	15	60	220	215	250	103	13	6
80	12	43.3	75	110	106	4	15	66	267	215	250	114	13	6
100	14	53.8	86	130	140	5	16	85	325	265	300	130	13	6

表 10.2-229　减速器 SCWF125～SCWF315 的装配形式和外形尺寸

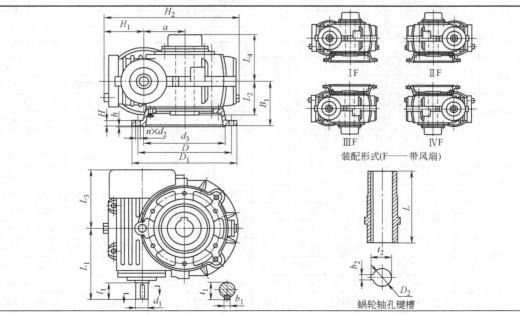

（续）

型号 SCWF	a	i<16					i≥16					D2	b2	t2	L	L2
		d1	l1	b1	t1	L1	d1	l1	b1	t1	L1					
125	125	32k6	58	10	35	218	28j6	42	8	31	202	60H7	18	64.4	214	107
140	140	38k6	58	10	41	228	28j6	42	8	31	212	65H7	18	69.4	240	120
160	160	42k6	82	12	45	277	32k6	58	10	35	253	70H7	20	74.9	250	125
180	180	42k6	82	12	45	292	32k6	58	10	35	268	80H7	22	85.4	275	137.5
200	200	48k6	82	14	51.5	324	38k6	58	10	41	300	85H7	22	90.4	286	143
225	225	48k6	82	14	51.5	342	38k6	58	10	41	318	95H7	25	100.4	320	160
250	250	55k6	82	16	59	380	42k6	82	12	45	380	105H7	28	111.4	336	168
280	280	60m6	105	18	64	430	48k6	82	14	51.5	407	115H7	32	122.4	360	180
315	315	65m6	105	18	69	470	48k6	82	14	51.5	447	125H7	32	132.4	400	200

型号 SCWF	L3	L4	H	H1	H2	D	D1	d3	B1	h	d2	n	质量/kg（不包括油）
125	202	143	18	105	380	300	350	250h7	144	5	18	6	93
140	220	152	22	125	433	400	450	350h7	170	5	18	6	131
160	245	158	22	125	470	400	450	350h7	170	5	18	6	166.5
180	260	175	22	150	530	400	450	350h7	185	5	18	6	212
200	295	185	25	148	580	500	550	450h7	195	5	18	8	282
225	320	198	25	170	640	500	550	450h7	210	5	18	8	326
250	360	203	28	150	682	600	660	550h7	220	5	22	8	395
280	390	227	28	165	755	600	660	550h7	240	5	22	8	547
315	430	252	30	195	850	690	750	620h7	270	6	22	8	746

18.3　承载能力

减速器的额定输入功率 P_1 和额定输出转矩 T_2 见表 10.2-230。减速器的传动总效率 η 见表 10.2-231，蜗杆蜗轮啮合滑动速度 v_s 见表 10.2-232。

表 10.2-230　减速器的额定输入功率 P_1 和额定输出转矩 T_2

公称传动比 i	输入转速 n_1/r·min⁻¹	功率、转矩	中心距 a/mm											
			63	80	100	125	140	160	180	200	225	250	280	315
			型号											
			SCWU、SCWS、SCWO、SCWF											
			额定输入功率 P_1/kW，额定输出转矩 T_2/N·m											
5	1500	P_1	3.500	6.388	10.39	25.22	—	44.680	—	64.90	—	98.44	—	141.9
		T_2	107	180	295	730	—	1300	—	1900	—	2900	—	4200
	1000	P_1	2.978	4.871	8.092	21.28	—	35.59	—	53.68	—	91.75	—	135.7
		T_2	123	205	345	920	—	1550	—	2350	—	4050	—	6000
	750	P_1	2.577	4.211	7.010	16.40	—	27.73	—	43.06	—	78.56	—	126.4
		T_2	141	235	395	940	—	1600	—	2500	—	4600	—	7400
	500	P_1	2.120	3.367	5.436	11.64	—	19.81	—	31.23	—	56.14	—	104.2
		T_2	173	280	455	990	—	1700	—	2700	—	4900	—	9150
6.3	1500	P_1	3.198	5.505	9.258	21.37	27.51	38.40	48.46	55.38	69.18	83.77	102.5	121.7
		T_2	114	200	340	800	960	1450	1700	2100	2450	3200	3650	4670
	1000	P_1	2.422	4.331	7.141	17.96	24.97	31.03	43.85	49.95	54.08	78.53	95.58	114.4
		T_2	127	235	390	1000	1300	1750	2300	2750	3400	4500	5100	6580
	750	P_1	2.090	3.594	6.138	14.22	19.57	24.73	34.50	37.27	56.95	69.81	88.76	107.2
		T_2	146	260	445	1050	1350	1850	2400	2800	4000	5300	6300	8200

（续）

公称传动比 i	输入转速 $n_1/\mathrm{r\cdot min^{-1}}$	功率、转矩	中心距 a/mm											
			63	80	100	125	140	160	180	200	225	250	280	315
			型号											
			SCWU、SCWS、SCWO、SCWF											
			额定输入功率 P_1/kW，额定输出转矩 T_2/N·m											
6.3	500	P_1	1.706	2.955	4.829	10.47	13.65	17.08	24.62	26.64	41.03	50.37	67.32	83.58
		T_2	176	315	520	1150	1400	1900	2550	3000	4300	5700	7100	9540
8	1500	P_1	2.932	4.866	7.628	17.01	24.25	28.44	43.51	48.25	61.38	73.84	91.68	113.6
		T_2	127	235	365	830	1050	1450	1900	2400	2700	3700	4050	5720
	1000	P_1	2.255	3.908	6.144	13.55	21.70	24.95	39.10	43.65	56.13	67.78	84.52	104.8
		T_2	146	275	440	990	1400	1900	2550	3250	3700	5100	5600	7910
	750	P_1	1.962	3.334	5.289	12.93	16.96	21.31	30.67	35.01	50.44	62.32	77.46	95.18
		T_2	168	310	500	1250	1450	2150	2650	3450	4400	6200	6800	9540
	500	P_1	1.647	2.714	4.183	9.322	12.25	15.42	21.93	25.38	35.91	44.70	61.33	79.99
		T_2	209	375	590	1350	1550	2300	2800	3700	4650	6600	8000	11920
10	1500	P_1	2.340	4.056	6.626	14.16	17.30	24.50	32.10	42.10	50.79	59.13	73.68	94.55
		T_2	132	235	390	850	1050	1500	1850	2600	3250	3800	4750	5910
	1000	P_1	1.800	3.205	5.132	12.78	16.05	21.96	28.62	37.06	43.94	51.10	64.39	87.71
		T_2	150	275	450	1150	1450	2000	2450	3400	4200	4900	6200	8200
	750	P_1	1.594	2.729	4.401	10.54	12.95	17.41	23.73	28.83	35.14	46.40	57.94	80.74
		T_2	170	310	510	1250	1550	2100	2700	3500	4450	5900	7400	10010
	500	P_1	1.272	2.203	3.542	7.714	9.355	12.88	16.96	20.87	26.401	35.62	45.57	64.70
		T_2	209	370	610	1350	1650	2300	2850	3750	4950	6700	8600	11920
12.5	1500	P_1	2.036	3.534	5.579	11.27	14.74	19.32	25.36	32.62	42.61	52.23	71.95	79.91
		T_2	137	240	385	800	1000	1400	1800	2450	3050	3850	5200	6100
	1000	P_1	1.594	2.840	4.465	9.919	13.36	17.63	23.21	29.04	38.43	47.23	66.84	73.88
		T_2	159	285	460	1050	1350	1900	2450	3250	4100	5200	7200	8300
	750	P_1	1.370	2.432	3.977	8.946	11.91	15.38	21.05	24.93	35.26	44.42	62.16	69.26
		T_2	182	325	540	1250	1600	2200	2950	3700	5000	6500	8900	10500
	500	P_1	1.126	1.967	3.121	6.794	9.104	11.16	16.00	17.60	27.75	32.91	45.05	55.40
		T_2	223	390	630	1400	1800	2350	3300	3850	5800	7100	9500	12400
16	1500	P_1	1.728	3.019	4.930	11.06	13.63	19.62	23.11	33.22	39.52	46.71	57.25	77.70
		T_2	137	250	415	960	1200	1750	2200	3000	3700	4250	5400	7150
	1000	P_1	1.359	2.375	3.820	9.651	12.26	16.27	19.81	25.78	30.89	41.99	51.16	72.91
		T_2	159	290	480	1250	1600	2150	2800	3450	4300	5700	7200	10020
	750	P_1	1.170	2.023	3.326	7.871	9.877	12.97	15.60	20.64	26.61	37.26	45.01	65.59
		T_2	182	325	550	1350	1700	2250	2900	3650	4900	6700	8400	11920
	500	P_1	0.963	1.664	2.661	5.677	6.930	9.124	11.397	14.868	18.69	27.11	33.09	47.75
		T_2	223	400	650	1400	1750	2350	3150	3900	5100	7200	9100	12880
20	1500	P_1	1.677	2.680	4.210	8.592	11.05	15.12	19.39	24.97	31.94	41.91	51.71	62.42
		T_2	164	285	455	970	1200	1750	2150	2950	3600	5000	5900	7540
	1000	P_1	1.329	2.094	3.368	7.77	9.301	13.05	16.70	21.97	27.088	37.65	46.95	58.25
		T_2	191	330	540	1250	1500	2250	2750	3850	4550	6700	8000	10490
	750	P_1	1.147	1.825	2.957	6.915	8.694	11.45	14.75	18.14	24.38	34.87	43.07	52.03
		T_2	219	380	630	1500	1850	2600	3200	4200	5400	8200	9700	12400
	500	P_1	0.837	1.466	2.278	5.241	6.478	8.613	10.81	13.18	18.06	25.45	31.64	40.69
		T_2	246	450	710	1650	2000	2800	3450	4500	5900	8800	10500	14310
25	1500	P_1	1.205	2.152	3.531	6.526	8.323	11.82	14.19	18.38	22.32	30.80	38.03	51.46
		T_2	141	275	445	890	1150	1600	2050	2650	3300	4500	5600	7340
	1000	P_1	1.012	1.778	2.896	5.332	6.796	10.42	12.09	16.44	19.86	27.53	35.05	44.90
		T_2	178	340	540	1100	1400	2100	2600	3500	4350	6000	7700	9540
	750	P_1	0.824	1.516	2.340	4.877	6.108	9.484	11.129	14.76	17.95	25.08	31.69	42.47
		T_2	191	380	590	1300	1650	2500	3150	4150	5200	7200	9200	11920

（续）

公称传动比 i	输入转速 n_1/r·min⁻¹	功率、转矩	中心距 a/mm											
			63	80	100	125	140	160	180	200	225	250	280	315
			型号											
			SCWU、SCWS、SCWO、SCWF											
			额定输入功率 P_1/kW，额定输出转矩 T_2/N·m											
25	500	P_1	0.600	1.164	1.836	3.575	4.403	6.831	8.050	11.65	14.05	20.11	25.81	35.78
		T_2	205	435	670	1400	1750	2650	3350	4800	6000	8500	11000	14780
31.5	1500	P_1	1.054	1.809	2.901	7.208	8.413	12.14	14.47	21.53	24.69	28.73	35.02	50.41
		T_2	146	260	430	1100	1350	2000	2550	3600	4300	4900	6200	8780
	1000	P_1	0.829	1.445	2.285	5.730	6.738	9.325	11.13	16.47	18.48	25.65	30.75	46.24
		T_2	168	305	510	1300	1600	2250	2900	3700	4800	6500	8100	11920
	750	P_1	0.689	1.223	1.973	4.548	5.473	7.469	8.868	11.95	14.91	21.21	25.35	36.44
		T_2	187	340	570	1350	1700	2350	3000	3850	5000	7000	8800	12400
	500	P_1	0.581	1.021	1.588	3.284	3.879	5.332	6.568	8.700	10.93	15.30	18.47	26.79
		T_2	228	410	670	1400	1750	2450	3250	4100	5400	7400	9300	13350
40	1500	P_1	1.015	1.634	2.559	5.451	6.917	9.506	11.77	15.87	20.10	26.95	33.33	40.55
		T_2	173	300	485	1100	1350	2000	2450	3450	4300	6000	7100	9160
	1000	P_1	0.780	1.277	2.087	4.670	5.889	8.384	10.35	13.24	17.18	22.99	29.94	37.26
		T_2	196	345	590	1400	1700	2600	3150	4200	5400	7800	9400	12400
	750	P_1	0.704	1.095	1.812	4.159	5.222	6.691	8.296	10.709	14.08	19.78	24.15	32.39
		T_2	228	390	670	1600	1950	2700	3300	4450	5800	8500	10000	14310
	500	P_1	0.554	0.884	1.387	3.053	3.770	4.984	6.147	7.662	10.48	14.46	18.34	23.85
		T_2	259	455	730	1700	2050	2900	3550	4650	6300	9000	11000	15260
50	1500	P_1	0.787	1.430	2.182	4.226	5.339	7.295	8.872	12.07	14.44	20.33	25.42	32.07
		T_2	159	310	480	990	1300	1800	2300	3100	3900	5300	6900	8580
	1000	P_1	0.641	1.144	1.787	3.606	4.439	6.441	7.795	10.48	13.36	18.10	22.34	29.83
		T_2	191	360	570	1250	1600	2350	3000	4000	5300	7000	9000	11920
	750	P_1	0.525	0.966	1.511	3.221	3.839	5.829	6.992	9.088	11.38	16.18	20.76	27.24
		T_2	205	405	640	1450	1800	2750	3500	4450	5900	8200	11000	14300
	500	P_1	0.395	0.730	1.117	2.300	2.803	4.326	5.131	6.790	8.235	12.61	15.77	21.44
		T_2	223	455	700	1500	1900	2950	3700	4850	6200	9200	12000	16220
63	1500	P_1	—	1.175	1.782	3.332	4.452	5.650	7.709	9.966	13.17	15.31	20.20	25.06
		T_2	—	280	450	890	1200	1650	2250	3000	3900	4600	6100	7820
	1000	P_1	—	0.865	1.402	2.488	3.394	4.22	6.399	7.787	11.57	13.39	20.37	22.77
		T_2	—	300	510	970	1350	1800	2750	3400	5000	5900	8100	10490
	750	P_1	—	0.709	1.152	2.147	2.889	3.691	5.141	6.825	9.659	11.60	15.45	20.40
		T_2	—	325	550	1100	1500	2050	2900	3900	5500	6700	9100	12400
	500	P_1	—	0.574	0.900	1.701	2.281	2.878	4.251	5.302	7.260	8.564	11.85	15.84
		T_2	—	390	630	1250	1700	2300	3400	4400	6000	7200	10000	13830

表 10.2-231　减速器的传动总效率 η

公称传动比 i	n_1/r·min⁻¹	型号												
		SCWU、SCWS、SCWO、SCWF												
		中心距 a/mm												
		63	80	100	125	140	160	180	200	225	250	280	315
		η（%）												
5	1500	90.5	92.2	92.9	94.7	—	95.2	—	95.8	—	96.4	—	96.8
	1000	90.1	91.8	93.0	94.3	—	95.0	—	95.5	—	96.3	—	96.6
	750	89.6	91.3	92.2	93.8	—	94.4	—	95.0	—	95.8	—	96.3
	500	89.0	90.7	91.3	92.8	—	93.6	—	94.3	—	95.2	—	95.9

（续）

公称传动比 i	n_1 /r·min^{-1}	型　号											
		SCWU、SCWS、SCWO、SCWF 中心距 a/mm											
		63	80	100	125	140	160	180	200	225	250	280	315
		η(%)											
6.3	1500	89.6	91.3	92.3	94.1	94.5	94.9	95.0	95.3	95.9	96.0	96.4	96.5
	1000	88.2	90.9	91.5	93.3	94.0	94.5	94.7	95.1	95.8	96.0	96.3	96.4
	750	87.8	90.9	91.1	92.8	93.4	94.0	94.2	94.4	95.1	95.4	95.8	96.1
	500	87.2	89.3	90.2	92.0	92.6	93.2	93.5	93.9	94.6	94.8	95.2	95.6
8	1500	88.1	90.0	91.1	92.9	93.8	94.2	94.6	94.7	95.3	95.4	95.7	95.9
	1000	87.3	89.3	90.9	92.7	93.2	93.8	94.2	94.5	95.2	95.5	95.7	95.9
	750	87.0	88.5	90.0	92.0	92.6	93.2	93.6	93.8	94.5	94.7	95.1	95.4
	500	85.9	87.7	89.5	91.9	91.4	91.9	92.2	92.5	93.5	93.7	94.2	94.6
10	1500	85.8	88.1	89.5	91.3	92.3	93.1	93.6	93.9	94.2	94.6	94.9	95.1
	1000	84.6	87.0	88.9	91.2	91.6	92.3	92.7	93.0	93.8	94.1	94.5	94.8
	750	82.5	86.7	88.1	90.2	91.0	91.7	92.4	92.3	93.2	93.6	94.0	94.3
	500	83.5	85.1	87.3	88.7	89.4	90.5	91.0	91.1	92.0	92.3	92.6	93.4
12.5	1500	83.2	86.5	87.9	90.4	91.3	92.3	92.9	93.1	93.7	93.9	94.6	94.7
	1000	82.6	85.2	87.5	89.9	90.7	91.5	92.1	92.5	93.1	93.5	94.0	94.3
	750	82.4	85.1	86.5	89.0	90.4	91.1	91.7	92.0	92.8	93.2	93.7	93.9
	500	81.8	84.2	85.7	87.5	88.7	89.4	90.0	90.4	91.2	91.6	92.0	92.5
16	1500	80.1	83.9	85.3	88.0	89.2	90.4	90.6	91.5	91.9	92.2	92.6	93.3
	1000	79.2	82.5	84.9	87.5	88.2	89.3	89.7	90.4	91.1	91.7	92.1	92.8
	750	78.8	81.4	83.8	86.9	87.2	87.9	88.5	89.6	90.4	91.1	91.6	92.1
	500	78.3	81.2	82.6	83.3	85.3	87.0	87.7	88.6	89.3	89.7	90.0	91.1
20	1500	78.7	81.5	82.8	86.5	87.5	88.7	89.3	90.5	90.8	91.4	91.9	92.5
	1000	77.3	80.5	81.9	85.4	86.6	88.1	88.4	89.5	90.2	90.9	91.5	92.0
	750	76.7	79.8	81.6	83.1	85.7	87.0	87.4	88.7	89.2	90.1	90.7	91.3
	500	75.6	78.4	79.6	80.4	82.9	84.5	85.7	87.2	87.7	88.3	89.1	89.8
25	1500	75.1	78.7	80.8	84.0	85.1	86.8	87.3	88.8	89.3	90.9	90.7	91.5
	1000	74.9	78.5	79.7	83.5	84.6	86.1	86.6	87.4	88.2	89.5	90.2	90.8
	750	74.4	77.2	78.8	82.1	83.2	84.5	85.5	86.6	87.5	88.4	89.4	90.0
	500	73.0	76.7	78.0	80.4	81.6	82.9	83.8	84.6	86.0	86.8	87.5	88.3
31.5	1500	70.0	72.8	75.1	79.9	81.3	83.5	83.9	84.7	85.5	86.4	86.9	88.2
	1000	68.6	71.3	75.4	79.2	80.2	81.5	82.7	84.2	85.0	85.6	86.2	87.1
	750	68.7	70.4	73.2	77.7	78.7	79.7	80.5	81.6	82.3	83.6	85.2	86.2
	500	66.1	67.8	71.3	74.4	76.2	77.6	78.5	79.6	80.8	81.7	82.4	84.2
40	1500	68.7	70.3	72.6	77.3	78.6	80.6	81.7	83.3	84.0	85.3	85.8	86.5
	1000	67.3	69.0	72.2	76.1	77.5	79.2	79.7	81.0	82.3	83.5	84.3	85.0
	750	65.1	68.2	70.8	73.7	75.2	77.3	78.1	79.6	80.9	82.3	83.4	84.6
	500	63.0	65.7	67.2	71.1	73.0	74.3	75.6	77.5	78.7	79.5	80.5	81.7
50	1500	64.9	66.8	69.1	73.6	75.0	77.5	78.3	80.7	81.6	81.9	83.6	84.1
	1000	63.8	64.6	66.8	72.6	74.0	76.4	77.5	79.9	79.9	81.0	82.7	83.7
	750	62.7	64.6	66.5	70.7	72.2	74.1	75.6	76.9	78.3	79.6	81.6	82.5
	500	60.5	64.0	65.6	68.3	69.6	71.4	72.6	74.8	75.8	76.4	78.1	79.2

（续）

公称传动比 i	n_1 /r·min⁻¹	型　号											
		SCWU、SCWS、SCWO、SCWF											
		中心距 a/mm											
		63	80	100	125	140	160	180	200	225	250	280	315
		η(%)											
60	1500	—	63.4	66.1	71.1	73.0	75.2	76.4	78.8	80.2	80.0	80.4	83.1
	1000	—	61.5	63.5	69.2	71.8	73.3	75.0	76.2	78.0	78.2	79.3	81.8
	750	—	61.1	62.5	68.2	70.3	71.5	73.7	74.8	77.1	76.9	78.4	80.9
	500	—	60.3	61.1	65.2	67.3	68.6	69.8	72.4	74.6	74.6	74.9	77.5

表 10.2-232　蜗杆蜗轮啮合滑动速度 v_s

公称传动比 i	n_1 /r·min⁻¹	型　号											
		SCWU、SCWS、SCWO、SCWF											
		中心距 a/mm											
		63	80	100	125	140	160	180	200	225	250	280	315
		v_s/m·s⁻¹											
5	1500	3.42	4.45	5.29	6.54	—	8.13	—	10.28	—	12.47	—	15.57
	1000	2.28	2.97	3.53	4.36	—	5.42	—	6.85	—	8.32	—	10.38
	750	1.71	2.22	2.65	3.27	—	4.07	—	5.14	—	6.24	—	7.78
	500	1.14	1.48	1.76	2.18	—	2.71	—	3.43	—	4.16	—	5.19
6.3	1500	3.04	3.99	4.69	5.78	6.08	7.13	7.61	9.04	9.65	10.89	11.45	13.56
	1000	2.03	2.66	3.13	3.85	4.05	4.76	5.07	6.03	6.43	7.26	7.63	9.04
	750	1.52	1.99	2.34	2.89	3.04	3.57	3.81	4.52	4.83	5.44	5.72	6.78
	500	1.01	1.33	1.56	1.93	2.03	2.38	2.54	3.01	3.22	3.63	3.82	4.52
8	1500	2.76	3.43	4.28	4.95	5.83	6.09	7.28	7.42	9.24	9.44	10.89	11.60
	1000	1.84	2.28	2.86	3.30	3.89	4.06	4.85	4.95	6.16	6.30	7.26	7.73
	750	1.38	1.71	2.14	2.47	2.92	3.04	3.64	3.71	4.62	4.72	5.44	5.80
	500	0.92	1.14	1.43	1.65	1.94	2.03	2.43	2.47	3.08	3.15	3.63	3.87
10	1500	2.69	3.43	4.18	4.77	6.35	6.41	8.21	7.45	9.29	9.31	11.72	11.18
	1000	1.79	2.29	2.78	3.18	4.24	4.27	5.47	4.97	6.19	6.21	7.81	7.45
	750	1.34	1.71	2.09	2.38	3.17	3.21	4.10	3.73	4.64	4.66	5.86	5.59
	500	0.89	1.14	1.39	1.59	2.11	2.14	2.74	2.48	3.10	3.10	3.91	3.73
12.5	1500	2.50	3.35	4.19	4.69	5.16	6.43	6.49	7.21	7.45	9.10	9.13	11.11
	1000	1.67	2.24	2.79	3.12	3.44	4.29	4.32	4.80	4.97	6.07	6.08	7.41
	750	1.25	1.68	2.09	2.34	2.58	3.21	3.24	3.60	3.73	4.55	4.56	5.56
	500	0.83	1.12	1.40	1.56	1.72	2.14	2.16	2.40	2.48	3.03	3.04	3.70
16	1500	2.63	3.37	4.09	4.64	6.25	6.86	7.14	7.24	9.10	9.05	11.49	10.82
	1000	1.76	2.24	2.73	3.09	4.17	4.58	4.76	4.83	6.07	6.03	7.66	7.21
	750	1.32	1.68	2.05	2.32	2.12	3.43	3.57	3.62	4.55	4.53	5.75	5.41
	500	0.88	1.12	1.36	1.55	2.08	2.29	2.38	2.41	3.03	3.02	3.83	3.61
20	1500	2.27	2.94	3.52	4.24	4.92	5.26	6.62	7.02	7.90	7.24	8.94	9.43
	1000	1.51	1.96	2.35	2.83	3.28	3.51	4.41	4.68	5.27	4.83	5.96	6.29
	750	1.14	1.47	1.76	2.12	2.46	2.63	3.31	3.51	3.95	3.62	4.47	4.72
	500	0.76	0.98	1.17	1.42	1.64	1.75	2.21	2.34	2.63	2.41	2.98	3.14

（续）

公称传动比 i	n_1 /r·min^{-1}	型　号											
		SCWU、SCWS、SCWO、SCWF											
		中心距 a/mm											
		63	80	100	125	140	160	180	200	225	250	280	315
		v_s/m·s^{-1}											
25	1500	2.22	2.58	3.43	3.67	4.42	5.18	5.47	5.48	6.44	6.55	8.06	9.22
	1000	1.48	1.72	2.29	2.44	2.95	2.46	3.65	3.65	4.30	4.37	5.37	6.15
	750	1.11	1.29	1.71	1.83	2.21	2.59	2.74	2.74	3.28	3.28	4.03	4.61
	500	0.74	0.86	1.14	1.22	1.47	1.73	1.82	1.83	2.15	2.18	2.69	3.07
31.5	1500	2.60	3.33	4.04	5.05	6.19	6.17	7.05	7.11	8.99	8.89	11.36	10.60
	1000	1.74	2.22	2.69	3.37	4.12	4.11	4.70	4.74	5.99	5.93	7.57	7.07
	750	1.30	1.66	2.02	2.52	3.09	3.09	3.53	3.56	4.50	4.44	5.68	5.30
	500	0.87	1.11	1.35	1.68	2.06	2.06	2.35	2.37	3.00	2.96	3.79	3.53
40	1500	2.25	2.92	3.48	4.05	4.86	5.19	5.99	6.33	7.10	7.11	8.80	9.28
	1000	1.50	1.94	2.32	2.70	3.24	3.46	4.00	4.22	4.74	4.74	5.87	6.19
	750	1.12	1.46	1.74	2.02	2.43	2.59	3.16	3.55	3.56	4.40	4.64
	500	0.75	0.97	1.16	1.35	1.62	1.73	2.00	2.11	2.37	2.37	2.93	3.09
50	1500	2.20	2.56	3.15	3.94	4.38	4.73	5.42	5.91	6.37	7.10	7.96	8.29
	1000	1.47	1.71	2.10	2.63	2.92	3.15	3.61	3.94	4.25	4.73	5.31	5.53
	750	1.10	1.28	1.58	1.97	2.19	2.36	2.71	2.96	3.18	3.55	3.98	4.14
	500	0.73	0.85	1.05	1.31	1.46	1.58	1.81	1.97	2.12	2.37	2.65	2.76
60	1500	—	2.15	2.76	3.43	3.78	4.07	4.73	5.05	5.75	6.39	7.40	7.35
	1000	—	1.43	1.84	2.28	2.52	2.71	3.15	3.36	3.84	4.26	4.93	4.90
	750	—	1.07	1.38	1.71	1.89	2.03	2.36	2.52	2.88	3.20	3.70	3.67
	500	—	0.72	0.92	1.14	1.26	1.36	1.58	1.68	1.92	2.13	2.47	2.45

18.4　选用方法

表 10.2-230 中规定的额定输入功率 P_1 和额定输出转矩 T_2 适用于载荷平稳无冲击，每日工作 8h，每小时起动 10 次，起动转矩为额定输出转矩的 2.5 倍，小时载荷率 $J_c = 100\%$，环境温度为 20℃。当上述条件不满足时，需用工作状况系数（见表 10.2-233～表 10.2-237）进行修正；对中心距 $a > 100$mm 减速器的承载能力，还需用装配形式系数（见表 10.2-238）予以修正。

（1）工作状况系数

工作类型和每日运转时间系数 f_1 见表 10.2-233。

起动频率系数 f_2 见表 10.2-234。

小时载荷率系数 f_3 见表 10.2-235。

环境温度系数 f_4 见表 10.2-236。

风扇系数 f_5 见表 10.2-237。

装配形式系数 f_6 见表 10.2-238。

（2）减速器的选用条件

a）原动机类型。

b）额定输入功率 P_1（kW）。

c）输入转速 n_1（r/min）。

d）工作机类型。

e）额定输出转矩 T_2（N·m）。

f）最大输出转矩 T_{2max}（N·m）。

g）传动比 i。

表 10.2-233　工作类型和每日运转时间系数 f_1

原动机	日运转时间	载荷性质及代号		
		均匀载荷 U[②]	中等冲击载荷 M[②]	强冲击载荷 H[②]
		f_1		
电动机汽轮机水力机	偶然性的 h/2[①]	0.8	0.9	1
	间断性的 2h[①]	0.9	1	1.25
	2~10h	1	1.25	1.5
	10~24h	1.25	1.50	1.75
活塞发动机（4 个~6 个液压缸）	偶然性的 h/2[①]	0.9	1.0	1.25
	间断性的 2h[①]	1	1.25	1.5
	2~10h	1.25	1.50	1.75
	10~24h	1.5	1.75	2
活塞发动机（1 个~3 个液压缸）	偶然性的 h/2[①]	1	1.25	1.5
	间断性的 2h[①]	1.25	1.50	1.75
	2~10h	1.5	1.75	2
	10~24h	1.75	2.0	2.25

① 指每日运转时间的总和
② U、M、H 见表 10.2-278。

表 10.2-234　起动频率系数 f_2

每小时起动次数	0~10	>10~60	>60~400
f_2	1	1.1	1.2

表 10.2-235　小时载荷率系数 f_3

小时载荷率 J_c(%)	100	80	60	40	20
f_3	1	0.95	0.88	0.77	0.6

注：$J_c = \dfrac{1\text{h 内载荷作用时间（min）}}{60} \times 100\%$。$J_c < 20\%$ 时，

按 $J_c = 20\%$ 计。

表 10.2-236　环境温度系数 f_4

环境温度/℃	0~10	>10~20	>20~30	>30~40	>40~50
f_4	0.89	1	1.14	1.33	1.6

表 10.2-237　风扇系数 f_5

有风扇冷却				$f_5 = 1$

有风扇冷却	$f_5 = 1$			
无风扇冷却	$n_1/\text{r} \cdot \text{min}^{-1}$			
	1500	1000	750	500
中心距 a/mm	f_5			
63~100	1	1	1	1
>100~225	1.37	1.59	1.59	1.33
>225~315	1.51	1.85	1.89	1.78

表 10.2-238　装配形式系数 f_6

中心距 a/mm	减速器形式	
	SCWU、SCWS、SCWF	SCWO
	f_6	
63~100	1	1
125~225	1.2	1.2
250~315	1.3	1.4

h）装配形式。

i）输入、输出轴转向。

j）载荷性质。

k）每日运转时间（h）。

l）每小时起动次数。

m）小时载荷率 J_c（%）。

n）环境温度（℃）。

（3）减速器的选用方法

如果已知条件符合表 10.2-230 规定的工作条件，可直接从表 10.2-230 中选取所需减速器的规格。

如果已知条件与表 10.2-230 规定的工作条件不符，应按式（10.2-22）~ 式（10.2-25）计算所需的计算输入功率 P_{1J}、P_{1R} 或计算输出转矩 T_{2J}、T_{2R}。

$$P_{1J} = P_1 f_1 f_2 \qquad (10.2\text{-}22)$$
$$R_{1R} = P_1 f_3 f_4 f_5 f_6 \qquad (10.2\text{-}23)$$

或

$$T_{2J} = T_2 f_1 f_2 \qquad (10.2\text{-}24)$$
$$T_{2R} = T_1 f_3 f_4 f_5 f_6 \qquad (10.2\text{-}25)$$

在式（10.2-22）和式（10.2-23）或式（10.2-24）和式（10.2-25）计算结果中选择较大值，再按表 10.2-230 选取与承载能力相符或偏大的减速器。

式（10.2-22）或式（10.2-24）按机械强度计算，式（10.2-23）或式（10.2-25）按热极限强度计算，系统极限油温定为 100℃。如果采用专门的冷却措施（循环油冷却、水冷却等）。油温会限定在允许的范围内，不必用式（10.2-23）或式（10.2-25）进行计算。

减速器的最大许用尖峰载荷为额定承载能力的

2.5 倍。

当 J_c 很小，按计算 P_{1J}、P_{1R} 或 T_{2J}、T_{2R} 选取减速器时，还必须核算实际功率和转矩不应超过表 10.2-230 所列额定承载能力的 2.5 倍。

例 10.2-13　已知：需要一台 SCWU 蜗杆减速器，用于驱动散料带式输送机，要求减速器为第Ⅱ种装配形式，风扇冷却。具体工况条件如下。

a）原动机类型：电动机。

b）输入转速：$n_1 = 1000$ r/min。

c）公称传动比：$i = 40$。

d）输出轴转矩：$T_2 = 870$ N·m。

e）最大输出转矩：$T_{2max} = 1800$ N·m。

f）每日工作时间：16h。

g）每小时起动次数：30 次（载荷始终作用）。

h）每次运转时间：1.6min。

i）环境温度；40℃。

解： 由于已知条件与表 10.2-230 规定的工作条件不符，需先计算 T_{2J} 及 T_{2R}，然后再从表 10.2-230 中选择所需减速器的规格。

工作机为散料带式输送机，由表 10.2-278 查得载荷性质代号为 U。

原动机为电动机，每日工作 16h，由表 10.2-233 查得 $f_1 = 1.25$。

每小时起动 30 次，由表 10.2-234 查得 $f_2 = 1.1$。

小时载荷率 $J_c = \dfrac{1.6 \times 30}{60} \times 100\% = 80\%$，由表 10.2-235 查得 $f_3 = 0.95$。

环境温度 40℃，由表 10.2-236 查得 $f_4 = 1.33$。

为初定系数 f_5 和 f_6，需估算所需减速器的中心距。根据 $i = 40$，$n = 1000$ r/min，$T_2 > 870$ N·m，由表 10.2-230 查得最接近的输出转矩值 $T_2 = 1400$ N·m，其对应的减速器中心距 $a = 125$mm。

风扇冷却，由表 10.2-237 查得 $f_5 = 1$。

由表 10.2-238 查得 $f_6 = 1.2$。

分别按机械强度和热极限强度计算所需转矩：

$$T_{2J} = T_2 f_1 f_2 = 870 \times 1.25 \times 1.1 \text{ N·m} \approx 1196 \text{ N·m}$$
$$T_{2R} = T_2 f_3 f_4 f_5 f_6 = 870 \times 0.95 \times 1.33 \times 1 \times 1.2 \text{ N·m} \approx 1319 \text{ N·m}$$

热极限强度要求大于机械强度要求，故应按 $T_{2R} = 1319$ N·m 进行选择。

由表 10.2-230 查得最接近的减速器为：$a = 125$mm，$T_2 = 1400$ N·m，略大于要求值，符合要求。因为所选择减速器中心距与初定的中心距相同，因此不必复核系数 f_5 和 f_6。

校核许用尖峰载荷 T_{2max}：

$$T_{2max} = 1400 \times 2.5 \text{ N·m} = 3500 \text{ N·m}$$

计算值大于实际值 1800 N·m，满足要求。

因此选择的减速器为

SCWU 125-40-Ⅱ F　　JB/T 6387—2010

18.5　润滑

蜗杆蜗轮啮合一般采用浸油润滑。浸油深度应符合表 10.2-239 的规定。当啮合滑动速度 v_s > 10m/s 时，应采用喷油润滑，v_s 值见表 10.2-240。

表 10.2-239　浸油深度

中心距 a /mm	≤100	>100~250	>250~315	
型号	SCWU、SCWS、SCWO、SCWF	SCWU、SCWS、SCWF	SCWO	
浸油深度	蜗杆副全部浸入油中	与蜗杆轴线重合	蜗轮外径的 1/3	

润滑油应采用 L-CKE/P、L-CKE（SH/T 0094）蜗轮蜗杆润滑油，其黏度根据滑动速度大小按表 10.2-240 选取。当减速器工作环境温度低于 0℃ 时，应选用低凝固点的润滑油。

表 10.2-240　润滑油黏度

滑动速度 v_s /m·s^{-1}	≤2.2	>2.2~5	>5~12	>12
润滑油黏度（40℃）10^{-6}m^2·s^{-1}	612~748	414~506	288~352	198~242

对喷油润滑，润滑油黏度（40℃）为（198~242）×10^{-6}m^2/s，注油压力为 0.15~0.25MPa，每分钟注油量应符合表 10.2-241 的规定。

表 10.2-241　每分钟注油量

中心距 a /mm	100	125	140	160	180	200	225	250	280	315
注油量/（L/min）	2	3	3	4	4	6	6	10	10	15

滚动轴承一般采用飞溅润滑，对于蜗杆轴低速运转或由于结构原因不能采用飞溅润滑的轴承，应采用锂基润滑脂润滑。

19　立式圆弧圆柱蜗杆减速器（摘自 JB/T 7848—2010[⊖]）

此种减速器主要适用于化工、制药、建筑、食品和轻工等行业。其工作环境温度为 -40~40℃，

当工作环境温度低于 -10℃ 时，起动前润滑油必须加热到 0℃ 以上，或采用低凝固点的润滑油。

19.1　型号和标记方法

（1）型号

本减速器型号用字母 LCW 表示，其中 L 表示减速器的结构型式为立式，C 表示蜗杆齿廓为 ZC1 形，W 表示蜗杆减速器。

（2）标记方法

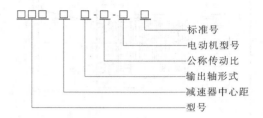

标记示例：

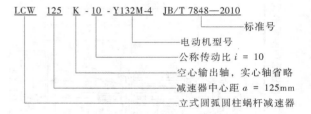

19.2　装配形式和外形尺寸

减速器的装配形式和外形尺寸见表 10.2-242。

19.3　承载能力

（1）基本参数

减速器的中心距应符合表 10.2-243 的规定。

减速器的公称传动比应符合表 10.2-244 的规定。

（2）承载能力

减速器所配用的电动机型号、功率 P_1、V 带型号及输出转矩 T_2 应符合表 10.2-245 的规定。

减速器输出轴轴端许用载荷及确定方法应符合 JB/T 7935—1999 中的规定，见表 10.2-216。

⊖ JB/T 7848—2010 中引用的标准部分已经更新，用户在引用本标准时应予以注意。

表 10.2-242 减速器的装配形式和外形尺寸

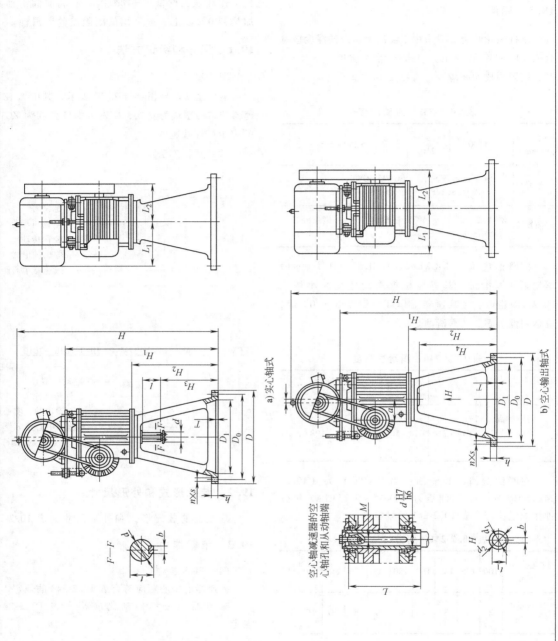

a) 实心轴式

b) 空心输出轴式

空心轴减速器的空心轴孔和从动轴端

（续）

型号	a	尺寸/mm																							电动机功率/kW	质量/kg
		D	D_0	D_1	T	h	d_1(H7)	d	d_2	l	b	t	t_1	e	H	H_1	H_2	H_3	H_4	L_1	L	M	L_2	$n×s$		
LCW80	80	305	270	235	6	24	40	40k6	55	82	12	43	43.3	10	914~989	744	445	340	422	130~225	220	M16	156	8×φ14.5	0.75~1.5	98~118
		350	300	250																					1.5~2.2	
		395	360	315																					3	
LCW100	100	350	300	250	6	26	45	45k6	65	82	14	48.5	48.8	10	975~1100	785	450	345	427	145~255	250	M16	186	8×φ14.5	1.5~2.2	145~185
		495	455	400																					4~5.5	
		455	400	355																					3	
LCW125	125	455	400	355	6	26	60	60m6	85	105	18	64	64.4	15	1140~1280	895	505	370	475	200~330	280	M20	225	8×φ18.5	4~5.5	215~298
		495	455	400																					5.5~11	
		560	510	450																						
LCW160	160	560	510	450	6	30	70	70m6	95	105	20	74.5	74.9	20	1350~1465	1035	535	390	495	242~405	380	M20	285	8×φ24	5.5~11	345~465
		600	560	490																					11~15	
		650	600	550																					22	
LCW180	180	560	510	450	6	30	85	85m6	115	130	22	90	90.4	20	1459~1619	1144	585	415	545	257~455	440	M20	310	12×φ24	7.5~11	385~575
		600	560	490																					18.5	
		650	600	550																					22	
LCW200	200	560	510	450	6	30	90	90m6	120	130	25	95	95.4	20	1535~1750	1200	605	435	565	292~463	480	M24	330	12×φ24	7.5~15	480~685
		650	600	550																					22~37	
LCW225	225	600	560	490	6	30	100	100m6	130	165	28	106	106.4	25	1726~1871	1341	665	455	620	317~445	550	M24	355	12×φ24	11~15	620~815
		650	600	550																					22~45	
LCW250	250	600	560	490	6	30	110	110m6	145	165	28	116	116.4	25	1785~1975	1390	680	470	635	357~492	580	M24	390	12×φ24	11~18.5	730~1040
		650	600	550																					22~45	
		700	650	600																					55	

注：1. 减速器支架的型式与尺寸也可根据用户要求另行确定。
2. 表中与电动机相关的尺寸是按 Y 系列电动机确定的，也可根据用户要求配用其他类型的电动机。

表 10.2-243　减速器的中心距

中心距 a/mm	80	100	125	160	180	200	225	250

表 10.2-244　减速器的公称传动比

传动比 i	8	10	12.5	16	20	25	31.5	40	50	63

表 10.2-245　电动机型号、功率 P_1、V 带型号及输出转矩 T_2

规格型号	公称传动比 i	电动机功率 P_1/kW	电动机型号	蜗杆副齿数比	从/主动带轮直径/mm	V 带型号	V 带根数	输出转速 n_2 /r·min⁻¹	输出转矩 T_2 /N·m
LCW80	8	4.0	Y112M-4	33/4	90/90			182	180
	10	3.0	Y100L2-4		115/90			142	173
	12.5				115/72			114	215
	16	2.2	Y100L1-4	31/2	90/90			97	165
	20				115/90			75	213
	25	1.5	Y90L-4		115/72			61	179
	31.5			31/1	90/90			48	200
	40	1.1	Y90S-4		115/90			38	185
	50				115/72			30	234
	63	0.75	Y802-4		140/72	SPZ	3	25	191
LCW100	8	5.5	Y132S-4	33/4	112/112			182	240
	10				140/112			145	362
	12.5	4.0	Y112M-4		140/90			117	271
	16			31/2	90/90			97	320
	20	2.2	Y100L1-4		115/90			76	224
	25				115/72			60	284
	31.5			31/1	90/90			48	315
	40	1.5	Y90L-4		115/90			38	271
	50				115/72			30	343
	63				140/72			25	412
LCW125	8	11	Y160M-4	33/4	160/160			182	495
	10				200/160			145	619
	12.5	7.5	Y132M-4		200/125			114	537
	16			31/2	125/125			97	605
	20	5.5	Y132S-4		160/125			73	803
	25				160/98			59	729
	31.5	4.0	Y112M-4		125/125			50	790
	40			30/1	125/98	SPA		39	736
	50	3.0	Y100L2-4		160/98			30	718
	63				200/98			25	861
LCW160	8	22	Y180L-4	34/4	250/250			176	1060
	10				250/200			135	1380
	12.5	18.5	Y180M-4		312/200			113	1386
	16	15	Y160L-4	31/2	200/200			97	1270
	20	11	Y160M-4		200/160			77	1173
	25				250/160			61	1481
	31.5			31/1	160/160			48	1735
	40	7.5	Y132M-4		200/160	SPB		38	1489
	50	5.5	Y132S-4		250/160			30	1383
	63				312/160			25	1659
LCW180	8	30	Y200L-4	29/4	250/250			207	1200
	10				312/250			166	1496

（续）

规格型号	公称传动比 i	电动机功率 P₁/kW	电动机型号	蜗杆副齿数比	从/主动带轮直径/mm	V带 型号	V带 根数	输出转速 n₂ /r·min⁻¹	输出转矩 T₂ /N·m
	12.5			29/4	312/200			132	1160
	16	18.5	Y180M-4		200/200			91	1654
	20			33/2	250/200			70	2145
	25				250/160			58	1539
LCW180	31.5	11	Y160M-4		160/160	SPB		45	1840
	40			33/1	200/160			36	2299
	50	7.5	Y132M-4		250/160			29	1946
	63				312/160			23	2453
	8	45	Y225M-4	33/4	280/280			182	2140
	10	37	Y225S-4		320/250			140	2271
	12.5	30	Y200L-4		400/250			113	2282
	16			31/2	250/250			97	2600
	20	22	Y180L-4		250/250			77	2401
LCW200	25				320/200		3	60	2101
	31.5	15	Y160L-4		200/200			48	2390
	40			31/1	250/200			39	2938
	50	11	Y160M-4		320/200			30	2801
	63	7.5	Y132M-4		400/200			24	2387
	8	45	Y225M-4	29/4	280/280			207	1830
	10				400/280			145	2608
	12.5	37	Y225S-4		420/250			129	2410
	16	30	Y200L-4	32/2	250/250			94	2610
	20				320/250			73	3359
LCW225	25	22	Y180L-4		320/200	15N		58	3133
	31.5	15	Y160L-4	32/1	200/200			47	2470
	40				250/200			38	3053
	50	11	Y160M-4	32/1	320/200			29	2934
	63				400/200			23	3699
	8	55	Y250M-4	33/4	280/280		4	182	2510
	10				350/280			145	3148
	12.5	45	Y225M-4		420/280			121	3086
	16				280/280			97	4140
	20	37	Y225S-4	31/2	320/250			76	4184
LCW250	25	30	Y200L-4		400/250		3	60	4200
	31.5				200/200			48	3595
	40	22	Y180L-4		250/200			39	4417
	50	18.5	Y180M-4	31/1	320/200			30	4829
	63	11	Y160M-4		400/200			24	3589

20　直廓环面蜗杆减速器（摘自 JB/T 7936—2010）

直廓环面蜗杆减速器适用于冶金、矿山、起重、运输、石油、化工和建筑等机械设备。其工作条件如下：

1）蜗杆与蜗轮轴交角 90°。

2）转速不超过 1500r/min。

3）蜗杆中间平面分度圆滑动速度不超过 16m/s。

4）蜗杆轴可正、反向运转。

5）减速器工作的环境温度为 -40~40℃。当工作环境温度低于 0℃时，起动前润滑油必须加热到 0℃以上或采用低凝固点的润滑油；当高于 40℃时，必须采取冷却措施。

20.1　型号、标记方法和基本参数

（1）型号

1）蜗杆在蜗轮之上。

HWT 型——铸造机体和机盖。

HWWT 型——焊接机体和机盖。

2）蜗杆在蜗轮之下。

HWB 型——铸造机体和机盖。

HWWB 型——焊接机体和机盖。

（2）标记方法

HW □ □ □-□-□

装配形式代号
公称传动比（见表 10.2-247）
中心距（见表 10.2-246）
蜗杆位置，T 为上置，B 为下置
机体和机盖，W 为焊接结构，未注为铸造结构
直廓环面蜗杆减速器

标记示例：

示例 1　中心距 250mm，公称传动比 20，第一种装配形式，蜗杆上置，铸造结构的机体和机盖直廓环面蜗杆减速器标记为：

减速器 HWT 250-20-1 JB/T 7936—2010

示例 2　中心距 250mm，公称传动比 20，第一种装配形式，蜗杆下置，焊接结构的机体和机盖直廓环面蜗杆减速器标记为：

减速器 HWWB 250-20-1 JB/T 7936—2010

（3）基本参数（见表 10.2-246～表 10.2-248）

表 10.2-246　中心距 a　（mm）

第一系列	100	125	160	200	250	—	315	—	400	—	500
第二系列	—	—	—	—	—	280	—	355	—	450	—

注：应优先选用第一系列。

表 10.2-247　公称传动比 i

第一系列	10	12.5	—	16	—	20	—	25
第二系列	—	—	14	—	18	—	22.4	—
第一系列	—	31.5	—	40	—	50	—	63
第二系列	28	—	35.5	—	45	—	56	—

注：应优先选用第一系列。

表 10.2-248　分度圆直径 d_1、成形圆直径 d_b 及蜗轮齿宽 b_2　（mm）

a	100	125	160	200	250	280	315	355	400	450	500
d_1	40	50	56	71	90	100	112	125	140	160	180
d_b	63	80	100	125	160	180	200	224	250	280	315
b_2	25	31.5	40	50	63	71	80	90	100	112	125

20.2　装配形式和外形尺寸

蜗杆在蜗轮之上与蜗杆在蜗轮之下各有三种装配形式，如图 10.2-11 所示。

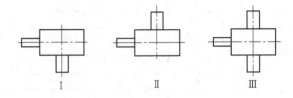

图 10.2-11　三种装配形式

HWT 型减速器的主要尺寸见表 10.2-249，HWWT 型减速器的主要尺寸见表 10.2-250。

表 10.2-249　HWT 型减速器的主要尺寸　　　　　　　　（mm）

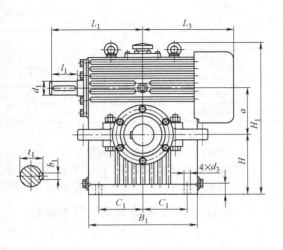

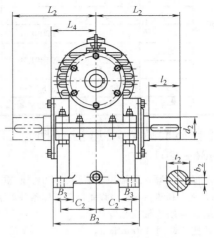

（续）

型号	a	B_1	B_2	B_3	C_1	C_2	H	d_1	l_1	b_1	t_1	L_1
HWT100	100	250	220	50	100	90	140	28js6	60	8	31	220
HWT125	125	280	260	60	115	105	160	35k6	80	10	38	260
HWT160	160	380	310	70	155	130	200	45k6	110	14	48.5	340
HWT200	200	450	360	80	185	150	250	55m6	110	16	59	380
HWT250	250	540	430	100	225	180	280	65m6	140	18	69	460
HWT280	280	640	500	110	270	210	315	75m6	140	20	79.5	530
HWT315	315	700	530	120	280	225	355	80m6	170	22	85	590
HWT355	355	750	560	130	300	245	400	85m6	170	22	90	610
HWT400	400	840	620	160	315	260	450	95m6	170	25	100	660
HWT450	450	930	700	190	355	300	500	100m6	210	28	106	740
HWT500	500	1020	760	200	400	320	560	110m6	210	28	116	790

型号	d_2	l_2	b_2	t_2	L_2	L_3	L_4	H_1	h	d_3	油量/L	质量/kg
HWT100	50k6	82	14	53.5	220	220	120	374	25	16	7	69
HWT125	60m6	82	18	64	240	260	142	430	30	20	9	129
HWT160	75m6	105	20	79.5	310	320	177	530	35	24	18	175
HWT200	90m6	130	25	95	350	380	192	640	40	24	38	290
HWT250	110m6	165	28	116	430	440	230	765	45	28	55	490
HWT280	120m6	165	32	127	470	530	255	855	50	35	71	750
HWT315	130m6	200	32	137	500	555	260	930	55	35	95	1030
HWT355	140m6	200	36	148	530	590	300	1040	60	35	126	1640
HWT400	150m6	200	36	158	560	655	310	1225	70	42	170	2170
HWT450	170m6	240	40	179	640	705	360	1345	75	42	220	2690
HWT500	180m6	240	45	190	670	775	390	1490	80	42	275	3410

表 10.2-250　HWWT 型减速器的主要尺寸　　　　　　　　　　　　（mm）

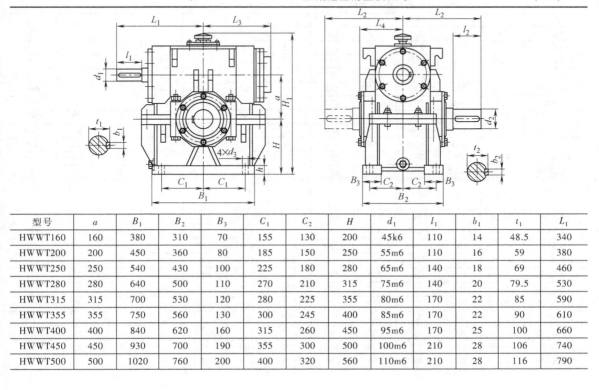

型号	a	B_1	B_2	B_3	C_1	C_2	H	d_1	l_1	b_1	t_1	L_1
HWWT160	160	380	310	70	155	130	200	45k6	110	14	48.5	340
HWWT200	200	450	360	80	185	150	250	55m6	110	16	59	380
HWWT250	250	540	430	100	225	180	280	65m6	140	18	69	460
HWWT280	280	640	500	110	270	210	315	75m6	140	20	79.5	530
HWWT315	315	700	530	120	280	225	355	80m6	170	22	85	590
HWWT355	355	750	560	130	300	245	400	85m6	170	22	90	610
HWWT400	400	840	620	160	315	260	450	95m6	170	25	100	660
HWWT450	450	930	700	190	355	300	500	100m6	210	28	106	740
HWWT500	500	1020	760	200	400	320	560	110m6	210	28	116	790

（续）

型号	d_2	l_2	b_2	t_2	L_2	L_3	L_4	H_1	h	d_3	油量 /L	质量 /kg
HWWT160	75m6	105	20	79.5	310	250	177	530	35	24	18	178
HWWT200	90m6	130	25	95	350	300	192	640	40	24	38	276
HWWT250	110m6	165	28	116	430	340	230	765	45	28	55	528
HWWT280	120m6	165	32	127	470	400	255	855	50	35	71	710
HWWT315	130m6	200	32	137	500	430	260	930	55	35	95	898
HWWT355	140m6	200	36	148	530	460	300	1040	60	35	126	1420
HWWT400	150m6	200	36	158	560	510	310	1225	70	42	170	1880
HWWT450	170m6	240	40	179	640	550	360	1345	75	42	220	2280
HWWT500	180m6	240	45	190	670	600	390	1490	80	42	275	2950

　　HWB 型减速器的主要尺寸见表 10.2-251。　　　　HWWB 型减速器的主要尺寸见表 10.2-252。

表 10.2-251　HWB 型减速器的主要尺寸　　　　　　　　（mm）

型号	a	B_1	B_2	B_3	C_1	C_2	H	d_1	l_1	b_1	t_1	L_1
HWB100	100	250	220	50	100	90	100	28js6	60	8	31	220
HWB125	125	280	260	60	115	105	125	35k6	80	10	38	260
HWB160	160	380	310	70	155	130	160	45k6	110	14	48.5	340
HWB200	200	450	360	80	185	150	180	55m6	110	16	59	380
HWB250	250	540	430	90	225	180	200	65m6	140	18	69	460
HWB280	280	640	500	110	270	210	225	75m6	140	20	79.5	530
HWB315	315	700	530	120	280	225	250	80m6	170	22	85	590
HWB355	355	750	560	130	300	245	280	85m6	170	22	90	610
HWB400	400	840	620	140	315	260	315	95m6	170	25	100	660
HWB450	450	930	700	150	355	300	355	100m6	210	28	106	740
HWB500	500	1020	760	170	400	320	400	110m6	210	28	116	790

型号	d_2	l_2	b_2	t_2	L_2	L_3	L_4	H_1	h	d_3	油量 /L	质量 /kg
HWB100	50k6	82	14	53.5	220	220	120	373	25	16	3	70
HWB125	60m6	82	18	64	240	260	142	445	30	20	4	132
HWB160	75m6	105	20	79.5	310	320	177	560	35	24	8	170
HWB200	90m6	130	25	95	350	380	192	655	40	24	13	280
HWB250	110m6	165	28	116	430	440	230	800	45	28	21	472
HWB280	120m6	165	32	127	470	530	255	910	50	35	27	725
HWB315	130m6	200	32	137	500	555	260	963	55	35	35	1030
HWB355	140m6	200	36	148	530	590	300	1082	60	35	48	1590
HWB400	150m6	200	36	158	560	655	310	1230	70	42	60	2140
HWB450	170m6	240	40	179	640	705	360	1375	75	42	85	2510
HWB500	180m6	240	45	190	670	775	390	1510	80	42	110	3370

表 10.2-252　HWWB 型减速器的主要尺寸　　　　　　　　　　　（mm）

型号	a	B_1	B_2	B_3	C_1	C_2	H	d_1	l_1	b_1	t_1	L_1
HWWB160	160	380	310	70	155	130	160	45k6	110	14	48.5	340
HWWB200	200	450	360	80	185	150	180	55m6	110	16	59	380
HWWB250	250	540	430	90	225	180	200	65m6	140	18	69	460
HWWB280	280	640	500	110	270	210	225	75m6	140	20	79.5	530
HWWB315	315	700	530	120	280	225	250	80m6	170	22	85	590
HWWB355	355	750	560	130	300	245	280	85m6	170	22	90	610
HWWB400	400	840	620	140	315	260	315	95m6	170	25	100	660
HWWB450	450	930	700	150	355	300	355	100m6	210	28	106	740
HWWB500	500	1020	760	170	400	320	400	110m6	210	28	116	790

型号	d_2	l_2	b_2	t_2	L_2	L_3	L_4	H_1	h	d_3	油量 /L	质量 /kg
HWWB160	75m6	105	20	79.5	310	250	177	560	35	24	8	176
HWWB200	90m6	130	25	95	350	300	192	655	40	24	13	276
HWWB250	110m6	165	28	116	430	340	230	800	45	28	21	300
HWWB280	120m6	165	32	127	470	400	255	910	50	35	27	730
HWWB315	130m6	200	32	137	500	430	260	963	55	35	35	920
HWWB355	140m6	200	36	148	530	460	300	1082	60	35	48	1380
HWWB400	150m6	200	36	158	560	510	310	1230	70	42	60	1860
HWWB450	170m6	240	40	179	640	550	360	1375	75	42	85	2170
HWWB500	180m6	240	45	190	670	600	390	1510	80	42	110	2910

20.3　承载能力

（1）减速器的额定输入功率 P_1 和额定输出转矩 T_2（见表 10.2-253）

（2）减速器的许用输入热功率 P_h

1）HWT、HWB 型减速器的许用输入热功率 P_{p1} 见表 10.2-254。

表 10.2-253　减速器的额定输入功率 P_1 和额定输出转矩 T_2

公称传动比 i	输入转速 n/ r·min⁻¹	功率转矩	中心距 a/mm										
			100	125	160	200	250	280	315	355	400	450	500
			额定输入功率 P_1/kW　　　额定输出转矩 T_2/N·m										
10	1500	P_1	11.5	20.8	35.4	65.5	111.0	145.0	190.0	248.0	329.0	431.0	526.0
		T_2	665	1220	2100	3840	6660	8670	11380	14900	19720	26450	32260
	1000	P_1	9.2	16.8	28.9	53.7	92.3	122.0	161.0	213.0	283.0	369.0	464.0
		T_2	790	1460	2530	4660	8190	10800	14290	18910	25080	33470	42080
	750	P_1	8.0	14.8	25.6	47.8	82.9	110.0	147.0	196.0	260.0	338.0	433.0
		T_2	910	1700	2960	5490	9740	12910	17300	23030	30500	40590	51990
	500	P_1	6.1	11.6	20.5	38.7	68.1	90.7	122.0	163.0	217.0	284.0	367.0
		T_2	1040	1970	3520	6600	11870	15800	21260	28390	37740	50550	65350
	300	P_1	4.2	8.1	14.6	28.1	50.8	68.5	93.3	126.0	169.0	223.0	289.0
		T_2	1170	2250	4140	7890	14570	19670	26770	36160	48470	65360	84880

（续）

公称传动比 i	输入转速 $n/$ r·min⁻¹	功率转矩	中心距 a/mm										
			100	125	160	200	250	280	315	355	400	450	500
			额定输入功率 P_1/kW　　　额定输出转矩 T_2/N·m										
12.5	1500	P_1	10.6	19.4	33.0	58.3	99.4	130.0	171.0	223.0	293.0	384.0	475.0
		T_2	725	1330	2290	4050	7060	9210	12110	15830	20760	27830	34440
	1000	P_1	8.4	15.6	26.8	47.7	82.2	109.0	145.0	191.0	253.0	330.0	418.0
		T_2	845	1580	2740	4890	8620	11420	15190	20010	26490	35330	44800
	750	P_1	7.3	13.6	23.7	42.4	73.6	97.6	131.0	175.0	232.0	303.0	389.0
		T_2	970	1820	3210	5740	10210	13540	18170	24250	32140	42920	55170
	500	P_1	5.5	10.5	18.7	34.1	60.2	80.4	108.0	145.0	193.0	253.0	327.0
		T_2	1100	2090	3760	6870	12400	16540	22290	29830	39670	53200	68850
	300	P_1	3.7	7.2	13.1	24.6	44.5	60.2	82.2	111.0	149.0	198.0	257.0
		T_2	1200	2320	4290	8050	14920	20190	27540	37310	50100	67750	88130
14	1500	P_1	9.3	17.3	29.4	51.8	88.3	115.0	151.0	197.0	260.0	342.0	419.0
		T_2	705	1300	2250	3970	6910	9000	11810	15440	20360	27380	33560
	1000	P_1	7.4	13.9	23.9	42.5	73.2	97.0	129.0	169.0	224.0	294.0	370.0
		T_2	830	1550	2710	4810	8470	11220	14890	19580	25910	34740	43730
	750	P_1	6.4	12.2	21.1	37.8	65.6	87.0	117.0	155.0	206.0	269.0	345.0
		T_2	950	1800	3170	5650	10050	13310	17850	23780	31530	42040	53940
	500	P_1	4.9	9.4	16.8	30.5	53.8	71.7	96.5	129.0	172.0	225.0	291.0
		T_2	1080	2070	3710	6770	12220	16280	21910	29280	38960	52230	67560
	300	P_1	3.3	6.5	11.8	22.1	40.0	54.0	73.6	99.5	133.0	176.0	229.0
		T_2	1170	2280	4210	7880	14600	19720	26870	36330	48760	65880	85610
16	1500	P_1	8.1	14.8	25.2	45.6	78.0	102.0	134.0	175.0	230.0	301.0	390.0
		T_2	690	1250	2170	4130	7210	9440	12430	16230	21240	28430	36860
	1000	P_1	6.5	11.9	20.7	37.3	64.4	85.0	114.0	150.0	198.0	259.0	334.0
		T_2	815	1490	2630	4990	8790	11630	15560	20510	27020	36240	46650
	750	P_1	5.7	10.5	18.2	33.1	57.6	76.4	103.0	137.0	182.0	237.0	306.0
		T_2	940	1740	3050	5850	10400	13820	18540	24750	32840	43910	56530
	500	P_1	4.3	8.2	14.5	26.6	47.1	62.8	84.7	113.0	151.0	198.0	256.0
		T_2	1070	2020	3620	6980	12610	16850	22720	30420	40480	54360	68970
	300	P_1	2.9	5.7	10.3	19.1	34.7	46.9	64.1	86.9	117.0	155.0	201.0
		T_2	1160	2240	4130	8050	14950	20250	27660	37490	50390	68260	88870
18	1500	P_1	7.4	13.5	23.0	41.7	71.5	93.6	124.0	162.0	211.0	275.0	357.0
		T_2	705	1270	2210	4180	7340	9600	12700	16580	21620	28830	37460
	1000	P_1	6.0	10.8	18.8	34.1	58.9	77.7	104.0	138.0	181.0	237.0	306.0
		T_2	845	1510	2660	5050	8920	11760	15750	20900	27400	36760	47420
	750	P_1	5.1	9.5	16.6	30.2	52.6	69.7	93.7	125.0	166.0	217.0	280.0
		T_2	950	1760	3100	5920	10550	13980	18810	25110	33320	44640	57500
	500	P_1	3.9	7.4	13.2	24.2	42.9	57.2	77.3	104.0	138.0	181.0	234.0
		T_2	1070	2040	3660	7030	12760	17020	23000	30820	41020	55150	71380
	300	P_1	2.6	5.1	9.3	17.3	31.4	42.6	58.3	79.1	106.0	141.0	184.0
		T_2	1150	2220	4100	7970	14860	20110	27530	37360	50250	68230	88860
20	1500	P_1	6.4	11.9	20.3	35.9	61.2	79.9	105.0	137.0	180.0	237.0	292.0
		T_2	700	1300	2250	3980	6950	9070	11910	15540	20450	27510	33890
	1000	P_1	5.1	9.6	16.5	29.4	50.7	66.7	88.8	118.0	156.0	203.0	257.0
		T_2	825	1550	2700	4810	8490	11180	14880	19730	26130	34860	44120
	750	P_1	4.4	8.4	14.6	26.1	45.4	60.2	80.7	108.0	143.0	186.0	239.0
		T_2	940	1790	3160	5650	10060	13350	17900	23860	31650	42290	54320
	500	P_1	3.4	6.5	11.6	21.1	37.2	49.6	66.8	89.3	119.0	156.0	202.0
		T_2	1070	2060	3700	6760	12230	16300	21950	29350	39060	52450	67870
	300	P_1	2.3	4.5	8.1	15.2	27.5	37.2	50.8	68.7	92.3	122	158.0
		T_2	1140	2230	4130	7730	14380	19420	26500	35850	48150	65190	84770
22.4	1500	P_1	6.1	11.1	18.9	33.4	57.1	74.6	98.4	128.0	168.0	220.0	285.0
		T_2	730	1310	2270	4020	7040	9190	12120	15800	20700	27740	35920
	1000	P_1	4.7	8.8	15.2	27.3	47.2	62.2	82.9	110.0	145.0	190.0	245.0
		T_2	830	1540	2710	4840	8590	11320	15090	20060	26390	35350	45580
	750	P_1	4.1	7.8	13.5	24.3	42.2	56.0	75.2	100.0	133.0	174.0	224.0
		T_2	960	1800	3190	5690	10150	13470	18100	24120	32000	42780	55070
	500	P_1	3.1	6.0	10.7	19.5	34.5	46.1	62.2	83.1	111.0	145.0	188.0
		T_2	1080	2060	3720	6800	12300	16420	22170	29640	39450	52960	68580
	300	P_1	2.1	4.1	7.5	14.0	25.5	34.4	47.1	63.7	85.7	113.0	147.0
		T_2	1150	2220	4130	7740	14400	19480	26640	36050	48460	65650	85490

（续）

公称传动比 i	输入转速 $n/$ r·min^{-1}	功率转矩	中心距 $a/$mm										
			100	125	160	200	250	280	315	355	400	450	500
			额定输入功率 $P_1/$kW　　　额定输出转矩 $T_2/$N·m										
25	1500	P_1	5.7	10.4	17.7	31.3	53.5	70.1	92.4	121.0	158.0	206.0	268.0
		T_2	740	1340	2320	4100	4180	9400	12390	16190	21150	28270	36730
	1000	P_1	4.5	8.2	14.3	25.5	44.1	58.3	77.6	103.0	136.0	178.0	230.0
		T_2	860	1570	2770	4930	8740	11540	15360	20390	26850	36070	46590
	750	P_1	3.9	7.2	12.6	22.7	39.4	52.4	70.3	93.8	125.0	163.0	210.0
		T_2	980	1830	3230	5800	10330	3710	18410	24580	32630	43700	56290
	500	P_1	2.9	5.6	10.0	18.2	32.2	43.0	58.0	77.8	104.0	136.0	176.0
		T_2	1090	2090	3770	6900	12500	16700	22530	30180	40190	54030	69960
	300	P_1	2.0	3.8	6.9	13.0	23.7	32.1	43.8	59.5	80.0	106.0	138.0
		T_2	1160	2240	4170	7830	14580	19760	26990	36620	49250	66850	87070
28	1500	P_1	5.2	9.4	16.1	28.5	49.0	64.2	84.9	111.0	145.0	188.0	244.0
		T_2	740	1330	2310	4100	7200	9430	12490	16310	21250	28310	36760
	1000	P_1	4.1	7.5	13.0	23.2	40.3	53.2	71.1	94.1	125.0	162.0	210.0
		T_2	855	1560	2750	4920	8740	11540	15420	20400	27040	35990	46670
	750	P_1	3.5	6.6	11.5	20.6	36.0	47.7	64.2	85.7	114.0	149.0	192.0
		T_2	960	1810	3210	5780	10330	13690	18410	24590	32640	43810	56460
	500	P_1	2.6	5.0	9.0	16.5	29.3	39.1	52.9	70.9	94.4	124.0	161.0
		T_2	1060	2040	3690	6770	12310	16430	22220	29780	39660	53420	69150
	300	P_1	1.8	3.4	6.3	11.8	21.5	29.1	39.8	54.0	72.7	96.4	126.0
		T_2	1120	2190	4060	7630	14270	19330	26460	35940	48360	65810	85740
31.5	1500	P_1	4.2	7.7	13.1	25.6	44.0	57.6	76.4	99.9	130.0	169.0	218.0
		T_2	660	1200	2070	4100	7220	9480	12560	16420	21400	28390	36760
	1000	P_1	3.3	6.2	10.7	20.8	36.1	47.7	63.7	84.4	121.0	145.0	188.0
		T_2	765	1420	2490	4930	8760	11580	15470	20490	29370	36130	46860
	750	P_1	2.6	5.5	9.5	18.4	32.2	42.7	57.4	76.6	102.0	133.0	172.0
		T_2	890	1660	2910	5770	10320	13680	18410	24580	32670	43880	56650
	500	P_1	2.2	4.3	7.5	14.7	26.1	34.9	47.3	63.4	84.5	111.0	144.0
		T_2	980	1860	3350	6630	12100	16170	21880	299340	39130	52740	68350
	300	P_1	1.5	2.9	5.4	10.4	19.0	25.8	35.4	48.1	64.8	86.0	112.0
		T_2	1070	2060	3800	7540	14120	19140	26330	35660	48100	65520	85500
35.5	1500	P_1	3.8	7.0	11.9	23.1	39.7	52.2	69.4	90.8	118.0	153.0	198.0
		T_2	690	1200	2070	4070	7180	9440	12530	16420	21370	28280	36610
	1000	P_1	3.0	5.6	9.7	18.7	32.5	43.1	57.7	76.4	101.0	132.0	170.0
		T_2	770	1420	2480	4850	8650	11470	15360	20340	26910	35920	46450
	750	P_1	2.6	4.9	8.6	16.6	29.0	38.5	51.8	69.2	92.0	121.0	156.0
		T_2	880	1650	2900	5700	10220	13560	18270	24390	32440	43600	56540
	500	P_1	2.0	3.8	6.8	13.2	23.5	31.4	42.6	57.2	76.3	100.0	130.0
		T_2	970	1840	3320	6550	11950	15980	21660	29060	38770	52300	68030
	300	P_1	1.4	2.6	4.8	9.4	17.1	23.2	31.8	43.2	58.4	77.5	101.0
		T_2	1030	2000	3690	7280	13680	18570	25490	34670	46800	63870	83660
40	1500	P_1	3.3	6.1	10.4	18.4	31.5	41.1	54.1	70.6	92.7	122.0	151.0
		T_2	640	1200	2070	3660	6410	8370	11010	14360	18870	25410	31420
	1000	P_1	2.6	4.9	8.5	15.1	26.1	34.3	45.7	60.4	79.8	105.0	133.0
		T_2	740	1420	2480	4410	7840	10310	13710	18120	23950	32300	40960
	750	P_1	2.3	4.3	7.5	13.4	23.3	30.9	41.5	55.3	73.4	95.9	123.0
		T_2	860	1640	2890	5170	9250	12270	16450	21930	29120	39020	50170
	500	P_1	1.7	3.3	5.9	10.8	19.1	25.5	34.3	45.9	61.1	80.1	104.0
		T_2	940	1820	3290	6010	10910	14550	19610	26220	34910	47040	60880
	300	P_1	1.2	2.3	4.2	7.8	14.1	19.1	26.1	35.3	47.4	62.6	81.5
		T_2	1000	1960	3630	6800	12710	17180	23450	31730	42650	58000	75460

（续）

公称传动比 i	输入转速 $n/$ r·min⁻¹	功率转矩	中心距 a/mm										
			100	125	160	200	250	280	315	355	400	450	500
			额定输入功率 P_1/kW　　　额定输出转矩 T_2/N·m										
45	1500	P_1	3.1	5.7	9.7	17.1	29.3	38.3	580.5	65.8	86.2	113.0	146.0
		T_2	650	1190	2050	3630	6370	8330	11000	14330	18750	25180	32660
	1000	P_1	2.4	4.5	7.8	13.9	24.1	31.8	42.5	56.1	74.1	97.0	126.0
		T_2	745	1380	2440	4360	7740	10230	13660	18040	23820	31980	41510
	750	P_1	2.1	4.0	6.9	12.4	21.6	28.6	38.5	51.3	68.1	89.0	115.0
		T_2	860	1610	2850	5120	9150	12140	16320	21760	28880	38740	49900
	500	P_1	1.6	3.1	5.5	10.0	17.6	23.6	31.8	42.5	56.6	74.3	96.2
		T_2	950	1810	3280	6000	10920	14570	19680	26310	35040	47220	61160
	300	P_1	1.1	2.1	3.8	7.2	13.0	17.6	24.1	32.6	43.8	57.9	75.5
		T_2	980	1910	3550	6660	12470	16880	23080	31260	42040	57230	74560
50	1500	P_1	2.9	5.3	9.0	15.9	27.3	35.8	47.2	61.7	80.6	105.0	137.0
		T_2	650	1190	2060	3630	6390	8370	11040	14430	18850	25240	32810
	1000	P_1	2.3	4.2	7.3	13.0	22.5	29.7	39.6	52.5	69.2	90.4	117.0
		T_2	750	1390	2460	4350	7750	10230	13660	18090	23840	32000	41430
	750	P_1	2.0	3.7	6.4	11.6	20.1	26.7	35.8	47.9	63.6	83.2	107.0
		T_2	850	1610	2850	5120	9150	12150	16320	21800	28940	38910	50150
	500	P_1	1.5	2.8	5.1	9.3	16.4	21.9	29.6	39.7	52.8	69.3	89.8
		T_2	940	1800	3260	5990	10900	14560	19650	26330	35070	47340	61320
	300	P_1	1.0	1.9	3.5	6.6	12.0	16.3	22.3	30.3	40.8	54.0	70.3
		T_2	970	1890	3520	6620	12400	16800	22960	31160	41930	57270	74560
56	1500	P_1	2.6	4.8	8.2	14.5	24.9	32.6	43.2	56.4	73.5	95.5	124.0
		T_2	640	1170	2040	3600	6360	8330	11030	14420	18780	25080	32540
	1000	P_1	2.1	3.8	6.6	11.8	20.5	27.0	36.1	47.8	62.9	82.3	107.0
		T_2	745	1370	2410	4300	7680	10130	13540	17940	23620	31750	41270
	750	P_1	1.8	3.3	5.8	10.5	18.3	24.2	32.6	443.5	57.7	75.7	97.6
		T_2	840	1580	2810	5060	9070	12020	16790	21610	28690	38670	49850
	500	P_1	1.4	2.6	4.6	8.4	14.9	19.8	26.8	36.0	47.9	63.0	81.6
		T_2	930	1760	3210	5890	10770	14380	19440	26070	34720	46960	60800
	300	P_1	0.9	1.7	3.2	6.0	10.9	14.7	20.2	27.4	36.9	48.9	63.8
		T_2	940	1840	3440	6470	12170	16480	22590	30670	41310	56490	73630
63	1500	P_1	—	—	—	12.9	22.2	29.2	38.7	50.6	65.9	85.3	110.0
		T_2	—	—	—	3630	6420	8420	11160	14600	19030	25300	32730
	1000	P_1	—	—	—	10.5	18.2	24.1	32.2	42.6	56.3	73.4	94.8
		T_2	—	—	—	4340	7710	10200	13660	18080	23880	32000	41370
	750	P_1	—	—	—	9.3	16.3	21.6	29.0	38.7	51.5	67.5	87.2
		T_2	—	—	—	5080	9120	12100	16290	21750	28910	38960	50320
	500	P_1	—	—	—	7.4	13.2	17.6	23.9	32.0	42.7	56.1	72.7
		T_2	—	—	—	5900	10790	14460	19520	26190	34930	47260	61240
	300	P_1	—	—	—	5.3	9.6	13.0	17.9	24.3	32.8	43.5	56.7
		T_2	—	—	—	6440	12120	16440	22560	30660	41360	56620	73900

注：1. 表内数值为工况系数 $K_A = 1.0$ 时的额定承载能力。
　　2. 起动时或运转中的尖峰载荷允许为表内数值的 2.5 倍。

表 10.2-254　HWT、HWB 型减速器的许用输入热功率 P_{p1}

公称传动比 i	输入转速 $n/$ r·min^{-1}	中心距 a/mm										
		100	125	160	200	250	280	315	355	400	450	500
		许用输入热功率 P_{p1}/kW										
10	1500	6.5	11	19	31	50	65	84	100	125	150	185
	1000	5.1	8.2	15	25	40	54	70	84	100	120	145
	750	4.3	7.1	12	21	34	43	54	70	86	100	125
	500	3.2	5.6	8.6	16	26	32	40	50	65	80	92
	300	2.2	3.9	6.4	11	19	24	31	37	45	58	70
12.5	1500	5.9	9.6	17	29	45	58	75	92	115	135	155
	1000	4.6	7.5	13	23	36	45	56	72	92	115	130
	750	3.9	6.6	11	19	31	38	47	64	78	94	115
	500	3.0	5.0	8	14	23	29	36	45	58	73	88
	300	2.0	3.5	5.7	9.2	17	22	28	35	40	50	67
14	1500	5.4	8.8	15	27	42	55	72	88	107	130	152
	1000	4.3	7.0	12	21	33	42	53	72	86	106	125
	750	3.6	6.2	10	18	28	35	45	60	74	90	107
	500	2.8	4.7	7.5	13	21	27	35	42	54	69	83
	300	1.8	3.2	5.3	8.6	15	20	26	33	38	48	62
16	1500	5.0	8.1	14	25	39	53	70	84	100	125	150
	1000	4.0	6.7	11	20	31	39	50	70	80	90	120
	750	3.4	5.8	9.0	17	26	34	43	54	71	85	100
	500	2.6	4.3	7.0	12	20	26	34	40	50	65	78
	300	1.6	3.0	5.0	8.0	14	19	25	31	37	46	58
18	1500	4.5	7.4	13	22	35	46	60	77	92	112	135
	1000	3.6	6.0	10	17	28	35	45	60	75	91	110
	750	3.0	5.1	8.2	15	24	30	39	48	63	79	95
	500	2.3	4.0	6.5	10	18	23	30	37	45	57	73
	300	1.5	2.7	4.5	7.4	12	16	22	28	34	42	53
20	1500	4.0	6.7	12	19	32	40	50	70	85	100	125
	1000	3.2	5.4	9.0	15	26	32	40	50	70	85	100
	750	2.7	4.5	7.5	13	22	28	36	43	55	73	90
	500	2.1	3.5	6.0	9.0	16	21	27	34	40	50	68
	300	1.4	2.4	4.0	6.7	11	15	19	25	3	38	48
22.4	1500	3.7	6.3	10	18	30	38	48	65	81	97	120
	1000	3.0	5.0	8.2	14	24	30	39	47	65	80	96
	750	2.5	4.2	7.0	12	20	26	34	40	51	69	85
	500	1.9	3.2	5.5	8.5	15	20	25	32	38	47	64
	300	1.3	2.2	3.7	6.3	10	14	18	23	29	36	44
25	1500	3.5	6.0	9.0	17	28	36	46	60	78	94	115
	1000	2.7	4.7	7.5	13	23	29	38	45	60	76	92
	750	2.3	4.0	6.5	11	19	25	33	38	48	65	86
	500	1.8	3.0	5.0	8.0	15	19	24	30	37	45	60
	300	1.2	2.0	3.5	6.0	9.0	13	18	22	28	35	40
28	1500	3.2	5.4	8.5	15	26	33	43	55	74	90	107
	1000	2.5	4.3	7.1	12	21	27	35	42	55	73	88
	750	2.1	3.7	6.1	10	18	23	30	37	45	60	76
	500	1.6	2.8	4.7	7.6	13	17	22	28	35	43	55
	300	1.1	1.9	3.2	5.5	8.5	12	16	20	26	33	39

（续）

公称传动比 i	输入转速 n/ r·min^{-1}	中心距 a/mm										
		100	125	160	200	250	280	315	355	400	450	500
		许用输入热功率 P_{p1}/kW										
31.5	1500	3.0	5.1	8.1	14	25	31	40	50	70	86	100
	1000	2.4	4.0	6.7	11	20	26	33	40	50	70	83
	750	1.9	3.4	5.8	9.2	17	21	27	36	43	55	72
	500	1.4	2.6	4.3	7.2	12	16	21	27	34	41	50
	300	1.0	1.8	3.0	5.1	8.0	11	15	19	25	32	38
35.5	1500	2.7	4.6	7.4	13	22	29	37	46	62	80	94
	1000	2.2	3.6	6.1	10	18	23	30	38	46	60	78
	750	1.7	3.1	5.2	8.4	15	19	25	33	40	50	65
	500	1.3	2.6	4.0	6.6	11	14	19	24	31	38	46
	300	0.9	1.6	2.8	4.5	7.3	10	13	17	22	29	35
40	1500	2.4	4.1	6.8	12	20	26	34	42	54	73	89
	1000	1.9	3.3	5.6	9.0	16	22	27	35	43	53	72
	750	1.5	2.8	4.7	7.6	13	18	24	30	37	45	58
	500	1.2	2.2	3.5	6.0	9.4	13	17	22	28	35	42
	300	0.8	1.5	2.6	4.0	6.7	9.1	12	16	20	26	32
45	1500	2.2	3.7	6.4	11	18	24	31	39	49	66	83
	1000	1.7	3.0	5.1	8.3	14	19	25	32	40	50	66
	750	1.3	2.5	4.3	7.2	12	16	22	27	34	42	53
	500	1.0	2.0	3.2	5.5	8.7	12	16	20	26	32	40
	300	0.7	1.3	2.3	3.8	6.2	8.4	11	15	18	24	30
50	1500	2.0	3.4	6.0	9.8	17	22	29	36	45	60	78
	1000	1.5	2.7	4.7	7.7	13	18	24	30	37	47	60
	750	1.2	2.3	3.9	6.8	11	14	19	25	32	39	48
	500	0.9	1.7	3.0	5.0	8.0	11	15	18	24	30	37
	300	0.6	1.2	2.1	3.6	5.7	7.4	9.4	14	17	22	29
56	1500	1.7	3.1	5.4	9.0	15	20	26	33	42	55	73
	1000	1.3	2.5	4.3	7.2	12	16	21	27	34	43	55
	750	1.1	2.1	3.6	6.3	10	13	17	23	30	36	44
	500	0.8	1.5	2.7	4.7	7.5	10	13	17	22	28	34
	300	0.5	1.0	1.9	3.3	5.3	6.8	8.7	12	16	20	27
63	1500	—	—	—	8.1	14	18	24	31	40	49	68
	1000	—	—	—	6.7	11	14	19	25	32	40	49
	750	—	—	—	5.8	9.0	12	16	21	27	34	41
	500	—	—	—	4.3	7.0	9.3	12	16	20	26	32
	300	—	—	—	3.0	5.0	6.3	8.0	11	15	18	25

2）HWWT、HWWB 型无风扇冷却的减速器许用输入热功率 P_{p1} 按下式计算：

$$P_{p1} = P_t K_t$$

式中　P_{p1}——无风扇冷却时许用输入热功率（kW）；
　　　P_t——热功率（kW），见表 10.2-255；
　　　K_t——热影响系数，见表 10.2-256。

表 10.2-255　热功率 P_t

中心距 a /mm	160	200	250	280	315	355	400	450	500
热功率 P_t /kW	2.0	3.0	5.0	6.5	8.5	11.0	14.0	18.1	25.0

表 10.2-256　热影响系数 K_t

环境温度 /℃	较小布置空间				较大布置空间				露天布置			
	每日工作时间/h				每日工作时间/h				每日工作时间/h			
	0.5～1	>1～2	>2～10	>10～24	0.5～1	>1～2	>2～10	>10～24	0.5～1	>1～2	>2～10	>10～24
20	1.35	1.15	1.00	0.85	1.55	1.35	1.15	1.00	2.10	1.80	1.55	1.35
30	1.10	0.95	0.80	0.70	1.25	1.10	0.95	0.80	1.70	1.45	1.25	1.10
40	0.85	0.75	0.65	0.55	1.00	0.85	0.75	0.65	1.35	1.15	1.00	0.85
50	0.70	0.60	0.50	0.45	0.80	0.70	0.60	0.50	1.10	0.95	0.80	0.70

3）减速器输出轴轴伸许用悬壁载荷 F_r 见表 10.2-257。

表 10.2-257　减速器输出轴轴伸许用悬臂载荷 F_r

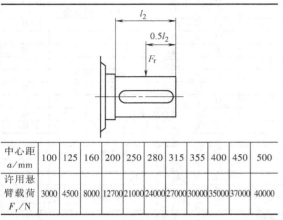

中心距 a/mm	100	125	160	200	250	280	315	355	400	450	500
许用悬臂载荷 F_r/N	3000	4500	8000	12700	21000	24000	27000	30000	35000	37000	40000

20.4　选用方法

减速器的选用需要考虑原动机、工作机类型、载荷性质和每日平均运转时间的影响，一般情况的选用计算要计入工况系数 K_A。

（1）按强度条件选择

计算输入功率 P_{1c} 按公式（10.2-26）和计算输出转矩 T_{2c} 按公式（10.2-27）。

$$P_{1c} = P_{w1}K_A \qquad (10.2\text{-}26)$$
$$T_{2c} = T_{w2}K_A \qquad (10.2\text{-}27)$$

式中　P_{w1}——原动机输出功率或减速器实际输入功率（kW）；

T_{w2}——工作机输入转矩或减速器实际输出转矩（N·m）；

K_A——工况系数，见表 10.2-258。

表 10.2-258　工况系数 K_A

原动机	载荷性质	载荷代号[①]	每日工作时间 /h				
			≤0.5	>0.5~1	>1~2	>2~10	>10~24
电动机	均匀、轻微冲击	U	0.80	0.90	1.00	1.20	1.30
	中等冲击	M	0.90	1.00	1.20	1.30	1.50
	强冲击	H	1.10	1.20	1.30	1.50	1.75
多缸发动机	均匀、轻微冲击	U	0.90	1.05	1.15	1.40	1.50
	中等冲击	M	1.05	1.15	1.40	1.50	1.75
	强冲击	H	1.25	1.40	1.50	1.75	2.00
单缸发动机	均匀、轻微冲击	U	1.10	1.10	1.20	1.45	1.55
	中等冲击	M	1.20	1.20	1.45	1.55	1.80
	强冲击	H	1.45	1.45	1.55	1.80	2.10

① 工作机的载荷代号见表 10.2-259。

表 10.2-259　工作机载荷代号

工作机类型	载荷代号	工作机类型	载荷代号	工作机类型	载荷代号
风机类		压缩机类		钢带式传送机	M
风机（轴向和径向）	U	活塞式压缩机	H	链式槽型传送机	M
冷却塔风扇	M	蜗轮式压缩机	M	绞车	M
引风机	M	传送机运输类		起重机类	
螺旋活塞式风机	M	平板传送机	M	转臂式起重传动齿轮装置	M
蜗轮式风机	U	平衡块升降机	M	卷扬机齿轮传动装置	U
建筑机械类		槽式传送机	M	吊杆起落齿轮传动装置	U
混凝土搅拌机	M	带式传送机（嵌装）	U	转向齿轮传动装置	M
卷扬机	M	带式传送机（大件）	M	行走齿轮传动装置	H
路面建筑机械	M	筒式面粉传送机	U	挖泥机类	
化工机械类		链式传送机	M	筒式传送机	H
搅拌机（液体）	U	环式传送机	M	筒式转向轮	H
搅拌机（半液体）	M	货物升降机	M	挖泥头	H
离心机（重型）	M	卷扬机	M	机动绞车	H
离心机（轻型）	U	倾斜卷扬机	H	泵	M
冷却滚筒[①]	M	连杆式传送机	M	转向齿轮传动装置	M
干燥滚筒[①]	M	载人升降机	M	行走齿轮传动装置（履带）	H
搅拌机	M	螺旋式传送式	M	行走齿轮传动装置（铁轨）	M

（续）

工作机类型	载荷代号	工作机类型	载荷代号	工作机类型	载荷代号
食品工业机械类		辊道（轻型）[①]	M	柱塞泵[①]	H
灌注及装箱机械	U	薄板轧机[①]	H	压力泵[①]	H
甘蔗压榨机[①]	M	修整剪切机[①]	M	塑料工业机械类	
甘蔗切断机[①]	M	焊管机[①]	H	压光机[①]	M
甘蔗粉碎机[①]	H	焊接机（带材和线材）[①]	M	挤压机[①]	M
搅拌机	M	线材拉拔机[①]	M	螺旋压出机[①]	M
酱装物吊桶	M	金属加工机床类		混合机[①]	M
包装机	U	动力轴	U	橡胶机械类	
甜菜切丝机[①]	M	锻造压力机[①]	H	压光机[①]	M
甜菜清洗机[①]	M	锻锤[①]	H	挤压机[①]	M
发电机及转换器		机床辅助装置	U	混合搅拌机[①]	H
频率转换器	H	机床主要传动装置	M	捏合机[①]	H
发电机	H	金属刨削机床	M	滚压机[①]	H
焊接发电机	H	板材矫直机床	H	石料、瓷土料加工机床类	
洗衣机类		冲床	H	球磨机[①]	H
滚筒	M	压力机床	H	挤压粉碎机[①]	H
洗衣机	M	剪床	M	破碎机[①]	M
金属轧机类		薄板弯板机	M	压砖机	H
钢坯剪断机[①]	H	石油工业机械类		锤式粉碎机[①]	H
链式运输机[①]	M	输油管油泵	H	回转窑[①]	H
冷轧机[①]	H	旋转钻井设备	H	筒形磨机[①]	H
连铸成套设备[①]	H	造纸机类		纺织机械类	
冷床[①]	M	压光机[①]	H	送料机	M
棒料剪切机[①]	M	多层纸板机[①]	H	织布机	M
交叉回转输送机[①]	M	干燥滚筒[①]	H	印染机	M
除鳞机[①]	H	上光滚筒[①]	H	精制桶	M
重型和中型板轧机[①]	H	搅浆机[①]	H	威罗机	M
钢坯初轧机[①]	H	纸浆磨机[①]	H	水处理机械类	
钢坯转运机械[①]	H	吸水滚[①]	H	通风器[①]	M
推钢机[①]	H	吸水滚压机[①]	H	螺杆泵	M
推床[①]	H	潮纸滚压机[①]	H	木材加工机床	
剪板机[①]	H	威罗机[①]	H	剥皮机	H
钢板摆动升降台[①]	M	泵类		刨床	H
轧辊调速装置[①]	M	离心泵（稀液体）	U	锯床	H
辊式矫直机[①]	M	离心泵（半液体）	M	木材加工机床	U
辊道（重型）[①]	H	活塞泵	H		

注：载荷代号 U、M、H 的意义分别为轻微冲击、中等冲击和强冲击载荷。

[①] 仅用于 24h 工作制。

（2）校验减速器输出轴轴伸悬臂载荷

减速器输出轴轴伸装有齿轮、链轮、V 带轮或平带轮时，则需校验轴伸悬臂载荷。

1）轴伸悬臂载荷按公式（10.2-28）计算。

$$F_{rc} = 2T_{w2}K_A f_r / D \qquad (10.2-28)$$

式中　F_{rc}——轴伸悬臂载荷（N）；

　　T_{w2}——工作机输入转矩或减速器实际输出转矩（N·m）；

　　K_A——工况系数，见表 10.2-258；

　　f_r——悬臂载荷系数（当轴伸装有齿轮时，$f_r = 1.5$；当装有链轮时，$f_r = 1.2$；当装有 V 带轮时，$f_r = 2.0$；当装有平带轮时，$f_r = 2.5$）；

　　D——齿轮、链轮、V 带轮和平带轮节圆直径（m）。

2）校验轴伸悬臂载荷按下式。

$$F_{rc} \leq F_r$$

式中　F_r——轴伸许用悬臂载荷，见表 10.2-257。

（3）输入热功率校验

输入热功率校验按公式（10.2-29）和工作制度来进行。在下列间歇工作中可不需校验输入热功率。

1）在 1h 内多次（两次以上）起动并且运转时间总和不超过 20min 的场合。

2）在一个工作周期内运转时间不超过 30min 并且间隔 2h 以上起动一次的场合。

除上述状况外，如果实际输入功率超过许用输入热功率，则需采用强制冷却措施或选用更大规格的减速器。

$$P_{p1} \geq P_{w1} \qquad (10.2-29)$$

式中　P_{p1}——许用输入热功率（kW）（有风扇冷却时，按表 10.2-254 选取；无风扇冷却时，按公式 $P_{p1}=P_tK_t$ 计算）；

P_{w1}——减速器实际输入功率（kW）。

例 10.2-14　带式输送机用直廓环面蜗杆减速器，中等冲击载荷，每日工作 8h，连续运转，电动机功率 $P_{w1}=15$kW，减速器输入转速 $n_1=1500$r/min，传动比 $i=31.5$，风扇冷却。

解：1）选用计算。由表 10.2-258 查得 $K_A=1.30$，则计算输入功率：

$$P_{1c}=P_{w1}K_A=15×1.3\text{kW}=19.5\text{kW}$$

查表 10.2-253，选择减速器中心距 $a=200$mm，$n_1=1500$r/min，$i=31.5$，额定输入功率 $P_1=25.6>P_{1c}$，机械强度通过。

2）校验输入热功率。由表 10.2-254 查得 $a=200$mm，$n_1=1500$r/min，$i=31.5$ 时，许用输入热功率 $P_h=14<P_{w1}$，则需采用强制冷却措施，否则需选用 $a=250$mm 的减速器。

例 10.2-15　卷扬机用减速器，均匀载荷，每日工作 2h，每小时工作 15min，减速器输入轴转速 $n_1=1500$r/min，传动比 $i=50$，输出轴转矩 $T_{w2}=9500$N·m。

解：1）选用计算。由表 10.2-258 查得 $K_A=1.0$，则计算输出转矩：

$$T_{2c}=T_{w2}K_A=9500×1.0\text{N·m}=9500\text{N·m}$$

查表 10.2-253，选择减速器中心距 $a=315$mm，

$i=50$。当 $n_1=1500$r/min，额定输出转矩 $T_2=11040$N·m，机械强度满足。

2）由于属间歇工作，按工作制度规定，则不需要校验输入热功率。

21　平面包络环面蜗杆减速器（摘自 JB/T 9051—2010）

平面包络环面减速器适用于冶金、矿山、起重、运输、建筑、石油、化工、航天和航海设备或精密传动。减速器蜗杆转速不超过 1500r/min，工作环境温度为 -40~40℃。当工作环境温度低于 0℃时，起动前润滑油必须加热到 0℃以上或采用低凝固点的润滑油；当环境温度超过 40℃时，需采取强迫冷却措施。减速器可以承受的短时间峰值载荷为额定转矩的 3 倍。

21.1　标记方法

减速器的标记由结构型式、中心距、公称传动比、装配形式、冷却方式代号及标准号构成。

减速器有三种结构型式：TPU 型——蜗杆在蜗轮之下；TPS 型——蜗杆在蜗轮之侧；TPA 型——蜗杆在蜗轮之上。

减速器的中心距 a 见表 10.2-260，公称传动比 i 见表 10.2-261。

表 10.2-260　减速器的中心距 a　　　　　　　　（mm）

中心距 a										
第一系列	100	125	—	160	—	200	250	315	—	400	500
第二系列			140		180		224	280	355	450	

注：优先选用第一系列，表中第二系列的中心距仅提出型式规格。

表 10.2-261　公称传动比 i

型　号	TPU、TPS、TPA								
第一系列	10.0	12.5	16.0	20.0	25.0	31.5	40.0	50.0	63.0
第二系列		14.0	18.0	22.4	28.0	35.5	45.0	56.0	

注：优先选用第一系列。

标记示例：

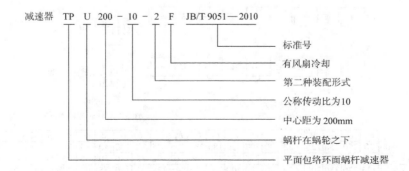

21.2　装配形式和外形尺寸

减速器的装配形式和外形尺寸见表 10.2-262~表 10.2-267。

表 10.2-262　**TPU 型减速器的装配形式和外形尺寸（整箱式）**　　　　　　（mm）

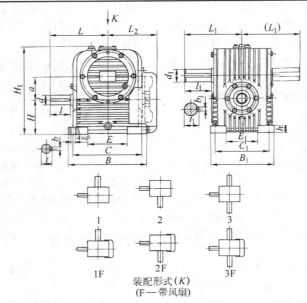

装配形式（K）
（F—带风扇）

型　号	a	B	B₁	C	C₁	E	E₁	H	H₁	L	L₁	L₂	l	l₁	d	d₁	b	b₁	t	t₁	h	φ	质量/kg
TPU100	100	320	260	280	220	160	130	150	382	235	237	200	82	110	40	55	12	16	43	59	30	19	88

表 10.2-263　**TPU 型减速器的装配形式和外形尺寸（分箱式）**　　　　　　（mm）

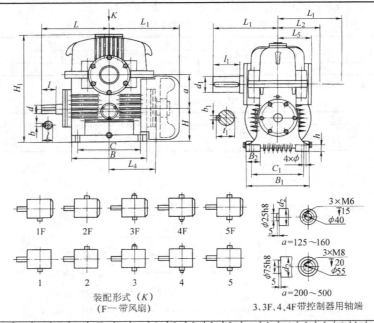

装配形式（K）
（F—带风扇）

3、3F、4、4F带控制器用轴端

型号	a	B	B₁	B₂	C	C₁	H	H₁	h	L	L₁	L₂	L₃	L₄	L₅	l	l₁	d	d₁	d₂	b	b₁	t	t₁	φ	质量/kg
TPU125	125	300	300	70	250	250	125	422	30	307	320	185	280	205	175	82	140	40	70	80	12	20	43	74.5	19	157
TPU160	160	380	375	100	320	310	160	540	40	375	375	210	360	280	192	82	170	50	85	95	14	25	53.5	90	24	258
TPU200	200	450	450	125	370	370	200	650	40	420	400	235	435	345	228	82	170	55	95	110	16	28	59	101	28	475
TPU250	250	600	550	150	500	450	225	820	50	530	495	290	520	408	273	110	210	65	120	140	18	32	69	127	35	800
TPU315	315	720	590	120	630	500	280	990	65	630	600	360	605	492	349	130	250	80	140	160	22	36	85	148	39	1450
TPU400	400	850	720	160	750	620	320	1200	75	720	720	425	692	558	412	165	300	100	180	200	28	45	106	190	48	2500
TPU500	500	1060	900	200	920	760	400	1490	90	850	840	495	845	686	497	165	350	110	220	240	28	50	116	231	56	4500

表 10.2-264　TPS 型减速器的装配形式和外形尺寸（整箱式）　　　　（mm）

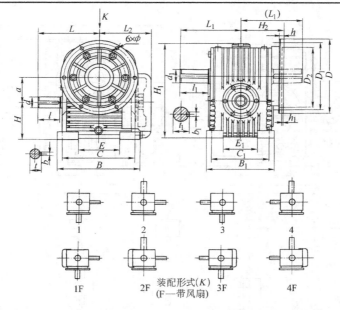

装配形式(*K*)
（F—带风扇）

型号	a	B	B₁	C	C₁	E	E₁	H	H₁	H₂	L	L₁	L₂	l	l₁	d	d₁	b	b₁	t	t₁	D	D₁	D₂	φ	h	h₁	质量/kg
TPS100	100	320	260	280	220	160	130	150	382	160	235	237	200	82	110	40	55	12	16	43	59	300	275	240	14	16	6	90

表 10.2-265　TPS 型减速器的装配形式和外形尺寸（分箱式）　　　　（mm）

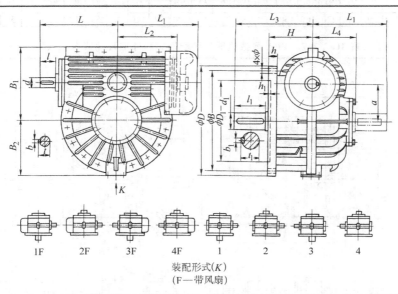

装配形式(*K*)
（F—带风扇）

型号	a	D	D₁	h₁	B	B₁	B₂	H	L	L₁	L₂	L₃	L₄	l	l₁	d	d₁	b	b₁	t	t₁	h	φ	质量/kg
TPS125	125	380	280	6	330	265	193	180	307	280	209	320	175	82	140	40	70	12	20	43	74.5	25	19	170
TPS160	160	530	380	10	470	330	265	200	375	365	280	375	192	82	170	50	85	14	25	53.5	90	35	24	290
TPS200	200	650	480	10	580	400	325	250	420	436	336	400	228	82	170	55	95	16	28	59	101	40	32	530
TPS250	250	800	600	12	700	495	400	280	530	520	408	495	273	110	210	65	120	18	32	69	127	50	35	930
TPS315	315	920	710	15	820	625	460	355	630	605	497	600	349	130	250	80	140	22	36	85	148	65	39	1650
TPS400	400	1100	850	15	1000	740	550	420	720	692	558	720	412	165	300	100	180	28	45	106	190	75	48	2800
TPS500	500	1340	1060	20	1200	920	675	530	850	845	686	840	497	165	350	110	220	28	50	116	231	90	56	4800

表 10.2-266　TPA 型减速器的装配形式和外形尺寸（整箱式）　　　　（mm）

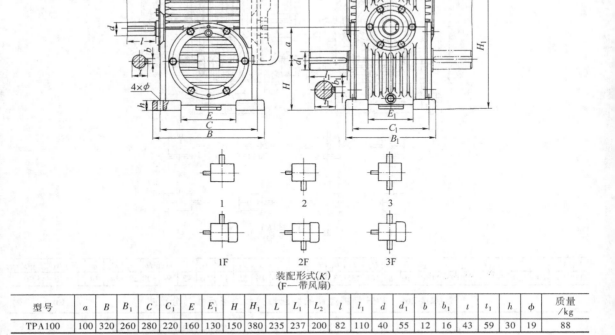

装配形式(K)
(F—带风扇)

型号	a	B	B$_1$	C	C$_1$	E	E$_1$	H	H$_1$	L	L$_1$	L$_2$	l	l$_1$	d	d$_1$	b	b$_1$	t	t$_1$	h	φ	质量/kg
TPA100	100	320	260	280	220	160	130	150	380	235	237	200	82	110	40	55	12	16	43	59	30	19	88

表 10.2-267　TPA 型减速器的装配形式和外形尺寸（分箱式）　　　　（mm）

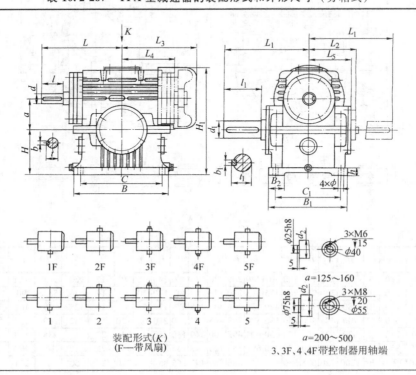

装配形式(K)
(F—带风扇)

3、3F、4、4F带控制器用轴端

（续）

型号	a	B	B_1	B_2	C	C_1	H	H_1	h	L	L_1	L_2	L_3	L_4	L_5	l	l_1	d	d_1	d_2	b	b_1	t	t_1	ϕ	质量/kg
TPA125	125	360	300	50	310	250	180	438	30	307	320	185	280	205	175	82	140	40	70	80	12	20	43	74.5	19	165
TPA160	160	460	320	80	400	260	225	550	40	375	375	210	365	280	190	82	170	50	85	95	14	25	53.5	90	24	285
TPA200	200	540	400	100	450	320	250	658	40	420	400	235	436	345	228	82	170	55	95	110	16	28	59	101	28	510
TPA250	250	720	480	120	620	380	315	792	50	530	495	290	520	406	270	110	210	65	120	140	18	32	69	127	35	900
TPA315	315	850	600	140	750	500	400	1000	65	630	600	360	605	492	345	130	250	80	140	160	22	36	85	148	39	1550
TPA400	400	950	720	170	850	620	500	1200	75	720	720	425	690	540	410	165	300	100	180	200	28	45	106	190	48	2650
TPA500	500	1180	900	200	1040	760	630	1530	90	850	840	495	845	680	488	165	350	110	220	240	28	50	116	231	56	4700

21.3　承载能力

减速器的额定输入功率 P_1 见表 10.2-268，减速器的额定输出转矩 T_2 见表 10.2-269。

表 10.2-268　减速器的额定输入功率 P_1

中心距 a/mm	传动比 i	输入转速 n_1/r·min^{-1}					中心距 a/mm	传动比 i	输入转速 n_1/r·min^{-1}				
		500	600	750	1000	1500			500	600	750	1000	1500
		额定输入功率 P_1/kW							额定输入功率 P_1/kW				
100	10.0	7.34	8.17	9.25	10.64	11.73	200	50.0	9.50	10.77	12.45	14.74	17.14
	12.5	5.79	6.53	7.53	8.90	10.30		63.0	7.67	9.04	10.60	12.31	13.87
	16.0	4.94	5.58	6.42	7.56	8.71	250	10.0	67.11	74.57	84.41	97.11	107.10
	20.0	4.05	4.60	5.32	6.30	7.33		12.5	52.53	59.49	68.64	81.06	93.84
	25.0	3.29	3.75	4.34	5.16	6.03		16.0	45.08	50.95	58.64	69.03	79.46
	31.5	2.74	3.10	3.58	4.22	4.87		20.0	36.92	41.93	48.51	57.51	67.01
	40.0	2.12	2.42	2.82	3.37	3.98		25.0	30.09	34.22	39.65	47.10	55.08
	50.0	1.77	2.02	2.33	2.77	3.22		31.5	24.99	28.29	32.61	38.48	44.47
	63.0	1.44	1.69	1.99	2.31	2.60		40.0	19.38	22.13	25.74	30.75	36.31
125	10.0	12.55	13.97	15.81	18.20	20.09		50.0	16.32	18.51	21.38	25.30	29.38
	12.5	9.86	11.17	12.89	15.23	17.65		63.0	13.16	15.50	18.18	21.09	23.77
	16.0	8.46	9.55	10.99	12.94	14.89	315	10.0	117.30	130.45	148.10	169.58	187.20
	20.0	6.93	7.86	9.09	10.77	12.55		12.5	99.96	108.20	120.00	141.78	164.22
	25.0	5.64	6.41	7.43	8.82	10.30		16.0	83.90	91.88	102.80	120.54	138.72
	31.5	4.70	5.32	6.13	7.23	8.34		20.0	65.10	73.23	84.76	100.55	117.30
	40.0	3.64	4.16	4.84	5.77	6.81		25.0	53.45	59.74	69.22	82.24	96.19
	50.0	3.05	3.46	4.00	4.74	5.52		31.5	44.94	49.50	57.04	67.25	77.62
	63.0	2.47	2.91	3.41	3.96	4.47		40.0	33.86	38.66	44.98	53.73	63.44
160	10.0	22.85	25.41	28.75	33.06	36.41		50.0	28.46	32.29	37.33	44.20	51.41
	12.5	17.95	20.32	23.42	27.63	31.93		63.0	23.63	27.04	31.72	36.82	41.51
	16.0	15.30	17.30	19.92	23.46	27.03	400	10.0	222.20	257.40	276.90	311.00	359.90
	20.0	12.55	14.26	16.50	19.58	22.81		12.5	193.20	215.30	236.30	262.50	304.50
	25.0	10.20	11.61	13.46	16.01	18.77		16.0	170.00	183.80	203.70	230.00	264.60
	31.5	8.53	9.64	11.11	13.09	15.10		20.0	131.30	141.80	156.50	177.50	200.60
	40.0	6.61	7.54	8.77	10.47	12.34		25.0	105.00	114.50	128.10	144.90	164.90
	50.0	5.53	6.28	7.26	8.60	10.02		31.5	88.52	96.82	107.10	121.80	138.60
	63.0	4.48	5.28	6.19	7.18	8.10		40.0	66.57	72.24	80.85	91.98	104.70
200	10.0	39.07	43.75	49.20	56.60	62.42		50.0	53.55	58.70	65.21	74.03	84.11
	12.5	30.70	34.75	40.10	47.34	54.77		63.0	46.41	51.14	56.70	64.37	73.19
	16.0	26.32	29.74	34.23	40.31	46.41	500	10.0	393.90	424.40	462.50	511.50	582.50
	20.0	21.52	24.44	28.28	33.52	39.07		12.5	329.70	361.20	395.90	432.60	486.20
	25.0	17.54	19.95	23.12	27.47	32.13		16.0	286.70	306.60	340.20	382.20	431.60
	31.5	14.59	16.50	19.02	22.43	25.91		20.0	218.40	240.50	263.60	293.00	326.60
	40.0	11.32	12.93	15.04	17.97	21.22		25.0	180.60	198.50	219.50	243.60	278.30
								31.5	152.30	164.90	183.80	206.90	233.10
								40.0	114.50	126.00	138.60	154.40	176.40
								50.0	92.82	101.40	112.40	123.90	141.80
								63.0	80.85	88.31	97.34	108.20	122.90

注：1. P_1 系在每日工作 10h，每小时起动一次，工作平稳，无冲击振动，起动转矩为额定转矩 3 倍，小时载荷率 J_c = 100%，环境温度为 20℃，采用合成润滑油浸油润滑，风扇冷却，制造精度 7 级，并较充分跑合条件下制定的。

2. P_1 按下式计算

$$P_1 = \frac{T_2 n_2}{9550\eta}$$

式中，P_1 为额定输入功率（kW）；T_2 为额定输出转矩（N·m）；n_2 为输出轴转速（r/min）；η 为总传动效率（%）（见表 10.2-270）。

表 10.2-269　额定输出转矩 T_2

中心距 a/mm	传动比 i	输入转速 n_1/r·min^{-1} 500	600	750	1000	1500	中心距 a/mm	传动比 i	输入转速 n_1/r·min^{-1} 500	600	750	1000	1500
		额定输出转矩 T_2/N·m							额定输出转矩 T_2/N·m				
100	10.0	1262	1171	1083	945	695	250	10.0	11776	10920	10103	8810	6478
	12.5	1225	1156	1091	977	754		12.5	11413	10772	10160	9096	7020
	16.0	1313	1250	1178	1052	807		16.0	12262	11677	10991	9810	7528
	20.0	1315	1259	1165	1047	822		20.0	12271	11746	10871	9776	7680
	25.0	1306	1252	1188	1071	835		25.0	12213	11710	11107	10008	7803
	31.5	1271	1214	1176	1053	830		31.5	11878	11345	10987	9839	7581
	40.0	1199	1157	1120	1056	841		40.0	11253	10847	10490	9516	7490
	50.0	1203	1171	1114	1071	741		50.0	11377	11046	10481	9421	7294
	63.0	1213	1220	1197	1112	834		63.0	11083	11034	10791	9518	7149
125	10.0	2157	2001	1852	1617	1190	315	10.0	20612	19102	17727	15385	11322
	12.5	2096	1979	1868	1673	1292		12.5	21718	19590	17763	15909	12285
	16.0	2248	2141	2016	1800	1380		16.0	22819	21059	19268	17130	13443
	20.0	2250	2152	1991	1790	1406		20.0	21635	20516	18996	17093	13443
	25.0	2236	2143	2033	1831	1427		25.0	21694	20444	19391	17474	13626
	31.5	2178	2080	2016	1805	1422		31.5	21360	19855	19217	17197	13232
	40.0	2059	1985	1921	1807	1439		40.0	19260	18954	18330	16626	13087
	50.0	2068	2011	1911	1833	1441		50.0	19839	19273	18298	16463	12765
	63.0	2081	2101	2052	1906	1434		63.0	19904	19522	19084	16615	12488
160	10.0	3928	3641	3368	2936	2156	400	10.0	39045	37692	33143	28215	21768
	12.5	3815	3598	3392	3035	2338		12.5	41975	38981	34978	29456	22779
	16.0	4068	3876	3652	3262	2506		16.0	46237	42127	38180	32684	25067
	20.0	4075	3904	3614	3253	2560		20.0	44137	40174	35471	30512	23244
	25.0	4043	3881	3686	3326	2599		25.0	43118	39638	36293	31135	23622
	31.5	3950	3771	3653	3269	2574		31.5	42606	39360	36514	31511	23905
	40.0	3737	3601	3484	3280	2608		40.0	39161	35874	33355	28812	21846
	50.0	3749	3646	3466	3326	2616		50.0	37843	35504	32383	27926	21955
	63.0	3774	3812	3724	3456	2599		63.0	39650	36922	34114	29433	22311
200	10.0	6715	6227	5764	5027	3969	500	10.0	69216	62146	55358	46406	35232
	12.5	6524	6156	5808	5199	4010		12.5	71631	65396	58603	48543	36372
	16.0	6997	6665	6277	5605	4302		16.0	77978	70273	63765	54312	40888
	20.0	6998	6691	6194	5570	4377		20.0	73417	68137	59746	50367	37844
	25.0	6953	6669	6330	5706	4449		25.0	74163	68718	62188	52344	39866
	31.5	6757	6454	6256	5602	4417		31.5	73305	66968	62664	53527	40203
	40.0	6401	6173	5975	5629	4485		40.0	67358	62571	57181	48364	36837
	50.0	6439	6259	5945	5701	4474		50.0	65595	61330	55818	46738	35660
	63.0	6461	6527	6377	5925	4451		63.0	69074	63758	58565	49475	37464

注：1. T_2 系在每日工作 10h，每小时起动不超过一次，工作平稳，无冲击振动，起动转矩为额定转矩 3 倍，小时载荷率 $J_c = 100\%$，环境温度为 20℃，采用合成润滑油浸油润滑，风扇冷却，制造精度 7 级，并较充分跑合条件下制定的。

减速器的总传动效率 η 见表 10.2-270，减速速（蜗轮轴）轴端许用径向载荷见表 10.2-271，减速器蜗杆喉平面分度圆滑动速度 v 见表 10.2-272。

21.4　选用方法

选用减速器应知如下条件：

1) 原动机类型。
2) 工作机类型。
3) 载荷性质。
4) 额定输入功率 P_1(kW) 或额定输入转矩 T_1(N·m)。

5) 输入转速 n_1(r/min)。
6) 最大输出转矩 T_{2max}(N·m)。
7) 传动比 i。
8) 输入、输出轴相对位置。
9) 输入、输出轴转向及装配形式。
10) 每日平均运转时间。
11) 每小时起动次数（起动频率）。
12) 环境温度(℃)。
13) 小时载荷率 J_c(%)。
14) 输出轴轴端附加载荷（N）。

表 10.2-268 中的额定输入功率 P_1 及表 10.2-269

表 10.2-270　总传动效率 η

中心距 a/mm	传动比 i	输入轴转速 n_1/r·min⁻¹				
		500	600	750	1000	1500
		效率 η(%)				
100~200	10.0	90	90	92	93	93
	12.5	89	89	91	92	92
	16.0	87	88	90	91	91
	20.0	85	86	86	87	88
	25.0	83	84	86	87	87
	31.5	77	78	82	83	85
	40.0	74	75	78	82	83
	50.0	71	73	75	81	82
	63.0	70	72	75	80	80
250~315	10.0	92	92	94	95	95
	12.5	91	91	93	94	94
	16.0	89	90	92	93	93
	20.0	87	88	88	89	90
	25.0	85	86	86	89	89
	31.5	79	80	84	85	85
	40.0	76	77	80	81	81
	50.0	73	75	77	78	78
	63.0	70	71	74	75	75
400~500	10.0	92	92	94	95	95
	12.5	91	91	93	94	94
	16.0	89	90	92	93	93
	20.0	88	89	89	90	91
	25.0	86	87	89	90	90
	31.5	80	81	85	86	86
	40.0	77	78	81	82	82
	50.0	74	76	78	79	79
	63.0	71	72	75	76	76

表 10.2-271　蜗轮轴轴端许用悬臂载荷

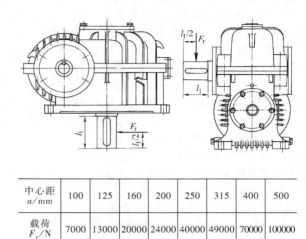

中心距 a/mm	100	125	160	200	250	315	400	500
载荷 F_r/N	7000	13000	20000	24000	40000	49000	70000	100000

中的额定输出转矩 T_2 是在减速器工作载荷平稳，每日工作 10h，每小时起动频率不大于 1 次，均匀载荷，无冲击振动，小时载荷率 100%，环境温度为 20℃，浸油润滑，制造精度为 7 级，风扇冷却，减速器经过较充分跑合的前提下制定的。

表 10.2-272　蜗杆喉平面分度圆滑动速度 v

输入转速 n_1/r·mm⁻¹	传动比 i	中心距 a/mm								输入转速 n_1/r·mm⁻¹	传动比 i	中心距 a/mm							
		100	125	160	200	250	315	400	500			100	125	160	200	250	315	400	500
		滑动速度 v/m·s⁻¹										滑动速度 v/m·s⁻¹							
500	10.0	1.2	1.5	1.9	2.4	3.1	3.8	4.8	6.0	1000	10.0	2.4	3.1	3.8	4.7	6.1	7.6	9.7	12.1
	12.5	1.2	1.5	1.9	2.4	3.1	3.8	4.9	6.0		12.5	2.4	3.1	3.8	4.8	6.2	7.6	9.7	12.1
	16.0	1.0	1.2	1.6	2.0	2.4	3.1	3.8	4.7		16.0	2.1	2.5	3.2	4.0	4.9	6.2	7.7	9.7
	20.0	1.0	1.3	1.6	2.0	2.4	3.0	3.7	4.7		20.0	2.1	2.6	3.3	4.1	4.7	5.9	7.4	9.3
	25.0	1.1	1.3	1.7	2.1	2.4	3.0	3.8	4.8		25.0	2.2	2.6	3.3	4.1	4.8	6.1	7.6	9.5
	31.5	1.0	1.2	1.6	1.9	2.5	3.1	3.8	4.9		31.5	2.0	2.5	3.1	3.9	4.9	6.1	7.7	9.7
	40.0	1.0	1.3	1.6	2.0	2.3	2.9	3.6	4.6		40.0	2.1	2.5	3.2	4.0	4.6	5.8	7.2	9.1
	50.0	1.1	1.3	1.7	2.0	2.4	3.0	3.7	4.7		50.0	2.2	2.6	3.3	4.1	4.8	6.0	7.5	9.4
	63.0	1.1	1.3	1.7	2.1	2.4	3.0	3.7	4.8		63.0	2.2	2.7	3.4	4.2	4.9	6.1	7.6	9.7
750	10.0	1.8	2.3	2.8	3.6	4.6	5.7	7.3	9.1	1500	10.0	3.6	4.6	5.7	7.1	9.2	11.4	14.5	2.2
	12.5	1.8	2.3	2.9	3.6	4.6	5.7	7.3	9.0		12.5	3.6	4.6	5.7	7.2	9.2	11.5	14.6	2.2
	16.0	1.5	1.9	2.4	3.0	3.7	4.6	5.8	7.3		16.0	3.1	3.7	4.8	6.0	7.3	9.2	11.5	14.6
	20.0	1.6	1.9	2.4	3.1	3.5	4.4	5.5	7.0		20.0	3.1	3.9	4.9	6.1	7.1	8.9	11.1	14.0
	25.0	1.6	1.9	2.5	3.1	3.6	4.5	5.7	7.1		25.0	3.3	3.9	5.0	6.2	7.3	9.1	11.3	14.3
	31.5	1.5	1.8	2.3	2.9	3.7	4.6	5.8	7.3		31.5	3.0	3.6	4.7	5.8	7.4	9.2	11.5	14.6
	40.0	1.5	1.9	2.4	3.0	3.5	4.3	5.4	6.8		40.0	3.1	3.8	4.8	6.0	7.0	8.7	10.8	13.7
	50.0	1.6	1.9	2.5	3.1	3.6	4.5	5.6	7.1		50.0	3.2	3.9	5.0	6.1	7.2	9.0	11.2	14.1
	63.0	1.6	2.0	2.5	3.1	3.7	4.6	5.7	7.8		63.0	3.2	4.0	5.0	6.3	7.3	9.1	11.4	14.5

若已知条件与上述规定的工作条件相符，可直接由表 10.2-268 选取所需减速器的规格。

若已知条件与上述规定的工作条件不符，应由下式进行修正计算，再由计算结果中的较大值与表 10.2-268 或表 10.2-269 比较，选取与承载能力相符或偏大的减速器，即用减速器实际输入功率 P_{1w} 或减速器实际输出转矩 T_{2w} 乘以工作状态系数进行修正（见表 10.2-273～表 10.2-277），再与表 10.2-268、表 10.2-269 比较进行选用。

计算输入机械功率　$P_{1J} \geqslant P_{1w} f_1 f_2$

计算输出机械转矩　$T_{2J} \geqslant T_{2w} f_1 f_2$

计算输入热功率　$P_{1R} \geqslant P_{1w} f_3 f_4 f_5$

计算输出热转矩　$T_{2R} \geqslant T_{2w} f_3 f_4 f_5$

式中　P_{1w}——减速器实际输入功率；

　　　T_{2w}——减速器实际输出转矩；

　　　f_1——使用系数（见表 10.2-273）；

　　　f_2——起动频率系数（见表 10.2-274）；

　　　f_3——环境温度修正系数（见表 10.2-275）；

　　　f_4——减速器安装形式系数（见表 10.2-276）；

　　　f_5——散热能力系数（见表 10.2-277）。

当油温为 100℃ 时，如果采用专门的冷却措施（循环油或循环水冷却），使温升限制在允许的范围内，则无须再按上式进行修正计算。

当减速器输出轴伸装有齿轮、链轮、V 带轮或平带轮时，则需校验轴伸悬臂载荷，即

$$F_{rc} = \frac{2 T_{2w} f_1}{D} f_7$$

式中　F_{rc}——轴伸悬臂载荷（N）；

　　　T_{2w}——减速器实际输出转矩（N·m）；

　　　f_1——使用系数（见表 10.2-273），先由表 10.2-278 确定载荷分类代号 U、M、H，再按表 10.2-273 每日运转小时数，确定使用系数 f_1；

　　　D——齿轮、链轮、V 带轮或平带轮节圆直径（m）；

　　　f_7——悬臂载荷系数（见表 10.2-279）。

校验轴伸悬臂载荷

$$F_{rc} \leqslant F_r$$

式中　F_r——轴端许用悬臂载荷（见表 10.2-271）。

当输入转速低于 500r/min 时，计算输出转矩按 $n_1 = 500$r/min 的额定输出转矩选用。

当蜗轮轴为两端输出轴时，按两端转矩之和选用减速器。

例 10.2-15　需要一台 TPU 蜗杆减速器驱动卷扬机，减速器为标准形式，风扇冷却，原动机为电动机。输入转速 n_1 为 1000r/min，公称传动比 $i = 20$，最大输出转矩 $T_{2max} = 4950$N·m，输入功率 $P_1 = 15$kW，输出轴轴伸悬臂载荷 $F_{rc} = 5520$N，每天间歇工作 6h，每小时起动 15 次，有冲击载荷，双向运动，每次运转时间 3min，环境温度 20℃，制造精度 7 级。

解：由表 10.2-273 知，每天间歇工作 6h，有冲击，取使用系数 $f_1 = 1.00$。

由表 10.2-274 知，每小时起动 15 次，起动频率系数 $f_2 = 1.18$。

由表 10.2-275 知，环境温度修正系数 $f_3 = 1.0$。

由表 10.2-276 知，减速器安装形式系数 $f_4 = 1.0$。

由表 10.2-277 知，散热能力系数 $f_5 = 1.0$。

按式进行计算得 $P_{1J} \geqslant P_{1w} f_1 f_2 = 15 \times 1 \times 1.18$kW $= 17.7$kW

按式进行计算得 $P_{1R} \geqslant P_{1w} f_3 f_4 f_5 = 15 \times 1 \times 1$kW $= 15$kW。

由表 10.2-268 查出减速器为 $a = 160$mm，$i = 20$，$n_1 = 1000$r/min，$P_1 = 19.58$kW 大于计算值，符合要求。

由表 10.2-271 查出 $F_r = 20000$N，大于要求值，符合要求。

由表 10.2-279 查出 $T_2 = 3253$N·m。

$T_{2max} = T_2 \times 2 = 3253 \times 3$N·m $= 9759$N·m>4950N·m，符合要求。

选型结果：

减速器 TPU 160-20-1F　JB/T 9051—2010

表 10.2-273　使用系数 f_1

原动机	使用时间	载荷特性		
		均匀负荷 U	中等冲击 M	重度冲击 H
电动机	间歇 2h/d	0.90	1.00	1.20
汽轮机	≤10h/d	1.00	1.00	1.30
水力发电机	≤24h/d	1.20	1.30	1.50

表 10.2-274　起动频率系数 f_2

每小时起动次数			
<1	2~4	5~9	>10
1	1.07	1.13	1.18

表 10.2-275　环境温度修正系数 f_3

环境温度 /℃	0~10	>10~20	>20~30	>30~40	>40~50
环境温度系数 f_3	0.85	1.0	1.14	1.33	1.6

表 10.2-276　减速器安装形式系数 f_4

减速器中心距 a/mm	减速器安装形式	
	TPU、TPS	TPA
100~250	1.0	1.2
315~500	1.0	1.2

表 10.2-277　散热能力系数 f_5

无风扇冷却	蜗杆转速 n_1/r·min^{-1}			
	1500	1000	750	500
减速器中心距 a/mm	系数 f_5			
100~200	1.59	1.54	1.37	1.33
250~500	1.85	1.80	1.70	1.51

注：有风扇时，$f_5=1.0$。

表 10.2-278　减速器的载荷分类

工作机类型	载荷分类代号	工作机类型	载荷分类代号	工作机类型	载荷分类代号
搅拌机类		重载输送机		货梯	M
纯液体	U	非均匀装料类		载人电梯	M
可变密度液体	M	帷裙式	M	施工升降机	M
液固混合物	M	组合式	M	挤塑机	
鼓风机类		皮带式	M	塑料薄膜	U
离心式	U	多斗式	M	塑料板	U
罗茨	M	刮板式	M	塑料棒	U
叶片式	U	烘箱式	M	塑料管	U
酿造与蒸馏		往复式	H	塑料轮管	U
装瓶机	U	螺旋式	M	吹塑	M
酿造釜(持续负载)	U	振动式	H	预增塑剂	M
蒸煮器	U	起重机类		风机类	
磨碎槽(持续负载)	U	主卷扬	U	离心式	U
磅秤料斗(频繁启动)	M	小车行走	①	冷却塔吹风机	①
罐装机类	U	大车行走	①	吸风机	M
制糖机		干坞起重机		大型(矿山等使用)	M
甘蔗刀	1.5	主卷扬	1.00	大型(工业用)	M
粉碎机	1.5	辅助卷扬	1.00	轻型(小直径)	U
榨糖机	2.0	船舱(俯仰式)	1.00	送料机	
自卸车	H	回转(摆动)	1.25	帷裙式	M
汽车拆卸器	M	轨道行走(驱动轮)	1.50	带式	M
制陶机械		破碎机		盘式	U
压砖机	H	矿石	H	往复式	H
制坯机	H	石头	H	螺旋式	M
制陶机	M	糖	1.50	食品工业	
和泥磨	M	挖泥机		带式切片机	M
压缩机		电缆卷筒	M	谷物蒸煮器	U
离心式	U	输送机	M	和面机	M
罗茨	M	刀头驱动	H	磨肉机	M
往复式(多缸)	M	簸筛驱动	H	发电机(非电焊机)	U
往复式(单缸)	H	机动绞车	M	锤磨机	H
均载输送机		泵	H	洗衣房	
装料		网筛驱动	M	洗衣机	M
帷裙式	U	码垛机	M	滚筒式	M
组合式	U	通用绞车	M	天轴	
皮带式	U	升降机		驱动加工设备	M
多斗式	U	斗式(均载)	U	轻型	U
链条式	U	斗式(重载)	M	其他天轴	U
刮板式	U	斗式(持续)	U	木材工业	①
烘箱式	U	离心卸料	U	机床	
螺旋式	U	自动扶梯	U	弯板机	M

（续）

工作机类型	载荷分类代号	工作机类型	载荷分类代号	工作机类型	载荷分类代号
冲床（齿轮驱动）	M	转筒式内搅拌机		机床辅助装置	U
切口冲床（带驱动）	H	a) 分批搅拌机	1.75	锻锤	H
刨床	①	b) 连续搅拌机	1.50	锻造压力机	H
攻丝机	①			动力轴	U
其他机床		连续给料、存料、混料磨	1.25	**石油工业机械**	
主驱动	M	多仓磨	1.25	旋转钻井设备	H
辅助驱动	U	**回转式磨机类**		输油管油泵	M
金属轧制		球磨机和锤磨机	2.00	**挖泥机**	
拔丝机托架和主驱动	M	直齿齿圈传动	2.50	筒式传送机	H
夹送辊、干料辊、洗涤辊	①	斜齿齿圈传动	1.50	筒式转向轮	H
逆转纵切机	M	直联	2.00	挖泥头	H
台式输送机非逆转成组	M	水泥窑	M	行走齿轮传动装置	M
驱动		转筒		（铁轨）	
台式输送机单独驱动	H	**石料、瓷土料加工机床类**		碾光机	1.50
拔丝机和平整	M	球磨机	H	混砂机	M
绕丝机	M	挤压粉碎机	H	**污水处理设备**	
冷轧机	H	破碎机	M	蓖子筛	U
连铸成套设备	H	压砖机	H	化学输液器	U
冷床	M	锤式粉碎机	H	集液器	U
棒料剪切机	H	回转窑	H	螺旋脱水器	M
重型和中型板轧机	H	筒形磨机	H	浮渣破碎器	M
钢坯初轧机	H	**木材加工机械**		快/慢搅拌器	M
钢坯剪切机	H	剥皮机	H	浓缩器	M
钢坯转运机械	H	刨床	M	真空过滤器	M
推钢机	H	锯床	M	**筛子**	
推床	H	木材加工机床	U	气洗筛	U
剪板机	H	碾光机	1.50	转石	M
辊式矫直机	M	挤光机	1.50	进水滤网	U
辊道（重型）	H	a) 变速驱动	1.50	板坯推料机	M
辊道（轻型）	M	b) 恒速驱动	1.75	炉排加炼机	U
薄板轧机	H	印刷机	①	**纺织工业**	
焊管机	H	**泵机**		配料器	M
轧辊调整装置	M	离心泵	U	碾光机	M
焊接机	M	定量泵	M	梳理机	M
线材拉拔机	M	往复泵		干桶	M
建筑机械		三缸式多缸单作用泵	M	烘干机	M
卷扬机	M	两缸式多缸双作用泵	M	染布机	M
混凝土搅拌机	M	回转泵		针织机	①
路面建筑机械	M	齿轮泵	U	织布机	M
回转窑	M	叶片泵、滑片泵	U	轧布机	M
造纸厂（见注）		**橡胶工业**		拉毛机	M
搅拌机	M	转筒式内搅拌		漂染	M
纯液搅拌机	U	a) 分批搅拌机	1.75	**传送运输机类**	
剥离鼓	H	b) 连续搅拌机	1.50	平板传送机	M
机械剥离器	H	搅拌磨—2 平辊		平衡块升降	M
打浆机	M	（如果用瓦楞辊，则使	1.50	槽式传送机	M
碎料叠堆	U	用和碾碎机、热炼机相同		带式传送机（散装）	U
碾光机	U	的工况系数）		带式传送机（大件）	M
破碎机	H	分批加料磨—2 平辊	1.50	筒式面粉传送机	U
碎料输送机	M	碾碎机的热炼机—2 平辊、	1.75	链式传送机	M
覆膜滚压	U	1 瓦楞		环式传送机	M
干燥机		辊碾碎机 1 瓦楞辊	2.00	货物升降机	M
造纸机	U	混料磨—2 辊	1.25	卷扬机	M
输送机式	U	匀料机—2 辊	1.50	连杆式传送机	M
窑驱动	M	**金属加工机床**		载入升降机	M
碎浆机	2.00	剪床	M	螺旋式传送机	M
筛滤机		薄板弯板机	M	绞车	M
碎料	M	压力机床	H	钢带式传送机	M
旋转式	M	冲床	H	链式槽型传送机	M
浓缩机		板材校直机床	H	**水处理设备**	
（交流电机）	M	金属刨削机床	H	通风器	M
（直流电机）	U	机床主要传动装置	M	螺杆泵	M
塑料工业					

注：U 表示均匀载荷；M 表示中等冲击载荷；H 表示严重冲击载荷。
① 为向工厂了解现场工况。

表 10.2-279 悬臂载荷系数 f_7

链轮(单排)	1.20	V 带	2.00
链轮(双排)	1.25	平带	2.50
齿轮	1.50		

21.5 润滑

蜗杆、蜗轮啮合一般采用浸油润滑。对于 TPS 型和 TPA 型,液面与蜗杆轴线重合;对于 TPU 型,油面到达蜗轮轴轴承下部滚柱部位。当啮合滑动速度 $v > 10 \text{m/s}$ 时,采用喷油润滑,润滑油牌号推荐用 N320 及 N460 合成蜗轮蜗杆油。

在通常情况下,可根据滑动速度的大小,按表 10.2-280 选择润滑油牌号。

表 10.2-280 润滑油

适用滑动速度/m·s⁻¹	蜗轮油牌号	黏度(40℃)/cSt
>1.0~2.5	N460 蜗轮油	506~414
>2.5~5.0	N320 蜗轮油	352~288
>5.0~10.0	N320 蜗轮油	352~288
>10.0	N320 蜗轮油	352~288

注:$1 \text{cSt} = 10^{-6} \text{m}^2/\text{s}$。

润滑油不允许采用极压齿轮油,以免浸蚀铜轮缘。

减速器的润滑油量按油标中心线注入。

对由于结构原因或转速较低而无法采用稀油润滑的轴承,应采用锂基润滑脂润滑。

22 平面二次包络环面蜗杆减速器（摘自 GB/T 16444—2008）

平面二次包络环面蜗杆减速器适用于冶金、矿山、起重、运输、石油、化工和建筑等行业机械设备的减速传动。

减速器的工作环境温度为 $-40 \sim 40℃$,当环境温度低于 $0℃$ 或高于 $40℃$ 时,起动前润滑油要相应加热或冷却;蜗杆转速不超过 1500r/min;两轴交角为 $90°$;蜗杆轴可正、反向运转。

22.1 型号和标记方法

减速器的型号由减速器代号 PW、蜗杆位置（U、O、S）、中心距（见表 10.2-281）、公称传动比（见表 10.2-282）、装配形式、冷却方式（风扇冷却"F",自然冷却不标注）和标准号组成。

减速器包括 PWU（蜗杆在蜗轮之下）、PWO（蜗杆在蜗轮之上）、PWS（蜗杆在蜗轮一侧）三个系列。每个系列有三种装配形式,用代号Ⅰ、Ⅱ、Ⅲ表示（见表 10.2-283~表 10.2-287）。

表 10.2-281 减速器的中心距 a　　　　　　　　　　　　　　　　　（mm）

第一系列	80	100	125	160	200	250	315	400	500	630
第二系列				140	180	225	280	355	450	560	710

注:优先选用第一系列。

表 10.3-282 减速器的公称传动比 i

第一系列	10	12.5	16	20	25	31.5	40	50	63
第二系列			14	18	22.4	28	35.5	45	56

注:优先选用第一系列。

标记示例:

中心距 125mm,公称传动比 20,第一种装配,蜗杆下置的平面二次包络环面蜗杆减速器,自然冷却,标记为

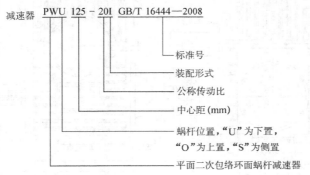

减速器 PWU 125 - 20Ⅰ GB/T 16444—2008

标准号
装配形式
公称传动比
中心距(mm)
蜗杆位置,"U"为下置,"O"为上置,"S"为侧置
平面二次包络环面蜗杆减速器

22.2 装配形式和外形尺寸

PW 减速器的装配形式和外形尺寸见表 10.2-283~表 10.2-287。

表 10.2-283 PWU 型减速器的装配形式和外形尺寸（整体式） （mm）

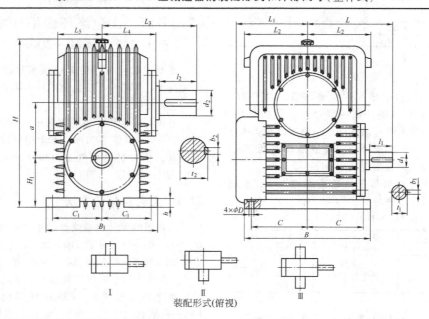

装配形式(俯视)

a	H_1	B	B_1	C	C_1	D	H	L	L_1	L_2	L_3	L_4	L_5	d_1	b_1	t_1	l_1	d_2	b_2	t_2	l_2	h
80	100	250	190	112	80	14	315	160	160	125	180	100	90	25	8	28	42	45	14	48.5	82	30
100	112	300	236	130	100	16	355	200	200	160	212	125	118	32	10	35	58	55	16	59	82	35
125	125	355	280	160	118	18	450	236	236	190	250	150	140	38	10	41	58	65	18	69	105	38
140	140	400	315	180	132	20	500	265	265	212	280	160	160	42	12	45	82	70	20	74.5	105	40
160	160	450	355	200	140	21	560	300	300	236	315	190	180	48	14	51.5	82	80	22	85	130	42
180	180	500	400	225	160	22	630	335	335	265	355	212	200	56	16	60	82	90	25	95	130	45
200	200	560	450	250	180	24	710	355	355	300	400	236	224	60	18	64	105	100	28	106	165	50
225	225	630	500	280	200	26	800	400	400	315	450	265	250	65	18	69	105	110	28	116	165	53
250	250	670	530	300	224	28	850	450	450	355	500	280	280	70	20	74.5	105	125	32	132	165	56
280	280	800	600	355	250	30	950	475	475	400	560	315	315	85	22	90	130	140	36	148	200	60
315	315	900	670	375	280	32	1060	560	560	450	630	355	355	90	25	95	130	150	36	158	200	67
355	355	1000	750	425	315	35	1250	670	670	500	710	400	400	100	28	106	165	170	40	179	240	75

表 10.2-284 PWU 型减速器的装配形式和外形尺寸（剖分式） （mm）

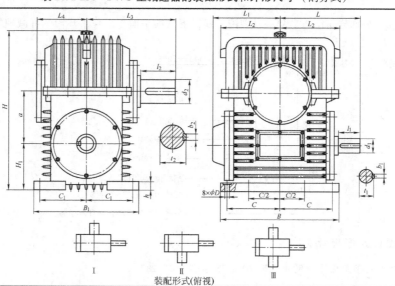

装配形式(俯视)

（续）

a	H₁	B	B₁	C	C₁	D	H	L	L₁	L₂	L₃	L₄	d₁	b₁	t₁	l₁	d₂	b₂	t₂	l₂	h
400	355	900	800	400	355	35	1250	670	600	450	630	375	110	28	116	165	180	45	190	240	55
450	400	1000	900	450	400	39	1400	750	670	500	710	425	125	32	132	165	200	45	210	280	60
500	450	1120	1000	500	450	42	1600	850	750	560	800	475	130	32	137	200	220	50	231	280	65
560	500	1250	1120	560	500	45	1800	950	850	630	900	530	150	36	158	200	250	56	262	330	72
630	560	1400	1250	630	560	48	2000	1060	950	710	1000	600	170	40	179	240	280	63	292	380	80
710	630	1600	1400	710	630	52	2240	1180	1060	800	1250	670	190	45	200	280	320	70	334	380	88

表 10.2-285　PWO 型减速器的装配形式和外形尺寸（整体式）　　　　　（mm）

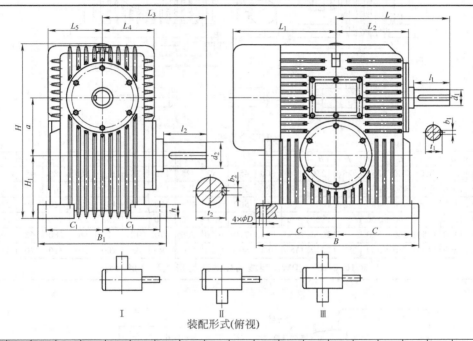

装配形式(俯视)

a	H₁	B	B₁	C	C₁	D	H	L	L₁	L₂	L₃	L₄	L₅	d₁	b₁	t₁	l₁	d₂	b₂	t₂	l₂	h
80	125	250	190	112	80	14	300	160	160	125	180	100	90	25	8	28	42	45	14	48.5	82	30
100	160	300	236	130	100	16	375	200	200	160	212	125	118	32	10	35	58	55	16	59	82	35
125	180	355	280	160	118	18	425	236	236	190	250	150	140	38	10	41	58	65	18	69	105	38
140	200	400	315	180	132	20	475	265	265	212	280	160	160	42	12	45	82	70	20	74.5	105	40
160	215	450	355	200	140	21	530	300	300	236	315	190	180	48	14	51.5	82	80	22	85	130	42
180	250	500	400	225	160	22	600	335	335	265	355	212	200	56	16	60	82	90	25	95	130	45
200	280	560	450	250	180	24	670	355	355	300	400	236	224	60	18	64	105	100	28	106	165	50
225	315	630	500	280	200	26	750	400	400	315	450	265	250	65	18	69	105	110	28	116	165	53
250	355	670	530	300	224	28	850	450	450	355	500	280	280	70	20	74.5	105	125	32	132	165	57
280	400	800	600	355	250	30	900	475	475	400	560	315	315	85	22	90	130	140	36	148	200	60
315	450	900	670	375	280	32	1000	560	560	450	630	355	355	90	25	95	130	150	36	158	200	67
355	500	1000	750	425	315	35	1180	670	670	500	710	400	400	100	28	106	165	170	40	179	240	75

表 10.2-286　PWO 型减速器的装配形式和外形尺寸（剖分式）　　　　　　（mm）

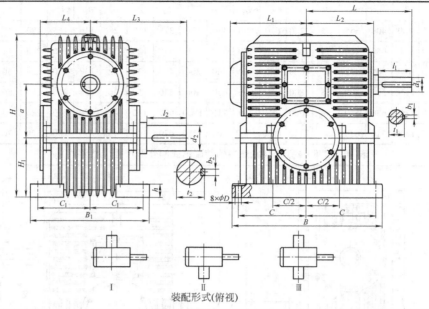

装配形式(俯视)

a	H_1	B	B_1	C	C_1	D	H	L	L_1	L_2	L_3	L_4	d_1	b_1	t_1	l_1	d_2	b_2	t_2	l_2	h
400	500	900	800	400	355	35	1250	670	600	450	630	375	110	28	116	165	180	45	190	240	55
450	560	1000	900	450	400	39	1400	750	670	500	710	425	125	32	132	165	200	45	210	280	60
500	630	1120	1000	500	450	42	1600	850	750	560	800	475	130	32	137	200	220	50	231	280	65
560	710	1250	1120	560	500	45	1800	950	850	630	900	530	150	36	158	200	250	56	262	330	72
630	800	1400	1250	630	560	48	2000	1060	950	710	1000	600	170	40	179	240	280	63	292	380	80
710	900	1600	1400	710	630	52	2240	1180	1060	800	1250	670	190	45	200	280	320	70	334	380	88

表 10.2-287　PWS 型减速器的装配形式和外形尺寸　　　　　　（mm）

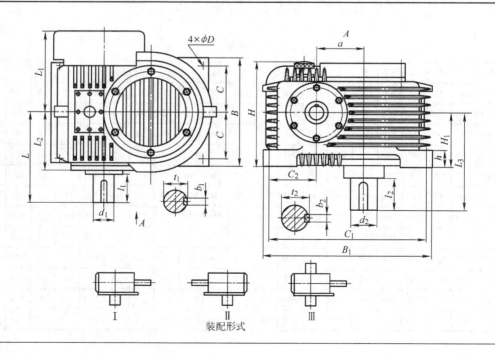

装配形式

（续）

a	H_1	B	B_1	C	C_1	C_2	D	H	L	L_1	L_2	L_3	d_1	b_1	t_1	l_1	d_2	b_2	t_2	l_2	h
80	95	100	315	80	265	80	14	200	160	118	118	170	25	8	28	42	45	14	48.5	82	30
100	125	125	355	100	315	100	16	236	200	140	140	212	32	10	35	58	55	16	59	82	35
125	140	140	400	118	355	118	18	280	236	170	170	250	38	10	41	58	65	18	69	105	38
140	160	160	450	132	400	132	20	300	265	190	190	280	42	12	45	82	70	20	74.5	105	40
160	180	180	500	150	450	150	21	335	300	212	212	315	48	14	51.5	82	80	22	85	130	42
180	200	200	560	170	500	160	22	375	335	236	236	355	56	16	60	82	90	25	95	130	45
200	224	224	630	190	560	170	24	425	355	265	265	400	60	18	64	105	100	28	106	165	48
225	250	250	710	212	630	190	26	475	400	300	300	425	65	18	69	105	110	28	116	165	50
250	280	280	800	245	710	200	28	530	450	355	355	475	70	20	74.5	105	125	32	132	165	52
280	315	315	900	265	800	224	30	600	500	375	375	530	85	22	90	130	140	36	148	200	55
315	355	355	1000	300	900	250	32	670	560	425	425	560	90	25	95	130	150	36	158	200	58
355	400	400	1120	335	1000	265	35	750	600	450	450	670	100	28	106	165	170	40	179	240	62
400	450	450	1250	375	1120	315	35	850	670	500	500	710	110	28	116	165	180	45	190	240	65
450	500	500	1400	425	1250	355	39	950	750	560	560	800	125	32	132	165	200	45	210	280	70
500	560	560	1600	475	1400	400	42	1060	800	600	600	900	130	32	137	200	220	50	231	280	75
560	630	630	1800	530	1600	450	45	1180	900	670	670	1000	150	36	158	200	250	56	262	330	78
630	710	710	2000	600	1800	500	48	1320	1000	750	750	1100	170	40	179	240	280	63	292	380	82
710	800	800	2240	670	2000	560	52	1500	1120	850	850	1250	190	45	200	280	320	70	334	380	88

22.3　承载能力

减速器的额定输入功率 P_1（kW）和额定输出

转矩 T_2（N·m）见表 10.2-288，输出轴轴端许用径向力 F_r 见表 10.2-289，传动效率 η 见表 10.2-290。

表 10.2-288　减速器的额定输入功率 P_1 和额定输出转矩 T_2

公称传动比 i	输入转速 n_1/ r·min^{-1}	功率、转矩	中心距 a/mm																	
			80	100	125	140	160	180	200	225	250	280	315	355	400	450	500	560	630	710
			额定输入功率 P_1/kW，额定输出转矩 T_2/N·m																	
10	1500	P_1	6.71	11.5	19.7	25.9	35.7	47.5	61.2	81.4	105	138	183	245	326	434	—	—	—	—
		T_2	384	666	1141	1516	2093	2811	3626	4870	6280	8343	11087	14795	19716	26247	—	—	—	—
	1000	P_1	6.20	10.6	18.2	23.9	33.0	43.9	56.6	75.2	97.0	127	169	226	301	401	517	679	902	1204
		T_2	533	923	1581	2102	2901	3897	5025	6749	8703	11563	15366	20505	27305	36377	46900	61596	81825	109221
	750	P_1	5.22	8.94	15.3	20.1	27.8	36.9	47.6	63.3	81.6	107	143	190	254	337	435	572	760	1014
		T_2	591	1019	1755	2333	3220	4326	5579	7494	9664	12842	17064	22772	30399	40332	52061	68457	90957	121356
	500	P_1	4.20	7.20	12.3	16.2	22.4	29.7	38.3	50.9	65.7	86.3	115	153	204	271	350	460	611	816
		T_2	697	1202	2071	2754	3801	5107	6586	8849	11412	15167	20145	26896	35843	47615	61496	80822	107354	143373
12.5	1500	P_1	5.88	10.1	17.3	22.7	31.3	41.7	53.7	71.4	92.0	121	161	215	286	380	490	—	—	—
		T_2	417	722	1237	1645	2270	3066	3954	5311	6849	9100	12092	16137	21507	28575	36847	—	—	—
	1000	P_1	5.26	9.00	15.4	20.3	28.0	37.2	48.0	63.8	82.2	108	144	192	256	340	438	576	765	1012
		T_2	558	968	1658	2204	3042	4109	5298	7117	9178	12194	16204	21624	28876	38351	49405	64971	86290	114151
	750	P_1	4.31	7.39	12.7	16.7	23.0	30.5	39.4	52.3	67.5	88.7	118	157	210	279	360	473	628	838
		T_2	604	1041	1794	2386	3293	4448	5737	7665	9884	13135	17454	23292	31081	41295	53283	70008	92950	124032
	500	P_1	3.29	5.65	9.67	12.7	17.6	23.3	30.1	40.0	51.5	67.8	90.0	120	160	213	275	361	480	640
		T_2	676	1166	2009	2672	3688	4956	6392	8589	11076	14722	19563	25819	34758	46272	59741	78424	104275	139033
14	1500	P_1	5.45	9.34	16.0	21.0	29.0	38.6	49.8	66.1	85.3	112	149	199	265	352	454	597	—	—
		T_2	430	745	1277	1688	2330	3165	4082	5483	7070	9395	12484	16660	22201	29489	38035	50015	—	—
	1000	P_1	4.90	8.40	14.4	18.9	26.1	34.7	44.8	59.5	76.7	101	134	179	239	317	409	537	714	953
		T_2	580	1005	1723	2277	3143	4269	5506	7396	9537	12673	16840	22472	30034	39836	51397	67482	89725	119759
	750	P_1	4.00	6.85	11.7	15.4	21.3	28.3	36.5	48.5	62.6	82.3	109	146	195	259	334	438	583	777
		T_2	620	1075	1853	2464	3401	4544	5860	7917	10209	13568	18029	24060	24567	42704	55070	72217	96125	128111
	500	P_1	3.06	5.24	8.98	11.8	16.3	21.7	27.9	37.1	47.8	62.9	83.6	112	149	198	255	335	446	595
		T_2	695	1205	2078	2761	3814	5097	6572	8833	11391	15143	20122	26852	35855	47646	61362	80613	107323	143178
16	1500	P_1	4.98	8.54	14.6	19.2	26.5	35.3	45.5	60.4	77.9	102	136	182	242	322	415	546	—	—
		T_2	446	774	1326	1763	2433	3233	4169	5663	7303	9706	12897	17211	22924	30512	39311	51720	—	—
	1000	P_1	4.51	7.73	13.2	17.4	24.0	31.9	41.2	54.7	70.6	92.8	123	165	219	292	376	494	657	877
		T_2	606	1051	1801	2394	3305	4391	5663	7692	9920	13183	17517	23377	31118	41490	53426	70192	93353	124612
	750	P_1	3.65	6.25	10.7	14.1	19.4	25.8	33.3	44.3	57.1	75.0	99.7	133	177	236	304	400	531	709
		T_2	643	1108	1920	2553	3524	4735	6106	8114	10464	14062	18685	24935	33172	44230	56974	74966	99517	132877
	500	P_1	2.62	4.84	8.29	10.9	15.0	20.0	25.8	34.3	44.2	58.1	77.2	103	137	183	235	309	411	549
		T_2	725	1250	2154	2865	3954	5316	6855	9214	11881	15797	20991	28013	37258	49768	63910	84034	111774	149304

i	n₁ (r/min)		1	2	3	4	5	6	7	8	9	10	11	12	13	14	15	16	17	18
18	1500	P₁	4.59	7.86	13.5	17.7	24.4	32.5	41.9	55.7	71.8	94.4	125	167	223	297	383	503	571	—
		T₂	460	793	1359	1817	2508	3351	4321	5742	7405	9951	13223	17646	23509	31310	40376	53027	90293	—
	1000	P₁	3.92	6.72	11.5	15.1	20.9	27.8	35.8	47.6	61.4	80.7	107	143	191	254	327	430	480	762
		T₂	587	1017	1742	2316	3197	4296	5540	7362	9493	12757	16952	22623	30203	40165	51708	67997	100104	120496
	750	P₁	3.29	5.65	9.67	12.7	17.6	23.3	30.1	40.0	51.5	67.8	90.0	120	160	213	275	361	366	640
		T₂	646	1113	1929	2565	3540	4785	6170	8246	10633	13978	18574	24787	33368	44421	57351	75287	110720	133472
	500	P₁	2.51	4.30	7.37	9.69	13.4	17.8	22.9	30.5	39.3	51.6	68.6	91.6	122	162	209	275	366	488
		T₂	716	1235	2128	2831	3908	5254	6776	9109	11746	15620	20756	27698	36907	49007	63225	83191	110720	147626
20	1500	P₁	4.20	7.19	12.3	16.2	22.4	29.7	38.3	50.9	65.7	86.3	115	153	204	271	350	460	525	—
		T₂	462	797	1365	1815	2505	3386	4367	5835	7524	9882	13144	17541	23636	31398	40551	53296	91241	—
	1000	P₁	3.61	6.18	10.6	13.9	19.2	25.5	32.9	43.8	56.5	74.2	98.6	132	176	233	301	395	434	701
		T₂	593	1021	1761	2341	3231	4367	5632	7525	9704	12757	16952	22623	30587	40493	52311	68648	99462	121828
	750	P₁	2.98	5.11	8.75	11.5	15.9	21.1	27.2	36.2	46.6	61.3	81.5	109	145	193	248	327	337	579
		T₂	641	1106	1917	2549	3519	4783	6168	8243	10629	14052	18672	24918	33231	44231	56836	74941	111987	132693
	500	P₁	2.31	3.97	6.79	8.93	12.3	16.4	21.1	28.1	36.2	47.6	63.2	84.4	113	150	193	254	337	450
		T₂	725	1250	2154	2866	3956	5320	6860	9223	11894	15817	21018	28049	37550	49846	64135	84406	111987	149537
22.4	1500	P₁	3.84	6.59	11.3	14.8	20.5	27.2	35.1	46.6	60.1	79.1	105	140	187	248	320	421	534	—
		T₂	496	808	1384	1841	2541	3435	4429	5919	7633	10147	13483	17993	23999	31827	41068	54030	92404	—
	1000	P₁	3.29	5.65	9.67	12.7	17.6	23.3	30.1	40.0	51.5	67.8	90.0	120	160	213	275	361	400	640
		T₂	599	1039	1780	2367	3267	4416	5695	7610	9813	13046	17336	23134	30801	41004	52939	69495	101530	123205
	750	P₁	2.75	4.70	8.06	10.6	14.6	19.4	25.1	33.3	43.0	56.5	75.0	100	134	177	229	301	308	534
		T₂	654	1134	1943	2584	3567	4851	6256	8360	10781	14334	19048	25419	34013	44927	58126	76401	112656	135543
	500	P₁	2.12	3.63	6.22	8.18	11.3	15.0	19.3	25.7	33.1	43.6	57.9	77.2	103	137	177	232	308	412
		T₂	729	1258	2155	2868	3959	5325	6867	9234	11908	15935	21174	28257	37674	50110	64740	84857	112656	150695
25	1500	P₁	3.45	5.91	10.1	13.3	18.4	24.4	31.5	41.9	54.0	71.0	94.3	126	168	223	288	378	421	—
		T₂	467	810	1387	1845	2546	3423	4414	5898	7606	10056	13363	17832	23796	31586	40793	53541	54030	—
	1000	P₁	2.94	5.04	8.64	11.4	15.7	20.8	26.9	35.7	46.0	60.5	80.4	107	143	190	245	322	428	572
		T₂	590	1023	1773	2358	3255	4376	5643	7541	9724	12856	17083	22797	30383	40368	52054	68414	90935	121530
	750	P₁	2.51	4.30	7.37	9.69	13.4	17.8	22.9	30.5	39.3	51.6	68.6	91.6	122	162	209	275	366	488
		T₂	663	1143	1971	2622	3619	4865	6274	8434	10876	14463	19218	25646	34173	45377	58542	77029	102518	136691
	500	P₁	1.88	3.23	5.53	7.27	10.0	13.3	17.2	22.8	29.5	38.7	51.5	68.7	91.6	122	157	206	274	366
		T₂	710	1225	2112	2811	3880	5187	6689	9052	14091	15716	20883	27869	37174	49512	63716	83601	111198	148535

（续）

公称传动比 i	输入转速 n_1/ r·min⁻¹	功率、转矩	中心距 a/mm 额定输入功率 P_1/kW，额定输出转矩 T_2/N·m																	
			80	100	125	140	160	180	200	225	250	280	315	355	400	450	500	560	630	710
28	1500	P_1	3.10	5.31	9.10	12.0	16.5	21.9	28.3	37.6	48.7	63.7	84.7	113	151	200	250	340	—	—
		T_2	453	786	1354	1791	2472	3324	4287	5763	7432	9940	13209	17627	23551	31193	38992	53029	—	—
	1000	P_1	2.71	4.64	7.95	10.4	14.4	19.2	24.7	32.8	42.3	55.7	74.0	98.7	132	175	226	297	394	526
		T_2	593	1023	1764	2346	3239	4355	5616	7550	9737	13023	17306	23094	30881	40941	52872	69483	92176	123058
	750	P_1	2.27	3.90	6.68	8.78	12.1	16.1	20.8	27.6	35.6	46.8	62.2	83.0	111	147	190	249	331	442
		T_2	657	1133	1953	2589	3587	4823	6220	8364	10786	14346	19063	25439	34031	45068	58251	76340	101480	135511
	500	P_1	1.80	3.09	5.30	6.96	9.61	12.8	16.5	21.9	28.2	37.1	49.3	65.8	87.8	117	150	198	263	351
		T_2	743	1281	2196	2905	4010	5397	6959	9365	12077	16174	21492	28681	38265	50991	65372	86292	114620	152972
31.5	1500	P_1	2.78	4.77	8.18	10.7	14.8	19.7	25.4	33.8	43.6	57.3	76.1	102	135	180	232	305	—	—
		T_2	447	770	1328	1768	2440	3282	4232	5691	7339	9763	12974	17313	23010	30681	39544	51987	—	—
	1000	P_1	2.43	4.17	7.14	9.39	13.0	17.2	22.2	29.5	38.0	50.0	66.5	88.7	118	157	203	266	354	473
		T_2	585	1009	1740	2315	3196	4299	5543	7455	9614	12789	16994	22678	30170	40141	51902	68009	90509	120934
	750	P_1	1.80	3.09	5.30	6.96	9.61	12.8	16.5	21.9	28.2	37.1	49.3	65.8	87.8	117	150	198	263	351
		T_2	572	986	1700	2263	3123	4201	5418	7287	9397	12502	16613	22170	29578	39416	50533	66704	88602	118248
	500	P_1	1.57	2.69	4.61	6.06	8.36	11.1	14.3	19.0	24.5	32.3	42.9	57.2	76.3	101	131	172	228	305
		T_2	708	1221	2106	2787	3847	5146	6636	8932	11519	15337	20380	27196	36262	48001	62258	81744	108358	144952
35.5	1500	P_1	2.43	4.17	7.14	9.39	13.0	17.2	22.2	29.5	38.0	50.0	66.5	88.7	118	157	203	266	—	—
		T_2	431	744	1283	1697	2343	3152	4065	5468	7051	9439	12543	16738	22267	29627	38367	50195	—	—
	1000	P_1	2.20	3.76	6.45	8.48	11.7	15.6	20.0	26.6	34.4	45.2	60.0	80.1	107	142	183	241	320	427
		T_2	584	1008	1738	2299	3174	4270	5507	7408	9553	12788	16993	22677	30287	40194	51799	68217	90578	120865
	750	P_1	1.88	3.23	5.53	7.27	10.0	13.3	17.2	22.8	29.5	38.7	51.5	68.7	91.6	122	157	206	274	366
		T_2	655	1130	1949	2595	3582	4820	6216	8363	10784	14352	19072	25451	33950	45217	58189	76349	101552	135650
	500	P_1	1.49	2.55	4.38	5.75	7.94	10.6	13.6	18.1	23.3	30.6	40.7	54.4	72.5	96.4	124	163	217	290
		T_2	738	1273	2196	2906	4011	5402	6966	9318	12016	16108	21405	28565	38094	50652	65154	85646	114019	152376
40	1500	P_1	2.27	3.90	6.68	8.78	12.1	16.1	20.8	27.6	35.6	46.8	62.2	83.0	111	147	190	249	331	—
		T_2	440	759	1310	1744	2408	3240	4178	5623	7251	9651	12825	17115	22895	30320	39189	51358	68272	—
	1000	P_1	1.88	3.23	5.53	7.27	10.0	13.3	17.2	22.8	29.5	38.7	51.5	68.7	91.6	122	157	206	274	366
		T_2	547	943	1626	2165	2989	4022	5187	6980	9001	11981	15920	21246	28340	37745	48574	63734	84772	113235
	750	P_1	1.65	2.82	4.84	6.36	8.78	11.7	15.0	20.0	25.8	33.9	45.0	60.1	80.1	106	137	181	240	320
		T_2	629	1085	1872	2494	3442	4633	5975	8041	10370	13805	18345	24481	32635	43187	55817	73744	97782	130376
	500	P_1	1.22	2.08	3.57	4.69	6.48	8.61	11.1	14.8	19.0	25.0	33.2	44.3	59.2	78.6	101	133	177	236
		T_2	659	1138	1964	2617	3613	4867	6276	8452	10900	14520	19295	25748	34370	45634	58638	77217	102763	137017

i	n_1	项																			
45	1500	P_1	—	297	224	170	132	99.2	74.4	55.7	41.9	31.9	24.7	18.6	14.4	10.9	7.87	5.99	3.49	2.04
		T_2	—	68065	51335	38960	30251	22734	17049	12776	9614	7222	5600	4161	3227	2397	1737	1304	751	435
	1000	P_1	343	257	193	147	114	85.9	64.4	48.2	36.3	27.6	21.4	16.1	12.5	9.40	6.81	5.18	3.02	1.76
		T_2	117911	88347	66346	50533	39189	29259	22131	16584	12480	9375	7270	5401	4189	3112	2293	1693	975	565
	750	P_1	305	228	172	131	101	76.3	57.2	42.9	32.3	24.5	19.0	14.3	11.1	8.36	6.06	4.61	2.69	1.57
		T_2	134555	100585	75880	59148	44558	33661	25246	18918	14237	10759	8343	6238	4837	3592	2602	1966	1140	661
	500	P_1	252	188	142	108	83.7	63.0	47.2	35.4	26.6	20.2	15.7	11.8	9.16	6.90	5.00	3.80	2.22	1.29
		T_2	161346	120369	90917	69148	53590	40336	30227	22651	17046	12705	9852	7364	5712	4238	3069	2303	1334	773
50	1500	P_1	—	268	202	154	119	89.7	67.2	50.4	37.9	28.8	22.4	16.8	13.1	9.82	7.12	5.41	3.16	1.84
		T_2	—	66537	50151	38234	29545	22270	16694	12510	9414	7069	5482	4072	3157	2345	1699	1275	744	428
	1000	P_1	312	234	176	134	104	78.2	58.6	43.9	33.1	25.2	19.5	14.7	11.4	8.57	6.21	4.72	2.76	1.61
		T_2	116192	87144	65544	49903	38731	29123	21844	16369	12318	9250	7173	5328	4132	3068	2223	1668	974	560
	750	P_1	259	194	146	111	86.2	64.9	48.6	36.4	27.4	20.9	16.2	12.2	9.44	7.10	5.15	3.92	2.28	1.33
		T_2	126957	95095	71567	54410	42254	31813	23843	17867	13446	10095	7828	5814	4508	3347	2425	1820	1055	611
	500	P_1	198	149	112	85	65.9	49.6	37.2	27.9	21.0	16.0	12.4	9.31	7.22	5.43	3.94	2.99	1.74	1.02
		T_2	138021	103864	78073	59252	45937	34575	25929	19430	14622	10970	8507	6313	4895	3632	2631	1973	1143	662
56	1500	P_1	—	246	185	141	109	82.1	61.5	46.1	34.7	26.4	20.5	15.4	11.9	8.99	6.51	4.95	2.89	1.69
		T_2	—	67527	50783	38705	29921	22537	16887	12654	9523	7150	5471	4090	3172	2355	1706	1280	747	430
	1000	P_1	282	211	159	121	93.8	70.6	52.9	39.7	29.8	22.7	17.6	13.2	10.3	7.73	5.60	4.26	2.49	1.45
		T_2	116114	86880	65469	49822	38622	29070	21795	16332	12291	9228	7062	5279	4094	3039	2202	1652	964	555
	750	P_1	259	194	146	111	86.2	64.9	48.6	36.4	27.4	20.9	16.2	12.2	9.44	7.10	5.14	3.92	2.28	1.33
		T_2	139422	104432	78593	59752	46402	34936	26184	19621	14766	11083	8595	6381	4948	3673	2661	1996	1157	670
	500	P_1	213	160	120	91.6	71.0	53.4	40.1	30.0	22.6	17.2	13.3	10.0	7.78	5.85	4.24	3.22	1.88	1.10
		T_2	162878	122349	91762	70045	54293	40834	30631	22954	17274	13048	10118	7453	5780	4287	3106	2345	1359	787
63	1500	P_1	—	217	163	124	96.4	72.5	54.4	40.7	30.7	23.3	18.1	13.6	10.6	7.94	5.75	4.38	2.55	1.49
		T_2	—	65272	49029	37298	28996	21807	16352	12254	9221	6921	5367	3984	3090	2293	1661	1246	727	418
	1000	P_1	259	194	146	111	86.2	64.9	48.6	36.4	27.4	20.9	16.2	12.2	9.44	7.10	5.15	3.92	2.28	1.33
		T_2	116858	87531	65874	50082	38893	29282	21946	16446	12376	9289	7203	5347	4147	3078	2230	1673	976	562
	750	P_1	236	177	133	101	78.6	59.2	44.3	33.2	25.0	19.0	14.8	11.1	8.61	6.48	4.69	3.57	2.08	1.22
		T_2	140082	105061	78914	59950	46654	35139	26324	19726	14845	11279	8638	6412	4972	3690	2673	2005	1162	673
	500	P_1	160	120	90.3	68.7	53.2	40.1	30.0	22.5	16.9	12.9	9.99	7.52	5.83	4.39	3.18	2.42	1.41	0.82
		T_2	134755	101067	76053	57861	44806	33773	25303	18961	14269	10699	8297	6153	4771	3538	2563	1921	1112	644

表 10.2-289 减速器输出轴轴端许用径向力 F_r

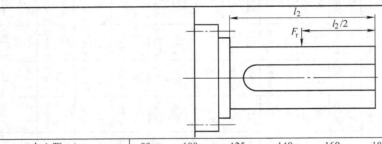

中心距 a/mm	80	100	125	140	160	180	200	225	250
许用径向力 F_r/N	2250	3500	5000	6500	9000	11000	14000	17000	21700
中心距 a/mm	280	315	355	400	450	500	560	630	710
许用径向力 F_r/N	27000	31000	35000	40000	43000	46000	49000	52000	56000

表 10.2-290 减速器的传动效率 η

公称传动比 i	输入转速 n_1 /r·min⁻¹	中心距 a/mm									
		80	100	125	140	160	180	200	225	250	280~710
		传动效率 η(%)									
10	1500	90	91	91	92	92	93	93	94	94	95
	1000	90	91	91	92	92	93	93	94	94	95
	750	89	89.5	90	91	91	92	92	93	93	94
	500	87	87.5	88	89	89	90	90	91	91	92
12.5	1500	89	90	90	91	91	92.5	92.5	93.5	93.5	94.5
	1000	89	90	90	91	91	92.5	92.5	93.5	93.5	94.5
	750	88	88.5	89	90	90	91.5	91.5	92	92	93
	500	86	86.5	87	88	88	89	89	90	90	91
14	1500	88.5	89.5	89.5	91	91	92	92	93	93	94
	1000	88.5	89.5	89.5	91	91	92	92	93	93	94
	750	87	88	88.5	89.5	89.5	91	91	91.5	91.5	92.5
	500	85	86	86.5	87.5	87.5	88	88	89	89	90
16	1500	88	89	89	90	90	91	91	92	92	93
	1000	88	89	89	90	90	91	91	92	92	93
	750	86.5	87	88	89	89	90	90	91	91	92
	500	84	84.5	85	86	86	87	87	88	88	89
18	1500	87.5	88	88	89.5	89.5	90	90	91	91	92
	1000	87	88	88	89	89	90	90	91	91	92
	750	85.5	86	87	88	88	89.5	89.5	90	90	91
	500	83	83.5	84	85	85	86	86	87	87	88
20	1500	86.5	87	87	88	88	89.5	89.5	90	90	91
	1000	86	86.5	87	88	88	89.5	89.5	90	90	91
	750	84.5	85	86	87	87	89	89	89.5	89.5	90
	500	82	82.5	83	84	84	85	85	86	86	87
22.4	1500	85.5	86	86	87	87	88.5	88.5	89	89	90
	1000	85	86	86	87	87	88.5	88.5	89	89	90
	750	83.5	84.5	84.5	85.5	85.5	87.5	87.5	88	88	89
	500	80.5	81	81	82	82	83	83	84	84	85.5
25	1500	85	86	86	87	87	88	88	88.5	88.5	89
	1000	84	85	86	87	87	88	88	88.5	88.5	89
	750	83	83.5	84	85	85	86	86	87	87	88
	500	79	79.5	80	81	81	81.5	81.5	83	84	85

（续）

公称 传动比 i	输入转速 n_1 $/r \cdot min^{-1}$	中心距 a/mm									
		80	100	125	140	160	180	200	225	250	280~710
		传动效率 η(%)									
28	1500	82.5	83	83.5	84	84	85	85	86	86	87.5
	1000	82	82.5	83	84	84	85	85	86	86	87.5
	750	81	81.5	82	83	83	84	84	85	85	86
	500	77	77.5	77.5	78	78	79	79	80	80	81.5
31.5	1500	80	80.5	81	82	82	83	83	84	84	85
	1000	80	80.5	81	82	82	83	83	84	84	85
	750	79	79.5	80	81	81	82	82	83	83	84
	500	75	75.5	76	76.5	76.5	77	77	78	78	79
35.5	1500	78.5	79	79.5	80	80	81	81	82	82	83.5
	1000	78.5	79	79.5	80	80	81	81	82	82	83.5
	750	77	77.5	78	79	79	80	80	81	81	82
	500	73	73.5	74	74.5	74.5	75.5	75.5	76	76	77.5
40	1500	76	76.5	77	78	78	79	79	80	80	81
	1000	76	76.5	77	78	78	79	79	80	80	81
	750	75	75.5	76	77	77	78	78	79	79	80
	500	71	71.5	72	73	73	74	74	75	75	76
45	1500	74.5	75	76	77	77	78	78	79	79	80
	1000	74.5	75	76	77	77	78	78	79	79	80
	750	73.5	74	74.5	75	75	76	76	76.5	76.5	77
	500	69.5	70	70.5	71.5	71.5	72.5	72.5	73	73	74.5
50	1500	73	74	74	75	75	76	76	77	77	78
	1000	73	74	74	75	75	76	76	77	77	78
	750	72	72.5	73	74	74	75	75	76	76	77
	500	68	68.5	69	70	70	71	71	72	72	73
56	1500	71.5	72.5	72.5	73.5	73.5	74.5	74.5	75	76	77
	1000	71.5	72.5	72.5	73.5	73.5	74.5	74.5	75	76	77
	750	70.5	71	71.5	72.5	72.5	73.5	73.5	74.5	74.5	75.5
	500	67	67.5	68	68.5	68.5	69.5	69.5	71	71	71.5
63	1500	70	71	71	72	72	73	73	74	74	75
	1000	70	71	71	72	72	73	73	74	74	75
	750	69	69.5	70	71	71	72	72	73	73	74
	500	65	65.5	66	67	67	68	68	69	69	70

22.4　选用方法

1) 选用减速器应知原动机、工作机类型及载荷性质，每日平均运转时间、起动频率和环境温度。

2) 表 10.2-288 中的额定输入功率 P_1 和额定输出转矩 T_2 适用于减速器工作载荷平稳，每日工作 8h，每小时起动次数不大于 10 次，起动转矩为额定转矩的 2.5 倍，小时载荷率 $J_c = 100\%$，环境温度为 20℃。

其他工作状态的减速器的额定输入功率 P_1 和额定输出转矩 T_2 可按表 10.2-288 选取，用工作状况系数（见表 10.2-291~表 10.2-295）进行修正。

3) 计算输入功率 P_{1J}、P_{1R} 或计算输出转矩 T_{2J}、T_{2R}。
机械功率　$P_{1J} \geqslant P_{1w} K_A K_1$

或　　　　　$T_{2J} \geqslant T_{2w} K_A K_1$

热功率　　$P_{1R} \geqslant P_{1w} K_2 K_3 K_4$

或　　　　　$T_{2R} \geqslant T_{2w} K_2 K_3 K_4$

式中　P_{1w}——减速器实际输入功率（kW）；

T_{2w}——减速器实际输出转矩（N·m）；

K_A——使用系数，见表 10.2-291；

K_1——起动频率系数，见表 10.2-292；

K_2——小时载荷率系数，见表 10.2-293；

K_3——环境温度系数，见表 10.2-294；

K_4——冷却方式系数，见表 10.2-295。

4) 在下列间歇工作中可不校验输入热功率。

① 在 1h 内多次起动并且运转时间总和不超过 20min 的场合。

② 在一个工作周期内运转时间不超过 40min，并且间隔 2h 以上起动一次的场合。

5）当实际输入功率超过许用输入热功率时，则需采用强制冷却措施或选用更大规格的减速器。

例 10.2-16 某重型卷扬机采用平面二次包络环面蜗杆减速器（带风扇），电动机功率 $P_{1w} = 15kW$，减速器输入转速 $n_1 = 1000r/min$，传动比 $i = 40$，每日工作 8h，每小时起动 15 次，每次工作 3min，环境温度为 30℃。

解： 由表 10.2-291 查得 $K_A = 1.3$，查表 10.2-292 查得 $K_1 = 1.1$，由 $J_c = \dfrac{3 \times 15}{60} \times 100\% = 75\%$，查表 10.2-293 得 $K_2 = 0.93$，由表 10.2-294 查得 $K_3 = 1.14$，由表 10.2-295 查得 $K_4 = 1$，计算输入功率如下：

机械功率　$P_{1J} \geqslant P_{1w} K_A K_1$

$$= 15 \times 1.3 \times 1.1 kW = 21.45 kW$$

热功率　$P_{1R} \geqslant P_{1w} K_2 K_3 K_4$

$$= 15 \times 0.93 \times 1.14 \times 1 kW = 15.9 kW$$

查表 10.2-288 选择减速器中心距 $a = 225mm$，$n_1 = 1000r/min$，$i = 40$，额定输入功率 $P_1 = 22.8kW$，可用。

表 10.2-291　使用系数 K_A

原 动 机	载荷性质（工作机特性）	每日工作时间/h				
		≤0.5	>0.5~1	>1~2	>2~10	>10
		K_A				
电动机，汽轮机燃气轮机（起动转矩小，偶尔作用）	均匀载荷	0.6	0.7	0.9	1	1.2
	轻度冲击	0.8	0.9	1.0	1.2	1.3
	中等冲击	0.9	1.0	1.2	1.3	1.5
	强烈冲击	1.1	1.2	1.3	1.5	1.75
汽轮机，燃气轮机，液动机或电动机（起动转矩大，经常作用）	均匀载荷	0.7	0.8	1	1.1	1.3
	轻度冲击	0.9	1	1.1	1.3	1.4
	中等冲击	1	1.1	1.3	1.4	1.6
	强烈冲击	1.1	1.3	1.4	1.6	1.9
多缸内燃机	均匀载荷	0.8	0.9	1.1	1.3	1.4
	轻度冲击	1.0	1.1	1.3	1.4	1.5
	中等冲击	1.1	1.3	1.4	1.5	1.8
	强烈冲击	1.3	1.4	1.5	1.8	2
单缸内燃机	均匀载荷	0.9	1.1	1.3	1.4	1.6
	轻度冲击	1.1	1.3	1.4	1.6	1.8
	中等冲击	1.3	1.4	1.6	1.8	2
	强烈冲击	1.4	1.6	1.8	2	2.3 或更大

注：均匀载荷：发电机、均匀装料的带式或板式输送机、螺旋输送机、轻型卷扬机、包装机械、机床进给装置、通风机、轻型离心机、离心泵、稀液料和密度均匀物料搅拌机和混合机及按最大剪切力矩设计的冲压机。
　　轻度冲击：不均匀装料的带式或板式输送机、机床主传动装置、重型卷扬机、起重机旋转机构、工矿通风机、重型离心机、离心泵、黏性液料及密度不均匀物料搅拌机和混合机、多缸柱塞泵、给料泵、挤压机、压延机、回转窑、锌、铝带材、线材、型材轧机。
　　中等冲击：橡胶挤压机、经常起动的橡胶和塑料混合机、轻型球磨机、木材加工机械、钢坯初轧机、单缸活塞泵。
　　强烈冲击：铲斗链传动、筛传动装置、单斗挖土机、重型球磨机、橡胶混炼机、冶金机械、重型给料泵、旋转式钻探设备、压砖机、除鳞机、冷轧机及压块机。

表 10.2-292　起动频率系数 K_1

每小时起动次数	≤10	>10~60	>60~400
启动频率系数 K_1	1	1.1	1.2

表 10.2-293　小时载荷率系数 K_2

小时载荷率 $J_c(\%)$	100	80	60	40	20
小时载荷率系数 K_2	1	0.95	0.88	0.77	0.6

注：1. $J_c = \dfrac{1h \text{ 内载荷作用时间（min）}}{60} \times 100\%$。

　　2. $J_c < 20\%$ 时按 $J_c = 20\%$ 计。

表 10.2-294　环境温度系数 K_3

环境温度/℃	0~10	>10~20	>20~30	>30~40	>40~50
环境温度系数 K_3	0.89	1	1.14	1.33	1.6

表 10.2-295　冷却方式系数 K_4

冷却方式	减速器中心距 a/mm	蜗杆转速 $n_1/\text{r} \cdot \text{min}^{-1}$			
		1500	1000	750	500
		冷却方式系数 K_4			
自然冷却（无风扇）	80	1	1	1	1
	100~225	1.37	1.59	1.59	1.33
	250~710	1.51	1.85	1.89	1.78
风扇冷却	80~710	1			

22.5　润滑

此种减速器一般采用油池润滑，当蜗杆计算圆周滑动速度 $v_s > 10\text{m/s}$ 时，采用强制润滑。减速器采用合成蜗轮蜗杆油，润滑油黏度指数（ⅤⅠ）应大于 100。减速器润滑油油品按表 10.2-296 选取，允许采用润滑性能相当或更高的油品。当减速器轴承采用飞溅润滑时，也可用脂润滑。

表 10.2-296　润滑油油品

输入转速 /r·min⁻¹	中心距/mm									
	80	100	125	160	200	250	315	400	500	630
			140	180	225	280	355		450	560	710
1500								320 蜗轮蜗杆油[1]		
1000							460 蜗轮蜗杆油			
750		680 蜗轮蜗杆油								
500										

[1] 建议采用强制润滑。

第3章 机械无级变速器

机械无级变速器是在输入转速一定的情况下实现输出转速在一定范围内连续变化的一种运动和动力传递装置，由变速传动机构、调速机构及加压装置或输出机构组成。

机械无级变速器转速稳定，滑动率小，具有恒功率机械特性，传动效率较高，能更好地适应各种机械的工况要求及产品变换需要，易于实现整个系统的机械化、自动化，且结构简单，维修方便，价格相对便宜。这种减速器广泛应用于纺织、轻工、机床、冶金、矿山、石油、化工、化纤、塑料、制药、电子和造纸等领域，近年来已开始应用于汽车的机械无级调速。

由于机械无级变速器绝大多数是依靠摩擦传递动力，故承受过载和冲击的能力差，且不能满足严格的传动比要求。

1 机械无级变速器的一般资料

1.1 机械无级变速器的类型、特性及应用举例（见表 10.3-1）

机械无级变速器的机械特性可分为三种：

1）恒功率特性。在传动过程中输出功率保持不变，输出转矩与输出转速呈双曲线关系，载荷的变化对转速影响小，工作中稳定性好，能充分利用原动机的全部功率。

2）恒转矩特性。在传动过程中输出转矩保持恒定，输出功率与输出转速成正比关系，不能充分利用原动机的功率，常用于工作机转矩恒定的场合。

3）变功率、变转矩特性。其特点介于上述二者之间。

表 10.3-1　机械无级变速器的类型、机械特性及应用举例

名　称	简　图	机械特性	特性参数	特点及应用举例
	1. 无中间元件的机械无级变速器			
滚轮平盘式	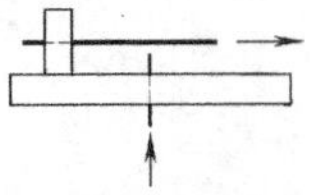	轮主动、恒功率、盘主动、恒转矩	$i_s = 0.5 \sim 2$；$R_{bs} = 4$（单滚）、15（双滚）；$P_1 \leqslant 4kW$；$\eta = 80\% \sim 85\%$	相交轴，升、降速型，可逆转；用于机床、计算机构、测速机构
锥盘环盘式（Prym-SH）	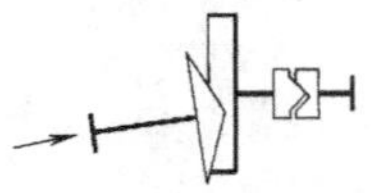	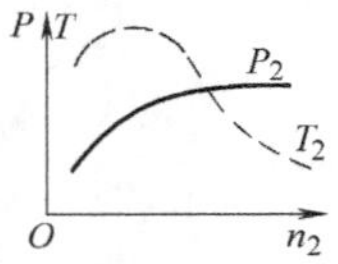	$i_s = 0.25 \sim 1.25$；$R_{bs} \leqslant 5$；$P_1 \leqslant 11kW$；$\eta = 50\% \sim 92\%$	平行轴或相交轴，降速型；可在停车时调速；用于食品机械、机床、变速电动机等
	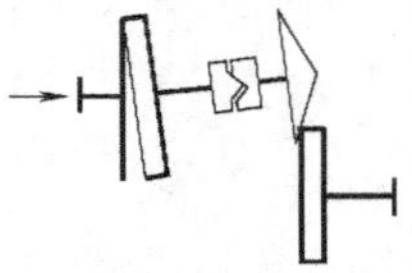	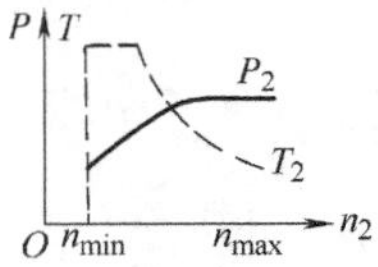	$i_s = 0.125 \sim 1.25$；$R_b \leqslant 10$；$P_1 \leqslant 15kW$；$\eta = 85\% \sim 95\%$	同轴或平行轴，降速型；用于船用辅机
多盘式（Reier）	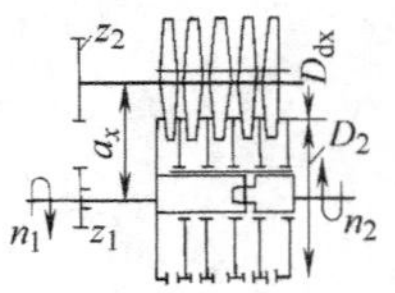	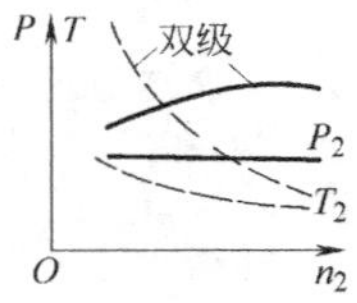	$i_s = 0.2 \sim 0.8$（单级）、$0.076 \sim 0.76$（双级）；$R_b = 3 \sim 6$（单级）、$10 \sim 12$（双级）；$P_1 = 0.5 \sim 150kW$；$\eta = 75\% \sim 87\%$；$\varepsilon = 2\% \sim 5\%$（单级）、$4\% \sim 9\%$（双级）	同轴线，降速型；用于化纤、纺织、造纸、橡塑、电缆、搅拌机械和旋转泵等
光轴斜环式（Uhing）	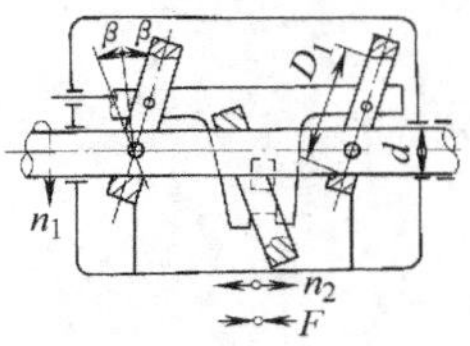	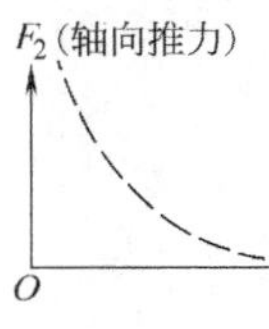	$v_2 = 0.0183 \sim 1.16m/min$；$n_1 = 100 \sim 1000r/min$；$F = 50 \sim 1800N$	直线移动，可正、反转，可停车时调速；用于电缆机械、举重器等

（续）

名　称	简　图	机械特性	特性参数	特点及应用举例
	Ⅱ. 有中间元件机械无级变速器			
	（1）刚性中间元件无级变速器			
滚锥平盘式（FU）			$i_s = 0.17 \sim 1.46$；$R_{bs} \leqslant 8.5$；$P_1 = 26.5(R_b \approx 8.5) \sim 104(R_b \approx 2)$kW；$\eta = 87\% \sim 93\%$　四滚锥单滚锥：$R_b < 10$；$P_1 \leqslant 3$kW；$\eta = 77\% \sim 92\%$	同轴或平行轴，升降速型；用于试验设备、机床主传动、运输、印染及化工机械
钢球平盘式（PIV-KS）			$i_s = 0.05 \sim 1.5$；$R_{bs} \leqslant 25$；$P_1 = 0.12 \sim 3$kW；$\eta \leqslant 85\%$	平行轴，升降速型；用于计算机、办公及医疗设备、小型机床
长锥钢环式			$i_s = 0.5 \sim 2$；$R_{bs} \leqslant 4$；$P_1 \leqslant 3.7$kW；$\eta \leqslant 85\%$	平行轴，升降速型；用于机床、纺织机械等，有自紧作用，不需加压装置
钢环分离锥式（RC）			$i_s = \dfrac{1}{3.2} \sim 3.2$；$R_{bs} \leqslant 10(16)$；$P_1 = 0.2 \sim 10$kW；$\eta = 75\% \sim 90\%$	平行轴，对称调速型，钢环自紧加压；用于机床、纺织机械等
滚轮整环式（RF 单级）（Hayes 双级）			$i_s = 0.1 \sim 3.5$；$R_{bs} = 4 \sim 12$；$P_1 = 0.5 \sim 30$kW；$\eta = 80\% \sim 95\%$	同轴线，升降速型；用于航空工业、汽车
滚轮半环式（Toroidal）			$i_s = 0.22 \sim 2.2$；$R_{bs} = 6 \sim 10$；$P_1 = 0.1 \sim 40$kW；$\eta = 90\% \sim 92\%$	同轴线或相交轴，升降速型；用于机床、拉丝机、汽车等
钢球外锥轮式（Kopp-B）			$i_s = \dfrac{1}{3} \sim 3$；$R_{bs} \leqslant 9$；$P_1 = 0.2 \sim 12$kW；$80\% \sim 90\%$	同轴线，升降速型，对称调速；用于纺织机械、电影机械、机床等

（续）

名　称	简　图	机 械 特 性	特 性 参 数	特点及应用举例
Ⅱ．有中间元件机械无级变速器				
（1）刚性中间元件无级变速器				
钢球内锥轮式（Free Ball）			$i_s = 0.1 \sim 2$；$R_{bs} = 10 \sim 12$ (20)；$P_1 = 0.2 \sim 5kW$；$\eta = 85\% \sim 90\%$	同轴线，升降速型，可逆转；用于机床、电工机械、钟表机械和转速表等
菱锥式（Kopp-K）			$i_s = \dfrac{1}{7} \sim 1.7$；$R_{bs} = 4 \sim 12$ (17)；$P_1 \leqslant 88kW$；$\eta = 80\% \sim 93\%$	同轴线，升降速型；用于化工机械、印染机械、工程机械、机床主传动和试验台等
（2）挠性中间元件无级变速器				
齿链式（PIV-A）（PIV-AS）（FMB）滑片链			$i_s = 0.4 \sim 2.5$；$R_{bs} = 3 \sim 6$；$\eta = 90\% \sim 95\%$ $P_1 = 0.75 \sim 22kW$（A 型，压靴加压）$P_1 = 0.75 \sim 7.5kW$（AS 型，剪式杠杆加压）	平行轴，对称调速；用于纺织机械、化工机械、重型机械和无滑差机床等
单变速带轮式			$i_s = 0.50 \sim 1.25$；$R_{bs} = 2.5$；$P_1 \leqslant 25kW$；$\eta \leqslant 92\%$	平行轴，降速型，中心距可变；用于食品工业等
长锥移带式		基本为恒功率	—	平行轴，升降速型，尺寸大，锥体母线应为曲线；用于纺织机械和混凝土制管机
普通 V 带、宽 V 带、块带式		—	$i_s = 0.25 \sim 4$（宽 V 带、块带），$R_{bs} = 3 \sim 6$（宽 V 带），$P_1 \leqslant 55kW$；$R_{bs} = 2 \sim 10 (16)$（块带式），$P_1 \leqslant 44kW$；$R_{bs} = 1.6 \sim 2.5$（普通 V 带），$P_1 \leqslant 40kW$ $\eta = 80\% \sim 90\%$	平行轴，对称调速，尺寸大；用于机床和印刷、电工、橡胶、农机、纺织、轻工机械等
光面轮链式 1）摆销链（RH）			$i_s = 0.38 \sim 2.4$；$R_{bs} = 2.7 \sim 10$；$\eta \leqslant 93\%$ 摆销链 RH：$P_1 = 5.5 \sim 175kW$，$R_{bs} = 2 \sim 6$ RK：$P_2 = 3.7 \sim 16kW$，$R_{bs} = 3.6 \sim 10$	平行轴，升降速型，可停车调速；用于重型机器、机床和汽车等

（续）

名　称	简　图	机械特性	特性参数	特点及应用举例
	（2）挠性中间元件无级变速器				
2）滚柱链（RS） 3）套环链（RS） 4）金属带式		—	滚柱链 RS：$P_2 = 3.5 \sim$ 17kW（恒功率用） $P_2 = 1.9 \sim$ 19kW（恒转矩用） 套环链 RS：$P_2 = 20 \sim 50$kW（恒功率用） $P_2 = 11 \sim 64$kW（恒转矩用）	
			$i = 0.01 \sim 2.45$ $R_b \leqslant 6$ $P = 55 \sim 11.0$kW $\eta \leqslant 92\%$	平行轴,升降速型；适用于高速大功率传动用于汽车等行业
	Ⅲ. 行星无级变速器				
内锥输出行星锥式（B_1US）			$i_s = -\dfrac{1}{115} \sim -\dfrac{1}{3}$；$R_{bs} \leqslant$ $38.5(\infty)$；$P_1 \leqslant 2.2$kW；$\eta = 60\% \sim 70\%$	同轴线,降速型,可在停车时调速；用于机床进给系统
外锥输出行星锥式（RX）			$i_s = -0.57 \sim 0$；$R_{bs} = 33$ (∞)；$P_1 = 0.2 \sim 7.5$kW；$\eta = 60\% \sim 80\%$	同轴线,降速型；广泛用于食品、化工、机床、印刷、包装、造纸和建筑机械等,低速时效率低于60%
转臂输出行星锥式（SC）			$i_s = \dfrac{1}{6} \sim \dfrac{1}{4}$；$R_{bs} \leqslant 4$；$P_1 \leqslant$ 15kW；$\eta = 60\% \sim 80\%$	同轴线,降速型；用于机床、变速电动机等
转臂输出行星锥盘式（Disco）			$i_s = 0.12 \sim 0.72$；$R_{bs} \leqslant 6$；$P_1 = 0.25 \sim 22$kW；$\eta = 75\% \sim 84\%$	同轴线,降速型；用于陶瓷、制烟等机械和变速电动机

（续）

名　称	简　图	机械特性	特性参数	特点及应用举例
Ⅲ. 行星无级变速器				
行星长锥式（Craham）			$i_s = -\frac{1}{100} \sim \frac{1}{3}$；$P_1 \leqslant 4\text{kW}$；$\eta = 85\% \sim 90\%$	同轴线，降速型，可逆转，有零输出转速但特性不佳，可在停车时调速；用于变速电动机等
行星弧锥式（NS）			$i_s = -0.85 \sim 0 \sim 0.25$；$R_{bs} = \infty$；$P_1 \leqslant 5\text{kW}$；$\eta = 75\%$	同轴线，降速型，可逆转，有零输出转速但特性不佳，可在停车时调速；用于化工机械、塑料机械和试验设备等
封闭行星锥式（OM）			$i_s = -\frac{1}{5} \sim 0 \sim \frac{1}{6}$；$R_{bs} = \infty$（通常 $n_2 > 20\text{r/min}$）；$P_1 \leqslant 3.7\text{kW}$；$\eta = 65\%$	同轴线，降速型，可逆转，有零输出转速但特性不佳；用于机床、变速电动机等
行星钢球无级变速器（Planetroll，AR）			$i_s = 0 \sim 0.414$；$R_b = \infty$；$P_1 = 0.03 \sim 7.5\text{kW}$；$\eta \leqslant 84\%$	同轴线、降速型、用于木工机械
四相摇杆脉动变速器（Zero-Max）		基本为恒转矩	$i_s = 0 \sim 0.25$；$P_1 = 0.09 \sim 1.1\text{kW}$；$T_2 = 1.34 \sim 23\text{N} \cdot \text{m}$	平行轴、降速型；用于纺织、印刷、食品和农业机械等
三相摇块脉动变速器（Gusa）		低速时恒转矩高速时恒功率	$i_s = 0 \sim 0.23$；$P_1 = 0.12 \sim 18\text{kW}$；$\eta = 60\% \sim 85\%$	平行轴、降速型；用于塑料、食品和无线电装配运输带等

注：1. 传动比 $i_{21} = \dfrac{n_2（输出转速）}{n_1（输入转速）}$，$i_s$ 为使用的传动比。

2. 变速比 $R_b = \dfrac{n_{2\max}（最高输出转速）}{n_{2\min}（最低输出转速）}$，表示变速器的变速能力；$R_{bs}$ 为变速器的使用变速比。

3. 除注明者外，均不可在停车时调速。

4. n—转速，下标为构件代号；T_2—输出转矩；a 和 D、d—中心距和直径，有下标 x 者为可变尺寸；η—效率；ε—滑动率；P—功率；P_1、P_2—输入、输出功率；F_2—输出轴向力。

机械无级变速器的机械特性除与传动形式有关外，还决定于加压装置的特性。

1.2　机械无级变速器的选用

机械无级变速器的选择必须综合考虑实际使用要求和变速器的特点。

1）工作机转速变化范围应小于变速器的变速比范围。

$$R_b' \leqslant R_b$$

2）变速器的输出转速与工作机要求的转速有如下关系：

$$n_{2\max} > n_{\max}'$$
$$n_{2\min} < n_{\min}'$$

如果转速不合要求，则要加减（增）速器装置。有的无级变速器产品已经考虑到这种需要，在输入轴或输出轴上加上了相应的减（增）速装置，成为一种派生型号供用户选用。

3）在全部变速范围内变速器的许用功率和许用转矩不小于工作机的功率和转矩，即

$$P_1 \geqslant P'$$
$$M_1 \geqslant M'$$

4）变速器承载能力和性能表中所列的机械特性均是在一定输入转速情况下所具有的，如果输入转速不同于表中所规定的，则应依照厂家所给定的数据进行修正。这里特别要指出的是，有些变速器输入轴转速不允许太高，否则会损坏机件或降低寿命。

5）机械无级变速器的传动除了齿链式具有"啮合"的特点外，几乎都是依靠摩擦和拖动油膜来传递载荷的，因而其传动效率是很敏感的问题，也是无级变速器重要的重量指标之一。因此，在选择无级变速器时必须考虑其效率，尤其是在功率比较大、长期工作的情况下，更应选择效率高的，以提高整体的经济效益。一般说来，点、线接触类型的，如行星锥轮式、行星锥盘式、多盘式等效率偏低，一般为 $\eta = 65\% \sim 80\%$；金属带式、链式效率较高，$\eta = 85\% \sim 93\%$。

机械无级变速器在我国是近年来才得到迅速发展的产品。由于产品种类很多，有些甚至是很先进的，且研制和生产时间较短，故未能形成系列化生产，这里不能一一介绍。有的产品生产多年，已逐渐形成系列，目前已出台了行业标准，本节所提供的就是这些产品的数据。

2 齿链式无级变速器（摘自 JB/T 6952—1993）

齿链式无级变速器包括基本型、第一派生型、第二派生型和第三派生型，主要用于转速要求稳定且又需无级调节的各种场合，如化纤、纺织、造纸、印刷、食品、化工、电工、塑料、仪表、木材、电子和玻璃制品等行业，其使用条件为：

输入转速不大于 1500r/min（第一、第三派生型）；

输入转速不大于 760r/min（基本型和第二派生型）；

变速比 $R_b = 2.8 \sim 6$；

传递功率 $P = 0.75 \sim 22kW$；

工作环境温度为 $-40 \sim 40℃$。当环境温度低于0℃时，起动前润滑油应预热。

2.1 形式和标记方法

齿链式无级变速器有四种类型，即基本型和三个派生型。

基本型——不包括任何减速装置，按功率大小分为七种形式（$P_0 \sim P_6$），按输出输入轴的方位及轴伸的个数有 18 种安装形式。

第一派生型——在基本型的输入端加减速装置，按功率大小分为：直接装法兰电动机型（$PF_0 \sim PF_6$）；用联轴器或 V 带连接电动机型（$PN_0 \sim PN_6$）；按输入、输出轴的方位有两种安装形式。

第二派生型——在基本型的输出端加减速装置，按功率大小分为：一级齿轮减速型（$PB_0 \sim PB_6$）；两级齿轮减速型（$PC_0 \sim PC_6$）；三级齿轮减速型（$PD_1 \sim PD_4$）。按输入、输出轴的方位有两种安装形式。

第三派生型——在基本型的输入端和输出端都加减速装置，是第一派生型和第二派生型的组合形式，包括 $PFB_0 \sim PFB_6$、$PFC_0 \sim PFC_6$、$PFD_1 \sim PFD_4$、$PNB_0 \sim PNB_6$、$PNC_0 \sim PNC_6$、$PND_1 \sim PND_4$。

结构型式与代号：

1）操作者面对示速盘，左手操作调速手轮的代号为 L。

2）操作者面对示速盘，右手操作调速手轮的代号为 R。

3）输入轴和输出轴所在平面垂直于水平面的代号为（立）。

4）输入轴和输出轴在同一水平面上的代号为（卧）。

标记方法：

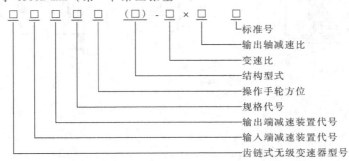

标准号
输出轴减速比
变速比
结构型式
操作手轮方位
规格代号
输出端减速装置代号
输入端减速装置代号
齿链式无级变速器型号

标记示例：

1）整机配用功率为 1.5kW，出入轴两端均不加减速装置，变速比为 3，用左手操作调速手轮的立式齿链式无级变速器，标记为：

P₁L（立）-3　JB/T 6952—1993

2）输入轴端加装的减速装置与电动机直接连接，输出轴端加装的减速装置内用两对齿轮减速的第三类派生型，电动机功率为 4kW，右手操作，变速比为 6，输出轴减速比为 1/30 的卧式齿链式无级变速器，标记为：

$$\text{PFC}_2\text{R （卧）-}6\times\frac{1}{30}\quad \text{JB/T 6952—1993}$$

2.2　外形尺寸和安装尺寸（表 10.3-2）

表 10.3-2　齿链式无级变速器外形尺寸及安装尺寸　　　　　　（mm）

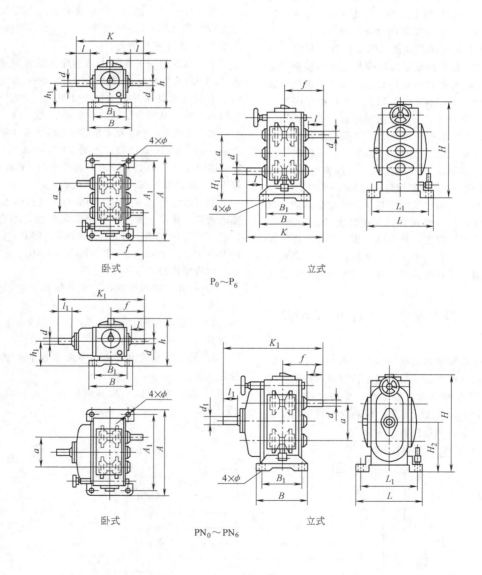

卧式　　　　　　　　　　立式

P₀～P₆

卧式　　　　　　　　　　立式

PN₀～PN₆

（续）

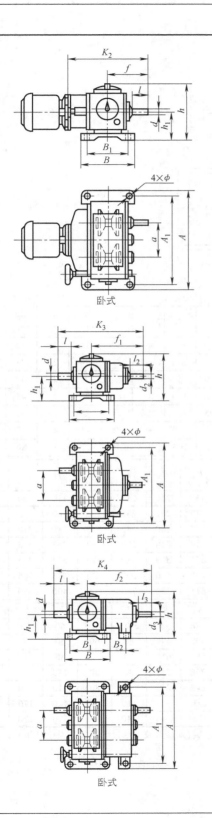

卧式

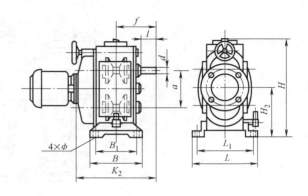

立式

PF$_0$～PF$_6$

卧式

立式

PB$_0$～PB$_6$

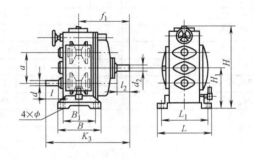

卧式

立式

PC$_0$～PC$_6$

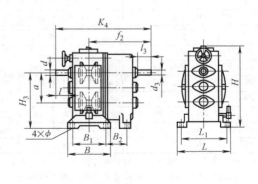

（续）

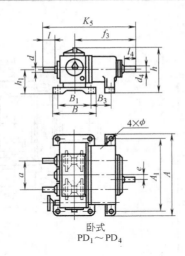

卧式
$PD_1 \sim PD_4$

型　　号	a	e	A	A_1	B	B_1	B_2	B_3	ϕ	d (j7)	d_1 (j7)	d_2 (j7)	d_3 (j7)
P_0、PF_0、PN_0、PB_0、PC_0	120	—	350	325	136	110	—	—	12	16	16	22	28
P_1、PF_1、PN_1、PB_1、PC_1、PD_1	160	4	450	410	185	150	130	130	14.5	24	24	28	38
P_2、PF_2、PN_2、PB_2、PC_2、PD_2	190	4	540	495	235	200	150	150	18.5	28	28	38	45
P_3、PF_3、PN_3、PB_3、PC_3、PD_3	248	5	660	615	300	265	170	200	18.5	32	32	45	55
P_4、PF_4、PN_4、PB_4、PC_4、PD_4	304	5	810	755	345	295	208	208	24	38	32	50	75
P_5、PF_5、PN_5、PB_5、PC_5	360	—	930	870	425	360	260	—	28	45	45	60	85
P_6、PF_6、PN_6、PB_6、PC_6	430	—	1150	1060	510	410	305	—	35	60	55	80	100

型　　号	d_4 (j7)	h	h_1	H	H_1	H_2	H_3	L	L_1	f	f_1	f_2
P_0、PF_0、PN_0、PB_0、PC_0	28	182	90	308	90	150	210	217	192	110	200	227
P_1、PF_1、PN_1、PB_1、PC_1、PD_1	38	240	132	427	132	212	292	285	250	160	243	332
P_2、PF_2、PN_2、PB_2、PC_2、PD_2	45	275	150	505	150	245	340	345	300	180	310	414
P_3、PF_3、PN_3、PB_3、PC_3、PD_3	55	330	170	614	170	294	418	390	350	233	395	523
P_4、PF_4、PN_4、PB_4、PC_4、PD_4	75	380	200	753	215	367	519	470	410	572	435	585
P_5、PF_5、PN_5、PB_5、PC_5	—	480	250	875	250	430	610	590	530	326	505	710
P_6、PF_6、PN_6、PB_6、PC_6	—	590	300	1045	300	515	730	750	660	400	650	823

型　　号	f_3	K	K_1	K_2	K_3	K_4	K_5	l	l_1	l_2	l_3	l_4
P_0、PF_0、PN_0、PB_0、PC_0	—	222	311	273	222	378	—	31.5	31.5	50	60	—
P_1、PF_1、PN_1、PB_1、PC_1、PD_1	334	320	381	305	403	492	494	60	60	60	80	80
P_2、PF_2、PN_2、PB_2、PC_2、PD_2	430	360	443	370	490	594	610	60	60	80	110	110
P_3、PF_3、PN_3、PB_3、PC_3、PD_3	502	466	579	475	628	756	735	80	80	110	140	110
P_4、PF_4、PN_4、PB_4、PC_4、PD_4	585	514	662	522	692	842	842	80	80	110	140	140
P_5、PF_5、PN_5、PB_5、PC_5	—	652	809	666	830	1036	—	110	100	140	170	—
P_6、PF_6、PN_6、PB_6、PC_6	—	800	974	784	1051	1223	—	140	100	170	170	—

注：第三派生型为第一派生型和第二派生型的组合形式，其在输入端的技术参数及外形尺寸与第一派生型相同，其在输
　　出端的技术参数及外形尺寸则与第二派生型相同。

2.3　性能参数

减速器的性能参数见表 10.3-3 和表 10.3-4。

表 10.3-3　基本型和第一派生型减速器的额定性能参数

型号	配用电动机功率/kW	输入轴转速 n_1 /r·min^{-1} 基本型	第一派生型	变速范围 R	输出轴转速 n_2 /r·min^{-1} max	min	输出功率 /kW n_{2max}时	n_{2min}时	输出转矩 /N·m n_{2max}时	n_{2min}时
P_0				6	1764	294		0.35	2.94	
PF_0	0.75	820	1400	4.5	1525	339	0.56	0.35	3.53	9.8
PN_0				3	1245	415		0.43	4.31	
P_1				6	1770	295		0.59	6	
PF_1	1.5	720	1400	4.5	1530	340	1.12	0.67	7	18.5
PN_1				3	1245	415		0.82	8.5	
P_2				6	1770	295		1.12	12	
PF_2	3	720	1420	4.5	1530	340	2.24	1.34	14	37.0
PN_2				3	1245	415		1.64	17	
P_3				6	1770	295		1.86	19.5	
PF_3	4	720	1440	4.5	1530	340	3.73	2.06	22.5	58.5
PN_3				3	1245	415		2.60	28.0	
P_4				6	1770	295		2.97	31	
PF_4	7.5	720	1440	4.5	1530	340	5.90	3.35	36	93.0
PN_4				3	1245	415		4.10	44	
P_5	11	720	1440	6	1770	295		4.74	46.5	149
				4.5	1530	340	9.48	5.33	58.0	
PF_5				3	1245	415		6.60	70.5	
PN_5	15	720	1460	6	1770	295	10.40	5.60	55	176.5
				4.5	1530	340	11.20	6.30	68.5	
				3	1245	415	11.20	7.80	83	
P_6	18.5	550	1470	5.6	1300	232	16.40	7.46	117	
PF_6				4	1250	312	18.60	9.70	137	294
PN_6	22	625	1470	2.8	1045	375	19.40	11.50	176.5	

表 10.3-4　第二派生型减速器的额定性能参数

型号	配用电动机功率/kW	输入轴转速 n_1 /r·min^{-1}	输出轴端减速比 i	变速范围 R	输出轴转速 n_2 /r·min^{-1} max	min	输出功率 /kW n_{2max}时	n_{2min}时	输出转矩 /N·m n_{2max}时	n_{2min}时
PB_0			1/1.96	6	900	150		0.31	6.9	
				4.5	774	172	0.63	0.36	8	20
				3	636	212		0.43	9.8	
			1/3.47	6	504	84		0.31	12.4	
				4.5	440	98	0.63	0.36	14.2	34
				3	360	120		0.43	17.3	
	0.75	720	1/6.5	6	270	45		0.31	23	
				4.5	234	52	0.63	0.36	26	50
				3	192	64		0.43	32	
			1/10	6	176.4	29.4		0.27	33.68	
				4.5	153	34.0	0.61	0.33	38.83	95
				3	124.5	41.5		0.40	47.72	
PC_0			1/17.7	6	100	16.7		0.27	59.41	
				4.5	86.4	19.2	0.61	0.33	68.76	166.5
				3	70.3	23.4		0.40	84.51	
			1/31.9	6	55.2	9.2		0.27	107.6	
				4.5	48.15	10.7	0.61	0.33	123.4	185
				3	39	13		0.40	152.3	

（续）

型　号	配用电动机功率 /kW	输入轴转速 n_1 /r·min⁻¹	输出轴端减速比 i	变速范围 R	输出轴转速 n_2 /r·min⁻¹		输出功率 /kW		输出转矩 /N·m	
					max	min	n_{2max} 时	n_{2min} 时	n_{2max} 时	n_{2min} 时
PB₁	1.5		1/1.96	6	900	150	1.12	0.60	11.8	
				1.5	774	172	1.27	0.67	15.2	37.2
				3	636	212	1.27	0.82	19.1	
			1/3.47	6	504	84	1.04	0.56	20.6	
				4.5	440	98	1.23	0.63	27.4	65.7
				3	360	120	1.23	0.78	33.3	
			1/6.5	6	270	45	1.12	0.48	38.2	
				4.5	234	52	1.27	0.52	51	98
				3	192	64	1.27	0.66	62.7	
PC₁			1/10	6	174	29	1.04	0.56	56.8	
				4.5	153	34	1.23	0.63	75.5	181.3
				3	126	42	1.23	0.78	92.1	
			1/17.7	6	100	16.5	1.04	0.56	100	
				4.5	87	19.2	1.23	0.63	133.3	323.4
				3	69	23	1.23	0.78	163.7	
			1/33.2	6	54	9	1.04	0.34	187.2	
				4.5	46	10.2	1.23	0.37	250	343
				3	37.5	12.5	1.23	0.45	303.8	
PD₁			1/39.8	6	44.4	7.4	1.04	0.26	249	
				4.5	38.2	8.5	1.12	0.30	294	343
				3	31.2	10.4	1.12	0.37	343	
		720	1/60.0	6	29.4	4.9	1.04	0.19		
				4.5	25.6	5.6	0.93	0.20	343	343
				3	21	7	0.75	0.26		
PB₂	3		1/2.13	6	828	138		1.12	25.5	
				4.5	720	160	2.24	1.34	29.4	78.4
				3	585	195		1.64	26.3	
			1/3.58	6	498	83		1.12	42.1	
				4.5	432	96	2.24	1.34	49	132.3
				3	354	118		1.64	59.8	
			1/6	6	294	49		1.04	72.5	
				4.5	256	57	2.24	1.19	83.3	196
				3	210	70		1.49	102.9	
PC₂			1/10.6	6	168	28		1.12	117.6	
				4.5	144	32	2.16	1.27	137.2	372.4
				3	117	39		1.57	166.6	
			1/17.7	6	101	16.8		1.12	196	
				4.5	85	19	2.16	1.27	225.4	607.6
				3	70.5	23.5		1.57	274.4	
			1/30	6	60	10		0.67	323.4	
				4.5	51	11.4	2.16	0.78	382.2	637
				3	42	14		0.97	470.4	
PD₂			1/39.5	6	45	7.5	2.01	0.52	421.4	
				4.5	38.2	8.5	2.01	0.62	490	637
				3	31.5	10.5	2.01	0.75	597.8	
			1/35.6	6	31.8	5.3	2.01	0.37	597	
				4.5	27	6	1.87	0.41	631	637
				3	22.5	7.5	1.49	0.52	631	

（续）

型　号	配用电动机功率 /kW	输入轴转速 n_1 /r·min⁻¹	输出轴端减速比 i	变速范围 R	输出轴转速 n_2 /r·min⁻¹ max	min	输出功率 /kW n_{2max}时	n_{2min}时	输出转矩 /N·m n_{2max}时	n_{2min}时
PB₃	4		1/2	6	882	147		1.87	42	
				4.5	765	170	3.95	2.09	49	117
				3	624	208		2.16	58.6	
			1/3.11	6	570	95		1.87	64.7	
				4.5	490	109	3.95	2.09	75.5	181.3
				3	402	134		2.61	92.1	
			1/6	6	294	49		1.49	125.4	
				4.5	256	57	3.95	1.79	146	294
				3	210	70		2.16	178.4	
PC₃			1/10.2	6	174	29		1.72	205.8	
				4.5	148	33	3.80	2.01	235.2	568.4
				3	123	41		2.46	289	
			1/15.8	6	111	18.5		1.72	318.5	
				4.5	97	21.5	3.80	2.01	367.5	882
		720		3	78	26		2.46	450.8	
			1/30.5	6	57.6	9.6		1.34	607.6	
				4.5	50	11.1	3.80	1.49	705.6	1274
				3	40.5	13.5		1.87	872.2	
PD₃			1/38.6	6	45.6	7.6		1.04	744.8	
				4.5	39.6	8.8	3.73	1.19	882	1274
				3	32.4	10.8		1.49	1078	
			1/59.5	6	29.7	4.95	3.58	0.67	1127	
				4.5	25.7	5.7	3.51	0.82	1274	1274
				3	21	7	2.83	0.97	1274	
PB₄			1/22.3	6	790	132		2.98	69.6	
				4.5	685	152	5.97	3.36	81.3	205.8
				3	555	185		4.10	98	
			1/4	6	440	74		2.98	125.4	
				4.5	382	85	5.97	3.36	145	372.4
				3	312	104		4.10	176.4	
			1/6	6	295	49		2.54	187.2	
	7.5			4.5	255	57	5.97	2.98	215.6	490
				3	216	70		3.66	264.4	
PC₄			1/10.7	6	165	27.5		2.69	313.6	
				4.5	143	31.8	5.60	3.21	362.6	940.8
				3	117	39		3.88	441	
			1/19.2	6	92	15.2		2.69	568.4	
				4.5	80	17.8	5.60	3.21	656.6	1685.6
				3	65	21.5		3.88	793.8	
			1/32.5	6	54	9		2.16	960.4	
				4.5	47	10.5	5.60	2.54	1107.4	2254
				3	38.5	12.8		3.13	1352.4	
PD₄			1/41.3	6	42.8	7.1	5.30	1.72	1176	
				4.5	37	8.2	5.22	2.01	1323	2254
				3	30	10	5.22	2.36	1666	
			1/62.5	6	28.2	4.7	5.30	1.13	1764	
				4.5	24.5	5.4	5.22	1.34	1960	2254
				3	20	6.7	4.85	1.65	2254	

（续）

型　号	配用电动机功率/kW	输入转速 n_1 /r·min⁻¹	输出端减速比 i	变速范围 R	输出轴转速 n_2 /r·min⁻¹ max	min	输出功率 /kW n_{2max}时	n_{2min}时	输出转矩 /N·m n_{2max}时	n_{2min}时
PB₅	15	720	1/1.98	6	900	150	10.0	5.4	106	
				4.5	780	173	11.0	6.1	134.3	338
				3	635	212	11.0	7.6	166.6	
			1/8.4	6	520	87	10.0	5.4	183	
				4.5	450	100	11.0	6.1	225	582
				3	362	123	11.0	7.6	284.2	
			1/5.9	6	300	50	10.0	4.85	318	
				4.5	260	58	11.0	5.6	403	864
				3	210	70	11.0	6.34	499	
PC₅			1/9.2	6	192	32	9.55	5.22	475.3	
				4.5	165	37	10.3	5.97	597.8	1519
				3	136	45.2	10.3	7.46	725.2	
			1/16	6	110	18.5	9.5	5.22	824	
				4.5	94	21	10.3	5.67	1024	2665
				3	78	26	10.3	7.46	1154	
			1/36.3	6	58	9.7	9.5	3.95	1563	
				4.5	50	11.2	10.3	4.33	1966	3528
				3	41.2	13.7	10.3	5.60	2386	
PB₆	18.5	550	1/1.62	5.6	802	144	16	7.46	191.1	475.3
			1/3.4		374	66.9	16.4	7.46	400	1000
			1/6.45		202	36	16.49	6.34	754.6	1666
			1/8.1		161	28.8	15.0	6.08	888.8	2009
			1/17		76.4	13.6	15.0	6.08	1862	4919.6
			1/32.25		40.5	7.2	15.0	5.53	3508.4	7350
	22	625	1/1.62	2.8	650	232	19.4	11.56	284.2	475.3
				4	770	192	18.65	9.7	223.4	
			1/3.4	2.8	308	110	19.4	11.56	597.8	1000
				4	368	92	18.65	9.7	465.5	
			1/6.45	2.8	162	58	19.4	10.29	1127	1666
				4	195	48.7	18.65	8.58	882	
			1/8.1	2.8	130	46.4	18.05	10.66	1323	2009
				4	154	38.4	17.27	9.00	1068.2	
PC₆			1/17	2.8	61.6	22	18.0	10.66	2759.7	4919.6
				4	73.6	18.4	17.27	9.11	2241.3	
			1/32.25	2.8	32.4	11.6	18.0	10.66	5243	7350
				4	39	9.5	17.27	9.00	4230.7	

2.4　选用方法

1）根据工作机传动系统要求，首先确定变速器输出的极限转速 n_{2max}、n_{2min} 及在两极限转速时所需输出的功率或转矩。算出变速比 $R_b = \dfrac{n_{2max}}{n_{2min}}$，考虑是否选用派生型。

当基本型变速器输出的极限转速 n_{2max} 或 n_{2min} 高于工作机的需要转速 n' 时，则可选用第二类派生型，所加减速装置的变速比可按 $i = \dfrac{n'_{max}}{n_{2max}}$ 或 $i = \dfrac{n'_{min}}{n_{2min}}$ 中较小者选用。

2）根据所驱动工作机所需的功率、变速范围和减速比，确定变速器的型号。应该明确所驱动的工作机，在转速变化时是按恒功率使用，还是按恒转矩使用，以及开停的频繁程度和持续运转的周期。

当作恒功率使用时，应按最低转速时的输出功率选用；当作恒转矩使用时，应按最高转速时的输出功率选用；当转矩在高低速之间达到最高值时，则应根据各种转速所对应功率的最大值来选用型号。

按计算功率 P_c 来选择变速器型号：

$$P_c = KP \leq P_P$$

式中　K——工作系数，查表 10.3-5；

P——工作机需要传递的功率（kW）；

P_P——许用输出功率（kW），见表 10.3-3 和表 10.3-4。

3）根据驱动方式选取变速器形式。因为变速器输入转速须低于 720r/min，故电动机与变速器之间一般需加减速装置。

若采用基本型，则需加带传动。

若直接装法兰式四极异步电动机驱动，则可选用第一派生型中的 PF 型。

若用地脚式四极异步电动机驱动，则可选用第一派生型中的 PN 型，用联轴器连接。

4）根据使用要求确定结构型式（卧式或立式）和装配形式（如调速手轮所在方位、输入轴和输出轴所在方位以及轴伸的个数，手动调速还是遥控等）。

需要遥控时，可按遥控要求选用伺服调速装置及输出轴测速装置。0～3 号变速器的基本型和派生型都可装 TY3 伺服调速装置及 TY6 气动调速装置（瞬时降速用）。PC_2、PNC_2、PFC_2 可装 ZCC3 测速装置。PC_3、PNC_3、PFC_3 可装 ZCC_4 测速装置。

例 10.3-1　已知某化纤设备传动轴需要在 45～270r/min 范围内无级变速，作恒转矩使用，在 270r/min 时需用功率约为 2.2kW；工作中开停次数少，载荷平稳，三班连续工作。试选用齿链式无级变速器。

解：

1）求变速范围。

$$R_b = \frac{n_{2max}}{n_{2min}} = \frac{270}{45} = 6$$

2）求计算载荷。

查表 10.3-5，取 $K = 1.3$。

$$P_c = KP = 1.3 \times 2.2\text{kW} = 2.86\text{kW}$$

3）选型号。

查表 10.3-3 应选用 PF_3L（卧）-6 JB/T 6952—1993。但该型号的变速器输入转速为 1440r/min，输出轴速为 295～1770r/min，不合乎要求。为此，需要在输出轴端加上传动比为 6.556 的减速传动装置。

表 10.3-5　工作系数 K 值

每天工作时间	连续工作 8～10 h	连续工作 10～24h
开停次数少，无冲击	1.0	1.25～1.33
开停次数多,有冲击	1.25～1.33	1.5～1.7

电动机功率 $P_1 = \dfrac{2.86}{\eta} = \dfrac{2.86}{0.812}\text{kW} = 3.52\text{kW} < 3.73\text{kW}$。

3　行星锥盘无级变速器（摘自 JB/T 6950—1993）

行星锥盘无级变速器包括基本型和派生型，主要用于食品、造纸、印刷、橡胶、塑料、陶瓷、制药和制革等轻工行业，以及机床、石油和化工等行业，使用条件为：

1）输入轴转速不大于 3000r/min。

2）变速比 $R_b = 4$（恒功率型）、$R_b = 5$ 和 $R_b = 7$（恒转矩型）。

3）传递功率 $P = 0.09 \sim 22\text{kW}$。

4）工作环境温度为 $-20 \sim 40\text{℃}$。

3.1　形式和标记方法

变速器的标记包括产品代号、机型号、产品型号、电动机功率、机械特性（恒功率或恒转矩型）、装配形式及电动机极数。

1）行星锥盘无级变速器代号是"D"。

2）变速器的结构型式有三种：A 型、B 型和 C 型。

3）变速器为恒功率型用"G"表示，恒转矩型不标。

4）装配形式分为五种，见表 10.3-6。

5）电动机极数用数字表示，四极电动机不标。

标记示例：

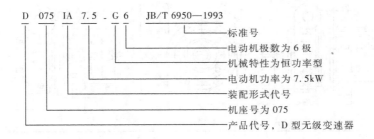

D 075 IA 7.5 G 6 JB/T 6950—1993
　　　　　　　　　　　　└─ 标准号
　　　　　　　　　└─ 电动机极数为 6 极
　　　　　　└─ 机械特性为恒功率型
　　　　└─ 电动机功率为 7.5kW
　　　└─ 装配形式代号
　　└─ 机座号为 075
　└─ 产品代号，D 型无级变速器

表 10.3-6　装配形式及代号

代号	ⅠA、ⅠB、ⅠC	ⅡA、ⅡB、ⅡC	ⅢA、ⅢB、ⅢC	ⅣA、ⅣB、ⅣC	ⅤA、ⅤB、ⅤC
装配形式	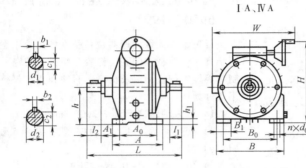				
结构特点	无凸缘端盖、有底脚	有凸缘端盖、无底脚	有凸缘端盖、有底脚	无凸缘端盖、有底脚	有凸缘端盖、无底脚

3.2　外形尺寸和安装尺寸

基本型行星锥盘无级变速器的外形尺寸和安装尺寸见表 10.3-7。

表 10.3-7　外形尺寸和安装尺寸　　　　　　　　　（mm）

ⅠA、ⅣA

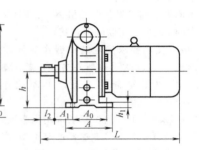

机座号	h	A_0	A_1	B_0	B_1	h_1	n	d_0	d_1	b_1	c_1	l_1	d_2	b_2	c_2	l_2	A	B	W	H	L 双轴型	L 直联型
001	80	100	22	125	30	12	4	10	11	4	8.5	23	14	5	11	30	125	160	225	200	170	290
002	90	100	28	140	35	12	4	10	11	4	8.5	23	14	5	11	30	125	180	245	220	195	300
004	100	112	36	160	35	16	4	12	14	5	11	30	14	5	11	30	145	200	280	245	220	395
007	112	140	40	190	40	16	4	12	19	6	15.5	40	19	6	15.5	40	170	225	325	280	264	435
015	140	178	40	216	55	20	4	12	24	8	20	50	24	8	20	50	195	260	360	320	315	485 / 510
022	160	210	45	254	60	20	4	15	28	8	24	60	28	8	24	60	260	310	400	380	370	595
040	180	241	45	279	70	20	4	15	28	8	24	60	28	8	24	60	295	360	430	430	390	625
075	200	267	50	318	80	30	4	19	38	10	33	80	38	10	33	80	335	400	480	490	520	725 / 765
150	225	356	56	356	80	30	4	19	42	12	37	110	42	12	37	110	435	455	540	690	690	960 / 1000
220	250	349	70	406	90	35	4	24	—	—	—	—	48	14	42.5	110	435	490	630	620	—	1025 / 1065

（安装尺寸：输入轴 d_1、b_1、c_1、l_1；输出轴 d_2、b_2、c_2、l_2　外形尺寸）

ⅡA、ⅤA

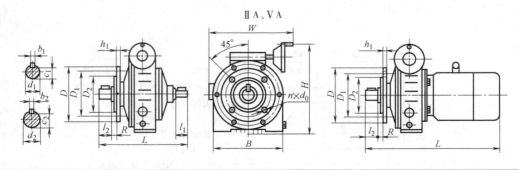

（续）

安装尺寸中：输入轴（d_1、b_1、c_1、l_1），输出轴（d_2、b_2、c_2、l_2）；外形尺寸中 L 分双轴型、直联型。

机座号	D_1	D_2	h_1	R	n	d_0	d_1	b_1	c_1	l_1	d_2	b_2	c_2	l_2	D	B	W	H	L 双轴型	L 直联型
001	100	80	8	0	4	7	11	4	8.5	23	14	5	11	30	120	160	225	200	178	290
002	115	95	8	0	4	10	11	4	8.5	23	14	5	11	30	140	180	245	220	195	300
004	130	110	12	0	4	10	14	5	11	30	14	5	11	30	160	200	280	245	220	395
007	165	130	12	0	4	12	19	6	15.5	40	19	6	15.5	40	200	225	325	280	264	435
015	165	130	12	0	4	12	24	8	20	50	24	8	20	50	200	260	360	320	315	485 510
022	215	180	15	0	4	15	28	8	24	60	28	8	24	60	250	325	400	390	370	595
040	215	180	15	0	4	15	28	8	24	60	28	8	24	60	250	360	430	430	395	625
075	265	230	18	0	4	19	38	10	33	80	38	10	33	80	300	400	475	490	520	725 765
150	300	250	22	0	4	19	42	12	37	110	42	12	37	110	350	455	540	540	690	960 1000
220	300	250	22	0	4	19	48	14	42.5	110	48	14	42.5	110	350	490	630	618	705	1025 1065

ⅢA

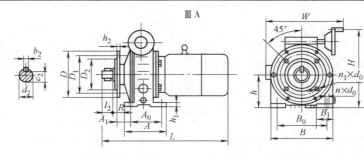

机座号	h	D_1	D_2	A_0	A_1	B_0	B_1	h_1	h_2	R	n	d_0	n_1	d_{01}	d_2	b_2	c_2	l_2	D	A	B	W	H	L
001	80	100	80	100	22	125	30	12	12	0	4	10	4	7	14	5	11	30	120	125	160	225	200	290
002	90	115	90	100	28	140	35	12	12	0	4	10	4	10	14	5	11	30	140	125	180	245	220	300
004	100	130	110	112	36	160	35	16	12	0	4	10	4	10	14	5	11	30	160	145	200	280	245	395
007	112	165	130	140	40	190	40	16	16	0	4	12	4	12	19	6	15.5	40	200	170	225	325	280	435
015	132	165	130	170	40	216	55	20	16	0	4	12	4	12	24	8	20	50	200	195	260	360	320	485 510
022	160	215	180	210	45	254	60	20	16	0	4	15	4	15	28	8	24	60	250	260	325	400	390	595
040	180	215	180	241	45	279	70	20	16	0	4	15	4	15	28	8	24	60	250	295	360	430	430	625
075	200	265	230	267	50	318	80	30	20	0	4	19	4	19	38	10	33	80	300	335	400	475	490	725 765
150	225	300	250	356	56	356	80	30	20	0	4	19	4	19	42	12	37	110	350	435	455	540	540	960 1000

ⅠB、ⅣB

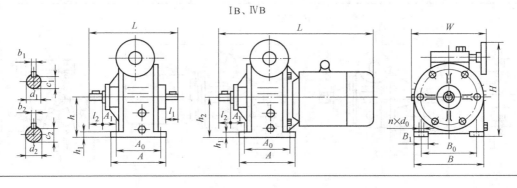

（续）

机座号	h	A_0	A_1	B_0	B_1	h_1	n	d_0	d_1	b_1	c_1	l_1	d_2	b_2	c_2	l_2	A	B	W	H	L 双轴型	L 直联型
									输入轴				输出轴									
002	70	25	0	95	33	11	4	10	11	4	8.5	23	11	4	8.5	30	55	120	200	180	220	356
004	80	55	8	150	53	11	4	10	14	5	11	30	14	5	11	40	90	190	210	202	247	416
007	105	66	10	165	54	12	4	12	19	6	15.5	40	24	8	20	50	125	212	260	260	346	490
015	125	76		185	60	13	4	15	24	8	20	43	28	8	24	60	145	235	302	307	418	602
022	150	85	18	240	80	20	4	19	28	8	24	60	38	10	33	80	148	310	340	368	530	727
040	150	85	18	240	80	20	4	19	28	8	24	60	38	10	33	80	148	310	350	368	530	747
075	190	120	17	295	100	26	4	19	38	10	33	70	42	12	37	80	185	380	400	452	608	980

ⅡB、ⅤB

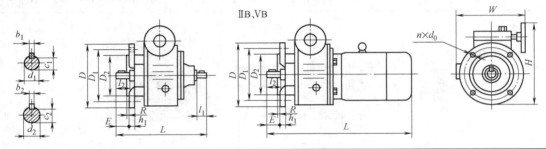

机座号	D_1	D_2	E	h_1	R	n	d_0	d_1	b_1	c_1	l_1	d_2	b_2	c_2	l_2	D	W	H	L 双轴型	L 直联型
								输入轴				输出轴								
002	130	110	30	12	3.5	4	10	14	5	11	25	14	5	11	30	160	172	197	193	355
004	165	130	30	12	3.5	4	12	14	5	11	30	14	5	11	30	200	179	215	221	276
007	165	130	40	12	3.5	4	12	19	6	15.5	30	20	6	15.5	40	200	200	246	243	425
015	215	180	50	16	4	4	15	24	8	20	40	25	8	21	50	250	245	309	314	483 / 508
022	265	230	90	16	4	4	15	24	8	20	50	30	8	26	60	300	305	350	387	588 / 608
040	265	230	90	16	4	4	15	24	8	20	50	30	8	26	60	300	305	350	387	588 / 608
075	300	250	70	20	5	6	19	32	10	27	60	35	10	30	75	350	430	460	428	714 / 754

IC、ⅣC

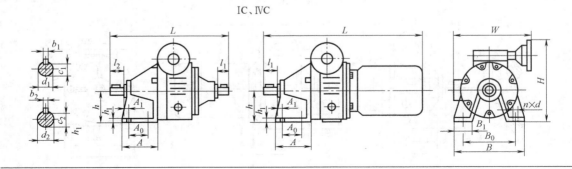

（续）

机座号	h	A_0	A_1	B_0	B_1	h_1	n	d_0	输入轴 d_1	b_1	c_1	l_1	输出轴 d_2	b_2	c_2	l_2	A	B	W	H	L 双轴型	L 直联型
002	70	25	0	95	33	11	4	10	11	4	8.3	23	11	4	8.5	30	55	120	200	180	220	356
004	80	55	8	150	53	11	4	10	14	5	11	30	14	5	11	40	90	190	210	202	247	416
007	105	66	10	165	54	12	4	12	19	6	15.5	40	24	8	20	50	125	212	260	260	346	490
015	125	76	18	185	60	13	4	15	24	8	20	43	28	8	24	60	145	235	302	307	408	602
022	150	85	18	240	80	20	4	19	28	8	24	60	38	10	33	80	148	310	340	368	530	727
040	150	85	18	240	80	20	4	19	28	8	24	60	38	10	33	80	148	310	350	368	530	747
075	190	120	17	295	100	26	4	19	38	10	33	70	42	12	37	80	185	380	400	452	608	980

ⅡB、ⅡC、ⅤC

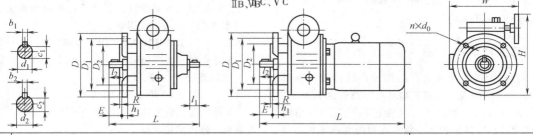

机座号	D_1	D_2	E	h_1	R	n	d_0	输入轴 d_1	b_1	c_1	l_1	输出轴 d_2	b_2	c_2	l_2	D	W	H	L 双轴型	L 直联型
002	115	95	30	9	3	4	10	11	4	8.5	23	11	4	8.5	30	142	200	181	251	357
004	130	110	40	10	3.5	4	10	14	5	11	30	14	5	11	40	160	210	203	242	375
007	165	130	50	12	3.5	4	12	19	6	15.5	40	24	8	20	50	200	260	255	318	453
015	215	180	60	15	4	4	15	24	8	20	43	28	8	24	60	250	302	307	420	592
022	265	230	80	15	4	4	15	28	8	24	60	38	10	33	80	300	340	368	475	634
040	265	230	80	15	4	4	15	28	8	24	60	38	10	33	80	300	350	368	475	654
075	300	250	80	18	5	4	19	38	10	33	70	42	12	37	80	350	400	436	608	787

3.3　性能参数

行星锥盘无级变速器包括恒功率型、恒转矩型两种。基本型和由基本型与齿轮减速器或摆线针轮减速器组合而成的派生型，这里给出基本型的参数（见表 10.3-8 和表 10.3-9），如需派生型，可向厂家索取样本。

表 10.3-8　恒转矩型性能参数

配套类型	机座号	电动机功率/kW	输出转矩/N·m	机座号	电动机功率/kW	输出转矩/N·m	输出转速 n_2/r·min^{-1}
配套二极电动机	002	0.18	0.7~0.8	015	1.1	4.2~9.8	当 R_b=5~6 时 n_2=380~1900
	004	0.25	0.8~0.9	015	1.5	6.5~13.5	
		0.37	1.5~3.7	022	2.2	9.6~18.5	
	007	0.55	2.1~5				
配套四极电动机	001	0.09	0.6~1.3	022	2.2	14.1~30.6	当 R_b=5~6 时 n_2=190~950；当 R_b=7~8 时 n_2=145~1015
	002	0.12	0.7~1.6		3.0	18.8~46.6	
		0.18	1.1~2.5	040	4.0	25.5~55.7	
	004	0.25	1.5~3.3	075	5.5	35.3~76.7	
		0.37	2.2~5.1		7.5	47.0~104.5	
	007	0.55	3.1~7.6	150	11	70.6~153.3	
		0.75	4.7~10.7		15	94.1~209.1	
				220	18.5	117~257.9	
					22	140~306.7	
配套六极电动机	015	1.1	7.0~15.3	075	4.0	35.9~94.3	当 R_b=7~8 时 n_2=95~665
		1.5	9.4~20.9		5.5	49.4~129.7	
	022	1.5	13.5~35.4	150	7.5	67.4~176.9	
	040	2.2	19.8~51.8		11	98.8~259.4	
	075	3.0	27.0~70.7	220	15	134.7~353.9	
配套八极电动机	075	2.2	25.8~61.8	150	5.5	64.6~169.4	当 R_b=7~8 时 n_2=75~510
		3.0	35.2~92.5		7.5	88.1~231.8	
	150	4.0	47.0~123.4	220	11	129.2~229.2	

表 10.3-9 恒功率型性能参数 (摘自 JB/T 6950—1993)

机座号	电动机功率/kW	输出转矩/N·m	输出转速 $n_2/r \cdot min^{-1}$	机座号	电动机功率/kW	输出转矩/N·m	输出转速 $n_2/r \cdot min^{-1}$
002	0.12	0.6~2.8		015	1.5	8.6~35.3	
002	0.18	0.9~4.2		022	2.2	11.8~58.8	
004	0.25	1.2~5.9	250~1000	022	3.0	16.5~74.5	250~1000
004	0.37	1.8~8.7		040	4.0	24.3~93.1	
007	0.55	2.6~12.7		075	5.5	31.4~117.6	
007	0.75	3.6~17.6		075	7.5	43.1~176.4	
015	1.1	6.6~30.4		150	11	63.6~235.2	

注: 仅适用于四极电动机。

4 多盘式无级变速器 (摘自 JB/T 7668—2014)

4.1 形式和标记方法

多盘式无级变速器的产品代号用汉语拼音字母"P"表示。一级变速器的机型号用阿拉伯数字 1、2、3、4、5、6、7、8 表示, 二级变速器的机型号用阿拉伯数字 1、2、3 表示。一级变速器的变速级数不表示, 二级变速器用"S"表示。一级变速器恒功率型用"G"表示, 恒转矩型不表示; 二级变速器的机械特性介于恒功率和恒转矩之间, 不表示。

标记方法

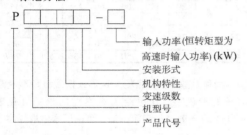

- 输入功率(恒转矩型为高速时输入功率)(kW)
- 安装形式
- 机构特性
- 变速级数
- 机型号
- 产品代号

标记示例:

3 号机型一级变速器, 电动机直联恒功率型, 输入功率 2.2kW, 立式安装, 标记为:

P3GLD-2.2 JB/T 7668

5 号机型一级变速器, 输入功率 7.5kW, 恒转矩型, 双轴型卧式安装, 标记为:

P5W-7.5 JB/T 7668

2 号机型二级变速器, 电动机直联型, 输入功率 1.5kW, 卧式安装, 标记为:

P2SWD-1.5 JB/T 7668

安装形式

W——表示双轴型、卧式安装。

WD——表示与电动机直联型、卧式安装。

LD——表示与电动机直联型、立式安装。

4.2 外形尺寸和安装尺寸

多盘式无级变速器的安装尺寸、连接尺寸和外形尺寸见表 10.3-10~表 10.3-13。

4.3 性能参数 (见表 10.3-14 和表 10.3-15)

表 10.3-10 卧式双轴型变速器的安装尺寸、连接尺寸及外形尺寸 (mm)

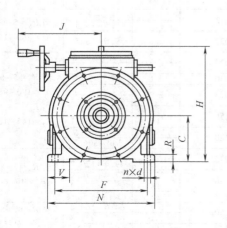
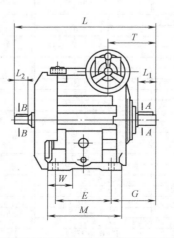
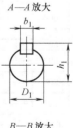

（续）

机型号	安装尺寸							轴伸连接尺寸								外形尺寸							
								输出轴				输入轴											
	F	E	G	V	W	n	d	D_1	b_1	h_1	L_1	D_2	b_2	h_2	L_2	C	H	M	N	R	J	T	L
1	165	85	86	40	35	4	11	19	6	21.5	40	16	5	18.0	30	100	240	113	190	18	150	96	242
2	190	70	119	50	—	4	12	20	6	22.5	35	20	6	22.5	40	130	275	110	220	22	168	110	305
3	260	180	135	60	55	4	14	28	8	31.0	60	25	8	28.0	50	160	352	230	300	25	235	153	397
4	310	150	160	80	55	4	14	40	12	43.0	70	28	8	31.0	50	180	406	200	350	25	296	185	460
5	400	260	180	90	70	4	22	45	14	48.5	90	35	10	38.0	55	240	512	310	450	35	296	208	580
6	500	180	199	95	50	4	22	50	14	53.5	100	48	14	51.5	90	270	608	230	550	40	285	209	633
7	630	280	217	150	100	4	22	55	16	59.0	120	48	14	51.5	110	330	726	330	680	50	340	232	795
8	660	360	370	150	120	4	28	95	25	100	200	75	20	79.5	109	400	925	460	740	60	390	405	1085

表 10.3-11　卧式电动机直联型变速器的安装尺寸、连接尺寸及外形尺寸　　　　（mm）

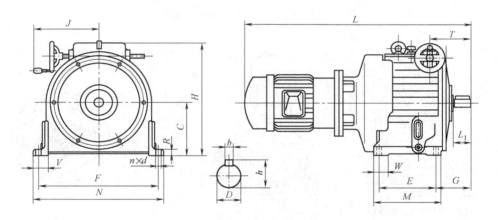

机型号	输入功率 /kW	安装尺寸							轴伸连接尺寸				外形尺寸							
		F	E	G	V	W	n	d	D	b	h	L_1	C	H	M	N	R	J	T	L
1	0.2	165	85	86	40	35	4	11	19	6	21.5	40	100	240	113	190	18	150	96	409
	0.4																			434
2	0.4	190	70	119	50	—	4	12	20	6	22.5	35	130	272	110	220	22	168	110	547
	0.75																			557
	1.5																			607
3	1.5	260	180	135	60	55	4	14	28	8	31.0	60	160	352	230	300	25	235	153	714
	2.2																			759
	4																			779
4	4	310	150	160	80	55	4	14	40	12	43.0	70	180	406	200	350	25	296	185	862
	5.5																			937
5	5.5	400	260	180	90	70	4	22	45	14	48.5	90	240	512	310	450	35	296	208	1055
	7.5																			1095

注：输入功率 ≥11kW 时，一般不采用电动机直联形式。

表 10.3-12　1 型~3 型和 4 型~7 型立式电动机直联型变速器的安装尺寸、

连接尺寸及外形尺寸　　　　　　　　　　　　　　　（mm）

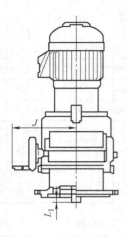
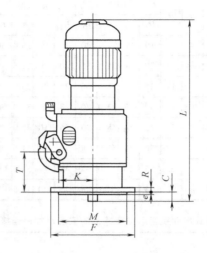

a）1 型~3 型立式电动机直联型变速器

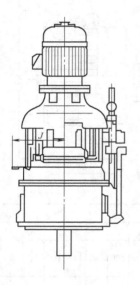
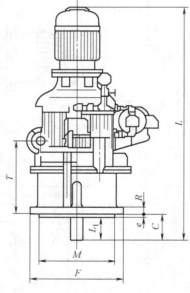
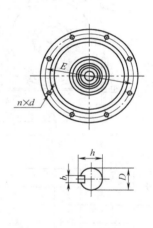

b）4 型~7 型立式电动机直联型变速器

机型号	输入功率/kW	E	M	n	d	e	C	D	b	h	L_1	F	T	J	K	R	L
1	0.2	200	170	6	11	5	45	19	6	21.5	35	225	91	150	98	12	410
	0.4																435
2	0.4	260	225	6	14	5	48	20	6	22.5	40	290	92	150	108	14	577
	0.75																587
	1.5																637
3	1.5	315	280	6	14	5	34	28	8	31.0	62	350	173	250	140	15	765
	2.2																810
	4																830

（续）

机型号	输入功率/kW	E	M	n	d	e	C	D	b	h	L₁	F	T	J	K	R	L
4	4	410	370	6	18	6	43	40	12	43.0	70	450	169	300	170	21	867
	5.5																922
5	5.5	440	400	6	22	5	65	45	14	48.5	90	485	227	300	212	22	1100
	7.5																1140
	11																1225
6	11	510	460	8	18	8	70	50	14	53.5	100	550	228	300	265	25	1293
	15																1358
7	15	590	520	8	22	10	85	55	16	59.0	120	650	257	340	325	30	1509
	22																1574
	30																1644

注：采用Ⅵ结构型式电动机时，L 值应在表中所列数值中加上电动机罩子高度。

表 10.3-13　二级变速器的安装尺寸、连接尺寸及外形尺寸　　　　　（mm）

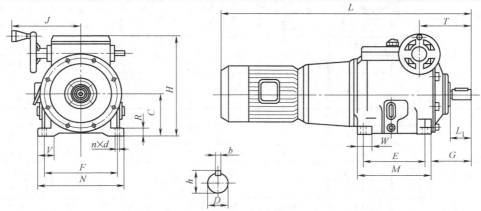

机型号	输入功率/kW	安装尺寸							轴伸连接尺寸				外形尺寸							
		F	E	G	V	W	n	d	D	b	h	L₁	C	H	M	N	R	J	T	L
1	0.4	215	150	115	60	53	4	14	20	6	22.5	40	135	303	200	250	22	200	111	586
	0.75																			586
2	1.5	280	230	171	60	55	4	14	35	10	38.5	70	160	365	280	320	25	260	190	765
	2.2																			815
3	4	345	245	200	80	65	4	18	45	14	48.5	90	180	415	295	390	30	296	235	1100
	5.5																			1174

表 10.3-14　变速器机械效率 η 和滑动率 ε

产品型号	一级变速器		二级变速器
	恒功率型	恒转矩型	
机械效率 η	76%	75%	69%
滑动率 ε	5%	4%	6%

表 10.3-15　变速器的性能参数

一级恒功率型变速器						
机型号	输入功率/kW	输入转速/r·min⁻¹	变速比	调速范围	输出转速/r·min⁻¹	输出转矩/N·m
1	0.2	1500	0.2~0.8	4	300~1200	1.3~4.8
2	0.4	1500	0.23~0.76	3.3	345~1140	2.7~8.5
	0.75					5.1~16.1

（续）

一级恒功率型变速器

机型号	输入功率/kW	输入转速/r·min⁻¹	变速比	调速范围	输出转速/r·min⁻¹	输出转矩/N·m
3	1.5	1500	0.2~0.8	4	300~1200	9.8~37.2
	2.2					14.5~54.5
4	4	1500	0.2~0.8	4	300~1200	24.4~91.8
5	5.5	1500	0.2~0.8	4	300~1200	36.3~136.0
	7.5					49.5~186.0
6	11	1000	0.28~1.12	4	280~1120	77.8~290.0
7	15	1000	0.27~1.08	4	270~1080	110.0~414.0
	22					161.0~607.0
8	37	750	0.31~1.24	4	232~928	313.0~1186.0
	55					470.0~1764.0

恒转矩型变速器

机型号	输入功率/kW		输入转速/r·min⁻¹	变速比	调速范围	输出转速/r·min⁻¹	输出转矩/N·m
	低速	高速					
1	0.125	0.2	1500	0.2~0.8	4	300~1200	1.3~2.9
	0.25	0.4					2.7~5.8
2	0.4	0.75	1500	0.23~0.76	3.3	345~1140	5.3~8.3
	0.75	1.5					10.6~15.6
3	1.5	2.2	1500	0.2~0.8	4	300~1200	14.8~35.7
	2.2	3.7					24.9~52.5
4	3.7	5.5	1500	0.2~0.8	4	300~2000	37.1~88.2
5	5.5	7.5	1500	0.2~0.8	4	300~1200	50.6~131.0
	7.5	11					74.4~179.0
6	11	15	1000	0.28~1.12	4	280~1120	107.8~281.0
7	15	22	1000	0.27~1.08	4	270~1080	165.4~397.0
	22	30					225.0~583.0
8	22	37	750	0.31~1.24	4	232~928	323.0~679.0
	37	55					480.0~1142.0
	55	75					655.0~1695.0

二级变速器

机型号	输入功率/kW		输入转速/r·min⁻¹	变速比	调速范围	输出转速/r·min⁻¹	输出转矩/N·m
	低速	高速					
1	0.15	0.4	1500	0.07~0.7	10	105~1050	2.9~10.4
	0.25	0.75					5.5~17.6
2	0.75	1.5	1500	0.06~0.72	12	90~1080	10.8~60.4
	0.75	1.5					15.8~88.7
3	1.9	3.7	1500	0.06~0.72	12	90~1080	26.8~152.87
	2.6	5.5					39.8~209.0

5　环锥行星无级变速器（摘自 JB/T 7010—2014）

环锥行星无级变速器的输入转速不大于 1500r/min，工作环境温度为 -10~45℃。其特点是恒功率（低速时传递大转矩）；变速范围宽，变速灵活；效率较高，寿命长等。

5.1　型号编制方法

型号编制方法如下：

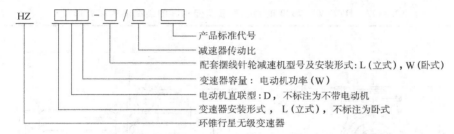

标记示例：配立式传动比为 17 的 BL15 型摆线针轮减速机，带 550W 电动机直联型立式安装，执行标准为 JB/T 7010—2014 的环锥行星无级变速器的标记为：HZ LD550—BL15/17 JB/T 7010—2014

5.2　装配形式和外形尺寸（见表 10.3-16～表 10.3-20）

表 10.3-16　HZ 90～7500 双出轴式变速器的装配形式和外形尺寸　　　　　（mm）

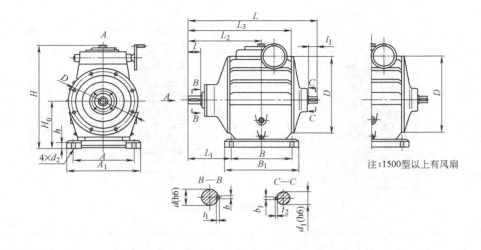

注：1500 型以上有风扇

型号	L_2	L	L_3	D	H	H_0	L_1	h	A	B	A_1	B_1	$4\times d_2$	d	b	t_1	l	d_1	b_1	t_2	l_1	质量/kg
HZ 90	75	215	139	104	146	65	65	9	70	90	90	110	9	12	4	2.5	10	3	1.8	20		5.6
HZ 250	68	250	162		202	94	48	12	90	140	120	180		16	5	3	25	14	5	3	25	11
HZ 370	68	250	162	150	202	94	48	12	90	140	120	180	11	16	5	3		14	5	3	25	13
HZ 400	68	297	171	170	233	106	50	12	120	155	150	185					30					16
HZ 550	126	386	258	210	290	120	118	12	140	170	170	200		24	8	4	50	20			38	25
HZ 750	126	386	258	210	290	120	118	12	140	170	170	200	13	24	8	4	50	20			38	30
HZ 1100	142	445	292	254	359	154	120	16	160	230	200	270		32	10		55		8	4		48
HZ 1500	142	445	292	254	359	154	120	16	160	230	200	270		32	10		55	24	8	4	50	48
HZ 2200	157	500	333	300	385	175	138	18	210	260	260	310		42	12	5	70	24			50	79
HZ 3000	157	500	333	300	385	175	138	18	210	260	260	310	15	42	12	5	70					103
HZ 4000	190	557	390	325	432	196	160	20	230	270	280	330						28				150
HZ 5500	217	741	557	410	515	235	200	24	290	375	350	425	20	55	16	6	100	40	12	5	80	200
HZ 7500	245	884	585	440	550	250	225	24	300	425	365	490		55	16	6	100	48	14	5.5	80	220

表 10.3-17　HZD 90~7500 电动机直联型变速器的装配形式和外形尺寸　　　　（mm）

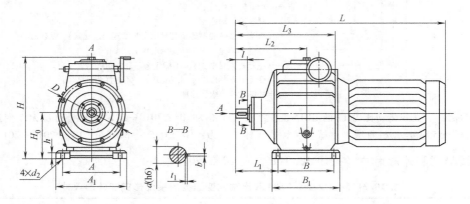

a) HZD 90～4000 电动机直联型变速器

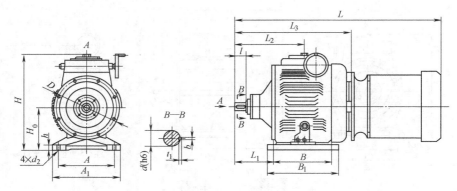

b) HZD 5500～7500 电动机直联型变速器

型号	L_2	L_3	L	D	H	H_0	L_1	h	A	B	A_1	B_1	$4 \times d_2$	d	b	t_1	l	质量 /kg
HZD 90	75	139	315	104	146	65	65	9	70	90	90	110	9	12	4	2.5		5.6
HZD 250	68	162	400	150	202	94	48	12	90	140	120	180	11	16	5	3	25	11
HZD 370	68	162	400															13
HZD 400	68	171	410	170	233	106	50	12	120	155	150	185					30	16
HZD 550	126	258	520	210	290	120	118	12	140	170	170	200	13	24	8	4	50	25
HZD 750																		30
HZD 1100	142	292	610	254	359	154	120	16	160	230	200	270		32	10		55	48
HZD 1500																		79
HZD 2200	157	333	680	300	385	175	138	18	210	260	260	310	15	42	12	5	70	79
HZD 3000																		103
HZD 4000	190	390	810	325	432	196	160	20	230	270	280	330						150
HZD 5500	217	557	1010	410	515	235	200	24	290	375	350	425	20	55	16	6	100	200
HZD 7500	245	585	1120	440	550	250	225	24	300	425	365	490						220

注：表中所列变速器的质量不包括电动机的质量。

表 10.3-18　　HZLD 90~7500 立式变速器的装配形式和外形尺寸　　　　　　　　（mm）

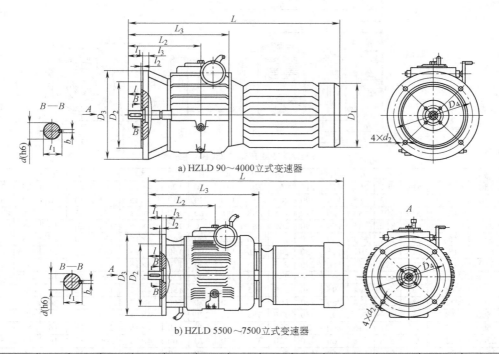

a) HZLD 90~4000立式变速器

b) HZLD 5500~7500立式变速器

型号	d	b	t_1	l	D_4	D_2	l_1	l_3	l_2	$4\times d_2$	D_3	L	L_3	L_2
HZLD 90	12	4	13.8	25	115	92	25	10	3	4×9	140	330	139	75
HZLD 250	16	5	18	25	165	130	25	12	3.5	4×12	200	400	162	68
HZLD370														
HZLD 400	16	5	18	30	165	130	30	12	3.5	4×12	200	410	171	68
HZLD 550	24	8	27	50	215	180	50	14	4	4×15	250	520	258	126
HZLD 750														
HZLD 1100	32	10	35	55	265	230	55	16	4	4×15	300	610	292	142
HZLD 1500														
HZLD 2200	42	12	45	70	300	250	70	20	4	4×19	350	680	333	157
HZLD 3000														
HZLD 4000	42	12	45	70	300	250	70	20	4	4×19	350	680	390	190
HZLD 5500	55	16	59	100	350	300	100	25	8	4×19	400	1010	557	217
HZLD 7500	55	16	59	100	350	300	100	25	8	4×19	400	1120	585	245

表 10.3-19　　HZD 250-BW□~7500-BW□变速器的装配形式和外形尺寸　　　　　（mm）

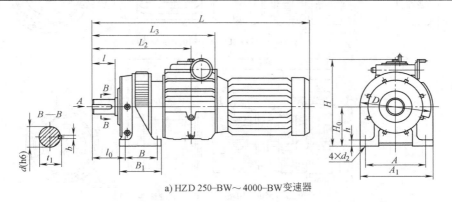

a) HZD 250-BW~4000-BW变速器

（续）

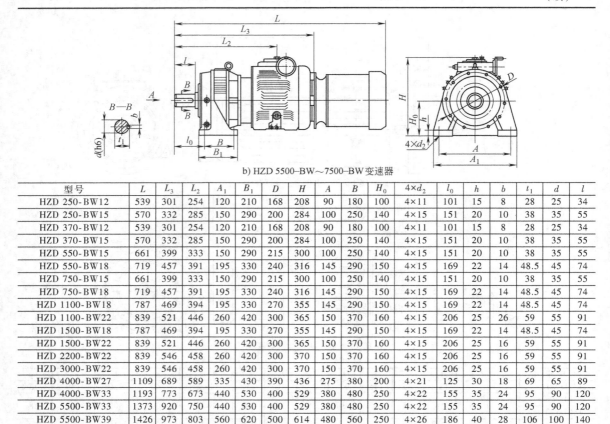

b) HZD 5500-BW～7500-BW变速器

型号	L	L_3	L_2	A_1	B_1	D	H	A	B	H_0	$4 \times d_2$	l_0	h	b	t_1	d	l
HZD 250-BW12	539	301	254	120	210	168	208	90	180	100	4×11	101	15	8	28	25	34
HZD 250-BW15	570	332	285	150	290	200	284	100	250	140	4×15	151	20	10	38	35	55
HZD 370-BW12	539	301	254	120	210	168	208	90	180	100	4×11	101	15	8	28	25	34
HZD 370-BW15	570	332	285	150	290	200	284	100	250	140	4×15	151	20	10	38	35	55
HZD 550-BW15	661	399	333	150	290	215	300	100	250	140	4×15	151	20	10	38	35	55
HZD 550-BW18	719	457	391	195	330	240	316	145	290	150	4×15	169	22	14	48.5	45	74
HZD 750-BW15	661	399	333	150	290	215	300	100	250	140	4×15	151	20	10	38	35	55
HZD 750-BW18	719	457	391	195	330	240	316	145	290	150	4×15	169	22	14	48.5	45	74
HZD 1100-BW18	787	469	394	195	330	270	355	145	290	150	4×15	169	22	14	48.5	45	74
HZD 1100-BW22	839	521	446	260	420	300	365	150	370	160	4×15	206	25	26	59	55	91
HZD 1500-BW18	787	469	394	195	330	270	355	145	290	150	4×15	169	22	14	48.5	45	74
HZD 1500-BW22	839	521	446	260	420	300	365	150	370	160	4×15	206	25	16	59	55	91
HZD 2200-BW22	839	546	458	260	420	300	370	150	370	160	4×15	206	25	16	59	55	91
HZD 3000-BW22	839	546	458	260	420	300	370	150	370	160	4×15	206	25	16	59	55	91
HZD 4000-BW27	1109	689	589	335	430	390	436	275	380	200	4×21	125	30	18	69	65	89
HZD 4000-BW33	1193	773	673	440	530	400	529	380	480	250	4×22	155	35	24	95	90	120
HZD 5500-BW33	1373	920	750	440	530	400	529	380	480	250	4×22	155	35	24	95	90	120
HZD 5500-BW39	1426	973	803	560	620	500	614	480	560	250	4×26	186	40	28	106	100	140
HZD 7500-BW39	1426	973	803	560	620	500	614	480	560	250	4×26	186	40	28	106	100	140

表 10.3-20　　HZD 250-BL□～7500-BL□立式变速器的装配形式和外形尺寸　　　　（mm）

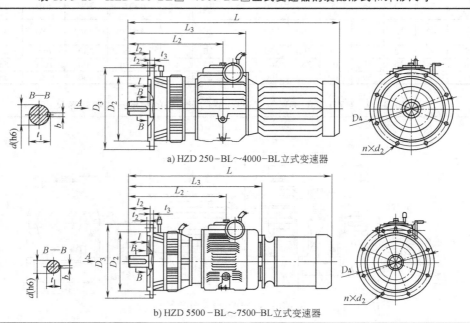

a) HZD 250-BL～4000-BL立式变速器

b) HZD 5500-BL～7500-BL立式变速器

（续）

型　号	L	L_2	L_3	D_3	D_2	D_4	$n \times d_2$	l_2	t_2	t_3	l	d	b	t_1	质量/kg	油量/L
HZD 250-BL12	539	254	301	180	130	160	6×12	42	3	12	34	25	8	28	30	1
HZD 250-BL15	573	288	335	230	170	200	6×12	50	4	15	45	35	10	38	40	1
HZD 370-BL12	539	254	301	180	130	160	6×12	42	3	12	34	25	8	28	30	1
HZD 370-BL15	573	288	335	230	170	200	6×12	50	4	15	45	35	10	38	42	1
HZD 550-BL15	664	336	402	230	170	200	6×12	50	4	15	45	35	10	38	69	2
HZD 550-BL18	718	390	456	260	200	230	6×12	79	4	15	63	45	14	48.5	80	2
HZD 750-BL15	664	336	402	230	170	200	6×12	50	4	15	45	35	10	38	74	2
HZD 750-BL18	718	390	456	260	200	230	6×12	79	4	15	63	45	14	48.5	85	2
HZD 1100-BL18	786	393	468	260	200	230	6×12	79	4	15	63	45	14	48.5	108	4
HZD 1100-BL22	842	443	518	340	270	310	6×12	93	4	20	79	55	16	59	138	4
HZD 1500-BL18	786	393	468	260	200	230	6×12	79	4	15	63	45	14	48.5	112	4
HZD 1500-BL22	842	443	518	340	270	310	6×12	93	4	20	79	55	16	59	142	4
HZD 2200-BL22	890	455	543	340	270	310	6×12	93	4	20	79	55	16	59	172	6
HZD 3000-BL22	890	455	543	340	270	310	6×12	93	4	20	79	55	16	59	180	6
HZD 4000-BL27	1106	586	686	400	316	360	8×16	92	5	22	80	65	18	69	268	8
HZD 4000-BL33	1191	671	771	490	400	450	8×18	112	6	30	110	90	24	95	315	8
HZD 5500-BL33	1371	748	918	490	400	450	8×18	112	6	30	110	90	24	95	460	10
HZD 5500-BL39	1428	805	975	580	455	520	12×22	170	8	35	129	100	28	106	540	10
HZD 7500-BL39	1428	805	975	580	455	520	12×22	170	8	35	129	100	28	106	540	10

5.3　性能参数

1）变速器的电动机功率见表 10.3-21。

2）变速器为降速，公称传动比范围为 1~1.8。

3）变速器在额定输入转速为 1500r/min 时，输出转速为 0~833r/min。

4）变速器额定输出转矩见表 10.3-22。

5）所匹配摆线减速器传动比见表 10.3-23。

6）HZD □-BW、HZD □-BL 变速器输出转速与转矩见表 10.3-24。

表 10.3-21　变速器的电动机功率　　　　　　　　　（kW）

0.09	0.25	0.37	0.4	0.55	0.75	1.1	1.5
2.2	3.0	4.0	5.5	7.5	11	15	—

表 10.3-22　变速器额定输出转矩　　　　　　　（N·m）

型　号	电动机功率 /kW	额定输出转矩 最　大	额定输出转矩 最　小	型　号	电动机功率 /kW	额定输出转矩 最　大	额定输出转矩 最　小
HZD 90	0.09	6.0	0.6	HZD 1500	1.5	120	12
HZD 250	0.25	10.4	2.0	HZD 2200	2.2	190	19
HZD 370	0.37	29	2.9	HZD 3000	3.0	210	21
HZD 400	0.40	31	3.1	HZD 4000	4.0	250	28
HZD 550	0.55	40	4.0	HZD 5500	5.5	410	41
HZD 750	0.75	60	6.0	HZD 7500	7.5	550	55
HZD 1100	1.1	85	8.5				

表 10.3-23　摆线减速器传动比

11	17	23	25	29	35	43
47	59	71	87	—	—	—

表 10.3-24　HZD 250-BW（-BL）~7500-BW（-BL）变速器输出转速与转矩

B型摆线减速器传动比	输出转速范围/r·min⁻¹	型　号										
		HZD 250-BW (-BL)	HZD 370-BW (-BL)	HZD 550-BW (-BL)	HZD 750-BW (-BL)	HZD 1100-BW (-BL)	HZD 1500-BW (-BL)	HZD 2200-BW (-BL)	HZD 3000-BW (-BL)	HZD 4000-BW (-BL)	HZD 5500-BW (-BL)	HZD 7500-BW (-BL)
		输出转矩/N·m										
11	0~75.7	50.0~38.6	156~77.2	167~39	245~49	328~76	490~98	647~147	882~206	1176~274	1617~392	2205~529
17	0~49	70.0~59.7	200~119	245~59	343~78	490~118	686~157	980~235	1372~323	1813~431	2499~598	3400~813
23	0~36.2	105~87	250~167	343~78	461~108	676~161	921~216	1352~323	1842~441	2450~588	3332~803	4410~1097
29	0~28.7	206~102	300~204	431~98	588~137	852~201	1156~274	1705~402	2323~549	3097~735	4253~1019	4410~1392
35	0~23.8	249~123	300~246	490~118	706~167	1029~245	1401~333	2058~490	2646~666	3724~892	4410~1225	4410~1675
43	0~19.3	260~160	360~300	490~147	862~206	1264~304	1725~412	2528~608	2646~823	4410~1098	4410~1510	4410~2068
59	0~14	300~207	400~310	490~206	980~284	1323~416	1960~568	2646~833	2646~1137	4410~1519	4410~2087	4410~2852
71	0~11.7	350~250	400~340	490~255	980~343	1323~500	1960~686	2646~1000	2646~1370	4410~1823	4410~2499	4410~2499
87	0~9.57	370~290	410~360	490~304	980~412	1323~613	1960~833	2646~1225	2646~1670	4410~2225	4410~3058	4410~3058

6　三相并列连杆脉动无级变速器

这种变速器的特点：体积小，重量轻，变速范围大，操作灵活，可手动、电动，可在静止或运转情况下调速，并可变换输出轴的旋向等。

6.1　型号和标记方法

变速器的型号包括产品代号（U34）、电动机功率、输出轴旋转方向代号（顺时针为 S、逆时针为 N）、装配形式及其代号（见图 10.3-1）。

标记示例：

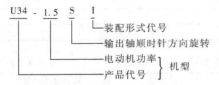

 装配形式代号
 输出轴顺时针方向旋转
 电动机功率｝机型
 产品代号

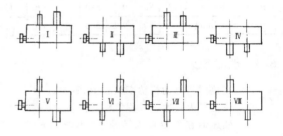

图 10.3-1　装配形式及其代号

6.2　外形尺寸和安装尺寸

变速器的外形尺寸和安装尺寸见表 10.3-25 和表 10.3-26。

表 10.3-25　变速器 I ~ Ⅳ型的外形尺寸和安装尺寸　　　　　　（mm）

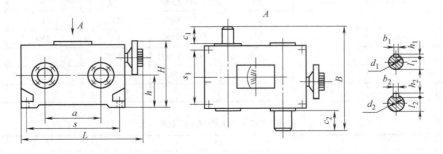

（续）

机　型	外形尺寸			安装尺寸															
	L	B	H	a	h	s	s_1	配用螺栓	c_1	d_1	b_1	l_1	h_1	c_2	d_2	b_2	l_2	h_2
U34-0.75	342	248	166	150	80	214	126	4×M10	36	20	6	16.5	6	42	25	8	21	7
U34-1.5	410	300	225	180	100	304	146		42	25	8	21	7	58	30		26	
U34-3	595	408	295	300	135	462	196	4×M12	58	35	10	30	8	82	45	14	39.5	9
U34-5.5		466	297		160	414	256	6×M14	82	40	12	35			50		44.5	

表 10.3-26　变速器 V ~ Ⅷ型的外形尺寸和安装尺寸　　　　　（mm）

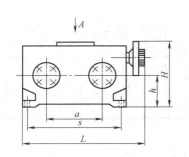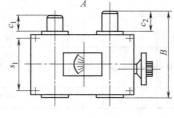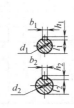

机　型	外形尺寸			安装尺寸															
	L	B	H	a	h	s	s_1	配用螺栓	c_1	d_1	b_1	l_1	h_1	c_2	d_2	b_2	l_2	h_2
U34-0.75	342	212	166	150	80	214	126	4×M10	36	20	6	16.5	6	42	25	8	21	7
U34-1.5	410	250	225	180	100	304	146		42	25	8	21	7	58	30		26	
U34-3	595	350	295	300	135	462	196	4×M12	50	35	10	30	8	82	45	14	39.5	9
U34-5.5		384	297		160	414	256	6×M14	82	40	12	35			50		44.5	

6.3　性能参数

减速器的主要性能参数见表 10.3-27。

表 10.3-27　主要性能参数

机　型	输入功率 /kW	输入转速 /r·min⁻¹	最大输出转矩 /N·m	最大输出功率 /kW	输出转速范围 /r·min⁻¹
U34-0.75	0.75	1390	53	0.56	
U34-1.5	1.5	1400	108	1.13	0~150
U34-3	3	1420	215	2.25	
U34-5.5	5.5	960	394	4.13	0~200

7　四相并列连杆脉动无级变速器

这种变速器由四组平行布置、其相位差为 90°的单向超越离合器和曲柄摇杆机构组成，在承载或静止状态下均可调速，高速时呈恒功率特性，低速时呈恒转矩特性。输入功率范围为 0.09 ~ 0.37kW，以传递运动为主。

7.1　型号和标记方法

变速器的型号包括产品代号（MT）、输入功率和输出轴旋转方向代号。

变速器输出轴旋转方向分为顺时针方向旋转（以"S"表示）和逆时针方向旋转（以"N"表示）。

标记示例：

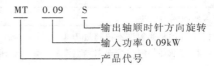

7.2　外形尺寸和安装尺寸

变速器的外形尺寸和安装尺寸见表 10.3-28。

表 10.3-28　变速器的外形尺寸和安装尺寸　　　　　　　　　　（mm）

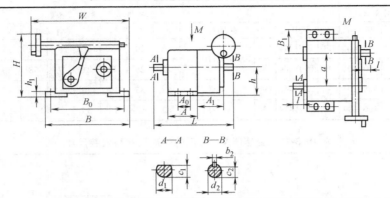

型号	安装尺寸										轴伸连接尺寸						外形尺寸		
	a	h	A	A_0	A_1	B	B_0	B_1	h_1	配用螺栓	c_1	d_1	b_2	c_2	d_2	l	W	H	L
MT0.09	63.5	57.3	64	30	39	165	149	51.5	10	4×M5	8	10	4	7.5	10	20	186	122	139
MT0.18					67														167
MT0.37	90	67	90	56	34	226	200	68	18	4×M8			5	12	15	23	234	172	158

7.3　性能参数

变速器的性能参数见表 10.3-29。

表 10.3-29　变速器的性能参数

项　　目	型　　号		
	MT0.09	MT0.18	MT0.37
输入功率/kW	0.09	0.18	0.37
输入转速/r·min⁻¹	1440		
空载最大输入转矩/N·m	0.597	1.19	2.45
最大输出转矩/N·m	2	4.9	7.2
最大输出功率/kW	0.063	0.136	0.26
输出转速范围/r·min⁻¹	0～300		
噪声声功率级/dB(A)	65		
滑动率 ε(%)	输出转速 $n_2=40r/min$ 时，$\varepsilon=30$，$\eta=38$		
效率 η(%)	$n_2=150r/min$ 时，$\varepsilon=12$，$\eta=60$ $n_2=300r/min$ 时，$\varepsilon=10$，$\eta=70$		
油池温升/℃　空载	20	25	30
承载	35	37	38
振动速度有效值/mm·s⁻¹	中心高 $h\leqslant70mm$ 时为 2		
清洁度/mg·L⁻¹	杂质含量<132		
轴伸径向圆跳动/mm	$d=9\sim15mm$ 时为 0.06		

注：1. 油池最高温度不得超过 78℃。

2. 空载运转时，变速器调节至最高输出转速，2min 内起动 5 次，不得出现任何故障。

8　锥盘环盘式无级变速器

ZH 型（相交轴、干摩擦）锥盘环盘式无级变速器主要适用于食品、制药、化工、纺织、塑料、机床和包装等行业。变速器工作环境温度为 -15～40℃，海拔不超过 1000m。变速器输出轴可正、反向运转。变速器在额定载荷及输出范围内的最高温升不得超过 45℃，必要时应采用散热装置。

8.1 型号和标记方法

1. 型号

变速器分为 A、B 型。A 型按其形式不同分别包括基本代号、机座号、组合代号、减速单元参数、电动机型号、调速方式代号及装配形式代号中的全部或一部分；B 型按其形式不同分别包括基本代号、机座号、最低输出转速、电动机型号及调速方式代号。

（1）A 型

1）基本代号：ZH 表示卧式结构，ZHF 表示法兰安装结构。

2）组合代号：用于派生型变速器，W 表示连接有蜗轮蜗杆的第一派生型，B 表示连接有摆线针轮的第二派生型，T 表示连接有 TZS 型同轴式圆柱齿轮的第三派生型。

3）减速参数代号：由两位数字组成，第一位数字表示规格代号，见表 10.3-38，第二位数字为速比代号，见表 10.3-39。

4）调速方式代号：D 表示电动调速，手动调速时代号省略。

5）装配形式代号：用于第一派生型变速器，分别表示其相应的装配形式。

注意：调速手轮可安装在变速器上部，或左或右安装均可，为简化型号标记而省略，用户可在订货时提出或在使用中自行调整。

（2）B 型

1）基本代号：ZHB 表示卧式结构，ZHBF 表示法兰安装结构。

2）调速方式代号：D 表示电动调速，手动调速时代号省略。

2. 标记

（1）标记方法

A 型：

基本型

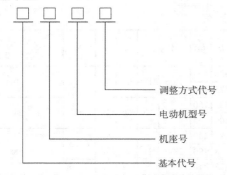

派生型

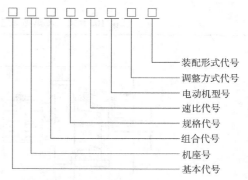

B 型：

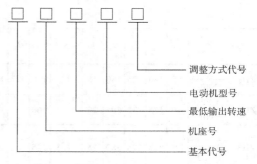

（2）标记示例

示例 1：基本形式为 ZHF 型、2 号机座、电动调速、配用电动机型号为 Y90S-4 的变速器可表示为：

ZHF2 Y90S-4D

示例 2：基本形式为 ZH 型、2 号机座、手动调速、配用电动机型号为 Y90S-4，所连接的蜗轮蜗杆副的中心距为 80mm，速比为 7.5，第 Ⅰ 种装配形式，其标记为：

ZH2W21　Y90S-4 Ⅰ

示例 3：基本形式为 ZHB、2 号机座、最低输出转速为 330r/min、电动调速、配用电动机型号为 Y802-4 的变速器可表示为：

ZHB2-330-Y802-4D

8.2 形式与外形尺寸

A 型：

1）基本型变速器的形式与外形尺寸见表 10.3-30 和表 10.3-31。

2）第一派生型变速器的形式与外形尺寸见表 10.3-32。

3）第二派生型变速器的形式与外形尺寸见表 10.3-33 和表 10.3-34。

4）第三派生型变速器的形式与外形尺寸见表

10.3-35。

　　B 型：

1) ZHB 型变速器的形式与外形尺寸见表 10.3-36。

2) ZHBF 型变速器的形式与外形尺寸见表 10.3-37。

表 10.3-30　A 型基本型变速器的形式与外形尺寸（卧式）　　　　　（mm）

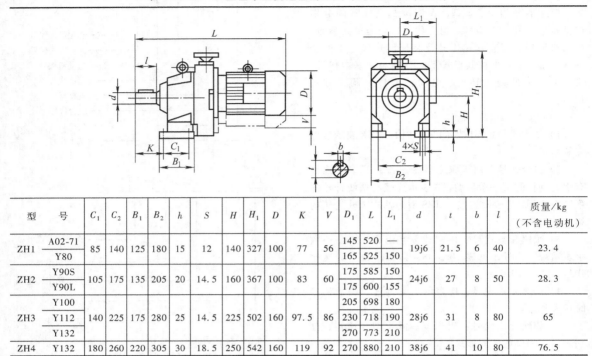

型　　号		C_1	C_2	B_1	B_2	h	S	H	H_1	D	K	V	D_1	L	L_1	d	t	b	l	质量/kg（不含电动机）
ZH1	A02-71	85	140	125	180	15	12	140	327	100	77	56	145	520	—	19j6	21.5	6	40	23.4
	Y80												165	525	150					
ZH2	Y90S	105	175	135	205	20	14.5	160	367	100	83	60	175	585	150	24j6	27	8	50	28.3
	Y90L												175	600	155					
ZH3	Y100	140	225	175	280	25	14.5	225	502	160	97.5	86	205	698	180	28j6	31	8	80	65
	Y112												230	718	190					
	Y132												270	773	210					
ZH4	Y132	180	260	220	305	30	18.5	250	542	160	119	92	270	880	210	38j6	41	10	80	76.5

表 10.3-31　A 型基本型变速器的形式与外形尺寸（法兰安装）　　　　　（mm）

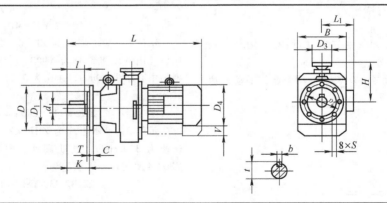

型　　号		D	D_1	D_2	B	T	C	S	D_3	H	V	D_4	L	L_1	d	t	b	l	K	质量/kg（不含电动机）
ZHF1	A02-71	180	120j6	150	180	3.5	10	12	100	187	56	145	520	—	19j6	21.5	6	40	45	20
	Y80											165	525	150						
ZHF2	Y90S	200	130j6	165	205	3.5	10	12	100	207	60	175	585	150	24j6	27	8	50	47	24
	Y90L											175	600	155						
ZHF3	Y100	250	180j6	215	280	3.5	12	15	160	277	86	205	698	180	28j6	31	8	80	62.5	58
	Y112											230	718	190						
	Y132	300	230j6	265		4	15	15				270	773	210					67.5	
ZHF4	Y132	300	230j6	265	305	4	15	15	160	292	92	270	880	210	38j6	41	10	80	67.5	62

表 10.3-32　A 型第一派生型变速器的形式与外形尺寸　　　　　　　　（mm）

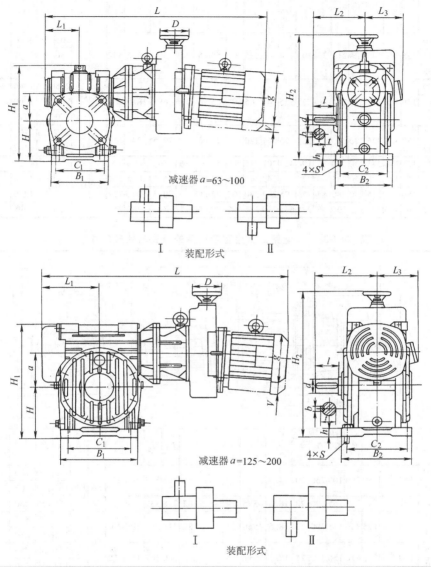

减速器 a = 63～100

Ⅰ　Ⅱ

装配形式

减速器 a = 125～200

Ⅰ　Ⅱ

装配形式

型号			a	B_1	B_2	C_1	C_2	h	H	H_1	L_1	L_2	l	d	b	t	S	H_2	V	D	g	L_3	L	质量/kg（不含电动机及油）
ZH1	W1	A02-71	63	146	140	115	120	16	97	221	86	136	58	30j6	8	33	12	347			145	—	647	46.2
		Y80																			165	150	647	
	W2	A02-71	80	175	170	140	145	20	120	270	105	158	58	38k6	10	41	14.5	387	56	100	145	—	690	59
		Y80																			165	150	690	
	W3	Y80	100	210	200	170	170	24	150	339	123	190	82	40k6	12	43	14.5	437			165	150	716	72
ZH2	W2	Y90S	80	175	170	140	145	20	120	270	105	158	58	38k6	10	41	14.5	387			150		737	63
		Y90L																			155		752	
	W3	Y90S	100	210	200	170	170	24	150	339	123	190	82	40k6	12	43	14.5	457	60	100	175	150	772	76
		Y90L																				155	782	
	W4	Y90S	125	270	245	220	210	32	190	424	202	215	82	55m6	16	59	18.5	522				150	893	122
		Y90L																				155	908	

（续）

型　　号			a	B_1	B_2	C_1	C_2	h	H	H_1	L_1	L_2	l	d	b	t	S	H_2	V	D	g	L_3	L	质量/kg (不含电动机及油)
ZH3	W4	Y100	125	270	245	220	210	32	190	424	202	215	82	55m6	16	59	18.5	592	86	160	205	180	987	132
		Y112																			230	190	1007	
		Y132																			270	210	1062	
	W5	Y100	160	325	295	270	255	40	225	525	242	266	105	65m6	18	69	18.5	662	86	160	205	180	1040	190
		Y112																			230	190	1060	
		Y132																			270	210	1115	
	W6	Y112	180	368	325	290	280	45	255	595	267	280	105	75m6	20	79.5	24	712			230	190	1107	244
		Y132																			270	210	1162	
ZH4	W4	Y132	125	270	245	220	210	32	190	424	202	215	82	55m6	16	59	18.5	607	92	160	270	210	1127	142
	W5	Y132	160	325	295	270	255	40	225	525	242	266	105	65m6	18	69	18.5	677					1194	230
	W6	Y132	180	368	325	290	280	45	255	595	267	280	105	75m6	20	79.5	24	727					1240	281
	W7	Y132	200	410	325	315	295	45	275	645	299	321	130	80m6	22	85	24	767					1295	320

表 10.3-33　A 型第二派生型变速器的形式与外形尺寸（一）　　　　（mm）

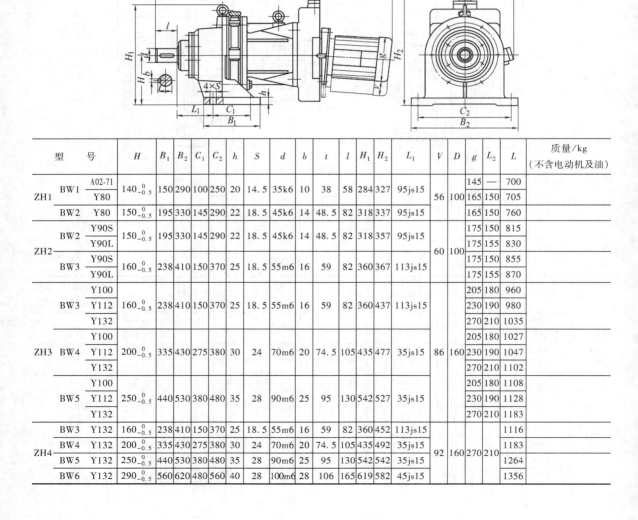

型　　号			H	B_1	B_2	C_1	C_2	h	S	d	b	t	l	H_1	H_2	L_1	V	D	g	L_2	L	质量/kg (不含电动机及油)
ZH1	BW1	A02-71	$140_{-0.5}^{0}$	150	290	100	250	20	14.5	35k6	10	38	58	284	327	95js15	56	100	145	—	700	
		Y80																	165	150	705	
	BW2	Y80	$150_{-0.5}^{0}$	195	330	145	290	22	18.5	45k6	14	48.5	82	318	337	95js15			165	150	760	
ZH2	BW2	Y90S	$150_{-0.5}^{0}$	195	330	145	290	22	18.5	45k6	14	48.5	82	318	357	95js15	60	100	175	150	815	
		Y90L																	175	155	830	
	BW3	Y90S	$160_{-0.5}^{0}$	238	410	150	370	25	18.5	55m6	16	59	82	360	367	113js15			175	150	855	
		Y90L																	175	155	870	
ZH3	BW3	Y100	$160_{-0.5}^{0}$	238	410	150	370	25	18.5	55m6	16	59	82	360	437	113js15	86	160	205	180	960	
		Y112																	230	190	980	
		Y132																	270	210	1035	
	BW4	Y100	$200_{-0.5}^{0}$	335	430	275	380	30	24	70m6	20	74.5	105	435	477	35js15			205	180	1027	
		Y112																	230	190	1047	
		Y132																	270	210	1102	
	BW5	Y100	$250_{-0.5}^{0}$	440	530	380	480	35	28	90m6	25	95	130	542	527	35js15			205	180	1108	
		Y112																	230	190	1128	
		Y132																	270	210	1183	
ZH4	BW3	Y132	$160_{-0.5}^{0}$	238	410	150	370	25	18.5	55m6	16	59	82	360	452	113js15	92	160	270	210	1116	
	BW4	Y132	$200_{-0.5}^{0}$	335	430	275	380	30	24	70m6	20	74.5	105	435	492	35js15					1183	
	BW5	Y132	$250_{-0.5}^{0}$	440	530	380	480	35	28	90m6	25	95	130	542	542	35js15					1264	
	BW6	Y132	$290_{-0.5}^{0}$	560	620	480	560	40	28	100m6	28	106	165	619	582	45js15					1356	

表 10.3-34　A 型第二派生型变速器的形式与外形尺寸（二）　　　（mm）

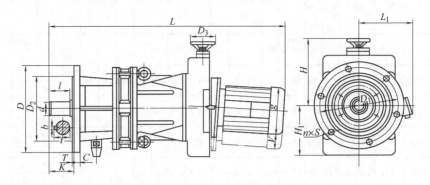

型	号		D_1	D_2	D	n	S	K	C	T	d	b	t	l	H	H_1	V	D_3	g	L_1	L	质量/kg（不含电动机及油）
ZH1	BL1	A02-71	200	170h9	230	6	14.5	65	16	4	35k6	10	38	58	187	130	56	100	145	—	700	
		Y80																	165	150	705	
	BL2	Y80	230	200h9	260	6	14.5	89	20	4	45k6	14	48.5	82					165	150	760	
ZH2	BL2	Y90S	230	200h9	260	6	14.5	89	20	4	45k6	14	48.5	82	207	150	60	100	175	150	815	
		Y90L																	175	155	830	
	BL3	Y90S	310	270h9	340	6	14.5	89	22	4	55m6	16	59	82					175	150	855	
		Y90L																	175	155	870	
ZH3	BL3	Y100	310	270h9	340	6	14.5	89	22	4	55m6	16	59	82	277	205	86	160	205	180	960	
		Y112																	230	190	980	
		Y132																	270	210	1035	
	BL4	Y100	360	316h9	400	8	18.5	114	26	5	70m6	20	74.5	105					205	180	1027	
		Y112																	230	190	1047	
		Y132																	270	210	1102	
	BL5	Y100	450	400h9	490	12	24	140	30	6	90m6	25	95	130					205	180	1108	
		Y112																	230	190	1128	
		Y132																	270	210	1183	
ZH4	BL3	Y132	310	270h9	340	6	14.5	89	22	4	55m6	16	59	82	292	220	92	160	270	210	1116	
	BL4	Y132	360	316h9	400	8	18.5	114	26	5	70m6	20	74.5	105							1183	
	BL5	Y132	450	400h9	490	12	24	140	30	6	90m6	25	95	130							1264	
	BL6	Y132	520	455h9	580	12	24	177	35	8	100m6	28	106	165							1356	

表 10.3-35　A 型第三派生型变速器的形式与外形尺寸　　　（mm）

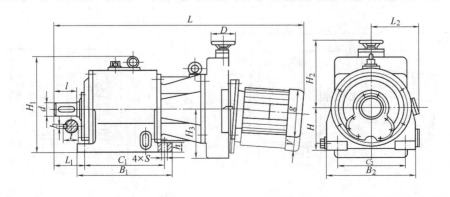

（续）

型　　　号			H	B_1	B_2	C_1	C_2	h	S	l	d	b	t	L_1	H_1	H_2	H_3	V	D	g	L_2	L	质量/kg（不含电动机及油）
ZH1	T1	A02-71 / Y80	$112_{-0.5}^{0}$	245	200	210	155	25	14.5	80	30js6	8	33	99	260	187	130	56	100	145 / 165	— / 150	755 / 760	41
	T2	A02-71 / Y80	$140_{-0.5}^{0}$	270	230	230	170	30	18.5	110	40k6	12	43	135	290					145 / 165	— / 150	804 / 809	47
	T3	A02-71 / Y80	$180_{-0.5}^{0}$	310	290	260	215	45	18.5	110	50k6	14	53.5	144	364					145 / 165	— / 150	843 / 848	79
ZH2	T2	Y90S / Y90L	$140_{-0.5}^{0}$	270	230	230	170	30	18.5	110	40k6	12	43	135	290	207	150	60	100	175 / 175	150 / 155	867 / 882	51
	T3	Y90S / Y90L	$180_{-0.5}^{0}$	310	290	260	215	45	18.5	110	50k6	14	53.5	144	364					175 / 175	150 / 155	906 / 921	83
	T4	Y90S / Y90L	$225_{-0.5}^{0}$	365	340	310	250	50	24	140	60m6	18	64	182	468					175 / 175	150 / 155	989 / 1004	138
	T5	Y90L	$250_{-0.5}^{0}$	440	400	370	290	60	28	140	70m6	20	74.5	170	503					175	155	1030	177
ZH3	T3	Y100 / Y112	$180_{-0.5}^{0}$	310	290	260	215	45	18.5	110	50k6	14	53.5	144	364	277	205	86	160	205 / 230	180 / 190	1004 / 1024	104
	T4	Y100 / Y112 / Y132	$225_{-0.5}^{0}$	365	340	310	250	50	24	140	60m6	18	64	182	468					205 / 230 / 270	180 / 190 / 210	1087 / 1107 / 1157	159
	T5	Y100 / Y112 / Y132	250_{-0}^{0}	440	400	370	290	60	28	140	70m6	20	74.5	170	503					205 / 230 / 270	180 / 190 / 210	1113 / 1133 / 1183	198
	T6	Y100 / Y112 / Y132	265_{-1}^{0}	470	450	390	340	60	35	170	80m6	22	90	208	543					205 / 230 / 270	180 / 190 / 210	1176 / 1196 / 1246	234
ZH3	T7	Y100 / Y112 / Y132	300_{-1}^{0}	550	530	460	380	60	42	210	100m6	28	106	246	620	277	205	86	160	205 / 230 / 270	180 / 190 / 210	1274 / 1294 / 1344	351
	T8	Y132	355_{-1}^{0}	570	600	480	440	80	42	210	110m6	28	116	251	742					270	210	1377	469
ZH4	T4	Y132	$225_{-0.5}^{0}$	365	340	310	250	50	24	140	60m6	18	64	182	468	292	220	92	160	270	210	1264	164
	T5	Y132	$250_{-0.5}^{0}$	440	400	370	290	60	28	140	70m6	20	74.5	170	503							1290	203
	T6	Y132	265_{-1}^{0}	470	450	390	340	60	35	170	80m6	22	90	208	543							1353	239
	T7	Y132	300_{-1}^{0}	550	530	460	380	60	42	210	100m6	28	106	246	620							1451	356
	T8	Y132	355_{-1}^{0}	570	600	480	440	80	42	210	110m6	28	116	251	742							1484	474

表 10.3-36　B 型 ZHB 型变速器的形式与外形尺寸　　　　（mm）

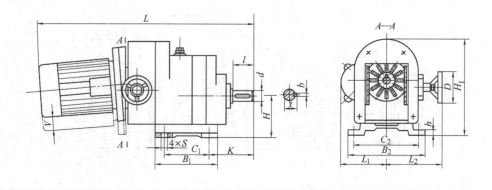

（续）

型　　号		C_1	C_2	B_1	B_2	h	S	K	d	t	b	l	H	H_1	L	L_1	L_2	D	V	质量/kg
ZHB1	420~50	100	160	155	184	14	10	136	28js6	31	8	60	85	220	550~600	—	146	130	51	≤33
	12,11.5							136												≤35
	3	163		187				108	32k6	35	10		150							≤40
ZHB2	332~34.5	115	200	180	240	18	14.5	126	32k6	35	10	60	120	300	660~760	—	175	130	70	≤65
	17,11							148					125			135				≤72
	5,3.5			215				172	48k6	51.5	14	73								≤85
ZHB3	438~54	200	280	240	324	25	18.5	128	60k6	64	18	80	160	400	800~900	207	208	150	80	≤136
	15,10	230		270				126					180							≤160
	4~2.5	240		284				149	80k6	85	22		300							≤190

表 10.3-37　B 型 ZHBF 型变速器的形式与外形尺寸　　　　　　　（mm）

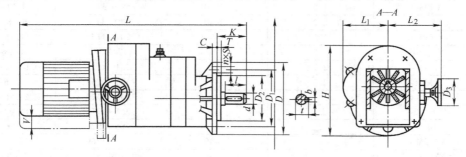

型　　号	D	D_2	D_1	T	C	K	$n×S$	d	t	b	l	H	L	L_1	L_2	D_3	V	质量/kg
ZHBF1	200	130j6	175	4	12	48	4×14.5	28js6	31	8	60	220	556~600	—	146	130	51	≤35
ZHBF2	260	160j6	210	5	15	53	4×14.5	32k6	35	10	80	330	662~780	135	175	130	70	≤72
ZHBF3	350	250j6	300	8	20	53	6×18.5	48k6	51.5	14	80	370	807	—	208	150	80	≤136

变速器的规格代号和速比代号见表 10.3-38 和表 10.3-39。

表 10.3-38　规格代号

规格代号	1	2	3	4	5	6	7	8
蜗轮蜗杆中心距/mm	63	80	100	125	160	180	200	—
摆线针轮机座号	15	18	22	27	33	39	—	—
同轴式圆柱齿轮机座号	112	140	180	225	250	265	300	355

表 10.3-39　速比代号

速比代号	1	2	3	4	5	6	7	8
蜗轮蜗杆速比	7.5	10	12.5	15	20	25	30	40
摆线针轮速比	11	17	23	29	35	43	59	71
同轴式圆柱齿轮速比	14	16	18	20	22.4	25	28	31.5
速比代号	9	10	11	12	13	14	15	16
蜗轮蜗杆速比	50	63	—					
摆线针轮速比	87							
同轴式圆柱齿轮速比	35.5	40	45	50	56	63	71	80

8.3　承载能力

A 型基本型变速器的额定输出参数见表 10.3-40，A 型第一、二、三派生型变速器的额定输出参数分别见表 10.3-41~表 10.3-43，B 型变速器的额定输出参数见表 10.3-44。

表 10.3-40　A 型基本型变速器的额定输出参数

型　　号		配用电动机功率 /kW	电动机转速 /r·min⁻¹	输出转速 n_2 /r·min⁻¹	输出转矩 T_2 /N·m
ZH1 ZHF1	A02-7114	0.25	1400	356~1782	1.07~4.69
	A02-7124	0.37	1400	356~1782	1.58~6.94
	A02-7112	0.37	2800	713~3564	0.79~3.46
	Y801-4	0.55	1390	353~1769	2.38~10.39
	A02-7122	0.55	2800	713~3564	1.18~5.16
	Y802-4	0.75	1390	353~1769	3.24~14.17
	Y801-2	0.75	2830	720~3602	1.59~6.96
	Y802-2	1.1	2830	720~3602	2.33~10.21
ZH2 ZHF2	Y90S-6	0.75	910	221~1105	5.51~22.68
	Y90L-6	1.1	910	221~1105	8.08~33.27
	Y90S-4	1.1	1400	340~1700	5.25~21.62
	Y90L-4	1.5	1400	340~1700	7.16~29.49
	Y90S-2	1.5	2840	690~3448	3.53~14.54
	Y90L-2	2.2	2840	690~3448	5.18~21.32
ZH3 ZHF3	Y100L-6	1.5	940	231~1155	11.16~46.52
	Y132S-8	2.2	710	174~872	21.68~90.32
	Y112M-6	2.2	940	231~1155	16.37~68.22
	Y100L1-4	2.2	1430	351~1757	10.76~44.89
	Y132S-6	3	960	236~1179	21.86~91.09
	Y100L2-4	3	1430	351~1757	14.67~61.15
	Y100L-2	3	2870	705~3526	7.31~30.47
	Y112M-4	4	1440	354~1769	19.43~80.97
	Y112M-2	4	2890	710~3551	9.68~40.35
	Y132S-4	5.5	1440	354~1769	26.72~111.35
	Y132S1-2	5.5	2900	713~3563	13.27~55.28
ZH4 ZHF4	Y132M-8	3	710	211~845	30.50~101.69
	Y132M1-6	4	960	288~1142	30.08~100.28
	Y132M2-6	5.5	960	285~1142	41.36~137.88
	Y132M-4	7.5	1440	428~1713	37.60~125.34
	Y132S2-2	7.5	2900	462~3451	18.67~62.24

表 10.3-41　A 型第一派生型变速器的额定输出参数

型　　号		配用电动机功率/kW	输出转速 n_2 /r·min⁻¹	输出转矩 T_2 /N·m	型　　号		配用电动机功率/kW	输出转速 n_2 /r·min⁻¹	输出转矩 T_2 /N·m
ZH1	W11	A02-7114　0.25	49~245	6.82~27.2	ZH1	W15	A02-7124　0.37	18.3~91.5	23.9~92.0
	W12		36.5~182.5	8.87~34.3		W16		14~70	31.1~106.0
	W13		27.9~139.5	11.6~44.85		W17		12.3~61.5	30.8~112.0
	W14		24.6~123	12.4~48.96		W18		9.2~45.7	39.44~145.0
	W15		18.3~91.5	16.2~62.20		W29		6.7~33.5	53.6~195.0
	W16		14~70	21.0~83.5		W210		5.8~29	49.0~208.7
	W17		12.3~61.5	20.8~75.7		W11	Y801-4　0.55	48.7~244	15.1~60.25
	W18		9.2~45.7	26.7~98.7		W12		36.2~181	19.7~77.4
	W19		7~35	34.76~126.7		W13		27.7~138.5	25.3~101.0
	W110		5.8~29	38.5~137.0		W14		24.3~121.5	27.6~108.0
	W11	A02-7124　0.37	49~245	10~40.25		W15		18.1~90.5	36.0~116.7
	W12		36.5~182.5	13.1~50.75		W26		13.3~66.5	49.0~192.7
	W13		27.9~139.5	17.2~66.36		W27		11.4~57	53.6~198.0
	W14		24.6~123	18.3~72.45		W28		9.1~45.5	59.8~218.0

（续）

型号		配用电动机	功率/kW	输出转速 n₂/(r·min⁻¹)	输出转矩 T₂/(N·m)	型号		配用电动机	功率/kW	输出转速 n₂/(r·min⁻¹)	输出转矩 T₂/(N·m)
ZH1	W29	Y801-4	0.55	6.7~33.5	81.0~292.0	ZH2	W36	Y90L-4	1.5	12.8~64	152~559
	W210			5.7~28.5	85.6~312.0		W37			11~55	165~572
	W11	Y802-4	0.75	48.7~244	20.6~82.2		W48			8.3~41.5	220~751
	W12			36.2~181	26.9~105.6		W49			6.7~33.5	263~942
	W13			27.7~138.5	34.5~137.8		W410			5.5~27.5	295~978
	W14			24.3~121.5	37.6~147.3	ZH3	W41	Y100L-6	1.5	29.8~149	77~293
	W25			18.1~90.5	50.6~191.2		W42			22.5~112.5	102~382
	W26			13.3~66.5	66.5~263.0		W43			18.1~90.5	126~475
	W27			11.4~57	73.0~270.0		W44			14.9~74.5	145~549
	W28			9.1~45.5	81.4~297.0		W45			11.3~56.5	189~697
	W39			6.7~33.5	118.5~439.0		W46			9.1~45.5	231~851
	W310			5.7~28.5	125.0~445.0		W47			7.5~37.5	259~891
ZH2	W21	Y90S-6	0.75	28.5~142.5	37.5~140		W48			5.6~28	326~1165
	W22			22.7~113.5	42.5~174		W49			4.5~22.5	396~1462
	W23			16.7~83.5	67.8~235		W410			3.7~18.5	444~1514
	W24			14.3~71.5	69.5~255		W41	Y132S-8	2.2	22.5~112.5	149~560
	W25			11.4~57	84.7~306		W42			17.0~85	195~732
	W26			8.4~42	112.4~415		W43			13.6~68	241~909
	W27			7.2~36	121~426		W44			11.2~56	275~1025
	W28			5.7~28.5	132.4~467		W45			8.5~42.5	262~1335
	W39			4.2~20.5	197~690		W46			6.8~34	437~1628
	W310			3.5~17.5	207~682		W47			5.6~28	477~1700
	W21	Y90L-6	1.1	28.5~142.5	55~206		W48			4.2~21	619~2225
	W22			22.7~113.5	68.6~224		W49			3.4~17	757~2764
	W23			16.7~83.5	92~346		W510			2.8~14	853~2965
	W24			14.3~71.5	102~374		W41	Y112M-6	2.2	29.8~149	112.5~428.6
	W25			11.4~57	124~442		W42			22.5~112.5	149~560.5
	W36			8.4~42	168~622		W43			18.1~90.5	184~695
	W37			7.2~36	182~635		W44			15.0~75	213~785
	W38			5.7~28.5	234~825		W45			11.2~56	278~1022
	W39			4.2~21	290~1014		W46			9~45	340~1247
	W410			3.5~17.5	321~1083		W47			7.5~37.5	380~1300
	W21	Y90S-4	1.1	44~220	36.5~135.7		W48			5.6~28	477~1705
	W22			35~175	45~169		W49			4.5~22.5	580~2140
	W23			25.7~128.5	61~228		W510			3.7~18.5	662~2285
	W24			22~210	67~243		W41	Y100L1-4	2.2	45.2~226.5	75.8~285
	W25			17.5~87.5	82~287		W42			34.2~171	100~374
	W36			12.8~64	112~410		W43			27.5~137.5	125~463
	W37			11~55	121~420		W44			22.6~113	144~523
	W38			8.3~41.5	158~545		W45			17.1~85.5	188~682
	W39			6.4~32	192~670		W46			13.7~68.5	228~832
	W410			5.5~27.5	208~704		W47			11.3~56.5	258~918
	W21	Y90L-4	1.5	44~220	50~185		W48			8.6~42.9	330~1143
	W22			35~175	61~230		W49			6.9~34.5	395~1433
	W33			27.5~128.5	84~312		W410			5.7~28.3	444~1490
	W34			22~110	95~340		W41	Y132S-6	3	30.5~152	150~575
	W35			16.6~83	117~445		W42			23~115	200~750

（续）

型号		配用电动机功率/kW	输出转速 n_2 /r·min⁻¹	输出转矩 T_2 /N·m	型号		配用电动机功率/kW	输出转速 n_2 /r·min⁻¹	输出转矩 T_2 /N·m
ZH3	W43	Y132S-6	18.5~92.5	245~925	ZH4	W42	Y132M-8	20.6~82.4	275~825
	W44	3	15.2~76	284~1045		W43	3	16.5~66.3	340~1020
	W45		11.5~57.5	370~1365		W44		13.6~54.5	390~1155
	W46		9.3~46	450~1665		W45		10.3~41.2	510~1500
	W47		7.6~38	505~1745		W46		8.3~33.2	615~1830
	W58		5.7~28.5	646~2342		W47		6.8~27.2	670~1915
	W59		4.5~22.5	798~2964		W58		5.1~20.6	897~2570
	W510		3.8~19	885~3060		W59		4~16	1095~3255
	W41	Y100L2-4	45.2~226.5	117~390		W510		3.4~13.6	1200~3354
	W42	3	34.2~171	135~510		W41	Y132M1-6	37.2~147.4	207~630
	W43		27.5~137.5	170~630		W42	4	28.1~111.4	274~825
	W44		22.6~113	196~713		W43		22.6~89.6	340~1022
	W45		17.1~85.5	257~930		W44		18.6~73.7	390~1153
	W46		13.7~68.5	310~1134		W45		14~55.7	510~1500
	W47		11.3~56.5	352~1190		W56		10.9~43.1	660~1895
	W58		8.5~42.5	464~1557		W57		9.3~36.8	700~1940
	W59		6.6~33	565~2022		W58		7~28	890~2575
	W510		5.6~28	612~2093		W59		5.4~21.6	1095~3265
	W41	Y112M-4	45.7~228.5	137~515		W610		4.7~18.7	1284~3460
	W42	4	34.5~172.5	179~674		W41	Y132M2-6	36.8~147.4	285~867
	W43		27.8~139	225~835		W42	5.5	27.8~111.4	375~1135
	W44		22.8~114	260~944		W43		22.4~89.6	465~1405
	W45		17.3~86.5	340~1230		W44		18.4~73.6	540~1585
	W56		13.4~67	428~1592		W55		14~55.7	718~2085
	W57		11.4~57	465~1590		W56		10.8~43.2	905~2675
	W58		8.6~43	613~2115		W57		9.3~36.8	965~2665
	W59		6.7~33.5	750~2675		W68		7.5~30	1163~3355
	W610		5.7~28.5	810~2770		W69		6~23.8	1415~4105
	W41	Y132S-4	45.7~228.5	188~708		W610		4.7~18.7	1770~4755
	W42	5.5	34.5~172.5	246~926		W51	Y132M-4	55.2~221	266~800
	W43		27.8~139	305~1148		W52	7.5	41.7~167	350~1060
	W44		22.8~114	357~1298		W53		32.3~129.2	452~1360
	W55		17.3~86.5	473~1705		W54		27.6~110.4	500~1440
	W56		13.4~67	588~2190		W65		22.5~90	625~1810
	W57		11.4~57	640~2185		W66		17.8~71.2	760~2240
	W68		8.6~43	844~2900		W77		13.8~55.2	935~2590
	W69		6.7~33	1030~3680		W78		10.4~41.8	1195~3410
	W610		5.7~29	1115~3810		W79		8~32	1470~4225
ZH4	W41	Y132M-8	3	27.3~109	210~630	W710		6.9~27.6	1695~4525

表 10.3-42　A 型第二派生型变速器的额定输出参数

型号		配用电动机功率/kW	输出转速 n_2 /r·min⁻¹	输出转矩 T_2 /N·m	型号		配用电动机功率/kW	输出转速 n_2 /r·min⁻¹	输出转矩 T_2 /N·m
ZH1	B11	A02-7114	32.4~162	11.1~48.5	ZH1	B14	A02-7114	12.3~61.4	31.0~135.2
	B12	0.25	20.9~104.8	17.1~79.3		B15	0.25	10.2~50.9	37.2~163.2
	B13		15.5~77.5	24.5~107.2		B16		8.3~41.4	45.7~200.5

（续）

型号		型号	配用电动机功率/kW	输出转速 n_2 /r·min⁻¹	输出转矩 T_2 /N·m	型号		型号	配用电动机功率/kW	输出转速 n_2 /r·min⁻¹	输出转矩 T_2 /N·m
ZH1	B17	A02-7114	0.25	6.0~30.2	62.8~275.0	ZH2	B35	Y90L-4	1.5	9.7~48.6	236~970
	B11			32.4~162	16.3~71.8		B36			7.9~39.5	289~1192
	B12			20.9~104.8	25.3~110.9		B37			5.7~28.8	397~1636
	B13			15.5~77.5	34.2~150		B48			4.8~23.9	478~1968
	B14	A02-7124	0.37	12.3~61.4	43~189		B49			3.9~19.5	585~2410
	B15			10.2~50.9	52~228	ZH3	B31			21.0~105.0	115~480
	B16			8.3~41.4	64~280		B32			13.6~67.9	178~743
	B17			6.0~30.2	88~385		B33			10.0~50.2	240~1006
	B11			32.1~160.8	24.6~107		B34			8.0~39.8	305~1268
	B12			20.8~104.1	38~166		B35	Y100L-6	1.5	6.6~33.0	367~1530
	B13			15.3~76.9	52~225		B36			5.4~26.8	450~1880
	B14	Y801-4	0.55	12.2~61.0	65~283		B47			3.9~19.6	620~2580
	B15			10.1~50.5	78~342		B48			3.2~16.3	745~3105
	B16			8.2~41.1	96~420		B49			2.66~13.3	910~3805
	B17			6.0~30.0	132~576		B31			15.8~79.3	225~935
	B21			32.1~160.8	34~147		B32			10.2~51.3	345~1440
	B22			20.8~104.1	52~226		B33			7.6~37.9	470~1950
	B23			15.3~76.9	70~306		B34			6.0~30.1	590~2460
	B24	Y802-4	0.75	12.2~61.0	88~386		B35	Y132S-8	2.2	4.97~24.9	715~2970
	B25			10.1~50.5	107~466		B46			4.05~20.3	875~3650
	B26			8.2~41.1	131~573		B47			2.95~14.8	1200~5010
	B27			6.0~30.0	180~786		B58			2.45~12.3	1450~6030
ZH2	B21			20.1~100.5	57~235		B59			20.0~10.0	1775~7385
	B22			13.0~65.0	88~362		B31			21.0~105.0	170~705
	B23			9.6~48.0	119~490		B32			13.6~67.9	262~1090
	B24	Y90S-6	0.75	7.6~38.1	150~618		B33			10.0~50.2	355~1475
	B25			6.3~31.6	181~746		B34			8.0~39.8	446~1860
	B26			5.1~25.7	223~917		B35	Y112M-6	2.2	6.6~33.0	540~2245
	B27			3.7~18.7	306~1258		B46			5.4~26.8	660~2755
	B21			20.1~100.5	84~344		B47			3.9~19.6	910~3785
	B22			13.0~65.0	129~532		B58			3.2~16.3	1090~4550
	B23			9.6~48.0	175~720		B59			2.66~13.3	1340~5580
	B24	Y90L-6	1.1	7.6~38.1	220~907		B31			31.9~159.7	110~465
	B35			6.3~31.6	266~1095		B32			20.6~103.3	170~715
	B36			5.1~25.7	327~1345		B33			15.3~76.4	235~970
	B37			3.7~18.7	448~1845		B34			12.1~60.6	295~1225
	B21			30.9~154.5	54~224		B35	Y100L1-4	2.2	10.0~50.2	355~1475
	B22			20.0~100.0	84~346		B46			8.2~40.9	435~1815
	B23			14.8~73.9	114~467		B47			5.9~29.8	600~2490
	B24	Y90S-4	1.1	11.7~58.6	143~589		B58			4.9~24.7	720~2995
	B35			9.7~48.6	173~711		B59			4.0~20.2	880~3670
	B36			7.9~39.5	212~874		B31			21.5~107.2	225~940
	B37			5.7~28.8	291~1200		B32			13.9~69.4	350~1455
	B31			30.9~154.5	74~305		B33	Y132S-6	3	10.3~51.3	475~1970
	B32			20.0~100.0	115~471		B34			8.1~40.7	595~2480
	B33	Y90L-4	1.5	14.8~73.9	155~638		B45			6.7~33.7	720~2995
	B34			11.7~58.6	195~804		B46			5.5~27.4	885~3680

（续）

型　号		配用电动机功率/kW	输出转速 n_2 /r·min⁻¹	输出转矩 T_2 /N·m	型　号		配用电动机功率/kW	输出转速 n_2 /r·min⁻¹	输出转矩 T_2 /N·m
ZH3	B47	Y132S-6	3	4.0~20.0	1210~5050	ZH4	B32	Y132M-8	3	12.4~49.7	485~1625
	B58			3.3~16.6	1460~6080		B33			9.2~36.7	660~2200
	B59			2.7~13.6	1790~7450		B34			7.3~29.1	830~2770
	B31	Y100L2-4	3	31.9~159.7	150~630		B45			6.0~24.1	1005~3345
	B32			20.6~103.3	235~975		B46			4.9~19.6	1235~4110
	B33			15.3~76.4	315~1320		B47			3.6~14.3	1690~5640
	B34			12.1~60.6	400~1665		B31	Y132M1-6	4	26.2~103.8	310~1035
	B45			10.0~50.2	485~2010		B32			16.9~67.2	480~1600
	B46			8.2~40.9	590~2470		B33			12.5~49.6	650~2165
	B47			5.9~29.8	815~3390		B34			9.9~39.4	820~2730
	B58			4.9~24.7	980~4080		B55			8.2~32.6	990~3300
	B59			4.0~20.2	1200~5000		B56			6.7~26.5	1215~4050
	B31	Y112M-4	4	32.2~160.8	200~835		B57			4.8~19.3	1665~5560
	B32			20.8~104.1	310~1395		B41	Y132M2-6	5.5	25.9~103.8	430~1425
	B33			15.4~76.9	420~1750		B42			16.8~67.2	660~2200
	B34			12.2~61.0	530~2205		B43			12.4~49.6	895~2980
	B45			10.1~50.5	640~2665		B44			9.8~39.4	1225~3755
	B46			8.2~41.1	785~3270		B65			8.1~32.6	1360~4535
	B57			6.0~30.0	1080~4490		B66			6.6~26.5	1670~5570
	B58			5.0~24.9	1295~5400		B67			4.8~19.3	2290~7645
	B41	Y132S-4	5.5	32.2~160.8	275~1150		B51	Y132M-4	7.5	38.9~155.7	390~1295
	B42			20.8~104.1	425~1780		B52			25.2~100.7	600~2000
	B43			15.4~76.9	580~2405		B53			18.6~74.5	815~2710
	B44			12.2~61.0	730~3035		B54			14.7~59.1	1025~3415
	B55			10.1~50.5	880~3660		B55			12.2~48.9	1235~4120
	B56			8.2~41.1	1080~4500		B56			10.0~39.8	1520~5060
ZH4	B31	Y132M-8	3	19.2~76.8	315~1050						

表 10.3-43　A 型第三派生型变速器的额定输出参数

型　号		配用电动机功率/kW	输出转速 n_2 /r·min⁻¹	输出转矩 T_2 /N·m	型　号		配用电动机功率/kW	输出转速 n_2 /r·min⁻¹	输出转矩 T_2 /N·m
ZH1	T11	A02-7114	0.25	25.2~126.3	14.5~63.5	ZH1	T316	A02-7114	0.25	4.4~22.1	84.0~368.0
	T12			23.3~116.8	15.7~68.7		T11	A02-7124	0.37	25.2~126.3	21.4~94
	T13			20.1~100.8	18.2~79.6		T12			23.3~116.8	23.2~102
	T14			18.4~92.2	19.8~87.0		T13			20.1~100.8	26.8~118
	T15			16.4~82.3	22.2~97.5		T14			18.4~92.2	29.3~129
	T16			14.3~71.7	25.5~111.8		T15			16.4~82.3	33.0~144
	T17			12.9~64.5	28.4~124.3		T16			14.3~71.7	37.7~165
	T18			11.7~58.7	31.2~136.7		T17			12.9~64.5	42~184
	T19			10.3~51.4	35.6~156.0		T18			11.7~58.7	46~202
	T110			8.9~44.7	40.9~179.3		T19			10.3~58.7	53~231
	T111			8.1~40.7	45.0~197.2		T210			8.8~44.3	61~268
	T112			7.0~35.1	52.1~228.5		T211			7.6~38.2	71~310
	T213			6.2~31.1	59.0~258.4		T212			6.9~34.5	78~344
	T214			5.5~27.8	66.0~289.0		T213			6.2~31.1	87~382
	T315			5.0~25.2	74.0~325.0		T214			5.5~27.8	97~427

（续）

型号		配用电动机功率/kW	输出转速 n_2 /r·min^{-1}	输出转矩 T_2 /N·m	型号		配用电动机功率/kW	输出转速 n_2 /r·min^{-1}	输出转矩 T_2 /N·m
ZH1	T315	A02-7124	0.37	5.0~25.2	107~470		T414			3.5~17.6	331~1363
	T316			4.4~22.1	122~536		T415	Y90S-6	0.75	3.2~16.1	363~1494
	T11			25.0~125.4	32~141		T416			2.9~14.5	404~1662
	T12			23.1~115.9	35~152		T21			15.7~78.7	109~448
	T13			20.0~100.1	40~176		T32			13.4~67.1	128~526
	T14			18.3~91.5	44~193		T33			12.5~62.6	137~564
	T15			12.3~81.7	50~216		T34			10.8~54.1	158~652
	T26			14.7~73.5	55~240		T35			10.0~50.1	171~705
	T27			12.2~61.0	66~289		T36			8.5~42.5	202~831
	T28	Y801-4	0.55	11.1~55.7	73~317		T37			8.0~39.8	216~888
	T29			9.7~48.4	84~365		T48	Y90L-6	1.1	7.1~35.3	243~1000
	T210			8.8~44.0	92~410		T49			6.4~32.1	267~1098
	T311			7.7~39.0	105~460		T410			5.7~28.7	298~1228
	T312			6.8~34.4	118~513		T411			4.9~24.6	348~1433
	T313			6.1~30.7	132~575		T412			4.6~22.8	377~1552
	T314			5.7~28.4	143~622		T413			4.0~20.1	427~1756
	T315			5.0~25.1	161~704		T514			3.6~17.8	481~1780
	T316			4.4~22.0	184~803		T515			3.1~15.7	546~2249
	T11			25.0~125.4	44~192		T516			2.9~14.4	596~2460
	T12			23.1~115.9	48~208		T21			24.2~121.1	71~291
	T23			19.0~95.3	58~253		T22			22.2~110.7	77~319
	T24			17.1~85.9	64~280		T23			18.3~91.5	94~385
	T25			16.0~80.1	69~300		T24			16.5~82.6	104~427
	T26			14.7~73.5	75~327	ZH2	T25			15.4~77.0	111~458
	T27			12.2~61.0	90~395		T36			13.1~65.3	131~540
	T28	Y802-4	0.75	11.1~55.7	99~432		T37			12.2~61.2	140~578
	T39			10.1~50.6	109~475		T38	Y90S-4	1.1	10.6~53.1	161~664
	T310			8.8~44.2	125~545		T39			9.7~48.7	176~725
	T311			7.7~38.4	143~627		T310			8.5~42.4	202~831
	T312			6.9~34.4	160~700		T311			7.4~36.9	232~957
	T313			6.1~30.7	179~784		T412			7.0~35.0	245~1008
	T314			5.7~28.4	194~849		T413			6.2~30.9	277~1141
	T315			5.0~25.1	220~960		T414			5.4~27.1	316~1300
	T316			4.4~22.0	250~1095		T415			5.0~24.8	346~1424
ZH2	T21			15.7~78.7	74~306		T416			4.5~22.3	385~1584
	T22			14.4~72.0	81~334		T21			24.2~121.1	96.5~397
	T23			11.9~59.5	98~404		T22			22.2~110.7	106~435
	T24			10.7~53.7	109~448		T33			19.3~96.3	121~500
	T35			10.0~50.0	117~480		T34			16.7~83.3	140~578
	T36			8.5~42.5	138~567		T35			15.4~77.0	152~625
	T37	Y90S-6	0.75	8.0~39.8	147~605		T36	Y90L-4	1.5	13.1~65.3	179~737
	T38			6.9~34.5	169~697		T37			12.2~61.2	191~787
	T39			6.3~31.6	185~761		T38			10.6~53.1	220~906
	T310			5.5~27.6	212~872		T39			9.7~48.7	240~989
	T311			4.8~24.0	244~1004		T410			8.8~44.2	264~1090
	T412			4.5~22.7	257~1058		T411			7.6~37.9	308~1270
	T413			4.0~20.1	291~1197		T412			7.0~35.0	334~1375

（续）

	型　号	配用电动机功率/kW	输出转速 n_2 /r·min⁻¹	输出转矩 T_2 /N·m		型　号	配用电动机功率/kW	输出转速 n_2 /r·min⁻¹	输出转矩 T_2 /N·m
ZH2	T413	Y90L-4	1.5	6.2~30.9	378~1557		T612	Y112M-6	2.2	4.6~23.2	783~3264
	T414			5.4~27.1	430~1773		T613			4.1~20.5	883~3681
	T515			4.8~24.1	484~1994		T714			3.7~18.6	976~4070
	T616			4.4~21.0	530~2180		T715			3.2~16.1	1127~4696
ZH3	T31	Y100L-6	1.5	16.0~80.0	155~645		T716			2.9~14.5	1250~5204
	T32			14.0~70.1	177~736	ZH3	T31	Y100L1-4	2.2	24.3~121.5	150~622
	T33			13.1~65.4	189~788		T32			21.3~106.5	170~710
	T34			11.3~56.6	219~912		T33			20.0~99.4	182~761
	T45			10.5~52.4	236~984		T34			17.2~86.0	211~880
	T46			9.6~48.1	257~1072		T35			15.9~79.5	228~951
	T47			8.0~40.0	310~1290		T46			14.6~73.1	248~1035
	T48			7.4~36.9	336~1400		T47			12.2~60.9	298~1243
	T49			6.7~33.6	368~1535		T48			11.2~56.0	323~1350
	T410			6.0~30.0	412~1717		T49			10.2~51.0	355~1480
	T511			5.3~26.3	470~1962		T410			9.1~45.6	397~1655
	T512			4.5~22.7	545~2274		T411			7.8~39.1	463~1931
	T513			4.2~21.0	590~2455		T512			6.9~34.5	525~2191
	T514			3.7~18.6	664~2768		T513			6.4~31.9	567~2366
	T515			3.4~17.0	727~3028		T514			5.7~28.3	640~2668
	T616			2.9~14.3	866~3610		T615			5.2~25.9	700~2920
	T41	Y132S-8	2.2	12.3~61.8	294~1223		T616			4.3~21.7	834~3478
	T42			10.7~53.9	337~1404		T41	Y132S-6	3	16.7~83.6	296~1234
	T43			10.0~50.1	362~1510		T42			14.6~72.9	340~1416
	T44			8.6~43.0	423~1760		T43			13.6~67.8	365~1522
	T45			7.9~39.6	460~1910		T44			11.6~58.1	426~1775
ZH3	T56			6.9~34.5	527~2195		T45			10.7~53.6	462~1926
	T57			6.3~31.5	576~2398		T56			9.3~46.6	531~2213
	T58			5.7~27.9	650~2710		T57			8.5~42.7	580~2418
	T69			4.9~24.5	741~3087		T58			7.6~37.8	656~2732
	T610			4.3~21.5	844~3516		T69			6.6~33.1	747~3113
	T711			3.8~18.9	961~4004		T610			5.8~29.1	851~3546
	T712			3.5~17.4	1042~4340		T711			5.1~25.5	969~4038
	T713			3.1~15.4	1182~4925		T712			4.7~23.6	1050~4376
	T714			2.8~14.0	1293~5385		T713			4.2~20.8	1192~4967
	T715			2.4~12.2	1492~6215		T714			3.8~19.0	1303~5431
	T816			2.2~11.0	1655~6894		T715			3.3~16.5	1504~6268
	T31	Y112M-6	2.2	16.0~80.0	227~946		T816			3.0~14.8	1667~6947
	T42			12.3~71.3	254~1060		T31	Y100L2-4	3	24.3~121.5	203~848
	T43			13.3~66.3	274~1140		T32			21.3~106.5	232~967
	T44			11.4~56.9	319~1330		T43			20.2~100.8	245~1022
	T45			10.5~52.4	346~1443		T44			17.3~86.5	286~1192
	T46			9.6~48.1	377~1572		T45			15.9~79.7	310~1293
	T47			8.0~40.0	454~1891		T46			14.6~73.1	338~1410
	T58			7.4~37	491~2046		T47			12.2~60.8	407~1695
	T59			6.5~32.7	556~2315		T48			11.2~56.0	441~1840
	T510			5.8~28.8	631~2630		T59			9.9~49.6	498~2075
	T511			5.3~26.3	691~2878		T510			8.7~43.7	565~2357

（续）

系列	型号	配用电动机功率/kW	输出转速 n_2 /(r·min⁻¹)	输出转矩 T_2 /(N·m)	系列	型号	配用电动机功率/kW	输出转速 n_2 /(r·min⁻¹)	输出转矩 T_2 /(N·m)
	T511		8.0~39.9	620~2580		T610		5.2~26.0	1187~3960
	T512		6.9~34.5	717~2990		T711		4.6~22.8	1352~4510
	T613	Y100L2-4　3	6.2~31.2	791~3300		T712	Y132M-8　3	4.2~21.1	1465~4885
	T614		5.6~28.1	880~3669		T713		3.7~18.6	1663~5545
	T615		5.2~25.9	955~3981		T714		3.4~17.0	1820~6063
	T716		4.4~22.1	1138~4743		T815		3.0~15.2	2030~6765
	T41		25.1~125.4	263~1097		T816		2.7~13.3	2328~7762
	T42		21.9~109.3	302~1260		T41		20.4~102.1	408~1358
	T43		20.3~101.7	325~1353		T42		17.8~88.9	468~1560
	T44		17.4~87.2	380~1578		T43		16.5~82.7	503~1676
	T45		16.1~80.3	411~1712		T54		14.0~70.0	595~1984
	T46		14.7~73.7	448~1866		T55		12.4~61.9	672~2241
	T57		12.8~64.0	516~2150		T56		11.4~57.0	731~2437
	T58	Y112M-4　4	11.3~56.7	583~2428		T57		10.4~52.1	798~2662
	T59		10.0~50.1	660~2748		T58	Y132M1-6　4	9.2~46.1	902~3009
	T610		8.7~43.6	756~3152		T69		8.1~40.5	1028~3427
	T611		7.9~39.5	837~3487		T610		7.1~35.5	1171~3904
	T612		7.1~35.5	930~3873		T711		6.2~31.2	1334~4446
ZH3	T713		6.2~31.2	1048~4368		T712		5.8~28.8	1445~4817
	T714		5.7~28.5	1158~4828		T713		5.1~25.4	1640~5468
	T715		4.9~24.7	1337~5572		T714		4.6~23.2	1794~5980
	T716		4.5~22.3	1482~6175		T815		4.2~20.8	2000~6670
	T41		25.1~125.4	362~1508	ZH4	T816		3.7~18.3	2296~7654
	T42		21.9~109.3	415~1731		T41		20.2~101.0	560~1868
	T43		20.3~101.7	447~1861		T52		17.7~88.6	638~2128
	T54		17.2~85.9	530~2203		T53		16.4~82.0	691~2302
	T55		15.2~76.0	597~2490		T54		13.8~69.1	818~2728
	T56		14.0~69.9	650~2706		T65		12.4~62.1	910~3035
	T57		12.8~64.0	710~2956		T66		11.6~57.8	980~3265
	T68	Y132S-4　5.5	11.2~56.0	812~3382		T67		9.9~49.5	1144~3813
	T69		9.9~49.7	913~3806		T78	Y132M2-6　5.5	8.7~43.5	1300~4336
	T710		8.9~44.7	1017~4237		T79		8.0~40.1	1412~4705
	T711		7.7~38.3	1185~4937		T710		7.2~35.9	1574~5247
	T712		7.1~35.4	1284~5350		T711		6.2~31.0	1834~6113
	T713		6.2~31.2	1457~6072		T812		5.7~28.5	1983~6612
	T814		5.8~29.0	1563~6514		T813		5.1~25.4	2230~7435
	T815		5.1~25.5	1778~7410		T814		4.7~23.4	2420~8066
	T816		4.5~22.3	2040~8500		T815		4.1~20.7	2752~9173
	T41		15.0~74.8	413~1377		T816		3.7~18.5	3155~10520
	T42		13.0~65.2	474~1580		T41		30.3~121.4	510~1698
	T43		12.1~60.6	510~1700		T52		26.6~106.5	580~1935
	T54		10.2~51.2	604~2012		T53		24.6~98.4	628~2094
ZH4	T55	Y132M-8　3	9.1~45.3	682~2273		T54	Y132M-4　7.5	20.8~83.0	744~2480
	T56		8.3~41.7	741~2470		T55		18.4~73.5	840~2800
	T57		7.6~38.2	810~2700		T66		17.3~69.4	890~2968
	T58		6.8~33.8	915~3050		T67		14.9~59.4	1040~3467
	T69		5.9~29.6	1042~3475		T68		13.5~54.1	1142~3807

（续）

	型　号		配用电动机功率/kW	输出转速 n_2/r·min^{-1}	输出转矩 T_2/N·m		型　号		配用电动机功率/kW	输出转速 n_2/r·min^{-1}	输出转矩 T_2/N·m
ZH4	T79	Y132M-4	7.5	12.0~48.2	1283~4278	ZH4	T813	Y132M-4	7.5	7.6~30.5	2030~6760
	T710			10.8~43.2	1430~4770		T814			7.0~28.1	2200~7335
	T711			9.3~37.1	1667~5557		T815			6.2~24.7	2500~8340
	T712			8.6~34.2	1806~6020						

表 10.3-44　B 型变速器的额定输出参数

	型　号		配用电动机功率/kW	输出转速 n_2/r·min^{-1}	输出转矩 T_2/N·m		型　号		配用电动机功率/kW	输出转速 n_2/r·min^{-1}	输出转矩 T_2/N·m
ZHB1 ZHBF1	420	A02-7124	0.37	420~1680	2~3.5	ZHB2	3.5	Y90L-6	1.1	3.5~15	600~1100
	205			205~820	3.5~10		332	Y90L-4		332~1659	7.5~18
	50			50~197	16~30		220	Y100L-6		220~1100	11~25
	11.5			11.5~44	70~140		166	Y90L-4		166~825	14~32
	417	Y801-4	0.55	417~1668	2.5~7.5	ZHB2 ZHBF2	110	Y100L-6	1.5	110~550	23~39
	205			205~820	6~11.5		53	Y90L-4		53~264	46~94
	50			50~196	23~50		35.5	Y100L-6		35.5~177	72~140
	12			12~44	100~210		17	Y90L-4		17~83	140~290
ZHB1	3			3~11	400~700		11.5	Y100L-6		11.5~56	230~410
	330	Y802-4	0.75	330~1647	3.5~10	ZHB2	5	Y90L-4		5~24	430~900
	220	Y90S-6		220~1100	5.5~15		3.5	Y100L-6		3.5~16	700~1400
	160	Y802-4		160~820	7.5~19		438	Y100L1-4		438~1752	11~21
	106	Y90S-6		106~540	11.5~28		290	Y112M-6		290~1160	16~31
	53	Y802-4		53~262	24~60	ZHB3 ZHBF3	215	Y100L1-4	2.2	215~870	20~42
	34.5	Y90S-6		34.5~172	36~88		144	Y112M-6		144~580	32~63
	17	Y802-4		17~82	76~180		81	Y100L1-4		81~323	56~110
ZHB2 ZHBF2	11	Y90S-6		11~54	110~300		54	Y112M-6		54~214	85~160
	332	Y90S-4		332~1659	5.5~14		15	Y100L1-4		15~59	300~580
	220	Y90L-6		220~1100	8.5~21	ZHB3	10	Y112M-6		10~39	470~850
	165	Y90S-4		165~820	12~28		4	Y100L1-4		4~14.5	1200~2100
	110	Y90L-6		110~550	17~42		2.5	Y112M-6		2.5~9	2000~3400
	53	Y90S-4	1.1	53~264	35~90	ZHB3 ZHBF3	438	Y100L2-4	3.0	438~1752	14~28
	34.5	Y90L-6		34.5~172	50~130		220			220~825	31~60
	17	Y90S-4		17~83	110~270		81			81~323	74~150
	11	Y90L-6		11.54	170~320	ZHB3	15			15~59	400~815
ZHB2	5	Y90S-4		5~24	350~700		4			4~14.5	1600~3000

8.4　选用方法

表 10.3-40~表 10.3-44 规定的额定输出参数的适用条件为：日工作时间不大于 10h，载荷平稳无冲击。当上述条件不满足时，应按表 10.3-45~表 10.3-48 进行修正。

表 10.3-45　工况系数 f_1

载荷性质	日工作时间/h		
	≤3	>3~10	>10~24
均匀载荷	0.9	1.0	1.2
中等冲击载荷	1.0	1.2	1.4
强冲击载荷	1.4	1.6	1.8

表 10.3-46　起动频率系数 f_2

每小时起动次数	0~10	>10~60	>60~400
f_2	1	1.1	1.2

表 10.3-47　小时载荷率系数 f_3

小时载荷率 J_c(%)	100	80	60	40	20
f_3	1	0.94	0.86	0.74	0.56

注：1. $J_c = \dfrac{1\text{h 内载荷作用时间（min）}}{60} \times 100\%$

　2. $J_c < 20\%$ 时按 $J_c = 20\%$ 计。

　3. 表中未列入的 J_c 值，其系数可由线性插值法求出。

表 10.3-48　环境温度系数 f_4

环境温度/℃	>0~10	>10~20	>20~30	>30~40	>40~50
f_4	0.87	1	1.14	1.33	1.6

当已知条件与表 10.3-45 规定的条件一致时，可直接由各表选取所需变速器规格。

当已知条件与表 10.3-45 规定的条件不一致时，应先按照所需的电动机功率及输出转速初选其规格，然后对基本型按式（10.3-1）、复合型及 B 型按式（10.3-1）和式（10.3-2），计算其所需输出转矩 T_{2J} 及 T_{2R}，按式（10.3-3）校核其输出转矩。

$$T_{2J} = T_2 f_1 f_2 \qquad (10.3-1)$$

$$T_{2R} = T_2 f_3 f_4 \qquad (10.3-2)$$

由式（10.3-1）和式（10.3-2）的计算结果中选取较大值，要求变速器的输出转矩 T_2 等于或略大于所需输出转矩 T_{2J} 及 T_{2R}，即

$$T_2 \geq T_{2J} \text{ 及 } T_{2R} \qquad (10.3-3)$$

当式（10.3-3）满足时，表明选择的变速器是适用的，否则应重新进行选择。

例 10.3-2　已知一搅拌机的工作转矩 $T_2 = 2.4\mathrm{N \cdot m}$ 并保持恒定，工作转速为 $n_2 = 500 \sim 1200\mathrm{r/min}$，日运行时间 10h，连续运转，中等冲击载荷，要求变速器为 ZHF 型。

解：由于给定条件与表 10.3-45 规定的条件不一致，故应按上述有关公式计算 T_{2J} 及 T_{2R}，然后再由表 10.3-40 选择所需变速器规格。

根据已知条件，首先可查得 $f_1 = 1.2$，$f_2 = 1$。

（1）计算电动机功率 P_1

取变速器的效率 $\eta = 0.75$，则

$$P_1 = \frac{T_2 n_{2\max}}{9550\eta} = \frac{2.4 \times 1200}{9550 \times 0.75}\mathrm{kW} = 0.4\mathrm{kW}$$

（2）计算所需的输出转矩 T_{2J}

$$T_{2J} = T_2 f_1 f_2 = 2.4 \times 1.2 \times 1\mathrm{N \cdot m} = 2.88\mathrm{N \cdot m}$$

按上述条件，由表 10.3-40 查得适用的变速器型号为：ZHF1Y801-4。

注意：在计算所需电动机功率时，可取变速器的效率 $\eta_1 = 0.75$，蜗杆减速器的效率 $\eta_2 = 0.7$，同轴式圆柱齿轮、摆线和齿轮的效率 $\eta_3 = 0.9$，或参考蜗杆、同轴式、摆线及齿轮减速器的相应标准进行计算。

9　XZW 型行星锥轮无级变速器

XZW 型行星锥轮无级变速器适用于各种工作机械（车床、磨床等）、化工、纺织、轻工、冶金、建筑和印刷造纸机械等。其特点为：恒功率，可以零或低速缓慢起动，故可用于起动载荷较大、转动惯量大及起动、停止频繁的机械装置。

9.1　装配形式和标记方法

变速器的装配形式如图 10.3-2 所示。

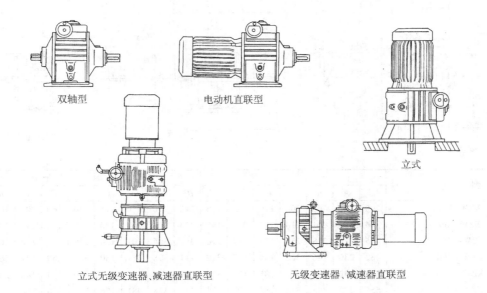

双轴型　　　　　电动机直联型　　　　　立式

立式无级变速器、减速器直联型　　　　无级变速器、减速器直联型

图 10.3-2　XZW 型行星锥轮无级变速器的装配形式

标记示例：

（1）双轴、电动机直联型

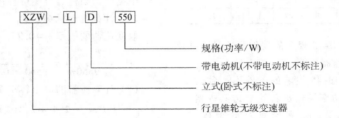

规格(功率/W)
带电动机(不带电动机不标注)
立式(卧式不标注)
行星锥轮无级变速器

（2）无级变速器、减速器直联型

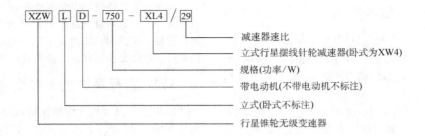

减速器速比
立式行星摆线针轮减速器(卧式为XW4)
规格(功率/W)
带电动机(不带电动机不标注)
立式(卧式不标注)
行星锥轮无级变速器

9.2　外形尺寸和安装尺寸

变速器的外形尺寸和安装尺寸见表 10.3-49～表 10.3-53。

表 10.3-49　XZW 型变速器的外形尺寸和安装尺寸　　　　　　　　（mm）

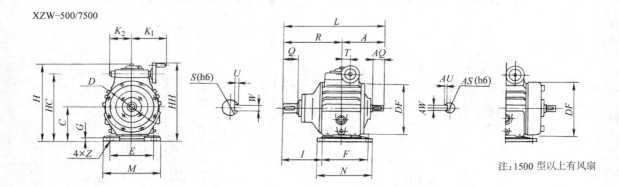

注:1500 型以上有风扇

型　号	长			宽				高				地脚尺寸				
	L	A	R	D	K_1	K_2	DF	HH	H	HC	C	N	F	I	M	E
XZW-550	290	121	169	200	110	72	190	270	260	230	115	190	160	88	160	130
XZW-750	346	145	201	210	123	86	190	274	270	234	120	230	170	115	170	140
XZW-1500	445	227	218	254	175	117	270	361	345	301	154	270	230	116	200	160
XZW-2200	482	236	246	300	185	127	310	411	398	351	180	310	260	131	260	210
XZW-3000	510	252	258	315	185	125	325	429	414	369	190	320	265	146	270	220
XZW-4000	555	272	283	325	185	127	335	441	428	381	196	330	270	158	280	230
XZW-5500	709	349	360	410	241	162	400	530	514	455	235	425	375	205	340	290
XZW-7500	776	392	384	440	238	157	440	573	554	498	249	490	425	218	365	300

（续）

型　号	地脚尺寸		输出轴端尺寸			输入轴端尺寸			手轮尺寸		质量	油量
	G	Z	Q	S	W×U	AQ	AS	AW×AU	T	HS×HQ	/kg	/L
XZW-550	15	9	34	24	8×4	30	15	5×3	26	10×15	25	0.8
XZW-750	17	13	48	24	8×4	38	20	8×4	27	10×15	30	2.0
XZW-1500	20	11	55	32	10×5	50	24	8×4	40.5	12×20	48	1.5
XZW-2200	22	15	55	32	10×5	50	24	8×4	40.5	12×20	79	2.5
XZW-3000	22	15	60	35	10×5	50	25	8×4	40.5	12×20	90	3.0
XZW-4000	25	15	70	42	12×5	50	28	8×4	40.5	12×20	150	3.5
XZW-5500	30	19	101	55	16×6	80	40	12×5	60	25×32	180	5.0
XZW-7500	30	19	100	55	16×6	80	48	14×5.5	60	25×32	220	7.5

表 10.3-50　XZWD 型变速器的外形尺寸和安装尺寸　　　　（mm）

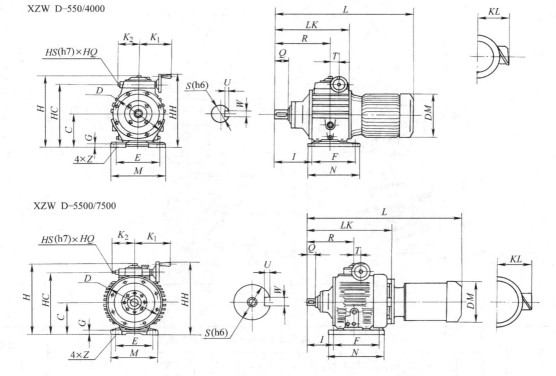

XZWD-550/4000

XZWD-5500/7500

型　号	长			宽			高			地脚尺寸						输出轴端尺寸				手轮尺寸		质量	油量
	L	LK	R	D	K₁	K₂	DM	KL	HH	H	HC	C	N	F	I	M	E	G	Z	Q	S	W×U	T	HS×HQ	/kg	/L
XZWD-550	525	234	169	200	110	72	175	150	270	260	230	115	190	160	88	160	130	15	9	34	24	8×4	26	10×15	35	0.8
XZWD-750	578	282	201	210	123	86	175	150	274	270	234	120	230	170	115	170	140	17	13	48	24	8×4	27	10×15	39	2.0
XZWD-1500	666	295	218	254	175	117	195	160	361	345	301	154	270	230	116	200	160	20	11	55	32	10×5	40.5	12×20	60	1.5
XZWD-2200	748	340	246	300	185	127	215	180	411	398	351	180	310	260	131	260	210	22	15	55	32	10×5	40.5	12×20	102	2.5
XZWD-3000	765	360	258	315	185	125	215	180	429	414	369	190	320	265	146	270	220	22	15	60	35	10×5	40.5	12×20	110	3.0
XZWD-4000	810	390	283	325	185	127	240	190	441	428	381	196	330	270	158	280	230	25	15	70	42	12×5	40.5	12×20	145	3.5
XZWD-5500	1014	619	360	410	240	162	275	210	530	514	455	235	425	375	205	340	290	30	19	101	55	16×6	60	25×32	290	5.0
XZWD-7500	1125	670	384	440	238	157	275	210	573	554	498	249	490	425	218	365	300	30	19	100	55	16×6	60	25×32	310	7.5

表 10.3-51　　XZWLD 型变速器的外形尺寸和安装尺寸　　　　　　　　　（mm）

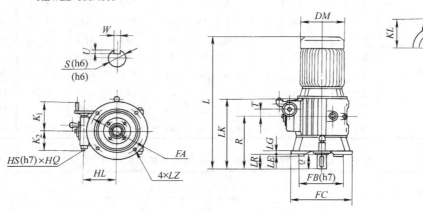

XZWLD-550/4000

XZWL D-5500/7500

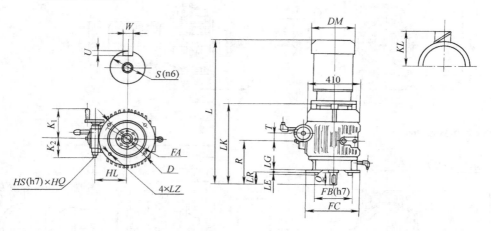

型　号	长			宽					输出端连接尺寸							输出轴端尺寸			手轮尺寸			质量	油量
	L	LK	R	D	K_1	K_2	DM	KL	FC	FB	FA	LR	LE	LG	LZ	Q	S	$W\times U$	T	$HS\times HQ$	HL	/kg	/L
XZWLD-550	525	234	169	200	110	72	175	150	250	180	215	32	4	16	15	34	24	8×4	26	10×15	115	38	1.0
XZWLD-750	578	282	201	210	123	86	175	150	250	180	215	38	4	16	15	48	24	8×4	27	10×15	114	43	1.9
XZWLD-1500	666	295	218	254	115	117	195	160	300	230	265	54	4	20	15	55	32	10×5	40.5	12×20	147	66	2.7
XZWLD-2200	748	395	246	300	185	127	215	180	300	230	265	52	4	20	15	55	32	10×5	40.5	12×20	171	123	4.8
XZWLD-3000	765	340	258	315	185	125	215	180	300	230	265	63	4	20	19	60	35	10×5	40.5	12×20	179	132	5.4
XZWLD-4000	810	390	283	325	185	127	240	190	350	250	300	68	5	20	19	70	42	12×5	40.5	12×20	185	170	5.5
XZWLD-5500	1014	619	360	410	241	162	275	210	400	300	350	94	8	25	19	101	55	16×6	60	25×32	220	290	8.0
XZWLD-7500	1125	670	384	440	238	157	275	210	400	300	350	90	8	25	19	100	55	16×6	60	25×32	249	311	8.8

表 10.3-52　XZWD-XW 型变速器的外形尺寸和安装尺寸　（mm）

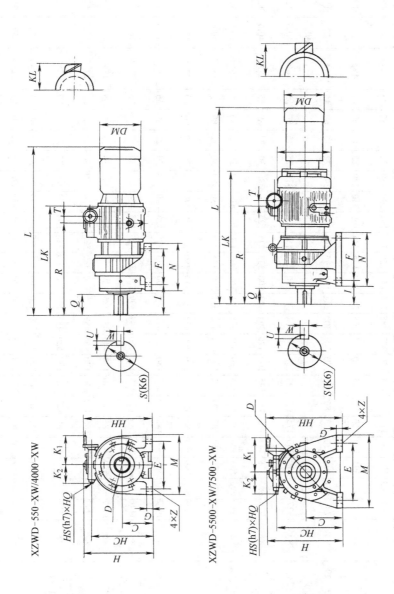

XZWD-550-XW/4000-XW

XZWD-5500-XW/7500-XW

（续）

规格型号	减速比	相配减速器型号	长				宽				高			地脚尺寸								输出轴端尺寸			手轮尺寸		质量	油量/L	
			L	LK	R	D	K1	K2	DM	KL	HH	H	HC	C	N	F	I	M	E	G	Z	Q	S	W×U	T	HS×HQ	/kg	变速部	减速部
XZWD-550-X	11,17,23,29,35,43,59,71	×3	693	402	337	200	110	72	175	150	295	285	255	140	150	100	151	290	250	20	15	55	35	10×5	26	10×15	69	0.8	
XZWD-750-X	11,17,23,29,35,43,59,71	×4	747	456	391	230	110	72	175	150	305	295	265	150	195	145	169	330	290	22	15	69	45	14×5.5	26	10×15	80	0.8	
		×4	777	481	400	230	123	86	175	150	304	300	264	150	195	145	169	330	290	22	15	69	45	14×5.5	27	10×15	84	2.0	
XZWD-1500-X	11,17,23,29,35,43,59,71,87	×5	927	556	479	300	175	117	195	160	367	351	307	160	260	150	206	410	370	25	15	86	55	16×6	40.5	12×20	143	1.5	
		×6	976	605	528	340	175	117	195	160	425	391	347	200	335	275	125	430	380	30	22	89	65	18×7	40.5	12×20	183	1.5	
XZWD-2200-X	11,17,23,29,35,43,59,71,87	×5	1005	598	503	300	185	127	215	180	391	378	331	160	260	150	206	410	370	25	15	86	55	16×6	40.5	12×20	185	2.5	
		×6	1061	654	559	340	185	127	215	180	431	418	371	200	335	275	125	430	380	30	22	89	65	18×7	40.5	12×20	225	2.5	
		×7	1098	691	596	360	185	127	215	180	460	438	391	220	380	320	145	470	420	30	22	110	80	22×9	40.5	12×20	272	2.5	
XZWD-3000-X	11,17,23,29,35,43,59,71,87	×6	1072	667	565	340	185	125	215	180	439	424	379	200	335	275	125	430	380	30	22	89	65	18×7	40.5	12×20	233	3.0	
		×7	1110	705	603	360	185	125	215	180	460	444	399	220	380	320	145	470	420	30	22	110	80	22×9	40.5	12×20	280	3.0	
XZWD-4000-X	11,17,23,29,35,43,59,71,87	×6	1107	687	580	340	185	127	215	190	445	432	385	200	335	275	125	430	380	30	22	89	65	18×7	40.5	12×20	268	3.5	
		×7	1142	722	615	360	185	127	215	190	465	452	405	220	380	320	145	470	420	30	22	110	80	22×9	40.5	12×20	315	3.5	
		×8	1197	777	670	430	185	127	215	190	529	482	435	250	440	380	155	530	480	35	22	120	90	25×9	40.5	12×20	395	3.5	
XZWD-5500-X	11,17,23,29,35,43,59,71,87	×6	1278	883	624	340	241	162	275	210	495	479	420	200	335	275	125	430	380	30	22	89	65	18×7		25×32	413	5.0	
		×7	1321	926	667	360	241	162	275	210	515	499	440	220	380	320	145	470	420	30	22	110	80	22×9	60	25×32	460	5.0	
		×8	1374	979	720	430	241	162	275	210	545	529	470	250	440	380	155	530	480	35	22	120	90	25×9	60	25×32	540	5.0	
XZWD-7500-X	11,17,23,29,35,43,59,71,87	×8	1483	1048	742	430	238	157	275	210	574	555	499	250	440	380	155	530	480	35	22	120	90	25×9	60	25×32	560	7.5	

表 10.3-53　XZWLD-XL 型变速器的外形尺寸和安装尺寸 　　　　　　　　　　　　　　　　　　　　　　　（mm）

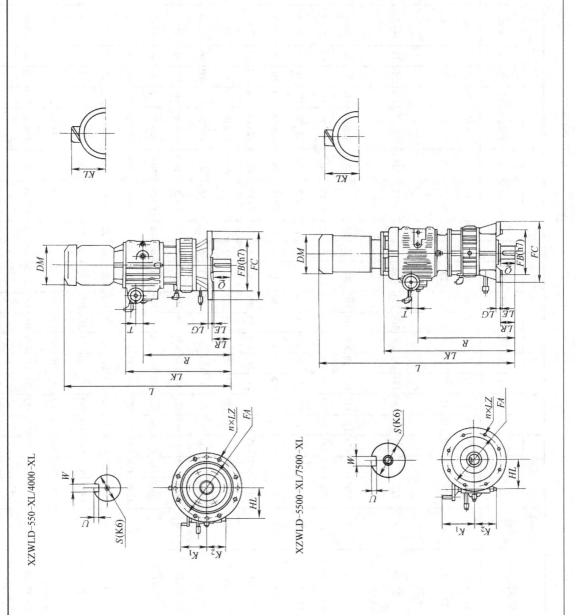

XZWLD-550-XL/4000-XL

XZWLD-5500-XL/7500-XL

（续）

规格型号	变速比	相配减速器型号	长 L	长 LK	长 R	宽 K_1	宽 K_2	宽 DM	宽 KL	FC	FB	FA	LR	LE	LG	n×LZ	T	HS×HQ	HL	Q	S	W×U	质量/kg	油量/L 变速部	油量/L 减速部
XZWLD-550-XL	11、17、	×3	694	403	338	110	72	175	150	230	170	200	50	4	15	6×11	26	10×15	115	43	35	10×5	69	1.0	
	23、29、35、43、59、71、	×4	744	453	388	110	72	175	150	260	200	230	78	4	15	6×11	26	10×15	115	58	45	14×5.5	80		
XZWLD-750-XL	11、17、23、29、35、43、59、71、87	×4	777	481	397	123	86	175	150	260	200	230	78	4	15	6×11	27	10×15	114	58	45	14×5.5	84	1.9	
XZWLD-1500-XL	11、17、23、	×5	927	556	479	175	117	195	160	340	270	310	91	4	20	6×15	40.5	12×20	147	74	55	16×6	145		
	29、35、54、59、71、87	×6	978	607	530	175	117	195	160	400	316	360	92	5	22	8×15	40.5	12×20	147	80	65	18×7	183	2.7	
XZWLD-2200-XL	11、17、	×5	1005	598	503	185	127	215	180	340	270	310	91	4	20	6×15	40.5	12×20	171	74	55	16×6	185		
	23、29、35、43、	×6	1063	656	561	185	127	215	180	400	316	360	92	5	22	8×15	40.5	12×20	171	80	65	18×7	225		
	59、71、87	×7	1098	691	596	185	127	215	180	430	345	390	111	5	22	8×18	40.5	12×20	171	100	80	22×9	272	4.8	
XZWLD-3000-XL	11、17、23、29、35、	×6	1074	669	566	185	125	215	180	400	316	360	92	5	22	8×15	40.5	12×20	179	89	65	18×7	233		
	43、59、71、87	×7	1110	705	603	185	125	215	180	430	345	390	111	5	22	8×18	40.5	12×20	179	100	80	22×9	280	5.4	
XZWLD-4000-XL	11、17、23、29、	×6	1109	689	582	185	127	240	190	400	316	360	92	5	22	8×15	40.5	12×20	185	89	65	18×7	268		
	35、43、59、71、87	×7	1142	722	615	185	127	240	190	430	345	390	111	5	22	8×18	40.5	12×20	185	100	80	22×9	315		
		×8	1208	788	680	185	127	240	190	490	400	450	121.5	6	30	12×18	40.5	12×20	185	110	90	25×7	395	5.5	
XZWLD-5500-XL	11、17、	×6	1280	885	626	241	162	275	210	400	316	360	42	5	22	8×15	60	25×32	220	89	65	18×7	413		
	23、29、35、43、	×7	1321	926	667	241	162	275	210	430	345	390	111	5	22	8×18	60	25×32	220	100	80	22×9	460		
	59、71、87	×8	1385	990	731	241	162	275	210	490	400	450	121.5	6	30	12×18	60	25×32	220	110	90	25×9	540	8.0	
XZWLD-7500-XL	11、17、23、29、35、43、59、71、87	×8	1494	1059	753	238	157	275	210	490	400	450	121.5	6	30	12×18	60	25×32	249	110	90	25×9	560	8.8	

9.3　承载能力

XZW 型行星锥轮无级变速器机械特性如图 10.3-3 所示。XZW-X 型行星锥轮无级变速器与摆线针轮减速器配置见表 10.3-54。

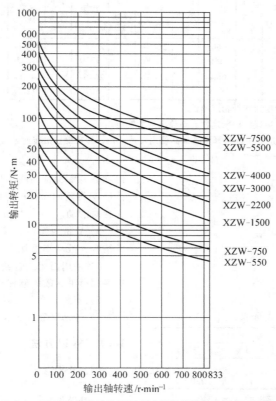

图 10.3-3　XZW 型行星锥轮无级变速器机械特性曲线图（转矩图）

表 10.3-54　XZW-X 型行星锥轮无级变速器及摆线针轮减速器配置

输入转速1500r/min时输出端变速范围/r·min⁻¹	减速器速比	XZW-550 功率 0.55kW		XZW-750 功率 0.75kW		XZW-1500 功率 1.5kW		XZW-2200 功率 2.2kW		XZW-3000 功率 3.0kW		XZW-4000 功率 4.0kW		XZW-5500 功率 5.5kW		XZW-7500 功率 7.5kW	
		转矩/N·m	相配减速器	转矩/N·m	相配减速器	转矩/N·m	相配减速器	转矩/N·m	相配减速器	转矩/N·m	相配减速器	转矩/N·m	相配减速器	转矩/N·m	相配减速器	转矩/N·m	相配减速器
0~75.7	11	164~39	×3	224~49		149~98	×5	647~147	×5	882~206		1176~274	×6	1617~392	×6	2205~529	
0~49	17	245~59		343~78		686~157		980~235		1372~323		1813~431		2499~598	×7	3400~813	
0~36.2	23	343~78		461~108		921~216		1352~323		1842~441	×6	2450~588	×7	3332~803		4410~1097	
0~28.7	29	431~98		490~137	×4	1156~274		1705~402	×6	2323~549		3097~735		4253~1019		4410~1392	
0~23.8	35	490~118	×4	490~167		1401~333	×6	2058~490		2646~666		3724~892		4410~1225	×8	4410~1675	×8
0~19.3	43	490~147		490~206		1725~412		2528~608		2646~823		4410~1098	×8	4410~1519		4410~2068	
0~14	59	490~206		490~284		1960~568		2646~833	×7	2646~1137	×7	4410~1519		4410~2087		4410~2852	

（续）

输入转速 1500r/min 时输出端变速范围 /r·min⁻¹	减速器速比	XZW-550 功率0.55kW		XZW-750 功率0.75kW		XZW-1500 功率1.5kW		XZW-2200 功率2.2kW		XZW-3000 功率3.0kW		XZW-4000 功率4.0kW		XZW-5500 功率5.5kW		XZW-7500 功率7.5kW	
		转矩 /N·m	相配减速器	转矩 /N·m	相配减速器	转矩 /N·m	相配减速器	转矩 /N·m	相配减速器	转矩 /N·m	相配减速器	转矩 /N·m	相配减速器	转矩 /N·m	相配减速器	转矩 /N·m	相配减速器
0~11.7	71	490~255		490~343		1960~686		2646~1000		2646~1370		4410~1823		4410~2499		4410~2499	×8
0~9.57	87	490~304		980~412		1960~833		2646~1225		2646~1670		4410~2225		4410~3058		4410~3058	

注：1. 相配减速器为 X 型行星摆线针轮减速器。

　　2. 最大转矩为 X 型行星摆线针轮减速器允许输出最大转矩。

　　3. 如果转矩符合要求，应尽可能选择接近最高使用转速一档，如需要输出转速最高为 30r/min 时，应选择 0~36.2r/min，而不选择 0~49r/min 或 0~75.7r/min。

9.4　选用方法

计算功率、转矩：

$$T = \frac{9550P}{n}K$$

式中　T——转矩（N·m）；

　　　P——功率（kW）；

　　　n——转速（r/min）；

　　　K——使用系数，按下表选取：

每天运转时间	载荷条件	
	载荷变动小	载荷变动大
8h	1.0	1.5
8h 以上	1.5	2.0

参照图 10.3-3 确定分析所需变速器功率。

变速器在低速时效率较低（200r/min 以下），故按额定载荷加载连续运行时，容易导致温度过高，所以在转速低于 200r/min 时，应选用 XZW-X 型变速器。

10　宽 V 带无级变速器

宽 V 带无级变速器是利用特制的 V 带通过改变摩擦锥体的传动半径而实现无级调速的。它广泛地应用于金属切削机床、纺织机械、造纸机械、印刷机械、木工机械、化学机械、食品工业及造船工业等，起着传递动力和增减速的作用。其特点是：

1) 结构简单，制造精细，性能优良，经久耐用。

2) 依靠 V 带与摩擦锥体间的摩擦传递动力，输

出轴装有螺旋自动调压装置，在工作载荷变化时，仍能使 V 带两侧保持一定的压力，故保证了转速均匀，无相对滑动。

3) V 带由涤纶、橡胶制成，外加金属骨架，刚柔结合，故功率损耗小，耐磨性强。

4) 采用封闭式自给润滑，经长时间使用后才需更换润滑油，故维修保养简单。

5) 安装不受角度限制。

6) 传动平稳，无噪声。

10.1　标记方法

（1）MWB 型

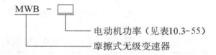

（2）GMWB 型

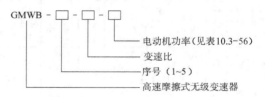

（3）V 型宽 V 带无级变速器

1) 标准型的标记方法：

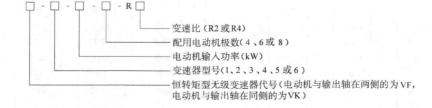

标记示例：VF5-15-6-R2 表示电动机与输出轴在变速器两侧，配用 15kW 六极电动机，变速比 $R=2$（传动比 $i=1\sim2$）的 V 型宽 V 带变速机。

注：标准型为法兰式安装，若需甲板式安装，可在型号后面注 W。

2）标准型与齿轮减速器或摆线针轮减速器组合的标记方法：

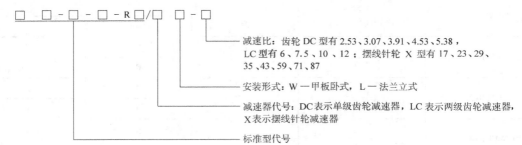

减速比：齿轮 DC 型有 2.53、3.07、3.91、4.53、5.38，LC 型有 6、7.5、10、12；摆线针轮 X 型有 17、23、29、35、43、59、71、87

安装形式：W—甲板卧式，L—法兰立式

减速器代号：DC表示单级齿轮减速器，LC表示两级齿轮减速器，X表示摆线针轮减速器

标准型代号

10.2　性能参数、装配形式和外形尺寸

MWB 型胶带式无极变速器的性能参数、装配形式和外形尺寸见表 10.3-55；GMWB 型无级变速器的性能参数见表 10.3-56，其外形尺寸和安装尺寸见表 10.3-57；不同形式的 V 型宽 V 带无级变速器的性能参数及外形尺寸分别见表 10.3-58～表 10.3-61。

表 10.3-55　MWB 型胶带式无级变速器的性能参数、装配形式和外形尺寸　　　　（mm）

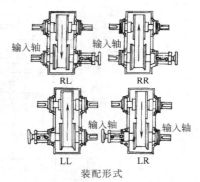

装配形式

规　格	电动机功率/kW	变速范围	输入转速/r·min⁻¹	输出转速/r·min⁻¹
MWB-0.4	0.4	4	800	400~1600
MWB-0.75	0.75	4	800	400~1600
MWB-1.5	1.5	4	800	400~1600
MWB-2.2	2.2	4	800	400~1600
MWB-3.7	3.7	4	700	350~1400
MWB-5.5	5.5	4	600	300~1200

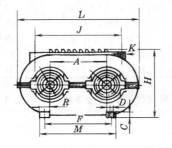 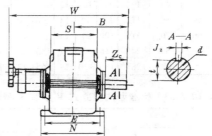

外形图

规　格	电动机功率/kW	L	W	H	J	A	F	M	R	D	K	C	B	S	E	N	d	t	J_z	Z_c	质量/kg
MWB-0.4	0.4	340	370	190	205	160	192	222	30	11	M10	15	168	130	164	190	20	17.5	5	50	23
MWB-0.75	0.75	393	485	232	265	173	210	246	36	14	M12	20	221	170	201	236	25	20.5	8	70	40
MWB-1.5	1.5	474	483	268	345	220	260	300	40	14	M12	22	221	170	201	240	27	23	8	70	46
MWB-2.2	2.2	554	577	317	350	242	290	334	44	14	M12	25	260	210	240	292	30	26	8	80	70
MWB-3.7	3.7	655	643	358	325	318	350	402	52	16	M12	28	292	237	270	315	35	30.5	10	90	101
MWB-5.5	5.5	778	731	426	420	365	400	456	56	17	M12	30	334	315	378	420	40	35.5	12	95	150

表 10.3-56　GMWB 型无级变速器的性能参数

	功率/kW	输入转速/r·min⁻¹		
		1500	1000	750
GMWB-1	0.55	0		
	0.75	0	0	
GMWB-2	1.1	0	0	
	1.5	0	0	
GMWB-3	2.2	0	0	0
	3.0	0	0	0
GMWB-4	4.0	0	0	
	5.5	0	0	
GMWB-5	7.5	0		

注："0" 为可生产规格。

表 10.3-57　GMWB 型无级变速器的外形尺寸和安装尺寸

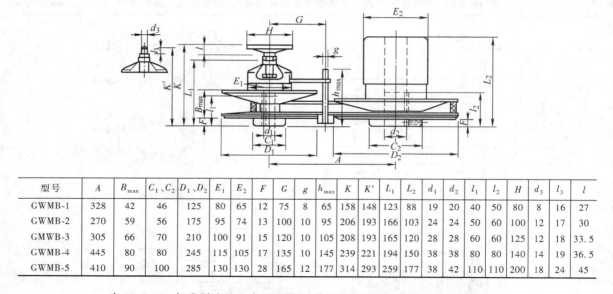

型号	A	B_{max}	C_1、C_2	D_1、D_2	E_1	E_2	F	G	g	h_{max}	K	K'	L_1	L_2	d_1	d_2	l_1	l_2	H	d_3	l_3	l
GWMB-1	328	42	46	125	80	65	12	75	8	65	158	148	123	88	19	20	40	50	80	8	16	27
GWMB-2	270	59	56	175	95	74	13	100	10	95	206	193	166	103	24	24	50	60	100	12	17	30
GMWB-3	305	66	70	210	100	91	15	120	10	105	208	193	165	120	28	28	60	60	125	12	18	33.5
GWMB-4	445	80	80	245	115	105	17	135	12	145	239	221	194	150	38	38	80	80	140	14	19	36.5
GWMB-5	410	90	100	285	130	130	28	165	12	177	314	293	259	177	38	42	110	110	200	18	24	45

表 10.3-58　标准型法兰立式 V 型宽 V 带无级变速器的性能参数及外形尺寸

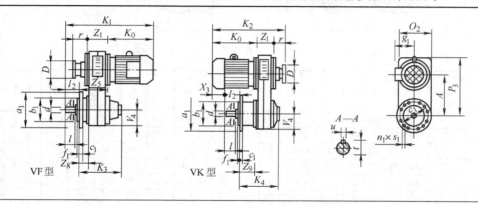

VF 型　　　　　　　　VK 型

（续）

机型号	所配电动机型号	电动机功率/kW			许用转矩/N·m		安装尺寸/mm									
		4极	6极	8极	R=2	R=4	d(k6)	l	u	t	f_1	l_2	c_1	b_1(h9)	a_1	$n_1 \times s_1$
1	Y80	0.55			3.8	1.9	19	40	6	21.5	4	40	12	130	190	4×12
	Y80	0.75			5.2	2.6										
2	Y90S	1.1	0.75		7.5	3.8	24	50	8	27	4	50	12	130	200	4×12
	Y90L	1.5	1.1		10.2	5.1										
3	Y100L	2.2	1.5		15	7.5	28	60	8	31	4	60	14	180	250	4×15
	Y100L	3.0			20.2	10.1										
	Y112M	4.0	2.2		26.5	13.3										
4	Y132S	5.5	3	2.2	36.5	18.2	38	80	10	41	4	80	14	230	300	4×15
	Y132M	7.5	4~5.5	3	50	25										
5	Y160M	11	7.5	4~5.5	72	36	42	110	12	45	5	110	16	250	350	4×19
	Y160L	15	11	7.5	98	49										

机型号	所配电动机型号	外形尺寸/mm																	含电动机质量/kg
		A	D	g_1	K_1	K_2	K_0	K_3	K_4	O_2	P_3	r	V_4	X_3	Z_1	Z_5	Z_8	Z_9	
1	Y80	192	100	150	480	458	245	285	230	235	296	109	104	114	104	195	91	91	59
	Y80																		
2	Y90S	231	125	155	541	539	260	341	273	280	356	163	125	95	116	231	115	115	93
	Y90L				566	564	285							120					97
3	Y100L	326	160	180	595	601	320	354	300	320	471	141	145	150	140	215	75	110	124
	Y100L																		127
	Y112M			190	615	621	340							170					134
4	Y132S	323	200	210	725	730	395	422	398	380	498	165	175	135	170	250	80	180	185
	Y132M				765	770	435							175					196
5	Y160M	434	320	255	910	885	490	482	432	510	674	185	240	210	210	310	100	170	345
	Y160L				955	930	535							255					370

注：1. 表中 K_0 值是按 Y 系列 B_5 型电动机高度计入，若配用其他系列电动机，K_0 值应相应变动。

2. 输出轴转速因电动机极数而异。

表 10.3-59　标准型甲板卧式 V 型宽 V 带无级变速器的性能参数及外形尺寸

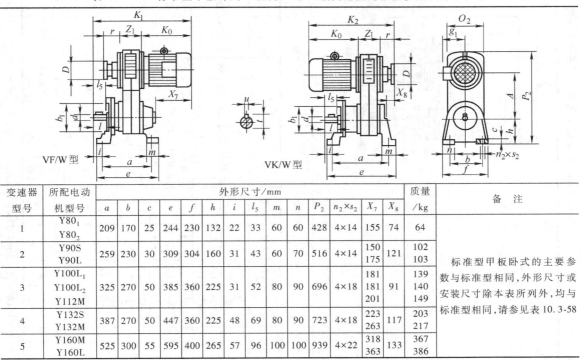

变速器型号	所配电动机型号	外形尺寸/mm														质量/kg	备注
		a	b	c	e	f	h	i	l_5	m	n	P_2	$n_2 \times s_2$	X_7	X_8		
1	Y80$_1$ Y80$_2$	209	170	25	244	230	132	22	33	60	60	428	4×14	155	74	64	标准型甲板卧式的主要参数与标准型相同，外形尺寸或安装尺寸除本表所列外，均与标准型相同，请参见表 10.3-58
2	Y90S Y90L	259	230	30	309	304	160	31	43	60	70	516	4×14	150 175	121	102 103	
3	Y100L$_1$ Y100L$_2$ Y112M	325	270	50	385	360	225	31	52	80	90	696	4×18	181 181 201	91	139 140 149	
4	Y132S Y132M	387	270	50	447	360	225	48	69	80	90	723	4×18	223 263	117	203 217	
5	Y160M Y160L	525	300	55	595	400	265	57	96	100	100	939	4×22	318 363	133	367 386	

表 10.3-60　标准型 V 型宽 V 带无级变速器与减速器组合的减变速器（立式安装）的性能参数及外形尺寸

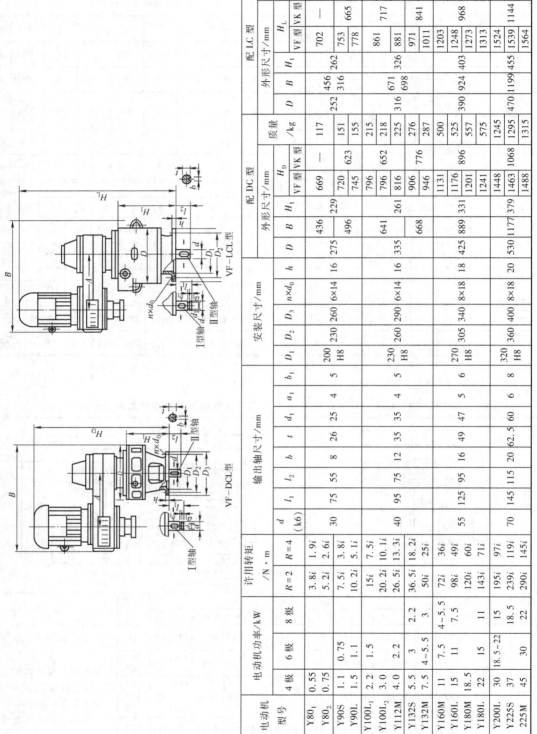

VF-LCL型　　VF-DCL型

变速器型号	电动机型号	电动机功率/kW 4极	6极	8极	许用转矩/N·m R=2	R=4	输出轴尺寸/mm d(k6)	l₁	l₂	b	l	d₁	a₁	b₁	安装尺寸/mm D₁	D₂	D₃	n×d₀	h	配DC型 外形尺寸/mm D	B	H₁	H_D/mm VF型	VK型	质量/kg	配IC型 外形尺寸/mm D	B	H₁	H_L/mm VF型	VK型	质量/kg
1	Y80₁	0.55			3.8i	1.9i	30	75	55	8	26	25	4	5	200 H8	230	260	6×14	16	275 H8	436	229	669	—	117	252	456	262	702	—	118
	Y80₂	0.75	0.75		5.2i	2.6i																									
2	Y90S	1.1	0.75		7.5i	3.8i															496		720	623	151				753	665	152
	Y90L	1.5	1.1		10.2i	5.1i																	745		155				778		156
3	Y100L₁	2.2	1.5		15i	7.5i	40	95	75	12	35	35	4	5	230 H8	260	290	6×14	16	335 H8	641	261	796	652	215	316	671	326	861	717	228
	Y100L₂	3.0			20.2i	10.1i																	796		218						231
	Y112M	4.0	2.2	2.2	26.5i	13.3i																	816		225				881		238
4	Y132S	5.5	3	3	36.5i	18.2i	55	125	95	16	49	47	5	6	270 H8	305	340	8×18	18	425 H8	668	331	906	776	276	390	698	403	971	841	289
	Y132M	7.5	4~5.5	4~5.5	50i	25i																	946		287				1011		300
5	Y160M	11	7.5	7.5	72i	36i																889		1131	896	500		924		1203	968	529
	Y160L	15	11	11	98i	49i																		1176		525				1248		554
	Y180M	18.5	15	15	120i	60i																		1201		557				1273		586
	Y180L	22			143i	71i																		1241		575				1313		604
6	Y200L	30	18.5~22	18.5	195i	97i	70	145	115	20	62.5	60	6	8	320 H8	360	400	8×18	20	530 H8	1177	379	1448	1068	1245	470	1199	455	1524	1144	1201
	Y225S	37	30		239i	119i																		1463		1295				1539		1251
	225M	45		22	290i	145i																		1488		1315				1564		1271

注：DC 型减速比 i 分 2.53、3.07、3.91、4.53、5.38 五种，VF 型减速比 i 分 6、7.5、10、12 四种，IC 型减速比 i 分 2.53、3.07、3.91、4.53、5.38 五种，IC 型减速比 i 分 6、7.5、10、12 四种。

表 10.3-61　标准型 V 型宽 V 带无级变速器与减速器组合的减变器组合（卧式安装）的性能参数及外形尺寸

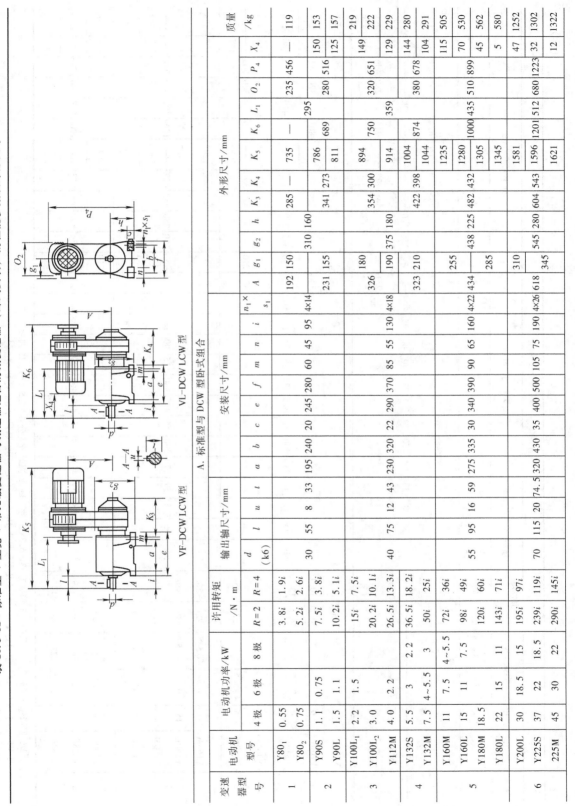

VL-DCW LCW 型　　VF-DCW LCW 型　　VF-DCW 型

A. 标准型与 DCW 型卧式组合

变速器型号	电动机型号	电动机功率/kW			许用转矩/N·m		输出轴尺寸/mm				安装尺寸/mm									外形尺寸/mm												质量/kg
		4极	6极	8极	$R=2$	$R=4$	d(k6)	l	u	i	a	b	c	e	f	m	n	i	$n_1\times s_1$	A	g_1	g_2	h	K_3	K_4	K_5	K_6	L_1	O_2	P_4	X_4	
1	Y80₁	0.55			$3.8i$	$1.9i$	30	55	8	33	195	240	20	245	280	60	45	95	4×14	192	150	310	160	285	—	735	—	295	235	456	—	119
	Y80₂	0.75			$5.2i$	$2.6i$																										
2	Y90S	1.1	0.75		$7.5i$	$3.8i$														231	155			341	273	786	689		280	516	150	153
	Y90L	1.5	1.1		$10.2i$	$5.1i$																				811					125	157
3	Y100L₁	2.2	1.5		$15i$	$7.5i$	40	75	12	43	230	320	22	290	370	85	55	130	4×18	326	180	375	180	354	300	894	750	359	320	651	149	219
	Y100L₂	3.0			$20.2i$	$10.1i$																										222
	Y112M	4.0	2.2	2.2	$26.5i$	$13.3i$															190					914					129	229
4	Y132S	5.5	3	3	$36.5i$	$18.2i$	55	95	16	59	275	335	30	340	390	90	65	160	4×22	323	210			422	398	1004	874		380	678	144	280
	Y132M	7.5	4~5.5		$50i$	$25i$																				1044					104	291
5	Y160M	11	7.5	4~5.5	$72i$	$36i$														434	255	438	225	482	432	1235	1000	435	510	899	115	505
	Y160L	15	11	7.5	$98i$	$49i$																				1280					70	530
	Y180M	18.5	15	11	$120i$	$60i$															285					1305					45	562
	Y180L	22			$143i$	$71i$																				1345					5	580
6	Y200L	30	18.5	15	$195i$	$97i$	70	115	20	74.5	320	430	35	400	500	105	75	190	4×26	618	310	545	280	604	543	1581	1201	512	680	1223	47	1252
	Y225S	37	22	18.5	$239i$	$119i$															345					1596					32	1302
	225M	45	30	22	$290i$	$145i$																				1621					12	1322

（续）

B. 标准型与 LCW 型卧式组合

变速器型号	电动机型号	电动机功率/kW			许用转矩/N·m		输出轴尺寸/mm				安装尺寸/mm									外形尺寸/mm												质量/kg
		4极	6极	8极	R=2	R=4	d(k6)	l	u	t	a	b	c	e	f	m	n	i	n₁×s₁	A	g₁	g₂	h	K₃	K₄	K₅	K₆	L₁	O₂	P₄	X₄	
1	Y80₁	0.55			3.8i	1.9i	30	55	8	33	205	170	30	245	230	70	60	95	4×14	192	150	255	140	285	230	760	624	320	235	436	166	118
	Y80₂	0.75			5.2i	2.6i																										
2	Y90S	1.1	0.75		7.5i	3.8i														231	155			341	273	811	714		280	496	175	152
	Y90L	1.5	1.1		10.2i	5.1i																				836					150	156
3	Y100L₁	2.2	1.5		15i	7.5i	40	75	12	43	310	250	30	365	325	85	75	130	4×22	326	180	375	210	354	300	945	801	410	320	681	200	228
	Y100L₂	3.0	2.2		20.2i	10.1i																										231
	Y112M	4.0	2.2	2.2	26.5i	13.3i																				965					180	238
4	Y132S	5.5	3	2.2	36.5i	18.2i	55	95	16	59	370	290	45	435	380	115	90	167	4×20	323	210	450	250	422	398	1055	925		380	708	195	289
	Y132M	7.5	4~5.5	3	50i	25i																				1095					155	300
5	Y160M	11	7.5	4~5.5	72i	36i														434	255			482	432	1297	1062	497	510	924	177	529
	Y160L	15	11	7.5	98i	49i																				1342					132	554
	Y180M	18.5	15	11	120i	60i																				1367					107	586
	Y180L	22		11	143i	71i																				1407					67	604
6	Y200L	30	18.5	15	195i	97i	65	115	18	69	410	340	45	480	460	120	120	195	4×33	618	345	536	300	604	543	1647	1267	578	680	1243	113	1201
	Y225S	37	22	18.5	239i	119i																				1662		578			98	1234
	225M	45	30	22	290i	145i																				1687					73	1271

注: 1. DC 型减速比 i 分 2.53、3.07、3.91、4.53、5.38 五种，LC 型减速比 i 分 6、7.5、10、12 四种。
2. VK 型与 DCL、LCL 型组合图略，尺寸及参数见表 10.3-60 (仅外形总高尺寸 H_D 或 H_L 不同)。
3. X₄ 值可根据用户需要，在订货时提出。

10.3　选用方法（GMWB 型）

按下式计算实际使用功率 P_m：

$$P_m = Pf_1f_2f_3f_4$$

式中　P_m——理论使用功率；

f_1——机器运转状况系数（见表 10.3-62）；

f_2——每天工作时间系数（见表 10.3-63）；

f_3——每小时开停次数系数（见表 10.3-64）；

f_4——工作环境温度系数（见表 10.3-65）。

表 10.3-62　机器运转状况系数 f_1

冲击性质	调速状态	f_1
无冲击	调速缓慢	1.0
	适度调速	1.1
适当冲击	适当调速	1.2
	调速频繁、调速快	1.3
大冲击	频繁调速、快速调速	1.5

表 10.3-63　每天工作时间系数 f_2

每天工作时间	f_2
2h	0.7
2~8h	1.0
8~16h	1.2
16h 以上	1.3

表 10.3-64　每小时开停次数系数 f_3

每小时起停次数	f_3
10 次以下	1.0
10~20 次	1.1
20~30 次	1.2
30~60 次	1.4

表 10.3-65　工作环境温度系数 f_4

工作环境温度	f_4
10℃ 以下	0.9
10~20℃	1.0
20~30℃	1.2
30~40℃	1.5

11　摆销链式无级变速器

摆销链式无级变速器采用摆销链作为中间挠性元件，由两对锥盘夹持产生摩擦力来传递运动和动力，由动锥盘的移动改变摆销链的工作半径实现无级变速。

摆销链式无级变速器属恒功率型无级变速器，承载能力高，传动效率高，广泛用于冶金、矿山、石油和化工等领域，近年来又扩展到汽车传动中。

这里介绍的是德国 P.I.V 公司的产品，国内已有厂家研制和开发类似产品。

11.1　代号和标记方法

RH——基本构件系统。

FK——带法兰式电动机和联轴器。

N——带输入端升速齿轮传动。

M——带电动机和带轮传动。

B——带输出端一级齿轮减速。

C——带输出端二级齿轮减速。

D——带输出端三级齿轮减速。

标记示例：

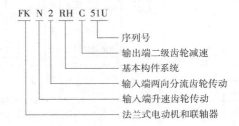

其中序列号分为 21U~24U、41U~45U 和 51U~55U。

11.2　安装形式和安装尺寸

变速器的安装形式见表 10.3-66。

各种型号的摆销链式无级变速器的安装尺寸见表 10.3-67~表 10.3-74。

表 10.3-66　摆销链式无级变速器的安装形式

结构型式	V 形维护窗口		H 形维护窗口		结构型式	V 形维护窗口		H 形维护窗口	
	输入端	输出端	输出端	输入端		输入端	输出端	输出端	输入端
RH MRH FKRH	II—[图]—IV		III—[图]—I		RHB MRHB FKRHB	II—[图]—中间		中间—[图]—I	
NRH FKNRH	中间—[图]—IV		III—[图]—中间		NRHB FKNRHB	中间—[图]—中间		中间—[图]—中间	

（续）

结构型式	V 形维护窗口		H 形维护窗口		结构型式	V 形维护窗口		H 形维护窗口	
	输入端	输出端	输出端	输入端		输入端	输出端	输出端	输入端
RHC MRHC FKRHC	II ⊟ III		IV ⊟ I		NRHD FKNRHD	中间 ⊟ IV		—	
NRHC FKNRHC	中间 ⊟ III		IV ⊟ 中间		N2RHB	中间 ⊟ 中间		—	
RHD MRHD FKRHD	II ⊟ IV		—		N2RHC	中间 ⊟ III		—	

表 10.3-67   RH、NRH、FKRH、FKNRH 型的安装尺寸   （mm）

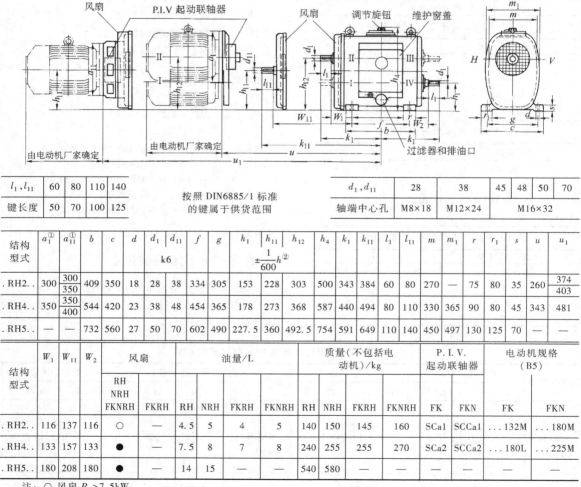

l_1,l_{11}	60	80	110	140
键长度	50	70	100	125

按照 DIN6885/1 标准的键属于供货范围

d_1,d_{11}	28	38	45	48	50	70
轴端中心孔	M8×18	M12×24	M16×32			

结构型式	a_1[1]	a_{11}[1]	b	c	d	d_1	d_{11}	f	g	h_1	h_{11}	h_{12}	h_4	k_1	k_{11}	l_1	l_{11}	m	m_1	r	r_1	s	u	u_1
					k6			$\pm\frac{1}{600}h$[2]																
. RH2. .	300	300/350	409	350	18	28	38	334	305	153	228	303	500	343	384	60	80	270	—	75	80	35	260	374/403
. RH4. .	350	350/400	544	420	23	38	48	454	365	178	273	368	587	440	494	80	110	330	365	90	80	45	343	481
. RH5. .	—	—	732	560	27	50	70	602	490	227.5	360	492.5	754	591	649	110	140	450	497	130	125	70	—	—

结构型式	W_1	W_{11}	W_2	风扇		油量/L				质量(不包括电动机)/kg				P.I.V. 起动联轴器		电动机规格 (B5)	
				RH NRH FKNRH	FKRH	RH	NRH	FKRH	FKNRH	RH	NRH	FKRH	FKNRH	FK	FKN	FK	FKN
. RH2. .	116	137	116	○	—	4.5	5	4	5	140	150	145	160	SCa1	SCCa1	...132M	...180M
. RH4. .	133	157	133	●	—	7.5	8	7	8	240	255	255	270	SCa2	SCCa2	...180L	...225M
. RH5. .	180	208	180	●	—	14	15	—	—	540	580	—	—	—	—	—	—

注：○ 风扇 $P_1 > 7.5kW$。

① 孔的分布圆和中心孔按照 DIN42948 标准。

② h 为图中几种 h（h_1、h_4、h_{11}、h_{12}）的简化统称。后同。

表 10.3-68　MRH 型的安装尺寸　　　　　　　　　　（mm）

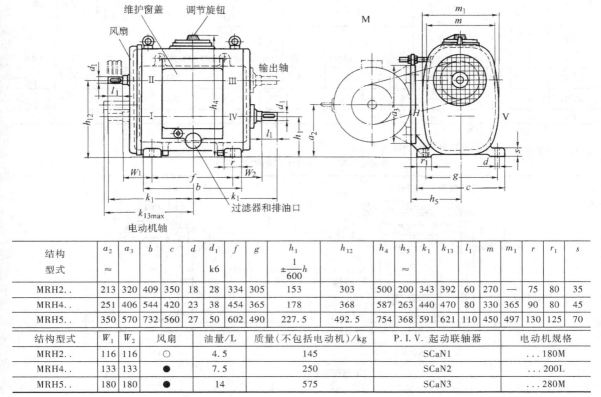

电动机轴

结构型式	a_2	a_3	b	c	d	d_1	f	g	h_1	h_{12}	h_4	h_5	k_1	k_{13}	l_1	m	m_1	r	r_1	s
	$\approx$					k6			$\pm\frac{1}{600}h$		$\approx$									
MRH2..	213	320	409	350	18	28	334	305	153	303	500	200	343	392	60	270	—	75	80	35
MRH4..	251	406	544	420	23	38	454	365	178	368	587	263	440	470	80	330	365	90	80	45
MRH5..	350	570	732	560	27	50	602	490	227.5	492.5	754	368	591	621	110	450	497	130	125	70

结构型式	W_1	W_2	风扇	油量/L	质量(不包括电动机)/kg	P.I.V. 起动联轴器	电动机规格
MRH2..	116	116	○	4.5	145	SCaN1	…180M
MRH4..	133	133	●	7.5	250	SCaN2	…200L
MRH5..	180	180	●	14	575	SCaN3	…280M

注: ○ 风扇 $P_1 > 7.5$kW。

表 10.3-69　RHB、NRHB、FKRHB、FKNRHB 型的安装尺寸　　　　　（mm）

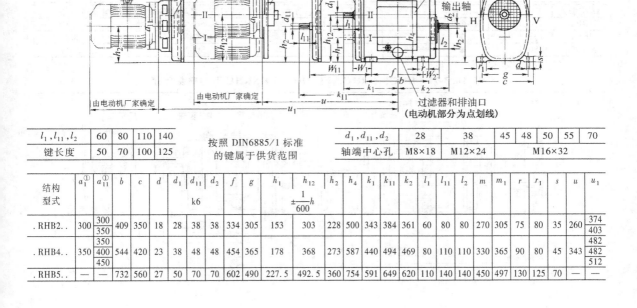

l_1, l_{11}, l_2	60	80	110	140
键长度	50	70	100	125

按照 DIN6885/1 标准的键属于供货范围

d_1, d_{11}, d_2	28	38	45	48	50	55	70
轴端中心孔	M8×18	M12×24		M16×32			

结构型式	a_1[①]	a_{11}[①]	b	c	d	d_1	d_{11}	d_2	f	g	h_1	h_{12}	h_2	h_4	k_1	k_{11}	k_2	l_1	l_{11}	l_2	m	m_1	r	r_1	s	u	u_1
						k6					$\pm\frac{1}{600}h$																
.RHB2..	300	300 / 350	409	350	18	28	38	38	334	305	153	303	228	500	343	384	361	60	80	80	270	305	75	80	35	260	374 / 403
.RHB4..	350	350 / 400 / 450	544	420	23	38	48	48	454	365	178	368	273	587	440	494	469	80	110	110	330	365	90	80	45	343	482 / 482 / 512
.RHB5..	—	—	732	560	27	50	70	70	602	490	227.5	492.5	360	754	591	649	620	110	140	140	450	497	130	125	70	—	—

（续）

结构型式	W_1	W_{11}	W_2	风扇		油量/L				质量(不包括电动机)/kg				P.I.V. 起动联轴器		电动机规格 B5	
				RHB NRHB FKNRHB	FKRHB	RHB	NRHB	FKRHB	FKNRHB	RHB	NRHB	FKRHB	FKNRHB	FK	FKN	FK	FKN
.RHB2..	116	137	114	○	—	5	5.5	4.5	5.5	150	160	155	170	SCa1	SCCa1	...132M	—
																—	...180M
.RHB4..	133	157	132	●	—	8	8.5	7.5	8.5	255	270	270	285	SCa2	SCCa2	...180L	—
																—	...225M
.RHB5..	180	208	179	●		15	16	—	—	580	620	—	—	—	—	—	—

注：○ 风扇 $P_1 > 7.5$ kW。

① 孔的分布圆和中心孔按照 DIN42948 标准。

表 10.3-70　MRHB 型的安装尺寸　　　　　　　　　　（mm）

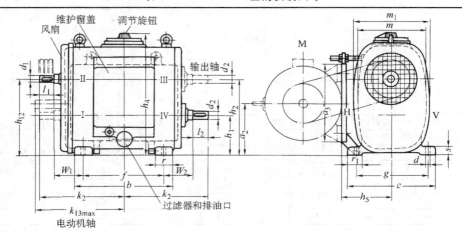

结构型式	a_2	a_3	b	c	d	d_1	d_2	f	g	h_1	h_{12}	h_2	h_4	h_5	k_1	k_{13}	k_2	l_1	l_2	m	m_1	r	r_1	s
	≈				k6					$\pm\frac{1}{600}h$			≈											
MRHB2..	213	320	409	350	18	28	38	334	305	153	303	228	500	200	343	392	361	60	80	270	— 305	75	80	35
MRHB4..	251	406	544	420	23	38	48	454	365	178	368	273	587	263	440	470	469	80	110	330	365	90	80	45
MRHB5..	350	570	732	560	27	50	70	602	490	227.5	492.5	360	754	368	591	621	620	110	140	450	485	130	125	70

结构型式	W_1	W_2	风扇	油量	质量(不包括电动机)/kg	P.I.V. 起动联轴器	电动机规格 B3
MRB2..	116	114	○	5	155	SCaN1	...180M
MRB4..	133	132	●	8	265	SCaN2	...200L
MRB5..	180	179	●	15	615	SCaN3	...280M

注：○ 风扇：$P_1 > 7.5$ kW。

表 10.3-71　RHC、NRHC、FKRHC、FKNRHC 型的安装尺寸　　　　　　　（mm）

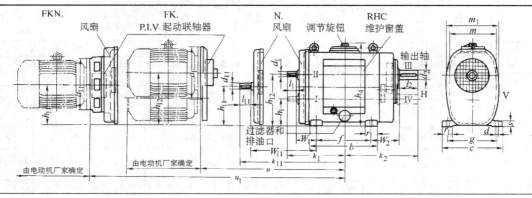

（续）

l_1,l_{11},l_2	60	80	110	140	170	按照 DIN6885/1 标准的键属于供货范围	d_1,d_{11},d_2	28	38	45 48 50 55 70 75	85	95
键长度	50	70	100	125	160		轴端中心孔	M8×18	M12×24	M16×32	M20×40	

结构型式	$a_1^①$	$a_{11}^①$	b	c	d	d_1	d_{11}	d_2	f	g	h_1	h_{11}	h_{12}	h_4	k_1	k_{11}	k_2	l_1	l_{11}	l_2	m	m_1	r	r_1	s	u	u_1
						k6					$\pm\frac{1}{600}h$																
.RHC2..	300	300/350	409	350	18	28	38	55	334	305	153	228	303	500	343	384	440	60	80	110	270	305	75	80	35	260	374/403
.RHC4..	350	350/400/450	544	420	23	38	48	75	454	365	178	273	368	587	440	494	581	80	110	140	330	365	90	80	45	343	481/481/511
.RHC5..	—	—	732	560	27	50	70	95	602	490	227.5	360	492.5	754	591	649	760	110	140	170	450	497	130	125	70	—	—

结构型式	W_1	W_{11}	W_2	风扇 RHC NRHC FKNRHC	风扇 FKRHC	油量/L RHC	NRHC	FKRHC	FKNRHC	质量(不包括电动机)/kg RHC	NRHC	FKRHC	FKNRHC	P.I.V.起动联轴器 FK	FKN	电动机规格(B5) FK	FKN
.RHC2..	116	137	163	○	—	5.5	6	5	—	175	185	180	195	SCa1	SCCa1	...132M	...180M
.RHC4..	133	157	214	●	—	9	9.5	8.5	9.5	310	325	325	340	SCa2	SCCa2	...180M	—　...225S
.RHC5..	180	208	289	●	—	17	18	—	—	675	726	—	—	—	—	—	—

注：○ 风扇：$P_1>7.5$kW。

① 孔的分布圆和中心孔按照 DIN42948 标准。

表 10.3-72　MRHC 型的安装尺寸　　　　（mm）

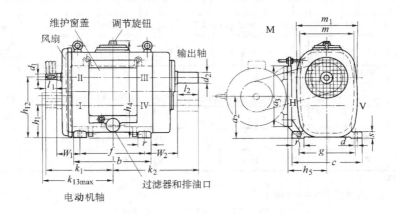

维护窗盖　调节旋钮　风扇　输出轴　电动机轴　过滤器和排油口

结构型式	a_2≈	a_3	b	c	d	d_1	d_2	f	g	h_1	h_{12}	h_4	h_5≈	k_1	k_{13}	k_2	l_1	l_2	m	m_1	r	r_1	s
						k6				$\pm\frac{1}{600}h$		≈											
MRHC2..	213	320	409	350	18	28	55	334	305	153	303	500	200	343	392	440	60	110	270	305	75	80	35
MRHC4..	251	406	544	420	23	38	75	454	365	178	368	587	263	440	470	581	80	140	330	365	90	80	45
MRHC5..	350	570	732	560	27	50	95	602	490	227.5	492.5	754	368	591	621	760	110	170	450	485	130	125	70

结构型式	W_1	W_2	风扇	油量	质量(不包括电动机)/kg	P.I.V. 起动联轴器	电动机规格 B3
MRHC2..	116	163	○	5.5	180	SCaN1	...180M
MRHC4..	133	214	●	9	320	SCaN2	...200L
MRHC5..	180	289	●	17	710	SCaN3	...280M

注：○ 风扇：$P_1>7.5$kW。

表 10.3-73　RHD、NRHD、FKRHD、FKNRHD 型的安装尺寸　　　（mm）

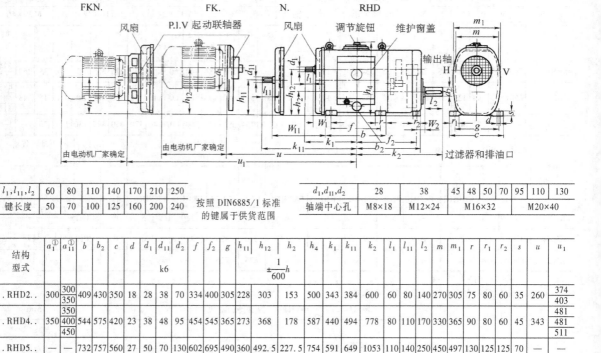

l_1, l_{11}, l_2	60	80	110	140	170	210	250
键长度	50	70	100	125	160	200	240

按照 DIN6885/1 标准的键属于供货范围

d_1, d_{11}, d_2	28	38	45	48	50	70	95	110	130
轴端中心孔	M8×18	M12×24		M16×32				M20×40	

结构型式	a_1[①]	a_{11}[①]	b	b_2	c	d	d_1 k6	d_{11}	d_2	f	f_2	g	h_{11}	h_{12}	h_2 $\pm\frac{1}{600}h$	h_4	k_1	k_{11}	k_2	l_1	l_{11}	l_2	m	m_1	r	r_1	r_2	s	u	u_1
. RHD2..	300	300 350	409	430	350	18	28	38	70	334	400	305	228	303	153	500	343	384	600	60	80	140	270	305	75	80	60	35	260	374 403
. RHD4..	350	350 400 450	544	575	420	23	38	48	95	454	545	365	273	368	178	587	440	494	778	80	110	170	330	365	90	80	60	45	343	481 481 511
. RHD5..	—	—	732	757	560	27	50	70	130	602	695	490	360	492.5	227.5	754	591	649	1053	110	140	250	450	497	130	125	125	70	—	—

结构型式	W_1	W_{11}	W_2	风扇 RHD NRHD FKNRHD	风扇 FKRHD	油量/L RHD	油量/L NRHD	油量/L FKRHD	油量/L FKNRHD	质量(不包括电动机)/kg RHD	质量 NRHD	质量 FKRHD	质量 FKNRHD	P.I.V. 起动联轴器 FK	P.I.V. 起动联轴器 FKN	电动机规格 B5 FK	电动机规格 B5 FKN
. RHD2..	116	137	60	○	—	6.5	7	6	7	240	250	245	260	SCa1	SCCa1	…132M	—
. RHD4..	133	157	63	●	—	10	10.5	9.5	10.5	420	435	435	450	SCa2	SCCa2	…180M	…180M —
. RHD5..	180	208	108	●	—	19	20			925	965						…225M

注：○ 风扇：$P_1 > 7.5$kW。

① 孔的分布圆和中心孔按照 DIN42948 标准。

表 10.3-74　MRHD 型的安装尺寸　　　（mm）

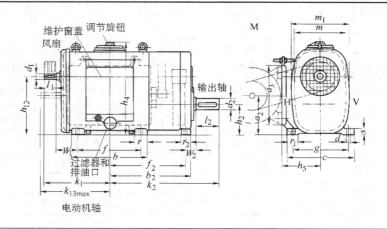

（续）

结构型式	a_2 ≈	a_3 ≈	b	b_2	c	d k6	d_1 k6	d_2 k6	f	f_2	g	h_{12} $\pm\frac{1}{600}h$	h_2 $\pm\frac{1}{600}h$	h_4	h_5	k_1 ≈	k_{13}	k_2	l_1	l_2	m	m_1	r	r_1	r_2	s
MRHD2..	213	320	409	430	350	18	28	70	334	400	305	303	153	500	200	343	392	600	60	140	270	305	75	80	60	35
MRHD4..	251	406	544	575	420	23	38	95	454	545	365	368	178	587	263	440	470	778	80	170	330	365	90	80	60	45
MRHD5..	350	570	732	757	560	27	50	130	602	695	490	492.5	227.5	754	368	591	621	1053	110	250	450	485	130	125	100	70

结构型式	W_1	W_2	风扇	油量/L	质量(不包括电动机)/kg	P.I.V. 起动联轴器	电动机规格 B3
MRHD2..	116	60	○	6.5	245	SCaN1	...180M
MRHD4..	133	63	●	10	430	SCaN2	...200L
MRHD5..	180	108	●	19	960	SCaN3	...280M

注：○ 风扇：$P_1 > 7.5\text{kW}$。

11.3　承载能力

摆销链式无级变速器的承载能力见表 10.3-75 ~ 表 10.3-93。

11.4　选用方法

首先要根据工作机所要求的最高和最低转速（$n_{2\max}$ 和 $n_{2\min}$）按下式计算传动的变速比：

$$R = \frac{n_{2\max}}{n_{2\min}}$$

目前摆销链式无级变速器的变速比范围分为四种：2、3、4、6，选择变速比大于计算变速比的系列值。

根据工作机所需的转矩或功率，按下式求计算功率

$$P_c = \frac{KP}{\eta}$$

式中　K——工作系数，见表 10.3-5；

η——传动效率，通常取 $\eta = 0.88 \sim 0.90$。

确定输入功率 P_1：

$$P_1 \geqslant P_c$$

在电动机功率系列选择合适的电动机。

按照所求得的 P_1 和 R 查表 10.3-75 ~ 表 10.3-93，选择合适的机型，使工作机所要求的最高和最低转速落在所选机型的 n_2 的范围中，同时校核工作机所需的功率和转矩，应当落在所选机型的 P_2 和 M_2 的范围中。如果计算不通过，则重选同样变速比，功率大一型号的机型，重复上述的校核直到合格。

表 10.3-75　RH21U 型的承载能力

输入功率 P_1 5.5kW 变速比 R=6			7.5kW R=4			8.5kW R=3			9.5kW R=2			结构型式	减速比 i
n_2 /r·min⁻¹	P_2 /kW	T_2 /N·m	n_2 /r·min⁻¹	P_2 /kW	T_2 /N·m	n_2 /r·min⁻¹	P_2 /kW	T_2 /N·m	n_2 /r·min⁻¹	P_2 /kW	T_2 /N·m		
3550	5.1	13.5	2370	6.9	28	1780	8	42	1450	8.5	58	(FK)RH21U [MRH21U]	—
590	4	65	590	4.1	65	590	4.1	65	725	6	79		
3080	5	15.5	2060	6.8	31	1540	7.5	47	1260	8.5	65		1.15
515	4	74	515	4	74	515	4	74	630	5.9	89		
2690	5	17.5	1790	6.8	36	1340	7.5	55	1100	8.5	75		1.32
450	4	85	450	4	85	450	4	85	550	5.9	102		
2310	5	20.5	1540	6.8	42	1160	7.5	63	945	8.5	87		1.54
385	4	98	385	4	98	385	4	98	470	5.9	119		
2020	5	23.5	1350	6.8	48	1010	7.5	73	825	8.5	99		1.76
335	4	113	335	4	113	335	4	113	410	5.9	135		
1810	5	26	1210	6.8	53	905	7.5	81	740	8.5	110		1.96
300	4	125	300	4	125	300	4	125	370	5.9	150		
1550	5	30	1040	6.8	62	775	7.5	94	635	8.5	130		2.29
260	4	145	260	4	145	260	4	145	315	5.9	150		
1350	5	35	900	6.8	72	675	7.5	108	550	8.5	150	RHB21U FKRHB21U [MRHB21U]	2.63
225	4	170	225	4	170	225	4	170	275	5.9	205		
1160	5	41	775	6.8	83	580	7.5	125	475	8.5	175		3.06
194	4	195	194	4	195	194	4	195	237	5.9	235		
1030	5	46	690	6.8	94	515	7.5	140	420	8.5	195		3.44
172	4	220	172	4	220	172	4	220	211	5.9	250		
905	5	52	605	6.8	107	450	7.5	160	370	8.5	220		3.93
151	3.9	245	151	3.9	245	151	3.9	245	185	4.7	245		
785	5	61	520	6.8	124	390	7.5	185	320	7	210		4.54
130	2.9	210	130	2.9	210	130	2.9	210	160	3.5			

（续）

输入功率 P_1												结构型式	减速比 i
5.5kW			7.5kW			8.5kW			9.5kW				
变速比 R													
6			4			3			2				
输　出　轴													
n_2 /r·min^{-1}	P_2 /kW	T_2 /N·m	n_2 /r·min^{-1}	P_2 /kW	T_2 /N·m	n_2 /r·min^{-1}	P_2 /kW	T_2 /N·m	n_2 /r·min^{-1}	P_2 /kW	T_2 /N·m		
658	4.9	68	455	6.6	140	345	7.5	210	280	8.5	290		5.18
114	3.9	330	114	3.9	330	114	3.9	330	140	5.7	390		
595	4.9	78	400	6.6	160	300	7.5	240	244	8.5	330		5.95
99	3.9	370	99	3.9	370	99	3.9	370	122	5.7	450		
515	4.9	90	345	6.6	185	255	7.5	280	210	8.5	380		6.91
86	3.9	430	86	3.9	430	86	3.9	430	105	5.7	520		
450	4.9	103	300	6.6	210	224	7.5	320	183	8.5	440		7.92
75	3.9	500	75	3.9	500	75	3.9	500	92	5.7	600		
405	4.9	115	270	6.6	235	202	7.5	360	165	8.5	490		8.81
67	3.9	550	67	3.9	550	67	3.9	550	82	5.7	670		
345	4.9	135	230	6.6	270	173	7.5	420	141	8.5	570		10.3
58	3.9	650	58	3.9	650	58	3.9	650	70	5.7	780		
300	4.9	155	200	6.6	320	150	7.5	480	122	8.5	650		11.8
50	3.9	740	50	3.9	740	50	3.9	740	61	5.1	800		
260	4.9	180	172	6.6	370	129	7.5	560	105	8.5	760	RHC21U FKRHC21U [MRHC21U]	13.8
43	3.6	800	43	3.6	800	43	3.6	800	53	4.4	800		
230	4.9	200	153	6.6	410	115	7.5	620	94	8	800		15.5
38.5	3.2	800	38.5	3.2	800	38.5	3.2	800	47	3.9	800		
201	4.9	230	134	6.6	470	100	7.5	710	84	6.9	800		17.7
33.5	2.8	800	33.5	2.8	800	33.5	2.8	800	41	3.4	800		
174	4.9	270	116	6.6	550	87	7.3	800	71	5.9	800		20.4
29	2.4	800	29	2.4	800	29	2.4		35.5	3			
154	4.8	290	103	6.5	600	77	7.4	910	63	8	1250		23
25.5	3.8	1400	25.5	3.8	1400	25.5	3.8	1400	31.5	5.6	1700		
132	4.8	340	88	6.5	700	66	7.4	1060	54	8	1450		26.9
22	3.8	1650	22	3.8	1650	22	3.8	1650	27	5.6	2000		
115	4.8	400	77	6.5	810	57	7.4	1220	47	8	1700		30.9
19.1	3.8	1900	19.1	3.8	1900	19.1	3.8	1900	23.4	5	2050		
99	4.8	460	66	6.5	940	49.5	7.4	1400	40.5	8	1950		35.9
16.5	3.5	2050	16.5	3.5	2050	16.5	3.5	2050	20.2	4.3	2050		
88	4.8	520	59	6.5	1060	44	7.4	1600	36	7.5	2050	RHD21U FKRHD21U [MRHD21U]	40.4
14.7	3.1	2050	14.7	3.1	2050	14.7	3.1	2050	17.9	3.8	2050		
77	4.8	590	51	6.5	1210	38.5	7.4	1850	31.5	6.7	2050		46.2
12.8	2.7	2050	12.8	2.7	2050	12.8	2.7	2050	15.7	3.4			
67	4.8	680	44.5	6.5	1400	33.5	7.1	2050	27	5.8	2050		53.3
11.1	2.4	2050	11.1	2.4	2050	11.1	2.4	2050	13.6	2.9	2050		

注：输入端转速 n_1 = 1450r/min（输入轴或法兰式电动机），[ ] 按带传动比修正。

表 10.3-76　RH22U 型的承载能力

输入功率 P_1												结构型式	减速比 i
7.5kW			9kW			10kW			11kW				
变速比 R													
6			4			3			2				
输　出　轴													
n_2 /r·min^{-1}	P_2 /kW	T_2 /N·m	n_2 /r·min^{-1}	P_2 /kW	T_2 /N·m	n_2 /r·min^{-1}	P_2 /kW	T_2 /N·m	n_2 /r·min^{-1}	P_2 /kW	T_2 /N·m		
3550	6.9	18.5	2370	8.5	33	1780	9	49	1450	10	67	（FK）RH22U [MRH22U]	—
590	5.5	89	590	5.5	89	590	5.5	89	725	7.4	97		
3080	6.8	21	2060	8	38	1540	9	56	1260	10	75		1.15
515	5.4	100	515	5.4	100	515	5.4	100	630	7.2	109		
2690	6.8	24	1790	8	43	1340	9	64	1100	10	86		1.32
450	5.4	115	450	5.4	115	450	5.4	115	550	7.2	125		
2310	6.8	28	1540	8	50	1160	9	74	945	10	100		1.54
385	5.4	135	385	5.4	135	385	5.4	135	470	7.2	145		

（续）

输入功率 P_1											结构型式	减速比 i
7.5kW			9kW			10kW			11kW			
6			4			3			2			
输　出　轴												
n_2 /r·min⁻¹	P_2 /kW	T_2 /N·m	n_2 /r·min⁻¹	P_2 /kW	T_2 /N·m	n_2 /r·min⁻¹	P_2 /kW	T_2 /N·m	n_2 /r·min⁻¹	P_2 /kW	T_2 /N·m	
2020	6.8	32	1350	8	58	1010	9	85	825	10	115	
335	5.4	155	335	5.4	155	335	5.4	155	410	7.2	165	1.76
1810	6.8	36	1210	8	64	905	9	95	740	10	130	
300	5.4	170	300	5.4	170	300	5.4	170	370	7.2	185	1.96
1550	6.8	42	1040	8	75	775	9	111	635	10	150	
260	5.4	200	260	5.4	200	260	5.4	200	315	7.2	215	2.29
1350	6.8	48	900	8	86	675	9	130	550	10	170	
225	5.4	230	225	5.4	230	225	5.4	230	275	7.2	250	2.63
1160	6.8	56	775	8	100	580	9	150	475	10	200	
194	5.3	260	194	5.3	260	194	5.3	260	237	6.5	260	3.06
1030	6.8	62	690	8	112	515	9	165	420	10	225	RHB22U
172	4.5	250	172	4.5	250	172	4.5	250	211	5.5	250	3.44
905	6.8	71	605	8	130	450	9	190	370	9.5	245	FKRHB22U
151	3.9	245	151	3.9	245	151	3.9	245	185	4.7		3.93
785	6.8	83	520	8	150	390	8.5	210	320	7	210	[MRHB22U]
130	2.9	210	130	2.9	210	130	2.9		160	3.5		4.54
685	6.6	92	455	8	165	345	9	245	280	9.5	330	
114	5.3	440	114	5.3	440	114	5.3	440	140	7.1	480	5.18
595	6.6	106	400	8	190	300	9	280	244	9.5	380	
99	5.3	510	99	5.3	510	99	5.3	510	122	7.1	550	5.95
515	6.6	123	345	8	220	255	9	330	210	9.5	440	
86	5.3	590	86	5.3	590	86	5.3	590	105	7.1	640	6.91
450	6.6	140	300	8	250	224	9	380	183	9.5	510	
75	5.3	680	75	5.3	680	75	5.3	680	92	7.1	740	7.92
405	6.6	155	270	8	280	202	9	420	165	9.5	560	
67	5.3	750	67	5.3	750	67	5.3	750	82	6.9	800	8.81
345	6.6	185	230	8	330	173	9	490	141	9.5	660	
58	4.8	800	58	4.8	800	58	4.8	800	70	5.9	800	10.3
300	6.6	210	200	8	380	150	9	560	122	9.5	760	
50	4.2	800	50	4.2	800	50	4.2	800	61	5.1	800	11.8
260	6.6	245	172	8	440	129	9	650	105	9	800	RHC22U
43	3.6	800	43	3.6	800	43	3.6	800	53	4		13.8
230	6.6	280	153	8	500	115	9	730	94	8	800	FKRHC22U
38.5	3.2	800	38.5	3.2	800	38.5	3.2	800	47	3.9		15.5
201	6.6	310	134	8	570	100	8.5	800	82	6.9	800	[MRHC22U]
33.5	2.8	800	33.5	2.8	800	33.5	2.8		41	3.4		17.7
174	6.6	360	116	8	660	87	7.3	800	71	5.9	800	
29	2.4	800	29	2.4	800	29	2.4		35.5	3		20.4
154	6.5	400	103	8	720	77	8.5	1070	63	9.5	1450	
25.5	5.2	1950	25.5	5.2	1950	25.5	5.2	1950	31.5	6.8	2050	23
132	6.5	470	88	8	840	66	8.5	1250	54	9.5	1700	
22	4.7	2050	22	4.7	2050	22	4.7	2050	27	5.8	2050	26.9
115	6.5	540	77	8	970	57	8.5	1450	47	9.5	1950	
19.1	4.1	2050	19.1	4.1	2050	19.1	4.1	2050	23.4	5	2050	30.9
99	6.5	630	66	8	1130	49.5	8.5	1650	40.5	8.5	2050	
16.5	3.5	2050	16.5	3.5	2050	16.5	3.5	2050	20.2	4.3		35.9
88	6.5	710	59	8	1250	44	8.5	1900	36	7.5	2050	RHD22U
14.7	3.1	2050	14.7	3.1	2050	14.7	3.1	2050	17.9	3.8		40.4
77	6.5	810	51	8	1450	38.5	8	2050	31.5	6.7	2050	FKRHD22U
12.8	2.7	2050	12.8	2.7	2050	12.8	2.7		15.7	3.4		46.2
67	6.5	930	44.5	8	1700	33.5	7.1	2050	27	5.8	2050	[MRHD22U]
11.1	2.4	2050	11.1	2.4	2050	11.1	2.4		13.6	2.9		53.3

注：输入端转速 $n_1 = 1450$r/min（输入轴或法兰式电动机），[ ] 按带传动比修正。

表 10.3-77　RH23U 型的承载能力

输入功率 P_1												结构型式	减速比 i
11kW			12kW			13kW			15kW				
变速比 R													
6			4			3			2				
输　出　轴													
n_2 /r·min⁻¹	P_2 /kW	T_2 /N·m	n_2 /r·min⁻¹	P_2 /kW	T_2 /N·m	n_2 /r·min⁻¹	P_2 /kW	T_2 /N·m	n_2 /r·min⁻¹	P_2 /kW	T_2 /N·m		
4570/760	9.5/8	20.5/98	3040/760	10.5/8	33/98	2280/760	11.5/8	48/98	1860/930	13.5/9.5	68/100		1.03
4080/680	9.5/8	23/109	2720/680	10.5/8	37/109	2040/680	11.5/8	54/109	1670/835	13.5/9.5	76/111		1.15
3550/590	9.5/8	26/125	2370/590	10.5/8	43/125	1780/590	11.5/8	62/125	1450/725	13.5/9.5	87/130		1.32
3060/510	9.5/8	30/145	2040/510	10.5/8	50/145	1530/510	11.5/8	72/145	1250/625	13.5/9.5	101/150		1.54
2670/445	9.5/8	35/165	1780/445	10.5/8	57/165	1330/445	11.5/8	82/165	1090/545	13.5/9.5	116/170		1.76
2400/400	9.5/8	39/185	1600/400	10.5/8	63/185	1200/400	11.5/8	91/185	980/490	13.5/9.5	130/190		1.96
2060/345	9.5/8	45/215	1370/345	10.5/8	74/215	1030/345	11.5/8	107/215	840/420	13.5/9.5	150/220		2.29
1790/300	9.5/8	52/250	1190/300	10.5/8	85/250	895/300	11.5/8	123/250	730/365	13.5/9.5	175/250	NRHB23U FKNRHB23U [MRHB23U]	2.63
1540/255	9.5/7	60/260	1020/255	10.5/7	99/260	770/255	11.5/7	145/260	625/315	13.5/8.5	200/260		3.06
1370/228	9.5/6	68/250	910/228	10.5/6	111/250	685/228	11.5/6	160/250	560/280	13.5/7.3	225/250		3.44
1200/199	9.5/5.1	78/245	795/199	10.5/5.1	125/245	600/199	11.5/5.1	185/245	490/244	12.5/6.3	245		3.93
1040/173	9.5/3.8	90/210	690/173	10.5/3.8	145/210	520/173	11.5/3.8	210/210	425/211	9.5/4.6	210		4.54
905/151	9.5/7.5	100/480	605/151	10.5/7.5	165/480	455/151	11.5/7.5	235/480	370/185	13/9.5	340/490		5.18
790/132	9.5/7.5	115/550	525/132	10.5/7.5	190/550	395/132	11.5/7.5	270/550	320/161	13/9.5	380/560		5.95
680/113	9.5/7.5	135/640	455/113	10.5/7.5	220/640	340/113	11.5/7.5	320/640	280/139	13/9.5	450/660		6.91
595/99	9.5/7.5	155/740	395/99	10.5/7.5	250/740	295/99	11.5/7.5	360/740	242/121	13/9.5	510/750		7.92
535/89	9.5/7.4	170/800	355/89	10.5/7.4	280/800	265/89	11.5/7.4	400/800	218/109	13/9	570/800		8.81
455/76	9.5/6.4	200/800	305/76	10.5/6.4	330/800	228/76	11.5/6.4	470/800	186/93	13/8	670/800		10.3
395/66	9.5/5.5	230/800	265/66	10.5/5.5	380/800	198/66	11.5/5.5	540/800	162/81	13/6.8	770/800		11.8
340/57	9.5/4.8	270/800	228/57	10.5/4.8	440/800	171/57	11.5/4.8	630/800	139/70	11.5/5.8	800	NRHC23U FKNRHC23U [MRHC23U]	13.8
305/51	9.5/4.2	300/800	202/51	10.5/4.2	490/800	152/51	11.5/4.2	710/800	124/62	10.5/5.2	800		15.5
265/44.5	9.5/3.7	340/800	177/44.5	10.5/3.7	560/800	133/44.5	11/3.7	800	108/54	9/4.5	800		17.7
230/38.5	9.5/3.2	400/800	153/38.5	10.5/3.2	650/800	115/38.5	9.5/3.2	800	94/47	8/3.9	800		20.4
204/34	9.5/7.3	440/2050	136/34	10/7.3	710/2050	102/34	11/7.3	1030/2050	83/41.5	12.5/9	1450/2050		23
175/29	9.5/6.2	510/2050	117/29	10/6.2	830/2050	87/29	11/6.2	1200/2050	71/35.5	12.5/7.5	1700/2050		26.9
152/25.5	9.5/5.4	590/2050	101/25.5	10/5.4	960/2050	76/25.5	11/5.4	1400/2050	62/31	12.5/6.6	1950/2050		30.9
131/21.8	9.5/4.7	680/2050	87/21.8	10/4.7	1120/2050	65/21.8	11/4.7	1600/2050	53/26.5	11.5/5.7	2050		35.9
116/19.4	9.5/4.2	770/2050	78/19.4	10/4.2	1250/2050	58/19.4	11/4.2	1800/2050	47.5/23.7	10/5.1	2050	NRHD23U FKNRHD23U [MRHD23U]	40.4
102/17	9.5/3.6	880/2050	68/17	10/3.6	1450/2050	51/17	11/3.6	2050	41.5/20.8	9/4.5	2050		46.2
88/14.7	9.5/3.1	1010/2050	59/14.7	10/3.1	1650/2050	44/14.7	9.5/3.1	2050	36/18	7.5/3.9	2050		53.3

注：输入端转速 n_1 = 1450r/min（输入轴或法兰式电动机），[ ] 按带传动比修正。

表 10.3-78　RH24U 型的承载能力

15kW			16.5kW			17.5kW			18.5kW			结构型式	减速比 i
6			4			3			2				
n_2 /r·min^{-1}	P_2 /kW	T_2 /N·m	n_2 /r·min^{-1}	P_2 /kW	T_2 /N·m	n_2 /r·min^{-1}	P_2 /kW	T_2 /N·m	n_2 /r·min^{-1}	P_2 /kW	T_2 /N·m		
6760	13.5	18.5	4510	14.5	31	3380	15	44	2760	16	57		1.03
1130	10.5	90	1130	10.5	90	1130	10.5	90	1380	13.5	92		
6040	13.5	21	4030	14.5	35	3020	15	49	2470	16	63		1.15
1010	10.5	101	1010	10.5	101	1010	10.5	101	1230	13.5	103		
5260	13.5	24	3510	14.5	40	2630	15	56	2150	16	73		1.32
875	10.5	116	875	10.5	115	875	10.5	116	1070	13.5	118		
4530	13.5	28	3020	14.5	46	2260	15	65	1850	16	84		1.54
755	10.5	135	755	10.5	135	755	10.5	135	925	13.5	135		
3950	13.5	32	2630	14.5	53	1980	15	75	1610	16	97		1.76
660	10.5	155	660	10.5	155	660	10.5	155	805	13.5	155		
3550	13.5	36	2370	14.5	59	1780	15	83	1450	16	108		1.96
590	10.5	170	590	10.5	170	590	10.5	170	725	13.5	175		
3040	13.5	42	2030	14.5	69	1520	15	97	1240	16	125		2.29
505	10.5	200	505	10.5	200	505	10.5	200	620	13.5	205		
2640	13.5	48	1760	14.5	79	1320	15	112	1080	16	145		2.63
440	10.5	230	440	10.5	230	440	10.5	230	540	13.5	235	NRHB24U	
2270	13.5	56	1520	14.5	92	1140	15	130	930	16	170	FKNRHB24U	3.06
380	10.5	260	380	10.5	260	380	10.5	260	465	12.5	260	[MRHB24U]	
2020	13.5	63	1350	14.5	103	1010	15	145	825	16	190		3.44
335	9	250	335	9	250	335	9	250	415	11	250		
1770	13.5	71	1180	14.5	118	885	15	165	725	16	215		3.93
295	7.5	245	295	7.5	245	295	7.5	245	360	9.5	245		
1530	13.5	83	1020	14.5	135	765	15	195	625	14.5	210		4.54
255	5.6	210	255	5.6	210	255	5.6	210	315	6.9	210		
1340	13	92	895	14.5	150	670	15	215	550	16	280		5.18
224	10.5	440	224	10.5	440	224	10.5	440	275	13	450		
1170	13	106	780	14.5	175	585	15	250	475	16	320		5.95
195	10.5	510	195	10.5	510	195	10.5	510	239	13	520		
1010	13	123	670	14.5	205	505	15	290	410	16	370		6.91
168	10.5	590	168	10.5	590	168	10.5	590	205	13	600		
880	13	140	585	14.5	235	440	15	330	360	16	430		7.92
146	10.5	680	146	10.5	680	146	10.5	680	179	13	690		
790	13	155	525	14.5	260	395	15	370	320	16	470		8.81
132	10.5	750	132	10.5	750	132	10.5	750	161	13	770		
675	13	185	450	14.5	300	340	15	430	275	16	550		10.3
113	9.5	800	113	9.5	800	113	9.5	800	138	11.5	800		
585	13	210	390	14.5	350	295	15	490	240	16	640		11.8
98	8	800	98	8	800	98	8	800	120	10	800		
505	13	245	335	14.5	410	255	15	570	206	16	740	NRHC24U	13.8
84	7.1	800	84	7.1	800	84	7.1	800	103	8.5	800	FKNRHC24U	
450	13	280	300	14.5	460	225	15	640	184	15	800	[MRHC24U]	15.5
75	6.3	800	75	6.3	800	75	6.3	800	92	7.5	800		
395	13	320	260	14.5	520	197	15	740	161	13.5	800		17.7
66	5.5	800	66	5.5	800	66	5.5	800	80	6.7			
340	13	360	227	14.5	600	170	15	800	139	11.5	800		20.4
57	4.8	800	57	4.8	800	57	4.8	800	70	5.8			
300	12.5	400	202	14	660	151	15	940	123	16	1210		23
50	10	1950	50	10	1950	50	10	1950	62	12.5	1950		
260	12.5	470	173	14	770	129	15	1100	106	16	1400		26.9
43	9.5	2050	43	9.5	2050	43	9.5	2050	53	11.5	2050		
225	12.5	540	150	14	890	112	15	1250	92	16	1650		30.9
37.5	8	2050	37.5	8	2050	37.5	8	2050	46	10	2050		
194	12.5	630	129	14	1040	97	15	1450	79	16	1900		35.9
32.5	6.9	2050	32.5	6.9	2050	32.5	6.9	2050	39.5	8.5	2050		
172	12.5	710	115	14	1160	86	15	1650	70	15	2050		40.4
28.5	6.2	2050	28.5	6.2	2050	28.5	6.2	2050	35	7.5	2050		
151	12.5	810	100	14	1350	75	15	1900	62	13	2050	NRHD24U	46.2
25	5.4	2050	25	5.4	2050	25	5.4	2050	31	6.6	2050	FKNRHD24U	
130	12.5	930	87	14	1550	65	14	2050	53	11.5	2050	[MRHD24U]	53.3
21.7	4.7	2050	21.7	4.7	2050	21.7	4.7	2050	26.5	5.7	2050		

注：输入端转速 n_1=1450r/min（输入轴或法兰式电动机），[ ] 按带传动比修正。

表 10.3-79　RH41U 型的承载能力

15kW R=6 n2 /r·min⁻¹	P2 /kW	T2 /N·m	18.5kW R=4 n2 /r·min⁻¹	P2 /kW	T2 /N·m	29kW R=3 n2 /r·min⁻¹	P2 /kW	T2 /N·m	22kW R=2 n2 /r·min⁻¹	P2 /kW	T2 /N·m	结构型式	减速比 i
3550	14	37	2370	17	69	1780	18	99	1450	20	135	(FK)RH41U* [MRH41U]	—
590	11	180	590	11	180	590	11	180	725	16	205		
3080	13.5	42	2060	17	77	1540	18	112	1260	20	150		1.15
515	11	200	515	11	200	515	11	200	630	15	235		
2690	13.5	48	1790	17	89	1340	18	130	1100	20	175		1.32
450	11	230	450	11	230	450	11	230	550	15	270		
2310	13.5	56	1540	17	103	1160	18	150	945	20	200		1.54
385	11	270	385	11	270	385	11	270	470	15	310		
2020	13.5	64	1350	17	118	1010	18	170	825	20	230		1.76
335	11	310	335	11	310	335	11	310	410	15	360		
1810	13.5	71	1210	17	130	905	18	190	740	20	260		1.96
300	11	340	300	11	340	300	11	340	370	15	400		
1550	13.5	83	1040	17	155	775	18	220	635	20	300		2.29
260	11	400	260	11	400	260	11	400	315	15	460		
1350	13.5	96	900	17	175	675	18	260	550	20	340		2.63
225	11	460	225	11	460	225	11	460	275	15	530		
1160	13.5	111	775	17	205	580	18	300	475	20	400	RHB41U FKRHB41U* [MRHB41U]	3.06
194	11	530	194	11	530	194	11	530	237	15	620		
1030	13.5	125	690	17	230	515	18	330	420	20	450		3.44
172	11	600	172	11	600	172	11	600	211	15	680		
905	13.5	145	605	17	260	450	18	380	370	20	510		3.93
151	11	690	151	11	690	151	11	690	185	13.5	700		
785	13.5	165	520	17	310	390	18	440	320	20	590		4.54
130	8.5	640	130	8.5	640	130	8.5	640	160	10.5	640		
690	13.5	185	460	16	340	345	18	490	285	19	660		5.13
115	10.5	880	115	10.5	880	115	10.5	880	141	15	1020		
605	13.5	210	400	16	390	300	18	560	246	19	750		5.89
100	10.5	1010	100	10.5	1010	100	10.5	1010	123	15	1170		
520	13.5	245	345	16	450	260	18	650	212	19	880		6.84
87	10.5	1170	87	10.5	1170	87	10.5	1170	106	15	1350		
455	13.5	280	300	16	520	227	18	750	185	19	1000		7.84
76	10.5	1350	76	10.5	1350	76	10.5	1350	92	15	1550		
405	13.5	310	270	16	580	204	18	830	166	19	1120		8.72
68	10.5	1500	68	10.5	1500	68	10.5	500	83	15	1750		
350	13.5	360	233	16	670	174	18	970	142	19	1300		10.2
58	10.5	1750	58	10.5	1750	58	10.5	1750	71	14	2000		
305	13.5	420	202	16	770	151	18	1110	124	19	1500		11.7
50	10.5	2000	50	10.5	2000	50	10.5	2000	62	15	2300		
260	13.5	490	174	16	900	130	18	1300	106	19	1750	RHC41U FKRHC41U* [MRHC41U]	13.6
43.5	10.5	2350	43.5	10.5	2350	43.5	10.5	2350	53	15	2700		
232	13.5	550	155	16	1010	116	18	1450	95	19	1950		15.3
38.5	10.5	2600	38.5	10.5	2600	38.5	10.5	2600	47.5	13.5	2700		
203	13.5	620	135	16	1150	101	18	1650	83	19	2250		17.5
34	9.5	2700	34	9.5	2700	34	9.5	2700	41.5	11.5	2700		
176	13.5	720	117	16	1350	88	18	1900	72	19	2600		20.2
29.5	8.5	2700	29.5	8.5	2700	29.5	8.5	2700	36	10	2700		
155	13	800	103	16	1500	77	17	2150	63	19	2900		23
26	10.5	3800	26	10.5	3900	26	10.5	3800	31.5	14.5	4500		
133	13	940	88	16	1750	66	17	2500	54	19	3400		26.8
22.1	10.5	4500	22.1	10.5	4500	22.1	10.5	4500		14.5	5200		
115	13	1080	77	16	2000	58	17	2900	47	19	3900		30.8
19.2	10.5	5200	19.2	10.5	5200	19.2	10.5	5200	23.5	13.5	5400		
99	13	1250	66	16	2300	49.5	17	3300	40.5	19	4500		35.9
16.5	9.5	5400	16.5	9.5	5400	16.5	9.5	5400	20.5	11.5	5400		
88	13	1400	59	16	2600	44	17	3802	36	19	5100	RHD41U FKRHD41U* [MRHD41U]	40.3
14.7	8.5	5400	14.7	8.5	5400	14.7	8.5	5400	18	10	5400		
77	13	1600	54	16	3000	38.5	17	4300	31.5	18	5400		46.1
12.9	7.3	5400	12.9	7.3	5400	12.9	7.3	5400	15.7	9			
67	13	1850	44.5	16	3400	33.5	17	5000	27.5	15	5400		53.2
11.1	6.3	5400	11.1	6.3	5400	11.1	6.3	5400	13.6	7.5			

注：输入端转速 $n_1 = 1450 r/min$（输入轴或法兰式电动机），[ ] 按带传动比修正。

表 10.3-80　RH42U 型的承载能力

输入功率 P_1

18.5kW			22kW			22kW			22kW			结构型式	减速比 i
变速比 R													
6			4			3			2				
输　出　轴													
n_2 /(r·min⁻¹)	P_2 /kW	T_2 /(N·m)	n_2 /(r·min⁻¹)	P_2 /kW	T_2 /(N·m)	n_2 /(r·min⁻¹)	P_2 /kW	T_2 /(N·m)	n_2 /(r·min⁻¹)	P_2 /kW	T_2 /(N·m)		
3550	17	46	2370	20	82	1780	20	109	1450	20	135	(FK)RH42U* [MRH42U]	
590	14	225	590	14	225	590	14	225	725	18	235		
3080	17	52	2060	20	92	1540	20	123	1260	20	150		
515	13.5	250	515	13.5	250	515	13.5	250	630	18	270		1.15
2690	17	59	1790	20	106	1340	20	140	1100	20	175		
450	13.5	290	450	13.5	290	450	13.5	290	550	18	310		1.32
2310	17	69	1540	20	123	1160	20	165	945	20	200		
385	13.5	340	385	13.5	340	385	13.5	340	470	18	360		1.54
2020	17	79	1350	20	140	1010	20	190	825	20	230		
335	13.5	380	335	13.5	380	335	13.5	380	410	18	410		1.76
1810	17	88	1210	20	155	905	20	210	740	20	260		
300	13.5	430	300	13.5	430	300	13.5	430	370	20	450		1.96
1550	17	103	1040	20	185	775	20	245	635	20	300		
260	13.5	500	260	13.5	500	260	13.5	500	315	20	530		2.29
1350	17	118	900	20	210	675	20	280	550	20	340		
225	13.5	570	225	13.5	570	225	13.5	570	275	18	610		2.63
1160	17	135	775	20	245	580	20	330	475	20	400	RHB42U FKRHB42U* [MRHB42U]	
194	13.5	670	194	13.5	670	194	13.5	670	237	17	700		3.06
1030	17	155	690	20	270	515	20	370	420	20	450		
172	12.5	680	172	12.5	680	172	12.5	680	211	15	680		3.44
905	17	175	605	20	310	450	20	420	370	20	510		
151	11	700	151	11	700	151	11	700	185	13.5	700		3.93
785	17	205	520	20	360	390	20	480	320	20	590		
130	8.5	640	130	8.5	640	130	8.5	640	160	10.5	640		4.54
690	16	225	460	19	400	345	19	540	285	19	660		
115	13.5	1100	115	13.5	1100	115	13.5	1100	141	17	1160		5.13
605	16	260	400	19	460	300	19	620	246	19	750		
100	13.5	1250	100	13.5	1250	100	13.5	1250	123	17	1350		5.89
520	16	300	345	19	540	260	19	720	212	19	880		
87	13.5	1450	87	13.5	1450	87	13.5	1450	106	17	1550		6.84
455	16	340	300	19	610	227	19	810	185	19	1000		
76	13.5	1700	76	13.5	1700	76	13.5	1700	92	17	1800		7.84
405	16	380	270	19	680	204	19	910	166	19	1120		
68	13.5	1850	68	13.5	1850	68	13.5	1850	83	17	2000		8.72
350	16	450	233	19	800	174	19	1060	142	19	1300		
58	13.5	2200	58	13.5	2200	58	13.5	2200	71	17	2300		10.2
305	16	520	202	19	920	151	19	1230	124	19	1500		
50	13.5	2500	50	13.5	2500	50	13.5	2500	62	17	2700		11.7
260	16	600	174	19	1070	130	19	1400	106	19	1750	RHC42U FKRHC42U* [MRHC42U]	
43.5	12.5	2700	43.5	12.5	2700	43.5	12.5	2700	53	15	2700		13.6
232	16	670	155	19	1200	116	19	1600	95	19	1950		
38.5	11	2700	38.5	11	2700	38.5	11	2700	47.5	13.5	2700		15.3
203	16	770	135	19	1350	101	19	1850	83	19	2250		
34	9.5	2700	34	9.5	2700	34	9.5	2700	41.5	11.5	2700		17.5
176	16	890	117	19	1600	88	19	2100	72	19	2600		
29.5	8.5	2700	29.5	8.5	2700	29.5	8.5	2700	36	10	2700		20.2
155	16	990	103	19	1750	77	19	2350	63	19	2900		
26	13	4800	26	13	4800	26	13	4800	31.5	17	5100		23
133	16	1150	88	19	2050	66	19	2700	54	19	3400		
22.1	12.5	5400	22.1	12.5	5400	22.1	12.5	5400	27	15	5400		26.8
115	16	1350	77	19	2350	58	19	3200	47	19	3900		
19.2	11	5400	19.2	11	5400	19.2	11	5400	23.5	13.5	5400		30.8
99	16	1550	66	19	2800	49.5	19	3700	40.5	19	4500		
16.5	9.5	5400	16.5	9.5	5400	16.5	9.5	5400	20.2	11.5	5400		35.9
88	16	1750	59	19	3100	44	19	4100	36	19	5100	RHD42U FKRHD42U* [MRHD42U]	
14.7	8.5	5400	14.7	8.5	5400	14.7	8.5	5400	18	10	5400		40.3
77	16	2000	51	19	3500	38.5	19	4700	31.5	18	5400		
12.9	7.3	5400	12.9	7.3	5400	12.9	7.3	5400	15.7	9	5400		46.1
67	16	2300	44.5	19	4100	33.5	19	5400	27.5	15	5400		
11.1	6.3	5400	11.1	6.3	5400	11.1	6.3	5400	13.6	7.5	5400		53.2

注：输入端转速 $n_1=1450\text{r/min}$（输入轴或法兰式电动机），[ ] 按带传动比修正。

表 10.3-81　RH43U 型的承载能力

输入功率 P_1												结构型式	减速比 i
22kW			26kW			28kW			30kW				
变速比 R													
6			4			3			2				
输　出　轴													
n_2 /r·min^{-1}	P_2 /kW	T_2 /N·m	n_2 /r·min^{-1}	P_2 /kW	T_2 /N·m	n_2 /r·min^{-1}	P_2 /kW	T_2 /N·m	n_2 /r·min^{-1}	P_2 /kW	T_2 /N·m		
4570	19	41	3040	23	72	2280	25	103	1860	27	135		1.03
760	16	200	760	16	200	760	16	200	930	21	215		
4080	19	46	2720	23	81	2040	25	116	1670	27	150		1.15
680	16	225	680	16	225	680	16	225	835	21	245		
3550	19	52	2370	23	93	1780	25	135	1450	27	175		1.32
590	16	260	590	16	260	590	16	260	725	21	280		
3060	19	61	2040	23	108	1530	25	155	1250	27	205		1.54
510	16	300	510	16	300	510	16	300	625	21	320		
2670	19	70	1780	23	123	1330	25	175	1090	27	230		1.76
445	16	340	445	16	340	445	16	340	545	21	370		
2400	19	77	1600	23	135	1200	25	195	980	27	260		1.96
400	16	380	400	16	380	400	16	380	490	21	410		
2060	19	90	1370	23	160	1030	25	230	840	27	300		2.29
345	16	440	345	16	440	345	16	440	420	21	480		
1790	19	104	1190	23	185	895	25	260	730	27	350	NRHB43U	2.63
300	16	510	300	16	510	300	16	510	365	21	560	FKNRHB43U	
1540	19	121	1020	23	215	770	25	310	625	27	400	[MRHB43U]	3.06
255	16	590	255	16	590	255	16	590	315	21	650		
1370	19	135	910	23	240	685	25	350	560	27	450		3.44
228	16	670	228	16	670	228	16	670	280	20	680		
1200	19	155	795	23	280	600	25	400	490	27	520		3.93
199	14.5	700	199	14.5	700	199	14.5	700	244	18	700		
1040	19	180	690	23	320	520	25	460	425	27	600		4.54
173	11.5	640	173	11.5	640	173	11.5	640	211	14	640		
915	19	200	610	23	350	460	24	510	375	26	660		5.13
153	16	970	153	16	970	153	16	980	187	21	1060		
795	19	230	530	23	400	400	24	580	325	26	760		5.89
133	16	1120	133	16	1120	133	16	1120	163	21	1220		
685	19	260	460	23	470	345	24	670	280	26	880		6.84
114	16	1300	114	16	1300	114	16	1300	1400	21	1400		
600	19	300	400	23	540	300	24	770	245	26	1010		7.84
100	16	1500	100	16	1500	100	16	1500	122	21	1600		
540	19	340	360	23	600	270	24	860	220	26	1130		8.72
90	16	1650	90	16	1650	90	16	1650	110	21	1800		
460	19	390	310	23	700	231	24	1000	188	26	1300		10.2
77	16	1950	77	16	1950	77	16	1950	94	21	2100		
400	19	450	265	23	800	200	24	1160	164	26	1500		11.7
67	16	2250	67	16	2250	67	16	2250	82	21	2450		
345	19	530	230	23	940	172	24	1350	141	26	1750	NRHC43U	13.6
57	16	2600	57	16	2600	57	16	2600	70	21	2700	FKNRHC43U	
305	19	590	205	23	1050	153	24	1500	125	26	2000	[MRHC43U]	15.3
51	14.5	2700	51	14.5	2700	51	14.5	2700	63	18	2700		
270	19	680	179	23	1200	134	24	1750	110	26	2250		17.5
44.5	12.5	2700	44.5	12.5	2700	44.5	12.5	2700	55	15	2700		
232	19	780	155	23	1400	116	24	2000	95	26	2600		20.2
38.5	11	2700	38.5	11	2700	38.5	11	2700	47.5	13.5	2700		
205	19	870	130	22	1550	102	24	2200	84	25	2900		23
34	15	4300	34	15	4300	34	15	4300	42	20	4700		
175	19	1020	117	22	1800	88	24	2600	72	25	3400		26.8
29	15	5000	29	15	5000	29	15	5000	36	20	5400		
152	19	1170	102	22	2100	76	24	3000	62	25	3900		30.8
25.5	14.5	5400	25.5	14.5	5400	25.5	14.5	5400	31	18	5400		
131	19	1350	87	22	2400	66	24	3500	53	25	4500		35.9
21.8	12.5	5400	21.8	12.5	5400	21.8	12.5	5400	26.5	15	5400		
117	19	1550	78	22	2700	58	24	3900	47.5	25	5100		40.3
19.4	11	5400	19.4	11	5400	19.4	11	5400	23.8	13.5	5400		
102	19	1750	68	22	3100	51	24	4400	41.5	24	5400	NRHD43U	46.1
17	9.5	5400	17	9.5	5400	17	9.5	5400	20.8	12		FKNRHD43U	
88	19	2000	59	22	3600	44	24	5100	36	20	5400	[MRHD43U]	53.2
14.7	8.5	5400	14.7	8.5	5400	14.7	8.5	5400	18	10			

注：输入端转速 $n_1 = 1450$r/min（输入轴或法兰式电动机），[ ] 按带传动比修正。

表 10.3-82　RH44U 型的承载能力

30kW* (R=6)			33kW* (R=4)			35kW* (R=3)			37kW* (R=2)			结构型式	减速比 i
n_2 /r·min⁻¹	P_2 /kW	T_2 /N·m	n_2 /r·min⁻¹	P_2 /kW	T_2 /N·m	n_2 /r·min⁻¹	P_2 /kW	T_2 /N·m	n_2 /r·min⁻¹	P_2 /kW	T_2 /N·m		
5300	27	48	3540	29	79	2650	31	111	2160	33	145		1.03
885	21	230	885	21	230	885	21	230	1080	27	235		
4740	27	53	3160	29	88	2370	31	125	1930	33	160		1.15
790	21	260	790	21	260	790	21	260	965	27	260		
4120	27	61	2750	29	101	2060	31	145	1680	33	185		1.32
685	21	290	685	21	290	685	21	290	840	27	300		
3550	27	71	2370	29	118	1780	31	165	1450	33	215		1.54
590	21	340	590	21	340	590	21	340	725	27	350		
3100	27	82	2070	29	135	1550	31	190	1270	33	245		1.76
515	21	390	515	21	390	515	21	390	635	27	400		
2790	27	91	1860	29	150	1390	31	210	1140	33	270		1.96
465	21	440	465	21	440	465	21	440	570	27	450		
2390	27	106	1590	29	175	1190	31	250	975	33	320		2.29
400	21	510	400	21	510	400	21	510	485	27	520		
2070	27	122	1380	29	200	1040	31	280	845	33	370		2.63
345	21	590	345	21	590	345	21	590	425	27	600	NRHB44U	
1780	27	140	1190	29	235	890	31	330	730	33	430	FKNRHB44U	3.06
295	21	680	295	21	680	295	21	680	365	27	700	[MRHB44U]	
1590	27	160	1060	29	260	795	31	370	650	33	480		3.44
265	19	680	265	19	680	265	19	680	325	23	680		
1390	27	180	925	29	300	695	31	430	565	33	550		3.93
231	17	700	231	17	700	231	17	700	285	21	700		
1200	27	210	800	29	350	600	31	490	490	33	640		4.54
200	13.5	640	200	13.5	640	200	13.5	640	245	16			
1060	26	235	710	29	380	530	30	540	435	32	700		5.13
177	21	1120	177	21	1120	177	21	1120	217	26	1140		
925	26	270	615	29	440	465	30	630	380	32	810		5.89
154	21	1300	154	21	1300	154	21	1300	189	26	1300		
795	26	310	530	29	510	400	30	730	325	32	940		6.84
133	21	1500	133	21	1500	133	21	1500	163	26	1500		
695	26	360	465	29	590	350	30	830	285	32	1080		7.84
116	21	1700	116	21	1700	116	21	1700	142	26	1750		
625	26	400	415	29	650	315	30	930	255	32	1200		8.72
104	21	1900	104	21	1900	104	21	1900	128	26	1950		
535	26	4600	355	29	760	270	30	1080	219	32	1400		10.2
89	21	2200	89	21	2200	89	21	2200	109	26	2250		
465	26	530	310	29	880	233	30	1240	190	32	1600		11.7
78	21	2600	78	21	2600	78	21	2600	95	26	2600		
400	26	620	265	29	1020	200	30	1450	163	32	1850		13.6
67	19	2700	67	19	2700	67	19	2700	82	23	2700	NRHC44U	
355	26	700	237	29	1150	178	30	1650	145	32	2100	FKNRHC44U	15.3
59	17	2700	59	17	2700	59	17	2700	73	21	2700	[MRHC44U]	
310	26	800	208	29	1300	156	30	1850	127	32	2400		17.5
52	14.5	2700	52	14.5	2700	52	14.5	2700	64	18	2700		
270	26	920	180	29	1500	135	30	2150	110	31	2700		20.2
45	12.5	2700	45	12.5	2700	46	12.5	2700	55	16			
238	25	1020	158	28	1700	119	30	2400	97	31	3100		23
39.5	20	4900	39.5	20	4900	39.5	20	4900	48.5	25	5000		
204	25	1190	136	28	1950	102	30	2800	83	31	3600		26.8
34	19	5400	34	19	5400	34	19	5400	41.5	23	5400		
177	25	1350	118	28	2250	88	30	3200	72	31	4200		30.8
29.5	17	5400	29.5	17	5400	29.5	17	5400	36	20	5400		
152	25	1600	101	28	2600	76	30	3700	62	31	4800		35.9
25.5	14.5	5400	25.5	14.5	5400	25.5	14.5	5400	31	18	5400		
135	25	1800	90	28	3000	68	30	4200	55	31	5400		40.3
22.6	13	5400	22.6	13	5400	22.6	13	5400	27.5	16		NRHD44U	
118	25	2050	79.1	28	3400	59	30	4800	48.5	27	5400	FKNRHD44U	46.1
19.7	11	5400	9.7	11	5400	19.7	11	5400	24.2	13.5		[MRHD44U]	
103	25	2350	68.1	28	3900	51	29	5400	42	24	5400		53.2
17.1	9.5	5400	17.1	9.5	5400	9.5	9.5		20.9	12			

注：输入端转速 n_1 = 1450r/min（输入轴或法兰式电动机），[ ] 按带传动比修正。

表 10.3-83　RH45U 型的承载能力

输入功率 P_1											结构型式	减速比 i
35kW			40kW			43kW			45kW			
变速比 R												
6			4			3			2				
输 出 轴												
n_2 /r·min^{-1}	P_2 /kW	T_2 /N·m	n_2 /r·min^{-1}	P_2 /kW	T_2 /N·m	n_2 /r·min^{-1}	P_2 /kW	T_2 /N·m	n_2 /r·min^{-1}	P_2 /kW	T_2 /N·m		
6760	31	44	4510	35	75	3380	38	107	2760	40	140		1.03
1130	25	210	1130	25	210	1130	25	210	1380	33	225		
6040	31	49	4030	35	84	3020	38	120	2470	40	155		1.15
1010	25	235	1010	25	235	1010	25	235	1230	33	250		
5260	31	56	3510	35	96	2630	38	140	2150	40	175		1.32
875	25	270	875	25	270	875	25	270	1070	33	290		
4530	31	65	3020	35	112	2260	38	160	1850	40	205		1.54
755	25	310	755	25	310	755	25	310	925	33	340		
3950	31	75	2630	35	130	1980	38	185	1610	40	235		1.76
660	25	360	660	25	360	660	25	360	805	33	390		
3550	31	83	2370	35	145	1780	38	205	1450	40	260		1.96
590	25	400	590	25	400	590	25	400	725	33	430		
3040	31	97	2030	35	165	1520	38	240	1240	40	310		2.29
505	25	470	505	25	470	505	25	470	620	33	500		
2640	31	112	1760	35	190	1320	38	270	1080	40	350		2.63
440	25	540	440	25	540	440	25	540	540	33	580	NRHB45U FKNRHB45U	
2270	31	130	1520	35	225	1140	38	320	930	40	410		3.06
380	25	620	380	25	620	380	25	620	465	33	670		
2020	31	145	1350	35	250	1010	38	360	825	40	460		3.44
335	24	680	335	24	680	335	24	680	415	29	680		
1770	31	165	1180	35	290	885	38	410	725	40	530		3.93
295	22	700	295	22	700	295	22	700	360	26	700		
1530	31	195	1020	35	330	765	38	470	625	40	610		4.54
255	17	640	255	17	640	255	17	640	315	21	640		
1360	30	215	905	35	370	680	37	520	555	39	670		5.13
226	24	1020	226	24	1020	226	24	1020	275	32	1110		
1180	30	245	785	35	420	590	37	600	480	39	770		5.89
197	24	1180	197	24	1180	197	24	1180	241	32	1250		
1020	30	280	680	35	490	510	37	700	415	39	900		6.84
169	24	1350	169	24	1350	169	24	1350	208	32	1450		
885	30	330	590	35	560	445	37	800	360	39	1030		7.84
148	24	1550	148	24	1550	148	24	1550	181	32	1700		
795	30	360	530	35	620	400	37	890	325	39	1140		8.72
133	24	1750	133	24	1750	133	24	1750	163	32	1900		
685	30	420	455	35	730	340	37	1040	280	39	1350		10.2
114	24	2050	114	24	2050	114	24	2050	139	32	2200		
595	30	490	395	35	840	295	37	1200	242	39	1550		11.7
99	24	2350	99	24	2350	99	24	2350	121	32	2500		
510	30	570	340	35	970	255	37	1400	208	39	1800		13.6
85	24	2700	85	24	2700	85	24	2700	104	29	2700	NRHC45U FKNRHC45U	
455	30	640	305	35	1090	227	37	1550	185	39	2000		15.3
76	21	2700	76	21	2700	76	21	2700	93	26	2700		
395	30	730	265	35	1250	199	37	1800	162	39	2300		17.5
66	19	2700	66	19	2700	66	19	2700	81	23	2700		
345	30	840	229	35	1450	172	37	2050	140	39	2600		20.2
57	16	2700	57	16	2700	57	16	2700	70	20	2700		
305	30	940	202	34	1600	151	36	2300	124	38	2900		23
50	24	4500	50	24	4500	50	24	4500	62	31	4800		
260	30	1090	173	34	1850	130	36	2700	106	38	3400		26.8
43.5	24	5200	43.5	24	5200	43.5	24	5200	53	30	5400		
225	30	1250	150	34	2150	113	36	3100	92	38	4000		30.8
37.5	21	5400	37.5	21	5400	37.5	21	5400	46	26	5400		
194	30	1450	129	34	2500	97	36	3600	79	38	4600		35.9
32.5	18	5400	32.5	18	5400	32.5	18	5400	39.5	22	5400		
173	30	1650	115	34	2800	86	36	4000	70	38	5200		40.3
29	16	5400	29	16	5400	29	16	5400	35	20	5400		
151	30	1900	101	34	3200	76	36	4600	62	35	5400	NRHD45U FKNRHD45U	46.1
25	14	5400	25	14	5400	25	14	5400	31	17			
131	30	2150	87	34	3700	65	36	5300	53	30	5400		53.2
21.8	12.5	5400	21.8	12.5	5400	21.8	12.5	5400	26.5	15			

注：输入端转速 $n_1 = 1450$r/min（输入轴或法兰式电动机）。

表 10.3-84　RH51U 型的承载能力

输入功率 P_1												结构型式	减速比 i
37kW			45kW			50kW			55kW				
变速比 R													
6			4			3			2				
输　出　轴													
n_2 /r·min⁻¹	P_2 /kW	T_2 /N·m	n_2 /r·min⁻¹	P_2 /kW	T_2 /N·m	n_2 /r·min⁻¹	P_2 /kW	T_2 /N·m	n_2 /r·min⁻¹	P_2 /kW	T_2 /N·m		
3550	34	92	2370	41	165	1780	46	245	1450	51	330	RH51U [MRH51U]	—
590	28	450	590	28	450	590	28	450	725	38	500		
3080	33	103	2060	41	190	1540	45	280	1260	50	380		1.15
515	27	500	515	27	500	515	27	500	630	37	560		
2690	33	119	1790	41	215	1340	45	320	1100	50	430		1.32
450	27	580	450	27	580	450	27	580	550	37	640		
2310	33	140	1540	41	250	1160	45	370	945	50	500		1.54
385	27	670	385	27	670	385	27	670	470	37	750		
2020	33	160	1350	41	290	1010	45	430	825	50	570		1.76
335	27	770	335	27	770	335	27	770	410	37	860		
1810	33	175	1210	41	320	905	45	470	740	50	640		1.96
300	27	850	300	27	850	300	27	850	370	37	950		
1550	33	205	1040	41	370	775	45	550	635	50	750		2.29
260	27	1000	260	27	1000	260	27	1000	315	37	1110		
1350	33	235	900	41	430	675	45	640	550	50	860		2.63
225	27	1150	225	27	1150	225	27	1150	275	37	1300		
1160	33	270	775	41	500	580	45	740	475	50	1000	RHB51U [MRHB51U]	3.06
194	27	1350	194	27	1350	194	27	1350	237	37	1500		
1030	33	310	690	41	560	515	45	830	420	50	1120		3.44
172	27	1500	172	27	1500	172	27	1500	211	37	1700		
905	33	350	605	41	640	450	45	950	370	50	1300		3.93
151	24	1550	151	24	1550	151	24	1550	185	30	1550		
785	33	410	520	41	740	390	45	1100	320	47	1400		4.54
130	19	1400	130	19	1400	130	19	1400	160	23			
690	33	450	460	40	820	345	44	1220	280	49	1650		5.14
115	27	2200	115	27	2200	115	27	2200	141	36	2450		
600	33	520	400	40	950	300	44	1400	246	49	1900		5.9
100	27	2500	100	27	2500	100	27	2500	123	36	2800		
520	33	600	345	40	1100	260	44	1650	212	49	2200		6.85
86	27	2900	86	27	2900	86	27	2900	106	36	3300		
450	33	690	300	40	1250	226	44	1850	185	49	2500		7.85
75	27	3400	75	27	3400	75	27	3400	92	36	3700		
405	33	770	270	40	1400	203	44	2100	166	49	2800		8.74
68	27	3700	68	27	3700	68	27	3700	83	36	4200		
350	33	900	232	40	1650	174	44	2400	142	49	3300		10.2
58	27	4400	58	27	4400	58	27	4400	71	36	4900		
305	33	1030	202	40	1900	151	44	2800	124	49	3800		11.7
50	27	5000	50	27	5000	50	27	5000	62	34	5300		
260	33	1200	174	40	2200	130	44	3200	106	49	4400	RHC51U [MRHC51U]	13.6
43.5	24	5300	4.35	24	5300	43.5	24	5300	53	29	5300		
232	33	1350	154	40	2450	116	44	3600	95	49	4900		15.3
38.5	21	5300	38.5	21	5300	38.5	21	5300	47.5	26	5300		
203	33	1550	135	40	2800	101	44	4200	83	46	5300		17.5
34	19	5300	34	19	5300	34	19	5300	41.5	23			
175	33	1800	117	40	3200	88	44	4800	72	40	5300		20.2
29	16	5300	29	16	5300	29	16	5300	36	20			
158	32	1950	106	39	3500	79	43	5200	65	48	7000		22.4
26.5	26	9400	26.5	26	9400	26.5	26	9400	32.5	36	10500		
136	32	2250	91	39	4100	68	43	6100	55	48	8200		26.2
22.6	26	11000	22.6	26	11000	22.6	26	11000	27.5	36	12200		
118	32	2600	79	39	4700	59	43	7000	48	48	9400		30.1
19.7	26	12600	19.7	26	12600	19.7	26	12600	24.1	32	12700		
101	32	3000	68	39	5500	51	43	8200	41.5	48	11000		35
16.9	22	12700	16.9	22	12700	16.9	22	12700	20.7	28	12700		
90	32	3400	60	39	6200	45	43	9200	37	48	12300		39.3
15	20	12700	15	20	12700	15	20	12700	18.4	25	12700		
79	32	3900	53	39	7100	39.5	43	10500	32	43	12700	RHD51U [MRHD51U]	45
13.2	18	12700	13.2	18	12700	13.2	18	12700	16.1	21	12700		
68	32	4500	45.5	39	8200	34	43	12100	28	37	12700		51.9
11.4	18	12700	11.4	18	12700	11.4	18	12700	14	19	12700		

注：输入端转速 n_1 = 1450r/min（输入轴或法兰式电动机），[ ] 按带传动比修正。

表 10.3-85　RH52U 型的承载能力

输入功率 P_1												结构型式	减速比 i
45kW			52kW			55kW			55kW				
变速比 R													
6			4			3			2				
输　出　轴													
n_2 /r·min^{-1}	P_2 /kW	T_2 /N·m	n_2 /r·min^{-1}	P_2 /kW	T_2 /N·m	n_2 /r·min^{-1}	P_2 /kW	T_2 /N·m	n_2 /r·min^{-1}	P_2 /kW	T_2 /N·m		
3550	41	111	2370	48	195	1780	51	280	1450	51	330	RH52U [MRH52U]	—
590	33	530	590	33	530	590	33	530	725	44	580		
3080	41	125	2060	47	220	1540	50	310	1260	50	380		1.15
515	32	600	515	32	600	515	32	600	630	43	660		
2690	41	145	1790	47	250	1340	50	360	1100	50	430		1.32
450	32	690	450	32	690	450	32	690	550	43	750		
2310	41	170	1540	47	290	1160	50	420	945	50	500		1.54
385	32	800	385	32	800	385	32	800	470	43	880		
2020	41	190	1350	47	330	1010	50	480	825	50	570		1.76
335	32	920	335	32	920	335	32	920	410	43	1000		
1810	41	215	1210	47	370	905	50	530	740	50	640		1.96
300	32	1030	300	32	1020	300	32	1030	370	43	1120		
1550	41	250	1040	47	430	775	50	620	635	50	750		2.29
260	32	1200	260	32	1200	260	32	1200	315	43	1300		
1350	41	290	900	47	500	675	50	710	550	50	860		2.63
225	32	1400	225	32	1400	225	32	1400	275	43	1500		
1160	41	330	775	47	580	580	50	830	475	50	1000	RHB52U FKRHB52U	3.06
194	32	1600	194	32	1600	194	32	1600	237	43	1750		
1030	41	370	690	47	650	515	50	930	420	50	1120		3.44
172	31	1700	172	31	1700	172	31	1700	211	38	1700		
905	41	430	605	47	740	450	50	1070	370	50	1300		3.93
151	24	1550	151	24	1550	151	24	1550	185	30	1550		
785	41	500	520	47	860	390	50	1230	320	47	1400		4.54
130	19	1400	130	19	1400	130	19	1400	160	23			
690	40	550	460	46	950	345	49	1350	280	49	1650		5.14
115	32	2600	115	32	2600	115	32	2600	141	42	2900		
600	40	630	400	46	1090	300	49	1550	246	49	1900		5.9
100	32	3000	100	32	3000	100	32	3000	123	42	3300		
520	40	730	345	46	1250	260	49	1800	212	49	2200		6.85
86	32	3500	86	32	3500	86	32	3500	106	42	3800		
450	40	840	300	46	1450	226	49	2100	185	49	2500		7.85
75	32	4000	75	32	4000	75	32	4000	92	42	4400		
405	40	930	270	46	1600	203	49	2300	166	49	2800		8.74
68	32	4500	68	32	4500	68	32	4500	83	42	4900		
350	40	1090	232	46	1900	174	49	2700	142	49	3300		10.2
58	32	5200	58	32	5200	58	32	5200	71	39	5300		
305	40	1250	202	46	2200	151	49	3100	124	49	3800		11.7
50	28	5300	50	28	5300	50	28	5300	62	34	5300		
260	40	1450	174	46	2500	130	49	3600	106	49	4400	RHC52U [MRHC52U]	13.6
43.5	24	5300	43.5	24	5300	43.5	24	5300	53	29	5300		
232	40	1650	154	46	2800	116	49	4100	95	49	4900		15.3
38.5	21	5300	38.5	21	5300	38.5	21	5300	47.5	26	5300		
203	40	1850	135	46	3200	101	49	4700	83	46	5300		17.5
34	19	5300	34	19	5300	34	19	5300	41.5	23			
175	40	2150	117	46	3800	88	49	5300	72	40	5300		20.2
29	16	5300	29	16	5300	29	16		36	20			
158	39	2350	106	45	4100	79	48	5800	65	48	7000		22.4
26.5	31	11300	26.5	31	11300	26.5	31	11300	32.5	42	12300		
136	39	2700	91	45	4800	68	48	6800	55	48	8200		26.2
22.6	30	12700	22.6	30	12700	22.6	30	12700	27.5	37	12700		
118	39	3200	79	45	5500	59	48	7900	48	48	9400		30.1
19.7	26	12700	19.7	26	12700	19.7	26	12700	24.1	32	12700		
101	39	3700	68	45	6400	51	48	9100	41.5	48	11000		35
16.9	22	12700	16.9	22	12700	16.9	22	12700	20.7	28	12700		
90	39	4100	60	45	7100	45	48	10300	37	48	12300		39.3
15	20	12700	15	20	12700	15	20	12700	18.4	25	12700		
79	39	4700	53	45	8200	39.5	48	11700	32	43	12700	RHD52U [MRHD52U]	45
13.2	18	12700	13.2	18	12700	13.2	18	12700	16.1	21			
68	39	5400	45.5	45	9400	34	45	12700	28	37	12700		51.9
11.4	15	12700	11.4	15	12700	11.4	15		14	19			

注：输入端转速 n_1 = 1450r/min（输入轴或法兰式电动机），[ ] 按带传动比修正。

表 10.3-86　RH53U 型的承载能力

55kW　R=6			62kW　R=4			66kW　R=3			70kW　R=2			结构型式	减速比 i
n_2/r·min⁻¹	P_2/kW	T_2/N·m	n_2/r·min⁻¹	P_2/kW	T_2/N·m	n_2/r·min⁻¹	P_2/kW	T_2/N·m	n_2/r·min⁻¹	P_2/kW	T_2/N·m		
3980	49	117	2650	55	195	1990	58	280	1620	62	360		1.03
665	40	570	665	40	570	665	40	570	810	53	620		
3550	49	130	2370	55	220	1780	58	310	1450	62	410		1.15
590	40	640	590	40	640	590	40	640	725	53	700		
3090	49	150	2060	55	250	1550	58	360	1260	62	470		1.32
515	40	740	515	40	740	515	40	740	630	53	800		
2660	49	175	1780	55	290	1330	58	420	1090	62	540		1.54
445	40	860	445	40	860	445	40	860	545	53	930		
2320	49	200	1550	55	340	1160	58	480	950	62	620		1.76
385	40	980	385	40	980	385	40	980	475	53	1070		
2090	49	220	1390	55	380	1040	58	530	855	62	690		1.96
350	40	1090	350	40	1090	350	40	1090	425	53	1190		
1790	49	260	1190	55	440	895	58	620	730	62	810		2.29
300	40	1250	300	40	1250	300	40	1250	365	53	1400		
1550	49	300	1040	55	500	775	58	720	635	62	930	NRHB53U	2.63
260	40	1450	260	40	1450	260	40	1450	315	53	1600	[MRHB53U]	
1340	49	350	890	55	590	670	58	830	545	62	1080		3.06
223	40	1700	223	40	1700	223	40	1700	275	51	1800		
1190	49	390	795	55	660	595	58	940	485	62	1220		3.44
198	35	1700	198	35	1700	198	35	1700	243	43	1700		
1040	49	450	695	55	750	520	58	1070	425	62	1400		3.93
174	28	1550	174	28	1550	174	28	1550	213	34	1550		
900	49	510	600	55	870	450	58	1240	370	54	1400		4.54
150	22	1400	150	22	1400	150	22	1400	184	27			
795	48	570	530	54	970	400	57	1350	325	61	1800		5.14
133	39	2800	133	39	2800	133	39	2800	163	52	3100		
695	48	660	460	54	1110	345	57	1550	285	61	2050		5.9
116	39	3200	116	39	3200	116	39	3200	141	52	3500		
595	48	760	400	54	1300	300	57	1850	244	61	2400		6.85
99	39	3700	99	39	3700	99	39	3700	122	52	4100		
520	48	870	345	54	1500	260	57	2100	213	61	2700		7.85
87	39	4300	87	39	4300	87	39	4300	106	52	4700		
470	48	970	310	54	1650	234	57	2350	191	61	3000		8.74
78	39	4800	78	39	4800	78	39	4800	96	52	5200		
400	48	1130	265	54	1900	201	57	2700	164	61	3500		10.2
67	37	5300	67	37	5300	67	37	5300	82	45	5300		
350	48	1300	232	54	2200	174	57	3100	142	61	4100		11.7
58	32	5300	58	32	5300	58	32	5300	71	39	5300		
300	48	1500	200	54	2600	150	57	3600	122	61	4700	NRHC53U	13.6
50	28	5300	50	28	5300	50	28	5300	61	34	5300	[MRHC53U]	
265	48	1700	178	54	2900	133	57	4100	109	60	5300		15.3
44.5	25	5300	44.5	25	5300	44.5	25	5300	54	30			
233	48	1950	156	54	3300	117	57	4700	95	53	5300		17.5
39	22	5300	39	22	5300	39	22	5300	47.5	26			
202	48	2250	135	54	3800	101	56	5300	82	46	5300		20.2
33.5	19	5300	33.5	19	5300	33.5	19	5300	41	23			
182	47	2450	122	53	4100	91	56	5900	74	59	7600		22.4
30.5	38	12000	30.5	38	1200	30.5	38	12000	37	50	12700		
156	47	2900	104	53	4800	78	56	6800	64	59	8900		26.2
26	35	12700	26	35	12700	26	35	12700	32	42	12700		
136	47	3300	91	53	5500	68	56	7900	55	59	10200		30.1
22.6	30	12700	22.6	30	12700	22.6	30	12700	27.5	37	12700		
117	47	3800	78	53	6500	58	56	9200	47.5	59	11900		35
19.5	26	12700	19.5	26	12700	19.5	26	12700	23.8	32	12700		
104	47	4300	69	53	7200	52	56	10300	42.5	56	12700		39.3
17.3	23	12700	17.3	23	12700	17.3	23	12700	21.2	28			
91	47	4900	61	53	8300	45.5	56	11800	37	49	12700	NRHD53U	45
15.2	20	12700	15.2	20	12700	15.2	20	12700	18.6	25		[MRHD53U]	
79	47	5700	52	53	9600	39.5	52	12700	32	43	12700		51.9
13.1	17	12700	13.1	17	12700	13.1	17	12700	16.1	21			

注：输入端转速 $n_1 = 1450$ r/min（输入轴或法兰式电动机），[ ] 按带传动比修正。

表 10.3-87　RH54U 型的承载能力

65kW R=6			72kW R=4			75kW R=3			80kW R=2			结构型式	减速比 i
n_2 /r·min⁻¹	P_2 /kW	T_2 /N·m	n_2 /r·min⁻¹	P_2 /kW	T_2 /N·m	n_2 /r·min⁻¹	P_2 /kW	T_2 /N·m	n_2 /r·min⁻¹	P_2 /kW	T_2 /N·m		
4570	57	120	3040	64	200	2280	66	280	1860	71	360		1.03
760	46	580	760	46	580	760	46	580	930	62	630		
4080	57	135	2720	64	225	2040	66	310	1670	71	410		1.15
680	46	650	680	46	650	680	46	650	835	62	710		
3550	57	155	2370	64	26	1780	66	360	1450	71	470		1.32
590	46	740	590	46	740	590	46	740	725	62	810		
3060	57	180	2040	64	300	1530	66	410	1250	71	540		1.54
510	46	860	510	46	860	510	46	860	625	62	950		
2670	57	205	1780	64	340	1330	66	470	1090	71	620		1.76
445	46	990	445	46	990	445	46	990	545	62	1080		
2400	57	230	1600	64	380	1200	66	530	980	71	690		1.96
400	46	1100	400	46	1100	400	46	1100	490	62	1210		
2060	57	270	1370	64	440	1030	66	620	840	71	800		2.29
345	46	1300	345	46	1300	345	46	1300	420	62	1400		
1790	57	310	1190	64	510	895	66	710	730	71	930	NRHB54U [MRHB54U]	2.63
300	46	1450	300	46	1450	300	46	1450	365	62	1600		
1540	57	360	1020	64	590	770	66	820	625	71	1080		3.06
255	46	1700	255	46	1700	255	46	1700	315	59	1800		
1370	57	400	910	64	670	685	66	930	560	71	1210		3.44
228	41	1700	228	41	1700	228	41	1700	2800	50	1700		
1200	57	460	795	64	760	600	66	1060	490	71	1400		3.93
199	32	1550	199	32	1550	199	32	1550	244	40	1550		
1040	57	530	690	64	880	520	66	1220	425	62	1400		4.54
173	25	1400	173	25	1400	173	25	1400	211	31			
915	56	590	610	62	980	455	65	1350	375	69	1750		5.14
152	45	2800	152	45	2800	152	45	2800	187	61	3100		
795	56	680	530	62	1120	400	65	1550	325	69	2050		5.9
133	45	3200	133	42	3200	133	45	3200	162	61	3600		
685	56	780	455	62	1300	345	65	1800	280	69	2350		6.85
114	45	3800	114	45	3800	114	45	3800	140	61	4100		
600	56	900	400	62	1500	300	65	2050	244	69	2700		7.85
100	45	4300	100	45	4300	100	45	4300	122	61	4700		
540	56	1000	360	62	1650	270	65	2300	219	69	3000		8.74
90	45	4800	90	45	4800	90	45	4800	110	61	5300		
460	56	1170	305	62	1950	230	65	2700	188	69	3500		10.2
77	43	5300	77	43	5300	77	43	5300	94	52	5300		
400	56	1350	265	62	2250	200	65	3100	163	69	4100		11.7
67	37	5300	67	37	5300	67	37	5300	82	45	5300		
345	56	1550	229	62	2600	172	65	3600	141	69	4700	NRHC54U [MRHC54U]	13.6
57	32	5300	57	32	5300	57	32	5300	70	39	5300		
305	56	1750	204	62	2900	153	65	4000	125	69	5300		15.3
51	28	5300	51	28	5300	51	28	5300	63	35			
270	56	2000	179	62	3300	134	65	4600	109	61	5300		17.5
44.5	25	5300	44.5	25	5300	44.5	25	5300	55	30			
232	56	2300	155	62	3800	116	64	5300	95	53	5300		20.2
38.5	21	5300	38.5	21	5300	38.5	21		47.5	26			
210	55	2500	140	61	4200	105	64	5800	86	68	7600		22.4
35	44	12100	35	44	12100	35	44	12100	43	57	12700		
180	55	2900	120	61	4900	90	64	6800	73	68	8800		26.2
30	40	12700	30	40	12700	30	40	12700	36.5	49	12700		
156	55	3400	104	61	5600	78	64	7800	64	68	10200		30.1
26	35	12700	26	35	12700	26	35	12700	32	42	12700		
134	55	3900	89	61	6500	67	64	9100	55	68	11800		35
22.4	30	12700	22.4	30	12700	22.4	30	12700	27.5	36	12700		
119	55	4400	80	61	7300	60	64	10200	48.5	68	12700		39.3
19.9	26	12700	19.9	26	12700	19.9	26	12700	24.4	32			
104	55	5000	70	61	8400	52	64	11600	42.5	57	12700	NRHD54U [MRHD54U]	45
17.4	23	12700	17.4	23	12700	17.4	23	12700	21.3	28			
90	55	5800	60	61	9700	45	60	12700	37	49	12700		51.9
15.1	20	12700	15.1	20	12700	15.1	20		18.5	25			

注：输入端转速 n_1 = 1450r/min（输入轴或法兰式电动机），[ ] 按带传动比修正。

表 10.3-88　RH55U 型的承载能力

75kW（变速比 R=6）			82kW（R=4）			86kW（R=3）			90kW（R=2）			结构型式	减速比 i
n_2/(r·min⁻¹)	P_2/kW	T_2/N·m	n_2/(r·min⁻¹)	P_2/kW	T_2/N·m	n_2/(r·min⁻¹)	P_2/kW	T_2/N·m	n_2/(r·min⁻¹)	P_2/kW	T_2/N·m		
5300	66	119	3540	72	195	2650	75	270	2160	80	350		1.03
885	53	570	885	53	570	885	53	570	1080	71	620		
4740	66	135	3160	72	220	2370	75	310	1930	80	390		1.15
790	53	640	790	53	640	790	53	640	965	71	700		
4120	66	155	2750	72	250	2060	75	350	1680	80	450		1.32
685	53	740	685	53	740	685	53	740	840	71	800		
3550	66	180	2370	72	290	1780	75	410	1450	80	520		1.54
590	53	860	590	53	860	590	53	860	725	71	930		
3100	66	205	2070	72	330	1550	75	470	1270	80	600		1.76
515	53	980	515	53	980	515	53	980	635	71	1070		
2790	66	225	1860	72	370	1390	75	520	1140	80	670		1.96
465	53	1090	486	53	1090	465	53	1090	570	71	1190		
2390	66	270	1590	72	430	1190	75	610	975	80	780		2.29
400	53	1250	400	53	1250	400	53	1250	485	71	1400		
2070	66	310	1380	72	500	1040	75	700	845	80	900		2.63
345	53	1450	345	53	1450	345	53	1450	425	71	1600	NRHB55U	
1780	66	350	1190	72	580	890	75	810	730	80	1040	[MRHB55U]	3.06
295	53	1700	295	53	1700	295	53	1700	365	69	1800		
1590	66	400	1060	72	650	795	75	910	650	80	1170		3.44
265	47	1700	265	47	1700	265	47	1700	325	58	1700		
1390	66	460	925	72	750	695	75	1050	565	80	1350		3.93
231	38	1550	231	38	1550	231	38	1550	285	46	1550		
1200	66	530	800	72	860	600	75	1210	490	72	1400		4.54
200	29	1400	200	29	1400	200	29	1400	245	36	1400		
1060	65	580	710	71	960	530	74	1350	435	80	1700		5.14
177	52	2800	177	52	2800	177	52	2800	217	69	3100		
925	65	670	615	71	1100	460	74	1550	375	80	1950		5.9
154	52	3200	154	52	3200	154	52	3200	189	69	3500		
795	65	780	530	71	1300	400	74	1800	325	80	2300		6.85
133	52	3700	133	52	3700	133	52	3700	162	69	4100		
695	65	890	465	71	1450	345	74	2050	285	80	2600		7.85
116	52	4300	116	52	4300	116	52	4300	142	69	4700		
625	65	990	415	71	1650	310	74	2300	255	80	2900		8.74
104	52	4800	104	52	4800	104	52	4800	127	69	5200		
535	65	1160	355	71	1900	265	74	2700	218	80	3400		10.2
89	49	5300	89	49	5300	89	49	5300	109	61	5300		
465	65	1350	310	71	2200	232	74	3100	190	80	3900		11.7
77	43	5300	77	43	5300	77	43	5300	95	53	5300		
400	65	1550	265	71	2500	200	74	3600	163	80	4600	NRHC55U	13.6
67	37	5300	67	37	5300	67	37	5300	82	45	5300	[MRHC55U]	
355	65	1750	237	71	2900	178	74	4000	145	80	5100		15.3
59	33	5300	59	33	5300	59	33	5300	73	40	5300		
310	65	2000	207	71	3300	156	74	4600	127	71	5300		17.5
52	29	5300	52	29	5300	52	29	5300	64	35			
270	65	2300	180	71	3800	135	74	5300	110	61	5300		20.2
45	25	5300	45	25	5300	45	25		55	31			
243	64	2500	162	70	4100	122	73	5700	99	75	7300		22.4
40.5	51	12000	40.5	51	12000	40.5	51	12000	49.5	66	12700		
209	64	2900	139	70	4800	104	73	6700	85	75	8600		26.2
35	46	12700	35	46	12700	35	46	12700	42.5	57	12700		
181	64	3400	121	70	5500	91	73	7700	74	75	9900		30.1
30	40	12700	30	40	12700	30	40	12700	37	49	12700		
156	64	3900	104	70	6400	78	73	8900	64	75	11500		35
26	35	12700	26	35	12700	26	35	12700	32	42	12700		
139	64	4400	92	70	7200	69	73	10100	57	75	12700		39.3
23.1	31	12700	23.1	31	12700	23.1	31	12700	28.5	38			
121	64	5000	81	70	8200	61	73	11500	49.5	66	12700	NRHD55U	45
20.2	27	12700	20.2	27	12700	20.2	27	12700	24.8	33		[MRHD55U]	
105	64	5800	70	70	9500	53	70	12700	43	57	12700		51.9
17.5	23	12700	17.5	23	12700	17.5	23	12700	21.4	29			

注：输入端转速 n_1 = 1450r/min（输入轴或法兰式电动机），[ ] 按带传动比修正。

表 10.3-89　N2RH51U 型的承载能力

75kW 输出轴 n₂ /r·min⁻¹	P₂ /kW	T₂ /N·m	90kW 输出轴 n₂ /r·min⁻¹	P₂ /kW	T₂ /N·m	100kW 输出轴 n₂ /r·min⁻¹	P₂ /kW	T₂ /N·m	110kW 输出轴 n₂ /r·min⁻¹	P₂ /kW	T₂ /N·m	结构型式	减速比 i
						输入功率 P_1							
						变速比 R							
R=6			R=4			R=3			R=2				
3550	66	180	2370	80	320	1780	90	480	1450	95	640		1.02
590	53	860	590	53	860	590	53	860	725	72	950		
3160	66	200	2110	80	360	1580	90	530	1290	95	720		1.15
525	53	960	525	53	960	525	53	960	645	72	1070		
2760	66	230	1840	80	410	1380	90	610	1130	95	820		1.31
460	53	110	460	53	1100	460	53	1100	565	72	1230		
2390	66	260	1600	80	480	1200	90	700	980	95	950		1.51
400	53	1250	400	53	1250	400	53	1250	490	72	1400		
2050	66	310	1370	80	550	1030	90	820	840	95	1110		1.76
340	53	1500	340	53	1500	340	53	1500	420	72	1650		
1840	66	340	1220	80	620	920	90	920	750	95	1240		1.97
305	53	1650	305	53	1650	305	53	1650	375	72	1850		
1590	66	400	1060	80	720	795	90	1060	650	95	1450	N2RHB51U	2.28
265	53	1900	265	53	1900	265	53	1900	325	72	2150		
1360	66	460	910	80	840	680	90	1240	555	95	1650		2.66
227	53	2250	227	53	2250	227	53	2250	280	72	2500		
1190	66	530	795	80	960	595	90	1400	485	95	1900		3.04
199	53	2500	199	53	2500	199	53	2500	243	72	2800		
1050	66	600	700	80	1090	525	90	1600	425	95	2150		3.46
175	53	2900	175	53	2900	175	53	2900	214	72	3200		
915	66	690	610	80	1240	460	90	1850	375	95	2500		3.95
153	53	3300	153	53	3300	153	53	3300	187	72	3700		
775	66	820	515	80	1450	385	90	2200	315	95	2900		4.68
129	53	3900	129	53	3900	129	53	3900	158	66	4000		
675	66	940	450	80	1700	340	90	2500	275	95	3400		5.35
113	47	4000	113	47	4000	113	47	4000	138	58	4000		
590	65	1050	395	80	1900	295	85	2800	241	95	3800		6.14
98	52	5000	98	52	5000	98	52	5000	120	71	5600		
505	65	1230	335	80	2200	255	85	3300	207	95	4400		7.16
84	52	5900	84	52	5900	84	52	5900	103	71	6600		
455	65	1350	300	80	2450	226	85	3700	185	95	4900		8
75	52	6600	75	52	6600	75	52	6600	92	71	7300		
390	65	1600	260	80	2900	196	85	4200	160	95	5700		9.26
65	52	7600	65	52	7600	65	52	7600	80	71	8500		
335	65	1850	224	80	3300	168	85	4900	137	95	6600		10.8
56	52	8900	56	52	8900	56	52	8900	69	71	9900		
295	65	2100	196	80	3800	147	85	5600	120	95	7600		12.3
49	52	10100	49	52	10100	49	52	10100	60	71	11300		
260	65	2400	172	80	4300	129	85	6400	105	95	8600		14
43	52	11500	43	52	11500	43	52	11500	53	66	12000		
226	65	2700	150	80	4900	113	85	7300	92	95	9900	N2RHC51U	16.1
37.5	47	12000	37.5	47	12000	37.5	47	12000	46	58	12000		
190	65	3300	127	80	5900	95	85	8700	78	95	11700		19
31.5	40	12000	31.5	40	12000	31.5	40	12000	39	49	12000		
167	65	3700	111	80	6700	83	85	9900	68	85	12000		21.7
28	35	12000	28	35	12000	28	35	12000	34	43			

注：输入端转速 $n_1 = 1450\text{r/min}$（输入轴或法兰式电动机），[ ] 按带传动比修正。

表 10.3-90　N2RH52U 型的承载能力

90kW 输出轴 n₂ /r·min⁻¹	P₂ /kW	T₂ /N·m	100kW 输出轴 n₂ /r·min⁻¹	P₂ /kW	T₂ /N·m	110kW 输出轴 n₂ /r·min⁻¹	P₂ /kW	T₂ /N·m	110kW 输出轴 n₂ /r·min⁻¹	P₂ /kW	T₂ /N·m	结构型式	减速比 i
						输入功率 P_1							
						变速比 R							
R=6			R=4			R=3			R=2				
3550	80	215	2370	90	360	1780	95	520	1450	95	640		1.02
590	62	1000	590	62	1000	590	62	1000	725	85	1110		
3160	80	240	2110	90	400	1580	95	590	1290	95	720		1.15
525	62	1120	525	62	1120	525	62	1120	645	85	1240		
2760	80	270	1840	90	460	1380	95	670	1130	95	820		1.31
460	62	1300	460	62	1300	460	62	1300	565	85	1400		

（续）

输入功率 P_1												结构型式	减速比 i
90kW			100kW			110kW			110kW				
变速比 R													
6			4			3			2				
输　出　轴													
n_2 /r·min^{-1}	P_2 /kW	T_2 /N·m	n_2 /r·min^{-1}	P_2 /kW	T_2 /N·m	n_2 /r·min^{-1}	P_2 /kW	T_2 /N·m	n_2 /r·min^{-1}	P_2 /kW	T_2 /N·m		
2390	80	320	1600	90	530	1200	95	780	980	95	950		1.51
400	62	1500	400	62	1500	400	62	1500	490	85	1650		
2050	80	370	1370	90	620	1030	95	900	840	95	1110		1.76
340	62	1750	340	62	1750	340	62	1750	420	85	1900		
1840	80	410	1220	90	690	920	95	1010	750	95	1240		1.97
305	62	1950	305	62	1950	305	62	1950	375	85	2150		
1590	80	480	1060	90	800	795	95	1170	650	95	1450		2.28
265	62	2250	265	62	2250	265	62	2250	325	85	2450		
1360	80	560	910	90	930	680	95	1350	555	95	1650	N2RHB52U	2.66
227	62	2600	227	62	2600	227	62	2600	280	85	2900		
1190	80	640	795	90	1060	595	95	1550	485	95	1900		3.04
199	62	3000	199	62	3000	199	62	3000	243	85	3300		
1050	80	730	700	90	1210	525	95	1750	425	95	2150		3.46
175	62	3400	175	62	3400	175	62	3400	214	85	3800		
915	80	830	610	90	1400	460	95	2050	375	95	2500		3.95
153	62	3900	153	62	3900	153	62	3900	187	80	4000		
775	80	980	515	90	1650	385	95	2400	315	95	2900		4.68
129	54	4000	129	54	4000	129	54	4000	158	66	4000		
675	80	1120	450	90	1850	340	95	2700	275	95	3400		5.35
113	47	4000	113	47	4000	113	47	4000	138	58	4000		
590	80	1250	395	85	2100	295	95	3100	241	95	3800		6.14
98	61	5900	98	61	5900	98	61	5900	120	80	6500		
505	80	1450	335	85	2450	255	95	3600	207	95	4400		7.16
84	61	6900	84	61	6900	84	61	6900	103	80	7600		
455	80	1650	300	85	2700	226	95	4000	185	95	4900		8
75	61	7700	75	61	7700	75	61	7700	92	80	8500		
390	80	1900	260	85	3200	196	95	4700	160	95	5700		9.26
65	61	8900	65	61	8900	65	61	8900	80	80	9800		
335	80	2200	224	85	3700	168	95	5400	137	95	6600		10.8
56	61	10300	56	61	10300	56	61	10300	69	80	11500		
295	80	2500	196	85	4200	147	95	6200	120	95	7600		12.3
49	61	11800	49	61	11800	49	61	11800	60	75	12000		
260	80	2900	172	85	4800	129	95	7100	105	95	8600		14
43	54	12000	43	54	12000	43	54	12000	53	66	12000	N2RHC52U	
226	80	3300	150	85	5500	113	95	8100	92	95	9900		16.1
37.5	47	12000	37.5	47	12000	37.5	47	12000	46	58	12000		
190	80	3900	127	85	6500	95	95	9600	78	95	11700		19
31.5	40	12000	31.5	40	12000	31.5	40	12000	39	49	12000		
167	80	4500	111	85	7400	83	95	10900	68	85	12000		21.7
28	35	12000	28	35	12000	28	35	12000	34	43			

注：输入端转速 $n_1 = 1450$r/min（输入轴或法兰式电动机），[ ] 按带传动比修正。

表 10.3-91　N2RH53U 型的承载能力

输入功率 P_1												结构型式	减速比 i
110kW			120kW			132kW			132kW				
变速比 R													
6			4			3			2				
输　出　轴													
n_2 /r·min^{-1}	P_2 /kW	T_2 /N·m	n_2 /r·min^{-1}	P_2 /kW	T_2 /N·m	n_2 /r·min^{-1}	P_2 /kW	T_2 /N·m	n_2 /r·min^{-1}	P_2 /kW	T_2 /N·m		
3990	95	235	2660	105	380	2000	115	560	1630	115	680		1.02
665	80	1140	665	80	1140	665	80	1140	815	100	1190		
3550	95	260	2370	105	430	1780	115	630	1450	115	770		1.15
590	80	1300	590	80	1300	590	80	1300	725	100	1350		
3100	95	300	2070	105	490	1550	115	720	1270	115	880		1.31
515	80	1450	515	80	1450	515	80	1450	635	100	1550		
2690	95	340	1790	105	560	1350	115	830	1100	115	1010		1.51
450	80	1700	450	80	1700	450	80	1700	550	100	1750	N2RHB53U	
2310	95	400	1540	105	660	1150	115	970	940	115	1180		1.76
385	80	1950	385	80	1950	385	80	1950	470	100	2050		

（续）

输入功率 P_1											结构型式	减速比 i
110kW			120kW			132kW			132kW				
变速比 R												
6			4			3			2				
输　出　轴												
n_2 /r·min^{-1}	P_2 /kW	T_2 /N·m	n_2 /r·min^{-1}	P_2 /kW	T_2 /N·m	n_2 /r·min^{-1}	P_2 /kW	T_2 /N·m	n_2 /r·min^{-1}	P_2 /kW	T_2 /N·m		
2060	95	450	1380	105	740	1030	115	1080	845	115	1300		1.97
345	80	2200	345	80	2200	345	80	2200	420	100	2300		
1780	95	520	1190	105	850	890	115	1250	730	115	1550		2.28
295	80	2600	295	80	2600	295	80	2600	365	100	2700		
1530	95	610	1020	105	990	765	115	1450	625	115	1800		2.66
255	80	3000	255	80	3000	255	80	3000	315	100	3100		
1340	95	690	895	105	1130	670	115	1650	545	115	2050		3.04
223	80	3400	223	80	3400	223	80	3400	275	100	3500		
1180	95	790	785	105	1300	590	115	1900	480	115	2300		3.46
196	80	3900	196	80	3900	196	80	3900	240	100	4000		
1030	95	900	685	105	1500	515	115	2150	420	115	2700	N2RHB53U	3.95
172	72	4000	172	72	4000	172	72	4000	210	90	4000		
870	95	1070	580	105	1750	435	115	2600	355	115	3100		4.68
145	61	4000	145	61	4000	145	61	4000	177	74	4000		
760	95	1220	505	105	2000	380	115	2900	310	115	3600		5.35
127	53	4000	127	53	4000	127	53	4000	155	65	4000		
665	95	1350	440	105	2250	330	115	3300	270	115	4000		6.14
111	80	6700	111	80	6700	111	80	6700	135	100	7000		
570	95	1600	380	105	2600	285	115	3800	232	115	4700		7.16
95	80	7900	95	80	7900	95	80	7900	116	100	8200		
510	95	1800	340	105	2900	255	115	4300	208	115	5300		8
85	80	8800	85	80	8800	85	80	8800	104	100	9200		
440	95	2050	295	105	3400	220	115	5000	179	115	6100		9.26
73	80	10200	73	80	10200	73	80	10200	90	100	10600		
380	95	2400	250	105	3900	189	115	5800	154	115	7100		10.8
63	80	11800	63	80	11800	63	80	11800	77	95	12000		
330	95	2800	220	105	4500	165	115	6600	135	115	8100		12.3
55	69	12000	55	69	12000	55	69	12000	67	85	12000		
290	95	3100	193	105	5100	145	115	7500	118	115	9200	N2RHC53U	14
48.5	61	12000	48.5	61	12000	48.5	61	12000	59	74	12000		
255	95	3600	169	105	5900	127	115	8600	104	115	10500		16.1
42.5	53	12000	42.5	53	12000	42.5	53	12000	52	65	12000		
214	95	4200	143	105	7000	107	115	10200	87	110	12000		19
35.5	45	12000	35.5	45	12000	35.5	45	12000	43.5	55			
187	95	4900	125	105	7900	94	115	11700	76	95	12000		21.7
31	39	12000	31	39	12000	31	39	12000	38	48			

注：输入端转速 $n_1 = 1450$r/min（输入轴或法兰式电动机），〔　〕按带传动比修正。

表 10.3-92　N2RH54U 型的承载能力

输入功率 P_1											结构型式	减速比 i
132kW			140kW			150kW			160kW				
变速比 R												
6			4			3			2				
输　出　轴												
n_2 /r·min^{-1}	P_2 /kW	T_2 /N·m	n_2 /r·min^{-1}	P_2 /kW	T_2 /N·m	n_2 /r·min^{-1}	P_2 /kW	T_2 /N·m	n_2 /r·min^{-1}	P_2 /kW	T_2 /N·m		
4570	115	245	3040	125	390	2280	135	550	1860	140	720		1.02
760	95	1160	760	95	1160	760	95	1160	930	120	1220		
4060	115	270	2710	125	440	2030	135	620	1660	140	810		1.15
675	95	1300	675	95	1300	675	95	1300	830	120	1350		
3550	115	310	2370	125	500	1780	135	710	1450	140	930		1.31
590	95	1500	590	95	1500	590	95	1500	725	120	1550		
3080	115	360	2050	125	580	1540	135	820	1260	140	1070		1.51
515	95	1750	515	95	1750	515	95	1750	630	120	1800		
2640	115	420	1760	125	670	1320	135	960	1080	140	1250		1.76
440	95	2000	440	95	2000	440	95	2000	540	120	2100		
2360	115	470	1570	125	750	1180	135	1070	965	140	1400		1.97
395	95	2250	395	95	2250	395	95	2250	480	120	2350		
2040	115	550	1360	125	870	1020	135	1240	835	140	1600	N2RHB54U	2.28
340	95	2600	340	95	2600	340	95	2600	415	120	2700		
1750	115	640	1170	125	1010	875	135	1450	715	140	1900		2.65
290	95	3000	290	95	3000	290	95	3000	360	120	3200		

（续）

输入功率 P_1											结构型式	减速比 i
132kW			140kW			150kW			160kW			
变速比 R												
6			4			3			2				
输　出　轴												
n_2 /r·min^{-1}	P_2 /kW	T_2 /N·m	n_2 /r·min^{-1}	P_2 /kW	T_2 /N·m	n_2 /r·min^{-1}	P_2 /kW	T_2 /N·m	n_2 /r·min^{-1}	P_2 /kW	T_2 /N·m		
530	115	730	1020	125	1160	765	135	1650	625	140	2150		3.04
255	95	3500	255	95	3500	255	95	3500	315	1200	3600		
1350	115	830	900	125	1300	675	135	1900	550	140	2450		3.46
224	95	3900	224	95	3900	224	95	3900	275	115	4000		
1180	115	950	785	125	1500	590	135	2150	480	140	2800		3.95
196	80	4000	196	80	4000	196	80	4000	240	100	4000		
995	115	1120	665	125	1800	495	135	2500	405	140	3300		4.68
166	69	4000	166	69	4000	166	69	4000	203	85	4000		
870	115	1300	580	125	2050	435	135	2900	355	140	3800	N2RHB54U	5.35
145	61	4000	145	61	4000	145	61	4000	178	74	4000		
760	115	1450	505	120	2300	380	130	3300	310	140	4300		6.14
126	90	6900	126	90	6900	126	90	6900	155	115	7200		
650	115	1700	435	120	2700	325	130	3800	265	140	5000		7.16
108	90	8000	108	90	8000	108	90	8000	133	115	8400		
580	115	1900	390	120	3000	290	130	4300	238	140	5600		8
97	90	8900	97	90	9000	97	90	9000	119	115	9400		
505	115	2150	335	120	3500	250	130	4900	205	140	6400		9.26
84	90	10400	84	90	10400	84	90	10400	103	115	10900		
430	115	2500	290	120	4000	216	130	5700	176	140	7500		10.8
72	90	12000	72	90	12000	72	90	12000	88	110	12000		
380	115	2900	250	120	4600	189	130	6600	154	140	8600		12.3
63	80	12000	63	80	12000	63	80	12000	77	95	12000		
330	115	3300	221	120	5200	166	130	7500	135	140	9800		14
55	69	12000	55	69	12000	55	69	12000	68	85	12000		
290	115	3800	193	120	6000	145	130	8600	118	140	11200	N2RHC54U	16.1
48.5	61	12000	48.5	61	12000	48.5	61	12000	59	74	12000		
245	115	4500	163	120	7100	122	130	10100	100	125	12000		19
41	51	12000	41	51	12000	41	51	12000	50	63	12000		
214	115	5100	143	120	8100	107	130	11600	88	110	12000		21.7
35.5	45	12000	35.5	45	12000	35.5	45	12000	44	55			

注：输入端转速 $n_1 = 1450$r/min（输入轴或法兰式电动机），[ ] 按带传动比修正。

表 10.3-93　N2RH55U 型的承载能力

输入功率 P_1												结构型式	减速比 i
150kW			160kW			170kW			175kW				
变速比 R													
6			4			3			2				
输　出　轴													
n_2 /r·min^{-1}	P_2 /kW	T_2 /N·m	n_2 /r·min^{-1}	P_2 /kW	T_2 /N·m	n_2 /r·min^{-1}	P_2 /kW	T_2 /N·m	n_2 /r·min^{-1}	P_2 /kW	T_2 /N·m		
5270	135	240	3510	140	380	2630	150	540	2150	150	690		1.02
880	105	1150	880	105	1150	880	105	1150	1080	135	1220		
4690	135	270	3120	140	430	2340	150	610	1910	150	770		1.15
780	105	1300	780	105	1300	780	105	1300	955	135	1350		
4100	135	310	2730	140	490	2050	150	700	1670	150	880		1.31
685	105	1500	685	105	1500	685	105	1500	835	135	1550		
3550	135	360	2370	140	570	1780	150	810	1450	150	1020		1.51
590	105	1700	590	105	1700	590	105	1700	725	135	1800		
3050	135	420	2030	140	660	1520	150	940	1240	150	1190		1.76
510	105	2000	510	105	2000	510	105	2000	620	135	2100		
2720	135	460	1820	140	740	1360	150	1050	1110	150	1350		1.97
455	105	2250	455	105	2250	455	105	2250	555	135	2350		
2350	135	540	1570	140	860	1180	150	1220	960	150	1550		2.28
390	105	2600	390	105	2600	390	105	2600	480	135	2700		
2020	135	630	1350	140	1000	1010	150	1400	825	150	1800	N2RHB55U	2.66
335	105	3000	335	105	3000	335	105	3000	415	135	3200		
1770	135	720	1180	140	1150	885	150	1600	720	150	2050		3.04
295	105	3400	295	105	3400	295	105	3400	360	135	3600		
1550	135	810	1040	140	1300	775	150	1850	635	150	2350		3.46
260	105	3900	260	105	3900	260	105	3900	315	135	4000		
1360	135	930	905	140	1500	680	150	2100	555	150	2700		3.95
226	95	4000	226	95	4000	226	95	4000	275	115	4000		

（续）

输入功率 P_1												结构型式	减速比 i
150kW			160kW			170kW			175kW				
变速比 R													
6			4			3			2				
输　出　轴													
n_2 /r·min^{-1}	P_2 /kW	T_2 /N·m	n_2 /r·min^{-1}	P_2 /kW	T_2 /N·m	n_2 /r·min^{-1}	P_2 /kW	T_2 /N·m	n_2 /r·min^{-1}	P_2 /kW	T_2 /N·m		
1150	135	1100	765	140	1750	575	150	2500	470	150	3200		4.68
191	80	4000	191	80	4000	191	80	4000	234	100	4000		
1000	135	1250	670	140	2000	500	150	2900	410	150	3600		5.35
167	70	4000	167	70	4000	167	70	4000	205	85	4000		
875	130	1400	585	140	2250	440	145	3200	355	150	4100		6.14
146	105	6800	146	105	6800	146	105	6800	179	135	7200		
750	130	1650	500	140	2600	375	145	3700	305	150	4700		7.16
125	105	7900	125	105	7900	125	105	7900	153	135	8400		
670	130	1850	445	140	3000	335	145	4200	275	150	5300		8
112	105	8900	112	105	8900	112	105	8900	137	135	9400		
580	130	2150	385	140	3400	290	145	4800	237	150	6100		9.26
97	105	10300	97	105	10300	97	105	10300	118	135	10800		
500	130	2500	330	140	4000	249	145	5600	203	150	7100		10.8
83	105	11900	83	105	11900	83	105	11900	102	130	12000		
435	130	2800	290	140	4600	218	145	6500	178	150	8100		12.3
73	90	12000	73	90	12000	73	90	12000	89	110	12000		
385	130	3200	255	140	5200	191	145	7300	156	150	9300		14
64	130	12000	64	80	12000	64	80	12000	78	100	12000	N2RHC55U	
335	130	3700	223	140	5900	167	145	8400	137	150	10600		16.1
56	70	12000	56	70	12000	56	70	12000	68	85	12000		
280	130	4400	188	140	7000	141	145	10000	115	145	12000		19
47	59	12000	47	59	12000	47	59	12000	58	72	12000		
247	130	5000	165	140	8000	124	145	11400	101	125	12000		21.7
41	52	12000	41	52	12000	41	52	12000	50	63	12000		

注：输入端转速 $n_1=1450\text{r/min}$（输入轴或法兰式电动机），[ ] 按传动比修正。

12　金属带式无级变速器

金属带式无级变速器是荷兰 VDT 公司的工程师 Van Doorne 发明的。这种变速器用金属带代替了胶带，大幅度提高了传动的效率、可靠性、功率和寿命，经过 50 多年的研究开发，已经在汽车传动领域占有重要的地位。目前金属带式无级变速器的全球总产量已经达到 400 万部/年，发展速度很快。

金属带式无级变速器的核心元件是金属带组件，如图 10.3-4 所示。金属带组件由两组 9~12 层的钢环组和 350~400 片的摩擦片组成。要实现强度高（$R_m>2000\text{MPa}$）、各层环之间"无间隙"配合，钢环组的材料，尤其是制造工艺是最难的。

金属带式无级变速器的传动原理如图 10.3-5 所示。主、从动两对锥盘夹持金属带，靠摩擦力传递运动和转矩。主、从动边的动锥盘的轴向移动，使金属带径向工作半径发生无级变化，从而实现传动比的无级变化，即无级变速。

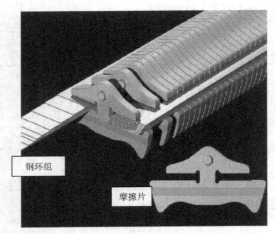

图 10.3-4　金属带组件

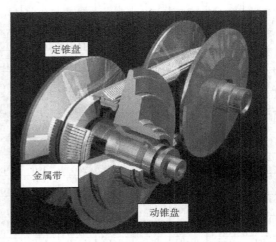

图 10.3-5　金属带式无级变速器的传动原理

金属带式无级变速器的典型结构如图 10.3-6 所示。在这种结构中，采用带锁止离合器的液力变矩器作为起步离合器，液压泵提供锥盘加压、传动与调速系统用高压油，高压油通过液压缸、活塞作用于主、从动两对锥盘，夹持金属带，产生摩擦力传递运动和转矩。该结构的后面是齿轮传动和差速器传动。

图 10.3-7 所示为一种汽车用金属带式无级变速器的基本组成。图 10.3-8 所示为一种等强共轭母线锥盘无级变速传动的示意图，其变速比 $R_b = 6.02$；图 10.3-9 所示为一种非对称金属带式无级变速传动，其变速比范围可达 $R_b = 7.2$。

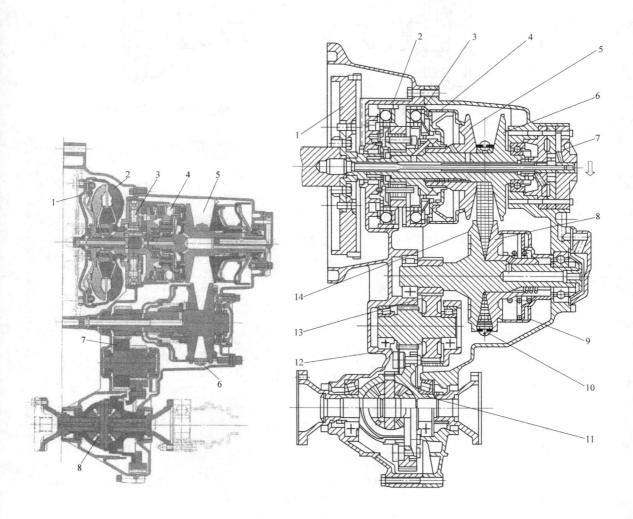

图 10.3-6　金属带式无级变速器的典型结构
1—变矩器离合器　2—液力变矩器
3—液压泵　4—前进、倒档离合器
5—锥盘变速装置　6—金属带
7—减速装置　8—差速器

图 10.3-7　汽车用金属带式无级变速器的基本组成
1—发动机飞轮　2—倒档离合器　3—前进离合器
4—主动轮液压控制缸　5—主动移动锥盘
6—主动轴及主动固定锥盘　7—液压泵
8—从动移动锥盘　9—从动轮液压控制缸
10—金属带　11—差速器　12—主减速齿轮
13—中间减速齿轮　14—从动轴及从动固定锥盘

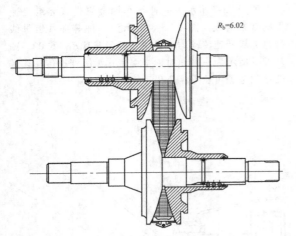

R_b=6.02

图 10.3-8　等强共轭母线锥盘传动的示意图

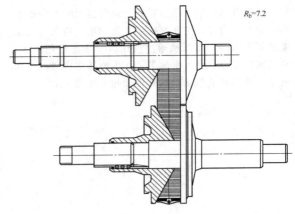

R_b=7.2

图 10.3-9　非对称金属带式无级变速传动

参 考 文 献

[1] 机械工程手册电机工程手册编辑委员会. 机械工程手册：机械传动卷 [M]. 2 版. 北京：机械工业出版社，1997.

[2] 闻邦椿. 机械设计手册：第 2 卷 [M]. 5 版. 北京：机械工业出版社，2010.

[3] 闻邦椿. 现代机械设计师手册. 上册 [M]. 北京：机械工业出版社，2012.

[4] 闻邦椿. 现代机械设计实用手册 [M]. 北京：机械工业出版社，2015.

[5] 机械设计手册编辑委员会. 机械设计手册：第 3 卷 [M]. 新版. 北京：机械工业出版社，2004.

[6] 成大先. 机械设计手册. 第 4 卷 [M]. 6 版. 北京：化学工业出版社，2016.

[7] 王启义. 中国机械设计大典. 第 4 卷 [M]. 南昌：江西科学技术出版社，2002.

[8] 程乃士. 减速器和变速器设计与选用手册 [M]. 北京：机械工业出版社，2007.

[9] 阮忠唐. 机械无级变速器设计与选用指南 [M]. 北京：机械工业出版社，1999.

[10] 张展. 实用机械传动设计手册 [M]. 北京：科学出版社，1994.

[11] EUROTRAN S. Woerterbuch der Kraftuebertragungselement：Band3 Stufenlose einstellbare Getriebe [M]. Berlin：Springer-Verlag，1985.

[12] 程乃士. 汽车金属带式无级变速器—CVT 原理和设计 [M]. 北京：机械工业出版社，2007.

[13] 王太辰. 宝钢减速器图册 [M]. 北京：机械工业出版社，1995.